国家出版基金资助项目
现代数学中的著名定理纵横谈丛书
丛书主编　王梓坤

GAUSS'S HERITAGE
—FROM EQUALITY TO CONGRUENCE

Gauss 的遗产
——从等式到同余式

冯贝叶　著

哈尔滨工业大学出版社
HARBIN INSTITUTE OF TECHNOLOGY PRESS

内容简介

本书从数的起源谈起,逐步介绍数的发展和数的各种性质及其应用,其中包括了数学分析、实变函数论和高等代数的一些入门知识.

本书写法简明易懂,叙述尽量详细,适合高中以上文化程度的学生、教师、数学爱好者参考使用.

图书在版编目(CIP)数据

Gauss 的遗产:从等式到同余式/冯贝叶著. —哈尔滨:哈尔滨工业大学出版社,2018.1

(现代数学中的著名定理纵横谈丛书)

ISBN 978-7-5603-6546-6

Ⅰ.①G… Ⅱ.①冯… Ⅲ.①数论 Ⅳ.①O156

中国版本图书馆 CIP 数据核字(2017)第 073152 号

策划编辑	刘培杰　张永芹
责任编辑	张永芹　杜莹雪
封面设计	孙茵艾
出版发行	哈尔滨工业大学出版社
社　　址	哈尔滨市南岗区复华四道街10号　邮编150006
传　　真	0451-86414749
网　　址	http://hitpress.hit.edu.cn
印　　刷	哈尔滨市石桥印务有限公司
开　　本	787mm×960mm　1/16　印张40.75　字数438千字
版　　次	2018年1月第1版　2018年1月第1次印刷
书　　号	ISBN 978-7-5603-6546-6
定　　价	108.00元

(如因印装质量问题影响阅读,我社负责调换)

代序

读书的乐趣

你最喜爱什么——书籍.

你经常去哪里——书店.

你最大的乐趣是什么——读书.

这是友人提出的问题和我的回答.真的,我这一辈子算是和书籍,特别是好书结下了不解之缘.有人说,读书要费那么大的劲,又发不了财,读它做什么?我却至今不悔,不仅不悔,反而情趣越来越浓.想当年,我也曾爱打球,也曾爱下棋,对操琴也有兴趣,还登台伴奏过.但后来却都一一断交,"终身不复鼓琴".那原因便是怕花费时间,玩物丧志,误了我的大事——求学.这当然过激了一些.剩下来唯有读书一事,自幼至今,无日少废,谓之书痴也可,谓之书橱也可,管它呢,人各有志,不可相强.我的一生大志,便是教书,而当教师,不多读书是不行的.

读好书是一种乐趣,一种情操;一种向全世界古往今来的伟人和名人求教的方法,一种和他们展开讨论的方式;一封出席各种活动、体验各种生活、结识各种人物的邀请信;一张迈进科学官殿和未知世界的入场券;一股改造自己、丰富自己的强大力量.书籍是全人类有史以来共同创造的财富,是永不枯竭的智慧的源泉.失意时读书,可以使人重整旗鼓;得意时读书,可以使人头脑清醒;疑难时读书,可以得到解答或启示;年轻人读书,可明奋进之道;年老人读书,能知健神之理.浩浩乎!洋洋乎!如临大海,或波涛汹涌,或清风微拂,取之不尽,用之不竭.吾于读书,无疑义矣,三日不读,则头脑麻木,心摇摇无主.

潜能需要激发

我和书籍结缘,开始于一次非常偶然的机会.大概是八九岁吧,家里穷得揭不开锅,我每天从早到晚都要去田园里帮工.一天,偶然从旧木柜阴湿的角落里,找到一本蜡光纸的小书,自然很破了.屋内光线暗淡,又是黄昏时分,只好拿到大门外去看.封面已经脱落,扉页上写的是《薛仁贵征东》.管它呢,且往下看.第一回的标题已忘记,只是那首开卷诗不知为什么至今仍记忆犹新:

日出遥遥一点红,飘飘四海影无踪.

三岁孩童千两价,保主跨海去征东.

第一句指山东,二、三两句分别点出薛仁贵(雪、人贵).那时识字很少,半看半猜,居然引起了我极大的兴趣,同时也教我认识了许多生字.这是我有生以来独立看的第一本书.尝到甜头以后,我便千方百计去找书,向小朋友借,到亲友家找,居然断断续续看了《薛丁山征西》《彭公案》《二度梅》等,樊梨花便成了我心中的女英雄.我真入迷了.从此,放牛也罢,车水也罢,我总要带一本书,还练出了边走田间小路边读书的本领,读得津津有味,不知人间别有他事.

当我们安静下来回想往事时,往往会发现一些偶然的小事却影响了自己的一生.如果不是找到那本《薛仁贵征东》,我的好学心也许激发不起来.我这一生,也许会走另一条路.人的潜能,好比一座汽油库,星星之火,可以使它雷声隆隆、光照天地;但若少了这粒火星,它便会成为一潭死水,永归沉寂.

抄,总抄得起

好不容易上了中学,做完功课还有点时间,便常光顾图书馆.好书借了实在舍不得还,但买不到也买不起,便下决心动手抄书.抄,总抄得起.我抄过林语堂写的《高级英文法》,抄过英文的《英文典大全》,还抄过《孙子兵法》,这本书实在爱得狠了,竟一口气抄了两份.人们虽知抄书之苦,未知抄书之益,抄完毫末俱见,一览无余,胜读十遍.

始于精于一,返于精于博

关于康有为的教学法,他的弟子梁启超说:"康先生之教,专标专精、涉猎二条,无专精则不能成,无涉猎则不能通也."可见康有为强烈要求学生把专精和广博(即"涉猎")相结合.

在先后次序上,我认为要从精于一开始.首先应集中精力学好专业,并在专业的科研中做出成绩,然后逐步扩大领域,力求多方面的精.年轻时,我曾精读杜布(J. L. Doob)的《随机过程论》,哈尔莫斯(P. R. Halmos)的《测度论》等世界数学名著,使我终身受益.简言之,即"始于精于一,返于精于博".正如中国革命一样,必须先有一块根据地,站稳后再开创几块,最后连成一片.

丰富我文采,澡雪我精神

辛苦了一周,人相当疲劳了,每到星期六,我便到旧书店走走,这已成为生活中的一部分,多年如此.一次,偶然看到一套《纲鉴易知录》,编者之一便是选编《古文观止》的吴楚材.这部书提纲挈领地讲中国历史,上自盘古氏,直到明末,记事简明,文字古雅,又富于故事性,便把这部书从头到尾读了一遍.从此启发了我读史书的兴趣.

我爱读中国的古典小说,例如《三国演义》和《东周列国志》.我常对人说,这两部书简直是世界上政治阴谋诡计大全.即以近年来极时髦的人质问题(伊朗人质、劫机人质等),这些书中早就有了,秦始皇的父亲便是受害者,堪称"人质之父".

《庄子》超尘绝俗,不屑于名利.其中"秋水""解牛"诸篇,诚绝唱也.《论语》束身严谨,勇于面世,"己所不欲,勿施于人",有长者之风.司马迁的《报任少卿书》,读之我心两伤,既伤少卿,又伤司马;我不知道少卿是否收到这封信,希望有人做点研究.我也爱读鲁迅的杂文,果戈理、梅里美的小说.我非常敬重文天祥、秋瑾的人品,常记他们的诗句:"人生自古谁无死,留取丹心照汗青""休言女子非英物,夜夜龙泉壁上鸣".唐诗、宋词,《西厢记》《牡丹亭》,丰富我文采,澡雪我精神,其中精粹,实是人间神品.

读了邓拓的《燕山夜话》,既叹服其广博,也使我动了写《科学发现纵横谈》的心.不料这本小册子竟给我招来了上千封鼓励信.以后人们便写出了许许多多的"纵横谈".

从学生时代起,我就喜读方法论方面的论著.我想,做什么事情都要讲究方法,追求效率、效果和效益,方法好能事半而功倍.我很留心一些著名科学家、文学家写的心得体会和经验.我曾惊讶为什么巴尔扎克在51年短短的一生中能写出上百本书,并从他的传记中去寻找答案.文史哲和科学的海洋无边无际,先哲们的明智之光沐浴着人们的心灵,我衷心感谢他们的恩惠.

读书的另一面

以上我谈了读书的好处,现在要回过头来说说事情的另一面.

读书要选择.世上有各种各样的书:有的不值一看,有的只值看20分钟,有的可看5年,有的可保存一辈子,有的将永远不朽.即使是不朽的超级名著,由于我们的精力与时间有限,也必须加以选择.决不要看坏书,对一般书,要学会速读.

读书要多思考.应该想想,作者说得对吗?完全吗?适合今天的情况吗?从书本中迅速获得效果的好办法是有的放矢地读书,带着问题去读,或偏重某一方面去读.这时我们的思维处于主动寻找的地位,就像猎人追找猎物一样主动,很快就能找到答案,或者发现书中的问题.

有的书浏览即止,有的要读出声来,有的要心头记住,有的要笔头记录.对重要的专业书或名著,要勤做笔记,"不动笔墨不读书".动脑加动手,手脑并用,既可加深理解,又可避忘备查,特别是自己的灵感,更要及时抓住.清代章学诚在《文史通义》中说:"札记之功必不可少,如不札记,则无穷妙绪如雨珠落大海矣."

许多大事业、大作品,都是长期积累和短期突击相结合的产物.涓涓不息,将成江河;无此涓涓,何来江河?

爱好读书是许多伟人的共同特性,不仅学者专家如此,一些大政治家、大军事家也如此.曹操、康熙、拿破仑、毛泽东都是手不释卷,嗜书如命的人.他们的巨大成就与毕生刻苦自学密切相关.

王梓坤

前言

作者从年轻时就对整数的奇妙性质和有关整数的各种有趣问题十分感兴趣,后来随着数学知识的增加,才知道整数又可发展成为有理数、实数和复数,而各种数之间既存在着相互的联系,又有很大差别.而有关整数的问题,有时其解法不由得令人拍案称奇.如此积累一多,发现如果不加整理和保存,很多精彩的想法就会擦肩而过,遂决定遇到有关的问题和材料就随时做一点笔记,到退休之时,竟积累了不少.这些笔记在多年的教学和辅导中,曾反复起了不少作用,因此觉得如果把它们整理出来,对那些像作者当年那样也对整数问题感兴趣的年轻人和初学者多少会有些帮助,于是就产生了这本书.

目前和本书内容及题材、体裁类似的书已有不少,其中也不乏广为人知的精彩作品.作者之所以还愿意写一本这样的书,是因为一方面,这些书有一些已难于买到和借到,另一方面是感到本书和已有的书相比,在以下几方面还是有一些新意和特色,所以才敢不揣冒昧,班门弄斧.

(1)一次不定方程是我国古代已研究的比较成熟和成就较多的一个课题,其中如孙子问题和孙子定理(又称中国剩余定理)已是世界数学界公认的成果.

以往介绍这方面内容的书不在少数,但是往往有的书把古代的算法讲得很清楚,其中的数学原理则让人不太明了;有的书把现代的理论讲得很清楚,如何解释古代的算法则一笔带过.当作者看到这些书时,对此总感到遗憾.本书将古代的算法和现代的理论一一加以对照,使读者可以很清楚地看出古代的算法其每一步的意义和依据是什么,尤其是秦九韶、黄宗宪等人创立的算法的最后一步,本书给予了严格的证明.

(2)在复数得到了广泛的应用后,古代的数学家如哈密尔顿以及现代的初学者都曾思考过是否可以把复数推广为三元数.关于创立三元数的问题,许多科普读物都明确无误地告诉读者,这是不可能的,但是为什么不可能就语焉不详了.本书以比较浅显的方法对此做了论证.

(3)费马大定理一直是几百年来数学家们和科普读物中的热门话题,虽然这一问题现在已经获得解决,但是人们对一些初等的证明还是十分感兴趣,其中比较难的一个是 $n=3$ 时的费马大定理的证明.一般的数论书籍通常只介绍 $n=4$ 时的费马大定理的证明,即使介绍$n=3$时费马大定理的证明,也大都把它放在$n=4$时的费马大定理的证明之后.这就足以说明$n=3$时费马大定理的初等证明是有一定难度的.对这一比较难的问题,为使读者看懂,本应证明得更加详细,然而一些书在谈到这一问题时往往一开始就让读者看不下去了,其中最明显的一个地方是一开始就设z是偶数,很多人问过作者这个问题,后来经过作者反复钻研才发现在通常的$x>0,y>0,z>0$的条件下是不能做这一假设的,只有在允许x,y,z可以是任意整数(即允许它们为负数)的条件下,才可以做这一假设.这一点在潘承洞、潘承彪先生的《初等数论》一书中交代得最清楚.本书对这一问题的证明力求详尽易懂,因此虽然篇幅长了一些,但是相信读者看起来会感到思路顺畅.

(4)无理数小数部分的分布性质是无理数和有理数的一大本质差别,本书对此介绍得比较详细,并介绍了华东师范大学王金龙先生近年来获得的最新成果.

(5)混沌理论是近年来的热门话题,本书用初等的方法证明了逻辑斯梯映射周期三窗口的出现参数和稳定的周期三轨道的消失参数.

(6)关于多项式理论的应用,本书收集并重新证明了关于多项式系统的胡尔维茨判据和霍普夫(Hopf)分支的代数判据.这些材料在一般的书中已不多见.

(7)作者在本书还给出了关于四次函数的根的完全判据和正定性条件,这些结果是有一定实用意义的可操作的判据,需要时应用这些结果还是比较方便的.

(8)在整数的函数这一部分共分3节,即整数的函数(Ⅰ),整数的函数(Ⅱ)和整数的函数(Ⅲ),介绍了欧拉求和公式、伯努利数和戴德金和等概念,并证明了它们的相关性质,在整数的函数(Ⅱ)中介绍了 Möbius(莫比乌斯)变换和反变换,Dirichlet(迪利克雷)卷积及其应用等内容,这些材料一般都分散在各种文献中,本书将它们收集在一起,对读者阅读本书和今后查找都是比较方便的. 在这一部分,还给出了一个数论中经常使用的不等式 $d_n < 3^n$ 的初等证明,其中 d_n 表示前 n 个自然数的最小公倍数.

本书在写法上尽量追求易懂性,为此,甚至不惜多费篇幅. 这是因为当年作者在看某些书时,曾经因为有些地方被"卡住"而深感苦恼,所以作者特别能理解那种因各种原因而找不到人问以致心中的疑问长期不能获得解答的苦恼. 为了避免本书再给读者造成这种苦恼,本书在讲解和证明时特别注意了这个问题,宁可显得啰唆,也不愿语焉不详. 本书部分章节后配有习题,从这个意义上来说,本书比较适合自学.

由于在讲解上不惜笔墨和追求材料的封闭性,所以目前本书的篇幅已不少. 为了不再增加篇幅,有些材料就坚决舍去. 例如,本书完全不包含有关素数以及素数分布方面的结果. 关于特征和把一个整数表为平方和的方法的数目也都舍去了. 在作者看来,这些材料太过专业,并不适合初学者阅读. 当然有些作者认为从本书的体系看应该包含的材料也因为篇幅的原因不得不割爱了. 例如,本书专有一章说明有理数性质和无理数性质之间的差别,而这种差别也可以从遍历论的观点得到反映,而不变测度等内容由于和连分数有关,因此适当介绍一些遍历论方面的基础知识似乎也是顺理成章的;然而,最终出于篇幅方面的考虑,作者还是不得不舍去了这方面的材料.这样一来,可以说,本书只包含了有关学科的最初等的材料,就数论方面来说,可以说是真正的初等数论了.

虽然本书舍去了不少材料,但是只要讲到的问题都争取讲透,因此,每一个问题几乎都会讲到最后完全解决,而不会使读者有虎头蛇尾的感觉.如果由于内容所限实在不能再讲下去,文中会特别声明.

本书包含了大量的习题,作者选取习题的用意是认为这些结果都是有一定趣味的和值得注意的,因此即使不知道答案也至少应该知道这些结果.

本书没有给出习题解答.一方面是为了使读者永远有一种未知感以保持积极的思考,另一方面也在于本书的很多习题都取自书末的参考资料,特别是潘承洞、潘承彪先生的《初等数论》,杜德利的《基础数论》和北京大学数学力学系几何与代数教研室代数小组编写的《高等代数讲义》等书,而这些书中都有答案.当然有些习题是取自近期的《美国数学月刊》和作者的笔记,因而在其他参考文献中并没有现成的答案.

大部分习题的解答方法和所需的数学知识都与它所在的章节有关.然而,请读者不要受这一点说明的约束.这只是作者当初安排习题的动机之一,但是等全书写完之后,作者发现,有一些题目完全可以用另外的方法解出.所以,如果读者发现,有些解题的方法似乎与这一题目所在的章节无关,请不要奇怪.这反而说明这位读者的思维是很灵活的.

至于最终是否会出一本该书的习题解答,还要看读者的反映.

最后,作者特别借此机会对教导过我的已过世的颜同照先生、闵嗣鹤教授、方企勤教授表示怀念,对孙增彪先生、叶予同先生、周民强教授、钱敏教授和朱照宣教授表示感谢,因为他们各位在做人、做事和做学问等方面给予我的教诲,都使我终身受益.

作者对同事朱尧辰教授和同学王国义先生在讨论各种数学问题时给予的帮助表示感谢.

最后作者对妻张清真在生活方面的照顾,女冯南南在写作及计算机方面的帮助,弟冯方回在计算机方面的帮助,以及他们对作者写作的理解和支持表示感谢.没有这些帮助,作者的写作将增加许多额外的困难,也不会有愉快的写作心境.

作者不是数论方面的专家,只是一个感兴趣者,因此殷切期望读者将本书的缺陷和不足之处反映给作者.有任何意见和建议请发电子邮件至 fby@amss.ac.cn.

冯贝叶

目录

第1章 数是什么以及它是如何产生的？// 1

第2章 集合和对应 // 20
2.1 集合及其运算 // 20
2.2 有限集合的势 // 26
2.3 无限集合的势 // 45
2.4 不可数的集合 // 58
2.5 无限集的势的比较 // 61

第3章 整数的性质 // 74
3.1 整数的顺序 // 74
3.2 整数的整除性 // 77
3.3 最大公因数和最小公倍数 // 83
3.4 素数和算数基本定理 // 99
3.5 方程式的整数解 // 106
3.6 同余式 // 134
3.7 欧拉定理和费马小定理 // 160
3.8 整数的函数（Ⅰ）// 175
3.9 整数的函数（Ⅱ）// 231
3.10 同余式的方程 // 243
3.11 二次同余式 // 288
3.12 原根和指数 // 312

第 4 章 有理数的性质 // 351

- 4.1 用小数表示有理数 // 351
- 4.2 有理数的 10 进小数表示的特性 // 362
- 4.3 循环小数的一个应用 // 371
- 4.4 实数和极限 // 376
- 4.5 开集和闭集 // 389
- 4.6 隔离性和稠密性 // 415

第 5 章 无理数 // 431

- 5.1 无理数引起的震动和挑战 // 431
- 5.2 一些初等函数值的无理性 // 436
- 5.3 对称多项式 // 443
- 5.4 代数数和超越数 // 456

第 6 章 连分数 // 464

- 6.1 什么是连分数 // 464
- 6.2 用连分数表示数 // 472
- 6.3 二次无理数和循环连分数 // 482
- 6.4 连分数的应用 Ⅰ：集合论中的一个定理 // 499
- 6.5 连分数的应用 Ⅱ：不定方程 $ax \pm by = c$ 的特解 // 501
- 6.6 连分数的应用 Ⅲ·Pell 方程 // 502
- 6.7 连分数的应用 Ⅳ：把整数表为平方和 // 523

第 7 章 用有理数逼近实数 // 538

第 8 章 实数的光谱：小数部分的性质 // 577

- 8.1 小数部分的分布 // 579
- 8.2 殊途同归——有理数和无理数小数部分的一个共同性质 // 600

参考文献 // 621

冯贝叶发表论文专著一览 // 630

数是什么以及它是如何产生的？

第 1 章

我们每个人每天大到工作需要,小到买菜算账都要和数字打交道,但是对于数究竟是什么以及它是如何产生的这些问题,恐怕不是每个人都想过的.其实认真地思考一下这个问题就会发现,如果你的数学学得不错的话,那么你其实已具有了很了不起的本领了,尽管你自己并不一定意识到.

人类是从动物进化来的,能够感觉到客观世界中某种同类事物的数量是某些动物的一种本能.比如有的鸟类能够发现自己鸟窝中的鸟蛋少了,哺乳类动物也能发现自己生下的幼崽少了,这恐怕就是最初级的识别数量的能力了.也有证据表明一些比较聪明的动物已经不仅能识别事物的多和少,对一定数量之内(比如说,3个以内或5个以内)的物体还能具体分辨出究竟有多少个.

但是动物对于数量的感觉恐怕也就到此为止了,数量一多,它们就分辨不清了(至多有一种多的感觉),对于数的更深刻性质就更谈不上有感觉了.中国有一句成语叫"朝三暮四"就相当准确地反映了进化已经比较高级的动物对于数量的感觉.《庄子·齐物论》中说有一个人养了一群猴子,他对猴子说,早上给每只猴子三个橡子,晚上给四个,猴子都不干,很生气,结果他又说,那好我早上给四个,晚上给三个,结果猴子就都高兴了.这说明猴子对于数量有感觉,而且已经能分辨到四了,但是猴子不懂加法交换律.

其实我们人类一开始也比动物好不了多少.我这里说的一开始是指早期的人类和人类自身成长的一开始.那么我们怎么知道人类的一开始对数的概念的认识程度呢?原来进化论的研究告诉我们,人的胚胎的发育过程就浓缩了人的进化过程,而人诞生后的婴儿时期也浓缩了人类的智力发展过程,同时现存的一些处于封闭环境中的原始部落也可让我们知道早期人类的智力程度.

有不少非洲探险家证实,在某些原始部落里,不存在比 3 大的数词.如果问一个人他有几个儿子,或杀死过多少敌人,而这个数字大于 3,他就只会回答"许多个",因此,要说数数(第一个数念 shǔ,第二个数念 shù)这个本事,这些部落的勇士们甚至还不如我们幼儿园里的小朋友呢,因为这些小朋友都可以从一数到十.

但是为什么幼儿园中的小朋友都会从一数到十呢?那是因为有大人从小就教他们.如果情况不是这样,那么他们的命运就不同了.据文献记载,从小被狼

第1章 数是什么以及它是如何产生的？

攫取并由狼抚育起来的人类幼童,世界上已知的狼孩已有十多个,其中最有名的是印度发现的两个.1920年,在印度加尔各答东北部的一个山村附近,居民们常在傍晚时分看见一头母狼走出山林,后面跟着两个似人非人、似狼非狼的怪物.为了弄清事情的真相,人们伺机把母狼打死,在狼窝里发现那两个怪物原来是两个女孩,于是人们把她俩抱回到村子里.大女孩估计有七八岁,给她取名叫卡玛拉;小女孩两岁左右,取名阿玛拉.

卡玛拉和阿玛拉被人们从狼窝中救出来以后,由米德纳波尔孤儿院收养.这两个女孩的行为方式和生活习惯同狼一样,不会说话,没有人的思想意识,也没有人的复杂和丰富的情感,走路时四肢着地,坐卧如犬状,饥餐渴饮像狗那样趴在地上舐食,活动规律呈昼伏夜出的特点,白天吃饱了就睡,饿了就引颈长嚎.夜晚来临时即表现得躁动不安,因为不能随意到旷野里去,便在黑暗中于室内或院子里来回游荡,并东闻西嗅地寻找可食之物,时时刻刻总想出逃.给她们穿衣或围上腰布,她俩便粗野地撕扯下来.

在这两个狼孩刚回到人的周围时,她们的智力只相当于初生婴儿的水平.在孤儿院里将近一年的生活期间,她俩皆未改变自己身上原有的那种狼的习性.大狼孩卡玛拉在进入孤儿院的第二年里,仍然寻食死鸡的内脏,第三年里依旧在晚上东游西荡,大声嚎叫,寻机逃跑.小狼孩阿玛拉由于染患重病,在孤儿院里生活了11个月便死去了.而卡玛拉却在以后将近9年的时间里,受到了精心的照料和培养.

为了帮助卡玛拉尽快恢复人性,有关人员对她进行了各种教育尝试,以促其早日学会人的生活.但是学习对于这个女孩来讲,是相当艰难和困苦的事,很少有所收获.每一少许的进步,都需要教养人员花费特别大的代价.比如教她说话,仅教她呼唤照料她的波拉夫人的"波"字发音,她就足足用了2年的时间才勉强算是学会.后来又教她说些简单的词句,6个单词她用了4年的学习时间.经过7年的教育,她一共学会使用45个单词.教她直立行走也很困难,在有关人员的耐心示范和训练下,她用了1年零4个月的时间学会用两膝行走,花了2年7个月的时间学会两腿站立,大约经历5年的努力才学会用两脚步行,而且很不习惯,每当需要快速行走时,她仍喜欢用四肢着地而行.

尽管如此,回到人类中的卡玛拉经过几年的教育和训练,还是开始改变她初时狼的生活习性,并逐步适应人类的社会生活.在进入孤儿院第4年以后,卡玛拉的智力发展已达到一岁半幼儿的水平.从此以后,她的心理和行为变化较前几年有了显著的进步和提高,到第7年的时候,她的生活习惯同其他孩子相比已相差无几.例如她也像其他孩子一样注意自己的穿着,并以自己整洁漂亮的服装而高兴.同时也产生了羞耻心,穿衣系带不愿接受别人的帮助,常因自己动作缓慢而感到焦急.她还希望得到别人的夸奖,一次由于她及时地报告了一个婴儿发生的一点问题而受到称赞,她兴奋得两眼闪出喜悦的光芒.她能知晓一些简单的数目,拒绝接纳多于定量的饼干或点心.后来因为身患重病而死亡.死时年龄大约17岁.据心理学家对她死前心理活动状态及社会行为表现确认,她的智力已达到三岁半幼儿的水平.如果她能继续活下去的话,可以断定她

第1章　数是什么以及它是如何产生的？

的智力还会得到发展和提高.

这就说明,即使我们的大脑已经具有了接受现代知识的结构,但是如果不生活在现代环境中和接受教育,那么我们的智力也只能停留在很原始的程度.

现在我们可以回答数是怎样产生的这个问题了.数(shù)是产生于数(shǔ).最开始,人们会数1,然后是2,再然后是3,……并且发明了表示这些数字的符号.下面分别是1～10的汉字、罗马数字和阿拉伯数字的符号

一, 二, 三, 四, 五, 六, 七, 八, 九, 十
I, II, III, IV, V, VI, VII, VIII, IX, X
1, 2, 3, 4, 5, 6, 7, 8, 9, 10

实际上,罗马数字的表示法还更复杂,在这个体系中,首先用以下符号表示几个特殊的数字

I, V, X, L, C, D, M
1, 5, 10, 50, 100, 500, 1 000

把 I,II,III 放在 V 和 X 的左边就表示从 V 和 X 分别减去 I,II 和 III,而把它们放在右边,就表示从 V 和 X 分别加上 I,II 和 III. 于是 10,11 等数即可以分别写成

X,XI,XII,XIII,XIV,XV,…

20,30 则写成 XX,XXX.

要表示 40 及 40 以上的数,就要利用符号 L. 例如 41 写成 XLI(即 50 减去 10 加上 1).90 就要利用符号 C 来表示,即写成 XC,另外 49 和 99 并不写成 XLIX 和 XCIX,而是写成 IL 和 IC.102 写成 CII,374 写成 CCCLXXIV 等等. 大的数, 如 29 635 写成 XXIXmDCXXXV(小写字母 m 表示千,即 29 个千加

5

上 500,再加上 100,再加上 35).数字的这种记法很经济(只用七个数字就可写出一百万以内的数),但却不方便.因为不太大的数就要写得很长,而计算时并不能得到任何便利.用汉字来进行计算也不是很方便,因为毕竟笔画较多,书写不如阿拉伯数字流利,因此目前世界上通用阿拉伯数字来记数和进行笔算(虽然用汉字表示的数字在计算方面并没有什么优越性,但是我们的祖先却发明了算盘,这一简易的计算工具由于其实用性,一直流传到现在).不过由于阿拉伯数字容易被改写或辨认不清,因此各国在比较正式的经济活动和票据中还要对数字使用所谓的大写来表示郑重和正式.下面是汉字中,数字 1 ~ 10 的大写

壹,贰,叁,肆,伍,陆,柒,捌,玖,拾

比如人民币 36 745.12 元用大写就要写成叁万陆仟柒佰肆拾伍圆壹角贰分;而在英语中,英镑 36 745.12 pound 用大写就要写成 thirty-six thousand,seven hundred and forty-five point one two pounds 或 thirty-six thousand,seven hundred and forty-five pounds and twelve pennies. 人民币 21 536 745.12 元用大写就要写成贰仟壹佰伍拾叁万陆仟柒佰肆拾伍圆壹角贰分;而在英语中,同样数目的英镑数用大写就要写成 twenty-one million,five hundred and thirty-six thousand,seven hundred and forty-five point one two pounds 或 twenty-one million,five hundred and thirty-six thousand,seven hundred and forty-five pounds and twelve pennies.

怎么样,朋友?你可能对数字不感兴趣,但无论如何,你是离不开数字的.如果你发了财或出国了,可是却连

第1章 数是什么以及它是如何产生的?

一张支票都写不成,那可是有点尴尬哦!

一旦把数字用一种符号表示出来,人类就完成了一次认识上的飞跃,因为数字1已经是一个抽象的概念了,它既可以表示一个人,也可以表示一头牛或是任何数量是一的对象.数字的抽象概念就极大地延伸了它的作用,因为从此之后,人类在进行计算时就再也不用去考虑数字所代表的各种具体对象与数字无关的性质,而只要考虑数字本身的性质就行了.

另外有了最基本的数字1之后,通过合并两个1就可以产生2,再把2和1合并就可以产生数字3,原则上,这个过程可以无限地进行下去.正如中国的一部名著,老子的《道德经》中所说的:"道生一,一生二,二生三,三生万物."这就是人类思维上的又一次飞跃,就是从有限到无限的飞跃.原则上,我们可以想象有要多大就多大的数的存在,这只要把1这个数无限次地相加下去就可以得到,但是在实际操作中,我们又不可能无限次地相加,所以无限这一概念只能通过抽象的思维来认识.

这就又产生了一个矛盾或问题,即如何来表示这无限多个数字的问题.显然,对每一个数字给予一个特别的符号是一种无法实现的方案.有一个民间故事反映了这一问题.据说有一个姓万的财主特别吝啬,给他儿子请了一个教书先生.先生教了一天后,财主问他的儿子,今天学了什么字,儿子说,今天我学会写"一"字了,第二天说我学会写"二"字了,第三天说我学会写"三"字了.这个财主一看,学字也不难啊,一个字多一划,以后肯定也差不多,学这几个字也就够用了,没必要花那么多冤枉钱请先生.结果就把先生给辞了.过了几个月,这位财主准备为儿子过生日请一次客,同时也趁机显示一下自己的儿子会写字了,就让他的儿子在请帖上代他签字.结果过了一天,这个财主来问儿子名字签完了没有,儿子说:"爹呀,还早着呢,光你这个姓就要划一万道,现在我才划了几百道."其实这个财主的儿子还不算笨,不但数数得清,而且对没有学过的数字还能用类推的办法给出一个表示的方案,只不过这个方案无法实现罢了(其实罗马计数法也不比这个财主的儿子高明多少,如果要写一个很大的数,比如说一百万,罗马人所能使用的最好的办法,就是接连不断地写上一千个 M,这虽然用不了一天,却也得花费好几个钟头).

各个不同的文明,如巴比伦、印度和中国都各自独立地发明了进位法,用这种方法,我们就能用有限多的符号表示无限多的数字.最常用的进位法是十进制,而且各个不同的文明几乎不约而同地都产生了十进制的计数法,这大概不是偶然的.有的专家认为,这可能和人类最初是借助于手指来计数(想一下儿童最初是如何数数的),而与我们的双手一共有十个手指有关.的确,我们的双手就是一个天然的十以内的计算器.当然除了十进制之外,还有其他的进位制.例如在中国的重量计量中,采用 16 进位制,在计算时间时,我们又采取 60 进位制.

但是即使有了进位制,我们在表示很大的数时,原则上仍要发明无限多的单位,而刚才已说过,这是不现实.大概在两千年之前,一位不知名的印度数学家发明了一种表示数的方法,这种方法可以使我们写出任意大的数字.例如目前可以观测到的宇宙中所有原子

第1章　数是什么以及它是如何产生的？

的数目约为 300 000 000 000 000 000 000 000 000 000 000 000 000 000 000 000 000 000 000 000 000 000 000 000 个，这个数字要让你念出来恐怕都很困难，因为没有那么大的单位. 但是用那位不知名的印度数学家发明的办法，这一数字就可以写得很短，即写成

$$3\times 10^{74}$$

这里，10 的右上角的小号数字 74 表示 3 后面有 74 个零，即要 10 自乘 74 次再去乘 3. 用这种方法，我们就可以表示出任意大的数. 例如，下面是一些物理常数：

地球的半径：6 371 km；

地球的质量：5.98×10^{27} g；

太阳的质量：2×10^{33} g；

月球的半径：1 740 km；

月球的质量：7.35×10^{25} g.

下面是一则关于发现最大质数的新闻报道：

美国州立中密苏里大学的一个团队利用 700 多台计算机通过分布式运算发现了迄今为止最大的质数，一个 9 152 052 位的天文数字. 这一数字是在 2005 年 12 月 15 日被发现的，并已得到了确认.

他们发现的这个 900 多万位的数字是第 43 个梅森质数，为 $2^{30\,402\,457}-1$.

由此可见，这种表示数字的方法现在已深入到我们的生活中. 在上面的表示法中，我们已见过数字零. 发明和使用数字零也是人类认识上的一次飞跃. 零可以表示没有，同时使用数字零可以使我们区分像 12，120，102 这些不同的数字. 零的使用极大地方便了我们的思维和计算，在我们的生活中，如果没有零这个数字，那将是不可想象的.

0和数字1,2,3,…的全体已经组成了一个有着很好性质的计算整体,现在我们把0和数字1,2,3,…的全体称为(非负)整数.例如在这些数中可以进行两种运算,即加法和乘法,而且这两种运算还服从以下5个规律:

加法交换律:$a+b=b+a$;

加法结合律:$a+(b+c)=(a+b)+c$;

乘法交换律:$ab=ba$;

乘法结合律:$a(bc)=(ab)c$;

乘法分配律:$a(b+c)=ab+ac$,$(b+c)a=ab+ac$.

次序关系:对任意的a,b,三个关系式$a>b,a=b,a<b$之中,必有一个成立,且其他两个关系式不能同时成立,其中a,b是0或正整数

$$1>0$$
$$a>0, b>0 \Rightarrow a+b>0$$
$$a>0, b>0 \Rightarrow ab>0$$

$a>b, b>c \Rightarrow a>c$,其中a,b,c是0或正整数(由于成立加法和乘法的交换律,所以乘法分配律中的两个式子实质上是一个式子).

其实在整数范围中,乘法的地位没有加法那么基本,它是作为加法的简便算法而出现的,但是它一旦出现后,就有了独立性,而在数的范围扩大后,它就完全脱离了加法而独立了,因为在扩大的数中,乘法已完全不能用加法的简便运算来解释了.但是注意到乘法的起源还是有助于我们理解为什么乘法也遵循与加法完全相同的运算规律,并且与加法协调得如此和谐,因为它本来就来源于加法.而且思考一下以下问题也会让我们感觉到这两种运算的基本重要性.就是尽管我们

第 1 章　数是什么以及它是如何产生的?

还可以模仿乘法而定义什么其他的简便算法,但是这些算法最终都可以归结到加法和乘法,所以至今我们的小学算术只需背诵九九表(也就是乘法运算表)就到头了,而不需再背诵什么其他的运算表了.而去掉了加法或乘法任何一种运算,我们就什么计算也无法完成了.

但是从实用的观点来看,光有整数是完全不够用的.因为在客观世界中存在着两种性质完全不同的对象.一种对象是完整的,不可分割的,即如果你把这种对象加以分割,它就已不再是它本来的样子了.再说得具体一些,例如一个人、一头牛、一支箭、一个盘子、一个瓶子等,都是不能分割的对象,把这些对象分成哪怕仅仅是两半,它们就不再是人、牛、箭、盘子、瓶子等原来意义上的东西了.整数就是用来计数和计算这种不可分割的对象的.然而还有另一种对象,即连续的和均匀的量,这种对象既容易分开来也容易结合起来,而不失去它们原有的本性.例如长度、面积、体积还有时间都具有这样的性质,我们把这种性质称为连续性.连续性这一概念的本质就是所说的对象虽然实际上还没有被分割,但是潜在上却具有无限分割的可能性.要反映和计算这种量,光有整数是不够的,也就是说,必须对数的概念进行扩充.在人类的认识史上,这种扩充进行过不止一次.

数的第一次扩充来源于数的另一起源,即度量.从这个观点来看,数就是用叫作单位的量去度量同类的量的结果.当社会发展到需要对财产、战利品、土地的面积、物体的体积以及时间(因为和时间有关的历法是和农业紧密相关的,而农业长期以来是人类最基本的和最重要的生产形式之一)进行精确度量时,数就必然产生了.用度量的方法不仅能产生整数,而且必然产生分数.所以用度量方式产生的数包括了用数的方式产生的数.世界上几个比较重要的文明起源地,如古希腊、印度、埃及都在其文明发展的早期就已认识了分数.我们中国也是世界上一个重要的文明起源地,而且很重视数学的实用.因此中国人也很早就掌握了分数的实际应用.例如《管子》是春秋初期著名的政治家、军事家、经济学家、哲学家和音乐家所著的一本先秦时独成一家之言的最大的一部杂家著作.其中的地员篇里讨论音乐,说把发"宫"音的管子的长度"三分而益之以一"便得到能发"徵"音的管子的长度.另外一本在公元前三世纪左右写成的《考工记》在讲到制造车轮时,也有"六分其轮崇,以其一为之牙围""参分其牙围,而漆其二"等说法.可见我们中国人远在秦朝以前,就已经能掌握分数的实际应用了.

《九章算术》是一本秦汉数百年间数学研究成果的总结性著作.其中有大量和分数有关的问题,例如有一个问题是:今有凫从南海起飞,七日可到北海;雁从北海起飞,九日可到南海.今凫雁同时起飞,问经几日相遇?其答案就是一个分数.还有一个问题是:今有人持米出三关,过内关时纳税七分之一,过中关时纳税五分之一,过外关时纳税三分之一.出三关后剩米五斗,问原持米多少?这里不但答案是分数,而且问题的条件中就已有分数.

另一本大约完成于西汉末年的数学书籍《周髀算经》中关于月行速度的计算也使用了分数的运算.

有了十进制和分数,小数也就自然而然地产生了.

12

第1章　数是什么以及它是如何产生的？

但是我们的祖先似乎并不偏爱使用这种形式.虽然他们实质上已经有了这一概念,但是他们就像表示大的数字一样,宁愿使用像丝、毫、微等具体的单位,尽管这样表示一个很小的数并不方便.在表示一个很小的数时,上面提到的那位不知名的印度数学家发明的方法同样是很有效的.下面是一些很小的数：

电子的静止质量：$m_e = 9.106 \times 10^{-28}$ g；

中子的静止质量：$m_n = 1.675 \times 10^{-24}$ g；

质子的静止质量：$m_p = 1.6725 \times 10^{-24}$ g；

氢原子的质量：$m_H = 1.6734 \times 10^{-24}$ g.

就像上面我们考察乘法那样,注意到乘法的起源,我们就能够"预见"或至少理解、感觉到乘法应有哪些性质或乘法的性质是从何而来的.同样,考察分数的起源,也能使我们能够"预见"或至少理解、感觉到分数应有哪些性质或分数的性质是从何而来的.如果允许分数的分母和分子取任意的数,那么分数只不过是除法的另一种写法而已.因此我们只考虑分子、分母都是整数的分数,这样一来,分数的所有运算最终都归结为整数的运算,而且如果我们取一个适当的量作单位(具体地说,这个量就是这些分数的分母的最小公倍数的倒数),(注意,单位是可以改变的.例如,我们数鸡蛋时有时一对一对地数,这就是用 2 作新的单位.选举基层干部时,常在前面的黑板上,够了 5 个人就写一个"正"字,这就是用 5 作新的单位.商业中还有用"打"计数的,这就是用 12 作单位.单位变了以后,度量出来的数也会改变,物理学中经常需要把同一个量用不同的单位表示,并在这些用不同单位表示的数字之间进行换算.这种换算的公式是：在新单位下度量出来的数等于用原单位度量出来的数除以新单位. 比如要把 2 尺 7 寸换算成米,那么新的单位就是米,而 1 米等于 3 尺,按照上面的公式,我们应该用 2 尺 7 寸即 2.7 尺去除以新的单位即 3 尺,写出来就是 2.7/3＝0.9,因此 2 尺 7 寸＝0.9 米),那么有限个分数就可以同时成为整数(即同时成为这个单位的整数倍). 因此我们有很大的把握期望分数应与整数一样遵循同样的运算规律,事实上也正是这样. 分数无疑是比整数更为复杂的对象,因为它由两个整数组成. 而且存在着形式上完全不同的无穷多的分数,而实际上它们都代表同一个分数(例如二分之一、四分之二、六分之三,…… 实际上都只是一个分数),从这一事实出发,可以发展出像等价、商空间等近代的观念. 这里我们看到了这样的情况,就是我们扩大了数的范围,但是新的更复杂的对象和原来的对象有很好的协调关系. 以后我们会不止一次地看到,这一原则是我们不断扩充数的概念时始终想保持的,除非到万不得已的时候,我们是不愿意放弃这一原则的.

　　有了零、正整数和正分数之后,从实用的观点来看,我们就可以完成一切实用的计算需要. 的确,即使在今天这样数学已高度发达并系统化的时代,我们的一切实用的计算,最后仍归结到只需用到这些数就够了. 所以对于一般人来说,始终不会感到如果不再增添什么新的数会有什么不便. 但是科学的发展动力,从它出现的那天起,就不只是因为要解决实际中的具体问题,科学发展的另一个动力还来自它要解决内部的自我协调性所提出的问题. 科学研究发现客观规律的过程有时看起来就像研究者在玩一个神秘的拼图游戏,

第 1 章　数是什么以及它是如何产生的？

来自不同领域的发现或概念都会以令人惊讶的程度互相吻合和衔接、协调.数学也是这样,当我们在处理数学内部出现的问题时,我们自然会产生这样一种倾向,即使用尽可能统一的原则和规则.

这就是数要进行扩充的另一个起源.上面已经讲到,在零、正整数和正分数之间可以进行加法和乘法两种运算.出现了一种运算后无论是实际问题还是理论本身必然会提出如何做逆运算的问题.比如,加法是已知两个加数 a,b,求它们的和 c,而问题有时是已知一个加数 a 和它们的和 c,求另一个加数 b.这就归结到一个方程 $a+x=c$.如果只限于正数,这一方程就可能没有解.同样形式的方程,有的有解,有的没有解,会使人们在研究它们时感到极大的不便,仅仅在研究使用的语言上就会使你不胜其烦.所以数学家希望这些方程都有解,哪怕是形式上的解.企图使方程有解这一动机就导致了负数、无理数乃至复数的产生.这就是数的第三个起源.复数产生之后又产生了四元数、八元数.但是到目前为止,数的扩充到复数为止已经完备(也就是说,没有必要再进一步进行扩充了).而数的这几次扩充每一次都造成了一部分人认识上的危机和矛盾.而这几次危机又是促进数学向前发展的重大动力.

比如说,就像分数刚出现时那样,有人就要问,二分之一个人是什么意思？对此,我们的回答是二分之一个人的确是没有意义的,但是,这不能用来说明,二分之一这个概念是没有意义的,因为存在着用二分之一表示而有意义的量,例如二分之一亩地,二分之一秒等.负数刚出现时,也有人要问,－1 个人,－1 亩地是什么意思,对此问题的回答与上面是类似的.的确,抽象地说－1个人，－1亩地是没有意义的，但是这不能用来说明，－1这个概念是没有意义的，因为存在着用－1表示而有意义的量，例如－1摄氏度就表示摄氏零下1度．何况－1个人，－1亩地如果联系到一定的具体的问题就可能产生意义，例如，它可以表示少一个人，少一亩地．当然，也可能存在着无论怎样解释用－1表示都没有意义的量，但是刚才我们已经说过，即使存在着这种量，也不能用来说明－1这个概念是没有意义的．

还可以从另一个方面来说明负数产生的必要性，即使是完全从形式上引进负数，也会在实用上产生极大的便利．

例如，如果没有负数，加减法混合运算就必须遵循被减数大于减数的原则，这样一来，我们就不能任意交换运算的次序，而1－2＋3－4＋5－5＋4－3＋2－1甚至从一开始就不能够进行下去．

例如，如果没有负数，要表示一条直线上3个点A,B,C所产生的各个线段之间的长度关系，就必须讨论以下6种情况

$AB+BC=AC$（A在C左边，B在A，C中间）

$AC+CB=AB$（A在B左边，C在A，B中间）

$BA+AC=BC$（B在C左边，A在B，C中间）

$BC+CA=BA$（B在A左边，C在B，A中间）

$CA+AB=CB$（C在B左边，A在C，B中间）

$CB+BA=CA$（C在A左边，B在C，A中间）

这还不包括这3个点中有某几个点重合的情况，而如果规定，线段的长度从左向右用正数表示，而从右向左用负数表示，则任何情况下（包括以上6种情况和

第1章 数是什么以及它是如何产生的?

有某几个点重合的情况),各个线段之间的长度关系就可以用一个统一的式子 $AB+BC=AC$ 来表示.

例如,如果没有负数,甚至平面解析几何都无法产生,因为我们只能表示第一象限的点.然而整条的直线,在各个象限都能延伸的几何图形却是一种客观存在的对象,它不会因为你无法表示而不存在.也许,有人能发展出一套不用负数的系统来处理这些事情(我不知道是否能够发展出这种系统,但如果你仅仅使用另一个名词,而实际上仍是负数的东西来解决问题,那只不过是一种自欺欺人的方案),但正像我们刚才表明的那样,这种体系必然是一种语言极其烦琐,手段上自找麻烦的体系,而一旦有人引进负数,而使得同样的问题可以更为简便地解决(你无权阻挠别人使用负数)时,所有的人都会感到,干嘛要绕那么大的圈子,就会抛弃那个体系而接受负数(除非那种体系是像中世纪的教会那样以权利维持它的学说,不过即使那样,它遭到被抛弃的命运也只是时间问题).如果没有负数,行列式的理论也无法产生,整个高等代数,现代的数学分析即整个的现代数学都无法产生,那我们就只能永远生活在蒙昧时代.

从最简单的整数 1 产生算起,到复数的产生,人类用了几千年的时间.而这些知识现在的人只需学习十几年就能掌握.如果你的数学课学得不错的话,你掌握了古代人要几千年之后才能知道的奥妙和技巧,所以在古代人的眼里你其实已具有很了不起的本领了.设想一下如果你突然回到古代会怎么样?事实上,已经有不少人设想过这种场面.按照某些人的设想,通过一种叫作时间隧道的通道,你就能够回到古代,甚至能够再见到你的祖先,而那些人因为你具有神奇的本领将把你视为神仙,待若上宾. 好像有一本叫《从月亮上来的人》的书就设想过一个现代人因为海难,漂流到一个只有未开化部落的岛上,他随身带了一只箱子,里面装有酒精等物,上岛之后,他对当地土人表演了他的神奇本领,一是可以使水着火(其实是用火柴把酒精点燃),结果是当地人非常恐怖,乞求他不要把他们赖以生存的宝贵的水烧掉;二是他根据天文知识,知道哪一天会发生月食,结果他预言那一天天狗将会吃掉月亮,又引起了一场恐慌,他当然知道月食会过去,所以答应帮他们把天狗赶走,这又使当地人对他感激涕零,把最好的食物送给他. 怎么样,是不是很美妙? 不过且慢,因为这种设想还包含着另外一种可能性,就是有着特殊能力的人在古代既可能被视为神仙,也可能被视为魔鬼和巫术. 如果你被看成魔鬼和巫术那结果可并不美妙,况且,在有的部落中,先不管你有没有什么本领,而首先把你视作一道可口美味的大餐,如果这样,可就更有点恐怖了. 更何况,古代的人在有些方面已经达到了不可想象的高度,他们所能解决的问题即使是现代也不是每个人都能够解决的. 比如说,阿基米德的国王让他解决的问题你是不是能解决呢? 传说公元前叙拉古国王海隆命令金工替他打造一只纯金的王冠. 不久,金工就把王冠打造好了. 王冠金光灿烂,国王见了非常高兴和喜欢,打算重重地赏赐匠人. 但是正在这时,有人对国王说,金工在制造时有可能揩了一点油,在王冠里掺了一点银子,这就贬损了它的价值. 国王一听觉得很有道理. 因此就想知道这顶王冠到底掺了银子没有. 但是他又非常喜欢这顶王冠的样式,因此又规定无论

第1章　数是什么以及它是如何产生的？

什么人检验时都不允许把这顶王冠损坏一丝一毫.结果朝中的大臣们都感到国王的条件太苛刻,无法应命.国王海隆看见他的臣子这么不中用,极为烦恼.最后他想到了他的顾问,国内最聪明的人阿基米德,决定把这件事交给他办理.据说阿基米德也是苦苦思索了很久才解决这一问题的.阿基米德还会求抛物线和它的弦围成的面积.这些问题你都能解决吗？国王海隆还算是比较开明的,对于解决不了他的问题的大臣也就是烦恼而已,有的国王或皇帝可就不那么好说话了,他们的问题解决不了可是要杀头的.所以还是就待在现代,好好地学习,学得一身好本领,好好地工作,好好地生活吧！

集合和对应

第 2 章

2.1　集合及其运算

集合这个概念其实是非常直观的,不管你是否意识到,实际上在人们的潜意识中都会使用这个概念,比如当你在说所有这个词时,你很可能就在运用这个概念了,因此这是数学中的一个原始的无法再定义的概念了.但是近代的基础研究又发现,这又是一个很复杂的概念,如果不适当地扩大它的适用范围,就将会引起使我们的整个数学基础崩溃的危机.在本书中,不讨论与此有关的基础问题,只给出集合的朴素直观的描写,并在不致引起矛盾的合理范围内使用这一概念.

第 2 章　集合和对应

凡是具有某种特殊性质的对象的全体就称为一个集合.例如全体自然数的集合、直线上所有的点的集合、全体整系数多项式的集合等.任给一个对象 x 和一个集合 A,则 x 或是属于 A,或是不属于 A,但是 x 不可能既属于 A 又不属于 A.

如果 x 属于 A,则记为 $x \in A$.

如果 x 不属于 A,则记为 $x \notin A$ 或 $x \bar{\in} A$.

我们规定,一个集合本身不能作为这个集合的元素(这与我们刚才提到的不适当的扩大集合的适用范围会引起数学基础中的矛盾问题有关),也就是规定对任何集合 A 有

$$A \notin A$$

实际上,这一规定也非常直观.可以把集合比作一个大口袋,在没有定义一个集合之前,这一口袋并不存在,当我们定义一个集合之后,就产生了一个新的对象,那就是包含集合中所有元素的口袋.这个口袋中的东西就是集合的元素,但是这个口袋不能把自己也装进去.你可以用另一个口袋来装这个口袋,但是一个口袋自己不能装自己.

为方便起见,我们引入空集的概念,就是不含任何元素的集合.如果通过上下文的呼应不会引起误解,我们有时就用 0 来代表空集,有时也用 ∅ 来代表空集.

有时也会遇到由单个元素组成的集合,即单元素集.这时要注意,不要把单元素集和这个集合所包含的单个元素混起来(从下面的例子中可以看出二者是不一样的).

现在来说一下如何表示一个集合.

最简单的表示法是所谓列举法,就是把集合中的

元素列举出来,这时可先将集合中的元素列举出来,然后再在它们外面加上一个花括号. 例如
$$A=\{a,b,c\}$$
全体正整数的集合可以表示成
$$N=\{1,2,3,\cdots\}$$
等. 注意,用列举法表示集合时,每个元素只需写一次,而且不考虑顺序. 但是这种方法对有的集合不适用. 例如有的集合中的元素不可能一一列举出来,或即使列举出来了,其规律并不明显,除了列举人自己心中明白,其他人仍然无法知道. 因此更经常使用的方法是描述法. 用描述法定义集合的写法是在花括号中的左边写上代表集合元素的符号,然后在其右边画一条竖线,在竖线右边用语言或公式写出集合元素所满足的特性. 例如
$$A=\{x\mid x^2-5x+6=0\}$$
$$M=\{(x,y)\mid x,y\text{ 都是整数}\}$$
等.

定义 2.1.1 若集合 A 的所有元素都是集合 B 的元素,则称 A 为 B 的子集,记为
$$A\subset B \text{ 或 } B\supset A$$
这时 B 称为 A 的包含集.

设 A 是任意一个集合. 显然有 $A\subset A$ 和 $\varnothing\subset A$. 后者之所以成立是由于一个命题和它的逆否命题是等价的. 把子集定义中的话换成它的逆否命题就得到 $A\subset B$ 的含义是如果一个元素不属于 B,则它也不属于 A. 如果集合 A 与集合 B 表示同一个集合,则称集合 A 与集合 B 恒同,记为 $A=B$. 根据上面的说明和恒同的定义就有,如果 $A=B$,则有 $A\subset B$,同时有 $B\subset A$.

第 2 章 集合和对应

由恒同的定义得出,A,B 不相同(记为 $A \neq B$)的意思即是至少存在一个元素 x 使得 x 属于 A 而不属于 B,或至少存在一个元素 x 使得 x 属于 B 而不属于 A,因此包含关系 $A \subset B$ 和 $B \subset A$ 不可能同时成立.这就是说如果 $A \subset B$,同时 $B \subset A$,则必有 $A = B$.

定理 2.1.1 集合 $A = B$ 等价于 $A \subset B$,同时 $B \subset A$.

定义 2.1.2 设集合 S 包含集合 A 与集合 B 中的所有元素,但不含其他元素,则称 S 为 A 与 B 的和集,记为
$$S = A \cup B$$
类似可定义有限个集合 $A_1, A_2, \cdots, A_n$ 的和集或无限个集合 $A_1, A_2, \cdots, A_n, \cdots$ 的和集.

为了简明起见,常用连并号"$\cup$"来记有限的和或无限的和.例如
$$S = \bigcup_{k=1}^{n} A_k = A_1 \cup A_2 \cup \cdots \cup A_n$$
$$S = \bigcup_{k=1}^{\infty} A_k = A_1 \cup A_2 \cup \cdots \cup A_n \cup \cdots$$
连并号后面集合符号的脚标 k 称为哑指标,而连并号的上下标则表示哑指标的变化范围.

定义 2.1.3 设集合 P 包含集合 A 与集合 B 的所有共同元素但不含其他元素,则称 P 为 A 与 B 的交集,记为
$$P = AB \text{ 或 } P = A \cap B$$
类似可定义有限个集合 $A_1, A_2, \cdots, A_n$ 的交集或无限个集合 $A_1, A_2, \cdots, A_n, \cdots$ 的交集.

为了简明起见,常用连乘号"$\prod$"来记有限的交或无限的交.例如

$$P = \prod_{k=1}^{n} A_k = A_1 A_2 \cdots A_n = A_1 \cap A_2 \cap \cdots \cap A_n$$

$$P = \prod_{k=1}^{\infty} A_k = A_1 A_2 \cdots A_n \cdots =$$
$$A_1 \cap A_2 \cap \cdots \cap A_n \cap \cdots$$

例 2.1.1 $\prod_{k=1}^{\infty} (-\frac{1}{k}, \frac{1}{k}) = \{0\}$（单元素集）.

例 2.1.2 $\prod_{k=1}^{\infty} (0, \frac{1}{k}) = 0(\varnothing)$.

如果集合 A 与 B 没有共同元素，则记为 $A \cap B = \varnothing$，这时也称 A 与 B 是不相交的．

集合的运算和普通算术的运算有很多相似之处，例如：

定理 2.1.2

(1) $A \cup B = B \cup A$;
　　$A \cap B = B \cap A$;

(2) $A \cup (B \cup C) = (A \cup B) \cup C$;
　　$A \cap (B \cap C) = (A \cap B) \cap C$;

(3) $A \cap (B \cup C) = (A \cap B) \cup (A \cap C)$;
　　$A \cup (B \cap C) = (A \cup B) \cap (A \cup C)$.

证明 我们只证明(3)中的第一个式子，其余式子可类似证明．

设 $S = A \cap (B \cup C)$, $T = (A \cap B) \cup (A \cap C)$.

设 $x \in S$，则 $x \in A$ 并且 $x \in B \cup C$. 后面的式子表明，$x \in B$ 或 $x \in C$，因而 $x \in A \cap B$ 或 $A \cap C$，从而 $x \in (A \cap B) \cup (A \cap C)$. 这就说明 $S \subset T$.

反之，如果 $x \in T$，则 $x \in A \cap B$ 或 $A \cap C$，这就是说 $x \in A$ 并且 $x \in B$ 或 C. 因此 $x \in B \cup C$. 由 $x \in A$ 和 $x \in B \cup C$ 就得出 $x \in A \cap (B \cup C) = S$. 这就

说明 $T \subset S$.

由 $S \subset T$ 和 $T \subset S$ 即得 $S = T$.

类似地可证明

$$A(B_1 \cup B_2 \cup \cdots \cup B_n) = AB_1 \cup AB_2 \cup \cdots \cup AB_n$$

$$A(B_1 \cup B_2 \cup \cdots \cup B_n \cup \cdots) =$$

$$AB_1 \cup AB_2 \cup \cdots \cup AB_n \cup \cdots$$

如果 $A \subset B$,则显然有

$$A \cup B = B, \text{特别 } A \cup A = A$$

$$A \cap B = A, \text{特别 } A \cap A = A$$

上面的例子说明,虽然集合的运算和普通算术的运算有很多相似之处,但它们又不完全相同.

定义 2.1.4 设 A, B 是两个集合,集合 R 包含属于 A 而不属于 B 的一切元素且除此之外不包含其他元素,则称 R 是 A 与 B 的差集,记为

$$R = A \backslash B$$

例如 $A = \{1, 2, 3, 4\}, B = \{3, 4, 5, 6\}$,则

$$A \backslash B = \{1, 2\}$$

定义 2.1.5 设 A 表示一个集合,则称所有不属于 A 的元素组成的集合为 A 的补集或余集,记为 A' 或 A^c.

有时需在一个较大的集合 X 中考虑所有不属于 X 的子集 A 的元素的集合,这一集合称为 A 相对于 X 的补集或余集.

定理 2.1.3

(1) $A \backslash B = A \cap B'$;

(2) $A(B \backslash C) = AB \backslash AC$.

此定理可仿照定理 2.1.1 的证明方法证明. 请读者自己练习一下.

定理 2.1.4 $(A\backslash B)\bigcup B=A$ 的充分必要条件是 $B\subset A$.

证明 若 $(A\backslash B)\bigcup B=A$, 则显然 $B\subset A$; 反之若 $B\subset A$, 则 $(A\backslash B)\bigcup B\subset A$, 另一方面由差集与并集的定义知, 恒成立 $A\subset (A\backslash B)\bigcup B$, 故必有 $(A\backslash B)\bigcup B=A$.

定理 2.1.3 以及下面的定理说明引进了补集的概念之后, 集合的一切运算都可以归结为交和并的运算, 因此并、交、补三种运算是集合的基本运算.

德摩根(De Morgan Augustus, 1806—1871), 英国数学家, 生于印度的马德拉斯管区的马都拉, 卒于伦敦.

定理 2.1.5 (德摩根公式)

(1) $(A\bigcup B)'=A'\bigcap B'$;

(2) $(A\bigcap B)'=A'\bigcup B'$.

证明 我们只证(1), (2)类似可证.

设 $x\in (A\bigcup B)'$, 则 $x\notin A\bigcup B$, 因此 $x\notin A$ 并且 $x\notin B$. 换句话说 $x\in A'$ 并且 $x\in B'$. 因此 $x\in A'\bigcap B'$. 由 x 的任意性就得出 $(A\bigcup B)'\subset A'\bigcap B'$. 反过来, 如果 $x\in A'\bigcap B'$, 那么 $x\in A'$ 并且 $x\in B'$. 因此 $x\notin A$ 并且 $x\notin B$, 因而 $x\notin A\bigcup B$, 或者 $x\in (A\bigcup B)'$, 因此 $A'\bigcap B'\subset (A\bigcup B)'$.

由以上两方面的论述即得出所需要的等式.

习题 2.1

1. 证明: $AB\bigcup C=(A\bigcup C)(B\bigcup C)$.

2.2 有限集合的势

当我们考虑一个集合时, 除了我们定义这个集合

的那些性质,集合中的元素的其他性质就都不予考虑了.如果考虑各种集合的共同性质,那么恐怕就只剩下集合的大小这一个性质了.但是有人可能要问:集合有大小吗?回答是起码对于有限集合,是可以考虑它的大小的.直观上看起来,元素多的集合就要比元素少的集合大.这点在战争中特别明显,两军对战,在武器水平相当的情况下,兵力多的一方将占有明显的优势.所以交战之前,估计敌我双方兵力的对比,就成为指挥员下定决心的重要依据.

定义 2.2.1 设 A 是一个有限集合,那么 A 的元素的个数就称为此集合的势,记为

$$|A| \text{ 或 } \overline{\overline{A}} \text{ 或 } \sharp A$$

如果 A 和 B 是两个有限集合,自然会产生一个问题:它们所含的元素的个数是否相同?或者说它们的势是否相等.首先想到的一个办法就是去数一下它们各有多少元素.不过当元素的数目很大时,数数也不是一件很轻松的事.但是不数也可以解决问题.比如一个老师领了一班学生到教室来,她还不知道教室中的座位够不够.这时她可以请学生自己去找座位,如果找不到,就先站在教室里.等学生都找完座位后,如果有站着的人,她就知道座位不够,如果有座位空着,她就知道座位多了,如果既没有站着的人,也没有空着的座位,她就知道学生和座位一样多.这种方法的实质是在学生的集合 A 和座位的集合 B 之间建立一种对应,或者更严格一点叫作映射.其实数数还是在建立映射,不过数数时我们是在一个有限集合和一个标准的有限集合 $\{1,2,\cdots,n\}$ 之间建立映射而已.所以首先我们要弄清楚映射的含义.

定义 2.2.2 设 A,B 是两个集合. 如果对于 A 中的每一个元素 a, 都有一个法则 f 使得 B 中有一个唯一的元素 b 与它对应, 就称法则 f 建立了一个集合 A 到集合 B 的映射. 这时 b 称为 a 在映射 f 下的象, a 称为 b 在映射 f 下的原象, 记为

$$a \to b \text{ 或 } b = f(a)$$

映射这个概念是一个非常一般的概念, 中学里学过的函数概念, 大学里才学到的矩阵算子的概念都可以包括在这个概念里面. 因为它几乎没有什么特殊要求, 所以适用的范围非常广泛. 这个概念中只有两个要求, 就是 A 中每一个元素必须有一个象, 而且象是唯一的. 而这些要求好象是不能再少了. 注意, 在映射的定义中, 对原象并没有什么要求, 因此原象不一定是唯一的. 比如在映射 $y = x^2$ 中, -1 和 1 的象就都是 1. 另外还要注意, B 中有的元素不一定有原象. 比如还是上面所说的映射, 如果 B 中有负数, 那么 B 中所有的负数就都没有原象, 还要注意, 没有原象的元素本身不可能是象, 因此 B 中不一定所有的元素都是象.

用 $f(A)$ 表示集合 $\{f(x) \mid x \in A\}$, 也就是 B 中所有的象所组成的集合, 那么显然有 $f(A) \subset B$.

如果 $f(A) = B$, 那么对于每一个 $b \in B$, 就至少有一个 $a \in A$ 使得 $f(a) = b$. 否则就至少有一个 $b \in B$, 而不存在任何 $a \in A$ 使得 $f(a) = b$, 因此 $f(A)$ 不可能等于 B, 这就与 $f(A) = B$ 矛盾. 这时称 f 为满射或映上的. 如果 f 是映上的, 则显然有 $|A| \geqslant |B|$.

如果对于 A 中任意两个不同的元素 a_1, a_2 都有 $f(a_1) \neq f(a_2)$, 那么就称 f 是单射. 也就是说, 对于单射如果原象不同, 那么映出的象也不同. 由此可以得出

有多少个原象,就有多少个象(如果 f 不是单射,那就不一定是这样,比如对于映射 $f=x^2$,除了 $x=0$ 之外,一般是两个原象对应于一个象,这时就不是有多少个原象就有多少个象了). 也就是说,B 中的元素个数比 A 中的元素个数只多不少(因为 B 中还可能包括那些不是象的元素),或者说 B 中的元素个数至少与 A 中一样多,即对于单射成立 $|A|\leqslant|B|$.

定义 2.2.3 如果一个映射 f 既是单射又是映上的,那么就称 f 是一个一一对应或 1—1 对应.

如果 f 是一个 1—1 对应,那么根据映射的定义可知,对于 A 中的每一个元素 a,有 B 中的唯一元素 b 与之对应,反过来,因为 f 是映上的,所以对于 B 中的每一个元素 b,存在 A 中的元素 a 与之对应,而由于 f 又是单射,因此 A 中与 b 对应的元素 a 也是唯一的. 这也可以作为 1—1 对应的另一个定义.

定义 2.2.4 设 A 与 B 是两个集合,法则 f 使 A 的任意元素 a 有 B 的唯一元素 b 和它对应,并且使 B 的任意元素 b 也有 A 的唯一元素和它对应,则称 f 是集合 A 与 B 之间的一一对应或 1—1 对应.

可以证明,这一定义与定义 2.2.3 是等价的,刚才我们已从定义 2.2.3 推出这一定义,读者可自己练习一下从这一定义得出定义 2.2.3.

如果 A,B 是 1—1 对应的有限集合,那么它们的元素个数必然相等. 假设不然,不妨设 A 的元素个数较少,那么我们把 A 中的元素和 B 中与它对应的元素一对一对地逐次拿去(注意:由于 A,B 是 1—1 对应的,因此彼此对应的元素是唯一的,因为我们的拿法也是唯一的). 由于 A 是有限集合,并且元素个数较少,所以拿到最后,A 必然首先变为空集,而 B 中还有剩余的元素,这些元素不可能与 A 中任何元素对应,这就与 A,B 是 1—1 对应的假设相矛盾. 同样,如果假设 B 中的元素较少,也要得出矛盾,因此我们得出:

定理 2.2.1 设 A,B 是 1—1 对应的有限集合,则必有 $|A|=|B|$,记为
$$A \sim B$$

这个定理的逆定理也成立.

对于有限集合,还有一个和势有关的原理,就是所谓加法原理. 形象地说,假如桌子的两个抽屉里都放着一些苹果,那么桌子里的苹果个数就等于两个抽屉里的苹果数目之和. 这一原理是我们通过大量的事实与长期积累的经验认识到的一条客观规律,是我们生活在其中的外部客观世界的一种本性. 它不需要证明. 把这个原理用数学的语言写出来就是:

法则 2.2.1(加法原理) 设 S 是有限集合,$S = A \cup B$,而 $A \cap B = \varnothing$,那么
$$|S|=|A|+|B|$$

注意,要使上面的公式成立,必须 A 和 B 不相交,否则这一公式就不成立. 例如设 $S=\{1,2,3,4,5,6\}$,$A=\{1,2,3,4\}$,$B=\{3,4,5,6\}$,那么 S 中有 6 个元素,A,B 中各有 4 个元素,显然 $6 \neq 4+4$.

加法原理还可以推广到有限个集合的情况:

法则 2.2.2(推广的加法原理) 设 S 是有限集合,$S = A_1 \cup A_2 \cup \cdots \cup A_n$,而 $A_1, A_2, \cdots, A_n$ 两两不相交,那么
$$|S|=|A_1|+|A_2|+\cdots+|A_n|$$

加法原理可以简单地概括为一句话,即对于有限

集合,整体等于局部的和.

由加法原理立刻可以得出另一条原理,即所谓抽屉原理:

法则 2.2.3(抽屉原理) 设集合 S 是 n 个两两不相交的集合的并,而 $|S|>n$,那么这 n 个集合中必有一个集合至少包含两个元素.

上面提到,如果 S 的子集不是两两不相交的,那么加法原理就不成立.那么在 S 的子集是可以相交的情况下,有没有用 S 的子集的势去计算 S 的势的公式呢?回答是有的.要想知道这个公式的表达式,我们首先要看看,在 S 的子集可以相交的情况下,加法公式发生了什么变化.本来在加法公式中,S 的势就等于各个子集的势之和,当 S 的子集可以相交时,我们从法则 2.2.1 下面的例子中可以看出,子集的势之和要比 S 的势大,那么为什么会多出来一些数呢?我们从最简单的情况来看.

设 $S=A\cup B$,当 $A\cap B\neq\varnothing$ 时,因为 A 和 B 都包含 $A\cap B$,所以你在算 $|A|+|B|$ 时,就把 $|A\cap B|$ 多算了一遍(算了两遍),这样算出来的数当然就多了,为了得出正确的结果,我们必须从 $|A|+|B|$ 中减去一个 $|A\cap B|$ 才对,因此正确的公式应该是

$$|S|=|A|+|B|-|A\cap B|$$

(如果 A 和 B 是不相交的,那么 $|A\cap B|=0$,于是在上面的公式中,$|A\cap B|$ 这一项就不会出现,我们就又重新得到加法公式).在我们提到的例子里,$|A\cap B|=2$,现在你再看看,是不是就对了?事实上,我们现在得到 $4+4-2$,恰好等于 S 的元素个数 6.

为了看出一般情况下的公式,我们再看看 S 有 3 个子集 A,B,C 时的情况. 这时 A,B,C 不仅包含 $A\cap B, B\cap C, A\cap C$,而且还包含 $A\cap B\cap C$. 我们在算 $|A|+|B|+|C|$ 时,把 $|A\cap B|$,$|B\cap C|$,$|A\cap C|$ 都多算了一遍,把 $|A\cap B\cap C|$ 多算了两遍. 因此应该从 $|A|+|B|+|C|$ 中减去 $|A\cap B|$,$|B\cap C|$,$|A\cap C|$ 才对,但是因为 $A\cap B, B\cap C, A\cap C$ 中都包含着 $A\cap B\cap C$,所以我们又减多了(减了三遍),因此还要再加上一个 $|A\cap B\cap C|$ 才对. 这样最后的公式就应该是

$$|S|=|A|+|B|+|C|-|A\cap B|-|B\cap C|-|A\cap C|+|A\cap B\cap C|$$

我们用一个例子来检验一下这个公式. 设
$$S=\{1,2,3,4,5,6\}, A=\{1,2,3,4\}$$
$$B=\{2,3,4,5\}, C=\{3,4,5,6\}$$

那么
$$|S|=6, |A|=|B|=|C|=4$$
$$|A\cap B|=|B\cap C|=3$$
$$|A\cap C|=2, |A\cap B\cap C|=2$$

而 $4+4+4-3-3-2+2=6$,恰好是 S 的元素个数. 通过这个公式,我们还有理由猜到一般的公式应该是设 $S=A_1\cup A_2\cup\cdots\cup A_n$,则

$$|S|=\sum_{1\leqslant i\leqslant n}|A_i|-\sum_{1\leqslant i<j\leqslant n}|A_i\cap A_j|+\sum_{1\leqslant i<j<k\leqslant n}|A_i\cap A_j\cap A_k|-\cdots+(-1)^{n-1}|A_1\cap A_2\cap\cdots\cap A_n|$$

要证明这个一般的公式,再像刚才那样说恐怕就有些绕嘴,说不清楚了. 但是不难想到可以用数学归纳法去

证明. 当 $n=2,3$ 时,我们刚才已经验证了这个公式的正确性. 现在假设这个公式对一切小于或等于 $n(n\geqslant 2)$ 的自然数都成立. 又设

$$S_1 = A_1 \cup A_2 \cup \cdots \cup A_n \cup A_{n+1} = S \cup A_{n+1}$$

那么,根据 $n=2$ 时的结果就有

$$|S_1| = |S| + |A_{n+1}| - |S \cap A_{n+1}| =$$
$$\sum_{1\leqslant i\leqslant n}|A_i| - \sum_{1\leqslant i<j\leqslant n}|A_i \cap A_j| +$$
$$\sum_{1\leqslant i<j<k\leqslant n}|A_i \cap A_j \cap A_k| - \cdots +$$
$$(-1)^{n-1}|A_1 \cap A_2 \cap \cdots \cap A_n| + |A_{n+1}| -$$
$$|(A_1 \cup A_2 \cup \cdots \cup A_n) \cap A_{n+1}|$$

而

$$|(A_1 \cup A_2 \cup \cdots \cup A_n) \cap A_{n+1}| =$$
$$|(A_1 \cap A_{n+1}) \cup (A_2 \cap A_{n+1}) \cup \cdots \cup (A_n \cap A_{n+1})| =$$
$$\sum_{1\leqslant i\leqslant n}|A_i \cap A_{n+1}| - \sum_{1\leqslant i<j\leqslant n}|A_i \cap A_j \cap A_{n+1}| +$$
$$\sum_{1\leqslant i<j<k\leqslant n}|A_i \cap A_j \cap A_k \cap A_{n+1}| - \cdots +$$
$$(-1)^{n-1}|A_1 \cap A_2 \cap \cdots \cap A_n \cap A_{n+1}|$$

把上面的式子代入 $|S_1|$ 中就得出

$$|S_1| = |A_1 \cup A_2 \cup \cdots \cup A_n \cup A_{n+1}| =$$
$$\sum_{1\leqslant i\leqslant n+1}|A_i| - \sum_{1\leqslant i<j\leqslant n+1}|A_i \cap A_j| +$$
$$\sum_{1\leqslant i<j<k\leqslant n}|A_i \cap A_j \cap A_k| - \cdots +$$
$$(-1)^n|A_1 \cap A_2 \cap \cdots \cap A_{n+1}|$$

因此由数学归纳法我们就证明了:

定理 2.2.2(容斥原理) 设 $S = A_1 \cup A_2 \cup \cdots \cup A_n$,则

$$|S| = \sum_{1\leqslant i\leqslant n}|A_i| - \sum_{1\leqslant i<j\leqslant n}|A_i \cap A_j| +$$

33

$$\sum_{1\leqslant i<j<k\leqslant n}|A_i\cap A_j\cap A_k|-\cdots+$$
$$(-1)^{n-1}|A_1\cap A_2\cap\cdots\cap A_n|$$

定理 2.2.2 还有另一种表述方法,称为逐步淘汰原理,现介绍如下:

定理 2.2.3(逐步淘汰原理) 设 S 是一个有限集合,$A_1,A_2,\cdots,A_n$ 是 S 的子集,$\overline{A_i}=S-A_i$,那么
$$|\overline{A_1}\cap\overline{A_2}\cap\cdots\cap\overline{A_n}|=$$
$$|S|-\sum_{1\leqslant i<j\leqslant n}|A_i\cap A_j|+$$
$$\sum_{1\leqslant i<j<k\leqslant n}|A_i\cap A_j\cap A_k|-\cdots+$$
$$(-1)^n|A_1\cap A_2\cap\cdots\cap A_n|$$

证明 由定理 2.1.5 知
$$\overline{A_1}\cap\overline{A_2}\cap\cdots\cap\overline{A_n}=\overline{A_1\cup A_2\cup\cdots\cup A_n}$$
因此 $A_1\cup A_2\cup\cdots\cup A_n$ 和 $\overline{A_1}\cap\overline{A_2}\cap\cdots\cap\overline{A_n}$ 是不相交的集合,故由加法原理和容斥原理即得
$$|\overline{A_1}\cap\overline{A_2}\cap\cdots\cap\overline{A_n}|=$$
$$|S|-|A_1\cup A_2\cup\cdots\cup A_n|=$$
$$|S|-(\sum_{1\leqslant i\leqslant n}|A_i|-\sum_{1\leqslant i<j\leqslant n}|A_i\cap A_j|+$$
$$\sum_{1\leqslant i<j<k\leqslant n}|A_i\cap A_j\cap A_k|-\cdots+$$
$$(-1)^{n-1}|A_1\cap A_2\cap\cdots\cap A_n|)=$$
$$|S|-\sum_{1\leqslant i\leqslant n}|A_i|+\sum_{1\leqslant i<j\leqslant n}|A_i\cap A_j|-$$
$$\sum_{1\leqslant i<j<k\leqslant n}|A_i\cap A_j\cap A_k|+\cdots-$$
$$(-1)^{n-1}|A_1\cap A_2\cap\cdots\cap A_n|$$

特别地,当上述和式中的各项都相等时,上述公式就成为

$$|\overline{A_1} \cap \overline{A_2} \cap \cdots \cap \overline{A_n}| =$$
$$|S| - C_n^1 |A_1| + C_n^2 |A_1 \cap A_2| -$$
$$C_n^3 |A_1 \cap A_2 \cap A_3| + \cdots +$$
$$(-1)^n |A_1 \cap A_2 \cap \cdots \cap A_n|$$

逐步淘汰原理也可以表述成下述两种形式之一:

定理 2.2.4

(1) 设集合 S 中不具有性质 P_i 的元素组成的集合为 $A_i(i=1,2,\cdots,n)$,则具有性质 $P_1,P_2,\cdots,P_n$ 的元素的个数为

$$|S| - \sum_{1 \leqslant i \leqslant n} |A_i| + \sum_{1 \leqslant i < j \leqslant n} |A_i \cap A_j| -$$
$$\sum_{1 \leqslant i < j < k \leqslant n} |A_i \cap A_j \cap A_k| + \cdots +$$
$$(-1)^n |A_1 \cap A_2 \cap \cdots \cap A_n|$$

(2) 设集合 S 中具有性质 P_i 的元素组成的集合为 $A_i(i=1,2,\cdots,n)$,则 S 中既无性质 P_1,又无性质 P_2,……,又无性质 P_n 的元素的个数为

$$|S| - \sum_{1 \leqslant i \leqslant n} |A_i| + \sum_{1 \leqslant i < j \leqslant n} |A_i \cap A_j| -$$
$$\sum_{1 \leqslant i < j < k \leqslant n} |A_i \cap A_j \cap A_k| + \cdots +$$
$$(-1)^n |A_1 \cap A_2 \cap \cdots \cap A_n|$$

应用容斥原理和逐步淘汰原理的区别在于前者是对 S 的子集进行分组,而后者是对 S 的子集的余集进行分组;而共同之处在于要求分成的子集,以及它们之中两个两个,三个三个,……,乃至 n 个之间的交集都很容易计数.

逐步淘汰原则中的公式又称为筛公式,因为它与数论中的筛法有关.

例 2.2.1 由 n 个神经结组成了一个平面上的神

经网络模型,其中每两个神经结之间都有直线的线路相连,当激活此神经网络模型时,每个神经结都会向距离它最近的神经结发射一个脉冲(如果距离它最近的神经结不止一个,那么它就任意向其中的一个神经结发射脉冲).证明每次激活此神经网络模型时,任何一个神经结至多收到六个脉冲,并说明,可以发生一个神经结收到六个脉冲的情况.

证明 假设某一个神经结收到了七个脉冲,那么这个神经结与向它发射脉冲的七个神经结之间的线路就形成了七个角,如图 2.2.1 所示.由于这七个角之和为 $360°$,因此根据抽屉原理,它们其中必有一个要小于 $60°$.不妨设这个角为 $\angle A_5OA_6$,而由于 $\triangle A_5OA_6$ 的内角和为 $180°$,因此再次根据抽屉原理可知 $\angle OA_5A_6$ 和 $\angle OA_6A_5$ 之中又必有一个大于 $60°$(比如说是 $\angle OA_6A_5$).

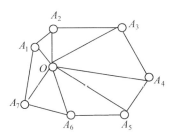

图 2.2.1

根据三角形中大角对大边的定理可知 $OA_5 > A_5A_6$.因此根据这个网络模型的特性,神经结 A_5 应该向神经结 A_6 发射脉冲,这与我们一开始所做的假设相矛盾.所得的矛盾说明神经结 O 不可能收到六个以上的脉冲.神经结 O 有可能收到六个脉冲,这只需有六个神经结与神经结 O 相连,且与神经结 O 相连的六个神经结构成的多边形是一个正六边形,并且这六个神经结都向神经结 O 发射脉冲即可.

例 2.2.2 某班学生参加数、理、化三科考试,数、理、化优秀的学生分别为 30 人、28 人和 25 人;数理、理化、数化两科都优秀的学生分别为 20 人,16 人和 17 人;数理化三科全优的有 10 人.问数理两科至少有一科优秀的学生有多少人?数理化三科至少有一科优秀的学生有多少人?

解 用 A_1,A_2,A_3 分别表示数、理、化成绩优秀的学生组成的集合,那么根据容斥原理,数理两科至少有一科优秀的学生的数目为
$$|A_1 \cup A_2| = |A_1| + |A_2| - |A_1 \cap A_2| =$$
$$30 + 28 - 20 = 38$$

数理化三科至少有一科优秀的学生的数目为
$$|A_1 \cup A_2 \cup A_3| =$$
$$|A_1| + |A_2| + |A_3| - |A_1 \cap A_2| - |A_2 \cap A_3| -$$
$$|A_1 \cap A_3| + |A_1 \cap A_2 \cap A_3| =$$
$$30 + 28 + 25 - 20 - 16 - 17 + 10 = 40$$

例 2.2.3 从自然数列 $1,2,3,4,5,\cdots$ 中依次划去 3 的倍数和 4 的倍数,但保留 5 的倍数不划去.问剩下的数中第 1 995 个数是多少?

解 因为 3,4,5 的最小公倍数是 60,所以划数的规律每 60 个数就会重复一次.我们只要弄清从 1 到 60 这 60 个数划完了该剩下些什么数,就可以知道所有剩下的数的规律了.设 $I=\{1,2,3,\cdots,60\}$,I 中 3 的倍数的集合为 A_1,4 的倍数的集合为 A_2,5 的倍数的集合为 A_3.因为 5 的倍数要保留下来,所以不管怎么划,划来划去都是在 $\overline{A_3}$ 中划.而划去的数显然属于 A_1 或 A_2,因

此在 $\overline{A_3}$ 中剩下的数都属于 $\overline{A_1} \cap \overline{A_2} \cap \overline{A_3}$，而 A_3 和 $\overline{A_1} \cap \overline{A_2} \cap \overline{A_3}$ 显然不相交. 又

$$|A_1|=60/3=20, |A_2|=60/4=15$$
$$|A_3|=60/5=12$$
$$|A_1 \cap A_2|=60/(3 \times 4)=5$$
$$|A_2 \cap A_3|=60/(4 \times 5)=3$$
$$|A_1 \cap A_3|=60/(3 \times 5)=4$$
$$|A_1 \cap A_2 \cap A_3|=60/(3 \times 4 \times 5)=1$$

因此根据加法原理和逐步排斥原理就知道在 1 到 60 这 60 个数中剩下的数共有

$|A_3|+|\overline{A_1} \cap \overline{A_2} \cap \overline{A_3}|=$
$|A_3|+|I|-|A_1|-|A_2|-|A_3|+|A_1 \cap A_2|+$
$|A_2 \cap A_3|+|A_1 \cap A_3|-|A_1 \cap A_2 \cap A_3|=$
$|I|-|A_1|-|A_2|+|A_1 \cap A_2|+|A_2 \cap A_3|+$
$|A_1 \cap A_3|-|A_1 \cap A_2 \cap A_3|=$
$60-20-15+5+4+3-1=36$

其实具体对于这道题，以上的计算完全可以不进行，因为我们最后反正是要具体地确定对这 60 个数，划完后，剩下的是哪些数(而不是只知道剩下了多少数). 这样剩下了多少数，就作为一个副产品自然而然地得到了. 但是当对更复杂的情况要求只求出剩下多少数时，上面的方法便有了一般性.

同样道理，以后每 60 个数中就剩下 36 个数. 现在把整个自然数列排成一个每行 60 个数的 60 列的无限长方阵 **A** 如下

$$\begin{bmatrix} 1,2,3,4,5,6,7,8,9,10,\cdots,60 \\ 61,62,63,64,65,66,67,68,69,70,\cdots,120 \\ \vdots \\ 60(m-1)+1,60(m-1)+2,\cdots,60(m-1)+60=60m \\ \vdots \end{bmatrix}$$

由此看出,第 m 行中的数为
$$60(m-1)+1,60(m-1)+2,\cdots,$$
$$60(m-1)+60=60m$$

并且划数的结果就是从长方阵 **A** 中划掉 24 列,我们把这个剩下的长方阵记为 **B**.

假设剩下的数位于 **A** 的第 $i_1, i_2, \cdots, i_{36}$ 列,那么它们就构成了 **B** 的第 $1, 2, \cdots, 36$ 列.与 **A** 的构成规律类似,**B** 的第 m 行中的数为
$$36(m-1)+i_1, 36(m-1)+i_2, \cdots, 36(m-1)+i_{36}$$

设剩下的第 1 995 个数为 x. 由于 $1\,995 = 55 \times 36 + 15$,因此我们知道,$x$ 位于 **B** 的第 56 行第 15 列(也即 i_{15} 所在的列,由直接观察可得 $i_{15} = 25$).显然在这个方阵上添上被划掉的数,并不影响 x 在 **A** 中所在的行与列,即剩下的第 1 995 个数在原来的长方阵中仍位于第 56 行第 15 列.因此按照我们刚才得出的公式即得
$$x = 60(56-1) + i_{15} = 60(56-1) + 25 = 3\,325$$

例 2.2.4 设 $|A|=n$,**B** 是 **A** 的所有子集所组成的集合,求 $|B|=?$

解 **B** 中的元素可以分成 $n+1$ 个互不相交的子集 $B_0, B_1, \cdots, B_n$,其中 B_0 是空集(**A** 的子集),B_1 是 **A** 中所有一个元素组成的 **A** 的子集所成的集合(这个集合构成 **B** 的一个子集),B_2 是 **A** 中所有两个元素组成

的 A 的子集所成的集合,……,B_n 是 A 中所有 n 个元素组成的 A 的子集所成的集合. 由组合知识可知:B_0 中含有一个集合(B 中的元素都是集合),B_1 中含有 C_n^1 个集合,B_2 中含有 C_n^2 个集合,……,B_n 中含有 C_n^n 个集合,因此

$$|B_n|=1+C_n^1+C_n^2+\cdots+C_n^n=(1+1)^n=2^n$$

下面讲一个把有限集合的元素分成不同的组的计数方法,称为插板法.

插板法就是在排成一排的 n 个元素之间的 $n-1$ 个空(间隔)中插入 b 个隔板,把 n 个元素分成 $b+1$ 组的方法. 灵活应用这一方法可以轻易解决一些表面上看起来很困难的问题.

应用插板法必须满足三个条件:

(1) 这 n 个元素必须是相同的(即不可分辨的);

(2) 每个组至少要含一个元素;

(3) 分成的组互不相同.

首先来看一个简单的例子.

例 2.2.5 把 8 个小球放到 3 个不同的箱子中,每个箱子中至少要有一个球,问有多少种不同的放法?

解 由于问题的要求符合条件(1),(2),(3),故可直接应用插板法.

把 8 个小球排成一排,共有 7 个空,把 8 个小球放到 3 个箱子中,需要在这 7 个空中任选两个空放入插板,故共有 $C_7^2=21$ 种放法.

例 2.2.6 (1) 求不定方程 $x_1+x_2+\cdots+x_m=n$ 的正整数解的个数,其中 $m<n$ 都是正整数.

(2) 求不定方程 $x_1+x_2+\cdots+x_m=n$ 的非负整数解的个数,其中 $n<m-1$ 都是正整数.

解 (1) 这相当于把 n 个 1 分成 m 个组,设第 i 组中的 1 的个数为 x_i,则 $x_1,x_2,\cdots,x_m$ 就是一组正整数解. 由于要求 x_i 都是正整数,故可直接应用插板法.

把 n 个 1 排成一行,共有 $n-1$ 个空,需要在其中任选 $m-1$ 个空放入插板才能将其分成 m 组,因此共有 C_{n-1}^{m-1} 组正整数解.

(2) 因为要求的是非负整数解的个数,所以不能直接应用插板法. 把 $x_1,x_2,\cdots,x_m$ 看成盘子,n 个 1 看成苹果,问题相当于把 n 个苹果放到 m 个盘子中的放法有多少? 为应用插板法,假想已经在 m 个盘子中各放了一个和外面一样的苹果,于是问题化为把 $n+m$ 个苹果放到 m 个盘子中,每个盘子至少要放一个苹果,有多少种放法?

把 $m+n$ 个苹果排成一排,共有 $m+n-1$ 个空,需要在这些空中任选 $m-1$ 个空放入插板才能把苹果分成 m 组,因此所求的答案为 $C_{m+n-1}^{m-1}=C_{m+n-1}^{n}$.

例 2.2.7 (1) $(a_1+a_2+\cdots+a_m)^n$ 的展开式中经过合并同类项后共有多少项?

(2) $(a_1+a_2+\cdots+a_m+1)^n$ 的展开式中经过合并同类项后共有多少项?

解 (1) $(a_1+a_2+\cdots+a_m)^n$ 的展开式的一般项(不计前面的系数)的形式为
$$a_1^{r_1}a_2^{r_2}\cdots a_m^{r_m},\ r_1+r_2+\cdots+r_m=n$$
其中 r_i 都是非负整数,于是所求的项数就是不定方程
$$r_1+r_2+\cdots+r_m=n$$
的非负整数解的个数,由例 2.2.6(2) 可知所求的项数就等于 $C_{m+n-1}^{m-1}=C_{m+n-1}^{n}$.

(2) 令 $1 = a_{m+1}$,于是利用(1)中的结果即得所求的项数为 $C_{m+1+n-1}^m = C_{m+n}^n$.

例 2.2.8 (2016 年美国数学竞赛(十年级)第 20 题) For some particular value of N, when $(a+b+c+d+1)^N$ is expanded like terms combined, the resulting expression contains exactly 1 001 terms that include all four variables a,b,c and d, each to some positive power. What is N?

A. 9   B. 14   C. 16   D. 17   E. 19

译文:对某个特别的 N 的值,当把 $(a+b+c+d+1)^N$ 展开并合并同类项后,所有那种包含 a,b,c,d 四个变量,并且每个变量的幂指数都是正整数的项恰有 1 001 项. 问 N 等于什么?

A. 9   B. 14   C. 16   D. 17   E. 19

解 所求的项的一般形式为
$$a^x b^y c^z d^w 1^t, x+y+z+w+t = N$$
其中 x,y,z,w 是正整数,t 是非负整数.

把 N 个 1 看成苹果,$a,b,c,d,1$ 看成盘子,于是问题化为把 N 个苹果放在 $a,b,c,d,1$ 这 5 个盘子中,其中 a,b,c,d 这 4 个盘子中至少要放一个苹果,共有多少种放法?

放法 1. 添苹果法

由于 t 可以是 0,因此无法直接应用插板法. 所以我们假设在 1 这个盘子中已经预先放好了一个苹果. 于是问题就成为把 $N+1$ 个苹果放到 5 个盘子中,每个盘子至少要放一个苹果,有多少种放法?

把 $N+1$ 个苹果排成一排,共有 N 个空,需要在其中任选 4 个空放入插板而将它们分成 5 组,因此共有

C_N^4 种放法.

方法 2. 减苹果法

为使 $a,b,c,d,1$ 的地位相同,我们将 a,b,c,d 这 4 个盘子中已经放好的苹果去掉,于是苹果数变成 $N-4$ 个,而问题成为求不定方程

$$x+y+z+w+t=N-4$$

的非负整数解的个数. 在例 2.2.6(2) 的结果中取 $m=5, n=N-4$,可知共有 $C_{5+N-4-1}^{5-1}=C_N^4$ 组解.

由 $C_N^4 = 1\,001$ 就得出 $N=14$.

习题 2.2

1. 证明:不可能存在对全体实数都有定义的函数 f,使得 $f(f(x)) = x^2 - 2$.

2. 证明:不可能存在对全体实数都有定义的连续函数 f,使得 $f(f(x)) = -x^3 + x^2 + 1$.

3. (1) 设 f 是 $[0,+\infty) \to [0,+\infty)$ 的满足 $f(f(x))=3x$ 的严格单调递增的连续函数,举例说明,满足这些条件的连续函数不是唯一的;

(2) 设 f 是对所有自然数有定义并且取值也是自然数的严格单调递增的函数,满足函数关系 $f(f(n))=3n$. 证明:满足这些条件的函数是唯一的,并求出 $f(1\,994)$ 的值.

4. 设有一座圆形的公园,中心为 O,半径等于 50 m. 以点 O 为坐标原点,任取过 O 的互相垂直的两条直线为坐标轴,并设单位长为 1 m,这样就建立了一个坐标系. 现在在园内除点 O 之外的每个整点处都种上一个小树. 假设所有树干的横断面都是半径为 r 的圆. 证明:当 $r > 1/50$ 时,从点 O 朝任何方向看去,视线

都会被遮断;而当 $r < \dfrac{1}{\sqrt{2\,501}}$ 时,至少在一个方向上视线不会被遮断.

5. 将 3 行 9 列的方格矩形用黑白两种颜色染色,证明:无论如何染色,至少有两列的颜色是相同的.

6. 用黑白两种颜色将 3 行 7 列的棋盘上的方格染色,证明:不论如何染色,棋盘上总存在一个四个角上方格颜色相同的由方格组成的矩形,而对 4 行 6 列的棋盘,则存在一种染法,使棋盘上不含有这种矩形.

7. 有一个生产天平上用的铁盘的车间,由于工艺上的原因,只能把盘子的质量的精度控制在 0.1 g 的水平上(即假如要求盘子的质量为 a g,则生产出的盘子的实际质量只能控制在 a g 到 $a \pm 0.1$ g 之间). 现在需要质量相差不超过 0.005 g 的两只铁盘来装配一架天平,问最少要有多少盘子,才能保证一定能从中挑选出符合要求的两只铁盘?

8. 把 66 个直径为 $\sqrt{2}$ 的圆任意放到一个边长为 10 的正方形内,求证:必有两个圆有公共点.

9. 在一个半径等于 6 的圆内任意地放进 6 个半径为 1 的小圆. 证明:还可以在大圆内再放入另一个半径为 1 的小圆,使它和刚才放入的 6 个小圆不相交.

10. n 名选手参加单打淘汰比赛,需要打多少场后才能决出冠军?

11. 一条铁路线上共有 n 个客站,问需要印制多少种车票才能满足需要?

12. 设 $\{A_1, A_2, \cdots, A_s\}$ 是集 X 的 n 元子集的族. 族中任意 $n+1$ 个集的交不空,证明:$A_1 \cap A_2 \cap \cdots \cap A_s \neq \varnothing$.

第 2 章　集合和对应

13. $A_1, A_2, \cdots, A_n$ 都是 r 元的集合. 如果对自然数 k, 这族集中每 k 个的并都是 X, 而每 $k-1$ 个的并都是 X 的真子集. 证明: $|X| \geqslant C_n^{k-1}$. 等号成立时, 必有 $r = C_{n-1}^{k-1}$.

14. 设 $A_1, A_2, \cdots, A_n, \cdots$ 是一些集合(有限个或无穷个). 令
$$\underline{A} = \bigcup_{m=1}^{\infty} \left(\bigcap_{n=m}^{\infty} A_n \right), \overline{A} = \bigcap_{m=1}^{\infty} \left(\bigcap_{n=m}^{\infty} A_n \right)$$
证明: $\underline{A} \subseteq \overline{A}$ 并举一个 $\underline{A} \subset \overline{A}$ 的例子.

15. 有 7 只茶杯, 一开始的时候, 口全朝下. 每一次操作可以任意翻转其中 4 只, 问是否能经过有限次操作, 使得这 7 只茶杯的口全都朝上?

16. 非负实数 $a_1, a_2, \cdots, a_{100}$ 满足条件
$$a_1 + a_2 + \cdots + a_{100} < 300$$
$$a_1^2 + a_2^2 + \cdots + a_{100}^2 > 10\,000$$
证明: 在这 100 个数中一定存在 3 个脚标不同的数 $a_i, a_j, a_k (1 \leqslant i < j < k \leqslant 100)$ 使得
$$a_i + a_j + a_k > 100$$

2.3　无限集合的势

在 2.2 中我们定义了有限集合的势的概念, 对于有限集合, 这一概念就等同于这一集合中的元素的个数. 我们当初定义这一概念的时候, 目地之一就是可以比较两个有限集合中元素的个数谁多谁少. 另一个目的就是利用势这一概念得出一些计算势的有用的公式. 现在我们要问, 对于无限集合, 是否也能比较它们

的元素的多少呢？从直观的角度看，两个无限集合有时明显地可以看出其中一个的元素要比另一个"多". 比如看全体正整数的集合 N 和全体正偶数的集合 M 这两个集合

$$N=\{1,2,3,4,\cdots\}, M=\{2,4,6,8,\cdots\}$$

显然，M 中的元素 N 中全有，而 N 中有无限多个元素 M 中却没有，因此如果认为 M 的元素要比 N 中的元素"多"似乎没有错. 在我们考察的这种情况下，N 称为 M 的真子集，以上的观点抽象出来就是认为一个集合的"势"(注意：目前我们还没有定义无限集合的势，因此这里的势只是我们的一种直观的还没有定义的潜在的概念) 要比它的真子集的势"大"或"多"(什么叫"大"，什么叫"多"，目前也没有严格的定义). 但是按照这种思路，首先你就默认了无限集合的"势"像有限集合的势，也就是像数那样可以互相比较的，其次要比较两个无限集合的"势"，它们就必须有包含关系. 如果它们谁也不包含谁，我们就不知道怎么办了.

在科学研究中，当我们遇到一种以前还未遇到过的情况时是需要非常小心的，而当一条路走不通时，我们需要仔细地考虑一下还有没有其他路可走.

在以上的讨论中，我们的第一个默认是不够小心的，因为"势"的概念在无限的情况下很可能出现了和有限的情况本质上不同的新性质，其次我们的考虑遇到了不知道怎么办的情况，这就促使我们思考还有没有其他的思路.

为了找出新的思路，我们必须对有限集合的势是什么意思重新做更深入的思考. 现在我们重新再问：说

一个集合的势是 3 是什么意思？这个意思其实是，我们把所有的有限集合进行分类，把所有有 3 个元素的集合分成一类，并用一个符号 3 来代表这一类集合的一种特性（这种特性叫作多少）. 所以说"势"的本质是先对集合做一种分类，然后把同类的集合给予一种符号来代表这一类集合的一种特性（对于有限集合，这种特性叫作多少）. 那么我们又是怎样对集合进行分类的呢？在第二节我们已经看到，是用 1—1 对应的方法. 也就是说，我们把所有能互相 1—1 对应的集合算作一类，并用一个符号来代表. 这种方法也可以推广到无限集合. 因为无限集合之间也可以存在 1—1 对应.

定义 2.3.1 若集合 A 与 B 之间存在一个 1—1 对应，则称 A 与 B 是"对等"的，并记为 $A \sim B$.

下面举几个对等集的例子.

例 2.3.1 设 A 与 B 是一个长方形的一对平行边上的点的集合（图 2.3.1），则

$$A \sim B$$

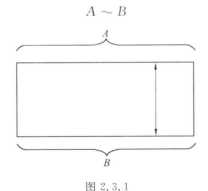

图 2.3.1

例 2.3.2 设 A 与 B 是两个同心圆圆周上的点的集合（图 2.3.2）. 则显然

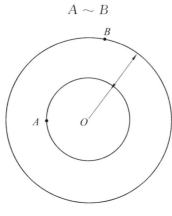

图 2.3.2

例 2.3.3 设 A 表示直角三角形斜边上的点的集合,B 表示底边上的点的集合(图 2.3.3),那么由图 2.3.3 所示的 1—1 对应可以看出 $A \sim B$.

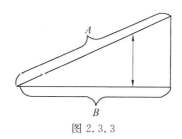

图 2.3.3

例 2.3.4 全体正整数的集合 $N = \{1, 2, 3, 4, \cdots\}$ 和全体正偶数的集合 $M = \{2, 4, 6, 8, \cdots\}$ 是对等的,这只要让 n 和 $2n$ 互相对应即可.

以下是几个关于对等集的简单性质.请读者自己证明作为练习.

第 2 章 集合和对应

定理 2.3.1
(1) $A \sim A$;
(2) 若 $A \sim B$, 则 $B \sim A$;
(3) 若 $A \sim B, B \sim C$, 则 $A \sim C$.

定理 2.3.2 设 $A_1, A_2, \cdots$ 及 $B_1, B_2, \cdots$ 是两个集合的序列,各集合 A_n 两两不相交,各集合 B_n 也两两不相交,且
$$A_n \sim B_n$$
则
$$\bigcup_{k=1}^{\infty} A_k \sim \bigcup_{k=1}^{\infty} B_k$$

有了对等的概念,我们就可把势的概念推广到无限集中了.

定义 2.3.2 所有对等的集合称为有相同的势,通常用一个符号来代表这个相同的势.

在上面的例子中,我们看出,在无限集中会出现一种有限集中没有的现象,即一个集合可能会和它的真子集对等(例如,例 2.3.3 中的 A 和 B,例 2.3.4 中的 M 和 N).这是和我们的直观不一致的,但是为此而放弃对等的概念却是不值得的.对一些特殊的集合,我们也可以定义一些和直观相一致的反映集合中元素多少的概念,如长度、面积、体积等,但是这些概念只能适用于特殊的集合.比如长度,只适用于线段或与线段类似的曲线(这里又牵涉到什么是曲线的问题,这也不是一个简单的问题,本书中就不详细讨论这个问题了,有兴趣的读者可以参考这方面的专门著作)这种集合,如果一个集合不是线段或曲线,长度这个概念就没有意义了.当然我们还可以把长度、面积、体积这些概念推广成一个叫测度的更广义的概念,用这个概念可以对更多的集合去度量它们中元素的多少.但是定义了测度

这个概念后,又会发生一些奇怪的事情.例如会发生有的集合无法定义测度的问题,这也是和我们一开始的直观不一致的.所以世界上的有些事情就是这样,没有你所想象的那种十全十美的办法,遇到这种情况,我们只能放弃一些东西来得到一些东西.现在我们定义的势这个概念至少从三方面看是有点用处的.一是它对所有的集合都适用,不会发生对有的集合无法定义势的问题.因为所谓势就是对集合用对等的方法分类,并把所有属于一类的集合用一个符号代表就叫作这一类集合的势.如果一个集合不能和其他任何集合对等,那么它自己就构成一个类别,并会单独用一个符号来代表它,所以任何一个集合总是可以定义势这个概念的.第二,用对等这个概念可以得到一些新的东西,例如什么叫无限?你可以自己试试怎么说,似乎怎么说,绕来绕去也只能在不是有限上打转转.以后可以看到用对等的概念就可以给无限一个严格的定义了.第三,我们还会看到,可以定义势的大小,这个概念很像整数之间的大小关系,因此也可以看成是整数的大小关系的一种推广(如果想到,整数其实不过是代表有限集合的势的符号,那么这一事实就显得应该是可以预料的).

有限集中最简单的集合是空集或单元素集.它们的势分别是0或1,分别是非负整数和自然数中的最小数.那么无限集合中最简单的集合是什么呢?无限集合中最小的势又是什么呢?

定义2.3.3 设 $M=\{1,2,3,\cdots\}$ 为全体正整数的集合,则称所有与集合 M 对等的集合 A 为可数集,或称 A 是可数的,并用 a 来代表可数集的势.

下面是几个可数集的例子

$$A = \{1, 4, 9, 16, \cdots, n^2, \cdots\}$$
$$B = \{1, 8, 27, 64, \cdots, n^3, \cdots\}$$
$$C = \{1, \frac{1}{2}, \frac{1}{3}, \frac{1}{4}, \cdots, \frac{1}{n}, \cdots\}$$

显然,集合 A 是可数的充分必要条件是它可以写成 $A = \{a_1, a_2, a_3, \cdots, a_n, \cdots\}$ 的形式.

下面两个引理都是显然的:

引理 2.3.1 任何一个无限集合 A 必含有一个可数子集.

证明 这只要从 A 中每次取一个元素,由于 A 是无限集,因此这一过程可以无限进行下去,而我们因此就得到 A 的一个无限子集 B. 按照从 A 中取出元素的先后顺序,A 必然可以写成 $A = \{a_1, a_2, a_3, \cdots, a_n, \cdots\}$ 的形式,所以 A 当然是一个可数集.

引理 2.3.2 可数集的任何无限子集仍是可数的.

证明 设 A 是可数集,B 是它的无限子集,将 A 写成

$$a_1, a_2, a_3, \cdots, a_n, \cdots$$

的形式,那么按照顺序一个一个看下去就会不断地遇到 B 的元素,而且 B 中的每个元素必定会被我们遇到,因此就有一个自然数与它对应. 将 B 中的元素重新用从 1 开始的自然数编号,就可将 B 写成 $B = \{b_1, b_2, b_3, \cdots, b_n, \cdots\}$ 的形式,因此 B 是可数的.

以上两个引理从正反两方面说明可数集是最小的无限集.

引理 2.3.3 从可数集 A 中去掉一个有限子集 M 之后所得的 $A - M$ 仍为可数集.

证明 因为 $A-M$ 是 A 的无限子集,因此由引理 2.3.2 即知 $A-M$ 是一个可数集.

引理 2.3.4 设 A 是有限集,B 是可数集,则 $A \cup B$ 是可数集.

证明 不妨设 $A \cap B = \varnothing$,那么 $A \cup B$ 可表为 $\{a_1, a_2, a_3, \cdots, a_n, b_1, b_2, b_3, \cdots\}$ 的形式,将 $A \cup B$ 重新编号即可知 $A \cup B$ 是可数的. 如果 $A \cap B \neq \varnothing$,那么把 $A \cup B$ 分解成
$$(A \backslash (A \cap B)) \cup (A \cap B) \cup (B \backslash (A \cap B)) = A \cup B$$
的形式,即可知 $A_1 = (A \backslash (A \cap B)) \cup (A \cap B)$ 仍是有限集,$B_1 = B \backslash (A \cap B)$ 仍是可数集(引理 2.3.3),且 $A_1 \cap B_1 = \varnothing$, $A_1 \cup B_1 = A \cup B$,因此对 A_1, B_1 应用已证的结论就得到在这种情况下定理仍然成立.

以下几个定理中,我们都不妨设所需的集合是无公共元素的.

引理 2.3.5 有限个可数集的和集仍是一个可数集.

证明 我们只对三个可数集的情况加以证明,一般情形与此类似. 设 A, B, C 是三个可数集,那么它们就可写成
$$A = \{a_1, a_2, a_3, \cdots\}$$
$$B = \{b_1, b_2, b_3, \cdots\}$$
$$C = \{c_1, c_2, c_3, \cdots\}$$
的形式,因此
$$A + B + C = \{a_1, b_1, c_1, a_2, b_2, c_2, a_3, b_3, c_3, \cdots\}$$
是可数的.

引理 2.3.6 可数个有限集的和集仍是可数集.

证明 设 $A_k (k = 1, 2, 3, \cdots)$ 是可数个有限集

第 2 章 集合和对应

$$A_1 = \{a_1^{(1)}, a_2^{(1)}, \cdots, a_{n_1}^{(1)}\}$$
$$A_2 = \{a_1^{(2)}, a_2^{(2)}, \cdots, a_{n_2}^{(2)}\}$$
$$A_3 = \{a_1^{(3)}, a_2^{(3)}, \cdots, a_{n_3}^{(3)}\}$$
$$\vdots$$

设 $S = \bigcup_{k=1}^{\infty} A_k$. 我们先写出 A_1 中所有的元素,再写出 A_2 中所有的元素,依此类推,就可把 S 写成一个序列,因此 S 也是一个可数集.

为了说话简明,我们引入下面的定义:

定义 2.3.4 说集合 A 是至多可数的意义为 A 是一个有限集或可数集.

用至多可数的术语可把引理 2.3.2~2.3.5 合并成以下定理:

定理 2.3.3 可数集的子集是至多可数的.

定理 2.3.4 设 M 是可数集,A 是至多可数的,那么 $M + A$ 仍是一个可数集.

定理 2.3.5 可数个可数集的和集仍是一个可数集.

证明 设 $A_k(k=1,2,3,\cdots)$ 是可数个可数集

$$A_1 = \{a_1^{(1)}, a_2^{(1)}, a_3^{(1)}, \cdots\}$$
$$A_2 = \{a_1^{(2)}, a_2^{(2)}, a_3^{(2)}, \cdots\}$$
$$A_3 = \{a_1^{(3)}, a_2^{(3)}, a_3^{(3)}, \cdots\}$$
$$\vdots$$

设 $S = \bigcup_{k=1}^{\infty} A_k$. 我们先写 $a_1^{(1)}$(这时所有元素的上下标之和是 2),然后再写第一列中的第二个元素 $a_1^{(2)}$,从 $a_1^{(2)}$ 沿从左下角到右上角的方向写下所有遇到的元素,即 $a_2^{(1)}$(这时所有元素的上下标之和是 3),然后再回到第一列中的第三个元素 $a_1^{(3)}$,从 $a_1^{(3)}$ 再沿从左下角

到右上角的方向写下所有遇到的元素，即 $a_2^{(2)}$ 和 $a_3^{(1)}$（这时所有元素的上下标之和是 4）……依此类推就可把 S 写成一个序列，因此 S 也是一个可数集.

上面的这些定理也可以简明地用势的符号表示出来. 设 n 和 n_k 都表示有限集合的势（也就是它们都是自然数），a 代表可数集合的势，那么

$$a - n = a, a + n = a, a + a + \cdots + a = na = a$$
$$n_1 + n_2 + n_3 + \cdots = a, a + a + a + \cdots = aa = a$$

下面给出一个关于可数集的非常一般的定理：

定理 2.3.6　设 A 中的每一个元素都有有限个互相独立的下标，每一个下标可以是任意的自然数，则 A 是至多可数的集合.

证明　A 中每一个元素都可写成 $a = a_{n_1, n_2, \cdots, n_k}$ 的形式，其中 $n_1, n_2, \cdots, n_k$ 都是自然数，k 也是自然数，依赖于 A 中的元素 a. 我们令 a 与自然数

$$N(a) = 10^{n_1 + n_2 + \cdots + n_k} + 10^{n_2 + \cdots + n_k} + \cdots + 10^{n_{k-1} + n_k} + 10^{n_k}$$

相对应. 假设 A 中还有一个元素 $b = b_{m_1, m_2, \cdots, m_h}$，那么如果 $a \neq b$，则它们所对应的数也必有 $N(a) \neq N(b)$. 因为 N 写成十进位数之后就是一个由 0 或 1 组成的形如 $10\cdots010\cdots010\cdots010\cdots0$ 的数，其中 1 的个数正好就是 k. 所以如果 $N(a) = N(b)$，则 b 也必须有 k 个下标，即必有 $h = k$. 由于 n_k 和 m_k 分别表示 a 和 b 所对应的数中从右往左数第一次出现 1 之前的 0 的个数. 而 $N(a) = N(b)$，所以 $n_k = m_k$. 同理 n_{k-1} 和 m_{k-1} 分别表示 a 和 b 对应的数中从右往左数在第一次出现 1 到第二次出现 1 之前的 0 的个数. 因此 $n_{k-1} = m_{k-1}$，依此类推，我们最后得到 $n_1 = m_1$，这就得出 $a = b$. 与一开始的假

第 2 章 集合和对应

定矛盾,因此 A 中不同的元素必对应于不同的自然数.这就是说,A 对等于自然数集合的一个子集,因而是至多可数的(定理 2.3.3).

注意:虽然上述定理中元素下标的个数 k 可以是任意的,而且对于不同的元素还可以不同,但是却必须每一次都是有限个下标,即不能用无限多个自然数 $(n_1, n_2, n_3, \cdots)$ 来做一个元素的下标.(见定理 2.4.6 和第 6 章 6.4 中连分数的应用 I 定理 6.4.1)

下面讨论一般的无限集和可数集之间的关系.

引理 2.3.7 设 A 是至多可数的,M 是一个无限集,那么 M 和 $M \cup A$ 的势相同,即 $M \cup A \sim M$.

证明 由定理 2.3.3 知 M 含有一个可数子集 D,设 $M - D = P$,则
$$M = P \cup D, M \cup A = P \cup (D \cup A)$$
由 $P \sim P, D \cup A \sim D$(定理 2.3.6 和定理 2.3.7)即得 $M \cup A \sim M$.

上面所说的"设 A 是一个有限集或可数集"这句话,以后也可简单地说成"设 A 是至多可数的".

引理 2.3.8 如果 M 是一个不可数的无限集,A 是 M 的一个至多可数的子集,那么
$$M \backslash A \sim M$$

证明 差集 $B = M \backslash A$ 不可能是有限的,否则由 $M = A \cup B$ 得出 M 是至多可数的.这与我们对 M 所做的假定矛盾,因此 B 是一个无限集.由 $M = A \cup B$ 和定理 2.3.7 即得 $B \cup A \sim B$,而这就是 $M \backslash A \sim M(B \cup A = (M \backslash A) \cup A = M)$.

定理 2.3.7 任意无限集必含有一个和它自身对等的真子集.

证明 如果此无限集是可数的,那么从引理 2.3.3 得知它可与自身的一个真子集对等;而如果此无限集是不可数的,那么由引理 2.3.8 得知它可与自身的一个真子集对等.因此对任意的无限集,定理的结论都成立.

由此我们可以给予无限集一个正面的定义.

定义 2.3.5 可以和它的真子集 1—1 对应的集合称为无限集.

例 2.3.1 全体有理数所成的集合是可数的.

证明 所谓有理数就是可以表示成 $\frac{p}{q}$ 形状的数,其中 p 是整数,q 是非零的整数.

设 $\mathbf{Q}$ 是全体有理数所成的集合,$\mathbf{Q}^+$ 是全体正有理数集合,$\mathbf{Q}^-$ 是全体负有理数集合,那么

$$\mathbf{Q} = \mathbf{Q}^+ \cup \{0\} \cup \mathbf{Q}^-$$

$\mathbf{Q}^+$ 和 $\mathbf{Q}^-$ 显然是对等的.因此我们只要证明 $\mathbf{Q}^+$ 是可数的即可.首先写出分母是 1 的所有正有理数,显然这些有理数可以排成一个序列,即

$$x_{11}, x_{12}, x_{13}, \cdots$$

其中 $x_{1n} = n/1$.然后再写出分母是 2 的所有正有理数,显然这些有理数也可以排成一个序列,即

$$x_{21}, x_{22}, x_{23}, \cdots$$

其中 $x_{2n} = n/2$.然后再写出分母是 3 的所有正有理数,它们也可以排成一个序列.依此类推,即可把所有的正有理数排成一个方阵如下

$$x_{11}, x_{12}, x_{13}, \cdots$$
$$x_{21}, x_{22}, x_{23}, \cdots$$
$$x_{31}, x_{32}, x_{33}, \cdots$$
$$\vdots$$

然后仿照定理 2.3.5 的证明中所使用的方法,沿着一条由此方阵的各条从左下方到右上方的对角线所构成的蛇形曲线(即沿着 $x_{11} \to x_{21} \to x_{12} \to x_{13} \to x_{22} \to x_{31} \to x_{41} \to \cdots$ 所形成的路线)去看这个方阵中的有理数,看的时候把已出现过的有理数都去掉,用这样的方法即可把全体正有理数写成一个序列,因此就证明了 $\mathbf{Q}^+$ 是可数的,因而全体有理数也是可数的(引理 2.3.5).

还可以用其他方法来证明全体有理数是可数的. 比如对一个有理数 p/q,我们可定义一个称为"高度"的数如下:$h=|p|+|q|$. 显然最小的高度是 1,对应的有理数只有一个,就是 $0/1$ 或 $-0/1$,同样显然的事情是高度一定的有理数是有限的,于是我们可以先写出所有高度等于 1 的有理数,然后再写出所有高度等于 2 的有理数,所有高度等于 3 的有理数等. 以下是一种写法 $0/1,1/1,-1/1,1/2,2/1,-1/2,-2/1,1/3,2/2,3/1,-1/3,-2/2,-3/1,\cdots$ 在这个序列中去掉已出现过的数就可把全体有理数写成一个序列的形式,因而全体有理数是可数的. 其实这只不过是引理 2.3.6 中所使用的方法的一个具体应用.

更不可思议的是一种比有理数多得多的数,即所谓代数数的全体居然仍是可数的.

定义 2.3.6   如果一个数是一个整系数的多项式的根,则称这个数是一个代数数.

例 2.3.2   全体整系数多项式
$$a_0 x^n + a_1 x^{n-1} + \cdots + a_{n-1} x + a_n$$
的集合是可数的.

证明 先固定 n，由定理 2.3.6 可知整系数的 n 次多项式的全体是可数的，再由定理 2.3.5 即得全体整系数多项式的集合是可数的.

例 2.3.3 全体代数数是可数的.

证明 由例 2.3.2 知全体整系数多项式的集合是可数的，又每个多项式只有有限个根，因此由引理 2.3.6 即得全体代数数是可数的.

由定理 2.3.6 还可得出以下结论：

例 2.3.4

(1) 平面上全体坐标为有理数的点 (x,y) 所成的集合是可数的；

(2) 所有形如 $(n_1, n_2, \cdots, n_k)$（其中的 n_i 都是自然数）的元素组成的集合是可数的.

2.4 不可数的集合

到现在为止，我们只知道一个无限的势即可数集合的势 a. 于是自然产生一些问题：有没有不可数的势？是否有无限多的（无限的）势？对这两个问题的回答都是肯定的.

首先说明，无限集不一定都是可数的. 一个重要的例子如下：

定理 2.4.1 线段 $[0,1]$ 中所有点的集合 U 是不可数的.

证明 假定 U 是可数的，那么 U 中所有的点就可以写成一个序列

$$x_1, x_2, x_3, \cdots \qquad (*)$$

用点 $\frac{1}{3}$ 和点 $\frac{2}{3}$ 把 U 分为三部分 $[0,\frac{1}{3}]$,$[\frac{1}{3},\frac{2}{3}]$,$[\frac{2}{3},1]$,则其中必有一个不含有点 x_1(图 2.4.1). 用 U_1 表示这三部分中不含点 x_1 的线段(可能这三个线段中有两个都不含有 x_1,这时可取其中任意一个,例如左边的那一个).

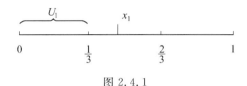

图 2.4.1

现在再将 U_1 分成三等份,取其中不含 x_2 的一个线段 U_2,然后再将 U_2 分成三等份,取其中不含 x_3 的一个线段 U_3,依此类推.

如此进行下去,我们就会得到一串线段 $\{U_i\}$,它们一个包含一个,形成一个区间套如下

$$U \supset U_1 \supset U_2 \supset U_3 \supset \cdots$$

且
$$x_n \notin U_n$$

注意线段 U_n 的长度是 $\frac{1}{3^n}$,因此当 n 趋于无限大时,U_n 的长度趋于 0,从而必有一个点 ξ 适合

$$\xi \in U_n, n=1,2,3,\cdots$$

(这是微积分中极限理论中的一条著名的定理,如果你现在还没有学微积分,那就不妨直观地想象一下,从直观上,这一结论也是很明显的).

由于 ξ 是 U 中的一个点,因此根据我们的假定必有某一个自然数 n 存在,使得 $x_n = \xi$,但是根据 U_n 的构造过程又可知,无论 n 取什么值,总有

$$x_n \notin U_n, \xi \in U_n$$

从而得到 $\xi \neq x_n$

这显然是一个矛盾,所得的矛盾说明我们一开始所做的假定是错误的,因此 U 是不可数的.

根据上述事实,我们引入下面的定义:

定义 2.4.1 凡与区间 $[0,1]$ 中所有的点对等的集合 A 都称为具有连续统的势,并用 c 来表示连续统的势.

定理 2.4.2 闭区间 $[a,b]$,开区间 (a,b),半开区间 $(a,b]$ 以及半开区间 $[a,b)$ 的势都是 c.

证明 容易验证映射 $y = a + (b-a)x$ 是区间 $[0,1]$ 和区间 $[a,b]$ 之间的 1—1 对应,因此区间 $[a,b]$ 具有连续统的势. 再由引理 2.3.8 可知,从区间 $[a,b]$ 中去掉一个或两个点后所得的集合与区间 $[a,b]$ 是对等的,因此开区间 (a,b),半开区间 $(a,b]$ 以及半开区间 $[a,b)$ 的势都是 c.

定理 2.4.3 有限个势为 c 的集合的并的势仍是 c.

证明 设 $S = \bigcup_{k=1}^{n} E_k$(由引理 2.3.4 下面的证明,我们不妨设 E_k 是两两不相交的),其中 E_k 的势都是 c. 将半开区间 $[0,1)$ 用 $n-1$ 个分点 $c_1, c_2, \cdots, c_{n-1}$ 分成 n 个半开区间如下

$$[0, c_1), [c_1, c_2), \cdots, [c_{n-2}, c_{n-1}), [c_{n-1}, 1)$$

因为每一个半开区间的势都是 c,所以 E_1 和 $[0, c_1)$,E_k 和 $[c_{k-1}, c_k)$($k = 2, 3, \cdots, n-1$),E_n 和 $[c_{n-1}, 1)$ 之间存在着 1—1 对应. 把这些 1—1 对应合成起来就得到 S 和半开区间 $[0,1)$ 之间的 1—1 对应. 由于半开区间 $[0,1)$ 的势是 c,因此 S 的势也是 c.

定理 2.4.4 可数个势为 c 的集合的并的势仍是 c.

证明 设 $S = \bigcup_{k=1}^{\infty} E_k$，其中每一个 E_k 的势都是 c. 将半开区间 $[0,1)$ 用可数个分点 $c_0 = 0 < c_1 < c_2 < \cdots < c_{n-1} < \cdots$（其中 $c_k = \dfrac{k-1}{k}, k = 1, 2, \cdots$）分成可数个半开区间如下

$$[0, c_1), [c_1, c_2), \cdots, [c_{n-2}, c_{n-1}), [c_{n-1}, c_n), \cdots$$

因为每一个半开区间的势都是 c，所以 E_k 和 $[c_{k-1}, c_k)$ $(k = 2, 3, \cdots, n, \cdots)$ 之间存在着 1—1 对应. 把这些 1—1 对应合成起来就得到 S 和半开区间 $[0,1)$ 之间的 1—1 对应. 由于半开区间 $[0,1)$ 的势是 c，因此 S 的势也是 c.

定理 2.4.5 全体实数的集合 Z 的势为 c.

证明 由于

$$Z = \bigcup_{k=1}^{\infty} \{[k-1, k) \cup [-k, -k+1)\}$$

故由定理 2.4.4 即得 Z 的势为 c.

定理 2.4.6 设 $Q = \{(n_1, n_2, n_3, \cdots) \mid n_1, n_2, n_3, \cdots$ 都是自然数$\}$，则 Q 的势是 c.

证明 见第 6 章定理 6.4.1.

2.5 无限集的势的比较

现在我们已经知道了两个无限集合的势，即可数势 a 和连续统的势 c. 我们知道，有限集合的势也就是自然数是可以互相比较大小的. 既然无限集合的势是有限集合的势的推广，那么无限集合的势是否能互相比较大小呢？回答是任何两个集合的势都是可以比较

大小的,这又从另一个方面说明:无限集合的势的确是有限集合的势的推广.

那么怎样来比较两个无限集合的势的大小呢？我们仍然首先考察有限集合的势是如何比较大小的.说 $3>2$ 是什么意思呢？这首先表明一个势为 3 的集合和一个势为 2 的集合是不对等的,因为按照势的定义,凡是对等的集合就分成一类,并且用一个相同的符号来代表,这个符号就称为这一类集合的势.现在既然 3 和 2 是两个不同的符号,那么当然势为 3 的集合同势为 2 的集合是不可能对等的了.其次 $3>2$ 表明势为 3 的集合的一个子集是可以和势为 2 的集合对等的.这两条性质就可以推广到无限集合的势的比较上去.

定义 2.5.1 设集合 A 与 B 的势分别为 α 与 β,如果:

(1) A 和 B 是不对等的；

(2) A 和 B 的一个子集对等.

则称 A 的势小于 B 的势,或说 B 的势大于 A 的势,记为 $\alpha<\beta$ 或 $\beta>\alpha$.

按此定义,我们就可知道 $1<2<3<\cdots<n<\cdots<a$.

又设

$$N=\{1,2,3,\cdots\}, \overline{\overline{N}}=a$$
$$U=[0,1], \overline{\overline{U}}=c$$

由定理 2.4.1 知, N 和 U 是不对等的,但是 U 有一个子集 $U^*=\{1,\frac{1}{2},\frac{1}{3},\cdots\}$ 和 N 对等,因此由定义 2.5.1 可知 $a<c$.

那么有没有比 c 更大的势呢？回答是有.

第 2 章 集合和对应

定理 2.5.1 设 F 是所有定义在 $[0,1]$ 上的实函数的集合,则 F 的势大于 c.

证明 设 $U=[0,1]$. 首先证明 F 与 U 不对等. 假设不然,那么在 F 和 U 之间就存在着一种 1—1 对应: $t \to f_t(x)(0 \leqslant x \leqslant 1)$,其中 $t \in U, f_t(x) \in F$. 设
$$F(t,x) = f_t(x)$$
那么,$F(t,x)$ 是在 $0 \leqslant t \leqslant 1, 0 \leqslant x \leqslant 1$ 中定义的一个二元函数.

函数
$$\psi(x) = F(x,x) + 1$$
显然是 F 中的元素,所以 U 中必有一个元素 a 使得 $f_a(x) = \psi(x)$,也就是 U 中必有一个元素 a 使得
$$F(a,x) = F(x,x) + 1$$

现在取 $x=a$,得出 $F(a,a) = F(a,a) + 1$,这显然是不可能的. 所得的矛盾说明 F 不可能与 U 对等.

但是 F 有一个子集 $F^* = \{\sin x + c\}(0 \leqslant c \leqslant 1)$ 和 U 对等($c \in U$ 与 $\sin x + c \in F^*$ 对应即可,则易于验证这个对应是一个 1—1 对应).

这就证明了定理.

根据这个定理,我们引出以下定义:

定义 2.5.2 所有定义在 $[0,1]$ 上的实函数的集合 F 的势记为 f.

由定理 2.5.1 知 $c < f$.

现在又要问,是否有大于 f 的势? 回答仍然是肯定的. 实际上,对于任何一个势,都存在比这个势更大的势.

定理 2.5.2 设 M 是一个集合,T 是 M 的一切子集组成的集合,那么

$$\overline{\overline{T}} > \overline{\overline{M}}$$

证明 因为 T 含有 M 的一切子集,所以 T 中包含 M 本身,空集,还包含 M 中每一个元素所成的单元素集.设 $T^* = \{\{m\} \mid m \in M\}$,则显然 $T^* \subset T$,T^* 和 M 对等.因此我们只需证明 T 和 M 不可能对等即可.

假设 T 和 M 是对等的,φ 是 T 和 M 之间的 1—1 对应.于是对于每一个 $m \in M$,T 中有一个唯一的 $\varphi(m)$ 和它对应,而 T 中每一个元素都一定可以写成 $\varphi(m)$ 的形式,其中 $m \in M$.

现在把 M 中的元素分成两类:凡满足 $m \in \varphi(m)$ 的元素称为"好"的元素,否则称为"坏"的元素.这两类元素都不是空集,比如与 M 本身对应的元素便是好的,而与空集对应的元素便是坏的.于是 M 中的元素不是好的就是坏的.设 M 中所有坏元素的集合为 S,则 $S \in T$.而 M 中必有一个元素 m^* 使得

$$S = \varphi(m^*)$$

现在我们提出一个问题:m^* 这个元素究竟是好的还是坏的呢?(注意 M 中的元素不是好的就是坏的)我们会发现,无论怎么回答这个问题,都会得出矛盾.不信你看:如果说 m^* 是好的,那么按照好元素的定义便得出

$$m^* \in \varphi(m^*) = S$$

但是按照 S 的定义,是坏元素组成的集合,因此 $m^* \notin S$,我们得到一个矛盾;

那么如果设 m^* 是坏的呢?按照坏元素的定义便得出

$$m^* \notin \varphi(m^*) = S$$

这个式子表明,m^* 不是一个坏元素,这又是一个

矛盾.由此得出 m^* 既非好的又非坏的.但是我们已经说过 M 中的元素不是好的就是坏的.于是无论怎样我们都会陷于矛盾,这一矛盾就说明 M 和 T 不可能对等.

由例 2.2.4 我们知道如果 M 是一个有限集,那么 $|T|=2^{|M|}$.由此引出以下定义.

定义 2.5.3 若 M 的势为 μ,而 M 的所有子集组成的集合是 T,T 的势是 τ,则定义
$$\tau = 2^\mu$$

定理 2.5.2 表明
$$2^\mu > \mu$$

下面我们证明定理 2.5.3.

定理 2.5.3 $c = 2^a$.

证明 设 $\mathbf{N}$ 是自然数的全体,T 是 $\mathbf{N}$ 的所有子集的集合.按照符号的定义就有 T 的势是 2^a.设 $N^* = (n_1, n_2, n_3, \cdots)$ 是 T 中的一个任意元素,令 N^* 对应于一个区间 $I=[0,1]$ 之间的二进小数 $a = 0.a_1 a_2 a_3 \cdots$,对应的规则是:当 $i \in N^*$ 时,令 $a_i = 1$,而当 $i \notin N^*$ 时,令 $a_i = 0$.这些小数中有一部分从某一位起全是 1,设这种小数的全体是 S.那么 S 中的小数或者是 1 或者是 $\frac{m}{2^n}$,其中 $m < 2^n$,且 $m \neq 2^k$,$k = 1, 2, 3, \cdots, n-1$.因此 S 是可数的.S 对应于 T 的一个子集 V.因为 S 是可数的,所以 V 也是可数的.于是 T/V 和 I/S 中的小数是 1—1 对应的(注意,如果不去除 S,则上述对应将不是 1—1 的.因为有可能有两个小数对应于同一个数.例如二进小数 0.1 和 0.0111111$\cdots$ 对应于同一个数 $\frac{1}{2}$.但是,只要排除了这种情况,上述对应就是 1—1 的

了). 由引理 2.3.8 和定理 2.4.2 知 I/S，从而 T/V 的势是 c，再由引理 2.3.7 即知 T 的势也是 c. 这就证明了定理.

根据定义 2.5.1，原则上两个集合的势就是可以比较的了. 但是有的细心的读者可能还会提出一个问题，就是假如 A 有一个子集与 B 对等，B 又有一个子集与 A 对等时，该如何比较 A,B 的势呢？设 A,B 的势分别是 α 和 β，这从形式上就会得出 $\alpha \leqslant \beta$，同时又 $\alpha \geqslant \beta$，那到底 A 和 B 的势是什么关系呢？有的粗心的读者也许会说，那还不简单吗，应该是 $\alpha = \beta$. 但是不要忘了，如果 α 和 β 是普通的自然数，也就是有限集合的势，那么这是没有问题的，但是现在 α 和 β 代表任意集合包括无限集合的势，那就是一个需要重新研究的问题了. 不过这样得出结论的读者还是值得鼓励的，虽然我们不能直接就认为 $\alpha = \beta$ 是一个不需要证明的结论，但是作为一个直观的猜想还有可能是合理的. 在科学研究中，猜想虽然不能代替证明，但是一个合理的猜想往往也是很宝贵的线索，很多科学结果都是先有一个猜想，然后再获得严格证明的.

下面我们先证明一个引理，利用这个引理可以证明一个形式上类似于求极限方法中的"两边夹"定理.

引理 2.5.1 设 $A^* \subset A, B^* \subset B, A$ 与 B 对等，A^* 与 B^* 对等，如果 A 与 B 之间的 1—1 映射法则和 A^* 与 B^* 之间的 1—1 映射法则相同，那么 $A \backslash A^*$ 与 $B \backslash B^*$ 就是对等的.

证明 设 A 与 B 之间的 1—1 映射法则是 φ，那么 φ 只能把 $A \backslash A^*$ 中的元素映到 $B \backslash B^*$ 中去，否则将存在一个元素 $a \in A \backslash A^*$，而 $\varphi(a) \in B^*$，但是由于 A^*

与 B^* 是对等的,且 A^* 与 B^* 之间的 1—1 映射法则也是 φ,因此又存在一个 $a^* \in A^*$,而使得 $\varphi(a^*) \in B^*$,显然 $a \neq a^*$,这就与 φ 是 1—1 的性质矛盾,因此 φ 也是 $A\backslash A^*$ 与 $B\backslash B^*$ 之间的 1—1 映射. 这就证明了引理.

注意在上面的引理中,如果去除"A 与 B 之间的 1—1 映射法则和 A^* 与 B^* 之间的 1—1 映射法则相同"这一条件,那么这个引理一般来说是不成立的. 最简单的例子可设 A,B 都是全体自然数的集合. $A^* = \{2,3,4,5,\cdots\}$,$B^* = \{3,4,5,6,\cdots\}$. 显然 $A^* \subset A$,$B^* \subset B$. 由于这四个集合都是可数的,因此它们之间是两两对等的. 故条件"A 与 B 对等,A^* 与 B^* 对等"也是成立的,但是 $A\backslash A^* = \{1\}$ 与 $B\backslash B^* = \{1,2\}$ 显然是不对等的.

下面叙述并证明"两边夹"定理.

定理 2.5.4 设 $A \supset A_1 \supset A_2$,若 $A \sim A_2$,则 $A \sim A_1 \sim A_2$.

证明 因为 $A \sim A_2$,所以可设在 A 与 A_2 之间存在一个 1—1 对应 φ,又因为 $A \supset A_1 \supset A_2$,所以又存在一个集合 $A_3 = \varphi(A_1) \subset A_2$(图 2.5.1).

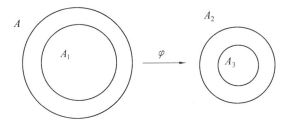

图 2.5.1

因为 $A_1 \supset A_2 \supset A_3$，$A_1 \supset A_3$，$A_1$，$A_3$ 之间的 1—1 对应是 φ，所以根据与上面同样的道理，又存在一个集合 $A_4 = \varphi(A_2) \subset A_3$。反复应用上面的论证就得到一串一个套一个的集合如下

$$A \supset A_1 \supset A_2 \supset A_3 \supset A_4 \supset \cdots \supset A_n \supset \cdots$$

使得 $A \sim A_2$，$A_1 \sim A_3$，$A_2 \sim A_4$，$\cdots$，$A_n \sim A_{n+2}$，$\cdots$ 而且这些集合之间的对等都按照相同的法则对应。因此根据上面已证明过的引理 2.5.1 就有

$$A \backslash A_1 \sim A_2 \backslash A_3$$
$$A_1 \backslash A_2 \sim A_3 \backslash A_4 \qquad (*)$$
$$A_2 \backslash A_3 \sim A_4 \backslash A_5$$
$$\vdots$$

又设 $D = A \cap A_1 \cap A_2 \cap A_3 \cdots$。现在你把这一串集合 $A \supset A_1 \supset A_2 \supset A_3 \supset A_4 \supset \cdots \supset A_n \supset \cdots \supset D$ 想象成一串一个包含一个的同心圆，D 就是这些同心圆之中最里面的那个圆，而 $A \backslash A_1$，$A_1 \backslash A_2$，$A_2 \backslash A_3$，$\cdots$ 就是这些同心圆之间的圆环，显然这些圆环以及 D 是两两不相交的，而整个大圆就等于这些圆环叠加起来再叠加上 D（图 2.5.2）。因此我们可以把集合 A 和 A_1 用如下方式表示成一些两两不相交的集合的并

$A = (A \backslash A_1) + (A_1 \backslash A_2) + (A_2 \backslash A_3) + (A_3 \backslash A_4) + \cdots =$
$\quad (A \backslash A_1) + (A_4 \backslash A_5) + (A_8 \backslash A_9) + (A_{12} \backslash A_{13}) + \cdots +$
$\quad (A_1 \backslash A_2) + (A_5 \backslash A_6) + (A_9 \backslash A_{10}) + (A_{13} \backslash A_{14}) + \cdots +$
$\quad (A_2 \backslash A_3) + (A_6 \backslash A_7) + (A_{10} \backslash A_{11}) + (A_{14} \backslash A_{15}) + \cdots +$
$\quad (A_3 \backslash A_4) + (A_7 \backslash A_8) + (A_{11} \backslash A_{12}) + (A_{15} \backslash A_{16}) + \cdots + D$
$A_1 = (A_1 \backslash A_2) + (A_2 \backslash A_3) + (A_3 \backslash A_4) + (A_4 \backslash A_5) + \cdots =$
$\quad (A_1 \backslash A_2) + (A_5 \backslash A_6) + (A_9 \backslash A_{10}) + (A_{13} \backslash A_{14}) + \cdots +$
$\quad (A_2 \backslash A_3) + (A_6 \backslash A_7) + (A_{10} \backslash A_{11}) + (A_{14} \backslash A_{15}) + \cdots +$

$(A_3\backslash A_4)+(A_7\backslash A_8)+(A_{11}\backslash A_{12})+(A_{15}\backslash A_{16})+\cdots+$
$(A_4\backslash A_5)+(A_8\backslash A_9)+(A_{12}\backslash A_{13})+(A_{16}\backslash A_{17})+\cdots+D$

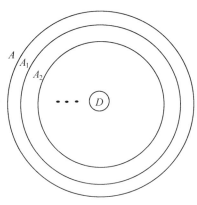

图 2.5.2

由式(*)和上述 A 和 A_1 的表达式可以看出:

A 的第一行和 A_1 的第二行的各项是 1—1 对应的;

A 的第二行和 A_1 的第一行的各项是 1—1 对应的;

A 的第三行和 A_1 的第四行的各项是 1—1 对应的;

A 的第四行和 A_1 的第三行的各项是 1—1 对应的;

A 中的 D 和 A_1 中的 D 是 1—1 对应的.

这就证明了 A 和 A_1 是 1—1 对应的,因此 $A \sim A_1 \sim A_2$.

有了"两边夹"定理,就可以证明这一节最后的主要定理了.

伯恩斯坦（Бернштейн, Сергй Натанович, 1880—1968），苏联数学家，生于敖德萨，卒于莫斯科。

定理 2.5.5（伯恩斯坦定理） 设 $A^* \subset A, B^* \subset B, A$ 与 B^* 对等，B 与 A^* 对等，则 A 与 B 对等。

证明 因为 $B^* \subset B \sim A^*$，所以 A^* 必有一个子集 A^{**} 与 B^* 对等。而由定理的条件可知 $A^{**} \subset A^* \subset A$，又 $A \sim B^* \sim A^{**}$，故由已证的"两边夹"定理即得 $A \sim A^* \sim B$。

利用这个定理，我们就可以严格地证明上面提到的对无穷势的类似于有限势的性质的猜想了。

定理 2.5.6 设 α, β 是两个势，则下面三个关系式

$$\alpha < \beta, \alpha = \beta, \alpha > \beta$$

中的任何两个不可能同时成立。

证明 事实上，当关系式 $\alpha = \beta$ 成立时，按照符号的定义就可知其他两个当然都不会成立。

因此只需证明 $\alpha < \beta$ 与 $\alpha > \beta$ 不可能同时成立即可。假设不然，则可设集合 A 的势为 α，集合 B 的势为 β。按照 $\alpha < \beta$ 的定义有：

(1) A 与 B 不对等；

(2) B 有一个子集 B^* 使得 $A \sim B^*$。

而按照 $\alpha > \beta$ 的定义，又有：

(3) A 有一个子集 A^* 使得 $A^* \sim B$。

由 (2)，(3) 和伯恩斯坦定理即得 A 与 B 对等，而这与 (1) 相矛盾。

定理 2.5.7 设 α, β, γ 是三个势，那么若 $\alpha < \beta$，$\beta < \gamma$，则 $\alpha < \gamma$。

证明 设集合 A, B, C 的势分别是 α, β, γ。则由 $\alpha < \beta, \beta < \gamma$ 的定义可知存在集合 B^* 和 C^* 使得 $A \sim B^* \subset B, B \sim C^* \subset C$，因此 C 中必存在一个集合

C^{**} 使得 $B^* \sim C^{**}$,因而有 $A \sim B^* \sim C^{**} \subset C$.我们证明 A 不可能与 C 对等.假设不然,则有 $B^* \subset B \subset C, A \sim B^* \sim C$,因此由"两边夹"定理即得 $B \sim C$ 或 $\beta = \gamma$,而这与 $\beta < \gamma$ 矛盾.由 $A \sim B^* \sim C^{**} \subset C, A$ 与 C 不对等和 $\alpha < \gamma$ 的定义即得 $\alpha < \gamma$.这就证明了定理.

由势的大小的定义(定义 2.5.1)即得:若 $A \sim B^* \subset B$,则或是 $\overline{\overline{A}} = \overline{\overline{B}}$,或是 $\overline{\overline{A}} < \overline{\overline{B}}$.如果把这句话简记为 $\overline{\overline{A}} \leqslant \overline{\overline{B}}$,那么定理 2.5.7 又可叙述成我们较为熟悉的形式如下.

定理 2.5.8 设 α, β 是两个势,那么若 $\alpha \geqslant \beta$ 和 $\alpha \leqslant \beta$ 同时成立,则有 $\alpha = \beta$.

设 m 及 n 为两个自然数,则下面三个关系 $m < n, m = n, m > n$ 之中必成立一个且只成立一个,这称为自然数顺序的三歧性.那么对于无穷势,是否也有类似的性质呢?定理 2.5.7 已肯定这三个关系式只能成立一个.要证明无穷势也有类似于自然数顺序的三歧性,需要在一定的公理体系中讨论,这就牵涉到更基本的数学基础问题了.这已经超出了本书的讨论范围.

另外自然数还有一个重要的性质,就是存在一个最小的自然数,同时在连续两个自然数之间不存在任何其他自然数,对无穷势是否也可定义类似的概念呢?也就是是否也可把无穷势排成一个类似于自然数的顺序呢?更具体一些,我们要问在可数势 a 和连续统势 c 之间是否还存在着中间的势,这就是连续统假设.这是一个至今还没有解决的问题.

习题 2.5

1.证明:平面上半径为有理数且圆心的坐标也为

有理数的圆所组成的集合是可数的.

2. 证明:闭区间$[a,b]$上的单调函数的间断点所组成的集合至多可数.

3. 证明:定义在整个数轴上的单调函数的间断点所组成的集合至多可数.

4. 证明:如果直线上的点集 E 的任何两点之间的距离大于 1,则 E 是至多可数的.

5. 已知平面点集 E 中任意两点之间的距离大于 a($a>0$ 是一个正数),证明:E 至多可数.

6. 设 E 中的元素都是正数,且 E 是不可数的.证明:存在 $\tau>0$,使 $E\cap(\tau,+\infty)$ 不可数.

7. 下面这个命题是否成立?设 E 中的元素都是正数,且 E 是无限集,则存在 $\tau>0$,使 $E\cap(\tau,+\infty)$ 是无限集.证明你的结论或举出反例.

8. 设 E 是直线上的可数点集,是否可以将 E 移动一个距离 a(即将所有的点 $x\in E$ 换成 $x+a$),使得移动后所得的集合 E_a 不与 E 相交?

9. 设 E 是圆周上的可数点集,是否可以将圆周绕圆心旋转某一个角度 φ 使得 E 经旋转后所得的集合 E_φ 不与 E 相交?

10. 设 $f(x)$ 是定义在 $[0,1]$ 上的实值函数,且存在常数 M,使得对于 $[0,1]$ 中任意有限个数 $x_1,x_2,\cdots,x_n$ 均有 $|f(x_1)+f(x_2)+\cdots+f(x_n)|\leqslant M$. 那么
$$E=\{x\in[0,1]\mid f(x)\neq 0\}$$
必是可数的.

11. 设 $f(x)$ 是定义在全数轴上的实值函数,如果对于任意的 x_0,必存在 $\delta>0$,使得当 $|x-x_0|<\delta$ 时,有 $f(x)\geqslant f(x_0)$,证明:函数 $f(x)$ 的所有函数值

组成的集合是至多可数的.

12. 平面上两两不相交的 T 形字母（这些字母的大小可以不相同）组成的集合是否可以是不可数的？

13. 平面上两两不相交的 Γ 形字母（这些字母的大小可以不相同）组成的集合是否可以是不可数的？

14. 设 E 是定义在线段 $[a,b]$ 上的所有严格递增的连续函数组成的集合，E 的势是什么？

15. 设 E 是定义在线段 $[a,b]$ 上的所有单调函数组成的集合，E 的势是什么？

16. 证明：如果 $A \backslash B \sim B \backslash A$，则 $A \sim B$.

17. 证明：如果 $A \subset B$，且 $A \sim A \cup C$，则 $B \sim B \cup C$.

18. 设 E 是平面中的可数集，证明：存在互不相交的集合 A 和 B，使得 $E = A \cup B$ 且任一平行于 x 轴的直线与 A 至多交于有限个点，任一平行于 y 轴的直线与 B 至多交于有限个点.

19. 设 $E = A \cup B$，且 E 的势为 c，证明：A 和 B 中至少有一个集合的势也是 c.

20. 设 E 是直线上的点集，且 E 的势不大于 c
$$A = \{(x_1, x_2, \cdots) \mid x_i \in E, i = 1, 2, \cdots\}$$
证明：A 的势也不大于 c.

第 3 章 整数的性质

3.1 整数的顺序

整数是一种有着很好性质的整体,这首先表现在它是有顺序的. 我们用 "=,>,<" 来描写数的顺序. 关于这几个符号,我们规定:

法则 3.1.1
(1) $a=a$;
(2) $a=a$ 与 $a \neq a$ 不能同时成立;
(3) $a>b \Leftrightarrow b<a$;
(4) $a<b, b<c \Rightarrow a<c$.

整数是有顺序的,首先表现在任何两个整数之间是可以比较大小的,其次在于这种比较大小的法则是随着整数的诞生自然产生的. 在有了负数的概念之后,我们又把这种天然的顺序推广到负数之中,这就形成了以下的规定:

第 3 章 整数的性质

法则 3.1.2

(1) 在任何两个整数 a,b 之间,必定成立关系 $a>b, a=b, a<b$ 之中的一种,而且只成立一种;

(2) $0<1<2<3<\cdots$;

(3) $a>b \Leftrightarrow a-b>0$;

(4) $a+b$ 的符号与 a,b 中绝对值较大的数相同,其绝对值等于 a,b 中绝对值较大的数减去绝对值较小的数;

(5) ab 的绝对值等于 a 的绝对值乘以 b 的绝对值,当 a,b 的符号相同时, ab 的符号为正,当 a,b 的符号相反时, ab 的符号为负,0 和任何数的乘积仍为 0;

(6) $a<b, b<c \Rightarrow a<c$.

由以上几条法则就可以推出通常所说的不等式的以下几条性质:

法则 3.1.3

(1) 如果 $a>b$,那么 $a+c>b+c$;

(2) 如果 $a>b, c>0$,那么 $ac>bc$;

如果 $a>b, c=0$,那么 $ac=bc$;

如果 $a>b, c<0$,那么 $ac<bc$;

(3) 如果 $a>b, c>d$,那么 $a+c>b+d$;

(4) 如果 a,b,c,d 都是正数,那么由 $a>b, c>d$ 得出 $ac>bd$;

(5) 如果 a,b 都是正数, n 是一个正整数,那么由 $a>b$ 得出 $a^n>b^n$.

整数除了是有顺序的,它还是离散的,也就是说,一个整数不管增大还是减小都至少要变化一个单位. 这种性质反映在顺序关系中,就是以下法则.

法则 3.1.4 如果 $a<b$,那么 $a \leqslant b-1$.

作为全体整数一部分的正整数也就是自然数,除了以上性质,还具有一个称为良序性的性质(注意,这一性质不同于顺序性质,即有顺序性质的集合,不一定具有良序性).可以证明,这一性质和数学归纳法是等价的,在本书中,我们可以把它视为不需证明的公理.

良序原理 设 T 是自然数的一个非空子集,那么 T 中必存在一个最小的自然数.

由良序原理立即得出:

推论 自然数的任何非空子集中不可能选取一个无穷的严格递减的序列.

良序原理保证了自然数非空子集中最小数的存在性,但是有时,这个最小数本身却不见得很小.例如可以证明方程

$$x^2 - 61y^2 = 1$$

存在无穷多组正整数解(即 x,y 都为正整数的解),因此根据良序原理,在这些解中,存在着一组解,使 x 最小,但是如果你想通过试验的方法找到这组解可不太容易.事实上,这组解的数值是 $x = 1\ 766\ 319\ 049$,$y = 226\ 153\ 980$.再比如满足方程

$$x^2 + y^2 = z^2$$
$$x + y = w^2$$

的最小解是 $x = 4\ 565\ 486\ 027\ 761$,$y = 1\ 061\ 652\ 293\ 520$,$z = 4\ 687\ 298\ 610\ 289$(这个方程的解在集合上的意义就是表示一个三条边都是整数的直角三角形的两条直角边之和也恰好是一个完全平方数).

习题 3.1

1. 设 $x_1, x_2, x_3, \cdots$ 是一个无界的由自然数组成的

序列,则在此序列中可选出一个严格递增的子序列.

2. 设 $x_1, x_2, x_3, \cdots$ 是一个由自然数组成的序列,则在此序列中可选出一个不减的子序列.

3. 证明:对任意三个自然数的无限数列

$$a_1, a_2, \cdots, a_n, \cdots$$
$$b_1, b_2, \cdots, b_n, \cdots$$
$$c_1, c_2, \cdots, c_n, \cdots$$

总可选出脚标的严格递增的子序列 $n_1 < n_2 < n_3 < \cdots$ 使得

$$a_{n_1} \leqslant a_{n_2} \leqslant a_{n_3} \leqslant \cdots$$
$$b_{n_1} \leqslant b_{n_2} \leqslant b_{n_3} \leqslant \cdots$$
$$c_{n_1} \leqslant c_{n_2} \leqslant c_{n_3} \leqslant \cdots$$

4. 证明:从长、宽、高都是整数的长方体序列 $V_1, V_2, \cdots, V_n, \cdots$ 中必可选出一个无穷子序列,使得在此序列中的每一个长方体都可以套进后面一个长方体.

5. 设 M 是自然数的有上界的非空子集,则 M 中必存在一个最大数.

3.2 整数的整除性

整数是我们所使用的数字中最基本的数字,任何实际的计算最后都要归结为对整数的计算,因此,研究整数是研究任何一种数的基础. 但是基础的东西就是刨根问底问到根上了,再没有任何更基础的东西去解释它. 所以基础的东西往往更难,性质更复杂.

对两个整数可以实行加、减、乘、除四种运算,其中实行前三种运算的结果仍然得出整数,而实行除法所得的结果就不一定仍是一个整数了. 所以除法在整数范围中具有特殊的地位, 而整数的各种性质大都与除法有关.

用整数 b 去除整数 a, 如果仍得出一个整数 c, 我们就说 b 整除 a, 并称 b 是 a 的因数, a 是 b 的倍数, 设 c 是 a 除以 b 所得的商数, 则

$$\frac{a}{b}=c$$

为简便起见, 我们把上式记为 $b\mid a$, 读作 b 整除 a. 这时我们强调的是 a 除以 b 得出的商是一个整数, 而在很多问题中, 我们只要知道这一事实就够了, 至于商的具体数值并不重要, 这时采用上述记法就是非常方便的. 整除的符号有以下性质:

定理 3.2.1

(1) $b\mid a \Leftrightarrow -b\mid a \Leftrightarrow b\mid -a$;

(2) $c\mid b, b\mid a \Rightarrow c\mid a$;

(3) $b\mid a, b\mid c \Rightarrow$ 对任意整数 m 和 n 有 $b\mid (ma+nc)$;

(4) $b\mid a, m\neq 0 \Rightarrow mb\mid ma$;

(5) 设 $a\neq 0$, 那么 $b\mid a \Rightarrow |b|\leqslant |a|$;

(6) $a\mid b$ 且 $b\mid a \Rightarrow |a|=|b|$.

这些性质都很容易证明, 请读者自己验证.

当 $b\mid a$ 时, 设 $a/b=c$, 那么不难验证 $a/c=b$, 也就是说, 在 b 整除 a 时, 因数和商是平等的, 或商也是一个因数, 因此不难设想, 应该成立以下结果:

定理 3.2.2 设整数 $a\neq 0, d_1, d_2, \cdots, d_n$ 是它的全体约数, 那么, $a/d_1, a/d_2, \cdots, a/d_n$ 也是它的全体约数, 即当 d 遍历 a 的全体约数时, a/d 也遍历 a 的全体

第 3 章　整数的性质

约数.特别,若 $a>0$,则当 d 遍历 a 的全体正约数时,a/d 也遍历 a 的全体正约数.

证明　当 $d\mid a$ 时,a/d 是一个整数.因为 $a=d(a/d)$,所以 a/d 也是 a 的约数.另外显然当 $d_1\neq d_2$ 时有 $a/d_1\neq a/d_2$.因此 $a/d_1,a/d_2,\cdots,a/d_n$ 是两两不同的,也就是说当 d 遍历 a 的全体约数时,a/d 就把 a 的约数两两不同的,因而又不多不少地重写了一遍,因此所有的 a/d 就只能还是 a 的全体约数.(注意:这里我们利用到了 a 的全体约数是有限的这一事实.如果 a 的全体约数不是有限的,就不能说明所有的 a/d 和 a 的全体约数这两个集合是同一个集合.例如当 n 遍历全体偶数时,$n+2$ 也是两两不同的偶数,但是 $n+2$ 并不遍历全体偶数)这就证明了定理的第一部分.注意到 a 的全体正约数也是有限的,就可类似地证明定理的第二部分.

例 3.2.1　证明:若 $3\mid n,7\mid n$,则 $21\mid n$.

证明　由 $3\mid n$ 知 $n=3m$,所以 $7\mid 3m$,由此及 $7\mid 7m$ 得出 $7\mid (7m-2\cdot 3m)=m$,故 $m=7k$,因此有 $n=3m=3\cdot 7k=21k$,这就证明了 $21\mid n$.

刚才我们讨论了整数 b 整除 a 的情况.但是当 a 除以 b 时,还可能发生另一种情况,即 b 不能整除 a 的情况(记为 $b\nmid a$).例如用 7 除以 3,除得出商数是 2 以外,还会得出余数是 1.在小学里,我们把这一除法写成

$$7\div 3=2\cdots\cdots 1$$

但是这种写法既不方便又不能明显地表示出被除数,除数,商和余数这几个数之间的关系.事实上,上式中这几个数的关系是 $7=2\cdot 3+1$,把这个例子推广到

一般,就有:

定理 3.2.3(带余数除法定理) 若 a,b 是两个整数,$b>0$,则存在唯一的两个整数 q 及 r,使得
$$a = bq + r, 0 \leqslant r < b.$$

证明 考虑整数组成的序列
$$\cdots, -3b, -2b, -b, 0, b, 2b, 3b, \cdots$$
则 a 必在上述序列的某两项之间,即存在一个整数 q 使得
$$qb \leqslant a < (q+1)b.$$
令 $a - qb = r$,则 $a = qb + r$,而且 $0 \leqslant r < b$.

现在证明上式中的 q 和 r 是唯一的. 假设不然,则必存在着 q_1, r_1 及 q_2, r_2 使得 $q_1 \neq q_2$,并且
$$a = bq_1 + r_1$$
$$a = bq_2 + r_2$$
因而
$$bq_1 + r_1 = bq_2 + r_2$$
于是
$$b(q_1 - q_2) = r_2 - r_1$$
故
$$b \mid q_1 - q_2 \mid = \mid r_1 - r_2 \mid$$

因为 r_1 及 r_2 都是小于 b 的正数,所以上式右边是小于 b 的,而左边是大于或等于 b 的. 这是不可能的. 因此必有 $q_1 = q_2$,因而 $r_1 = r_2$.

推论 $b \mid a$ 的充分必要条件是在 a 除以 b 的带余数除法公式中,余数 $r = 0$.

例 3.2.2 证明:$1\underbrace{0\cdots0}_{200\text{个}0}1$ 可被 1 001 整除.

证明 $1\underbrace{0\cdots0}_{200\text{个}0}1 = 10^{201} + 1 = (10^3)^{67} + 1$

利用当 n 为一个正奇数时的因式分解公式
$$x^n + y^n = (x+y)(x^{n-1} - x^{n-2}y + \cdots - xy^{n-2} + y^{n-1})$$
即可得

第 3 章　整数的性质

$$(10^3)^{67}+1=(10^3+1)((10^3)^{66}-(10^3)^{65}+\cdots-10^3+1)$$

而 10^3+1 就是 $1\,001$，所以 $1\,001$ 整除 $1\underbrace{0\cdots0}_{200\text{个}0}1$。

例 3.2.3　设 $m>n\geqslant 0$，证明：$(2^{2^n}+1)\mid(2^{2^m}-1)$.

证明　利用当 n 为一个正整数时的因式分解公式

$$x^n-y^n=(x-y)(x^{n-1}+x^{n-2}y+\cdots+xy^{n-2}+y^{n-1})$$

取 $x=2^{2^{n+1}}+1,y=1$，并把 $k=2^{m-n-1}$ 看成上述公式中的 n，即得

$$2^{2^m}-1=(2^{2^{n+1}})^{2^{m-n-1}}-1=\\(2^{2^{n+1}}-1)(x^{k-1}+x^{k-2}+\cdots+x+1)$$

因此　　　　　　$(2^{2^{n+1}}-1)\mid(2^{2^m}-1)$

但是由平方差公式又有

$$2^{2^{n+1}}-1=(2^{2^n}+1)(2^{2^n}-1)$$

所以最后就得到

$$(2^{2^n}+1)\mid(2^{2^{n+1}}-1)\mid(2^{2^m}-1)$$

例 3.2.4　设 $F_k=2^{2^k}+1,m>n$，则 $F_n\mid(F_m-2)$.

这实际上就是例 3.2.3 的另一种写法。但是数学里经常会看到把同一个结论用另一种形式写出来就会在论证时起到很大的作用，所以不要认为这是没有什么意义的文字游戏。

习题 3.2

1. 证明：若 $5\mid n,17\mid n$，则 $85\mid n$.
2. 证明：若 $2\mid n,5\mid n,7\mid n$，则 $70\mid n$.

3. 设 a,b 都是不等于零的整数,且存在两个整数 x,y 使得 $ax+by=1$. 证明:若 $a\mid n, b\mid n$,则 $ab\mid n$.

4. 设 $ax+by=1, a\mid bn$,则 $a\mid n$.

5. 证明:$3\mid n(n+1)(2n+1)$.

6. 若 ax_0+by_0 是形如 $ax+by$(x,y 是任意整数, a,b 是两个不全为零的整数)的数中的最小正数,则 $(ax_0+by_0)\mid(ax+by)$,其中 x,y 是任意整数.

7. 若 $x^2+ax+b=0$ 有整数根 $x_0\ne 0$,则 $x_0\mid b$. 一般地,若 $x^n+a_{n-1}x^{n-1}+\cdots+a_0=0$ 有整数根 $x_0\ne 0$,则 $x_0\mid a_0$.

8. 判断以下方程有无整数根,若有则求出它们的所有整数根:

(1) $x^2+x+1=0$;

(2) $x^2-5x-4=0$;

(3) $x^4+6x^3-3x^2+7x-6=0$;

(4) $x^3-x^2-4x+4=0$.

9. 某商店定制了两种盒子,其中一种能装 3 斤(1 斤 = 500 g) 糖,另一种能装 6 斤糖. 假定每个盒子都必须装满,请问能用这两种盒子来装完 100 斤糖吗?

10. 证明:任意正整数 n 都可唯一地表示成 $n=2^k h$ 的形式,其中 h 是奇数.

11. 设 $n\geqslant 2, 1=2^{k_1}h_1, 2=2^{k_2}h_2,\cdots,n=2^{k_n}h_n$,其中 $h_1,h_2,\cdots,h_n$ 都是奇数.

证明:存在唯一的 s 使得 $k_s=\max(k_1,k_2,\cdots,k_n)$.

12. 设 $n\geqslant 2, k_s$ 的意义与 11 题中相同. $M=2^{k_s-1}h_1h_2\cdots h_n, i=1,2,\cdots,n$,则当 $i\ne s$ 时, $i\mid M$;当 $i=s$ 时, $i\nmid M$.

13. 证明:当 $n>1$ 时, $1+\dfrac{1}{2}+\dfrac{1}{3}+\cdots+\dfrac{1}{n}$ 不是

整数.

14. 证明:当 $n > 1$ 时,$1 + \frac{1}{3} + \frac{1}{5} + \cdots + \frac{1}{2n-1}$ 不是整数.

3.3 最大公因数和最小公倍数

从因数这个概念出发就又可以引导出两个新的概念,即素数和公因数的概念.

任给一个整数 a,则 a 有两个显然的因数:1 和 a 本身.这两个因数称为一个整数的平凡因数.而 a 的其他因数,也就是使得 $1 < b < a$ 的因数 b(如果 a 有)则称为 a 的真因数.这样,就可以把全体整数分成三类:一类是除了 1 和它本身没有其他因数的整数,这种数称为素数(在小学算术中称为质数),如 2,3,5,7 等;另一类是除了 1 和它本身还有其他真因数的整数,这种数称为合数,如 4,6,10,12 等;第三类只包含一个数就是 1,它既不是素数也不是合数.

任给两个整数 a,b,如果整数 d 既是 a 的因数又是 b 的因数,则称 d 是 a,b 的公因数.显然,a,b 的公因数是有限的,因此以下定义是合理的:

定义 3.3.1 整数 a,b 的最大的公因数称为它们的最大公因数,记为 (a,b).

类似,可定义多个整数 $a_1, a_2, \cdots, a_n$ 的最大公因数 $(a_1, a_2, \cdots, a_n)$ 的概念.

与最大公因数有关的另一个概念是所谓最小公倍数.任给两个整数 a,b,如果整数 l 既是 a 的倍数又是 b

的倍数,则称 1 是 a,b 的公倍数.显然 a,b 的正的公倍数有无穷多个,因此根据良序原理,下述定义是合理的:

定义 3.3.2 设整数 a,b 均不为零.那么它们的正的公倍数中的最小者称为它们的最小公倍数,记为 $[a,b]$.

类似,可定义多个整数 $a_1,a_2,\cdots,a_n$ 的最小公倍数 $[a_1,a_2,\cdots,a_n]$ 的概念.

下面我们首先来探讨一下这些符号本身的性质.首先可以看出,最大公因数和 a,b 二者的顺序没有关系,即显然有 $(a,b)=(b,a)$.其次,根据定理 3.2.1 中的结论(1)和最大公因数的定义可知最大公因数也和 a,b 二者的符号没有关系,即有 $(a,b)=(-a,b)=(a,-b)$.因此今后讨论两个数的最大公因数时,不妨设这两个数都是正数.第三,根据最大公因数的定义可知如果 a,b 二者之中有一个是 1,那么它们的最大公因数就是 1;如果 a,b 二者之中有一个是另一个的倍数(不失一般性,不妨设 b 是 a 的倍数),那么 a,b 的最大公因数就是 a,特别,如果 a,b 二者之中有一个是 0,那么它们的最大公因数就是二者之中非零的整数.把这些内容写成定理就是:

定理 3.3.1

(1) $(a,b)=(b,a)$;

(2) $(a_1,a_2,\cdots,a_n)=(|a_1|,|a_2|,\cdots,|a_n|)$;

(3) 设 b 是任意非零整数,则 $(0,b)=|b|$.

其次,根据公因数的定义,我们可以证明以下的一个性质(学过行列式理论的读者可以看出它有点类似于行列式的一个性质).

第 3 章 整数的性质

定理 3.3.2 设 q 是任意一个正数,则 $(a,b) = (a-bq, b)$.

证明 设 $c = a - bq$, d 是 a, b 的任一公因数,则由公因数的定义就有 $d \mid a, d \mid b$,因此由整数的整除性质(即 3.2 中定理 3.2.1(3))即知 $d \mid (a-bq)$,即 $d \mid c$,因此 d 是 b, c 的一个公因数. 同理可证, b, c 的公因数必是 a, b 的公因数,由此显然就有 a, b 的最大公因数与 b, c 的最大公因数相同,这就证明了定理. 这个证明实际上是先证明 a, b 的公因数集合与 b, c 的公因数集合相同,然后再得出它们的最大公因数相同,所以证明的过程与从定义证明两个集合相同的方法也是一样的.

虽然定理 3.3.2 的证明完全是从定义出发的很简单的证明,但是定理 3.3.2 却是一个很有用的定理. 我们看以下的例子.

例 3.3.1 证明:对任意整数 n, $\dfrac{21n+4}{14n+3}$ 必是既约分数.

证明 只需证明这个分数的分子和分母的最大公约数必是 1 即可. 由定理可得
$$(21n+4, 14n+3) = (21n+4-(14n+3), 14n+3) =$$
$$(7n+1, 14n+3) =$$
$$(7n+1, 14n+3-2(7n+1)) =$$
$$(7n+1, 1) = 1$$

以后演算熟了,就可直接写
$$(21n+4, 14n+3) = (7n+1, 14n+3) =$$
$$(7n+1, 1) = 1$$

例 3.3.2 设 $F_k = 2^{2^k} + 1, k \geqslant 0$,证明:对于 $m \neq n$ 有 $(F_m, F_n) = 1$.

证明 不妨设 $m > n \geqslant 0$,这里关键的一步是要看出 $F_n \mid (F_m - 2)$(见 3.2 中例 3.2.4),故 $F_m - 2 = qF_n$,由此推出 $F_m = qF_n + 2$,因此 $(F_m, F_n) = (qF_n + 2, F_n) = (2, F_n)$,从而 $(F_m, F_n) \mid 2$,即 $(F_m, F_n) = 1$ 或 $(F_m, F_n) = 2$,但是 F_n 是一个奇数,因此 (F_m, F_n) 不可能等于 2,故必须 $(F_m, F_n) = 1$.

例 3.3.3 证明:$(n! + 1, (n+1)! + 1) = 1$.

证明 设 $d = (n! + 1, (n+1)! + 1)$,观察到等式 $(n! + 1)(n+1) - ((n+1)! + 1) = n$,则由 d 的定义即得 $d \mid n$,由此得 $d \mid n!$,再由 $d \mid (n! + 1)$ 就得出 $d \mid (n! + 1) - n! = 1$,故 $d \mid 1, d = 1$.

以上的几个例子的证明过程全都是简单的应用一下定理 3.3.2. 但是你如果光知道这个定理,恐怕不见得就能很顺利地解决这些问题,这里面每个问题中都有一个关键性的事实需要你知道或者观察出来. 所以观察和发现问题中的一些数量关系、等式、性质等还是研究问题的一个基本功,需要自己长期积累.

从定理 3.3.2 出发,我们很容易地就可想到一个具体的求两个给定的正整数的最大公因数的方法. 比如要求 (a, b) 是多少,不妨设 $a > b$. 那么第一步就是从 a 中减去一个 b 的倍数,减去多少倍是随便的,只要使得剩下的数还是正的即可,但是为了使这个求最大公因数的过程快些,当然是要选的这个倍数在保持余数为正的前提下越大越好,那这其实就是用 b 去除 a 的算法,根据除法的法则这样剩下来的余数肯定比 b 小. 因此第二步就是完全跟第一步相同的算法,只不过把两个数的位置换了,而因为我们已知道,最大公因数和两个数的位置是无关的,因此这是没有关系的. 具体说第

第 3 章 整数的性质

二步就是拿第一步得出的余数去除 b,然后反复进行这个算法,直到其中一个数是 0 或 1 为止,而因为每算一步,其中一个数,轮流地,都必定至少减少 1,因此算到最后,某个数必定是要变成 0 或 1 的. 如果变成 0,则所求的最大公因数就是不为 0 的另一个数,如果变成 1,则这两个数的最大公因数就是 1. 这么说很有点绕嘴,看几个具体例子就明白了.

例 3.3.4 求 525 和 231 的最大公因数.

解 $(525,231) = (525 - 231 \cdot 2, 231) = (63, 231) =$
$(63, 231 - 63 \cdot 3) =$
$(63, 42) = (63 - 42, 42) =$
$(21, 42) = (21, 42 - 2 \cdot 21) =$
$(21, 0) = 21$

例 3.3.5 求 169 和 121 的最大公因数.

解 $(169, 121) = (169 - 121, 121) = (48, 121) =$
$(48, 121 - 48 \cdot 2) =$
$(48, 25) = (48 - 25, 25) =$
$(23, 25) = (23, 25 - 23) =$
$(23, 2) = (23 - 2 \cdot 11, 2) =$
$(1, 2) = 1$

如果到此为止,我们也就是找到了一种求两个数的最大公约数的算法而已,但是如果我们再进一步,把这个过程用公式写出来,那我们就可以得出更多的东西,这就是算术和代数的区别. 其实现在我们所研究的问题跟我们在小学中学习除法时所遇到的问题没有什么本质的区别,区别就在于现在我们是用代数的方法去处理,结果就可得到许多新的很有用的结论.

把上面我们求两个数的最大公约数的算法用定理

的形式写出来就是:

定理 3.3.3 设 a,b 是两个任意的正整数,由带余数除法,成立以下等式

$$a = bq_1 + r_1, 0 < r_1 < b$$
$$b = r_1 q_2 + r_2, 0 < r_2 < r_1$$
$$\vdots$$
$$r_{n-2} = r_{n-1} q_n + r_n, 0 < r_n < r_{n-1}$$
$$r_{n-1} = r_n q_{n+1}$$

那么,上述等式必只有有限步,并且 $(a,b) = r_n$.

证明 因为每进行一次带余数除法,余数就至少减少 1,而 b 是有限的,所以我们至多进行 b 次带余数除法,就可以得到一个余数是零的等式,即最后一个等式. 由定理 3.3.1 和 3.3.2 即得

$$r_n = (0, r_n) = (r_{n+1}, r_n) = (r_n, r_{n-1}) = \cdots =$$
$$(r_1, b) = (a, b)$$

这种算法,称为辗转相除法. 在古代就已被中国的数学家发现,这就是中国古代的算学书中的求一术. 但在外文书中,一般称这种算法为欧几里得算法.

定理 3.3.4 设 (a,b) 是两个任意的不全为零的整数,那么:

(1) 若 m 是任意正整数,则 $(am, bm) = m(a,b)$;

(2) 若 δ 是 a,b 的任一公因数,则 $(\dfrac{a}{\delta}, \dfrac{b}{\delta}) = \dfrac{(a,b)}{|\delta|}$;

(3) $(\dfrac{a}{(a,b)}, \dfrac{b}{(a,b)}) = 1$.

证明 当 a,b 之中有一个为零时,定理显然成立. 因此只需考虑 a,b 都不为零的情况即可. 又由定理

欧几里得(Euclid,约公元前 330—公元前 275),希腊数学家. 有关欧几里得的资料,多来自希腊学者普罗克洛斯. 他认为,欧几里得生活的年代晚于柏拉图,早于阿基米德,与埃及国王托勒密一世(Ptolemy I,约公元前 306—公元前 283)是同时代的人.

3.3.1 可知不妨假定 a,b 都是正数.

（1）在定理 3.3.3 中的各个等式的两边都乘以 m 即得

$$am = (bm)q_1 + r_1 m, 0 < r_1 m < bm$$
$$bm = (r_1 m)q_2 + r_2 m, 0 < r_2 m < r_1 m$$
$$\vdots$$
$$r_{n-2}m = (r_{n-1}m)q_n + r_n m, 0 < r_n m < r_{n-1}m$$
$$r_{n-1}m = (r_n m)q_{n+1}$$

再由定理 3.3.3 即得

$$(am, bm) = r_n m = (a, b)m$$

（2）由（1）及定理 3.3.1 即得

$$(\frac{a}{\delta}, \frac{b}{\delta})|\delta| = (\frac{|a|}{|\delta|}|\delta|, \frac{|b|}{|\delta|}|\delta|) =$$
$$(|a|, |b|) = (a, b)$$

因此

$$(\frac{a}{\delta}, \frac{b}{\delta}) = \frac{(a,b)}{|\delta|}$$

（3）在（2）中取 $\delta = (a,b)$ 即得（3）.

定理 3.3.5 a,b 的公因数与 (a,b) 的因数相同.

证明 设 $A = \{d \mid d$ 是 a,b 的公因数$\}, B = \{d \mid d$ 是 (a,b) 的因数$\}$.

如果 $d \in A$，那么由定理 3.3.4(2) 知 $|d|$ 是 (a,b) 的因数，从而 d 显然也是 (a,b) 的因数，故 $d \in B$，由此得出 $A \subset B$. 反过来，如果 $d \in B$，那么 d 是 (a,b) 的因数，而由于 (a,b) 是 a,b 的最大公因数当然也是 a,b 的公因数，因此 d 显然也是 a,b 的因数，因而也是 a,b 的公因数，由此得出 $B \subset A$. 由 $A \subset B$ 和 $B \subset A$ 即得出 $A = B$.

现在我们已经会求两个整数的最大公因数了，由

此出发,即可求出多个整数的最大公因数.事实上,我们有下面的

定理 3.3.6 设 $a_1, a_2, \cdots, a_n$ 是 n 个整数,$d_2 = (a_1, a_2), d_3 = (a_3, d_2), \cdots, d_n = (a_n, d_{n-1})$,则
$$(a_1, a_2, \cdots, a_n) = d_n$$

证明 由定理的条件知 $d_n \mid a_n, d_n \mid d_{n-1}$. 但是同样 $d_{n-1} \mid a_{n-1}, d_{n-1} \mid d_{n-2}$,故 $d_n \mid a_{n-1}, d_n \mid d_{n-2}$. 依此类推可得 $d_n \mid a_n, d_n \mid a_{n-1}, \cdots, d_n \mid a_1$,这就说明 d_n 是 $a_1, a_2, \cdots, a_n$ 的一个公因数. 反过来,设 d 是 $a_1, a_2, \cdots, a_n$ 的任一个公因数,则 $d \mid a_1, d \mid a_2$,故由定理 3.3.5 知 $d \mid d_2$,同样由定理 3.3.5 知 $d \mid d_3$,依此类推可得 $d \mid d_n$. 因而 $d \leqslant \mid d \mid \leqslant d_n$,这就说明 d_n 是 $a_1, a_2, \cdots, a_n$ 的最大公因数.

下面再从辗转相除法得出一个很重要的但是却不是那么明显可以看出的定理.

定理 3.3.7 设 a, b 是两个任意的正整数,由带余数除法,成立以下等式
$$a = bq_1 + r_1, 0 < r_1 < b$$
$$b = r_1 q_2 + r_2, 0 < r_2 < r_1$$
$$\vdots$$
$$r_{n-2} = r_{n-1} q_n + r_n, 0 < r_n < r_{n-1}$$
$$r_{n-1} = r_n q_{n+1}$$

又设
$$P_0 = 1, P_1 = q_1, \cdots, P_k = q_k P_{k-1} + P_{k-2}$$
$$Q_0 = 0, Q_1 = 1, \cdots, Q_k = q_k Q_{k-1} + Q_{k-2}$$
$$k = 2, 3, \cdots, n$$

那么:

(1) $Q_k a - P_k b = (-1)^{k-1} r_k, k = 1, 2, \cdots, n$ （*）

(2) 若 a,b 是两个不全为零的整数,则存在两个整数 λ,μ 使得
$$\lambda a + \mu b = (a,b)$$

(3) 两个整数 a,b 互素的充分必要条件是存在两个整数 λ,μ 使得
$$\lambda a + \mu b = 1$$

证明 (1) 当 $k=1$ 时式($*$)显然成立,当 $k=2$ 时,由直接计算可得
$$Q_2 a - P_2 b = (q_2 Q_1 + Q_0)a - (q_2 P_1 + P_0)b =$$
$$q_2 a - (q_2 q_1 + 1)b =$$
$$q_2 a - q_2 q_1 b - b =$$
$$q_2(a - q_1 b) - b = q_2 r_1 - b =$$
$$-r_2 = (-1)^{2-1} r_2$$

因此式($*$)仍然成立. 假定式($*$)对不超过 $k \geqslant 2$ 的正整数都成立,则
$$Q_{k+1} a - P_{k+1} b = (q_{k+1} Q_k + Q_{k-1})a - (q_{k+1} P_k + P_{k-1})b =$$
$$q_{k+1}(Q_k a - P_k b) + (Q_{k-1} a - P_{k-1} b) =$$
$$(-1)^k (r_{k-1} - q_{k+1} r_k) =$$
$$(-1)^k r_{k+1}$$

因此由数学归纳法就证明了对一切自然数 k,式($*$)都成立.

(2) 由式($*$)和定理 3.3.3 显然就得出定理 3.3.7 的第二部分.

(3) 如果 $(a,b) = 1$,那么由已证的结论(2)即知必存在两个整数 λ,μ 使得 $\lambda a + \mu b = 1$. 反之,若存在两个整数 λ,μ 使得 $\lambda a + \mu b = 1$,则显然 $(a,b) \mid \lambda a + \mu b = 1$,故 $(a,b) = 1$.

定理 3.3.4 和 3.3.7 都可以很自然地从辗转相除

法得出,其实,不使用辗转相除法也可以得出这两条定理,但你自己可以试一试,恐怕就没有这么省力,起码那个思路不是很明显的,需要你对最大公约数定义的本质有比较深的认识.所以辗转相除法不只是一个具体的算法,而且也是很有理论价值的.

定理 3.3.7 中最难的部分是(1),(1) 中的式(*)绝对不是一个容易自然发现的关系,所以它好像吸收了证明中的难点,也好像是在攻击的路线上先占领了一个制高点,以后从此制高点出发,再前进就容易了.下面我们就用定理 3.3.7 去证明一个很常用的数的整除性质.

定理 3.3.8 若 $(a,c)=1, c \mid ab$,则 $c \mid b$.

证明 如果 $b=0$,定理显然成立,因此可设 $b \neq 0$.

由 $(a,c)=1$ 和定理 3.3.7 知存在两个整数 λ 和 μ 使得 $\lambda a + \mu c = 1$,又由 $c \mid ab$ 得 $ab=qc$,因此 $\lambda ab = \lambda qc$,而 $\lambda a = 1 - \mu c$,把此式代入前面的式子得 $(1-\mu c)b = \lambda qc$,由此得出

$$b = \mu cb + \lambda qc = (\mu b + \lambda q)c$$

由于 $b \neq 0$,因此 $\mu b + \lambda q \neq 0$,这就得出 $c \mid b$.

定理 3.3.9 若 $(a,b)=1, a \mid c, b \mid c$,则 $ab \mid c$.

证明 由 $a \mid c$ 得 $c = qa$,$b \mid qa$,再由 $(a,b)=1$ 和定理 3.3.8 即得 $b \mid q$,因而 $ab \mid aq = c$.

定理 3.3.10 若 $(a,c)=1$,则 $(ab,c)=(b,c)$.

证明 设 $A = \{d \mid d$ 是 ab 和 c 的公因数$\}$,$B = \{d \mid d$ 是 b 和 c 的公因数$\}$.

由 $(a,c)=1$ 和定理 3.3.7 知存在两个整数 λ 和 μ 使得 $\lambda a + \mu c = 1$,用 b 去乘这个式子的两边,得 $\lambda ba +$

第 3 章　整数的性质

$\mu bc = b$.

设 $d \in A$，则 $d \mid ab, d \mid c$，因此由上面的式子得出 $d \mid b$，这就说明 d 是 b, c 的公因数，即 $d \in B$，故 $A \subset B$. 反过来设 $d \in B$，则 d 是 b, c 的公因数，因而显然也是 ab 和 c 的公因数，故 $d \in B$，因而 $B \subset A$. 综合以上两方面的论述即得 $A = B$，由此即可推出
$$(ab, c) = (b, c)$$

定理 3.3.7(2) 可以推广到任意多个整数的情况，这就是下面的：

定理 3.3.11　设 $a_1, a_2, \cdots, a_n$ 是不全为零的整数，则：

(1) $(a_1, a_2, \cdots, a_n) = \min\{s \mid s \in S\}$，其中 $x_i (i = 1, 2, \cdots, n)$ 都是整数
$$S = \{s \mid s = x_1 a_1 + x_2 a_2 + \cdots + x_n a_n, s > 0\}$$

(2) 存在一组整数 $\lambda_1, \lambda_2, \cdots, \lambda_n$ 使得 $(a_1, a_2, \cdots, a_n) = \lambda_1 a_1 + \lambda_2 a_2 + \cdots + \lambda_n a_n$.

证明　(1) 因为 $0 < a_1^2 + a_2^2 + \cdots + a_n^2 \in S$，所以 S 中存在着正整数元素，由最小数原理知 S 中必有一个最小的正整数，设这个最小的正整数为 s_0. 设 d 是 $a_1, a_2, \cdots, a_n$ 的任一个公约数，那么 $d \mid a_i, i = 1, 2, \cdots, n$，因此 $d \mid s_0$，故 $\mid d \mid \leqslant s_0$，另一方面，由带余数除法可得
$$a_i = q_i s_0 + r_i, 0 \leqslant r_i < s_0, i = 1, 2, \cdots, n$$

因为 r_i 具有和 s_0 相同的形式（它们都是 $a_1, a_2, \cdots, a_n$ 的整数线性组合），所以对任意 i, r_i 必为零，否则就和 s_0 的最小性相矛盾. 这就说明 $s_0 \mid a_i, i = 1, 2, \cdots, n$，即 s_0 是 $a_1, a_2, \cdots, a_n$ 的公约数，由前半段的证明知 s_0 是最大的公约数，这就证明了(1) 的结论.

93

(2) 由(1)已证和 s_0 的定义知存在一组整数 $\lambda_1, \lambda_2, \cdots, \lambda_n$ 使得
$$s_0 = \lambda_1 a_1 + \lambda_2 a_2 + \cdots + \lambda_n a_n$$
因此
$$(a_1, a_2, \cdots, a_n) = s_0 = \lambda_1 a_1 + \lambda_2 a_2 + \cdots + \lambda_n a_n$$

下面我们开始讨论最小公倍数的性质. 与定理 3.3.1 类似我们有以下的(请读者自己证明)：

定理 3.3.12
(1) $[a,b] = [b,a]$；
(2) $[a_1, a_2, \cdots, a_n] = [|a_1|, |a_2|, \cdots, |a_n|]$.

因此以后讨论最小公倍数时只需考虑正整数即可.

定理 3.3.13 公倍数一定是最小公倍数的倍数.

证明 设 C 是 $a_1, a_2, \cdots, a_n$ 的公倍数, $L = [a_1, a_2, \cdots, a_n]$, 则由带余数除法得
$$C = qL + r, 0 \leqslant r < L$$
从 C 和 L 都是 $a_1, a_2, \cdots, a_n$ 的公倍数和上式可知 r 也是 $a_1, a_2, \cdots, a_n$ 的公倍数. 再由最小公倍数的定义和 $0 \leqslant r < L$ 知 r 必为零, 因此 $L \mid C$, 这就证明了定理的结论.

和定理 3.3.4(1) 类似, 对最小公倍数也有下面的：

定理 3.3.14 设 $m > 0$, 则 $[ma_1, ma_2, \cdots, ma_n] = m[a_1, a_2, \cdots, a_n]$.

证明 设 $L = [ma_1, ma_2, \cdots, ma_n], K = [a_1, a_2, \cdots, a_n]$. 由 $ma_i \mid L$ 得出存在 q_i 使得
$$L = q_i m a_i, i = 1, 2, \cdots, n$$
因此 $a_i \mid \dfrac{L}{m}, i = 1, 2, \cdots, n$, 即 $\dfrac{L}{M}$ 是 $a_1, a_2, \cdots, a_n$ 的一个

公倍数,因此由最小公倍数的定义即得 $K \leqslant \dfrac{L}{M}$. 另一方面,由 $a_i \mid K$, 得出 $ma_i \mid mK, i=1,2,\cdots,n$, 即 mK 是 $ma_1, ma_2, \cdots, ma_n$ 的一个公倍数,因此由最小公倍数的定义即得 $L \leqslant mK$. 结合上述两方面的论述即得 $L=mK$, 这就是定理的结论.

定理 3.3.15 设 a,b 都是正整数,那么 $[a,b] = \dfrac{ab}{(a,b)}$, 特别, 如果 $(a,b)=1$, 则 $[a,b]=ab$.

证明 设 $L=[a,b]$. 首先考虑 $(a,b)=1$ 的情况, ab 显然是 a,b 的一个公倍数,因此由定理 3.3.13 知 $L \mid ab$. 由 L 是 a,b 的公倍数得出 $a \mid L$, 从而 $L=aq$, 再由 $b \mid L=aq, (a,b)=1$ 和定理 3.3.8 得出 $b \mid q$, 所以 $ab \mid aq=L, 0 < ab \leqslant L$, 因此必有 $L=ab$, 否则和 L 的最小性相矛盾.

对一般情形,即 (a,b) 不一定是 1 的情况,由定理 3.3.4 知

$$\left(\dfrac{a}{(a,b)}, \dfrac{b}{(a,b)}\right) = 1$$

因此对数 $\dfrac{a}{(a,b)}, \dfrac{b}{(a,b)}$ 应用刚才已证明的结论即可得

$$\left[\dfrac{a}{(a,b)}, \dfrac{b}{(a,b)}\right] = \dfrac{ab}{(a,b)^2}$$

再由定理 3.3.14 即得

$$[a,b] = \dfrac{ab}{(a,b)}$$

这就证明了定理.

与定理 3.3.6 类似,对最小公倍数也成立下面的:

定理 3.3.16 设 $a_1, a_2, \cdots, a_n$ 是 n 个整数, $m_2 = [a_1, a_2], m_3 = [a_3, m_2], \cdots, m_n = [a_n, m_{n-1}]$, 则

$$[a_1,a_2,\cdots,a_n]=m_n$$

证明 由 $m_i, i=2,3,\cdots,n$ 的定义可知 $m_i \mid m_{i+1}$, $i=2,3,\cdots,n-1$ 以及 $a_1 \mid m_2, a_i \mid m_i, i=2,3,\cdots,n$, 因此 m_n 是 $a_1,a_2,\cdots,a_n$ 的一个公倍数. 又设 m 是 $a_1, a_2,\cdots,a_n$ 的任一个公倍数, 则 $a_1 \mid m, a_2 \mid m$, 故由定理 3.3.13 得 m 是 $[a_1,a_2]$ 的倍数, 即 $m_2 \mid m$. 同理, 由 $m_2 \mid m$ 和 $a_3 \mid m$ 又得出 $m_3 \mid m$, 依此类推, 最后即得 $m_n \mid m$. 因此 $m_n \leqslant \mid m \mid$, 这就说明 m_n 是最小的公倍数, 定理得证.

由于最大公约数可以实际地求出来, 因此用定理 3.3.12～3.3.16 就可以实际地求出最小公倍数来.

例 3.3.6 从一张长 2 002 mm, 宽 847 mm 的长方形纸片上剪下一个边长尽可能长的正方形, 如果剩下的部分不是正方形, 那么在剩下的纸片上再剪一个边长尽可能长的正方形, 按此方法不断重复, 最后剪得的正方形的边长是多少毫米?

解 如图 3.3.1.

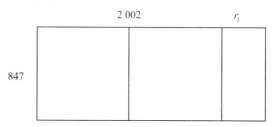

图 3.3.1

对 2 002 和 847 实行辗转相除法得到
$$2\ 002 = 2 \times 847 + 308$$
$$847 = 2 \times 308 + 231$$
$$308 = 1 \times 231 + 77$$

第3章 整数的性质

$$231 = 3 \times 77$$

故最后剪下的正方形的边长为 77 mm.

例 3.3.7 设 1 993 | 11⋯1(共有 n 个 1), $A =$ (11⋯1)(99⋯9)(99⋯9)(33⋯3)(每个数字都是 n 个). 证明: 1 993 | A.

证明 由等式

$$A = 11\cdots1 \times (10\cdots090\cdots090\cdots030\cdots0)$$

(每个数字后面都是 n 个 0)即得.

如果你有计算机,并且在机器中安装了 MATLAB 软件,那么你就可以使用这个软件来帮你求出两个整数的最大公约数和最小公倍数来. 求法如下.

打开 MATLAB 的命令窗口后,键入命令 gcd(x, y)之后,按回车(Enter 键),即可在屏幕中出现 x, y 的最大公约数. 键入命令 1 cm(x, y)之后,按回车(Enter 键),即可在屏幕中出现 x, y 的最小公倍数. 这里 x 和 y 表示你想要输入的那两个整数.

习题 3.3

1. 把 19, 20, ⋯, 77, 80 连写成 $A = 1\,920\cdots7\,980$, 证明: 1 980 | A.

2. 求 39 693 和 59 570 的最大公约数.

3. 狐狸和黄鼠狼进行跳跃比赛, 狐狸每次跳 $4\frac{1}{2}$ m, 黄鼠狼每次跳 $2\frac{3}{4}$ m, 它们都每秒跳一次. 在比赛途中从起点起,每隔 $12\frac{3}{8}$ m 设有一个陷阱,问当其中一个掉进陷阱时,另一个跳了多少米?

4. 一条公路由 A 经 B 到 C. 已知 $AB = 280$ m, $BC = 315$ m, 现在要在路边植树,要求树之间的间隔相等,且在 AB,BC 的中点都要种上树,那么两树间的距离最大能有多少米?

5. 设 $a_1,a_2,\cdots,a_n$ 及 $b_1,b_2,\cdots,b_m$ 是任意两组整数,且 $(a_i,b_j)=1, i=1,2,\cdots,n, j=1,2,\cdots,m$,则
$$(a_1 a_2 \cdots a_n, b_1 b_2 \cdots b_m)=1$$

6. 求满足 $(a,b)=10, [a,b]=100$ 的全部正整数组.

7. 求满足 $[a,b,c]=10$ 的全部正整数组.

8. 求满足 $(a,b,c)=10, [a,b,c]=100$ 的全部正整数组.

9. 如果 $(a,c)=1, (b,c)=1$,证明:$(ab,c)=1$.

10. 设 m 是奇数,证明:$(2^n+m, 2^n-m)=1$.

11. 证明:若 $(a,4)=(b,4)=2$,则 $(a+b,4)=4$.

12. 设整数 a,b,c,d 满足 $ad-bc=\pm 1, u=ma+nb, v=mc+nd$,则 $(u,v)=(m,n)$.

13. 设 $a>b>0, n>1$,证明:a^n-b^n 不可能整除 a^n+b^n.

14. (1) 设 $m=2^n-1, n\mid 2^n-2$,则 $m\mid 2^m-2$.

(2) 证明:$161\,038 \mid 2^{161\,038}-2$.

15. 证明:存在无穷多个 n,使得 $n\mid 2^n+1$.

16. (1) 设 $m=2^n+2, n\mid 2^n+2, (n-1)\mid 2^n+1$,则 $m\mid 2^m+2, (m-1)\mid 2^m+1$.

(2) 存在无穷多个 n,使得 $n\mid 2^n+2$.

17. 证明:对任意正整数 a,存在无穷多个合数 n,使得 $n\mid a^{n-1}-a$.

18. 设 m,n 是正整数,证明:$(2^m-1, 2^n-1)=$

$2^{(m,n)}-1$.

19. 设 $a>b,(a,b)=1$,证明:$(a^m-b^m,a^n-b^n)=a^{(m,n)}-b^{(m,n)}$.

20. 设 a,m 是两个正整数,$(a,m)=1$,k 是使得 m 能够整除 a^k-1 的最小正整数,又已知 m 能够整除 a^n-1,证明必有 $k \mid n$.

3.4 素数和算数基本定理

在 3.3 中我们已经指出,从因数这个概念,就必然会从全体整数中分出一类称为素数的整数,现在我们确切地给出素数的定义.

定义 3.4.1 一个大于 1 的整数,如果它的正因数只有 1 和它本身,就称为素数或质数,否则就称为合数.

首先证明每一个大于 1 的整数必有质因数.

定理 3.4.1 设 a 是任意一个大于 1 的整数,则 n 的除 1 之外的最小的正因数 q 必定是一个素数,并且当 a 是合数时,$q \leqslant \sqrt{a}$.

证明 如果 q 不是素数,那么从素数的定义知,q 除了 1 和本身还有一个正因数 q_1,显然 $1<q_1<q$. 但是因为 $q_1 \mid q, q \mid a$,所以 $q_1 \mid a$,这与 q 是 a 的除 1 之外的最小的正因数的条件相矛盾,因此 q 必定是一个素数.

当 a 是合数时,$a=pq$,且 $p>1$,否则 a 将是一个素数. 因为 q 是 a 的除 1 之外的最小的正因数,所以

$q \leqslant p, q^2 \leqslant pq = a$,因此 $q \leqslant \sqrt{a}$.

定理 3.4.2 设 p 是一个素数,a 是任意一个整数,则或者 a 与 p 互素,或者 p 整除 a.

证明 因为 $(p,a) > 0$ 是 p 的因数,而 p 只有两个正因数 1 或者 p.因此或者 $(p,a) = 1$,或者 $(p,a) = p$,即或者 $(p,a) = 1$,或者 $p \mid a$.

定理 3.4.3 设 $a_1, a_2, \cdots, a_n$ 是 n 个整数,p 是一个素数.如果 $p \mid a_1 a_2 \cdots a_n$,则 p 必定整除某一个 a_k.

证明 假定 $a_1, a_2, \cdots, a_n$ 都不能被 p 整除,则由定理 3.4.2 可知对 $k=1,2,\cdots,n$ 都成立 $(p, a_k) = 1$.因此由 $p \mid a_1 a_2 \cdots a_n$ 和 $(p, a_n) = 1$ 得出 $p \mid a_1 a_2 \cdots a_{n-1}$(定理 3.3.8),再由 $p \mid a_1 a_2 \cdots a_{n-1}$ 和 (p, a_{n-1}) 又得出 $p \mid a_1 a_2 \cdots a_{n-2}, \cdots \cdots$ 依此类推,最后得出 $p \mid a_1$,而这与 $(p, a_1) = 1$ 矛盾,这就证明了定理.

下面我们证明整数的一个基本性质,就是所谓算术基本定理.

定理 3.4.4 任一大于 1 整数 a 必可唯一表示成
$$a = p_1^{a_1} p_2^{a_2} \cdots p_n^{a_n}, a_i > 0, i = 1, 2, \cdots, n$$
的形式,其中当 $i < j$ 时,$p_i < p_j$.

证明 由定理 3.4.1 知 a 的大于 1 的最小因数必定是一个素数 p_1,由素数的定义可知 $p_1 > 1$,因此 $a = p_1 a_1, a_1 < a$,同理 a_1 的大于 1 的最小因数必定是一个素数 p_2,故 $a_1 = p_2 a_2, a = p_1 p_2 a_2, a_2 < a_1 < a, \cdots \cdots$ 依此类推,由于 a 是一个有限数,数列 $a, a_1, a_2, \cdots$ 是严格递减的,因此最后必存在某一个自然数 m 使得 $a_{m+1} = 1$,这样,我们就可把任一个整数 a 分解成一串素数的乘积 $a = p_1 p_2 \cdots p_m$,经过重排次序,就可得到 $p_1 \leqslant p_2 \leqslant \cdots \leqslant p_m$.下面只需证明这种分解式是唯一的即可.

第 3 章 整数的性质

假设 a 还有另一种分解式 $a = q_1 q_2 \cdots q_k$，其中 q_1, $q_2, \cdots, q_k$ 都是素数，且 $q_1 \leqslant q_2 \leqslant \cdots \leqslant q_k$. 那么显然有 $p_1 p_2 \cdots p_m = q_1 q_2 \cdots q_k$. 由定理 3.3.8 必存在两个数 p_i, q_j 使得 $p_1 \mid q_j, q_1 \mid p_i$. 但是由于 p_1, q_1, p_i, q_j 都是素数，故必有 $p_1 = q_j, q_1 = p_i$. 又 $p_i \geqslant p_1, q_j \geqslant q_1$，故 $q_j = p_1 \leqslant p_i = q_1$，因而 $p_1 = q_j = q_1$. 把此式代入上面的两种分解式，便得 $p_2 \cdots p_m = q_2 \cdots q_k$，同理可得 $p_2 = q_2$. 依此类推，最后即得 $m = k, p_i = q_i, i = 1, 2, \cdots, m$.

最后再把所得的唯一的分解式中相同的素数合并在一起写成指数形式，并重新编号，就证明了定理.

有了这个定理，一个合数 a 的所有的因子的结构也就清楚了，这就是 a 的任一个因子 b 与 a 具有相同的形式，所不同的就是：在 b 的表示式中，有的指数可以为零，同时不能超过 a 的分解式中各个素数的指数.

虽然有了这个定理，我们对一个整数的因子的结构就清楚了，但是实际求出一个整数的所有素因数仍是一个极为困难的任务. 借助于计算机和 MATLAB 软件，我们可以很轻松地完成这一任务. 求法是：打开 MATLAB 的命令窗口，命令窗口中键入命令 factor(n) 之后，按回车(Enter)键，即可在屏幕上出现整数 n 的素因子分解. 使用这一命令时要求所输入的数字小于 2^{32}，如果你想对大于 2^{32} 的整数分解素因数，那么必须结合符号运算，具体命令如下

$$\text{factor}(\text{sym}('n'))$$

或者先键入

$$A = \text{sym}('n')$$

然后回车，再键入 factor(A)，再回车即可.

算术基本定理看起来似乎是一个很平凡的结果

（因为很符合我们的直觉），但是以后我们就会知道如果把整数的范围扩大，那么在别的类似于整数的数中，这个定理并不一定成立，这是很违反我们的直觉的，但这的确是一个事实．此外，从下面的定理的证明中，你也可以看出这个定理确实吸收了证明中的难点，用它证明某些结论显得轻而易举，而要不用，就很费劲，所以称它是"基本"定理还是很有道理的．

从算术基本定理和最大公约数、最小公倍数的定义显然可以立刻得出下面的定理：

定理 3.4.5 设 $a = p_1^{a_1} p_2^{a_2} \cdots p_n^{a_n}, b = p_1^{b_1} p_2^{b_2} \cdots p_n^{b_n}$，其中 a_i 和 b_i 都是非负整数，那么

$$(a,b) = p_1^{c_1} p_2^{c_2} \cdots p_n^{c_n}$$
$$[a,b] = p_1^{e_1} p_2^{e_2} \cdots p_n^{e_n}$$

其中

$$c_i = \min(a_i, b_i), e_i = \max(a_i, b_i), i = 1, 2, \cdots, n$$

由此定理和显然的等式 $\min(x,y) + \max(x,y) = x + y$ 立刻又可得出

$$(a,b)[a,b] = ab$$

因此

$$[a,b] = \frac{ab}{(a,b)}$$

如果你对比这里的证明和定理 3.3.15 的证明，你就会发现这里的证明简单多了（根本就是一个几乎是直接的推论）．下面这个定理又是一个用算术基本定理可以轻易推出，而要不用则颇费气力的例子．

定理 3.4.6 设 $(a,b) = 1, ab = c^k$，则 $a = u^k, b = v^k$，而且 $u = (a,c), v = (b,c)$．

证明 设 $c = p_1^{c_1} p_2^{c_2} \cdots p_n^{c_n}$，则 $c^k = p_1^{c_1 k} p_2^{c_2 k} \cdots p_n^{c_n k}$．由算术基本定理（这个定理确定了 c^k 的因子的形式），

第3章 整数的性质

我们可设
$$a = p_1^{a_1} p_2^{a_2} \cdots p_n^{a_n}, b = p_1^{b_1} p_2^{b_2} \cdots p_n^{b_n}$$

由条件 $ab = c^k$ 知 $a_i + b_i = kc_i (1 \leqslant i \leqslant n)$，而由 $(a, b) = 1$ 和定理3.4.5又知 $\min(a_i, b_i) = 0 (1 \leqslant i \leqslant n)$，由上面两个式子立即得到 $a_i = 0, b_i = kc_i$ 或 $a_i = kc_i, b_i = 0$.

于是我们知道 a 和 b 的素因子分解式中的指数都只有两种情况，而且这两种情况发生的指标集在 a 和 b 中都是不相交且互补的. 说得更明确些就是：设

$$I = \{1, 2, \cdots, n\}$$
$$A = \{i \mid a_i = kc_i, 1 \leqslant i \leqslant n\}, B = I \backslash A$$

则显然 $\quad A \cup B = I, A \cap B = \varnothing$

因此
$$b_i = kc_i, i \in B, a = \prod_{i \in A} p_i^{kc_i} = u^k, b = \prod_{i \in B} p_i^{kc_i} = v^k$$

其中
$$u = \prod_{i \in A} p_i^{c_i}, v = \prod_{i \in B} p_i^{c_i}$$

由此就得出
$$(a, c) = \left(\prod_{i \in A} p_i^{kc_i}, \prod_{i=1}^{n} p_i^{c_i}\right) =$$
$$\prod_{i \in A} p_i^{c_i} \left(\prod_{i \in A} p_i^{(k-1)c_i}, \prod_{i \in B} p_i^{c_i}\right) =$$
$$\prod_{i \in A} p_i^{c_i} = u$$

或 $u = (a, c)$，同理 $v = (b, c)$. 这就证明了定理的结论.

但是我们马上又会提出一个问题，就是素数究竟是有限的还是无限的？如果全体素数是有限的，那么好多问题就变得起码原则上是很简单的. 比如分解质因数问题，我们所要做的就将只不过是把这有限的全体素数找出来，印成表，然后依次去试验哪些素数能整

除我们想要分解的数而已.

其实,我们想到的这个问题,古代希腊有一个叫欧几里得的数学家早就想过了,并且用一种很巧妙的方法给出了答案.当然在此之前,人们用实验的方法也已经发现了很多素数,并且猜想素数应该是无穷的,但是猜想毕竟不能算是严格的证明.

欧几里得的方法是一种程序式的计算,也就是说,它给出一种计算的程序,按照这种程序就可以造出无穷多的素数,于是全体素数当然就是无穷的了.下面我们就给出这个证明.

定理 3.4.7 素数是无穷的.

证明 通过定义直接验算,我们已知 $2,3,5$ 等都是素数,其中除 2 之外,其余的素数都是大于 2 的奇数,或是具有形式 $2k+1$ 的数.现在任选一个除 2 之外的素数 p_1,令 $q_1 = p_1, q_2 = 2p_1 + 1$,那么显然 $(q_1, q_2) = (p_1, 2p_1 + 1) = (p_1, 1) = 1$,因此 q_1, q_2 是互素的.

现在考虑两种情况:

(1) q_2 是一个合数,那么由于 q_2 具有形式 $2k+1$,因此它的因子中必至少有一个也具有这种形式(实际上是 q_2 的全体真因数都必须具有这种形式,不过我们为了给习题中的问题示范,只用到这点).也就是说 q_2 的具有形式为 $2k+1$ 的真因子的集合 A 是非空的集合,因此根据自然数的最小数原理,这个集合中的全体自然数就有一个最小的数 p_2, p_2 必定是一个素数,否则,我们将得出 p_2 又有一个形式为 $2k+1$ 的真因子 r,r 显然也是 q_2 的真因子,而这与 p_2 的最小性相矛盾.因为 $(q_1, q_2) = 1$,所以 $p_2 \neq p_1$.于是在这种情况下,我们就找到了一个新的不同于我们已选定的素数 p_1 的素

数 p_2.

(2) q_2 是一个素数,那么显然 q_2 本身就是一个新的不同于我们已选定的素数 p_1 的素数.

综合上述讨论,无论发生哪种情况,我们都可以找到一个新的不同于我们已选定的素数 p_1 的素数 p_2.

现在令 $q_3 = 2p_1 p_2 + 1$,于是与以上的证明同理有 $(q_2, q_3) = 1$. 重复上面的证明,我们又可以找到一个一个新的不同于我们已知的素数 p_1, p_2 的素数 p_3.

再令 $q_4 = 2p_1 p_2 p_3 + 1, \cdots$,依此类推,我们就可以找出无穷多个素数.

比如,令 $q_1 = p_1 = 3$,那么 $q_2 = 2 \cdot 3 + 1 = 7, p_2 = 7, q_3 = 2 \cdot 3 \cdot 7 + 1 = 43, p_3 = 43, q_4 = 2 \cdot 3 \cdot 7 \cdot 43 + 1 = 1\,807, p_4 = 13, \cdots$.

你也可以令 $q_1 = p_1 = 5$,这时 $q_2 = 2 \cdot 5 + 1 = 11$, $p_2 = 11, q_3 = 2 \cdot 5 \cdot 11 + 1 = 111, p_3 = 3, q_4 = 2 \cdot 5 \cdot 11 \cdot 3 + 1 = 331, p_4 = 331, \cdots$.

习题 3.4

1. 证明: $N = \dfrac{5^{125} - 1}{5^{25} - 1}$ 是一个合数.

2. (1) 证明: $2^{4n+2} + 1 = (2^{2n+1} - 2^{n+1} + 1)(2^{2n+1} + 2^{n+1} + 1)$;

(2) 分解因数 $2^{58} + 1$.

3. 证明: $2^{32} + 1$ 是一个合数.

4. 证明: 若 $2^n + 1$ 是一个素数,则 n 必是 2 的方幂.

5. 设 $n > 0, a \neq b, n \mid (a^n - b^n)$,则 $n \mid \dfrac{a^n - b^n}{a - b}$.

6. 设 a, b, c, d 都是正整数,且 $ab = cd$,证明: $a^3 + b^3 + c^3 + d^3$ 必是一个合数.

7. (1) 设 a,b,c,d 都是正整数,且 $ab=cd$,证明: $a^2+b^2+c^2+d^2$ 必是一个合数;

(2) 证明:若自然数 n 可以用两种不同的方法表示成两个整数的平方和,则 n 必是一个合数.

8. (1) 验证等式 $533=23^2+2^2=22^2+7^2$,$1\,073=32^2+7^2=28^2+17^2$;

(2) 把 533 和 1 073 分解成质因数的乘积.

9. 证明:任给自然数 n,必存在 n 个都是合数的连续的自然数.

10. (1) 证明:任一形如 $3k-1,4k-1,6k-1$ 的正整数,必有同样形式的素因数;

(2) 证明:有无穷多个形如 $4k-1$ 的素数;

(3) 证明:有无穷多个形如 $6k-1$ 的素数.

3.5 方程式的整数解

上过中学的读者对方程式和如何解方程都不会陌生. 我们在第 1 章谈数是如何产生时,就已经说过,各种新的数的产生,在很大程度上是为了使以前没有解的方程能够有解. 然而虽然随着各种新的数的产生,我们能不断地扩大方程式的解的范围,我们又不止一次地一遍又一遍地要回到最原始产生的数,即整数中去研究方程式的解. 这一方面是直接来源于实际的问题,因为在实际问题中,的确存在着只取整数才有意义的数量,例如人的个数、活的动物的个数、钞票的张数、物体的个数等;另一方面,在理论上和美感上,也对方程式的整数解有特殊的兴趣. 这可能是来源于我们最先

第3章 整数的性质

开始认识的数就是整数,人总是这样,对最先接触的东西印象特别深,并且深深地"眷恋"它,用这种观点可以解释人的很多行为. 我自己就不断地体会过获得方程式的一个整数解时的愉快感觉,好像我的许多同学也有过这种体会,在我们上小学、中学时,如果解方程时,所得的解恰好是一个整数,就会有一种真带劲,或者运气真好的愉快感觉. 直到现在,我在解方程时,仍然有这种偏好. 我想没有几个人是特别喜欢好不容易才求出来的方程式的解是一个要用很多符号表示出来的复杂的式子. 如果一个人有这种偏好,恐怕大家都会觉得这个人很怪.

刚才我们提到在实际中的确存在着要求解必须取整数的问题. 实际上,从古代到现在,无论中外,无论是在民间的流传还是研究数学的书籍中都可以找到这种问题. 下面我们就来举一个这种问题的例子.

例 3.5.1 有若干个不同规格的油桶,大的能装 7 kg,小的能装 5 kg,现有 80 kg 的油恰好装满这些油桶,问大小油桶各几个?

解 可以设要用大油桶 x 个,小油桶 y 个,那么根据题意就可得到一个方程
$$7x+5y=80$$
这个方程我们都知道是一个二元一次方程,一般来说,它有无数个解. 比如如果用 x 来表示 y,那么我们就可以得出一个明显的表示式
$$y=\frac{80-7x}{5}$$
在上面这个式子里,每给 x 一个特殊值,就可以相应地得到 y 的一个特殊值,如此,给出许多 x 的特殊值,就

可以得到想要多少就有多少的解. 例如, 用这种方法, 我们可以得出如下的表格:

x	-1	1	2	3	4
y	$\dfrac{87}{5}$	$\dfrac{73}{5}$	$\dfrac{66}{5}$	$\dfrac{59}{5}$	$\dfrac{52}{5}$

但是上面表中所列出的解都不符合要求, 因为我们所要解决的问题本身的性质要求 x 和 y 都是整数, 而且还应是非负的整数. 加上这个要求之后, 这个方程的符合要求的解就不是无限多了. 像这种要求解限制在某种特定的数中例如正整数、非负整数、有理数中的求解方程问题就称为不定方程, 对不定方程的研究形成了整数研究中的一个专门的、十分有兴趣的特殊领域. 这一领域至今仍吸引着许多人的兴趣, 他们之中既包括普通的数学爱好者, 也有专门的研究者, 本书作者在北京以及河南的农村都发现有的农民根本没有上过学, 也不识字, 但是当他们得知我是学数学的老师后, 有的人竟会向我提出在他们之间世代口头流传的趣味数学问题, 而这些问题大部分是不定方程问题. 可以说, 这是一个雅俗共赏的领域. 无论谁对这种问题感兴趣, 我相信他都可以在这一领域中找到自己的乐趣.

具体到我们所提出的问题, 我们可以把这个方程写成
$$7x = 80 - 5y = 5(16 - y)$$
由此得出 $7 \mid 5(16-y)$, $x = \dfrac{5(16-y)}{7}$, 而由于 $(5, 7) = 1$, 因此, 必须 $7 \mid (16-y)$, 由此得出
$$16 - y = 7m$$
或
$$y = 16 - 7m$$

第 3 章　整数的性质

这就好办了,因为现在 y 的系数是 1,所以你任给 m 一个整数值,就会自动得到一个 y 的整数值,这样我们就可以求出所有适合要求的整数解了(只要使 $m \geqslant 0, 16 - 7m > 0$ 即可,也就是只要令 $m = 0, 1, 2$ 即可). 这些解就是 $x = 0, y = 16, x = 5, y = 9$ 或 $x = 10, y = 2$.

但是在解这种方程时,我们的运气不见得每次都是这样好,比如看下面这个问题:

例 3.5.2　把一张 5 块钱的人民币换成 5 角、2 角和 5 分的钱,使得纸币的张数和分币的个数加起来是 20.

解　为了对上面的问题列出方程,我们设所换成的钱中有 x 个 5 分的硬币,y 张 2 角的纸币和 z 张 5 角的纸币. 于是根据题意就可得出
$$5x + 20y + 50z = 500$$
$$x + y + z = 20$$

现在把第一个方程两端的公约数 5 约去,并用约过的方程减去第二个方程就得到
$$3x + 9y = 80$$

到这时,我们立刻可以看出,上述方程是不可能有整数解的,因为它的左端是 3 的倍数,而右端不是,因此原来的问题也不可能有整数解. 但是这一点一开始并不是可以明显看出的. 在民间流传的不定方程问题中,有一些就是没有解的,而且当地人经常会用这种问题来考验你,当你告诉他们这个问题无解时,他们往往先要说你算错了,这是一种心理讹诈,有的人就被他们吓回去了. 作者在河南省太康县文教局工作时就碰到过这种事,当时文教局的一个姓汪的会计就给我出了一个这种问题,列出方程来也是两个三元一次方程,化

到最后则是一边是 2 的倍数,一边不是.但当我告诉他这个问题无解时,他先是大喊一声"啥,啥叫无解?"在我耐心地向他解释无解的含义之后,他十分肯定地说:"不对,你肯定算错了."在我又仔细检查了一遍所有的式子后,我也十分肯定地坚持说这一问题不可能有解,并且指出,为了证明我是错的,就应该由他而不是我来说出这个问题的解是什么.经过几番抬杠和旁边看热闹的人对我的论点的支持后,他不得不承认这一问题确实没有解.并且说:"老冯还是真正有学问的,我为什么这么说呢,因为这是一个复比例问题,而不是所有的人都知道复比例问题不是每次都有解的."可见他早知道这个问题无解,先前的表现一直是在诈我.而且他对这个问题的理解与我完全不同,他是从复比例问题并不是每次都有解的这一点上来考我的,而我至今不懂得或者说可能学过但是早就忘了什么叫复比例问题了.

另一件更滑稽的事是在一次县里开什么会期间,有一位我忘了是语文老师还是干部的人,反正这个人是不懂多少数学知识的,来问我如何把 100 个豆子分在 9 个碗里,使得每个碗里的豆子都是单数. 我立刻看出这个问题是不可能有解的. 但是与文教局的那位姓汪的会计不同,这个人是不认为这个问题是无解的. 而且你无法使他相信这一点,因为他除了能理解单数、双数这样的概念,再向他进行其他任何解释和推理都是极为困难的. 比如,当我试图向他解释,单数加上单数必定得到一个双数,而双数加上一个单数必定得到一个单数时,他表示无法理解,因此最后我没有办法让他相信这一问题不可能有解答,而他则坚信是我不会找

第 3 章　整数的性质

出这一解答,而某个高人肯定能找出来.

我们再来考虑一个问题.

例 3.5.3　试求一个自然数,使得这个自然数被 3 除余 2,被 5 除余 3.

解　设所求的数为 x,x 被 3 除所得的商为 y,而被 5 除所得的商为 z,那么由带余数除法就可列出下列方程

$$x = 3y + 2 = 5z + 3$$

由上面的方程就得出

$$3y = 5z + 1$$

或者

$$y = \frac{5z+1}{3}$$

用观察法很容易立刻看出一个解,即 $z=1, y=2, x=8$.

为了求出其余的解,我们令 $z=1+u$,把 z 代入方程 $3y=5z+1$ 之中就得到

$$5u = 3y - 6 = 3(y-2)$$

由此得出 $5 \mid 3(y-2)$,$u = \dfrac{3(y-2)}{5}$,而由于 $(3,5)=1$,因此,必须 $5 \mid (y-2)$,由此得出 $y-2=5m$,或 $y=5m+2$.把这个式子代回去,就可以逐步得到

$$u = 3m, z = 3m+1, x = 15m+8$$

于是在这个问题中,我们发现可以得到无穷多组符合要求的整数解.

通过上面 3 个问题,我们就认识到在解一个形如二元一次方程的不定方程时,我们有可能碰到各种不同的情况:所要解的问题也许会根本没有解,也许会有无穷多个解,也可能只有有限的几个解,甚至是唯一的

解.

现在我们来考虑这种问题的一般提法和解法. 一个二元的一次不定方程的一般形式是
$$ax + by = c$$
其中,a,b,c 都是整数. 虽然在很多实际问题中,要求解必须是正整数,但是正如我们在第 1 章有关负数的起源的内容中就已经指出的那样,许多问题如果只限于在正整数范围内讨论,将变得极为烦琐,要分很多种情况并且得不到统一的表述. 所以在讨论一般的二元的一次不定方程时,我们首先在全体整数的范围内讨论,以后需要时,再回到正整数范围内. 以后我们仍会遇到这种情况,就是虽然你要解决的问题是在某一种比较特殊的数的范围内,但是在解决这一问题时,你必须先在一个更大的范围里讨论这一问题,待有了一般结论后,再回到我们所需要的某一种比较特殊的数的范围内去.

设 $d=(a,b)>1$,首先我们指出,如果 $d \nmid c$,那么就像例 3.5.2 中最后得出的方程 $3x+9y=80$ 那样,问题不可能有解,即使不限于正整数范围内也是这样. 因为这时方程的一端是 d 的倍数,而另一端不是,因此两端不可能相等. 于是我们得出:

引理 3.5.1 设 $d=(a,b)>1$,那么方程 $ax+by=c$ 有解的必要条件是 $d \mid c$.

因此,以后我们只需在条件 $(a,b)=1$ 的条件下考虑上述方程即可(因为如果 $d=(a,b)>1,d \mid c$,我们只需在方程两边同时除以 d,即可把原来的方程化为 $(a,b)=1$ 的情况). 其次,我们指出成立下述引理:

引理 3.5.2 如果知道了方程 $ax+by=c$ 的一组

第 3 章　整数的性质

特殊解(x_0, y_0),那我们就可以写出这个方程的无穷多组解.

证明　由引理的条件知$ax_0 + by_0 = c$,因此由等式

$$a(x_0 - bt) + b(y_0 + at) = ax_0 + by_0 = c$$

或等式

$$a(x_0 + bt) + b(y_0 - at) = ax_0 + by_0 = c$$

可以看出当t不同时,$(x_0 - bt, y_0 + at)$或$(x_0 + bt, y_0 - at)$就给出方程$ax + by = c$的无穷多组解.其实,只要把t换成$-t$,就可以把上面的一种解的公式变成另一种,因此我们以后只要在上述两种公式中任选一种即可.

下面,我们证明,如果方程$ax + by = c$有解,并且(x_0, y_0)是它的一组特殊解,那么它的所有解就都可以由公式$x = x_0 + bt, y = y_0 - at$表出,其中$t$是一个任意整数.初一看,我们将要证明的结论和上面我们已证明过的引理 3.5.2 很相像,但是我们要指出这两个命题是完全不一样的.例如,只要你有足够的耐心,就可以用乘法验证当s, t是任意整数时,公式

$$x = 1 - (s - 3t)(s^2 + 3t^2)$$
$$y = -1 + (s + 3t)(s^2 + 3t^2)$$
$$z = s + 3t - (s^2 + 3t^2)^2$$
$$w = -s + 3t + (s^2 + 3t^2)^2$$

就给出了方程

$$x^3 + y^3 = z^3 + w^3$$

的无穷多组整数解.然而,你也可以验证,$x = 1, y = 12, z = 9, w = 10$满足上述方程,但是这组解却不能用上述公式表示出来.(顺便说一下,$1^3 + 12^3 = 9^3 + 10^3 =$

1 729,而 1 729 是最小的能用两种方式表示成立方和的正整数)

引理 3.5.3 设 $ab \neq 0$, $(a,b)=1$,且 (x_0, y_0) 是方程 $ax+by=c$ 的一组特殊解,那么方程 $ax+by=c$ 的所有解就都可以由公式 $x=x_0+bt$, $y=y_0-at$ 表出,其中 t 是一个任意整数.

证明 设 (r,s) 是方程 $ax+by=c$ 的一组任意解,则由 (x_0, y_0) 和 (r,s) 的定义就有 $ax_0+by_0=c$, $ar+bs=c$. 因此把两式相减就得到
$$a(x_0-r)+b(y_0-s)=0$$
或者
$$a(x_0-r)=-b(y_0-s)$$
故 $a \mid b(y_0-s)$,但是由于 $(a,b)=1$,因此必须 $a \mid (y_0-s)$,这就得出存在一个整数 t 使得 $y_0-s=at$,而 $s=y_0-at$,把 $s=y_0-at$ 代入方程 $a(x_0-r)+b(y_0-s)=0$ 就得到 $r=x_0+bt$,这就证明了引理.

最后我们再指出如果知道了方程 $ax+by=1$ 的一组特殊解 (x_0, y_0) 就可以知道方程 $ax+by=c$ 的一组特殊解.

引理 3.5.4 设 (x_0, y_0) 是方程 $ax+by=1$ 的一组特殊解,那么 (cx_0, cy_0) 就是方程 $ax+by=c$ 的一组特殊解.

证明 由等式 $a(cx_0)+b(cy_0)=c(ax_0+by_0)=c$ 即知引理成立.

根据以上几个引理,在方程 $ax+by=c$ 满足有解的必要条件的情况下(也即条件 $(a,b)=1$),只要求得方程 $ax+by=1$ 的一组特殊解,我们就可求得方程 $ax+by=c$ 的所有解.因此现在全部问题即归结为如何求得方程 $ax+by=1$ 的一组特殊解.关于这个问题,

第 3 章 整数的性质

可以有两个思路. 第一个就是像在例 3.5.1 中那样, 通过变量替换设法把其中一个未知数的系数变为 1, 一旦做到了这一点, 便不难求出所得方程的一组特殊解了, 然后再逐步换回原来的变量, 就可得出 $ax+by=1$ 的一组特殊解了.

例 3.5.4 试求出方程 $331x-169y=5$ 的所有整数解.

解 首先由于 $(331,169)=1$, 因此这个方程是符合有解的必要条件的. 我们先设法求出方程 $331x-169y=1$ 的一组特殊解. 为此, 我们设法把方程的系数通过变量替换变小. 用较小的系数 169 去除较大的系数 331, 由带余数除法得 $331=169+162$ 或者 $331x=169x+162x$. 现在可以将原来的方程改写为

$$169x+162x-169y=1$$

或者 $$162x+169(x-y)=1$$

引入一个新的未知数 $x_1=x-y$, 我们就得到一个系数比原来小的方程式 $162x+169x_1=1$, 再用这个方程式中较小的系数去除较大的系数即得

$$169x_1=162x_1+7x_1$$

或 $$162(x+x_1)+7x_1=1$$

再引入一个新的未知数 $x_2=x+x_1$, 就得到一个系数更小的方程式 $162x_2+7x_1=1$, 再用这个方程式中较小的系数去除较大的系数即得

$$162x_2=7\cdot 23x_2+x_2$$

或者 $$x_2+7(23x_2+x_1)=1$$

最后再设 $x_3=23x_2+x_1$, 我们就得到一个有一个系数为 1 的方程式

$$x_2+7x_3=1$$

或者 $\quad x_2 = 1 - 7x_3$

现在,随便给 x_3 一个特殊值,就可得到 x_2 的一个特殊值,逐步替换回去就可得到原来的方程的一组特殊解了. 例如我们不妨令 $x_3 = 0$,就可逐步得出

$$x_2 = 1, x_1 = x_3 - 23x_2 = 0 - 23 = -23$$
$$x = x_2 - x_1 = 1 - (-23) = 24$$
$$y = x - x_1 = 24 - (23) = 47$$

经验算确实有 $331 \cdot 24 - 169 \cdot 47 = 1$. 因而方程 $331x - 169y = 5$ 的一组特殊解就是 $x = 5 \cdot 24 = 120$, $y = 5 \cdot 47 = 235$. 而方程 $331x - 169y = 5$ 的全部整数解就可写成

$$x = 120 + 169t, y = 235 - 331t$$

我们不难看出,上述过程的实质就是在对 331 和 169 做辗转相除法,而由于 $(331,169) = 1$,因此根据辗转相除法的做法,我们最后一定可以把其中一个未知数的系数化为 1.

第二个思路还是辗转相除法,不过不是通过上面所做的一系列变量替换,而是直接应用辗转相除法. 由于 $(331,169) = 1$,因此在辗转相除法的算式中,最后一个余数 r_n 一定等于 1,而由定理 3.3.7 可知

$$Q_n a - P_n b = (-1)^{n-1} r_n = (-1)^{n-1}$$

我们就可直接得出方程 $331x - 169y = 1$ 的一组特殊解. 综合上述引理就得出:

定理 3.5.1　设 $ab \neq 0, d = (a,b)$,则:

（1）当 $d \nmid c$ 时,方程 $ax + by = c$ 无整数解;

（2）设 (x_0, y_0) 是方程 $ax + by = c$ 的一组特殊解,则方程 $ax + by = c$ 的所有整数解可由公式 $x = x_0 + bt$, $y = y_0 - at$ 表出,其中 t 是一个任意整数;

(3) 设 $(|a|,|b|)=1$,由带余数除法,成立以下等式

$$|a|=bq_1+r_1, 0<r_1<b$$
$$|b|=r_1q_2+r_2, 0<r_2<r_1$$
$$\vdots$$
$$r_{n-2}=r_{n-1}q_n+r_n, 0<r_n<r_{n-1}$$
$$r_{n-1}=r_nq_{n+1}, r_n=1$$

又设

$$P_0=1, P_1=q_1, \cdots, P_k=q_kP_{k-1}+P_{k-2}$$
$$Q_0=0, Q_1=1, \cdots, Q_k=q_kQ_{k-1}+Q_{k-2}$$
$$k=2,3,\cdots,n$$

那么下列四组数 (cQ_n, cP_n),$(cQ_n, -cP_n)$,$(-cQ_n, cP_n)$,$(-cQ_n, -cP_n)$ 之中,必有一组是方程 $ax+by=c$ 的一组特殊解.

例 3.5.5 求出方程式 $127x-52y+1=0$ 的所有整数解.

解 所要求解的方程可化为 $127x-52y=-1$,$(127,52)=1$,$c=-1$;对 127 和 52 做辗转相除法得到

$$127=2 \cdot 52+23, q_1=2$$
$$52=2 \cdot 23+6, q_2=2$$
$$23=3 \cdot 6+5, q_3=3$$
$$6=1 \cdot 5+1, q_4=1$$
$$5=5 \cdot 1, n=4$$
$$P_0=1, P_1=q_1=2, P_2=q_2P_1+P_0=2 \cdot 2+1=5$$
$$P_3=q_3P_2+P_1=3 \cdot 5+2=17$$
$$P_4=q_4P_3+P_2=1 \cdot 17+5=22$$
$$Q_0=0, Q_1=1, Q_2=q_2Q_1+Q_0=2 \cdot 1+0=2$$
$$Q_3=q_3Q_2+Q_1=3 \cdot 2+1=7$$

$$Q_4 = q_4 Q_3 + Q_2 = 1 \cdot 7 + 2 = 9$$

而 $127 \cdot 9 - 52 \cdot 22 = -1$,于是方程式 $127x - 52y + 1 = 0$ 的所有整数解即为

$$x = 9 - 52t, y = 22 - 127t$$

或 $$x = 9 + 52t, y = 22 + 127t$$

在实际问题中经常会出现多于两个变元的一次不定方程和方程组.我们不可能在这本书中给出这类问题的一般解答,因为这不可避免地要引进许多线性代数的概念和理论.我们只在这里提一下两类比较特殊的问题.

一类问题是求一个多元一次不定方程的整数解,即形如

$$a_1 x_1 + a_2 x_2 + \cdots + a_n x_n = N, n > 2$$

的方程的解.很明显这类方程可以化为二元一次不定方程的情况来加以研究.例如,如果上述方程的 n 个系数中,有某两个是互素的,不失一般性,不妨设 $(a_1, a_2) = 1$(否则可以通过调换系数的位置来化成这种情况).那么就可以把上述方程化为

$$a_1 x_1 + a_2 x_2 = N - a_3 x_3 - \cdots - a_n x_n$$

这时只要把 $x_3, x_4, \cdots, x_n$ 看成自由未知量(即可以随便取任何整数值的变量),并且把它们看成已知的常数,就可以像解普通的二元一次不定方程那样求解了.而如果上述系数中任何两个都不互素,则由定理 3.3.6 可知 $d = (a_1, a_2, \cdots, a_n) > 1$.如果 $d \nmid N$,则显然原方程就没有整数解,如果 $d \mid N$,则用 d 去除方程的两边,就可把原方程化成 $d = 1$ 的情况,这时一定存在两个系数 a_i, a_j 使得 $(a_i, a_j) = 1$,因而按照上面我们讲过的办法一定可以求出原方程的无穷多组整数解,这就得出:

第 3 章　整数的性质

定理 3.5.2　设 $d = (a_1, a_2, \cdots, a_n)$，那么不定方程
$$a_1 x_1 + a_2 x_2 + \cdots + a_n x_n = N, n > 2$$
有解的充分必要条件是 $d \mid N$.

例 3.5.6　求 $9x + 24y - 5z = 1\,000$ 的所有整数解.

解　由于 $(9, 24, -5) = 1$，因此原方程有解. 通过观察发现 $(9, -5) = 1$，且系数的绝对值较小，因此我们把方程化为 $9x - 5z = 1\,000 - 24y$，用例 3.5.4 或例 3.5.5 中的方法，我们可以求得 $9 \cdot (-1) - 5 \cdot (-2) = 1$，因此原方程组的所有整数解可以表示成
$$x = -(1\,000 - 24y) + 5t, z = -2(1\,000 - 24y) + 9t$$
其中，y 和 t 是任意整数.

另一类问题是求两个三元一次方程组成的三元一次方程组的整数解（更一般的是求 $n-1$ 个 n 元一次方程组成的 n 元一次方程组的整数解）. 也就是求形如
$$a_1 x + b_1 y + c_1 z = e_1$$
$$a_2 x + b_2 y + c_2 z = e_2$$
的方程组的所有整数解. 从例 3.5.2 中我们已知，这种方程不一定有解. 我们不准备详细地讨论这种方程所可能出现的每一种细节，只给出一种把它化成二元一次不定方程以进行讨论的方法. 首先我们检查在 a_1, a_2 或者 b_1, b_2 或者 c_1, c_2 这三组数之中是不是有一组是互素的，如果有，比如说是 $(c_1, c_2) = 1$，那么用例 3.5.4 或例 3.5.4 中的方法，我们就可以求出两个数 λ 和 μ 使得 $\lambda c_1 + \mu c_2 = 1$，用 λ 和 μ 分别去乘原方程组中的两个方程，并把它们相加，就可以得出
$$(\lambda a_1 + \mu a_2) x + (\lambda b_1 + \mu b_2) y + z = \lambda e_1 + \mu e_2$$

或者
$$z = \lambda e_1 + \mu e_2 - (\lambda a_1 + \mu a_2)x - (\lambda b_1 + \mu b_2)y$$
把这个方程代入原方程组中的任何一个方程,就可以得出一个我们已讨论过的二元一次不定方程,然后我们就可以利用本节已讲过的内容对这个二元一次不定方程进行讨论了. 这种情况属于只需讨论一次的情况. 还有一种情况就是 a_1, a_2 或者 b_1, b_2 或者 c_1, c_2 这三组数都不是互素的,这时我们可以挑选一组比较简单的,比如说 c_1, c_2. 设 $d = (c_1, c_2) > 1$,那么仍用例 3.5.4 或例 3.5.5 中的方法,我们就可以求出两个数 λ 和 μ 使得 $\lambda c_1 + \mu c_2 = d$,用 λ 和 μ 分别去乘原方程组中的两个方程,并把它们相加,就可以得出
$$(\lambda a_1 + \mu a_2)x + (\lambda b_1 + \mu b_2)y + dz = \lambda e_1 + \mu e_2$$
或者
$$z = \frac{\lambda e_1 + \mu e_2 - (\lambda a_1 + \mu a_2)x - (\lambda b_1 + \mu b_2)y}{d}$$
把这个式子代入原方程中的任意一个(比如说第一个),就可得出一个关于 x, y 的二元一次不定方程
$$(da_1 - c_1(\lambda a_1 + \mu a_2))x + (db_1 - c_1(\lambda b_1 + \mu b_2))y = (d - c_1)(\lambda e_1 + \mu e_2)$$
这时可按照前面讲过的内容对上面的方程进行第一次判定,如果他有解,那么用例 3.5.4 或例 3.5.5 中的方法,就可求出它的一组特解 (x_0, y_0),并用这组特解表示出上面这个关于 x, y 的二元一次不定方程的所有整数解
$$x = x_0 - (db_1 - c_1(\lambda b_1 + \mu b_2))t$$
$$y = y_0 + (da_1 - c_1(\lambda a_1 + \mu a_2))t$$
把这组解代入到方程

第 3 章 整数的性质

$$(\lambda a_1 + \mu a_2)x + (\lambda b_1 + \mu b_2)y + dz = \lambda e_1 + \mu e_2$$

中,经过化简,就可得到一个关于 t 和 z 的二元一次不定方程

$$c_1(\mu(a_1 b_2 - a_2 b_1)t + z) = \lambda e_1 + \mu e_2 - a_1 x_0 - b_1 y_0$$

这时还要进行第二次判定,即判定 c_1 是否能整除 $\lambda e_1 + \mu e_2 - a_1 x_0 - b_1 y_0$,如果不能,则显然原方程无解,如果能,就可得出原方程的所有整数解如下

$$x = x_0 - (db_1 - c_1(\lambda b_1 + \mu b_2))t$$
$$y = y_0 + da_1 - c_1(\lambda a_1 + \mu a_2))t$$
$$z = \frac{\lambda e_1 + \mu e_2 - a_1 x_0 - b_1 y_0}{c_1} - \mu(a_1 b_2 - a_2 b_1)t$$

下面我们来解一个由我国古代数学家张邱建所著的数学书籍《张邱建算经》中的问题.

例 3.5.7 "鸡翁 1,值钱 5,鸡母 1,值钱 3,鸡雏 3,值钱 1.百钱买白鸡,问鸡翁母雏各几何?"

解 设有鸡翁 x 个,鸡母 y 个,鸡雏 z 个,则根据题意可列出方程如下

$$5x + 3y + \frac{z}{3} = 100$$
$$x + y + z = 100$$

在上面的方程组中,第二个方程里所有的未知数的系数已经都是 1,所以这是一个只需判定一次并解一次的不定方程.我们就选 z 作为已知量,从第二个方程得

$$z = 100 - x - y$$

把 z 的表达式代入第一个方程并化简得

$$7x + 4y = 100$$

由于 $(7,4) = 1$,所以上面的方程有整数解.用例 3.5.4 或例 3.5.5 中的方法或用观察法看出

$$7 \cdot (-1) + 4 \cdot 2 = 1$$

> 张邱建,中国数学家,清河人. 生卒履历不详.据《宋史·礼志》记载为晋人.

由此可知,方程 $7x+4y=100$ 的整数解可写成
$$x=-100+4t, y=200-7t$$
的形式,再把上面的表达式代入 $z=100-x-y$ 中,即得出原方程的所有整数解为
$$x=-100+4t, y=200-7t, z=3t$$
为了求出符合题意的整数解,还必须求不等式组 $x \geqslant 0, y \geqslant 0, z \geqslant 0$ 的整数解. 解这个不等式,我们共获得以下 4 个解: $t=25,26,27,28$,这四个解对应了原方程组的四组解如下

$$\begin{cases}x=0\\y=25,\\z=75\end{cases}\begin{cases}x=4\\y=18,\\z=78\end{cases}\begin{cases}x=8\\y=11,\\z=81\end{cases}\begin{cases}x=12\\y=4\\z=84\end{cases}$$

例 3.5.8 求出方程组 $\begin{cases}4x+6y+15z=100\\6x+9y+10z=100\end{cases}$ 的所有非负整数解.

解 由于 $(4,6)=2,(6,9)=3,(15,10)=5$,因此我们不可能通过消元法把任何一个未知数的系数化为 1,故这是一个需要判定两次并解两次的不定方程组.

由于 $(4,6)=2$,故 x 的系数是比较简单的,通过观察法看出 $6-4=(4,6)=2$,因此用第二个方程减去第一个方程即得 $2x+3y-5z=0$ 或者 $x=\dfrac{5z-3y}{2}$. 把 x 的表达式代入比如第一个方程,就得到 $z=4$,而 y 可暂时看成自由未知量,再把 y,z 代入 x 的表达式,就得出第二个不定方程 $2x+3y=20$,由于 $(2,3)=1$,因此这个不定方程仍然有解. 通过观察法看出 $2 \cdot 2+3 \cdot (-1)=1$,因此方程 $2x+3y=20$ 的所有整数解可表为

第 3 章　整数的性质

$$x=40-3t, y=-20+2t$$

于是原方程组的所有整数解为 $x=40-3t, y=-20+2t, z=4$. 为了求出原方程组的非负整数解,我们还需求不等式组 $x\geqslant 0, y\geqslant 0, z\geqslant 0$ 的整数解. 解这个不等式,我们共获得以下 4 个解 $t=10,11,12,13$,这四个解对应了原方程组的四组解如下

$$\begin{cases} x=10 \\ y=0 \\ z=4 \end{cases}, \begin{cases} x=7 \\ y=2 \\ z=4 \end{cases}, \begin{cases} x=4 \\ y=4 \\ z=4 \end{cases}, \begin{cases} x=1 \\ y=6 \\ z=4 \end{cases}$$

关于一次不定方程的话题我们就谈到这为止.

几何问题经常可以引出各种其他的不定方程问题,而且一般都不是一次的. 比如在一定条件下三角形的边长何时可取整数就是一类很有兴趣的问题. 这种问题包括:求出所有边长和面积都是正整数的三角形;求出一个角是 120°或 60°的有整数边长的三角形. 由余弦定理,后一问题就等价于求出二次不定方程

$$x^2+y^2+xy=z^2$$

或

$$x^2+y^2-xy=z^2$$

的整数解. 90°角是一个让人感到特别"好"的角. 如果考虑求出所有边长为整数的直角三角形的问题,就可以引出一个特别简单的二次不定方程

$$x^2+y^2=z^2$$

其中, x 和 y 表示直角三角形的两条直角边,而 z 则表示直角三角形的斜边. 在我国古代西汉时期(公元前 206 年~公元 8 年)的数学书籍《周髀算经》中,已经有"句广三,股修四,径隅五"("句"是"勾"的古代写法)的记载,这句话被后来的中国数学家压缩成"勾三,股四,弦五",这就是说我国古代的数学家至少在公元前

123

就已知道了上述方程的一组整数解：$x=3,y=4,z=5$. 刘徽后来在《九章注》(263年)中又有 $5^2+12^2=13^2$，$8^2+15^2=17^2,7^2+24^2=25^2,20^2+21^2=29^2$ 的记载，由此可知在我国古代就已经知道方程 $x^2+y^2=z^2$ 的很多组整数解. 现在我们通常又把这个方程的整数解称为勾股数，把直角三角形的三条边的边长必满足方程 $x^2+y^2=z^2$ 这一事实称为勾股定理(在西方通常把这个方程称为毕达哥拉斯方程). 下面我们就来研究这个方程的整数解.

  首先注意显然 $x=0,y=0,z=0;x=0,y=\pm z$ 或 $x=\pm z,y=0$ 都是 $x^2+y^2=z^2$ 的整数解，除此之外 $x^2+y^2=z^2$ 的每一组解都不包含零. 其次如果 x,y,z 是方程 $x^2+y^2=z^2$ 的一组解，那么 $-x,-y,-z$ 也是方程 $x^2+y^2=z^2$ 的一组解，更一般的，设 d 是任一正整数，那么 dx,dy,dz 也是方程 $x^2+y^2=z^2$ 的一组解. 因此我们以后不妨设 $x>0,y>0,z>0$ 并且 $(x,y)=1$(如果 $d=(x,y)>1$，那么 $d\mid x,d\mid y,d^2\mid x^2,d^2\mid y^2$，因此 $d^2\mid(x^2+y^2)$，即 $d^2\mid z^2,d\mid z$，这时从方程两边约去 d 就可得到 $(x,y)=1$). 下面我们先证明.

  引理 3.5.5 设正整数 $x>0,y>0,z>0$ 并且 $(x,y)=1$ 满足方程 $x^2+y^2=z^2$，那么 x,y 不可能都是奇数.

  证明 用反证法，假如 x,y 都是奇数. 那么不妨设 $x=2p+1,y=2q+1$，于是由计算得出
$$x^2+y^2=(2p+1)^2+(2q+1)^2=$$
$$4(p^2+q^2+p+q)+2$$
最后所得出的这个数既不可能是一个偶数的平方(因为偶数的平方能被4整除，而这个数被4除余2)，也不

可能是一个奇数的平方(因为奇数的平方被4除余1).
这就得出矛盾,所得的矛盾就证明了引理.

由这个引理我们又可推出以下引理:

引理 3.5.6 在 $(x,y)=1$ 的条件下,方程 $x^2+y^2=z^2$ 的解中的 x 和 y 必定一个是奇数,一个是偶数,而 z 一定是奇数.

证明 由引理 3.5.5, x,y 不可能都是奇数,而由条件 $(x,y)=1$,它们也不可能都是偶数.因此必然是一奇一偶.由此又可推出 z 一定是一个奇数.

由上面的引理我们不妨设 x 是偶数, y 是奇数.于是我们可以写 $x=2u$,而将方程 $x^2+y^2=z^2$ 写成 $4u^2+y^2=z^2$ 或者 $4u^2=z^2-y^2$,最后的方程又可写成
$$4u^2=(z+y)(z-y)$$
由于 y 和 z 都是奇数,而两个奇数的和或者差必定是一个偶数,因此我们又可设
$$z+y=2v, z-y=2t$$
我们证明 v 和 t 必定是互素的,同时必定一个是偶数,另一个是奇数.实际上,用 v 和 t 来表示 z 和 y 就可得到 $z=v+t, y=v-t$.如果 $d=(v,t)>1$,那么显然 $d\mid z, d\mid y$,因此 $d^2\mid z^2, d^2\mid y^2, d^2\mid(z^2-y^2)$,也即 $d^2\mid x^2, d\mid x$,由此得出 $(x,y)>d>1$,而这与 $(x,y)=1$ 矛盾.另外 v 和 t 也不可能同时为奇数或同时为偶数,否则由 $z=v+t$ 就会得出 z 是一个偶数,而这与引理 3.5.6 中的断言 z 必定是一个奇数相矛盾.

把表达式 $z+y=2v, z-y=2t$ 代入方程 $4u^2=(z+y)(z-y)$ 中并化简就得到 $u^2=vt$.

再由定理 3.4.6 和表达式 $x=2u, z=v+t, y=v-t$ 即得到

定理 3.5.3 方程 $x^2+y^2=z^2, x>0, y>0, z>0, (x,y)=1, 2\mid x$ 的所有整数解可以表示成
$$x=2ab, y=a^2-b^2, z=a^2+b^2$$
$$a>b>0, (a,b)=1, a, b$$
之中一个是奇数,一个是偶数的形式.

而任意勾股数可以表示成 $x=2abn, y=(a^2-b^2)n, z=(a^2+b^2)n$ 的形式,其中 n 为任意整数.

我们在解上面的几种不定方程时除了首先做一些技术性的正规化工作外(比如不妨假定未知数是正的并且是互素的之类),对一次不定方程主要就是研究如何把某个未知数的系数归一,这时辗转相除法起了相当大的作用. 但是这个归一的办法在研究二次以上的不定方程时就没有多大用处了. 在求一次不定方程和勾股数方程的整数解时,一个共同的主要手段就是定理 3.3.8 和定理 3.3.9,除此之外,就没有什么有力的手段了. 我们以后还要介绍一类称为贝尔方程的二次不定方程的解法. 一般来说,对高于二次的不定方程不存在求解的一般方法,而且除了一些特殊的方程外,这些方程或者不存在任何整数解或者只存在有限组整数解. 不过假如你已经知道一个不定方程只有有限组解,并能确定它的解的界限,那你倒不用再去研究如何求解的问题了,现代的计算技术通常能帮助你迅速找出这些解.

在历史上,西方的数学家们在求出了方程 $x^2+y^2=z^2$ 所有整数解后,就立刻转向研究方程 $x^3+y^3=z^3, x^4+y^4=z^4, \cdots$ 乃至方程 $x^n+y^n=z^n$ 的整数解问题. 结果一直到十七世纪中叶以前,都没有结果. 到了十七世纪中叶,法国数学家费马对此问题发生了浓厚

第 3 章　整数的性质

的兴趣.费马是他的家乡图卢兹城的著名社会活动家和法律家,但是他在业余时间热衷于研究数学问题,尤其是整数的问题.在他收藏的一个叫丢番图的数学家著的书的页边上,费马用拉丁语写了一段话:"任何一个数的立方不能分解成两个立方之和,任何一数的四次方不能分解成两个四次方的和,或一般的,任何次的幂,除平方外,不可能分解成其他两个同次幂的和;我得到了这个断语的令人惊异的证明方法,但这页边太窄不容我将证明写出来."所以后来就把证明方程 $x^n+y^n=z^n$ 没有正整数解的问题称为费马问题.但是人们在他的文稿或其传抄本中以及任何其他地方都没能找到这个证明.现在估计费马其实没能证明这个定理或者他自己认为证明了实际上是错的,但是费马在研究这一问题时创立了一种很有价值的方法叫作"无穷递降法",他虽然没有能解决费马问题,但是这种方法在解决其他一些问题时(包括 $n=4$ 时的费马问题)却起到了关键性的作用.后来欧拉(1797 年)证明了方程 $x^3+y^3=z^3$ 和 $x^4+y^4=z^4$ 没有整数解;勒让德(1823 年)对 $n=5$ 证明了费马问题;拉梅与勒贝格(1840 年)对 $n=7$ 证明了费马问题;1849 年古默对一大批 n 证明了费马问题,并顺便证明了当 $n\leqslant 100$ 时,费马猜想都是正确的.

300 多年来,人们对此问题苦苦思索却一直找不到解答.1922 年,在黎曼的工作基础上,英国数学家莫德尔提出一个重要的猜想:"设 $F(x,y)$ 是两个变数 x,y 的有理系数多项式,那么当曲线 $F(x,y)=0$ 的亏格(一种与曲线有关的量)大于 1 时,方程 $F(x,y)=0$ 至多只有有限组有理数."1983 年,德国 29 岁的数学家法

丢番图(Diophantus of Alexandria,活动于 250—275 前后),希腊数学家.生卒不详.

费马(Fermat, Pierre de,1601—1665),法国数学家.生于法国南部图卢兹附近波蒙—德洛马涅,卒于卡斯特尔.

尔廷斯运用苏联沙法拉维奇在代数几何上的一系列结果证明了莫德尔猜想. 这是费马大定理证明中的又一次重大突破. 法尔廷斯因此获得了 1986 年的菲尔兹奖.

英国数学家怀尔斯仍采用代数几何的方法去攀登,他把别人的成果奇妙地联系起来,并且吸取了走过这条道路的攻克者的经验教训,注意到一条崭新迂回的路径,即 1988 年德国数学家费雷在研究日本数学家谷山和志村于 1955 年关于椭圆函数的一个猜想时发现的路线:如果谷山－志村猜想成立,那么费马大定理一定成立.

怀尔斯出生于英国牛津一个神学家庭,从小对费马大定理十分好奇和感兴趣,这条美妙的定理引导他进入了数学的殿堂. 大学毕业以后,他开始了幼年的幻想,决心去圆童年的梦. 他极其秘密地进行费马大定理的研究,守口如瓶,不透半点风声.

经过七年锲而不舍的努力,直到 1993 年 6 月 23 日怀尔斯才公开了他的研究结果. 这天,英国剑桥大学牛顿数学研究所的大厅里正在进行例行的学术报告会,报告人怀尔斯作了长达两个半小时的发言. 10 点 30 分,在他结束报告时,他平静地宣布:"因此,我证明了费马大定理." 这句话像一声惊雷,把许多正要作例行鼓掌的手定在了空中,大厅顿时鸦雀无声. 半分钟后,雷鸣般的掌声似乎要掀翻大厅的屋顶. 英国学者顾不得他们优雅的绅士风度,忘情地欢腾着.

消息很快轰动了全世界. 各种大众传媒纷纷报道,并称之为"世纪性的成就". 人们认为,怀尔斯最终证明了费马大定理,这一事件被列入 1993 年世界科技十大成就之一.

可不久,传媒又迅速地报出了一个"爆炸性"新闻:怀尔斯的长达 200 页的论文送交审查时,却被发现证明有漏洞.

怀尔斯在挫折面前没有止步,他用一年多时间修改论文,补正漏洞.这时他已是"为伊消得人憔悴",但他"衣带渐宽终不悔".1994 年 9 月,他重新写出一篇 108 页的论文,寄往美国.论文顺利通过审查,美国的《数学年刊》杂志于 1995 年 5 月发表了他的这一篇论文.怀尔斯因此获得了 1995～1996 年度的沃尔夫数学奖.

经过 300 多年的不断奋战,数学家们世代的努力,费马问题终获解决.围绕费马大定理作出了许多重大的发现,并促进了一些数学分支的发展,尤其是代数数论的进展.现代代数数论中的核心概念"理想数",正是为了解决费马大定理而提出的.难怪大数学家希尔伯特称赞费马大定理是"一只会下金蛋的母鸡".

下面我们就具体来看一下如何用定理 3.5.3 和无穷递降法来证明 $n=4$ 时的费马问题.

定理 3.5.4 方程 $x^4+y^4=z^2$ 不存在正整数解.

证明 假定上述命题不真,即假定上述方程存在着至少一组正整数解,则可设这组解为
$$x_1>0, y_1>0, z_1>0$$
如果 $(x_1, y_1)>1$,则用 $(x_1, y_1)^4$ 去除方程 $x^4+y^4=z^2$ 的两边,即得到
$$\left(\frac{x_1}{(x_1,y_1)}\right)^4+\left(\frac{y_1}{(x_1,y_1)}\right)^4=\left(\frac{z_1}{(x_1,y_1)}\right)^2$$
这说明 $\left(\dfrac{x_1}{(x_1,y_1)}, \dfrac{y_1}{(x_1,y_1)}, \dfrac{z_1}{(x_1,y_1)}\right)$ 也是方程 x^4+

希尔伯特(Hilbert, David, 1862—1943),德国数学家,生于普鲁士柯尼斯堡,卒于格丁根.

$y^4 = z^2$ 的一组正整数解,而且
$$\left(\frac{x_1}{(x_1,y_1)}, \frac{y_1}{(x_1,y_1)}\right) = 1$$
因此我们不妨设 $(x_1, y_1) = 1$.

类似于引理 3.5.6,我们可以证明 x^2, y^2 这两个数中,必定一个是奇数,一个是偶数. 不妨设 x^2 是偶数,于是由定理 3.5.3 即得
$$x_1^2 = 2ab, y_1^2 = a^2 - b^2, z_1 = a^2 + b^2$$
其中 $a > b > 0, (a,b) = 1, a, b$ 之中一个是奇数,一个是偶数. 因此 x_1 是偶数,y_1, z_1 都是奇数. 我们断言 a 必是一个奇数而 b 必是一个偶数. 因为不然的话就会是 a 是一个偶数,b 是一个奇数. 故
$$a = 2a_1, b = 2b_1 + 1$$
$$y_1^2 = a^2 - b^2 = 4a_1^2 - (2b_1 + 1)^2 =$$
$$4(a_1^2 - b_1^2 - b_1 - 1) + 3$$
这说明 y_1^2 是一个被 4 除余 3 的数. 但是另一方面,由 y_1 是一个奇数易证 y_1^2 必是一个被 4 除余 1 的数,这就得出矛盾. 所得的矛盾就证明了我们的断言.

于是可设 $b = 2c$ 而得到 $\left(\frac{x_1}{2}\right)^2 = ac, (a,c) = 1$. 由定理 4.6 就得到
$$a = d^2, c = f^2, d > 0, f > 0, (d,f) = 1$$
再由 $x_1^2 = 2ab, y_1^2 = a^2 - b^2, z_1 = a^2 + b^2$ 即得
$$y_1^2 = a^2 - b^2 = a^2 - 4c^2 = d^4 - 4f^4$$
或者
$$(2f^2)^2 + y_1^2 = (d^2)^2$$
现在我们证明,$2f^2$ 和 y_1 一定是互素的. 假若不然,则必存在素数 p 使得 $p \mid 2f^2, p \mid y_1$,由 $c = f^2, b = 2c$ 推出 $p \mid c, p \mid b$. 因而 $p \mid b, p \mid y_1$,再由 $y_1^2 = a^2 - b^2$ 推出

第 3 章 整数的性质

$p \mid a$,由 $p \mid a, p \mid b$ 就得出 $(a,b) > p > 1$,但这与 $(a,b) = 1$ 矛盾,所得的矛盾就说明必然成立 $(2f^2, y_1) = 1$.

于是再由定理 3.5.3 即得
$$2f^2 = 2lm, d^2 = l^2 + m^2, l > 0, m > 0, (l,m) = 1$$
由此又得出
$$f^2 = lm, l > 0, m > 0, (l,m) = 1$$
于是再由定理 3.4.6 即得
$$l = r^2, m = s^2, r > 0, s > 0, (r,s) = 1$$
代入 $d^2 = l^2 + m^2$ 中即得
$$r^4 + s^4 = d^2, r > 0, s > 0, (r,s) = 1$$
这就是说,从假定方程 $x^4 + y^4 = z^2$ 有一组正整数解 $x_1 > 0, y_1 > 0, z_1 > 0$ 出发,我们就又可以得出另一组正整数解 $x_2 = r > 0, y_2 = s > 0, z_2 = d > 0$. 但是这两组解是不一样的,区别就在于 z_1 和 z_2 的大小不一样. 实际上 $z_2 = d \leqslant d^2 = a < a^2 + b^2 = z_1$,于是再从方程 $x^4 + y^4 = z^2$ 正整数解 $x_2 > 0, y_2 > 0, z_2 > 0$ 出发,用与上面完全一样的推理又可得出方程 $x^4 + y^4 = z^2$ 另一组正整数解 $x_3 > 0, y_3 > 0, z_3 > 0$,如此反复进行,乃至无穷,就可得到方程 $x^4 + y^4 = z^2$ 的无穷组正整数解和一审无穷的,严格递减的数列
$$z_1 > z_2 > \cdots > z_n > \cdots >$$
但由于 z_1 是一个有限的正整数,根据整数的性质法则 3.1.4 可知,上述数列中只可能有有限项,这就得出矛盾,所得的矛盾说明方程 $x^4 + y^4 = z^2$ 不可能存在任何正整数解.

以上证明定理的方法就称为无穷递降法,在这个例子中,它其实就是反复应用定理 3.5.3 和定理 3.4.6. 它也可以写成另一种形式,即一开始假定方程

$x^4+y^4=z^2$ 存在正整数解后,根据自然数的最小数原理可知,在这些解中,必存在着一组使得 z 最小的解 $x_1>0, y_1>0, z_1>0$. 然后从这组解的存在出发,用和上面同样的推理可以得出方程 $x^4+y^4=z^2$ 存在另一组正整数解 $x_2>0, y_2>0, z_2>0$ 并且 $z_1>z_2$,而这与 z_1 的最小性矛盾.

从定理 3.5.4 显然就可得出下面的定理.

定理 3.5.5 方程 $x^4+y^4=z^4$ 不存在正整数解.

读者一定注意到我们没有证明 $n=3$ 时的费马问题及直接从 $n=2$ 跳到 $n=4$ 的情况. 实际上 $n=3$ 的情况反而比 $n=4$ 的情况复杂(至少,作者本人不知道其他更简单的证明方法),要想知道如何解决 $n=3$ 的费马问题,在本书的体系中,必须要等到看完了下一节之后. 用一句旧小说中的套话来说就是欲知后事如何,且听下回分解.

习题 3.5

1. 把 100 个苹果分成两堆,使得一堆是 7 的倍数,另一堆是 11 的倍数.

2. 把 $\dfrac{23}{30}$ 和 $\dfrac{17}{60}$ 写成两两互素的三个既约分数之和.

3. 有面值 1 元、2 元和 5 元的人民币共 50 张,他们的总值是 80 元,问这些面值的人民币各多少张?

4. 设 $(a,b)=1, a>0, b>0$. 证明:所有大于 $ab-a-b$ 的整数一定可以表示成为 $ax+by(x\geqslant 0, y\geqslant 0)$ 的形式,但是 $ab-a-b$ 不能表示成为这种形式.

5. 设 a,b,c 是两两互素的正整数. 证明:所有大于 $2abc-ab-bc-ac$ 的整数一定可以表示成为 $xbc+$

$yca+zab(x\geqslant 0,y\geqslant 0,z\geqslant 0)$ 的形式,但是 $2abc-ab-bc-ac$ 不能表示成为这种形式.

6. 设一个直角三角形的三条边都是整数,证明:

(1) 它的面积不可能等于它的斜边的长度;

(2) 它的面积不可能是一个完全平方数.

7. 设一个直角三角形的两个直角边都是整数,证明它的两个直角边的乘积必可被 12 整除.

8. 设一个直角三角形的三条边都是整数,证明它的三条边的乘积必可被 60 整除.

9. 证明:等式 $n^2+(n+1)^2=2m^2$ 不可能成立,其中 m,n 都是自然数.

10. (1) 验证:$3^2+4^2=5^2$,$20^2+21^2=29^2$,$119^2+120^2=169^2$;

(2) 证明:如果
$$a^2+(a+1)^2=c^2$$
则
$$(3a+2c+1)^2+(3a+2c+2)^2=(4a+3c+2)^2.$$
你是否能给出一个类似的公式?

(3) 设 $a^2+(a+1)^2=c^2$,且 $u=c-a-1$,$v=\dfrac{2a-c+1}{2}$,证明 v 必是一个整数,并且 u,v 必满足关系式
$$\frac{u(u+1)}{2}=v^2.$$

11. 求出不定方程 $x^2+3y^2=z^2$,$(x,y)=1$ 的所有正整数解.

12. 证明:不定方程 $x^4+4y^4=z^2$,$x>0,y>0$ 不存在整数解.

13. 证明:不定方程 $x^4-y^4=z^2$,$y>0,z>0$ 不存

在整数解.

14. 证明:两个相邻的自然数的乘积不可能是一个整数的方幂.

15. 证明:三个相邻的自然数的乘积不可能是一个整数的方幂.

16. 证明:如果 $3\mid(x^2+y^2)$,则 $3\mid x,3\mid y$.

3.6　同余式

大千世界,千奇百态. 如果我们不对外界的事物加以正确而合理的分类,恐怕我们的头脑将是一团乱麻,而且永远抓不到问题的本质.

比如说,你碰到一个不认识的字,当然就会想到去查字典,查字典实际上就是把字典中的所有的字按照一定的原则作了分类. 最简单的查法是按汉语拼音的字母顺序去查,一般很快就可以查到,然后你就可以知道这个字的含义是什么. 但是假如你连这个字的发音都不知道,那就有点费劲了,这时只好用部首查字法,所以这个字典至少要有两套分类法才好用. 然而好多人用这个部首查字法去查字感到十分费劲,因为它的分类原则有时和直观相差太远. 比如最普通的,你想查"摩"字,这个字很普通,是经常用的,但是好多人按部首查字法就查不着这个字,因为他们都按直观去查"广","木","手"这些部首,结果都不对,我一开始也查不到这个字,觉得连这么普通的字都查不到,简直太不可思议,后来才知道要去查"麻"字旁,原来这个部首查字法的编者是把"摩"看成是把"麻"字外面的那

个"广"字拉长了的"麻"再加一个"手"字.这个就有点太牵强了,你把"麻"字外面的那个"广"字拉长了就不是"麻"了嘛.这种例子还有很多,所以他还专门弄了一个难字表,表示连他自己都知道按他这个办法,有好多字不好分类.不过有了计算机后,我可以告诉你一个小诀窍,不用这么费劲了.这个诀窍如下:

(1) 打开 word 2003,在屏幕下方的输入法菜单条中调出微软拼音输入法 2003;

(2) 单击微软拼音输入法 2003 菜单条中的"输入板"图标(右数第二个图标);

(3) 单击"输入板"中的"清除",将输入板中现有的笔迹清除;

(4) 用鼠标在"输入板"左边的空白框中写上你想查的字,例如"爿"字;这时"输入板"左边的框中就会出现你写的字"爿"单击这个字,即可把这个字输入到 word 中;

(5) 拖动鼠标选中你所输入的字"爿"(即使它变黑);

(6) 单击 word 上面的菜单条中的格式 → 中文版式 → 拼音指南,就会出现一个对话框,里面有"爿"字的拼音(念"盘").

但有时这个办法也不灵,比如你按上面的办法写上"枬"字(好些人错把这个字读成"丹"),或者"趸"字,"输入板"左边的框中就找不到你写的字.这时你可试用下面的方法:

(1) 打开 word,在 word 中输入你想查的字的一个部分,例如对"枬"字你可试用"木"字或"丹"字,对"趸"字你可试用"折"字或"足"字;(如果这一部分并

Gauss 的遗产——从等式到同余式

不是一个单个的字,而是一个偏旁,你可打开全拼输入法,用拼音输入法输入 pianpang 即可出现各种偏旁的符号)

（2）选中你所输入的字或偏旁(这个字指你想要查的那个字的一部分,即上面所举的"木","丹","折"或"足"字);

（3）单击 word 上面的菜单条中的插入→符号,这时就会出现一个对话框,在此对话框中,word 已经自动定位到你所输入的偏旁符号上,在这个符号附近(如当前出现的字中没有你要查的字,可下拉左边的滑块查看全部(即单击左面的竖直菜单条下方的向下箭头),例如输入"木"之后,按照上面所说的方法,在当前出现的字符中,没有"枘"这个字,这时盯住对话框的最底下一行,单击向下箭头 6 次后,在最底下一行的从左数第 3 个字就是"枘"字. 找到你要查的字后,单击此字,将其选中;然后单击插入→关闭,即可把此字输入到 word 中;

（4）在 word 中选定你刚才输入的字,按 Ctrl＋C 将其复制;

（5）把输入法切换到全拼输入法,用右键单击全拼输入法最左边的图标,选"手工造词",在"词语"文本框中按 Ctrl＋V 把"枘"字粘贴上,再随便输入一个汉字,"外码"窗口中就会出现"枘"(念"然")字的拼音了.

再比如大的图书馆中收藏的书籍数量是极大的,如果你不知道一本书的大概位置,要去找一本书那就如同大海捞针一样茫然了,这时你可借助图书馆的分类法帮助你,目前国内的图书馆一般都采用"中国图书

分类法"或"中国科学院图书分类法".按照"中国图书分类法",数学类的图书的编号是以 O1 开头的,而按照"中国科学院图书分类法",数学类的图书的编号是以 51 开头的,然后再在这个开头下进行更细的分类,例如"中国科学院图书分类法"数学类的下一级细目为:51.1 古典数学;51.2 初等数学;51.3 数理逻辑与数学基础;51.4 数论、代数与组合理论;51.5 几何、拓扑;51.6 分析;51.7 概率论与数理统计;51.8 计算数学;51.9 应用数学.根据这个分类,你就可以按照书架上的编号知道大致要在哪里去找你想要查的书了.

做研究工作,刚入门时最难得的是发现一个适合自己做的具体题目,你要想确定这个题目,就要知道关于这一问题的研究历史和现状.美国有一个杂志叫《美国数学评论》(*American Mathematical Reviews*)就可以帮你完成这个任务.比如,假如你对整数问题的研究感兴趣,你可以查 11 条目下的目录,其中 11A 是初等数论方面的信息,在此条目下,你可查到约两年前有谁写过什么论文,发表在什么杂志上,查近 5 年或近 10 年的论文,你就可以大致了解在这方面的研究情况了.

以上所说的可以说是根据事物的特征对事物予以分类.但是分类还有另一方面的作用,即一个好的,抓住了事物本质的分类反过来又可以帮助我们发现或揭露事物的内在特征.我们举一个例子.

例 3.6.1 从一个 8×8 的方格表中剪去左上角和右下角得到一个如图 3.6.1 所示的图形 T.问:

(1) 是否能用 30 张 1×2 的小纸片将其不重复也不遗漏地覆盖?

(2) 是否能用 31 张 1×2 的小纸片将其不重复也

不遗漏地覆盖?

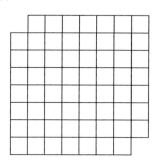

图 3.6.1

解 (1) 对第一问稍加思索,就可看出答案是否定的.原因在于图形 T 含有 62 个小方格,而 30 个 1×2 的小纸片只含有 60 个方格,因此不可能将 T 不重复也不遗漏地覆盖.

这里,我们使用面积对由小方格组成的图形加以分类,面积相同的图形算做一类,那么按照覆盖的定义就可知,能被 30 个 1×2 的小纸片覆盖的图形必须和它属于同一类,即属于面积等于 60 个小方格的类,而图形 T 的面积为 62,不属于这一类,因此不可能被覆盖.这可以说是从定义出发所做的最初级的分类.

(2) 在第二问里,再使用以面积为标准的原则分类就不解决问题了,因为现在在按此原则所做的分类中,图形 T 和 31 张 1×2 的小纸片可以覆盖的图形本来就属于同一类.但是这只是一个必要条件,就是说,要被 31 张 1×2 的小纸片覆盖,方格图形的面积必须是 62,但是反过来面积是 62 的方格图形却不见得就一定能被 31 张 1×2 的小纸片覆盖.经过试验,你可以发现,无论你怎么摆放,使用 31 张 1×2 的小纸片都不可能将图形 T 不重复也不遗漏地覆盖. 这就使我们猜测, 这一问题的答案也是否定的. 但是关键是如何证明这一点. 因为人家会说: 你没办法盖住, 不见得别人没办法盖住. 当然你也可以把所有的盖法列举出来, 以此证明不存在所说的覆盖, 然而这将是极其烦琐的. 下面, 我们对图形 T 的方格作更细的分类, 把 T 中的方格按照国际象棋棋盘的样式, 用黑白两种颜色染色, 如图 3.6.2.

图 3.6.2

把 T 按上述方式染色后, 你会发现, 一张 1×2 的小纸片无论如何摆放, 必然同时盖住一个黑格子和一个白格子, 也就是说, 能被 31 张 1×2 的小纸片覆盖的图形, 不但面积首先得是 62 个格子, 而且它的黑格子的数目还必须和白格子的数目相等. 而图形 T 被剪掉的两个格子都是白色的, 因此 T 的黑格子数目和白格子数目不可能相等(确切地说, T 共有 32 个黑格子和 30 个白格子). 故无论怎么摆放, 都不可能用 31 张 1×2 的小纸片将图形 T 不重复也不遗漏地覆盖. 这里, 我们对图形所做的分类就暴露了用 1×2 的小纸片覆盖一个格子图形时的特性: 它同时盖住一个黑格子和一个白格子.

从上面的问题可以看出,为了暴露覆盖的特性,所做的分类是要依赖于覆盖的方式的,也就是说,当覆盖的方式变了,分类的方式也可能会改变.下面我们再举一个例子.

例 3.6.2 问一个 8×8 的棋盘能否用图 3.6.3 所示的 15 个 L 形纸片和一个田字形纸片不重复也不遗漏地覆盖?

图 3.6.3

解 这回如果你仍然使用例 3.6.1(2) 中的染色方法将什么问题也看不出来.所以这次我们用另一种方法将棋盘染色,如图 3.6.4 所示.

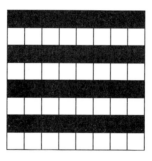

图 3.6.4

这下你可以很容易地看出,那个田字形的纸片每次总是盖住 2 个黑格子,2 个白格子,而那个 L 形纸片则盖住 3 个白格子 1 个黑格子或者 3 个黑格子,1 个白格子,总之是每次都盖住奇数个白格子和奇数个黑格子.一旦看出这一点,你就可以进一步进行推理了.

如果所说的覆盖是可能的,那么可设 15 个 L 形纸片各盖住了 $a_1,a_2,\cdots,a_{15}$ 个白格子,$b_1,b_2,\cdots,b_{15}$ 个黑格子,于是棋盘上就应有 $a_1+a_2+\cdots+a_{15}+2$ 个白格子和 $b_1+b_2+\cdots+b_{15}+2$ 个黑格子.即棋盘上的白格子的数目和黑格子的数目都应该是奇数,但是这正与事实相反.所以无论怎么摆放 L 形纸片和田字形纸片,所说的覆盖都是不可能的.这种染色方法之所以在这种情况下起作用,原因就在于它暴露了 L 形纸片和田字形纸片覆盖图形时的本质区别.

例 3.6.3 从 8×8 的棋盘中剪去左上角之方格,证明:剩余部分不可能存在 3×1 覆盖.

证明 如图 3.6.5,把 8×8 棋盘用以下方式分成 3 类(分别称为 1 色格,2 色格和 3 色格),则共有 1 色格 21 个,2 色格 21 个,3 色格 21 个.剪掉左上角后还剩 20 个 1 色格.而每个 3×1 条无论怎么放置都恰盖住 1,2,3 色格各一个,如果能够覆盖则共需 21 个 3×1 条,恰盖住 1,2,3 色格各 21 个,现在只有 20 个 1 色格,因此不可能存在所说的覆盖.

1	2	3	1	2	3	1	2
2	3	1	2	3	1	2	3
3	1	2	3	1	2	3	1
1	2	3	1	2	3	1	2
2	3	1	2	3	1	2	3
3	1	2	3	1	2	3	1
1	2	3	1	2	3	1	2
2	3	1	2	3	1	2	3

图 3.6.5

既然可以给图形分类,那么能不能给数字分类呢?当然能,而且一样可以得到出人意料的应用.

回忆我们在 3.5 中证明引理 3.5.5 时用过的一个断言,即 $4n+2$ 形的数不可能是一个完全平方.这个断言如果要想用验证的方式来证明,则由于自然数有无穷多个而不可能执行.但是我们只用了几句话就把它证明了,这是怎么回事呢?原来我们的方法是把全体整数分成奇数和偶数两大类,这样就只需对这两类数来验证这个命题就可以了.也就是说,通过分类,我们把无限转化为有限了.但是有的人又会问,那奇数和偶数不是还是无限多吗,怎么这回就可以验证了呢?不错,分完类后,我们仍然面对无限多的数,但是此无限这回不同于彼无限了,因为奇数和偶数都是有特性的数,如果不分类,他们混在一起,就什么特性也看不出来,分类后,虽然还有无限多个数,但是利用了他们的特性,我们就不需要一个一个地去验证了.所以说有时一个特性要顶无限多个数.

现在我们要问,这种分类方法能不能推广呢?回答是,当然能.这就要退回去看一看奇数和偶数是如何定义的.这个我们都知道.比如有人会说,偶数就是被 2 除得尽的数,奇数就是被 2 除不尽的数.不错,用这种定义,的确可以把这种分类方式推广.比如说,我们可以把被 3 除得尽的数定义为 3 尽数,把被 3 除不尽的数定义为 3 不尽数(或者随便其他什么名称都可以),但是这种分类太粗,应用意义不大.所以还要再退回去弄清奇数和偶数的确切含义.

由带余数除法,我们知道任何一个数,被 2 去除,余数只可能是 0 或 1,而所谓偶数就是被 2 除余 0 的数,

142

第 3 章　整数的性质

奇数就是被 2 除余 1 的数.这就对头了,这就追到问题的老根子上了.用余数的观点,我们就可以把偶数、奇数的分类方法加以推广了.比如说,我们选定整数 3,那么我们就可以把全体整数分成 3 类:被 3 除余数是 0 的数,被 3 除余数是 1 的数和被 3 除余数是 2 的数.这种分类方法,先要取定一个数作标准,上面的分类中 3 就是这个标准,这个作为标准的数称为"模",我们不得不赞叹最先使用这个术语的中国数学家.因为它既是这个词的英语对应词汇"module"的音译,而本身又含有这个字的中文含义.因为如果你去查字典,这个字的第一个含义就是"可作为依据的法式或标准",对应的词汇有模型、模式、模具、模子、模范、模特,无一不是从原始的标准这个含义发展而来.所以这个词翻译得是"音"、"义"俱得,真是韵味十足,值得品味.

把上面这种分类方法一般化,我们就得到以下的定义:

定义 3.6.1　给定任意一个大于 1 的自然数 m,称为"模",我们可以把全体整数以模 m 为标准分成 m 类,即被 m 除余数为 0 的数,即被 m 除余数为 1 的数,……,即被 m 除余数为 $m-1$ 的数,称为模 m 的同余类,分别记为 $\{0\},\{1\},\cdots,\{m-1\}(\bmod m)$(这里的"$\bmod m$"读作"模 m".)

在上面的定义中,我们用 $\{0\},\{1\},\cdots,\{m-1\}$ 来代表 m 的同余类,大括号中的数字是这个同余类被 m 除所得的余数,其实我们可以用这个同余类中的任何一个数来代表这个同余类.为了从形式上表示出这个意思,我们规定:

定义 3.6.2　对任何整数 $q,r,0\leqslant r<m$,符号

$\{qm+r\}$ 的意义和 $\{r\}$ 相同,即规定
$$\{qm+r\}=\{r\}$$
由同余类的定义立刻得出:

定理 3.6.1 给定模 m,那么

(1) 模 m 的同余类恰有 m 个;

(2) 设 A 与 B 是模 m 的任意两个同余类,则或者 $A=B$,或者 $A \cap B = \emptyset$;

(3) 任意一个整数 a 必属于 m 的某一个同余类.

我们再定义两个整数集合的下列两种运算的意义:

定义 3.6.3 设 A,B 是两个整数组成的集合,则令
$$A+B=\{a+b \mid a \in A, b \in B\}$$
$$A-B=\{a-b \mid a \in A, b \in B\}$$
$$A \times B=\{ab \mid a \in A, b \in B\}$$

于是我们有:

定理 3.6.2 设 λ 和 μ 是任意整数,则

(1) $\lambda\{a\}+\mu\{b\} \subset \{\lambda a + \mu b\}$;

(2) $\{a\} \times \{b\} \subset \{ab\}$.

证明 (1) 任取 $x \in \lambda\{a\}+\mu\{b\}$ 则由 $\lambda\{a\}+\mu\{b\}$ 的定义知存在着 $u \in \{a\}, v \in \{b\}$,使得 $x=\lambda u + \mu v$. 又由 $\{a\},\{b\}$ 的定义知 $u=q_1 m+a, v=q_2 m+b$. 又设 $\lambda a + \mu b = qm+r, 0 \leqslant r < m$,则
$$x=\lambda u + \mu v = \lambda(q_1 m + a) + \mu(q_2 m + b) =$$
$$(\lambda q_1 + \mu q_2 + q)m + r$$
因此 $x \in \{r\}=\{qm+r\}=\{\lambda a + \mu b\}$,再由 x 的任意性就得出 $\lambda\{a\}+\mu\{b\} \subset \{\lambda a + \mu b\}$.

(2) 任取 $x \in \{a\} \times \{b\}$,则由 $\{a\} \times \{b\}$ 的定义知

第3章 整数的性质

存在着 $u \in \{a\}, v \in \{b\}$，使得 $x = uv$. 又由 $\{a\}, \{b\}$ 的定义知 $u = q_1 m + a, v = q_2 m + b$. 又设 $ab = qm + r, 0 \leqslant r < m$，则

$$x = uv = (q_1 m + a)(q_2 m + b) =$$
$$(q_1 q_2 m + q_1 b + q_2 a + q)m + r$$

因此 $x \in \{r\} = \{qm + r\} = \{ab\}$，再由 x 的任意性就得出 $\{a\} \times \{b\} \subset \{ab\}$.

由以上这个定理我们可知，对两个同余类中的整数经过加、减和相乘之后得出来的数所属的同余类是受到一定限制的，这就暴露了有些特殊数的特点. 而且由于同余类的数目是有限的，因此我们可以造出表来列举出全部的可能性.

例 3.6.4 列举出一个整数的平方在模 4 下可能属于哪些同余类.

解 由 $0^2 = 0, 1^2 = 1, 2^2 = 4 = 4 \cdot 1 + 0, 3^2 = 9 = 2 \cdot 4 + 1$ 和定理 3.6.2 可知

$$x^2 \in \{0\} \bigcup \{1\} \pmod 4$$

也就是说，任何一个整数的平方在模 4 下，只可能属于同余类 $\{0\}$ 或 $\{1\}$，而不可能属于同余类 $\{2\}$ 或 $\{3\}$. 我们在 3.5 中证明引理 3.5.5 时就利用了这个结果去证明 $4n + 2$ 形的数不可能是一个完全平方.

例 3.6.5 考察两个整数的平方和在模 4 下可能属于哪些同余类.

三个整数的平方和在模 8 下可能属于哪些同余类.

解 我们构造图 3.6.6，图中的行和列分别表示我们所取得两个数的同余类，而表中的数表示它们的平方和所属于的同余类.

145

	0	1	2	3
0	0	1	0	1
1	1	2	1	2
2	0	1	0	1
3	1	2	1	2

图 3.6.6

由图 3.6.6 可以看出 $x^2 + y^2 \in \{0\} \cup \{1\} \cup \{2\} \pmod 4$,即两个整数的平方和在模 4 下,只可能属于同余类$\{0\},\{1\}$或$\{2\}$,而不可能属于同余类$\{3\}$.

类似地,我们可以得出 $x^2 + y^2 + z^2 \in \{0\} \cup \{1\} \cup \{2\} \cup \{3\} \cup \{4\} \cup \{5\} \cup \{6\} \pmod 8$,即三个整数的平方和在模 8 下,只可能属于同余类$\{0\},\{1\}$,$\{2\},\{3\},\{4\},\{5\}$或$\{6\}$,而不可能属于同余类$\{7\}$.

例 3.6.6 证明任何奇数的平方必属于$\{1\} \pmod 8$.

证明 设 x 是一个奇数,则 $x = 2n - 1$,其中 n 是某一整数,于是
$$x^2 = (2n-1)^2 = 4n(n-1) + 1$$
由于 $n - 1$ 和 n 这两个连续整数中必有一个是偶数,因此
$$n(n-1) = 2k, x^2 = 4 \cdot 2k + 1 = 8k + 1$$
故 $x^2 \in \{1\} \pmod 8$.

例 3.6.7 证明:$x^2 + y^2 = 1\,995$ 不存在整数解.

证明 由 $1\,995 \in \{3\} \pmod 4$ 和例 3.6.5 即得.

例 3.6.8 证明:$111\cdots 1$ 不可能是一个完全平方数.

证明 由于 $111\cdots 1$ 是一个奇数,由例 3.6.6 知,

第3章 整数的性质

只要证明它不属于 $\{1\}(\bmod 8)$ 即可. 但是有的人可能会发出感叹,那你不知道 $111\cdots1$ 中有多少个 1,你怎么去除呢? 那好吧,我再悄悄地告诉你一个小秘密,你只要去看这个数的末三位数被 8 除余几就够了. 因为 $111\cdots000$ 是一个被 8 除余零的数,所以这个数里千位以上的数全是多余,根本不用理它. 而 $111=8\cdot13+7$, 所以 $111\cdots1\in\{7\}(\bmod 8)$. 这就证明了结论.

上面我们对同余类的讨论,虽然已经可以解决许多问题,但是你会体会到,把同余类的结论用下面所说的另一种形式表达,经常会更加方便,甚至是不可替代.

定义 3.6.3 给定模 m,如果整数 a,b 都属于 m 的同一个同余类,则称 a 和 b 在模 m 下同余,记为 $a\equiv b(\bmod m)$(读作"a 同余于 b 模 m").

我们有:

定理 3.6.3 以下三个命题互相等价

(1) $a\equiv b(\bmod m)$;

(2) $a=qm+b$;

(3) $m\mid(a-b)$.

证明 (1)$\Rightarrow$(2). 设 $a\equiv b(\bmod m)$,那么按照同余的定义,a,b 都属于模 m 的同一个同余类,不妨设 $a\in\{r\}(\bmod m), b\in\{r\}(\bmod m)$. 这就是说 $a=q_1m+r, b=q_2m+r$,因此

$$a=q_1m+r=q_1m+b-q_2m=(q_1-q_2)m+b$$

(2)$\Rightarrow$(3). 设 $a=qm+b$,那么 $a-b=qm$,因此 $m\mid(a-b)$;

(3)$\Rightarrow$(1). 设 $m\mid(a-b)$,那么 $a-b=qm$. 再设 $b=q_1m+r$,于是

$$a = b + qm = (q_1 + q)m + r$$

因而 $a \in \{r\} \pmod m$, $b \in \{r\} \pmod m$. 这就是说 a, b 都属于模 m 的同一个同余类, 故 $a \equiv b \pmod m$.

以后在模是什么非常明确而不至于引起误会和混淆的情况下, 我们经常把 $a \equiv b \pmod m$ 简记为 $a \equiv b$.

由定理 3.6.3 易证以下的同余式的性质:

定理 3.6.4 设同余式的模是 m, 那么关于模 m 的同余式有以下性质:

(1) 自反性: $a \equiv a$;

(2) 对称性: 如果 $a \equiv b$, 那么 $b \equiv a$;

(3) 传递性: 如果 $a \equiv b$, $b \equiv c$, 那么 $a \equiv c$;

(4) 如果 $a \equiv b$, k 是一个整数, 那么 $ka \equiv kb$;

(5) 如果 $a_1 \equiv b_1$, $a_2 \equiv b_2$, 那么 $a_1 + b_1 \equiv a_2 + b_2$;

(6) 如果 $a_1 \equiv b_1$, $a_2 \equiv b_2$, 那么 $a_1 - b_1 \equiv a_2 - b_2$;

(7) 如果 $a_1 \equiv b_1$, $a_2 \equiv b_2$, 那么 $a_1 b_1 \equiv a_2 b_2$;

(8) 消去法则: 如果 $ac \equiv bc$, 且 $(c, m) = 1$, 那么 $a \equiv b$;

(9) 如果 $a \equiv b \pmod{m_1}$, $a \equiv b \pmod{m_2}$, $(m_1, m_2) = 1$, 则 $a \equiv b \pmod{m_1 m_2}$;

(10) 如果 $x \equiv a$, 而 $f(x)$ 是一个整系数多项式, 那么 $f(x) \equiv f(a)$;

(11) 如果 $a \equiv b \pmod m$, k 是一个正整数, 则 $ka \equiv kb \pmod{km}$;

(12) 如果 $a \equiv b \pmod m$, d 是 a, b, m 的公因数, 则 $\dfrac{a}{d} \equiv \dfrac{b}{d} \pmod{\dfrac{m}{d}}$.

证明 我们只证明(8),(9),(12)三条,其余性质的证明请读者自己作为练习.

第 3 章 整数的性质

(8) 如果 $ac \equiv bc$，那么由定理 3.6.3 可知
$$m \mid (ac - bc) = c(a - b)$$
但是由于 $(c, m) = 1$，故由定理 3.3.8 得 $m \mid (a - b)$，因此再由定理 3.6.3 可知 $a \equiv b$.

(9) 如果 $a \equiv b(\bmod m_1), a \equiv b(\bmod m_2)$，那么由定理 3.6.3 可知 $m_1 \mid (a - b), m_2 \mid (a - b)$. 但是由于 $(m_1, m_2) = 1$，故由定理 3.3.9 得 $m_1 m_2 \mid (a - b)$，因此再由定理 3.6.3 可知 $a \equiv b(\bmod m_1 m_2)$.

(12) 由 $a \equiv b(\bmod m)$ 和同余式的等价定理(定理 3.6.3)知 $a = b + qm$，在此式两边同除以 d 即得
$$\frac{a}{d} = \frac{b}{d} + q\frac{m}{d}$$
再由同余式的等价定理即知这就是
$$\frac{a}{d} \equiv \frac{b}{d}\left(\bmod \frac{m}{d}\right)$$

例 3.6.9 求 $437 \times 309 \times 1\,993$ 除以 7 所得的余数.

解 由于 $437 \equiv 3(\bmod 7), 309 \equiv 1(\bmod 7), 1\,993 \equiv 5(\bmod 7)$，所以
$$437 \times 309 \times 1\,993 \equiv 3 \times 1 \times 5(\bmod 7) \equiv 1(\bmod 7)$$
即 $437 \times 309 \times 1\,993$ 除以 7 所得的余数为 1.

例 3.6.10 已知 a 除以 5 余 1，b 除以 5 余 4，问 $3a - b$ 除以 5 余几?

解 由已知条件有 $a \equiv 1(\bmod 5), b \equiv 4(\bmod 5)$，故
$$3a - b \equiv 3 \times 1 - 4(\bmod 5) \equiv -1(\bmod 5) \equiv 4(\bmod 5)$$
即 $3a - b$ 除以 5 余 4.

例 3.6.11 求 $11\cdots1$(共有 1 993 个 1) 被 7 除所得的余数.

149

解 研究问题总要先试验一下,实验的目的是看看那种形如 11⋯1 的数被 7 除所得的余数简单,所谓简单,从同余式的观点来看,可以认为 $0,1,-1$ 都是比较简单的余数. 通过 6 次试验,我们发现 $111\ 111 \equiv 0 (\bmod\ 7)$,下面我们再看看 11⋯1(共有 1 993 个 1) 中共可排列出多少个 111 111. 由于 111 111 是 6 位数,所以只要拿 1 993 去除以 6,看商是多少即可. 实际上 $1\ 993 = 332 \times 6 + 1$,所以我们可以把 11⋯1(共有 1 993 个 1) 分成 333 段,其中最后一段就是 1,前面 332 段每段都是 111 111. 即

11⋯1(共有 1 993 个 1) =

(111 111)⋯(111 111)1(共有 332 个括弧) =

(111 111)⋯(111 111)0 + 1 ≡

$0 + 1(\bmod\ 7) \equiv 1(\bmod\ 7)$

故 11⋯1(共有 1 993 个 1) 被 7 除所得的余数为 1.

这道题也可以用另一种方法作,但也不能避免实验.

11⋯1(共有 1 993 个 1) $= 1 + 10 + 10^2 + \cdots + 10^{1\ 992}$,下面就是要试验对什么 n 能有 $10^n \equiv 1(\bmod\ 7)$. 我们有

$$1 \equiv 1$$
$$10 \equiv 3$$
$$10^2 \equiv 10 \times 10 \equiv 10 \times 3 \equiv 2$$
$$10^3 \equiv 10 \times 2 \equiv 6$$
$$10^4 \equiv 10 \times 6 \equiv 4$$
$$10^5 \equiv 10 \times 4 \equiv 5$$
$$10^6 \equiv 10 \times 5 \equiv 1$$
$$\vdots$$
$$10^{1\ 992} = 10^{6 \times 332} = (10^6)^{332} \equiv 1^{332} \equiv 1$$

第 3 章　整数的性质

所以

11⋯1(共有 1 993 个 1) =
$1 + 10 + 10^2 + \cdots + 10^{1\,992} \equiv$
$(1+3+2+6+4+5) +$
$(1+3+2+6+4+5) + \cdots +$
$(1+3+2+6+4+5) + 1$(共有 332 个括弧) $\equiv$
$0 + 0 + 0 + \cdots + 1$(共有 332 个 0) $\equiv 1$

例 3.6.12　70 个数排成一排,除两头的数外,中间每个数的 3 倍都等于它两边的数之和,从左边数起,开头的几个数为

$$0,1,3,8,21,\cdots$$

问第 70 个数(也就是这排数最右边的数)被 6 除的余数.

解　根据题目已给的条件,这 70 个数原则上都可以用递推公式

$$a_{n+2} = 3a_{n+1} - a_n, a_1 = 0, a_2 = 1$$

逐步求出,所以只要给定开头两个数,这 70 个数就都被确定了.求出第 70 个数后,再用 6 去除它,就可求出所需的余数了.这虽然给出一个解决问题的方案,但是工作量太大.能不能有工作量较小的方案呢?

由于题目并不要求我们求出第 70 个数,而只要求求出它被 6 除所得的余数,因此我们的思路转向直接去求出余数.方法是再造一个数列,使得新数列的每一项和原数列的对应项在模 6 下同余.设新数列的通项是 $b_n \equiv a_n \pmod 6$,那么根据 a_n 的递推公式就可得出 b_n 的递推公式

$$b_{n+2} = 3b_{n+1} - b_n \pmod 6$$

至于新数列的前两项,我们可以取得跟原数列相同,即

151

取 $b_1=0,b_2=1$. 那有人会问,你这个新数列不是还得靠递推一项一项地算下去吗?那你造这个新数列有什么意义呢?初一看起来,两个数列的构成规律完全相同,但是再仔细研究一下,就会发现它们的差别在于新数列是关于模 6 同余的,这就使得新数列与原数列在性质上有了两个本质的差别. 第一个差别是新数列是有界的(每一项都不超过 6),这个性质再加上数列的递推性就得出第二个差别,就是新数列必然是周期数列. 我们可以逐步算出新数列的前几项,直到连续出现两个相同项为止. 下面是计算的结果

$$0,1,3,2,3,1,0,5,3,4,3,5,0,1,\cdots$$

由此看出新数列的周期是 12. 由于 $70=5\times 12+10$,因此原数列的 70 项被 6 除所得的余数与上面的数列中 10 项相同,即所求的余数是 4.

例 3.6.13 求 $1^4+2^4+\cdots+1\,993^4$ 的个位数字.

解 这道题一开始的工作还是试验,我们计算以下各数关于模 10 的余数

$$1^4 \equiv 1$$
$$2^4 \equiv 16 \equiv 6$$
$$3^4 \equiv 81 \equiv 1$$
$$4^4 \equiv 256 \equiv 6$$
$$5^4 \equiv 625 \equiv 5$$
$$6^2 \equiv 6, 6^3 \equiv 6, 6^4 \equiv 6$$
$$7^2 \equiv 9, 7^3 \equiv 3, 7^4 \equiv 1$$
$$8^2 \equiv 4, 8^3 \equiv 2, 8^4 \equiv 6$$
$$9^2 \equiv 1, 9^3 \equiv 9, 9^4 \equiv 1$$
$$10^4 \equiv 0$$

因此

第 3 章　整数的性质

$$1^4 + 2^4 + \cdots + 1\,993^4 \equiv$$
$$(1^4 + 2^4 + \cdots + 10^4) + \cdots +$$
$$(1^4 + 2^4 + \cdots + 10^4) + 1^4 +$$
$$2^4 + 3^4 (共有 199 个括弧) \equiv$$
$$199 \times (1+6+1+6+5+6+$$
$$1+6+1+0)+1+6+$$
$$1 \equiv (-1) \times 3 + 8 \equiv 5$$

故 $1^4 + 2^4 + \cdots + 1\,993^4$ 的个位数字是 5.

例 3.6.14　求证: $74 \mid 75^{378} - 1$.

证明　只需证 $75^{378} \equiv 1 (\bmod 74)$ 即可.

由于 $75 \equiv 1 (\bmod 74)$, 这就立刻得出 $75^{378} \equiv 1 (\bmod 74)$.

例 3.6.15　求 $1\,949^{1\,993}$ 被 7 除所得的余数.

解　首先把上式的底化简, 由于 $1\,949 \equiv 3 (\bmod 7)$, 故 $1\,949^{1\,993} \equiv 3^{1\,993} (\bmod 7)$. 下面还是试验, 由计算得出

$$3 \equiv 3$$
$$3^2 \equiv 9 \equiv 2$$
$$3^3 \equiv 27 \equiv 6 \equiv -1$$

故

$$3^{1\,993} = 3^{3 \times 664 + 1} = (3^3)^{664} \cdot 3 \equiv$$
$$(-1)^{664} \cdot 3 \equiv 3 (\bmod 7)$$

例 3.6.16　今天是星期一, 问 $47^{35^{23}}$ 天之后是星期几?

解　这道题实际上就是要求 $47^{35^{23}}$ 被 7 除所得的余数.

首先注意 $47^{35^{23}}$ 的含义是 $47^{(35^{23})}$ 而不是 $(47^{35})^{23}$. 与上题一样, 首先化简底数. 我们有 $47 \equiv 5 (\bmod 7)$.

以下还是先进行试验,由(对模 7)计算得
$$5^1 \equiv 5$$
$$5^2 \equiv 25 \equiv 4$$
$$5^3 \equiv 4 \cdot 5 \equiv 20 \equiv -1$$
$$5^6 \equiv (5^3)^2 \equiv 1$$

故只需把 35^{23} 写成 $6k+r$ 的形式就好算了,于是又要求 35^{23} 被 6 除所得的余数. 这个求法本来应该跟上面一样还是先进行试验,但是这里正好有 $35 \equiv -1 (\mathrm{mod}\ 6)$,所以就有
$$35^{23} \equiv (-1)^{23} (\mathrm{mod}\ 6) \equiv -1 \equiv 5$$
因此 $35^{23} = 6k+5.$ 而
$$47^{35^{23}} \equiv 5^{35^{23}} \equiv 5^{6k+5} \equiv (5^6)^k \cdot 5^5 \equiv 3(\mathrm{mod}\ 7)$$
也就是说,从今天开始算起的第 $47^{35^{23}}$ 天是星期三,而 $47^{35^{23}}$ 天之后就是星期四.

例 3.6.17 求 $14^{14^{14}}$ 的末两位数.

解 原则上可以用上例的方法去做,但是如果直接取 100 做模,由于模较大,可能要试验 100 多次才能找到一个指数 n 使得 $14^n \equiv 1(\mathrm{mod}\ 100)$,所以具体实施起来工作量很大. 我们必须找到一个可行的方案. 由于 $100 = 4 \times 25$,所以我们可以 4 和 25 作为模先进行计算如下:
$$14 \equiv 2(\mathrm{mod}\ 4)$$
$$14^2 \equiv 0(\mathrm{mod}\ 4)$$
$$14 \equiv 14(\mathrm{mod}\ 25)$$
$$14^2 \equiv 196 \equiv -4(\mathrm{mod}\ 25)$$
$$14^3 \equiv (-4) \cdot 14 \equiv -56 \equiv -6(\mathrm{mod}\ 25)$$
$$14^4 \equiv (-6) \cdot 14 \equiv -84 \equiv 16(\mathrm{mod}\ 25)$$
$$14^5 \equiv 16 \cdot 14 \equiv 224 \equiv -1(\mathrm{mod}\ 25)$$

第 3 章　整数的性质

$$14^{10} \equiv 1 \pmod{25}$$

由于 $[2,5]=10$，所以最后我们有 $14^{10} \equiv (14^2)^5 \equiv 0 \pmod 4$，$14^{10} \equiv 1 \pmod{25}$. 这一结果是为了最后用的. 目前为了对最底下的那个 14 应用上述结果，我们需要首先把底 14 的指数 14^{14} 表示成 $10k+r$ 的形式，即求 14^{14} 被 10 除所得的余数，也就是求 14^{14} 的个位数. 仍采用实验的方法，由计算（对模 10）得到

$$14 \equiv 4, 14^{14} \equiv 4^{14}$$
$$4 \equiv 4$$
$$4^2 \equiv 16 \equiv 6$$
$$4^3 \equiv 6 \cdot 4 \equiv 24 \equiv 4$$
$$\vdots$$
$$4^{14} \equiv 6$$
$$14^{14} \equiv 4^{14} \equiv 6$$

因此 $14^{14}=10k+6$，由这个式子和已证的 $14^{10} \equiv (14^2)^5 \equiv 0 \pmod 4$，$14^{10} \equiv 1 \pmod{25}$ 就得到

$$A=14^{14^{14}}=14^{10k+6} \equiv (14^2)^{5k+3} \equiv 0 \pmod 4$$
$$A=14^{14^{14}}=14^{10k+6} \equiv (14^{10})^k 14^6 \equiv$$
$$-14 \equiv 11 \pmod{25}$$

也就是说 $A \in \{4n \mid n=1,2,3,\cdots\} \bigcap \{25n+11 \mid n=1,2,3,\cdots\}$，在这个交集里只有 36 不超过 100. 因此我们得到 $A \equiv 36 \pmod 4$，$A \equiv 36 \pmod{25}$. 又由于 $(4,25)=1$，故由定理 3.6.4 即得 $A \equiv 36 \pmod{4 \cdot 25} \equiv 36 \pmod{100}$.

故 $14^{14^{14}}$ 的末两位数是 36.

例 3.6.18　求 $2(x^5+y^5+1)=5xy(x^2+y^2+1)$ 的所有整数解.

解　(1) 首先注意，原方程的任意一组解不可能都是奇数,否则方程的左边是偶数而方程的右边是奇数,这是不可能的. 由 x,y 的对称性,不妨设 x 是偶数.

(2) $2(x^5+y^5+1)-5xy(x^2+y^2+1)=$
$(x+y+1)f(x,y)$

其中

$$f(x,y) = 2x^4-2x^3y+2x^2y^2-2xy^3+2y^4-\\2x^3-x^2y-xy^2-2y^3+\\2x^2-xy+2y^2-2x-2y+2 \equiv\\2y^4-xy^2-2y^3-xy+2y^2-\\2y+2 (\bmod 4) \equiv\\2y^2(y(y-1))-xy(y+1)+\\2y(y-1)+2(\bmod 4)$$

由于 $y(y-1)$ 和 $y(y+1)$ 都是 2 的倍数,因此 $f(x,y) \equiv 2(\bmod 4)$.这就是说,对任意整数 x,y 都有 $f(x,y) \neq 0$.

由上面的分解式即知此方程当且仅当 $x+y+1=0$ 时有整数解,因此原方程的整数解为 $y=-x-1$,其中 x 为任意整数.

习题 3.6

1. 给了一个 5×5 的格子纸,从任意一个格子开始顺次填上 $1,2,3,\cdots,25$ 这 25 个数. 证明:无论怎么填写,不可能使填着 25 的格子和填着 1 的格子是相邻的.

2. 证明: $x^2-4y^2=3$ 不存在整数解.

3. 给了一个 8×8 的国际象棋盘,研究是否能用 15 个如下的 T 形纸片

第 3 章　整数的性质

3 题图

和一个 2×2 的田字形字片将其不重复也不遗漏地覆盖？证明你的结论．

4．证明：在 9×9 的国际象棋盘中，马不可能在遍历每个方格恰一次后回到出发点．

5．证明：$\underbrace{19951995\cdots1995}$ 不可能是一个完全平方数．

6．证明：如图的残棋盘不可能存在 2×1 的日形块覆盖．

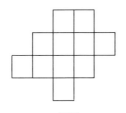

6 题图

7．对 8×8 棋盘是否存在每个日形块都压住一条横线或纵线的覆盖？

8．证明：4×n 国际象棋盘上的马不可能从某一点出发跳遍每格一次又回到出发点．

9．如果 n 是奇数，证明 3×n 棋盘不可能存在 3－L 形覆盖．

10．(1) 如果 n 不能被 3 整除，则 2×n 棋盘不可能用 3－L 块覆盖．

(2) 如果 n 可被 3 整除，则 2×n 棋盘可以用 3－L 块覆盖．

11.(1)如果 n 不能被2整除,则 $3\times n$ 棋盘不可能用 3－L 块覆盖.

(2)如果 n 可被2整除,则 $3\times n$ 棋盘可以用 3－L 块覆盖.

12.在如下染色的棋盘中

1	2	3	1	2	3	1	2
2	3	1	2	3	1	2	3
3	1	2	3	1	2	3	1
1	2	3	1	2	3	1	2
2	3	1	2	3	1	2	3
3	1	2	3	1	2	3	1
1	2	3	1	2	3	1	2
2	3	1	2	3	1	2	3

12题图

(1)如果去掉一个1色格,证明:不存在 3×1 覆盖;

(2)如果去掉一个3色格,证明:不存在 3×1 覆盖;

(3)去掉一个位于3行3列的2色格,证明:剩余部分存在 3×1 覆盖;

(4)去掉一个位于1行2列的2色格,证明:剩余部分不存在 3×1 覆盖;

13.能否用一个 3－L 块和11个 3×1 块盖住 6×6 棋盘?

14.证明: $641 \mid 2^{2^5}+1$.

15.设 a 是一个奇数,证明 $a^{2^n} \equiv 1 \pmod{2^{n+2}}$, $n \geqslant 1$.

16.证明: $A = 2\,222^{5\,555} + 5\,555^{2\,222}$ 和 $B=$

第 3 章 　整数的性质

$3333^{4444}+4444^{3333}$ 都可被 7 整除.

17. 证明:5 个连续的正整数之积不可能是一个完全平方数.

18. 证明:5 个连续的正整数的平方和不可能是一个完全平方数.

19. 设 $n=4k+2$, x_i 是 $+1$ 或者 -1, 证明: $x_1+2x_2+\cdots+nx_n \neq 0$.

20. 证明:把一个 1 987 位的正整数 $a_1a_2\cdots a_{1\,987}$ 的各位数字任意重新排列后所得的新数与原数之和不可能等于 $99\cdots 9$(共有 1 987 个 9).

21. 证明:$100\cdots 03$(共有 1 989 个 0)不可能表示成两个整数的平方和.

22. 证明:方程 $x_1^4+x_2^4+\cdots+x_{14}^4=1599$ 没有整数解.

23. 设 $N=1\times 3\times 5\times 7\times \cdots \times 1983$, 求 N 的末三位数.

24. 证明:方程组
$$abcd-a=1961$$
$$abcd-b=961$$
$$abcd-c=61$$
$$abcd-d=1$$
不存在整数解 a,b,c,d, 其中 $abcd$ 表示一个四位数.

25. 把由 1 开始的自然数, 依次写下去, 一直写到 198 位为止, 求这个数被 9 除所得的余数是多少.

26. 证明:$2\,730 \mid n^{13}-n$.

27. (1) 证明:$1\,993 \mid (10^{1\,992}-1)$;

(2) 找出一个 n 使得 $1\,993 \mid 11\cdots 1$(其中共有 n 个

159

1)(参见例3.3.7).

28. 设 p 为素数,证明:$2^p + 3^p$ 不可能是一个正整数的方幂.

29. 设 $S(n)$ 表示 n 的各位数字之和,解方程 $n + S(n) + S(S(n)) = 1\,997$.

3.7 欧拉定理和费马小定理

我们在3.6中解题时,对题目中给定的一个整数 a 和模 m,经常要用实验的方法去求一个指数 k,使得 $a^k \equiv 1(\bmod m)$,一旦求得这个指数,以后的计算就可以大为简化.不过这样试验,总让人有碰运气的感觉,起码心里不那么踏实,不知道这个指数什么时候才能试验出来.在这一节里,我们就证明,在一定条件下,这个指数一定存在,而且可以用公式求出来.

首先我们引进一个自然数的函数.

定义3.7.1 设 m 是一个正整数,那么 $\varphi(m)$ 表示 $0,1,2,\cdots,m-1$ 这 m 个数中与 m 互素的整数的个数,称为欧拉函数.

例如,$\varphi(1) = 1, \varphi(2) = 1, \varphi(3) = 2, \varphi(4) = 2, \varphi(5) = 4, \varphi(6) = 2$.

为了得出欧拉函数的一些性质,我们先证明下面的几个定理.

定理3.7.1 设 a 是一个整数$(a,m) = 1, x$ 遍历 $0,1,2,\cdots,m-1$ 中所有与 m 互素的整数,那么 ax 被 m 除所得的余数也遍历 $0,1,2,\cdots,m-1$ 中所有与 m 互素的整数,即若 $\{r_1, r_2, \cdots, r_{\varphi(m)}\}$ 是小于 m 且与 m 互素

第 3 章 整数的性质

的正整数的集合，$\{r'_1, r'_2, \cdots, r'_{\varphi(m)}\}$ 是 $ar_1, ar_2, \cdots, ar_{\varphi(m)}$ 被 m 除所得的余数的集合，那么 $r'_1, r'_2, \cdots, r'_{\varphi(m)}$ 只不过是 $r_1, r_2, \cdots, r_{\varphi(m)}$ 的一个排列，或者

$$\{x \mid (x,k)=1, k=0,1,2,\cdots,m-1\} =$$
$$\{ax(\bmod\ m) \mid (x,k)=1, k=0,1,2,\cdots,m-1\}$$

这里 $ax(\bmod\ m)$ 表示 ax 被 m 除所得的余数.

证明　根据欧拉函数的定义，ax 通过 $\varphi(m)$ 个整数. 由于 $(a,m)=1, (x,m)=1$，故 $(ax,m)=1$. 这就证明了 ax 通过的 $\varphi(m)$ 个整数都是与 m 互素的. 我们只需证明在模 m 下，ax 是两两不同余的，那么由于在模 m 下，所有与 m 互素的非负整数恰有 $\varphi(m)$ 个，于是 ax 在模 m 下所通过的整数就只能是 $0,1,2,\cdots,m-1$ 中所有与 m 互素的整数了.

如果 $ax_1 \equiv ax_2 (\bmod\ m)$，那么由于 $(a,m)=1$，故由同余式的性质知，$x_1 \equiv x_2 (\bmod\ m)$，这就证明了 ax 是两两不同余的.

例如，设 $a=4, m=15$. $0,1,2,\cdots,14$ 中与 15 互素的数是 $1,2,4,7,8,11,13,14$，当 x 遍历这 8 个数时，$4x$ 遍历 $4,8,16,28,32,44,52,56$ 这 8 个数. 在模 15 下，这 8 个数分别同余于 $4,8,1,13,2,14,7,11$. 还是原来的那 8 个数，只不过次序变了而已.

其实在我们上面的证明里，只在证明 ax 与 m 互素时用到了条件 $(a,m)=1$. 所以用完全同样的方法（但是去掉 ax 与 m 互素这一要求），我们可以证明下面的定理.

定理 3.7.2　设 a,b 是两个整数. $(a,m)=1$，那么当 x 遍历 $0,1,2,\cdots,m-1$ 这 m 个数时，$ax+b$ 在模 m 下也遍历 $0,1,2,\cdots,m-1$ 这 m 个数. 即

$$\{0,1,2,\cdots,m-1\} = \{ax+b (\bmod m) \mid x = 0,1,2,\cdots,m-1\}$$

或者说 $ax+b$ 被 m 去除所得的余数遍历 $0,1,2,\cdots,m-1$ 这 m 个数(但不一定是按照前面的顺序的).

下面是两个更复杂的这种类型的定理.

定理 3.7.3 设 m_1, m_2 是两个互素的正整数, c 是一个任意的整数, 那么当 x_1, x_2 分别通过集合 $\{0,1,2,\cdots,m_1-1\}$ 以及集合 $\{0,1,2,\cdots,m_2-1\}$ 时, $m_2 x_1 + m_1 x_2 + c$ 被 $m_1 m_2$ 去除所得的余数就通过集合 $\{0,1,2,\cdots,m_1 m_2 -1\}$ 中的每个数恰一次.

证明 当 x_1 通过 $0,1,2,\cdots,m_1-1$ 时, $m_2 x_1$ 生成 m_1 个数, 而当 x_2 通过 $0,1,2,\cdots,m_2-1$ 时, $m_1 x_2$ 生成 m_2 个数, 因此 $m_2 x_1$ 和 $m_1 x_2$ 互相搭配恰生成 $m_1 m_2$ 个数. 生成的每个数再加上 c 仍得到 $m_1 m_2$ 个数. 我们只要证明这 $m_1 m_2$ 个数被 $m_1 m_2$ 除所得的余数两两不同即可.

假设存在两个这种类型的数 $m_2 x_1 + m_1 x_2 + c$ 和 $m_2 y_1 + m_1 y_2 + c$, 被 $m_1 m_2$ 去除所得的余数是相同的, 其中

$$x_1, y_1 \in \{0,1,2,\cdots,m_1-1\}$$
$$x_2, y_2 \in \{0,1,2,\cdots,m_2-1\}$$

那么就有

$$m_2 x_1 + m_1 x_2 + c \equiv m_2 y_1 + m_1 y_2 + c (\bmod m_1 m_2)$$

因此 $m_1 m_2 \mid m_2(x_1 - y_1) + m_1(x_2 - y_2)$

而由于 $m_1 \mid m_1 m_2, m_2 \mid m_1 m_2$, 我们就得出

$$m_1 \mid m_2(x_1 - y_1) + m_1(x_2 - y_2)$$

和

$$m_2 \mid m_2(x_1 - y_1) + m_1(x_2 - y_2)$$

再从 $m_1 \mid m_1(x_2 - y_2)$ 和 $m_2 \mid m_2(x_1 - y_1)$ 这两式进

第3章 整数的性质

一步得出 $m_1 \mid m_2(x_1-y_1)$ 和 $m_2 \mid m_1(x_2-y_2)$.

由于 $(m_1,m_2)=1$,因此由上面两个式子就得出 $m_1 \mid \mid x_1-y_1 \mid, m_2 \mid \mid x_2-y_2 \mid$. 而由于
$$x_1,y_1 \in \{0,1,2,\cdots,m_1-1\}$$
$$x_2,y_2 \in \{0,1,2,\cdots,m_2-1\}$$
故由这两个式子就得出
$$m_1 \leqslant \mid x_1-y_1 \mid < m_1, m_2 \leqslant \mid x_2-y_2 \mid < m_2$$
这显然是一个矛盾,所得的矛盾就表明不可能存在两个形如 $m_2x_1+m_1x_2+c$ 和 $m_2y_1+m_1y_2+c$ 的数使得它们被 m_1m_2 去除所得的余数是相同的. 这也就是说 $m_2x_1+m_1x_2+c$ 被 m_1m_2 去除所得的余数通过集合 $\{0,1,2,\cdots,m_1m_2-1\}$ 中的每个数恰一次.

例如,当 $m_1=3, m_2=5$ 时,$\{0,1,2,\cdots,m_1-1\}=\{0,1,2\},\{0,1,2,\cdots,m_2-1\}=\{0,1,2,3,4\}$

$m_2x_1+m_1x_2=$
$\{5\cdot 0+3\cdot 0, 5\cdot 1+3\cdot 0, 5\cdot 2+3\cdot 0\}$,
$\{5\cdot 0+3\cdot 1, 5\cdot 1+3\cdot 1, 5\cdot 2+3\cdot 1\}$,
$\{5\cdot 0+3\cdot 2, 5\cdot 1+3\cdot 2, 5\cdot 2+3\cdot 2\}$,
$\{5\cdot 0+3\cdot 3, 5\cdot 1+3\cdot 3, 5\cdot 2+3\cdot 3\}$,
$\{5\cdot 0+3\cdot 4, 5\cdot 1+3\cdot 4, 5\cdot 2+3\cdot 4\}=$
$\{0,5,10,3,8,13,6,11,16,9,14,19,12,17,22\}$

这个集合中的数被 $m_1m_2=15$ 去除所得的余数的集合为
$\{0,5,10,3,8,13,6,11,1,9,14,4,12,2,7\}=$
$\{0,1,2,3,4,5,6,7,8,9,10,11,12,13,14\}$

$m_2x_1+m_1x_2$ 正好不多不少遍历了集合 $\{0,1,2,\cdots,m_1m_2-1\}$ 中每个元素一遍.

定理 3.7.4 设 m_1,m_2 是两个互素的正整数,那

163

么当 x_1 遍历 $0,1,2,\cdots,m_1-1$ 中所有 m_1 与互素的数，x_2 遍历 $0,1,2,\cdots,m_2-1$ 中所有与 m_2 互素的数时，$m_2 x_1 + m_1 x_2$ 被 $m_1 m_2$ 去除所得的余数就遍历 $0,1,2,\cdots,m_1 m_2 - 1$ 中所有与 $m_1 m_2$ 互素的数。

证明 由定理 3.7.3 已证明的结论我们知道在定理的条件下形如 $m_2 x_1 + m_1 x_2$ 的数都是互不同余的，因此我们只需证明 $m_2 x_1 + m_1 x_2$ 被 $m_1 m_2$ 去除所得的余数都是与 $m_1 m_2$ 互素的，并且反过来 $0,1,2,\cdots,m_1 m_2 - 1$ 中所有与 $m_1 m_2$ 互素的数都与一个形如 $m_2 x_1 + m_1 x_2$ 的数同余即可。

(1) 设 $m_2 x_1 + m_1 x_2 = q m_1 m_2 + r, 0 \leqslant r < m_1 m_2$。如果 r 与 $m_1 m_2$ 不是互素的，那么必存在一个素数 p 使得 $p \mid (r, m_1 m_2)$，即 $p \mid r, p \mid m_1 m_2$。因此 $p \mid (m_2 x_1 + m_1 x_2), p \mid m_1 m_2$。由于 p 是一个素数，$(m_1, m_2) = 1$，所以必有 $p \mid m_1$ 或者 $p \mid m_2$。不妨设 $p \mid m_1$，于是由 $p \mid (m_2 x_1 + m_1 x_2)$ 和 $p \mid m_1$ 又得出 $p \mid m_2 x_1$，由于 $(m_1, m_2) = 1$，所以 p 不可能整除 m_2（否则 m_1, m_2 将有大于 1 的公因数 p），那么因此只能是 $p \mid x_1$，再由我们前面的假设 $p \mid m_1$ 就得出 x_1 与 m_1 有大于 1 的公因数 p。而这又与定理中 x_1 遍历 $0,1,2,\cdots,m_1 - 1$ 中所有与 m_1 互素的数的条件相矛盾。同理可证也不可能成立 $p \mid m_2$。这就证明了 r 与 $m_1 m_2$ 必然是互素的。

(2) 现在设 r 是 $0,1,2,\cdots,m_1 m_2 - 1$ 中某一个与 $m_1 m_2$ 互素的数，那么由定理 3.7.3 所证明的结论可知，必存在两个整数 $x_1 \in \{0,1,2,\cdots,m_1 - 1\}, x_2 \in \{0,1,2,\cdots,m_2 - 1\}$，使得

$$m_2 x_1 + m_1 x_2 \equiv r \pmod{m_1 m_2}$$

我们现在证明 x_1 必定与 m_1 互素，x_2 必定与 m_2 互素。

第 3 章　整数的性质

假设不然,不妨设$(x_1,m_1)=d>1$,那么
$$(r,m_1)=(m_2x_1+m_1x_2-qm_1m_2,m_1)=$$
$$(m_2x_1,m_1)=(x_1,m_1)=d>1$$
(这里最后一步用到了定理 3.3.10).由于$(m_1,m_2)=1$,因此又有
$$(r,m_1m_2)=(r,m_1)=d>1$$
(这里又一次用到了定理 3.3.10).而这与r是$0,1,2,\cdots,m_1m_2-1$中某一个m_1m_2与互素的数的假设相矛盾,同理可证x_2必定与m_2互素.这就证明了$0,1,2,\cdots,m_1m_2-1$中所有与m_1m_2互素的数都与一个形如$m_2x_1+m_1x_2$的数同余.其中x_1与m_1互素,x_2与m_2互素.

综合以上两方面的论述,就证明了当x_1遍历$0,1,2,\cdots,m_1-1$中所有与m_1互素的数,x_2遍历$0,1,2,\cdots,m_2-1$中所有与m_2互素的数时,$m_2x_1+m_1x_2$被m_1m_2去除所得的余数就遍历了$0,1,2,\cdots,m_1m_2-1$中所有与m_1m_2互素的数.

前面我们已经根据$\varphi(m)$的定义通过验证得出
$$\varphi(1)=1,\varphi(2)=1,\varphi(3)=2$$
$$\varphi(4)=2,\varphi(5)=4,\varphi(6)=2$$
再验证一下,又可以得出
$$\varphi(7)=6,\varphi(8)=4,\varphi(9)=6$$
$$\varphi(10)=4,\varphi(11)=10,\varphi(12)=4$$
我们再试几个不同的底数a,使得$(a,m)=1$,看看什么时候能有$a^n\equiv 1(\bmod\ m)$,通过直接计算,不难算出一批例子如下
$$2^2\equiv 1(\bmod\ 3),2^4\equiv 1(\bmod\ 5),2^6\equiv 1(\bmod\ 7)$$
$$2^6\equiv 1(\bmod\ 9),2^{10}\equiv 1(\bmod\ 11)$$

$3^1 \equiv 1 \pmod 2, 3^2 \equiv 1 \pmod 4, 3^4 \equiv 1 \pmod 5,$
$3^6 \equiv 1 \pmod 7, 3^4 \equiv 1 \pmod 8,$
$5^2 \equiv 1 \pmod 6, 5^6 \equiv 1 \pmod 7, 5^4 \equiv 1 \pmod 8,$
$5^6 \equiv 1 \pmod 9, 5^4 \equiv 1 \pmod{12}.$

通过对照这批例子和上面的欧拉函数的值不难发现,对于每一个底数,使 $a^n \equiv 1 \pmod m$ 成立的指数恰好是模的欧拉函数的值,因此我们有理由猜想应成立公式

$$a^{\varphi(m)} \equiv 1 \pmod m.$$

当然前提是 $(a,m)=1$(因为如果 a 和 m 有公因数 $d>1$,因此有 $a=bd, m=cd$,那么对任一个 $k>1$,由 $m \mid (a^k-1)$,将得出 $a^k-1=qm, 1=a^k-qm=(bd)^k-qcd, d \mid 1$,而这是不可能的.这就是说如果 a 和 m 有公因数 $d>1$,那对任一个 $k>1$,都不可能成立同余式 $a^k \equiv 1 \pmod m$).

当然目前这还只是一个猜想,下面我们就来证明这一猜想.其实证明这一猜想的线索已包含在定理 3.7.1 中了.在那个定理中说 "$r'_1, r'_2, \cdots, r'_{\varphi(m)}$ 只不过是 $r_1, r_2, \cdots, r_{\varphi(m)}$ 的一个排列",这是什么意思呢?这就是说,如果单个来看 r_i 和 r'_i,它们就是不一样的,但是如果把这两类数的集合作为一个整体看,它们就是完全相同的,而一个以这些数作为变量的函数,如果不能分辨它们的区别,那这个函数在这两个集合上的值就是完全相同的.什么样的函数是不能分辨这些变量的呢?只要变量在这个函数中的地位是对称的,这个函数就无法分辨这些变量.这样的函数很多,其中最简单的例子是 $x_1+x_2+\cdots+x_{\varphi(m)}$ 和 $x_1 x_2 \cdots x_{\varphi(m)}$. 我们一眼就看出如果把 $ar_1, ar_2, \cdots, ar_{\varphi(m)}$ 代入到这个函数

第 3 章 整数的性质

中,就会出现 $a^{\varphi(m)}$ 这一项,这已经很像我们的猜想了,下一步就是认认真真地把这些想法严格地去实现出来.

定理 3.7.5(欧拉定理) 设 $(a,m)=1, m \geqslant 2$,那么 $a^{\varphi(m)} \equiv 1 (\bmod m)$.

证明 设 $\{r_1, r_2, \cdots, r_{\varphi(m)}\}$ 是小于 m 且与 m 互素的正整数的集合,$\{r'_1, r'_2, \cdots, r'_{\varphi(m)}\}$ 是 $ar_1, ar_2, \cdots, ar_{\varphi(m)}$ 被 m 除所得的余数的集合,那么由定理 3.7.1 知 $r'_1, r'_2, \cdots, r'_{\varphi(m)}$ 只不过是 $r_1, r_2, \cdots, r_{\varphi(m)}$ 的一个重新排列.因此

$$a^{\varphi(m)}(r_1 \cdot r_2 \cdot \cdots \cdot r_{\varphi(m)}) \equiv$$
$$ar_1 \cdot ar_2 \cdot \cdots \cdot ar_{\varphi(m)} \equiv$$
$$r'_1 \cdot r'_2 \cdot \cdots \cdot r'_{\varphi(m)} \equiv$$
$$r_1 \cdot r_2 \cdot \cdots \cdot r_{\varphi(m)} (\bmod m)$$

由 $r_1, r_2, \cdots, r_{\varphi(m)}$ 的定义可知 $(r_i, m) = 1, i = 1, 2, \cdots, \varphi(m)$,因此由定理 3.3.10 可知 $(r_1 \cdot r_2 \cdot \cdots \cdot r_{\varphi(m)}, m) = 1$,由 3.6.4 中的性质(8)(即同余式的消去法则)即得

$$a^{\varphi(m)} \equiv 1 (\bmod m)$$

这就证明了定理.

欧拉定理只肯定了使得 $a^k \equiv 1 (\bmod m)$ 成立的指数的存在性,却并没有指出如何去计算这一指数,下面我们就来研究欧拉函数的计算问题.为此,首先证明欧拉函数的一个重要性质:

定理 3.7.6 如果 $(m,n) = 1$,那么 $\varphi(mn) = \varphi(m)\varphi(n)$.

证明 由定理 3.7.4 知当 x 遍历 $0, 1, 2, \cdots, m-1$ 中所有与 m 互素的数,y 遍历 $0, 1, 2, \cdots, n-1$ 中所有与 n 互素的数时,$nx + my$ 被 mn 去除所得的余数就遍

历 $0,1,2,\cdots,mn-1$ 中所有与 mn 互素的数.

现在我们用两种方法来计算 $nx+my$ 所遍历的数的数目.一方面,$nx+my$ 所遍历的数由 nx 所遍历的数和 my 所遍历的数搭配而成,其中 nx 通过 $\varphi(m)$ 个数,my 通过 $\varphi(n)$ 个数,因此 $nx+my$ 共可搭配成 $\varphi(m)\varphi(n)$ 个数;另一方面,由定理 3.7.4 知 $nx+my$ 通过 $\varphi(mn)$ 个数,表示 $nx+my$ 所通过的数的数目的这两种式子当然应该是相等的,所以我们就得到 $\varphi(mn)=\varphi(m)\varphi(n)$.

在上面这个定理中,条件 $(m,n)=1$ 是不可少的,例如 $\varphi(8)=4,\varphi(2)=1$,显然 $\varphi(8)\neq(\varphi(2))^3$.所以对 $\varphi(p^a)$,还要单独研究它的计算公式.对此,我们有:

定理 3.7.7 设 p 是一个素数,则对一切正整数成立 $\varphi(p^n)=p^n-p^{n-1}=p^{n-1}(p-1)$.

证明 设 p 是一个素数,则小于或等于 p^n 且与 p^n 不互素的正整数(也就是与 p^n 有大于1的共因数的数)只有 p 的倍数 $1\cdot p,2\cdot p,3\cdot p,\cdots,(p^{n-1})\cdot p$,这些倍数一共有 p^{n-1} 个,剩下的数就都是 p^n 与互素的正整数了.而小于或等于 p^n 的正整数总共有 p^n 个,故我们有
$$\varphi(p^n)=p^n-p^{n-1}=p^{n-1}(p-1)$$

综合定理 3.7.6 和 3.7.7 我们就可以推导出 $\varphi(m)$ 的计算公式了.

定理 3.7.8 若 n 的素因子分解式为 $n=p_1^{a_1}p_2^{a_2}\cdots p_k^{a_k}$,那么
$$\varphi(n)=p_1^{a_1-1}(p_1-1)p_2^{a_2-1}(p_2-1)\cdots p_k^{a_k-1}(p_k-1)=n\left(1-\frac{1}{p_1}\right)\left(1-\frac{1}{p_2}\right)\cdots\left(1-\frac{1}{p_k}\right)$$

第 3 章 整数的性质

证明 由于 $p_1^{a_1}, p_2^{a_2}, \cdots, p_k^{a_k}$ 是两两互素的,故用定理 3.7.6 可得
$$\varphi(n) = \varphi(p_1^{a_1})\varphi(p_2^{a_2})\cdots\varphi(p_k^{a_k})$$
对右端的各个因子再应用定理 3.7.7 和进行简单的恒等式变形即可证明定理 3.7.8.

知道如何计算欧拉函数的值之后,欧拉定理实际上还可以加强. 这就是下面的加强型的欧拉定理:

定理 3.7.9 设 $(a,m)=1, m=p_1^{a_1}p_2^{a_2}\cdots p_k^{a_k}$ 是 m 的素因子分解式
$$l(m) = [\varphi(p_1^{a_1})\varphi(p_2^{a_2})\cdots\varphi(p_k^{a_k})]$$
是 $\varphi(p_1^{a_1})\varphi(p_2^{a_2}),\cdots,\varphi(p_k^{a_k})$ 的最小公倍数. 则
$$a^{l(m)} \equiv 1 (\bmod m)$$

证明 由于 $(a,m)=1$,故 $(a,p_i^{a_i})=1, i=1,2,\cdots,k$. 因此由欧拉定理得
$$a^{\varphi(p_i^{a_i})} \equiv 1(\bmod p_i^{a_i}), i=1,2,\cdots,k$$
将上面的同余式两边分别乘方 $\dfrac{l(m)}{\varphi(p_i^{a_i})}$ 次,即得 $a^{l(m)} \equiv 1(\bmod p_i^{a_i})$. 再由于 $p_1^{a_1}, p_2^{a_2}, \cdots, p_k^{a_k}$ 是两两互素的,因此由同余式的性质定理 3.6.4(9) 即得
$$a^{l(m)} \equiv 1(\bmod p_1^{a_1}p_2^{a_2}\cdots p_k^{a_k}) \equiv 1(\bmod m)$$
这就证明了定理.

由于 $\varphi(m)$ 显然是 $l(m)$ 的倍数,所以从定理 3.7.9 可以推出欧拉定理,因此定理 3.7.9 要比欧拉定理更强一些.

由上面几个定理立即得出下面的欧拉定理的特例:

定理 3.7.10(费马小定理) 设 p 是一个素数,a 是一个整数,$(a,p)=1$,则

$$a^{p-1} \equiv 1 (\bmod p)$$

证明 容易算出来 $\varphi(p) = p-1$,这就证明了定理.

下面我们再来证明一个欧拉函数的性质:

定理 3.7.11 设 n 是一个正整数,则 $\sum_{d \mid n} \varphi\left(\dfrac{n}{d}\right) = n$. 这里的下标 $d \mid n$ 表示 d 通过 n 的所有正的因子.

证明 方法 1. 首先想到的当然是应用欧拉函数的计算公式,但是马上你会发现这并不轻松(当然也可以用这一路线去证明这一定理,但总之会出现让人头疼的复杂公式). 幸亏大数学家高斯早就想出了一个巧妙的证明方法(看完这个证明以后,你不得不佩服高斯确实是一个眼光敏锐、头脑机灵的数学天才).

高斯的方法其实我们已经见过,就是把数分类. 关键是怎么分类可不好想,这里的关键是要有敏锐的眼光,能看出来分类的原则.

对整数 $1,2,3,\cdots,n$,我们定义集合 C_d 的含义为 $C_d = \{k \mid (k,n) = d, 1 \leqslant k \leqslant n\}$,也就是按 $1,2,3,\cdots,n$ 中每个数 k 和 n 的最大公约数是多少来把 $1,2,3,\cdots,n$ 中的数加以分类. 例如设 $n=12$,那么由于 12 的约数共有 $1,2,3,4,6,12$ 这 6 个数,所以 $1,2,3,\cdots,12$ 这 12 个数共可分成 6 类数如下:

$$C_1 = \{1,5,7,11\}, C_2 = \{2,10\}, C_3 = \{3,9\},$$
$$C_4 = \{4,8\}, C_6 = \{6\}, C_{12} = \{12\}.$$

现在我们可以看出三个问题,首先就是按 $1,2,3,\cdots,n$ 中每个数 k 和 n 的最大公约数是多少来把 $1,2,3,\cdots,n$ 中的数加以分类,其实也是按照 n 的约数来把 $1,2,3,\cdots,n$ 中的数加以分类. 看出这一点后,你对高

斯为什么要这么分类有点琢磨出味来了吧,你要证的式子中有 n 的约数,你现在搞的这种分类里也出现了 n 的约数,这就把两边挂上钩了.其次是这样定义出来的类中没有空集,因为至少 n 的约数 d 本身是属于集合 C_d 的.第三由于最大公约数是唯一的,因此不同的类是两两不相交的.也就是说小于或等于 n 的任一数必属于且仅属于某一个类.

最后,我们要关注的问题是,类 C_d 中究竟有多少个元素?设 C_d 的势为 x(回忆一个有限集合的势就是这个集合中元素的个数),由于

$$k \in C_d \Leftrightarrow (k,n)=d \Leftrightarrow \left(\frac{k}{d},\frac{n}{d}\right)=1$$

因此如果 C_d 中有一个元素 k,那么就存在一个和 $\frac{n}{d}$ 互素的数,这就是说至少有 x 个数和 $\frac{n}{d}$ 互素,即 $x \leqslant \varphi\left(\frac{n}{d}\right)$;反过来,如果有一个数 k 和 $\frac{n}{d}$ 互素,那么由上面的式子可知,就有一个数 $dk \in C_d$,也就是说,C_d 中至少有 $\varphi\left(\frac{n}{d}\right)$ 个元素,即 $x \geqslant \varphi\left(\frac{n}{d}\right)$.综合以上两方面的论述就有 $|C_d|=\varphi\left(\frac{n}{d}\right)$(这里 C_d 表示集合 C_d 的势).因此最后由集合的分解式 $\{1,2,3,\cdots,n\}=\bigcup_{d|n} C_d$ 与有限集合势的计算公式(注意集合 C_d 是两两不相交的),就得到 $|\{1,2,3,\cdots,n\}|=\sum_{d|n}|C_d|$,再把 $|C_d|=\varphi\left(\frac{n}{d}\right)$ 代入前面的式子就得出

$$n=\sum_{d|n}\varphi\left(\frac{n}{d}\right)$$

方法 2. 考虑 $\frac{1}{n}, \frac{2}{n}, \cdots, \frac{n}{n}$ 这 n 个分数. 设 $d \mid n$, 再考虑这 n 个分数中有多少个分数化成既约分数后, 其分母为 d. 设 $\frac{k}{n} = \frac{h}{d}$, 其中 $(h, d) = 1$, 则由 $\varphi(d)$ 的意义可知, 共有 $\varphi(d)$ 个 h 使得 $(h, d) = 1$. 因此对每个 $d \mid n$, 恰有 $\varphi(d)$ 个分数化成既约分数后, 分母为 d. 但是当 d 遍历 n 的所有约数时, 所有分母为 d 的分数构成的全体分数都是从 $\frac{1}{n}, \frac{2}{n}, \cdots, \frac{n}{n}$ 这 n 个分数约分而来的, 即总共有 n 个这种分数, 由此, 设 $d_1, d_2, \cdots, d_s$ 是 n 的所有约数, 那么根据恒等式

分母为 d_1 的既约分数的个数 (共有 $\varphi(d_1)$ 个) +
分母为 d_2 的既约分数的个数 (共有 $\varphi(d_2)$ 个) + $\cdots$ +
分母为 d_s 的既约分数的个数 (共有 $\varphi(d_s)$ 个) $= n$
就得出

$$\sum_{d \mid n} \varphi(d) = n$$

习题 3.7

1. $\varphi(ab)$ 是否一定是 $\varphi(a)\varphi(b)$ 的倍数?

2. 设 p 是一个素数, 证明: $\varphi(1) + \varphi(p) + \cdots + \varphi(p^a) = p^a$.

3. 证明: 如果 n 是奇数, 则 $\varphi(4n) = 2\varphi(n)$.

4. 证明:

(1) $\varphi(n^2) > (\varphi(n))^2$;

(2) 如果 m, n 有大于 1 的共因数, 则 $\varphi(mn) > \varphi(m)\varphi(n)$.

5. 证明: 如果 $(m, n) = 2$, 则 $\varphi(mn) = 2\varphi(m)\varphi(n)$.

6. 证明:$\varphi(n) = \dfrac{n}{2}$ 的充分必要条件是 $n = 2^k$.

7. 证明:$\varphi(n) = \dfrac{n}{3}$ 的充分必要条件是 $n = 2^k \cdot 3^l$.

8. (1) 证明:如果 $6 \mid n$,则 $\varphi(n) \leqslant \dfrac{n}{3}$;

(2) 如果连续两个奇数 $n, n+2$ 都是素数,则称 $n, n+2$ 是一对孪生素数,证明:$n, n+2$ 是一对大于 4 的孪生素数的必要条件是 n 必须满足不等式
$$\varphi(n+1) \leqslant \dfrac{n+1}{3}$$

9. 证明:不存在正整数 n 使得 $\varphi(n) = 14$.

10. 设 $n > 1$, $f(n)$ 表示所有不超过 n 且与 n 互素的正整数之和. 证明:如果 $f(m) = f(n)$,则 $m = n$.

11. 设 $a > 1$, p 是大于 2 的素数, 证明:

(1) 如果 q 是 $a^p - 1$ 的素因数,则 q 是 $a - 1$ 的因数或者 $q \equiv 1 \pmod{2p}$;

(2) 如果 q 是 $a^p + 1$ 的素因数,则 q 是 $a + 1$ 的因数或者 $q \equiv 1 \pmod{2p}$;

(3) 设 p 是一个任意的素数, s 是一个任意的正整数. $a = 2^{p^{s-1}}$, q 是 $\dfrac{a^p - 1}{a - 1}$ 的素因数, 证明 $q = 2k \cdot p^s + 1$, 其中 k 是某个正整数, 从而证明存在无穷多个形如 $2kp + 1$ 的素数.

12. 设 p 是一个素数,证明:如果 q 是 $2^p - 1$ 的一个因数,则:

(1) $q \equiv 1 \pmod{p}$;

(2) $q \equiv \pm 1 \pmod{8}$.

13. 证明:如果 q 是 $F_k = 2^{2^k} + 1$ 的一个正因数,则:

(1) $q \equiv 1 \pmod{2^{k+1}}$；

(2) 如果 $k \geq 2$，则 $q \equiv 1 \pmod{2^{k+2}}$．

14. 由以下数据

$1 + 2 = \dfrac{3}{2}\varphi(3)$；

$1 + 3 = \dfrac{4}{2}\varphi(4)$；

$1 + 2 + 3 + 4 = \dfrac{5}{2}\varphi(5)$；

$1 + 5 = \dfrac{6}{2}\varphi(6)$；

$1 + 2 + 3 + 4 + 5 + 6 = \dfrac{7}{2}\varphi(7)$；

$1 + 3 + 5 + 7 = \dfrac{8}{2}\varphi(8)$．

猜想一个定理．并再用其他数据加强或者否定你的猜想，最后证明你的猜想．

15. 对下列情况：

(1) $n = 12, 13, 14, 15, 16$；

(2) $n = p$，p 是一个奇素数；

(3) $n = 2^k$，$k \geq 1$；

(4) $n = p^k$，$k \geq 1$，p 是一个奇素数．

计算式子 $\sum\limits_{d \mid n}(-1)^{\frac{n}{d}}\varphi(d)$ 的值，并猜想一个定理，最后证明你的猜想．

16. 求 $(12\,371^{56} + 34)^{28}$ 被 111 去除所得的余数．

17. $1\,093^2$ 是否能整除 $2^{1\,093} - 2$？

18. 设 $(a, m) = 1$，$x \equiv ca^{\varphi(m)-1} \pmod{m}$，则 $ax \equiv c \pmod{m}$．

19. (1) 证明当 $n > 2$ 时，$\dfrac{n}{2}$ 不可能是与 n 互素的

第 3 章 整数的性质

整数;

(2) 设 $n > 2, 0 < r < \dfrac{n}{2}, (r,n) = 1$,证明 $(-r,n) = 1, (n-r,n) = 1$;

(3) 证明当 $n > 2$ 时,$\varphi(n)$ 必是一个偶数;

(4) 证明当 $n > 2$ 时,n 的既约剩余系的所有元素之和在模 n 下同余于 0;

(5) 证明当 $n \geqslant 2$ 时,$\displaystyle\sum_{\substack{0 \leqslant r \leqslant n \\ (r,n)=1}} r = \dfrac{1}{2} n\varphi(n)$.

3.8　整数的函数(Ⅰ)

在上一节中,我们引进了欧拉函数的概念,这是一个对每一个正整数都有定义的函数.像这样的函数就称为整数的函数.为了研究整数的性质,还有很多像这样的有趣的和有用的整数的函数,例如一个正整数的阶乘 $n!$,前 n 个自然数的最小公倍数 d_n 等等.我们先从最简单的函数开始介绍.

首先介绍一个实数的整数部分所定义的函数:

定义 3.8.1　设 x 表示一个任意的实数,则 $[x]$ 表示不大于 x 的最大整数.这一定义和以下几种说法都是等价的:

(1) $[x]$ 是 x 的整数部分;

(2) $[x]$ 是满足不等式 $x - 1 < [x] \leqslant x$ 的唯一整数;

(3) 在实数轴上写出实数 x,然后向左走,所碰见的一个整数就是 $[x]$;

欧拉(Euler, Léonard, 1707—1783),瑞士数学家.生于瑞士的巴塞尔,卒于彼得堡.

(4) $[x]$ 是满足不等式 $[x] \leqslant x < [x]+1$ 的唯一整数;

(5) $[x]$ 是 x 的地板,也可以记为 $\lfloor x \rfloor$.

例如,$[2]=2, \left[\dfrac{5}{2}\right]=2, [\pi]=3, \cdots$,通过这几个例子,你很容易掌握一个正数的整数部分是什么意思. 下面我们举几个负数的整数部分的例子,读者一定要一开始就搞清楚,否则以后老要查书很是麻烦,我见过几个人,正数的整数部分理解得很清楚,可是一求负数的整数部分,他们就要翻书,老是记不住. 注意看 $\left[-\dfrac{1}{2}\right]=-1, [-\pi]=-4.$ 因此 $[-1.2]$ 的整数部分是 -2,而不是 -1. 所以如果你追求定义的直观性,你最好把 $[x]$ 称为 x 的地板,这样一想就清楚,决不会弄错.

与 x 的整数部分紧密相连的另一概念是 x 的分数部分.

定义 3.8.2 称 $x-[x]$ 为 x 的分数部分,记为 $\{x\}$.

由定义立刻可以得出这两个函数的一些最初级的性质如下:

引理 3.8.1 $[x]$ 和 $\{x\}$ 具有以下性质:

(1) $x=[x]+\{x\}$;

(2) $[-x]=\begin{cases}-[x]-1, & \text{如果 } x \text{ 不是整数}\\ -[x], & \text{如果 } x \text{ 是整数}\end{cases}$;

(3) $[n+x]=n+[x]$,其中 n 是一个整数;

(4) $[x+y] \geqslant [x]+[y], \{x\}+\{y\} \geqslant \{x+y\}$;

(5) 设 a,b 是两个整数,$b>0$,则在 a 除以 b 的带

第 3 章　整数的性质

余数除法公式
$$a = bq + r, 0 \leqslant r < b$$
中
$$q = \left[\frac{a}{b}\right]$$

(6) 设 a,b 是两个任意的正整数,则 b 的小于或者等于 a 的正的倍数的个数为
$$\left[\frac{a}{b}\right]$$

证明　我们只证明(5)和(6).

(5)的证明,按照带余数除法的证明(见定理 3.2.3),整数 a 必定落在两个整数 qb 和 $(q+1)b$ 之间,使得 $qb \leqslant a < (q+1)b$,于是我们称 q 是商,称 $r = a - qb$ 是余数. 也就是说 q 是满足条件 $qb \leqslant a < q+1$ 的唯一整数. 由此条件得 $q \leqslant \dfrac{a}{b} < q+1$,而按照地板函数的定义就知道
$$q = \left[\frac{a}{b}\right]$$

(6)的证明,当 $a < b$ 时,此性质显然成立. 以下设 $a > b$.

再设所有 b 的小于或者等于 a 的正的倍数为 $b, 2b, 3b, \cdots, mb$. 则由于这些倍数都小于或等于 a,因此我们有 $0 < bm \leqslant a$,故
$$0 < m \leqslant \frac{a}{b}$$

另一方面,按照最大的定义,接在 mb 后面的下一个 b 的倍数要大于 a,即
$$(m+1)b > a$$
或者
$$\frac{a}{b} < m+1$$

177

联合上面两个不等式就得到

$$m \leqslant \frac{a}{b} < m+1$$

再根据 $\left[\dfrac{a}{b}\right]$ 的定义即可知所有满足条件的 b 的倍数 bm 的个数 m 就等于 $\left[\dfrac{a}{b}\right]$. 这就证明了引理.

受到上面 $[x]$ 就是 x 的地板函数的定义的启发,我们也可以定义 x 的天花板.

定义 3.8.3　设 x 是一个任意实数,则称满足条件 $n < x \leqslant n+1$ 的唯一整数 n 为 x 的天花板,记为 $\lceil x \rceil$.

另一个启发是带余数除法的定义其实可以推广,按照直观的感觉,余数就是剩下的东西的个数,当然不会是负数. 但是如果纯从公式 $a = bq + r$ 来看,似乎就没有必要一定需要这个限制,因为余数这个概念只依赖于商的选取方法,你既然可以选取 x 的地板作为商,为什么就不能选取 x 的天花板作为商呢,从纯数学的角度来看,这两个数的地位是完全平等的. 事实上,我们还可以有的时候选取 x 的地板作为商,有的时候选取 x 的天花板作为商. 这就引出另一种带余数除法.

定理 3.8.1(第二带余数除法)　设 a, b 是两个整数,$b \neq 0$,则存在两个整数 q 及 r 使得

$$a = bq + r, \ |r| \leqslant \frac{|b|}{2}$$

证明　实数 $\dfrac{a}{b}$ 必位于两个相邻的整数之间,即存在一个整数 n 使得

$$n \leqslant \frac{a}{b} \leqslant n+1$$

现在选取 q 是距离 $\dfrac{a}{b}$ 最近的整数,即当 $0\leqslant \dfrac{a}{b}-n\leqslant \dfrac{1}{2}$ 时,选取 $q=n$,当 $0\leqslant n+1-\dfrac{a}{b}\leqslant \dfrac{1}{2}$ 时,选取 $q=n+1$.再令 $r=a-bq$,于是显然就有 $a=bq+r$.再按照 q 的选取方法知 $\left|\dfrac{r}{b}\right|=\left|\dfrac{a}{b}-q\right|\leqslant \dfrac{1}{2}$,故必有 $|r|\leqslant \dfrac{|b|}{2}$.这就证明了定理.

显然,在第二带余数除法中,余数的唯一性不再具有.例如,如果 $a=7, b=2$,那么你既可以取 $q=3$,也可以取 $q=4$.在取 $q=3$ 的情况下,余数 $r=a-bq=1$;在取 $q=4$ 的情况下余数 $r=a-bq=-1$.

有的人可能要问,既然有了通常的带余数除法,为什么还要证明这个结论更弱的第二带余数除法呢?回答是,在目前的阶段,第二带余数除法的结论确实比通常的带余数除法弱,但是这两个定理的区别在于,第二带余数除法的结论不依赖于余数的大小这一概念,这就使得它将来有可能推广到更一般的情况下,即对任何成立第二带余数除法的"整数",我们都可以实行类似于普通整数的辗转相除法.

关于带余数除法还要说明的一点是,尽管当初得出带余数除法定理时,我们是对整数定义的,但是如果你仔细琢磨这个定理的证明就会发现,其实我们可以对任何实数 a 和任何正数 b 证明一般的带余数除法定理如下.

一般的带余数除法定理 设 a 是任意实数,b 是任意正数,那么必存在唯一的整数 q 和实数 r 使得 $a=bq+r, 0\leqslant r<b$.

从这个一般的带余数除法出发,你一样可以定义一个称为辗转相除法的程序或算法,但是这回,由于 r 不一定是整数,你定义的这个算法就不一定在有限步内结束了.

下面我们利用 x 的地板这一概念来得出一些表示式,为此需先证明一个简单的引理.

引理 3.8.2 对任何正整数 n,$\left[\dfrac{[x]}{n}\right]=\left[\dfrac{x}{n}\right]$ 成立.

证明 由带余数除法知对整数 $[x]$ 和 n 成立关系式

$$[x]=qn+r, 0\leqslant r<n$$

或者

$$\dfrac{[x]}{n}=q+\dfrac{r}{n}, 0\leqslant \dfrac{r}{n}<1$$

由此得出

$$\left[\dfrac{[x]}{n}\right]=q$$

另一方面又有

$$\dfrac{x}{n}=\dfrac{[x]}{n}+\dfrac{\{x\}}{n}=q+\dfrac{\{x\}+r}{n}$$

利用 r 是一个整数的下述特性,即可由 $0\leqslant r<n$ 得出 $0\leqslant r\leqslant n-1$,以及 $\{x\}$ 的下述特性 $0\leqslant \{x\}<1$ 就可得出 $0\leqslant \{x\}+r<n$,因此

$$0\leqslant \dfrac{\{x\}+r}{n}<1$$

从地板函数的定义最后就得出

$$\left[\dfrac{x}{n}\right]=q=\left[\dfrac{[x]}{n}\right]$$

这就证明了引理.

利用这一引理和引理 3.8.1 的性质(6)就可以证明下面的关于 $n!$ 的表达式.

第 3 章　整数的性质

定理 3.8.2　在 $n!$ 的素因数分解式中，素数 p 的指数 $\alpha(p,n)$ 的值为

$$\alpha(p,n) = \left[\frac{n}{p}\right] + \left[\frac{n}{p^2}\right] + \cdots = \sum_{k=1}^{\infty}\left[\frac{n}{p^k}\right]$$

证明　在 $A = 1 \cdot 2 \cdots \cdot n = n!$ 中共有 $\left[\dfrac{n}{p}\right]$ 个 p 的倍数，即 $p, 2p, 3p, \cdots, \left[\dfrac{n}{p}\right]p$。除此之外，$n!$ 中就没有别的能被 p 整除的因数了。把这些因数相乘就得到

$$p \cdot 2p \cdot 3p \cdots \cdot \left[\frac{n}{p}\right]p = \left[\frac{n}{p}\right]! \; p^{\left[\frac{n}{p}\right]} = A_1 p^{\left[\frac{n}{p}\right]}$$

因此，我们已从 $A = n!$ 中分出了一部分 p 的乘幂 $p^{\left[\frac{n}{p}\right]}$，但是在 A_1 中还有另一部分 p 的乘幂。因此我们还需计算 A_1 中有多少 p 的乘幂。由于 A_1 具有和 A 完全相同的形式，因此重复刚才的论证就知道 A_1 中含有 p 的乘幂的部分为

$$\left[\frac{\left[\frac{n}{p}\right]}{p}\right] = \left[\frac{\left[\frac{n}{p}\right]}{p}\right]! \; p^{\left[\frac{\left[\frac{n}{p}\right]}{p}\right]}$$

由引理 3.8.2 可知

$$\left[\frac{\left[\frac{n}{p}\right]}{p}\right] = \left[\frac{n}{p^2}\right]$$

因此 A_1 中含有 p 的乘幂的部分就是

$$\left[\frac{n}{p^2}\right]! \; p^{\left[\frac{n}{p^2}\right]} = A_2 p^{\left[\frac{n}{p^2}\right]}$$

这样我们又从 $A = n!$ 中分出一部分 p 的乘幂为 $p^{\left[\frac{n}{p^2}\right]}$，其他的 p 的乘幂只可能包含在 A_2 中，而 A_2 又具有和 A_1 完全相同的形式，因此重复进行上述讨论，

就可分出 p 的所有乘幂为 $p^{\left[\frac{n}{p}\right]}, p^{\left[\frac{n}{p^2}\right]}, p^{\left[\frac{n}{p^3}\right]}, \cdots$ 因而在 $n!$ 的素因子分解式中,p 的指数即为上述所有这些 p 的乘幂的指数之和,也就是说

$$\alpha(p,n) = \left[\frac{n}{p}\right] + \left[\frac{n}{p^2}\right] + \cdots = \sum_{k=1}^{\infty} \left[\frac{n}{p^k}\right]$$

上面的表示式虽然是一个无穷的和,实际上只包含有限项,因为显然当 k 充分大时,求和号后面的表达式就变成零了.

例 3.8.1 证明:$2^{47} \mid 50!$.

证明 只要算出 $50!$ 中包含有多少 2 的乘幂即可,由上面的定理知

$$\alpha(2,50) = \left[\frac{50}{2}\right] + \left[\frac{50}{4}\right] + \left[\frac{50}{8}\right] + \left[\frac{50}{16}\right] + \left[\frac{50}{32}\right] =$$
$$25 + 12 + 6 + 3 + 1 = 47$$

故 $2^{47} \mid 50!$.

例 3.8.2 求 $21!$ 的素因子分解式.

解 不超过 21 的素数有 $2, 3, 5, 7, 11, 13, 17, 19$. 因此由上面的定理知

$$\alpha(2,21) = \left[\frac{21}{2}\right] + \left[\frac{21}{4}\right] + \left[\frac{21}{8}\right] + \left[\frac{21}{16}\right] =$$
$$10 + 5 + 2 + 1 = 18$$

$$\alpha(3,21) = \left[\frac{21}{3}\right] + \left[\frac{21}{9}\right] = 7 + 2 = 9$$

$$\alpha(5,21) = \left[\frac{21}{5}\right] = 4, \alpha(7,21) = \left[\frac{21}{7}\right] = 3$$

$$\alpha(11,21) = \left[\frac{21}{11}\right] = 1, \alpha(13,21) = \left[\frac{21}{13}\right] = 1$$

$$\alpha(17,21) = \left[\frac{21}{17}\right] = 1, \alpha(19,21) = \left[\frac{21}{19}\right] = 1$$

所以 $21! = 2^{18} \cdot 3^9 \cdot 5^4 \cdot 7^3 \cdot 11 \cdot 13 \cdot 17 \cdot 19$

第 3 章　整数的性质

例 3.8.3　证明 $[x]+[2x]=5$ 没有实数解.

证明　设 $f(x)=[x]+[2x]$,则显然有:

(1) $f(x)$ 是不减的函数;

(2) $f(x+n)=f(x)+f(n)=f(x)+3n$,其中 n 是一个整数.

又 $f(1)=3, f(2)=6$,故 $f(1)<5<f(2)$,因而 $1<x<2$.令 $y=x-1$,则 $0<y<1$.因此 $[y]=0$,$0<[2y]<1$,故
$$f(y)=[y]+[2y]<1$$
但是另一方面又有
$$f(y)=f(x)-f(1)=5-3=2$$

这是一个矛盾,所得的矛盾就证明了 $f(x)=5$ 没有实数解.

在坐标系中横坐标和纵坐标都是整数的点称为整点或格点,计算某一区域内包含有多少个整点是一个既有数学兴趣又有实际意义的问题,比如,这种计算格点的公式在林业中可用来估计某一区域内树木的棵数,预计森林成长的速度等等.下面我们就用地板函数给出一个这种公式.

定理 3.8.3　如图 3.8.1.

(1) 设 $f(x)$ 在区间 $Q\leqslant x\leqslant R$ 中是连续而且非负的,则和式
$$\sum_{Q<x<R}[f(x)]$$
表示在范围 $Q<x<R, 0<y\leqslant f(x)$ 里的格点的个数.(求和号中 $Q<x<R$ 表示 x 通过区间 $Q<x<R$ 中所有的整数)

(2) 设 $g(y)$ 在区间 $N\leqslant y\leqslant M$ 中是连续而且非

负的,则和式 $\sum_{N<y<M}[g(y)]$ 表示在范围 $N<y<M$, $0<x\leqslant g(y)$ 里的格点的个数.(求和号中 $N<y<M$ 表示 y 通过区间 $N<y<M$ 中所有的整数)

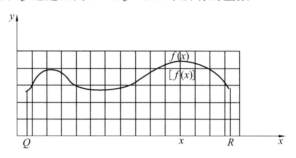

图 3.8.1

证明 (1) 设 T 表示范围 $Q\leqslant x\leqslant R, 0<y\leqslant f(x)$ 里的格点的个数. 那么此范围内的格点由适合条件 $Q\leqslant x\leqslant R, x$ 是整数的那些 x 做横坐标的直线上所有在 $f(x)$ 下面的格点所组成. 在这条直线上,从 $y=1$ 数起共有 $[f(x)]$ 个格点,故

$$T=\sum_{Q<x<R}[f(x)]$$

(2) 可类似证明,不过刚才是竖着数,现在是横着数.

注意 T 不包括所有横轴上和两边上的格点.

现在我们就用这个定理来证明一个有趣的等式.

定理 3.8.4 设 p 和 q 是不同的奇素数,则

$$\sum_{k=1}^{\frac{p-1}{2}}\left[\frac{kq}{p}\right]+\sum_{k=1}^{\frac{q-1}{2}}\left[\frac{kp}{q}\right]=\frac{p-1}{2}\cdot\frac{q-1}{2}$$

证明 如图 3.8.2.

设 $M=\dfrac{p-1}{2}+\varepsilon, N=\dfrac{q-1}{2}+\varepsilon$,其中 ε 是一个充

分小的数.

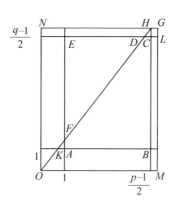

图 3.8.2

设点 A 的坐标是 $(1,1)$，点 B 的坐标是 $\left(\frac{p-1}{2},1\right)$，点 C 的坐标是 $\left(\frac{p-1}{2},\frac{q-1}{2}\right)$，点 E 的坐标是 $\left(1,\frac{q-1}{2}\right)$. 又设直线 $y=\frac{q}{p}x$ 与直线 $y=1$ 交于点 K，与直线 $x=1$ 交于点 F，与直线 $y=\frac{q-1}{2}$ 交于点 D，与直线 $y=N$ 交于点 H，直线 $x=M$ 与直线 $y=N$ 交于点 G，直线 $y=\frac{q-1}{2}$ 与直线 $x=M$ 交于点 L. 那么

$$T = \sum_{k=1}^{\frac{p-1}{2}}\left[\frac{kq}{p}\right] + \sum_{k=1}^{\frac{q-1}{2}}\left[\frac{kp}{q}\right] =$$
$$\sum_{0<x<M}\left[\frac{q}{p}x\right] + \sum_{0<y<N}\left[\frac{p}{q}y\right] =$$
$$S(p,q) + S(q,p)$$

按照定理 3.8.3，$S(p,q)$ 表示区域 $0<x<M,0<\frac{q}{p}x<N$ 内的格点数，也就是多边形 $OMGN$ 内部的

格点. 注意由于 p,q 都是素数, 所以在矩形 $OMGN$ 内部, 直线 $y=\dfrac{q}{p}x$ 上除了原点之外是没有其他格点的. 另外由于 ε 是充分小的数, 因此在多边形 $DLGH$ 和 KAF 内部及边界上, 除了点 C 和点 A 之外没有其他格点. 这就是说 $S(p,q)$ 就表示多边形 $ABCDF$ 内部及边界上的所有格点的数目. 而且 FD 边上没有格点.

注意方程 $y=\dfrac{q}{p}x$ 和方程 $x=\dfrac{p}{q}y$ 表示同一条直线, 因此用完全与上面类似的论述就可说明 $S(q,p)$ 表示 $\triangle DEF$ 内部及边界上的格点的数目.

再注意多边形 $ABCDF$ 和 $\triangle DEF$ 的公共部分线段 FD 上没有任何格点, 因此 $S(p,q)+S(q,p)$ 就表示这两个区域的并集, 即矩形 $ABCE$ 内部及边界上的全部格点数. 而一个矩形的内部及边界上共有多少个格点是很容易计算的. 实际上, AB 边上共有 $\dfrac{p-1}{2}$ 个格点, AE 边上共有 $\dfrac{q-1}{2}$ 个格点, 因此矩形 $ABCE$ 内部及边界上的全部格点数就是这两个数相乘的乘积. 故最后我们就得到

$$T=S(p,q)+S(q,p)=\dfrac{p-1}{2}\cdot\dfrac{q-1}{2}$$

这个定理的有趣之处就在于直接求 T 是不容易的, 而在定理 3.8.3 赋予了 $S(p,q)$ 和 $S(q,p)$ 以几何意义后, 利用图形就巧妙地求出了本来没有办法求出来的和. 目前它也不过就是一个巧妙的拼图游戏而已, 它背后的更深刻的意义, 要在二次剩余中的互反律中才能表现出来.

尽管定理 3.8.3 可以赋予某种和以几何意义,但是矩形毕竟是一种太特殊的图形了,要能更广泛地应用定理 3.8.3,我们还必须有更有力的工具配合它才行. 这就是下面要讲的欧拉求和公式.

定理 3.8.5(欧拉求和公式)

(1) $\sum\limits_{a < n \leqslant b} f(n) = \int_a^b f(x)\mathrm{d}x +$
$\int_a^b \left(x - [x] - \dfrac{1}{2}\right) f'(x)\mathrm{d}x +$
$\left(a - [a] - \dfrac{1}{2}\right) f(a) -$
$\left(b - [b] - \dfrac{1}{2}\right) f(b)$

(2) $\sum\limits_{k=1}^n f(k) = \int_1^n f(x)\mathrm{d}x + \dfrac{1}{2}(f(n) + f(1)) +$
$\int_1^n B_1(\{x\}) f'(x)\mathrm{d}x$

证明 (1) 分下列两种情况证明.

(i) $[a] + 1 > [b]$;

这时由于 $a < b$, 故 $[a] \leqslant [b] < [a] + 1$, 因此 $[a] = [b]$. 这说明在区间 $a < n \leqslant b$ 中根本没有整数, 所以 $T = \sum\limits_{a < n \leqslant b} f(n) = 0$, 且在区间 $[a, b]$ 上, $[x] = [a]$, 故由分部积分公式得出

$\int_a^b \left(x - [x] - \dfrac{1}{2}\right) f'(x)\mathrm{d}x =$
$\left(x - [a] - \dfrac{1}{2}\right) f(x) \Big|_a^b - \int_a^b f(x)\mathrm{d}x =$
$\left(b - [a] - \dfrac{1}{2}\right) f(b) -$
$\left(a - [a] - \dfrac{1}{2}\right) f(a) - \int_a^b f(x)\mathrm{d}x =$

$$\left(b-[b]-\frac{1}{2}\right)f(b)-$$
$$\left(a-[a]-\frac{1}{2}\right)f(a)-\int_a^b f(x)\mathrm{d}x$$

故
$$\int_a^b f(x)\mathrm{d}x+\int_a^b\left(x-[x]-\frac{1}{2}\right)f'(x)\mathrm{d}x+$$
$$\left(a-[a]-\frac{1}{2}\right)f(a)-$$
$$\left(b-[b]-\frac{1}{2}\right)f(b)=0=T$$

这就证明了定理的结论对情况(i)是成立的.

(ii) $[a]+1<[b]$. 这时

$$\int_a^b[x]f'(x)\mathrm{d}x=$$
$$\left(\int_a^{[a]+1}+\int_{[a]+1}^{[a]+2}+\cdots+\int_{[b]-1}^{[b]}+\int_{[b]}^b\right)[x]f'(x)\mathrm{d}x=$$
$$\int_a^{[a]+1}[a]f'(x)\mathrm{d}x+\int_{[b]}^b[b]f'(x)\mathrm{d}x+$$
$$\left(\int_{[a]+1}^{[a]+2}([a]+1)+\int_{[a]+2}^{[a]+3}([a]+2)+\cdots+\right.$$
$$\left.\int_{[b]-1}^{[b]}([b]-2)\right)f'(x)\mathrm{d}x=$$
$$\sum_{n=[a]+1}^{[b]-1}\int_n^{n+1}nf'(x)\mathrm{d}x+\int_a^{[a]+1}[a]f'\mathrm{d}x+$$
$$\int_{[b]}^b[b]f'(x)\mathrm{d}x=$$
$$\sum_{n=[a]+1}^{[b]-1}n(f(n+1)-f(n))+$$
$$(f([a]+1)-f(a))[a]+$$
$$(f(b)-f([b]))[b]=$$

$$-\sum_{n=[a]+1}^{[b]} f(n) + [b]f(b) - [a]f(a) =$$
$$-\sum_{a<n\leqslant b} f(n) + [b]f(b) - [a]f(a)$$

又由分部积分得

$$\int_a^b \left(x - \frac{1}{2}\right) f'(x) \mathrm{d}x =$$
$$\left(x - \frac{1}{2}\right) f(x) \Big|_a^b - \int_a^b f(x) \mathrm{d}x =$$
$$\left(b - \frac{1}{2}\right) f(b) - \left(a - \frac{1}{2}\right) f(a) -$$
$$\int_a^b f(x) \mathrm{d}x$$

因此把上面两式相加就得到

$$\int_a^b \left(x - [x] - \frac{1}{2}\right) f'(x) \mathrm{d}x =$$
$$\int_a^b \left(x - \frac{1}{2}\right) f'(x) \mathrm{d}x - \int_a^b [x] f'(x) \mathrm{d}x =$$
$$\sum_{a<n\leqslant b} f(n) - [b]f(b) + [a]f(a) +$$
$$\left(b - \frac{1}{2}\right) f(b) - \left(a - \frac{1}{2}\right) f(a) - \int_a^b f(x) \mathrm{d}x$$

移项之后就得到我们所要证的式子.

因此综合(i),(ii)两种情况,就证明了定理的结论.

如果令 $B_1(x) = x - \frac{1}{2}$,那么欧拉求和公式又可表示为

$$\sum_{a<n\leqslant b} f(n) = \int_a^b f(x) \mathrm{d}x - B_1(\{x\}) f(x) \Big|_a^b +$$
$$\int_a^b B_1(\{x\}) f'(x) \mathrm{d}x$$

但是要注意,这种形式的欧拉求和公式的左边与我们通常的级数求和表示法有些不一致,它不包括第一项,为了得出与通常习惯上相一致的求和公式,我们令 $a=1, b=n$,并且再加上第一项 $f(1)$ 就得到定理 3.8.5 中(2) 的公式

$$\sum_{k=1}^{n} f(k) = f(1) + \sum_{1 < k \leqslant n} f(k) =$$
$$f(1) + \int_1^n f(x)\mathrm{d}x + \frac{1}{2}(f(n) - f(1)) +$$
$$\int_1^n (x - [x] - \frac{1}{2}) f'(x)\mathrm{d}x =$$
$$\int_1^n f(x)\mathrm{d}x + \frac{1}{2}(f(n) +$$
$$f(1)) \int_1^n B_1(\{x\}) f'(x)\mathrm{d}x$$

再设 $\sigma(x) = \int_0^x B_1(\{x\})\mathrm{d}x$,并对 $\int_a^b B_1(\{x\}) f'(x)\mathrm{d}x$ 再做一次分部积分就可以得到带有二次导数的欧拉求和公式如下,又称为梭宁公式.

定理 3.8.6 设 $\sigma(x) = \int_0^x B_1(\{t\})\mathrm{d}t$,则

$$\sum_{Q < x \leqslant R} f(x) = \int_Q^R f(x)\mathrm{d}x - B_1(\{x\}) f(x) \big|_Q^R +$$
$$\sigma(x) f'(x) \big|_Q^R - \int_Q^R \sigma(x) f''(x)\mathrm{d}x$$

上面的这些公式在估计各种和数时是很有用的工具,例如在圆内整点问题中就可以得到应用.但是为了得到关于圆内整点问题的结果,除了上述公式外,还需要用到其他的辅助估计,例如对某种形式的小数部分的和的估计,所以我们就不在这具体讲这种应用的例子了,有兴趣的读者可以去看华罗庚写的《数论导引》

或维诺格拉多夫写的《数论基础》这两本书. 但是为了使读者对什么是圆内整点问题有一个大致的了解, 我们还是对此问题稍微介绍一下.

所谓圆内整点问题就是要估计坐标系中以原点为圆心, 半径是 r 的圆 $x^2+y^2=r^2$ 内部及边界上的整点的数目, 也就是平面区域 $x^2+y^2\leqslant r^2$ 中的整点数目 $A(r)$. 我们上面把圆的方程写成 $x^2+y^2=r^2$ 的形式是为了和通常表示圆的方程的习惯相统一, 可以一眼就看出圆的圆心和半径. 但是在研究圆内整点问题时, 这样写反而不方便. 因为这个整点的数目显然是依赖于方程右边的数的, 所以在研究圆内整点问题时, 习惯上用 $A(r)$ 表示平面区域 $x^2+y^2\leqslant r$ 中的整点数目, 这点请读者注意.

如果我们把圆的大小固定, 而把坐标系的网格分得足够细密(也就是每个网格变得充分小). 那么通过数圆内的整点数目, 你可以发现, 这个数目大致和圆的面积差不多(实际上, 直观的也可以看出这一点). 也就是说, $A(r)$ 大致就等于 πr. 但是任何近似的估计如果不给出误差估计实际上是没有任何意义的, 因此你看出来了 $A(r)$ 大致就等于 πr 还没有完, 还必须无论如何也要定出一个 $|A(r)-\pi r|$ 的一个界限才使得你的估计能有用. 显然, 这个误差的阶必须要小于 $Cr^{1-\varepsilon}$ 才有意义, 其中 C 是一个常数, 否则就说明你那个 πr 还可以改进. 现在我们就来给出一个这种误差估计. 为此, 先引进一个符号.

定义 3.8.4 设 $f(x)$ 是一个任意函数, 而 $\varphi(x)$ 是一个函数值恒为正的函数, 如果存在常数 C, 使得对于充分大的 x 值, 成立不等式 $|f(x)|\leqslant C\varphi(x)$, 则说

当 $x \to \infty$ 时
$$f(x) = C(\varphi(x))$$

定理 3.8.7 当 $r \to \infty$ 时，$|A(r) - \pi r| \leqslant (2\sqrt{2}\pi + 1)\sqrt{r}$.

证明 首先我们令每个边长为单位的格点正方形和它的左下角的各点相对应,这样就建立了全体单位正方形和全体各点的一个 1—1 对应. 因为 $A(r)$ 表示圆 $\Gamma: x^2 + y^2 = r^2$ 内部及边界上的格点数. 因此 $A(r)$ 等于左下角在 Γ 内或 Γ 上的所有单位格点正方形的面积之和. 由于这些单位格点正方形的左下角与原点之间的距离不会超过 $\sqrt{r}$,而每一个单位格点正方形内任一点与左下角的距离不超过 $\sqrt{2}$,因此任何一个左下角在 Γ 内或 Γ 上的单位格点正方形内的点与原点的距离不可能超过 $\sqrt{r} + \sqrt{2}$. 即所有左下角在 Γ 内或 Γ 上的单位格点正方形必包含在以原点为圆心,$\sqrt{r} + \sqrt{2}$ 为半径的圆内. 故得
$$A(r) \leqslant \pi(\sqrt{r} + \sqrt{2})^2$$

另一方面,在以原点为圆心,以 $\sqrt{r} - \sqrt{2}$ 为半径的圆上任取一点 $P(x, y)$,那么以 $Q([x], [y])$ 为左下角的单位格点正方形 K 显然覆盖了点 P. 而 $OQ \leqslant OP + PQ \leqslant \sqrt{r} - \sqrt{2} + \sqrt{2} \leqslant \sqrt{r}$,因此 K 是一个左下角在 Γ 内或 Γ 上的单位格点正方形. 由于点 P 的任意性,就知道全体左下角在 Γ 内或 Γ 上的单位格点正方形必然覆盖了以原点为圆心,$\sqrt{r} - \sqrt{2}$ 为半径的圆. 因此又有
$$\pi(\sqrt{r} - \sqrt{2})^2 \leqslant A(r)$$

第 3 章 整数的性质

由上面两个不等式即得
$$\pi(-2\sqrt{2}\sqrt{r}+2) \leqslant A(r)-\pi r \leqslant \pi(2\sqrt{2}\sqrt{r}+2)$$
或
$$|A(r)-\pi r| \leqslant \pi(2\sqrt{2}\sqrt{r}+2)$$
当 $r \geqslant 4\pi^2$ 时，$2\pi \leqslant \sqrt{r}$，因此上式就成为
$$|A(r)-\pi r| \leqslant (2\sqrt{2}\pi+1)\sqrt{r}$$
这就证明了定理.

由上面的定理显然即可推出 $A = \pi r + O(\sqrt{r})$.

设 α 满足条件 $A(r) = \pi r + O(r^\alpha)$，那么可以证明 $\alpha \geqslant \frac{1}{4}$. 因此所有满足条件 $A(r) = \pi r + O(r^\alpha)$ 的数 α 必有一个最小的下界 ϑ，称为所有 α 的下确界（这是数学分析中已经证明过的一条基本定理）. 由定理 3.8.7 可知 $\vartheta \leqslant \frac{1}{2}$. 这个下确界的确切值究竟是多少就是著名的高斯圆内格点问题，至今仍未解决. 目前大家都猜测 $\vartheta = \frac{1}{4}$. 我国数学家华罗庚证明了 $\vartheta \leqslant \frac{13}{40}$.

圆这个东西，从外表上看起来和双曲线 $x^2 - y^2 = 1$，或双曲线 $xy = 1$（这两条曲线只不过在坐标系中的位置不一样，实质上的形状是一样的）很不一样，其实它们的方程只差了一个符号，所以有些和它们有关的事情其实很相像，比如如果把圆 $x^2 + y^2 = 1$ 换成双曲线 $x^2 - y^2 = 1$，然后也像定义三角函数那样也可以定义一些称为双曲函数的东西. 如双曲正弦 $\sinh x$，双曲余弦 $\cosh x$，双曲正切 $\tanh x$ 等，并且可以证明，他们也满足一些和三角公式相类似的公式. 例如
$$\cosh^2 x - \sinh^2 x = 1$$
$$1 - \tanh^2 x = \frac{1}{\cosh^2 x}$$

$$\sinh(x \pm y) = \sinh x \cosh y \pm \cosh x \sinh y$$
$$\cosh(x \pm y) = \cosh x \cosh y \pm \sinh x \sinh y$$
等.

同样,如果把圆 $x^2 + y^2 = r$ 换成双曲线 $xy = r$,并且在第一象限中考虑它和两个坐标轴之间的格点数 $D(r)$,就得到所谓除数问题. 对除数问题也有和圆内格点问题类似的一个误差估计

$$D(r) = r(\ln r + 2\gamma - 1) + O(\sqrt{r})$$

同样也可以问,满足条件 $D(r) = r(\ln r + 2\gamma - 1) + O(r^{\alpha})$ 的所有 α 的下确界 ϑ 究竟是多少的问题. 这一问题至今也没有解决. 但是也和圆内格点问题一样可以证明 $\vartheta \geqslant \dfrac{1}{4}$. 同样大家也都猜测 $\vartheta = \dfrac{1}{4}$. 我国数学家迟宗陶应用闵嗣鹤的一种估计三角和的方法得到了 $\vartheta \leqslant \dfrac{15}{46}$.

定理 3.8.5 和定理 3.8.6 可以推广成为一般的形式,为此,我们需先引进伯努利(Bernoulli)数和伯努利多项式的概念.

定义 3.8.5 函数 $\dfrac{x}{e^x - 1}$ 的展开式 $\sum\limits_{n=0}^{\infty} \dfrac{B_n}{n!} x^n$, $|x| < 2\pi$ 中 x^n 的系数 $\dfrac{B_n}{n!}$ 中的数 B_n 称为第 n 个伯努利数.

通过计算可以得到前几个伯努利数为

$$B_0 = 1, B_1 = -\dfrac{1}{2}, B_2 = \dfrac{1}{6}, B_3 = 0, B_4 = -\dfrac{1}{30}$$
$$B_5 = 0, B_6 = -\dfrac{1}{42}, B_7 = 0, B_8 = -\dfrac{1}{30}, B_9 = 0$$

除了能看出来在 $n \geqslant 2$ 时有 $B_{2n-1}=0$,其他的似乎还看不出什么规律. 下面给出伯努利多项式和伯努利数的一些性质.

定理 3.8.8 伯努利数有以下性质:

(1) $B_3 = B_5 = B_7 = \cdots = B_{2k-1} = 0, k \geqslant 2$;

(2) B_n 满足递推关系:把 $(B+1)^{n+1} - B^{n+1} = 0, n = 1, 2, 3, \cdots$ 按照通常的二项式展开法则展开,消去最高次项后,再把方幂 B^k 换成 B_k. 如此得到

$$2B_1 + 1 = 0$$
$$3B_2 + 3B_1 + 1 = 0$$
$$4B_3 + 6B_2 + 4B_1 + 1 = 0$$
$$5B_4 + 10B_3 + 10B_2 + 5B_1 + 1 = 0$$
$$\vdots$$

等.

(3) $B_{2n} = (-1)^{n-1} \dfrac{2(2n)!}{(2\pi)^{2n}} \zeta(2n)$,其中 $\zeta(2n) = \sum\limits_{k=1}^{\infty} \dfrac{1}{k^{2n}}$.

证明 (1) 由于

$$\frac{x}{e^x - 1} + \frac{x}{2} = \frac{x}{2} \cdot \frac{e^x + 1}{e^x - 1} = -\frac{xe^{-x} + 1}{2e^{-x} - 1}$$

所以我们知道 $\dfrac{x}{e^x - 1} + \dfrac{x}{2}$ 是一个偶函数,也就是说,$\dfrac{x}{e^x - 1} + \dfrac{x}{2}$ 的展开式中所有奇次幂的系数都是 0. 而显然 $\dfrac{x}{e^x - 1} + \dfrac{x}{2}$ 的展开式与 $\dfrac{x}{e^x - 1}$ 的展开式对大于或者等于 2 次以上的幂是相同的. 这就证明了

$$B_3 = B_5 = B_7 = \cdots = B_{2k-1} = 0, k \geqslant 2$$

(2) 从 $\dfrac{x}{e^x-1}=\sum\limits_{n=0}^{\infty}\dfrac{B_n}{n!}x^n$,$|x|<2\pi$ 得出

$$(e^x-1)\sum_{n=0}^{\infty}\dfrac{B_n}{n!}x^n=x$$

从而

$$(1+x+\dfrac{1}{2!}x^2+\cdots+\dfrac{1}{n!}x^n+\cdots-1)\sum_{n=0}^{\infty}\dfrac{B_n}{n!}x^n=x$$

$$(x+\dfrac{1}{2!}x^2+\cdots+\dfrac{1}{n!}x^n+\cdots)\sum_{n=0}^{\infty}\dfrac{B_n}{n!}x^n=x$$

$$(1+\dfrac{1}{2!}x+\cdots+\dfrac{1}{n!}x^{n-1}+\cdots)(1+\dfrac{B_1}{1!}x+\dfrac{B_2}{2!}x^2+\cdots+\dfrac{B_n}{n!}x^n+\cdots)=1$$

于是由级数的乘法法则,并比较等式两边同次幂的系数就得到

$$\dfrac{B_n}{n!\,1!}+\dfrac{B_{n-1}}{(n-1)!\,2!}+\cdots+\dfrac{B_{n-k+1}}{(n-k+1)!\,k!}+\cdots+\dfrac{B_1}{1!\,n!}+\dfrac{1}{(n+1)!}=0$$

在等式两边同乘以 $(n+1)!$ 就得到

$$C_{n+1}^1 B_n+C_{n+1}^2 B_{n-1}+\cdots+C_{n+1}^k B_{n+1-k}+\cdots+C_{n+1}^n B_1+1=0$$

利用上面的式子与二项式的展开式的相似性就得到定理中所说的递推法则.

由以上递推关系式可以看出伯努利数全都是有理数.

(3) 回忆双曲函数的无穷乘积展开式

第 3 章 整数的性质

$$\sinh x = x \prod_{n=1}^{\infty} \left(1 + \frac{x^2}{n^2 \pi^2}\right)$$

$$\cosh x = \prod_{n=1}^{\infty} \left[1 + \frac{x^2}{\left(\frac{2n-1}{2n}\pi\right)^2}\right]$$

(见菲赫金哥尔茨《微积分学教程》第二卷第二分册 413 页例 8). 在 $\sinh x$ 的无穷乘积展开式的两边取对数就得到

菲赫金哥尔茨 (Фихтенгольц, Григорий Михайлович, 1888—1959),苏联数学家,生于敖德萨.

$$\ln(\sinh x) = \ln x + \sum_{n=1}^{\infty} \ln\left(1 + \frac{x^2}{n^2 \pi^2}\right)$$

对上式逐项微分得

$$\coth x = \frac{1}{x} + \sum_{n=1}^{\infty} \frac{2x}{x^2 + n^2 \pi^2}$$

$$x \coth x = 1 + 2 \sum_{n=1}^{\infty} \frac{x^2}{x^2 + n^2 \pi^2}$$

把上式中的 x 换成 πx 就得到

$$\pi x \coth \pi x = 1 + 2 \sum_{n=1}^{\infty} \frac{x^2}{n^2 + x^2}$$

现在设 $|x| < 1$,那么就有

$$\frac{x^2}{k^2 + x^2} = \frac{\frac{x^2}{k^2}}{1 - \frac{x^2}{k^2}} = \sum_{n=1}^{\infty} (-1)^{n-1} \left(\frac{x^2}{k^2}\right)^n$$

因此按照幂级数的运算法则

$$\sum_{k=1}^{\infty} \frac{x^2}{k^2 + x^2} = \sum_{n=1}^{\infty} (-1)^{n-1} \zeta(2n) x^{2n}$$

其中 $\zeta(2n) = \sum_{k=1}^{\infty} \frac{1}{k^{2n}}, n = 1, 2, 3, \cdots$

这样对于 $|x| < 1$ 就有

$$\pi x \coth \pi x = 1 + 2\sum_{n=1}^{\infty}(-1)^{n-1}\zeta(2n)x^{2n},\ |x|<1$$

另一方面把

$$\frac{x}{e^x-1}+\frac{x}{2}=\frac{x}{2}\cdot\frac{e^x+1}{e^x-1}=\frac{x}{2}\coth\frac{x}{2}$$

式子中的 x 换成 $2x$,就得到

$$\frac{2x}{e^{2x}-1}+x=x\coth x$$

$$x\coth x = 1+\frac{2^2 B_2}{2!}x^2+\frac{2^4 B_4}{4!}x^4+\cdots +$$

$$\frac{2^{2n}B_{2n}}{2n!}x^{2n}+\cdots = 1+\sum_{n=1}^{\infty}\frac{2^{2n}B_{2n}}{2n!}x^{2n}$$

再把上式中的 x 换成 πx 就得到

$$\pi x\coth \pi x = 1+\sum_{n=1}^{\infty}(-1)^{n-1}\frac{(-1)^{n-1}(2\pi)^{2n}B_{2n}}{2n!}x^{2n}$$

对比 $\pi x\coth \pi x$ 的两种表达式(它们当然必须相等)最后就得到

$$B_{2n}=(-1)^{n-1}\frac{2(2n)!}{(2\pi)^{2n}}\zeta(2n)$$

由于当 $n\to\infty$ 时,$\zeta(2n)\to 1$,故从上面的式子中可以看出,当 $n\to\infty$ 时,$|B_{2n}|\to\infty$. 这恐怕是一开始想不到的.

下面我们再定义伯努利多项式的概念.

定义 3.8.6 $B_n(x)=\sum_{k=0}^{n}C_n^k B_k x^{n-k}$,称为第 n 个伯努利多项式.

定理 3.8.9 伯努利多项式有以下性质:

(1) $\dfrac{ye^{xy}}{e^y-1}=\sum_{n=0}^{\infty}\dfrac{B_n(x)}{n!}y^n$;

(2) $B_n(1+x)-B_n(x)=nx^{n-1}$;

(3) $B_n(1-x) = (-1)^n B_n(x)$；

(4) $B'_n(x) = nB_{n-1}(x)$；

(5) 当 $n \geqslant 2$ 时，$B_n(0) = B_n(1)$.

证明 (1) 设 $\dfrac{y}{e^y - 1} e^{xy}$ 的展开式中，y^n 前的系数是 $\dfrac{W_n(x)}{n!}$，则我们有恒等式

$$\sum_{n=0}^{\infty} \frac{W_n(x)}{n!} y^n = \frac{y}{e^y - 1} e^{xy} = \left(\sum_{n=0}^{\infty} \frac{B_n}{n!} y^n\right)\left(\sum_{n=0}^{\infty} \frac{x^n}{n!} y^n\right)$$

比较等式两边 y^n 前的系数就得到

$$W_n(x) = \sum_{k=0}^{n} C_n^k B_k x^{n-k} = B_n(x)$$

(2) 我们有恒等式 $\dfrac{y e^{(x+1)y}}{e^y - 1} - \dfrac{y e^{xy}}{e^y - 1} = y e^{xy}$，由此得到

$$\sum_{n=0}^{\infty} \frac{B_n(x+1) - B_n(x)}{n!} y^n = \sum_{n=0}^{\infty} \frac{x^n}{n!} y^{n+1}$$

比较上式中 y^n 前的系数就证明了定理的第(2) 部分.

(3) 我们有恒等式

$$\frac{-y e^{-xy}}{e^{-y} - 1} = \frac{-y e^{-xy} e^y}{1 - e^y} = \frac{y e^{(1-x)y}}{e^y - 1}$$

由此得到

$$\sum_{n=0}^{\infty} \frac{(-1)^n B_n(x)}{n!} y^n = \sum_{n=0}^{\infty} \frac{B_n(1-x)}{n!} y^n$$

比较上式中 y^n 前的系数就证明了定理的第(3) 部分.

(4) $B'_n(x) = \sum_{k=0}^{n} C_n^k B_k (n-k) x^{n-k-1} = \sum_{k=0}^{n-1} n C_{n-1}^k B_k x^{n-1-k} = nB_{n-1}(x)$；

(5) 在(2) 中令 $x = 0$ 即得.

利用以上性质,我们可以计算出开头几个伯努利多项式如下

$$B_0(x) = 1, \quad B_1(x) = x - \frac{1}{2}$$

$$B_2(x) = x^2 - x + \frac{1}{6}$$

$$B_3(x) = x^3 - \frac{3}{2}x^2 + \frac{1}{2}x$$

$$B_4(x) = x^4 - 2x^3 + x^2 - \frac{1}{30}$$

$$B_5(x) = x^5 - \frac{5}{2}x^4 + \frac{5}{3}x^3 - \frac{1}{6}x$$

$$B_6(x) = x^6 - 3x^5 + \frac{5}{2}x^4 - \frac{1}{2}x^2 - \frac{1}{42}$$

利用上面定理中的性质(4)和分部积分法则,当 $n \geqslant 1$ 时,我们可进行如下的分部积分

$$\frac{1}{m!}\int_1^n B_m(\{x\})f^{(m)}(x)\mathrm{d}x =$$

$$\frac{1}{(m+1)!}(B_{m+1}(1)f^{(m)}(n) - B_{m+1}(0)f^{(m)}(1)) -$$

$$\frac{1}{(m+1)!}\int_1^n B_{m+1}(\{x\})f^{(m+1)}(x)\mathrm{d}x$$

利用上面的公式,在定理 3.8.5 或定理 3.8.6 中连续地进行分部积分,即可得到下面的一般的求和公式.

马克劳林(Madaurin,Colin,1698—1746),英国数学家.生于苏格兰基尔莫丹,卒于爱丁堡.

定理 3.8.10(欧拉 - 马克劳林求和公式)

$$\sum_{1 \leqslant k < n} f(k) = \int_1^n f(x)\mathrm{d}x - \frac{1}{2}(f(n) - f(1)) +$$

$$\frac{1}{2!}(B_2(1)f'(n) - B_2(0)f'(1)) + \cdots +$$

$$\frac{(-1)^m}{m!}(B_m(1)f^{(m-1)}(n) -$$

第 3 章 整数的性质

$$B_m(0)f^{(m-1)}(1)) + R_m =$$
$$\int_1^n f(x)\mathrm{d}x + \sum_{k=1}^m \frac{(-1)^k B_k}{k!}(f^{(k-1)}(n) - f^{(k-1)}(1)) + R_m$$

其中

$$R_m = \frac{(-1)^{m+1}}{m!}\int_1^n B_m(\{x\})f^{(m)}(x)\mathrm{d}x$$

当 $\dfrac{B_m(\{x\})}{m!}f^{(m)}(x)$ 非常小时,余项 R_m 也将很小. 而且事实上,已知当 m 是偶数时, $|B_m(\{x\})| \leqslant |B_m|$,并且 $\left|\dfrac{B_m(\{x\})}{m!}\right| < \dfrac{4}{(2\pi)^m}$. 另一方面,通常得出的结果是,当 m 增大时, $f^{(m)}(x)$ 也随之变大,所以 m 有一个使 R_m 取最小值的"最好"的值.

如果当 x 从 1 增加到 n 时, $f^{(2k+1)}(x)$ 和 $f^{(2k+3)}(x)$ 单调地趋于 0,则已经知道

$$R_{2k} = \frac{B_{2k+2}}{(2k+2)!}(f^{(2k+1)}(n) - f^{(2k+1)}(0))\theta, 0 < \theta < 1$$
$$(*)$$

(所以在这种情况下,余项与第一个被删去的项同号,而且小于这一项).

现在我们来举一个应用欧拉－马克劳林公式的例子. 设 $f(x) = \dfrac{1}{x}$,那么

$$f^{(m)}(x) = \frac{(-1)^m m!}{x^{m+1}}$$

所以由欧拉－马克劳林公式就得到

$$H_{n-1} = \ln n + \sum_{k=1}^m \frac{B_k}{k}(-1)^{k-1}\left(\frac{1}{n^k} - 1\right) + R_{mn}$$

由无穷积分收敛性的判断法则得知下列极限的存在性

$$\lim_{n\to\infty} R_{mn} = -\int_1^\infty \frac{B_m(\{x\})}{x^{m+1}} dx$$

这就顺便证明了所谓欧拉常数的存在性

$$\gamma = \lim_{n\to\infty}(H_{n-1} - \ln n) = \sum_{k=1}^m \frac{B_k}{k}(-1)^k + \lim_{n\to\infty} R_{mn}$$

于是就得到

$$H_{n-1} = \ln n + \gamma + \sum_{k=1}^m \frac{(-1)^{k-1} B_k}{kn^k} + \int_n^\infty \frac{B_m(\{x\})}{x^{m+1}} dx$$

进一步,根据误差估计式(∗),误差小于删去的头一项,两边都加上 $\frac{1}{n}$ 就得到

$$H_n = \ln n + \gamma + \frac{1}{2n} - \frac{1}{12n^2} + \frac{1}{120n^4} - \varepsilon$$

$$0 < \varepsilon < \frac{B_6}{6n^6} = \frac{1}{252n^6}$$

对于大的 k 值,伯努利数 B_k 也非常大,因此对于任何固定的 n 值,上面的式子不可能扩充为一个收敛的无穷级数.

下面我们要介绍的是一个称为戴德金和的函数. 为此先给出一个符号 $((x))$ 的意义.

定义 3.8.7 符号 $((x))$ 的意义如下

$$((x)) = \begin{cases} x - [x] - \frac{1}{2}, & \text{如果 } x \text{ 不是整数} \\ 0, & \text{如果 } x \text{ 是整数} \end{cases}$$

从定义可以看出,当 x 不是整数时,$((x))$ 的值就是 $B_1(\{x\})$. 首先,我们给出一个有关 $((x))$ 的性质的引理.

引理 3.8.3 $((x))$ 有以下性质:

(1) $((x))$ 是周期为 1 的周期函数;

(2) $((-x)) = -((x))$;

戴德金 (Dedekind, Julius Wilhelm Richard, 1831—1916),德国数学家. 生于德国不伦瑞克,卒于同地.

(3) 设 $(h,k)=1$,则

$$\sum_{r=0}^{k-1}\left(\left(\frac{hr}{k}\right)\right)=\sum_{r=0}^{k-1}\left(\left(\frac{r}{k}\right)\right)=0$$

证明 (1) 当 x 不是整数时,由于
$$x+1-[x+1]=x+1-([x]+1)=x-[x]$$
因此由 $((x))$ 的定义就得出 $((x+1))=((x))$,当 x 是整数时,由 $((x))$ 的定义就得出
$$((x+1))=((x))=0$$
综合这两种情况就证明了(1).

(2) 由引理 3.8.1(2) 得出,当 x 不是整数时
$$((-x))=-x-[-x]=-x-(-[x]-1)=$$
$$-x+[x]+1$$

因此由 $((x))$ 的定义就得出 $((-x))=-((x))$,当 x 是整数时,由 $((x))$ 的定义就得出 $((-x))=0=-((x))$. 综合这两种情况就证明了(2).

(3) 由定理 3.7.2 即得
$$\sum_{r=0}^{k-1}\left(\left(\frac{hr}{k}\right)\right)=\sum_{r=0}^{k-1}\left(\left(\frac{r}{k}\right)\right)=0+\sum_{r=1}^{k-1}\left(\frac{r}{k}-0-\frac{1}{2}\right)=$$
$$\frac{(k-1)k}{2k}-\frac{k-1}{2}=0$$

下面我们定义戴德金和.

定义 3.8.8 设 k 是正整数, $(h,k)=1$,则称 $s(h,k)=\sum_{r=0}^{k-1}\left(\left(\frac{r}{k}\right)\right)\left(\left(\frac{hr}{k}\right)\right)$ 为戴德金和.

关于戴德金和有以下初等性质:

引理 3.8.4

(1) $s(h,k)=\sum_{r=1}^{k-1}\frac{r}{k}\left(\frac{hr}{k}-\left[\frac{hr}{k}\right]-\frac{1}{2}\right);$

(2) 如果 $h'\equiv\pm h(\mod k)$,则 $s(h',k)=\pm s(h,$

$k)$;

(3) 如果 $hh' \equiv \pm 1 (\bmod k)$,则 $s(h',k) = \pm s(h,k)$;

(4) 如果 $h^2 \equiv -1 (\bmod k)$,则 $s(h,k) = 0$.

证明 (1) 由引理 3.8.3(3) 得

$$s(h,k) = \sum_{r=0}^{k-1} \left(\left(\frac{r}{k}\right)\right)\left(\left(\frac{hr}{k}\right)\right) =$$

$$0 + \sum_{r=1}^{k-1} \left(\left(\frac{r}{k}\right)\right)\left(\left(\frac{hr}{k}\right)\right) =$$

$$\sum_{r=1}^{k-1} \left(\frac{r}{k} - \left[\frac{r}{k}\right] - \frac{1}{2}\right)\left(\left(\frac{hr}{k}\right)\right) =$$

$$\sum_{r=1}^{k} \left(\frac{r}{k}\right)\left(\left(\frac{hr}{k}\right)\right) - \frac{1}{2}\sum_{r=1}^{k-1}\left(\left(\frac{hr}{k}\right)\right) =$$

$$\sum_{r=1}^{k-1}\left(\frac{r}{k}\right)\left(\left(\frac{hr}{k}\right)\right) =$$

$$\sum_{r=1}^{k-1}\left(\frac{r}{k}\right)\left(\frac{hr}{k} - \left[\frac{hr}{k}\right] - \frac{1}{2}\right)$$

(2) $s(h',k) = \sum_{r=0}^{k-1}\left(\left(\frac{r}{k}\right)\right)\left(\left(\frac{h'r}{k}\right)\right) =$

$$\sum_{r=0}^{k-1}\left(\left(\frac{r}{k}\right)\right)\left(\left(\frac{\pm hr}{k}\right)\right) =$$

$$\pm\sum_{r=0}^{k-1}\left(\left(\frac{r}{k}\right)\right)\left(\left(\frac{hr}{k}\right)\right) = \pm s(h,k)$$

(3) 由定理 3.7.2 即得

$$s(h',k) = \sum_{r=0}^{k-1}\left(\left(\frac{r}{k}\right)\right)\left(\left(\frac{h'r}{k}\right)\right) =$$

$$\sum_{r=0}^{k-1}\left(\left(\frac{r}{k}\right)\right)\left(\left(\frac{h'hr}{k}\right)\right) =$$

$$\sum_{r=0}^{k-1}\left(\left(\frac{r}{k}\right)\right)\left(\left(\frac{\pm r}{k}\right)\right) =$$

±s(h,k)

(4) 在(2)中取 $h'=h$ 即得 $s(h,k)=-s(h,k)$，故 $s(h,k)=0$.

引理 3.8.4(1) 中的公式可用来对小的 h 计算 $s(h,k)$，例如

$$s(1,k)=\sum_{r=1}^{k-1}\frac{r}{k}\left(\frac{r}{k}-\frac{1}{2}\right)=\frac{(k-1)(k-2)}{12k}$$

$$s(2,k)=\sum_{r=1}^{k-1}\frac{r}{k}\left(\frac{2r}{k}-\left[\frac{2r}{k}\right]-\frac{1}{2}\right)=$$

$$\sum_{r=1}^{k-1}\left(\frac{2r}{k}-\frac{1}{2}\right)-\sum_{2r<k}\frac{r}{k}\left[\frac{2r}{k}\right]-$$

$$\sum_{k<2r<2k}\frac{r}{k}\left[\frac{2r}{k}\right]=$$

$$\sum_{r=1}^{k-1}\frac{r}{k}\left(\frac{2r}{k}-\frac{1}{2}\right)-\sum_{k<2r<2k}\frac{r}{k}=$$

$$\frac{(k-1)(k-5)}{24k}, 2\nmid k$$

戴德金和有一个与定理 3.8.4 类似的对称性的结果如下：

定理 3.8.11 设 $h>0, k>0, (h,k)=1$，则

$$s(h,k)+s(k,h)=\frac{h^2+k^2-3hk+1}{12hk}$$

证明 首先，我们有

$$\sum_{r=0}^{k-1}\left(\left(\frac{hr}{k}\right)\right)^2=\sum_{r=1}^{k-1}\left(\left(\frac{r}{k}\right)\right)^2=\sum_{r=1}^{k-1}\left(\frac{r}{k}-\frac{1}{2}\right)^2=$$

$$\frac{1}{k^2}\sum_{r=1}^{k-1}r^2-\frac{1}{k}\sum_{r=1}^{k-1}r+\frac{k-1}{4}$$

另一方面，我们又有

$$\sum_{r=0}^{k-1}\left(\left(\frac{hr}{k}\right)\right)^2=\sum_{r=1}^{k-1}\left(\frac{hr}{k}-\left[\frac{hr}{k}\right]-\frac{1}{2}\right)^2=$$

$$\sum_{r=1}^{k-1}\left(\frac{h^2r^2}{k^2}+\left[\frac{hr}{k}\right]^2+\frac{1}{4}-\frac{hr}{k}+\right.$$
$$\left.\left[\frac{hr}{k}\right]-\frac{2hr}{k}\left[\frac{hr}{k}\right]\right)=$$
$$2h\sum_{r=1}^{k-1}\frac{r}{k}\left(\frac{hr}{k}-\left[\frac{hr}{k}\right]-\frac{1}{2}\right)+$$
$$I-\frac{h^2}{k^2}\sum_{r=1}^{k-1}r^2+\frac{k-1}{4}$$

其中

$$I=\sum_{r=1}^{k-1}\left[\frac{hr}{k}\right]\left(\left[\frac{hr}{k}\right]+1\right)$$

利用引理 3.8.4(1) 中的公式并比较上面两个式子就得到

$$2hs(h,k)+I=\frac{(h^2+1)(k-1)(2k-1)}{6k}-\frac{k-1}{2}$$

①

由于 $0<r<k$,因此 $0<\dfrac{hr}{k}<h$,也就是说 $\left[\dfrac{hr}{k}\right]$ 只可能取 $0,1,2,\cdots,h-1$ 这 h 个值,或者 $\left[\dfrac{hr}{k}\right]=s-1,s=1,2,\cdots,h$. 对给定的 s,设 $N(s)$ 表示 I 的和式中使得 $\left[\dfrac{hr}{k}\right]=s-1$ 的项的个数. $\left[\dfrac{hr}{k}\right]=s-1$ 的充分必要条件是 $s-1<\dfrac{hr}{k}<s$,或者 $\dfrac{k(s-1)}{h}<r<\dfrac{ks}{h}$. 由于 $(h,k)=1$,所以 $r=\dfrac{k(s-1)}{h}$ 或者 $r=\dfrac{ks}{h}$ 的情况都是不可能发生的(否则将有 $(h,k)=k>1$,与假设矛盾). 因此对区间 $1\leqslant s\leqslant h-1$ 中的 s,只有从 $\left[\dfrac{k(s-1)}{h}\right]+1$ 到 $\left[\dfrac{ks}{h}\right]$ 的整数才能使得等式 $\left[\dfrac{hr}{k}\right]=s-1$ 成立,这就得

出

$$N(s) = \left[\frac{ks}{n}\right] - \left[\frac{k(s-1)}{h}\right]$$

然而上面这个公式不适用于 $s=h$ 时的情况,因为这时,我们在计算使用的等式 $\left[\frac{hr}{k}\right]=s-1$ 成立的 r 的个数时必须去掉 $s=h$ 的情况,否则将有 $r=k$,而我们只对 0 至 $k-1$ 中的 r 求和. 因此当 $s=h$ 时,上述公式成为

$$N(h) = k - 1 - \left[\frac{k(s-1)}{h}\right]$$

现在我们对 I 的求和公式作变量替换,即不再把 r 作为求和的脚标,而按照使得 $\left[\frac{hr}{k}\right]=s-1$ 的项的个数来重新排列和式中原来的项. 说得再清楚些就是在 I 中把所有使得 $\left[\frac{hr}{k}\right]=0$ 的项收集在一起$\Big($这种项共有 $N(1)$ 个,而在 I 中它们的值是 $\left[\frac{hr}{k}\right]\Big(\left[\frac{hr}{k}\right]+1\Big)=0 \cdot 1\Big)$,再把所有使得 $\left[\frac{hr}{k}\right]=1$ 的项收集在一起$\Big($这种项共有 $N(2)$ 个,而在 I 中它们的值是 $\left[\frac{hr}{k}\right]\Big(\left[\frac{hr}{k}\right]+1\Big)=1 \cdot 2\Big)$ ……最后再把所有使得 $\left[\frac{hr}{k}\right]=h-1$ 的项收集在一起(这种项共有 $N(h)$ 个,而在 I 中它们的值是 $\left[\frac{hr}{k}\right]\Big(\left[\frac{hr}{k}\right]+1\Big)=(h-1) \cdot h$),这样,我们就可以把 I 重新写成

$$I = \sum_{s=1}^{h}(s-1)sN(s) =$$

$$\sum_{s=1}^{h-1}(s-1)sN(s)+(h-1)hN(h)=$$

$$\sum_{s=1}^{h-1}(s-1)s\left(\left[\frac{ks}{h}\right]-\left[\frac{k(s-1)}{h}\right]\right)+$$

$$(h-1)h\left(k-1-\left[\frac{k(h-1)}{h}\right]\right)=$$

$$\sum_{s=1}^{h-1}(s-1)s\left(\left[\frac{ks}{h}\right]-\left[\frac{k(s-1)}{h}\right]\right)+$$

$$(h-1)h\left(\left[\frac{hk}{h}\right]-\left[\frac{k(h-1)}{h}\right]\right)-h(h-1)=$$

$$\sum_{s=1}^{h}(s-1)s\left(\left[\frac{ks}{h}\right]-\left[\frac{k(s-1)}{h}\right]\right)-(h-1)h$$

把最后得出的和式展开，你可以发现其中有些项是可以消去的，把这些项消去后再合并同类项就得到

$$I=-2\sum_{s=1}^{h-1}s\left[\frac{sk}{h}\right]+k(k-1)(h-1) \qquad ②$$

另一方面

$$2hs(k,h)=2h\sum_{s=1}^{h-1}\frac{s}{h}\left(\frac{ks}{h}-\left[\frac{ks}{h}\right]-\frac{1}{2}\right)=$$

$$2\sum_{s=1}^{h-1}s\left(\frac{ks}{h}-\left[\frac{ks}{h}\right]-\frac{1}{2}\right)=$$

$$-2\sum_{s=1}^{h-1}s\left[\frac{ks}{h}\right]+\frac{2k}{h}\sum_{s=1}^{h-1}s^2-\sum_{s=1}^{h-1}s$$

因此 $-2\sum_{s=1}^{h-1}s\left[\frac{ks}{h}\right]=2hs(k,h)-\frac{2k}{h}\sum_{s=1}^{h-1}s^2+\sum_{s=1}^{h-1}s$

把上面的式子代入 ① 中就得到

$$I=2hs(k,h)-\frac{2k}{h}\sum_{s=1}^{h-1}s^2+\sum_{s=1}^{h-1}s+h(h-1)(k-1)$$

再把 I 的这一表达式代入 ① 中最后就得到

$$2hs(h,k)+2hs(k,h)-\frac{2k}{h}\sum_{s=1}^{h-1}s^2+$$

第 3 章　整数的性质

$$\sum_{s=1}^{h-1} s + h(h-1)(k-1) =$$
$$\frac{(h^2+1)(k-1)(2k-1)}{6k} - \frac{k-1}{2}$$

把上式中的两个和式算出来并在两边都乘以 $6k$，合并同类项就得到定理所要证明的公式.

下面我们再证明戴德金和的另外几个性质：

引理 3.8.5　设 $\theta=(3,k)$，那么：

(1) $6ks(h,k)$ 是一个整数；

(2) $12hks(k,h) \equiv 0 \pmod{\theta k}$；

(3) $12hks(h,k) \equiv h^2+1 \pmod{\theta k}$.

证明　(1) 由引理 1(1) 得出

$$6ks(h,k) = \frac{6h}{k}\sum_{r=1}^{k-1} r^2 - 6\sum_{r=1}^{k-1} r\left[\frac{hr}{k}\right] - 3\sum_{r=1}^{k-1} r =$$
$$\frac{6h}{k} \cdot \frac{k(k-1)(2k-1)}{6} -$$
$$6\sum_{r=1}^{k-1} r\left[\frac{hr}{k}\right] - 3\sum_{r=1}^{k-1} r =$$
$$h(k-1)(2k-1) - 6\sum_{r=1}^{k-1} r\left[\frac{hr}{k}\right] - 3\sum_{r=1}^{k-1} r$$

上式中每一项都是整数，这就证明了 $6ks(h,k)$ 是一个整数.

由上面的式子得出
$$6ks(h,k) \equiv h(k-1)(2k-1) \pmod 3$$
由此得出
$$12ks(h,k) \equiv 2h(k-1)(2k-1) \equiv$$
$$h(k-1)(k+1) \pmod 3 \qquad ③$$

如果 $3\mid k$，那么由 $(h,k)=1$ 得出 $3\nmid h$，因而由上式得出

$$12ks(h,k) \equiv h(k-1)(k+1) \equiv -h \not\equiv 0 \pmod 3$$

如果 $3 \nmid k$,那么 $3 \mid (k-1)(k+1)$,因此由式(3)得出 $12ks(h,k) \equiv 0 \pmod 3$,这说明 $12ks(h,k) \equiv 0 \pmod 3$ 的充分必要条件是 $3 \nmid k$。

(2) 如果 $\theta = 3$,那么 $3 \mid k$,由 $(h,k) = 1$ 得出 $3 \nmid h$,因而由上面已证的结论可知

$$12hs(k,h) \equiv 0 \pmod 3$$

故 $12hs(k,h) = 3m$,因而

$$12hks(k,h) = 3mk \equiv 0 \pmod{3k} \equiv 0 \pmod{\theta k}$$

如果 $\theta = 1$,那么显然有

$$12hks(k,h) \equiv 0 \pmod k \equiv 0 \pmod{\theta k}$$

因此无论发生哪种情况,我们都有

$$12hks(k,h) \equiv 0 \pmod{\theta k}$$

这就证明了(2)。

(3) 注意无论是 $\theta = 3$ 还是 $\theta = 1$,我们都有

$$k^2 - 3hk \equiv 0 \pmod{\theta k}$$

因此由(2)以及互反律得出

$$12hks(h,k) = 12hks(h,k) + 12khs(k,h) =$$
$$h^2 + k^2 - 3hk + 1 \equiv$$
$$h^2 + 1 \pmod{\theta k}$$

由引理 2(3) 得出

$$12hks(h,k) \equiv h^2 + 1 \pmod{\theta k} \equiv 0 \pmod k$$

由上面的证明以及上式和引理 13.8.4(4) 就得出以下定理:

定理 3.8.12 (1) $12ks(h,k) \equiv 0 \pmod 3$ 的充分必要条件是 $3 \nmid k$;

(2) $s(h,k) = 0$ 的充分必要条件是 $h^2 + 1 \equiv 0 \pmod k$。

第3章 整数的性质

戴德金和还有许多有趣的性质,这里就不介绍了,有兴趣的读者可以参看 Tomm Apostol 写的 *Modular Functions and Dirichlet Series in Number Theory* 一书.

例 3.8.4 设 a,b 是正整数,$a \mid b^2+1$,$b \mid a^2+1$,证明:

(1) $(a,b)=1$;

(2) $a^2+b^2+1=3ab$;

(3) $\dfrac{a^2+1}{b}=3a-b$,$\dfrac{b^2+1}{a}=3b-a$;

(4) 满足条件的所有正整数为 (F_{2n-1},F_{2n+1}),其中 F_n 表第 n 个斐波那契数.

证明 (1) 由已知条件可设 $a^2+1=bc$,$b^2+1=ad$,因此有
$$bc-a^2=1, ad-b^2=1$$
由这两个式子中的任何一个即得 $(a,b)=1$.

(2) 由 $a^2+1=bc$,$b^2+1=ad$ 知 $c \mid a^2+1$.

下面我们证明 $a \mid c^2+1$,实际上
$$(a^2+1)^2=b^2c^2=c^2(ad-1)=adc^2-c^2$$
因此
$$c^2+1=adc^2-a^4-2a^2$$
这就证明了 $a \mid c^2+1$.

对 $a+b$ 施行数学归纳法. 当 $a+b=2$ 时,$a=b=1$. 故要证的等式显然成立.

假设对符合条件 $x \mid y^2+1$,$y \mid x^2+1$,$x+y \leqslant a+b$ 的正整数都成立等式 $a^2+b^2+1=3ab$,那么由于当 $b>1$ 时,$a \neq b$,由于 a,b 的地位是对称的,因此不妨设 $a<b$,从而 $a \leqslant b-1$,故

$$c = \frac{a^2+1}{b} < \frac{(a+1)^2}{b} \leqslant \frac{b^2}{b} \leqslant b$$

由此得出 $c \mid a^2+1, a \mid c^2+1$,且 $a+c < a+b$.因此由归纳法假设有 $c^2+a^2+1 = 3ca$.从而有

$$(a^2+1)^2 = b^2 c^2 = b^2(3ac - a^2 - 1) =$$
$$3acb^2 - (a^2+1)b^2$$

由此得出

$(a^2+1)(a^2+b^2+1) = 3acb^2 = 3ab(a^2+1)$

两边约去 a^2+1(它显然不等于 0)后即得 $a^2+b^2+1 = 3ab$.因此由数学归纳法就证明了要证的等式.

(3) 由(2)已证的公式即可得出(3)中的式子.

(4) 由(2)中的证明过程可以看出如果设 $a^2+1 = bc, b^2+1 = ad$,那么数对 (c,a) 和 (a,b) 具有同样的性质,但是 $c+a < a+b$.因此可以通过变换 $T(a,b) = (c,a)$,其中 $c = \frac{a^2+1}{b} = 3a - b$,把 (a,b) 连续的变换为一些新的数对 $(a_{n-1}, b_{n-1}), (a_{n-2}, b_{n-2}), \cdots, (a_1, b_1)$.在此过程中 $a+b$ 的值每一次都将严格减小,因此必通过有限步就变为最小值 2.这时 $a_1 = b_1 = 1$,即 $T^n(a,b) = (1,1)$,因此 $T^{-n}(1,1), n=1,2,3,\cdots$ 就给出了全部符合要求的数对.

由 $T\begin{pmatrix}a\\b\end{pmatrix} = \begin{pmatrix}3a-b\\a\end{pmatrix}$ 可求出 $T^{-1}\begin{pmatrix}a\\b\end{pmatrix} = \begin{pmatrix}b\\3b-a\end{pmatrix}$,因此

$T^{-1}(1,1) = (1,2) = (F_1, F_3)$
$T^{-2}(1,1) = T^{-1}(1,2) = (2,5) = (F_3, F_5)$
$T^{-2}(1,1) = T^{-1}(2,5) = (5,13) = (F_3, F_7)$
$\vdots$

因此我们有理由猜想 $T^{-n}(1,1) = (F_{2n-1}, F_{2n+1})$,假设

这一猜想成立,那么
$$T^{-(n+1)}(1,1) = T^{-1}T^{-n}(1,1) = T^{-1}(F_{2n-1}, F_{2n+1}) =$$
$$(F_{2n+1}, 3F_{2n+1} - F_{2n-1}) =$$
$$(F_{2n+1}, 2F_{2n+1} + F_{2n} + F_{2n-1} - F_{2n-1}) =$$
$$(F_{2n+1}, F_{2n+1} + F_{2n+1} + F_{2n}) =$$
$$(F_{2n+1}, F_{2n+3})$$
因而由数学归纳法就证明了我们的猜想,这就给出了全部符合要求的数对.

在(2)中我们虽然用数学归纳法证明了公式 $a^2 + b^2 + 1 = 3ab$,但是却没有说明这个公式是如何看出来的. 我们指出,利用戴德金和的概念和前面的引理 3.8.4 和定理 3.8.11 可以立刻看出这个式子来. 事实上,由条件中的 $a \mid b^2 + 1, b \mid a^2 + 1$ 和 $(a,b) = 1$ 立刻得出
$$a^2 \equiv -1 (\bmod b), b^2 \equiv -1 (\bmod a), (a,b) = 1$$
因此由引理 3.8.4 得出 $s(a,b) = 0, s(b,a) = 0$,再由定理 3.8.11 即得出 $a^2 + b^2 + 1 = 3ab$.

$n!$ 也是一个重要的整数的函数,把它加以推广,可以得到所谓的 Γ — 函数. 这也是一个非常重要的函数. 但是限于篇幅,我们不在此详细讨论 Γ — 函数. 有兴趣的读者可以参看菲赫金哥尔茨著的《微积分学教程》等书. 像 $n!$ 这种函数,我们经常需要用一些已知的函数和比较简单的公式来刻画他的增长速度和对于很大的 n 这些函数的主要部分. 下面我们就来介绍这方面的结果. 所得的结果本身细想起来也是很有意思的. 原因在于,这些函数本来都是离散的,但是我们却能用一些连续的函数来逼近他们,而且这些逼近的函数在一开始简直难以猜想,等你知道结果后,往往会有

不可思议之感.

首先给出以下引理.

引理 3.8.6 设 $J_m = \int_0^{\frac{\pi}{2}} \sin^m x \, dx$,则

$$J_{2n} = \frac{(2n-1)(2n-3)\cdots 3 \cdot 1}{2n(2n-2)\cdots 4 \cdot 2} \cdot \frac{\pi}{2}$$

$$J_{2n+1} = \frac{2n(2n-1)\cdots 4 \cdot 2}{(2n+1)(2n-1)\cdots 3 \cdot 1}$$

证明 分步积分就得到

$$J_m = \int_0^{\frac{\pi}{2}} \sin^{m-1} x (-\cos x)' \, dx = $$

$$-\sin^{m-1} x \cos x \Big|_0^{\frac{\pi}{2}} + $$

$$(m-1) \int_0^{\frac{\pi}{2}} \sin^{m-2} x \cos^2 x \, dx$$

上面的式子中右端前面的一项显然为零,在后面一项中,用 $1 - \sin^2 x$ 代替 $\cos^2 x$ 即得

$$J_m = (m-1) J_{m-2} - (m-1) J_m$$

由此得到迭代公式

$$J_m = \frac{m-1}{m} J_{m-2}$$

按照上面的公式,J_m 最终化为计算 J_0 或 J_1,由此即可得到引理中的公式.

引理 3.8.7 瓦利斯公式

$$\frac{\pi}{2} = \lim_{n \to \infty} \left(\frac{2n!!}{(2n-1)!!} \right)^2 \frac{1}{2n+1} = $$

$$\lim_{n \to \infty} \frac{2 \cdot 2 \cdot 4 \cdot 4 \cdots 2n \cdot 2n}{1 \cdot 3 \cdot 3 \cdot 5 \cdots (2n-1) \cdot (2n+1)}$$

证明 $0 < x < \frac{\pi}{2}$,则由 $0 < \sin x < 1$ 易证下面

瓦利斯(Wallis,John,1616—1703),英国数学家. 生于肖特郡阿什福德,卒于牛津.

第 3 章　整数的性质

的不等式成立,即
$$\sin^{2n+1} x < \sin^{2n} x < \sin^{2n-1} x$$

从 0 到 $\dfrac{\pi}{2}$ 积分上述不等式并利用引理 3.8.5 便得到

$$\dfrac{2n!!}{(2n+1)!!} < \dfrac{(2n-1)!!}{2n!!} \dfrac{\pi}{2} < \dfrac{(2n-2)!!}{(2n-1)!!}$$

或者

$$\left(\dfrac{2n!!}{(2n-1)!!}\right)^2 \dfrac{1}{2n+1} < \dfrac{\pi}{2} < \left(\dfrac{2n!!}{(2n-1)!!}\right)^2 \dfrac{1}{2n}$$

上述不等式两端的差是

$$\dfrac{1}{2n(2n+1)}\left(\dfrac{2n!!}{(2n-1)!!}\right)^2 < \dfrac{1}{2n}\cdot\dfrac{\pi}{2}$$

因此当 $n\to\infty$ 时,上述不等式两端的差将趋于零,这就说明上述不等式的两端都将趋于它们的公共极限,即它们所夹的数 $\dfrac{\pi}{2}$,这就证明了引理.

定理 3.8.13　斯特林公式

$$n! = \sqrt{2\pi n}\left(\dfrac{n}{\mathrm{e}}\right)^n \mathrm{e}^{\frac{\theta}{12n}}, 0<\theta<1$$

斯特林(Stirling,James,1692—1770),英国数学家.生于苏格兰的斯特灵郡,卒于爱丁堡.

证明　设 $|x|<1$,于是可把 $\ln(1+x)$ 展开为
$$\ln(1+x) = x - \dfrac{x^2}{2} + \dfrac{x^3}{3} - \cdots + (-1)^{n-1}\dfrac{x^n}{n} + \cdots$$

在上式中用 $-x$ 代替 x,并从原来的级数减去所得的级数就得到

$$\ln\dfrac{1+x}{1-x} = 2x\left(1 + \dfrac{x^2}{3} + \dfrac{x^4}{5} + \cdots + \dfrac{x^{2m}}{2m+1} + \cdots\right)$$

在上面的式子中取 $x=\dfrac{1}{2n+1}$,其中 n 是任意自然数,那么

$$\dfrac{1+x}{1-x} = \dfrac{n+1}{n}$$

把这些式子代入到上面的展开式中就得到

$$\ln\frac{n+1}{n} = \frac{2}{2n+1}\left(1 + \frac{1}{3}\cdot\frac{1}{(2n+1)^2} + \frac{1}{5}\cdot\frac{1}{(2n+1)^4} + \cdots\right)$$

或者

$$\left(n+\frac{1}{2}\right)\ln\left(1+\frac{1}{n}\right) = 1 + \frac{1}{3}\cdot\frac{1}{(2n+1)^2} + \frac{1}{5}\cdot\frac{1}{(2n+1)^4} + \cdots$$

上面的展开式显然大于 1 但是小于

$$1 + \frac{1}{3}\left(\frac{1}{(2n+1)^2} + \frac{1}{(2n+1)^4} + \cdots\right) = 1 + \frac{1}{12n(n+1)}$$

所以就得到

$$1 < \left(n+\frac{1}{2}\right)\ln\left(1+\frac{1}{n}\right) < 1 + \frac{1}{12n(n+1)}$$

$$e < \left(1+\frac{1}{n}\right)^{n+\frac{1}{2}} < e^{1+\frac{1}{12n(n+1)}}$$

令 $a_n = \dfrac{n!\ e^n}{n^{n+\frac{1}{2}}}$,则 $\dfrac{a_n}{a_{n+1}} = \dfrac{(1+\frac{1}{n})^{n+\frac{1}{2}}}{e}$,因而从上面的不等式就得出

$$1 < \frac{a_n}{a_{n+1}} < e^{\frac{1}{12n(n+1)}} = \frac{e^{\frac{1}{12n}}}{e^{\frac{1}{12(n+1)}}}$$

由此得出

$$0 < \cdots < a_{n+1}e^{-\frac{1}{12(n+1)}} < a_n < \cdots < a_1$$

以及 $a_n e^{-\frac{1}{12n}} < a_{n+1} e^{-\frac{1}{12(n+1)}} < a_n < a_1$

这说明数列 a_n 递减而下方有界,因此必趋向于一个正的有限极限 $a > 0$,而数列 $a_n e^{-\frac{1}{12n}}$ 递增并显然趋于

第 3 章　整数的性质

同一极限 a（由于 $e^{-\frac{1}{12n}} \to 1$）．这样我们就得到不等式
$$a_n e^{-\frac{1}{12n}} < a < a_n$$
令 $a_n = a \cdot e^{\frac{\theta}{12n}}$，则一方面 $e^{\frac{\theta}{12n}} = \dfrac{a_n}{a} > 1$，因此 $\theta > 0$，另一方面 $e^{\frac{\theta}{12n} - \frac{1}{12n}} = \dfrac{a_n e^{-\frac{1}{12n}}}{a} < 1$，因此 $\theta < 1$，合并这两个不等式就得到 $0 < \theta < 1$．

从 $a_n = a e^{\frac{\theta}{12n}}$ 和 a_n 的定义就得到
$$n! = a\sqrt{n}\left(\frac{n}{e}\right)^n e^{\frac{\theta}{12n}}, 0 < \theta < 1 \qquad ④$$
为了定出常数 a，我们应用恒等式
$$\frac{2n!!}{(2n-1)!!} = \frac{(2n!!)^2}{2n!} = \frac{2^{2n}(n!)^2}{2n!} \qquad ⑤$$
对 $2n!$ 应用式子 $n! = a\sqrt{n}\left(\dfrac{n}{e}\right)^n e^{\frac{\theta}{12n}}, 0 < \theta < 1$ 就得到
$$2n! = a\sqrt{2n}\left(\frac{2n}{e}\right)^{2n} e^{\frac{\varphi}{24n}}, 0 < \varphi < 1 \qquad ⑥$$
把 ④ ～ ⑥ 代入到瓦利斯公式中就得到
$$\frac{\pi}{2} = \lim_{n\to\infty} \frac{1}{2n+1} a^2 \frac{n}{2} e^{\frac{2\theta - \varphi}{12n}} = \frac{a^2}{4}$$
由此得出 $a = \sqrt{2\pi}$，把 a 的值代入到式子 $n! = a\sqrt{n}\left(\dfrac{n}{e}\right)^n e^{\frac{\theta}{12n}}, 0 < \theta < 1$ 中去，就证明了定理．

下面我们引进两个通常以切比雪夫命名的函数．

定义 3.8.9　切比雪夫函数的意义如下
$$\theta(x) = \sum_{p \leqslant x} \ln p$$
$$\psi(x) = \sum_{p^m \leqslant x} \ln p$$

切比雪夫（Чебыцев，пафнутий Львович，1821—1894），俄国数学家、力学家．生于奥卡多沃，卒于彼得堡．

其中第二个和表示对所有本身及其方幂不超过 x 的素数求和.

例如,$\theta(12)=\ln 2+\ln 3+\ln 5+\ln 7+\ln 11$;由于 $2,2^2,2^3,3,3^2,5,7$ 和 11 都是方幂不超过 12 的素数,所以
$$\psi(12)=3\ln 2+2\ln 3+\ln 5+\ln 7+\ln 11$$
再比如
$$\begin{aligned}\psi(30)=&4\ln 2+3\ln 3+2\ln 5+\ln 7+\ln 11+\\&\ln 13+\ln 17+\ln 19+\ln 23+\ln 29=\\&28.476\ 5\cdots\end{aligned}$$

引理 3.8.8　切比雪夫函数有以下性质
$$\psi(x)=\sum_{p\leqslant x}\left[\frac{\ln x}{\ln p}\right]\ln p$$
$$\psi(x)=\theta(x)+\theta(x^{\frac{1}{2}})+\theta(x^{\frac{1}{3}})+\theta(x^{\frac{1}{4}})+\cdots$$

证明　(1) 设素数 p 的不超过 x 的方幂共有 m 个,那么这些方幂就是 $p,p^2,\cdots,p^m$,按照 m 的定义,m 必须满足 $p^m\leqslant x<p^{m+1}$ 或者 $m\leqslant\dfrac{\ln x}{\ln p}<m+1$,由此就得出 $m=\left[\dfrac{\ln x}{\ln p}\right]$. 于是按照 $\psi(x)$ 的定义就得出
$$\psi(x)=\sum_{p^m\leqslant x}\ln p=\sum_{p\leqslant x}m\ln p=\sum_{p\leqslant x}\left[\frac{\ln x}{\ln p}\right]\ln p$$
这就证明了引理的前半部分.

(2) 由集合的分解表达式
$$\{p\mid p^m\leqslant x\}=\bigcup_{k=1}^{m}\{p\mid p^k\leqslant x\}$$
我们就得到
$$\psi(x)=\sum_{p^m\leqslant x}\ln p=\sum_{p\leqslant x}\ln p+\sum_{p^2\leqslant x}\ln p+\cdots+\sum_{p^m\leqslant x}\ln p=$$

第3章 整数的性质

$$\sum_{p\leqslant x}\ln p + \sum_{p\leqslant x^{\frac{1}{2}}}\ln p + \cdots + = \theta(x) + \theta(x^{\frac{1}{2}}) + \cdots$$

这就证明了引理的后半部分.

现在我们利用切比雪夫函数给出前 n 个自然数的最小公倍数 d_n 的表达式.

定理 3.8.14 设 $d_n = [1, 2, 3, \cdots, n]$ 表示前 n 个自然数的最小公倍数,那么

$$\ln d_n = \psi(n)$$

证明 根据 d_n 的定义就有 $d_n = \prod_{p\leqslant n} p^{\alpha_p}$. 其中 α_p 使得 $p^{\alpha_p} \leqslant n, p^{\alpha_p+1} > n$,因此 $\alpha_p = \left[\dfrac{\ln n}{\ln p}\right]$. 于是我们就得到

$$\ln d_n = \ln \prod_{p\leqslant n} p^{\alpha_p} = \sum_{p\leqslant n} \alpha_p \ln p =$$
$$\sum_{p\leqslant n} \left[\dfrac{\ln n}{\ln p}\right] \ln p = \psi(n)$$

为了给出后面的结果,我们需要先叙述下面的显而易见的原理.

恒等原理:设 $f(x)$ 和 $g(x)$ 都是对同一实数集合 D 有定义的只取整数值的函数. 如果对任意 $u \in D$ 都有 $f(u) = g(u)$,那么我们就认为 $f(x)$ 和 $g(x)$ 在 D 上定义了一个相同的整数值函数,并记为 $f(x) = g(x)$(不管定义它们的公式或描述语言是否相同).

我们用此原理来证明下面的引理.

引理 3.8.9 设 $T(x) = \ln([x]!)$,那么

$$T(x) = \psi(x) + \psi\left(\dfrac{x}{2}\right) + \psi\left(\dfrac{x}{3}\right) + \cdots$$

证明 设 x 是任意非负实数. p 是任意一个使得 $p \leqslant [x] < x$ 的素数. $\alpha(p, [x])$ 是在 $[x]!$ 的素因子分

219

解式中 p 的指数. 则由定理 3.8.2 知

$$a(p,[x]) = \left[\frac{[x]}{p}\right] + \left[\frac{[x]}{p^2}\right] + \cdots + \left[\frac{[x]}{p^m}\right] =$$
$$\alpha_1 + \alpha_2 + \cdots + \alpha_m$$

其中, m 使得 $p^m \leqslant [x] < p^{m+1}$. 又设

$$W(x) = \psi(x) + \psi\left(\frac{x}{2}\right) + \psi\left(\frac{x}{3}\right) + \cdots$$

那么由引理 3.8.7 知, 可把 $W(x)$ 排成如下的无限方阵

$$W(x) = \theta(x) + \theta(x^{\frac{1}{2}}) + \theta(x^{\frac{1}{3}}) + \cdots +$$
$$\theta\left(\frac{x}{2}\right) + \theta\left(\left(\frac{x}{2}\right)^{\frac{1}{2}}\right) + \theta\left(\left(\frac{x}{2}\right)^{\frac{1}{3}}\right) + \cdots +$$
$$\theta\left(\frac{x}{i}\right) + \theta\left(\left(\frac{x}{i}\right)^{\frac{1}{2}}\right) + \theta\left(\left(\frac{x}{i}\right)^{\frac{1}{3}}\right) + \cdots + \cdots$$

又设 p 在第一列中出现到 β_1 行, 以后就不出现了, 在第二列中出现到 β_2 行, 以后就不出现了, $\cdots$, 在第 k 列中出现到 β_k 行, 以后就不出现了, 在第 $k+1$ 列中不出现.

首先证明 $k = m$. p 在第 k 列出现的充分必要条件是 p 在第一行第 k 列中出现. p 在第一行第 k 列中出现的充分必要条件是 $p \leqslant [x]^{\frac{1}{k}}$ 或者 $p^k \leqslant x$, 因此由 $p^m \leqslant [x] < p^{m+1}$ 知 $m \leqslant k < m+1$, 这就说明 $k = m$.

根据 β_j 的定义, p 在第 j 列中一直出现到第 β_j 行, 而在 $\beta_j + 1$ 行中就不再出现. 因此 β_j 必须满足条件 $p \leqslant \left(\frac{[x]}{\beta_j}\right)^{\frac{1}{j}}, p > \left(\frac{[x]}{\beta_j+1}\right)^{\frac{1}{j}}$ 或者 $p^j \leqslant \frac{[x]}{\beta_j}, p^j > \frac{[x]}{\beta_j+1}$,

这也就是 $\beta_j \leqslant \frac{[x]}{p^j} < \beta_j + 1$, 于是对照 α_j 的定义即可知道 $\alpha_j = \beta_j$. 这就说明 p 在 $W(x)$ 中共出现 $\beta_1 + \beta_2 + \cdots + \beta_m = \alpha_1 + \alpha_2 + \cdots + \alpha_m = a(p,[x])$ 次. 所以 p

第 3 章　整数的性质

对函数 $T(x)$ 和 $W(x)$ 所贡献的值都是 $\alpha(p,[x])\ln p$. 由于 p 的任意性，这就证明了对任意 $x \geqslant 0$，$T(x)$ 和 $W(x)$ 所取的值都是相同的，于是根据恒等原理就得到 $T(x)=W(x)$. 这就证明了引理.

由斯特林公式(定理 3.8.12)我们又有以下的关于函数 $T(x)$ 的不等式.

引理 3.8.10
$$\left(n+\frac{1}{2}\right)\ln n - n + \frac{1}{2}\ln 2\pi < T(n) <$$
$$\left(n+\frac{1}{2}\right)\ln n - n + \frac{1}{2}\ln 2\pi + \frac{1}{12n}$$

证明　在 $T(n)=\ln n!$ 两边取对数，并利用斯特林公式即得.

现在我们再定义一个函数 $U(n)$，通过这个函数可以利用函数 $T(n)$ 的特性来得出函数 $\psi(n)$ 的性质. 本来函数 $\psi(n)$ 是很难研究的，但是函数 $T(n)$ 却比较好研究，所以通过函数 $U(n)$ 就迂回地弄清了 $\psi(n)$ 的一些特性. 这就是当年切比雪夫给我们指出的一条路线.

定义 3.8.10　函数 $U(n)$ 的含义为
$$U(n) = T(n) - T\left(\frac{n}{2}\right) - T\left(\frac{n}{3}\right) - T\left(\frac{n}{5}\right) +$$
$$T\left(\frac{n}{6}\right) - T\left(\frac{n}{7}\right) + T\left(\frac{n}{70}\right) - T\left(\frac{n}{210}\right)$$

引理 3.8.11　当 $n \geqslant 2$ 时，$U(n) < cn$，其中
$$c = \frac{1}{2}\ln 2 + \frac{1}{3}\ln 3 + \frac{1}{5}\ln 5 - \frac{1}{6}\ln 6 +$$
$$\frac{1}{7}\ln 7 - \frac{1}{70}\ln 70 + \frac{1}{210}\ln 210 =$$
$$0.978\ 795\ 482\ 576\ 39\cdots$$

证明　从引理 3.8.10，我们有以下不等式

221

$$\left(n+\frac{1}{2}\right)\ln n - n + \frac{1}{2}\ln 2\pi < T(n) <$$

$$\left(n+\frac{1}{2}\right)\ln n - n + \frac{1}{2}\ln 2\pi + \frac{1}{12n}$$

$$-\left(\frac{n}{2}+\frac{1}{2}\right)\ln \frac{n}{2} + \frac{n}{2} - \frac{1}{2}\ln 2\pi - \frac{1}{24n} < -T\left(\frac{n}{2}\right) <$$

$$-\left(\frac{n}{2}+\frac{1}{2}\right)\ln \frac{n}{2} + \frac{n}{2} - \frac{1}{2}\ln 2\pi$$

$$-\left(\frac{n}{3}+\frac{1}{2}\right)\ln \frac{n}{3} + \frac{n}{3} - \frac{1}{2}\ln 2\pi - \frac{1}{36n} < -T\left(\frac{n}{3}\right) <$$

$$-\left(\frac{n}{3}+\frac{1}{2}\right)\ln \frac{n}{3} + \frac{n}{3} - \frac{1}{2}\ln 2\pi$$

$$-\left(\frac{n}{5}+\frac{1}{2}\right)\ln \frac{n}{5} + \frac{n}{5} - \frac{1}{2}\ln 2\pi - \frac{1}{60n} < -T\left(\frac{n}{5}\right) <$$

$$-\left(\frac{n}{5}+\frac{1}{2}\right)\ln \frac{n}{5} + \frac{n}{5} - \frac{1}{2}\ln 2\pi$$

$$\left(\frac{n}{6}+\frac{1}{2}\right)\ln \frac{n}{6} - \frac{n}{6} + \frac{1}{2}\ln 2\pi < T\left(\frac{n}{6}\right) <$$

$$\left(\frac{n}{6}+\frac{1}{2}\right)\ln \frac{n}{6} - \frac{n}{6} + \frac{1}{2}\ln 2\pi + \frac{1}{72n}$$

$$-\left(\frac{n}{7}+\frac{1}{2}\right)\ln \frac{n}{7} + \frac{n}{7} - \frac{1}{2}\ln 2\pi - \frac{1}{84n} < T\left(\frac{n}{7}\right) <$$

$$-\left(\frac{n}{7}+\frac{1}{2}\right)\ln \frac{n}{7} + \frac{n}{7} - \frac{1}{2}\ln 2\pi$$

$$\left(\frac{n}{70}+\frac{1}{2}\right)\ln \frac{n}{70} - \frac{n}{70} + \frac{1}{2}\ln 2\pi < T\left(\frac{n}{70}\right) <$$

$$\left(\frac{n}{70}+\frac{1}{2}\right)\ln \frac{n}{70} - \frac{n}{70} + \frac{1}{2}\ln 2\pi + \frac{1}{840}$$

$$-\left(\frac{n}{210}+\frac{1}{2}\right)\ln \frac{n}{210} + \frac{n}{210} - \frac{1}{2}\ln 2\pi - \frac{1}{2\,520n} <$$

$$-T\left(\frac{n}{210}\right) < -\left(\frac{n}{210}+\frac{1}{2}\right)\ln \frac{n}{210} + \frac{n}{210} - \frac{1}{2}\ln 2\pi$$

第 3 章　整数的性质

把以上不等式相加,我们就得到对 $n \geqslant 1$,不等式

$$cn - \ln n + \frac{1}{2}\ln 105 - \ln 2\pi - \frac{31}{315} < U(n) <$$

$$cn - \ln n + \frac{1}{2}\ln 105 - \ln 2\pi + \frac{31}{315}$$

成立. 从上面这个不等式就得到,对 $n \geqslant 2$,不等式

$$U(n) < cn - \ln n + 0.587\,515\,807\,082\,11\cdots < cn$$

成立. 这就证明了引理.

不知道是否所有的读者都注意到了,本来在引理 3.8.10 中是有 $n\ln n$ 项的,但是在上面的引理中最后得到的不等式里却没有这种项了,这就是说,它们被抵消了. 它们之所以会被抵消,原因就在于 $U(n)$ 的定义中那些 $T\left(\dfrac{n}{i}\right)$ 项连同它们的符号的巧妙组合. 于是可能有人会问, 这个组合是怎么想出来的呢. 答案是这个组合来源于恒等式

$$1 - \frac{1}{2} - \frac{1}{3} - \frac{1}{5} + \frac{1}{6} - \frac{1}{7} + \frac{1}{70} - \frac{1}{210} = 0$$

切比雪夫当年使用的是另一个恒等式

$$1 - \frac{1}{2} - \frac{1}{3} - \frac{1}{5} + \frac{1}{30} = 0$$

引理 3.8.12　$\psi(n) - \psi\left(\dfrac{n}{10}\right) < U(n)$

证明　从引理 3.8.8 我们有以下等式

$$T(n) = \psi(n) + \psi\left(\frac{n}{2}\right) + \psi\left(\frac{n}{3}\right) + \psi\left(\frac{n}{4}\right) +$$

$$\psi\left(\frac{n}{5}\right) + \psi\left(\frac{n}{6}\right) + \cdots$$

$$T\left(\frac{n}{2}\right) = 0 \cdot \psi(n) + \psi\left(\frac{n}{2}\right) + 0 \cdot \psi\left(\frac{n}{3}\right) +$$

$$\psi\left(\frac{n}{4}\right)+0\cdot\psi\left(\frac{n}{5}\right)+\psi\left(\frac{n}{6}\right)+\cdots$$

$$T\left(\frac{n}{3}\right)=0\cdot\psi(n)+0\cdot\psi\left(\frac{n}{2}\right)+\psi\left(\frac{n}{3}\right)+$$

$$0\cdot\psi\left(\frac{n}{4}\right)+0\cdot\psi\left(\frac{n}{5}\right)+\psi\left(\frac{n}{6}\right)+\cdots$$

$$\vdots$$

因此,从上面这些式子中可以看出,在 $T(n)$,$T\left(\frac{n}{2}\right)$,$T\left(\frac{n}{3}\right)$,$T\left(\frac{n}{5}\right)$,$T\left(\frac{n}{6}\right)$,$T\left(\frac{n}{7}\right)$,$T\left(\frac{n}{70}\right)$ 和 $T\left(\frac{n}{210}\right)$ 中用 $\psi\left(\frac{n}{i}\right)$ 表示的展开式中,$\psi\left(\frac{n}{i}\right)$ 的系数都是 0 或 1. 并且在上面的这 8 个展开式中,$\psi\left(\frac{n}{i}\right)$ 的系数构成了 8 个周期分别为 1,2,3,5,6,7,70 和 210 的周期数列.

由于 1,2,3,5,6,7,70 和 210 的最小公倍数[1,2,3,5,6,7,70,210]=210,以及周期数列之和仍为周期数列,所以我们知道在 $U(n)$ 的展开式中,$\psi\left(\frac{n}{i}\right)$ 的系数构成了一个周期为 210 的周期数列.

通过虽然烦琐但并不复杂的计算,我们可以得到 $U(n)$ 的展开式中的开头 210 项如下

$$U(n)=\left(\psi(n)-\psi\left(\frac{n}{10}\right)\right)+$$

$$\left(\psi\left(\frac{n}{11}\right)+\psi\left(\frac{n}{13}\right)-\psi\left(\frac{n}{14}\right)-\psi\left(\frac{n}{15}\right)\right)+$$

$$\left(\psi\left(\frac{n}{17}\right)+\psi\left(\frac{n}{19}\right)-\psi\left(\frac{n}{20}\right)-\psi\left(\frac{n}{21}\right)\right)+$$

$$\left(\psi\left(\frac{n}{23}\right)-\psi\left(\frac{n}{28}\right)\right)+\left(\psi\left(\frac{n}{29}\right)-\psi\left(\frac{n}{30}\right)\right)+$$

第 3 章　整数的性质

$$\left(\psi\left(\frac{n}{31}\right)-\psi\left(\frac{n}{35}\right)\right)+\left(\psi\left(\frac{n}{37}\right)-\psi\left(\frac{n}{40}\right)\right)+$$

$$\left(\psi\left(\frac{n}{41}\right)-\psi\left(\frac{n}{42}\right)\right)+\left(\psi\left(\frac{n}{43}\right)-\psi\left(\frac{n}{45}\right)\right)+$$

$$\left(\psi\left(\frac{n}{47}\right)-\psi\left(\frac{n}{50}\right)\right)+\left(\psi\left(\frac{n}{53}\right)-\psi\left(\frac{n}{56}\right)\right)+$$

$$\left(\psi\left(\frac{n}{59}\right)-\psi\left(\frac{n}{60}\right)\right)+\left(\psi\left(\frac{n}{61}\right)-\psi\left(\frac{n}{63}\right)\right)+$$

$$\left(\psi\left(\frac{n}{67}\right)-\psi\left(\frac{n}{70}\right)\right)+\left(\psi\left(\frac{n}{71}\right)+\psi\left(\frac{n}{73}\right)-\right.$$

$$\psi\left(\frac{n}{75}\right)+\psi\left(\frac{n}{79}\right)-\psi\left(\frac{n}{80}\right)+$$

$$\psi\left(\frac{n}{83}\right)-\psi\left(\frac{n}{84}\right)+\psi\left(\frac{n}{89}\right)-\psi\left(\frac{n}{90}\right)+$$

$$\psi\left(\frac{n}{97}\right)-\psi\left(\frac{n}{98}\right)-\psi\left(\frac{n}{100}\right)\right)+$$

$$\left(\psi\left(\frac{n}{101}\right)+\psi\left(\frac{n}{103}\right)-2\psi\left(\frac{n}{105}\right)\right)+$$

$$\left(\psi\left(\frac{n}{107}\right)+\psi\left(\frac{n}{109}\right)-\psi\left(\frac{n}{110}\right)-\right.$$

$$\left.\psi\left(\frac{n}{112}\right)\right)+\left(\psi\left(\frac{n}{113}\right)-\psi\left(\frac{n}{120}\right)\right)+$$

$$\left(\psi\left(\frac{n}{121}\right)-\psi\left(\frac{n}{126}\right)\right)+\left(\psi\left(\frac{n}{127}\right)-\right.$$

$$\left.\psi\left(\frac{n}{130}\right)\right)+\left(\psi\left(\frac{n}{131}\right)-\psi\left(\frac{n}{135}\right)\right)+$$

$$\left(\psi\left(\frac{n}{137}\right)+\psi\left(\frac{n}{139}\right)-\psi\left(\frac{n}{140}\right)+\psi\left(\frac{n}{143}\right)-\right.$$

$$\psi\left(\frac{n}{147}\right)+\psi\left(\frac{n}{149}\right)-\psi\left(\frac{n}{150}\right)+\psi\left(\frac{n}{151}\right)-$$

$$\psi\left(\frac{n}{154}\right)+\psi\left(\frac{n}{157}\right)-\psi\left(\frac{n}{160}\right)+$$

$$\varphi\left(\frac{n}{163}\right) - \varphi\left(\frac{n}{165}\right) + \varphi\left(\frac{n}{167}\right) - \varphi\left(\frac{n}{168}\right) +$$

$$\varphi\left(\frac{n}{169}\right) - \varphi\left(\frac{n}{170}\right) + \varphi\left(\frac{n}{173}\right) - \varphi\left(\frac{n}{175}\right) +$$

$$\varphi\left(\frac{n}{179}\right) - \varphi\left(\frac{n}{180}\right) + \varphi\left(\frac{n}{181}\right) - \varphi\left(\frac{n}{182}\right) +$$

$$\varphi\left(\frac{n}{187}\right) - \varphi\left(\frac{n}{189}\right) - \varphi\left(\frac{n}{190}\right)\right) +$$

$$\left(\varphi\left(\frac{n}{191}\right) + \varphi\left(\frac{n}{193}\right) - \varphi\left(\frac{n}{195}\right) - \varphi\left(\frac{n}{196}\right)\right) +$$

$$\left(\varphi\left(\frac{n}{197}\right) + \varphi\left(\frac{n}{199}\right) - \varphi\left(\frac{n}{200}\right) +$$

$$\varphi\left(\frac{n}{209}\right) - 2\varphi\left(\frac{n}{210}\right)\right) + \cdots$$

从 $\varphi(n)$ 的定义可知 $\varphi(n)$ 是递增函数,因此

$$T(n) = \varphi(n) + \varphi\left(\frac{n}{2}\right) + \varphi\left(\frac{n}{3}\right) + \cdots$$

是一个有限级数.因此 $U(n)$ 也是一个有限级数.容易验证在上面式子中的每个括号中的和数是一个正数.这就意味着,把 $U(n)$ 经过适当的分组后(每 210 项分为一大组,每一个大组中的小组的分法与开头的 210 项类似.由于 $U(n)$ 是一个有限级数,所以这种分组是合法的),可以把 $U(n)$ 表示成为一个正项级数(开头的 210 项之和是一些正数之和,由于系数的周期性和 $\varphi(n)$ 的递增性,以后的每 210 项之和也是一个正数),去掉第三项之后的项,就得到所需的不等式.

引理 3.8.13 当 $n \geqslant 1$ 时, $\varphi(n) < \dfrac{10}{9}cn$.

证明 从引理 3.8.10 和引理 3.8.11 就得到当 $n \geqslant 2$ 时成立不等式

第 3 章 整数的性质

$$\psi(n) - \psi\left(\frac{n}{10}\right) < U(n) < cn$$

由此得出当 $n \geqslant 2$ 时成立不等式

$$\psi(n) < cn + \psi\left(\frac{n}{10}\right)$$

反复应用上述不等式就得到,并注意当 $10^k > n$ 时,$\psi\left(\dfrac{n}{10^k}\right) = 0$,因此下式右端的级数是收敛的

$$\psi(n) < cn + \frac{cn}{10} + \frac{cn}{10^2} + \cdots < \frac{10}{9}cn$$

当 $n=1$ 时,通过直接验证可以知道上述不等式成立,这就证明了引理.

刚才我们提到,使用一个切比雪夫类型的恒等式(见引理 3.8.13 上面)可以在 3.8.11 中把 $n\ln n$ 类型的项消掉,于是就可以定义一个函数 $U(n)$. 但是 $U(n)$ 还必须有另外一个性质,即它的展开式能够被表示成为一个正项级数,这个性质并不是每一个切比雪夫类型的恒等式可以自动带来的,而是必须通过试验才能发现的. 例如,根据恒等式

$$1 - \frac{1}{2} - \frac{1}{3} - \frac{1}{5} - \frac{1}{7} + \frac{1}{105} = 0$$

你也可以定义一个函数 $U(n)$,但是这个函数的展开式却无法被表示成为一个正项级数.

另外,我们可以证明 $\dfrac{\psi(n)}{n}$ 的最大值是 $\dfrac{\psi(113)}{113}$,然而这个结果却无法用这里这么简单和初等的方法得出来.

定理 3.8.15 设 $d_n = [1, 2, 3, \cdots, n]$ 表示前 n 个自然数的最小公倍数,那么当 $n \geqslant 1$ 时,成立不等式

$$d_n < 3^n$$

证明 由上面证明的几个引理我们得出

$$d_n = e^{\psi(n)} < e^{\frac{10}{9}cn} \leq (e^{\frac{10}{9}c})^n \leq$$
$$(2.966\,997\,611\,231\,59\cdots)^n < 3^n$$

习题 3.8

1. 对 $\sqrt{2}$ 和 1 实行辗转相除法如下:

$\sqrt{2} = 1 \cdot 1 + \sqrt{2} - 1, 0 < \sqrt{2} - 1 < 1$

$1 = 2 \cdot (\sqrt{2} - 1) + 3 - 2\sqrt{2}$

$0 < 3 - 2\sqrt{2} < \sqrt{2} - 1$

$\sqrt{2} - 1 = 2(3 - 2\sqrt{2}) + 5\sqrt{2} - 7$

$0 < 5\sqrt{2} - 7 < 3 - 2\sqrt{2}$

$\vdots$

证明:这一算法不可能在有限步内结束.

2. 设 n 是任意正整数, α 是实数, 证明: $[\alpha] + \left[\alpha + \dfrac{1}{n}\right] + \cdots + \left[\alpha + \dfrac{n-1}{n}\right] = [n\alpha]$.

3. 设 α,β 是任意二实数, 证明:

(1) $[\alpha] - [\beta] = [\alpha - \beta]$ 或 $[\alpha - \beta] + 1$;

(2) $[2\alpha] + [2\beta] \geq [\alpha] + [\alpha + \beta] + [\beta]$.

4. 设 $r = \dfrac{4}{3}$, 证明存在无穷多个正整数, 使得 $[nr]$ 是素数.

5. 求出一个自然数 n, 使得在 $n!$ 中, 素数 3 共出现了 7 次.

6. 证明:方程 $[x] + [2x] + [4x] + [8x] + [16x] + [32x] = 12\,345$ 没有整数解.

7. 设 $\alpha = \dfrac{\sqrt{5}-1}{2}$, n 是自然数, 证明: $[r[rn]+r] +$

$[r(n+1)] = n.$

8. 设 $\varphi = \dfrac{\sqrt{5}+1}{2}, \Delta_n = [[(n+1)\varphi]\varphi] - [[n\varphi]\varphi]$,

证明:

(1) Δ_n 等于 2 或者 3;

(2) $[[(n+1)\varphi^2]\varphi] - [[n\varphi^2]\varphi] = 2\Delta_n - 1$;

(3) $[n\varphi] + [n\varphi^2] = [[n\varphi^2]\varphi]$;

(4) $[[n\varphi^2]\varphi] = [[n\varphi]\varphi^2] + 1.$

9. 设 α 是正实数,n 是自然数. $a_n = [n(\alpha+1)], b_n = \left[n\left(\dfrac{1}{\alpha}\right)+1\right]$,证明

$\{a_n\} \cap \{b_n\} = \varnothing, \{a_n\} \cup \{b_n\} = \{1,2,3,\cdots,n\cdots\}$

的充分必要条件是 α 是正无理数.

10. 设 α, β 是正实数,n 是自然数. $a_n = [n\alpha], b_n = [n\beta]$,证明

$\{a_n\} \cap \{b_n\} = \varnothing, \{a_n\} \cup \{b_n\} = \{1,2,3,\cdots,n\cdots\}$

的充分必要条件是 α, β 是满足关系式 $\dfrac{1}{\alpha} + \dfrac{1}{\beta} = 1$ 的正无理数.

11. 设 $m > 0, (a, m) = 1, b$ 是整数,证明:

(1) $\displaystyle\sum_{r=0}^{m-1} \left\{\dfrac{ar+b}{m}\right\} = \dfrac{1}{2}(m-1)$;

(2) $\displaystyle\sum_{(r,m)=1} \left\{\dfrac{ar}{m}\right\} = \dfrac{1}{2}\varphi(m).$

12. (1) 设 $m > 0, (a, m) = 1, h \geqslant 0, c$ 是实数,$c \leqslant \psi(x) \leqslant c + h, S = \displaystyle\sum_{x=0}^{m-1} \left\{\dfrac{ax+\psi(x)}{m}\right\}$.

证明: $\left|S - \dfrac{1}{2}m\right| \leqslant h + \dfrac{1}{2}.$

(2) 设 M 是整数,$m > 0, (a, m) = 1, A$ 和 B 都是

实数,且

$$A = \frac{a}{m} + \frac{\lambda}{m^2}, S = \sum_{x=M}^{M+m-1} \{Ax + B\}$$

证明:$\left| S - \frac{1}{2}m \right| \leqslant |\lambda| + \frac{1}{2}.$

(3) 设 M 是整数,$m > 0, (a,m) = 1$,函数 $f(x)$ 在区间 $M \leqslant x \leqslant M+m-1$ 中直到二阶的连续导数,且满足条件

$$f'(M) = \frac{a}{m} + \frac{\theta}{m^2}, |\theta| < 1, \frac{1}{A} \leqslant |f''(x)| \leqslant \frac{k}{A}$$

其中 $1 \leqslant m \leqslant \tau, \tau = A^{\frac{1}{3}}, A \geqslant 2, k \geqslant 1$

$$S = \sum_{x=M}^{M+m-1} \{f(x)\}$$

证明:$\left| S - \frac{1}{2}m \right| < \frac{k+3}{2}.$

13. (1) 设 $r > 0$,T 是区域 $x^2 + y^2 \leqslant r^2$ 内的整点数,证明

$$T = 1 + 4[r] + 8 \sum_{0 < x \leqslant \frac{r}{\sqrt{2}}} \left[\sqrt{r^2 - x^2}\right] - 4 \left[\frac{r}{\sqrt{2}}\right]^2$$

(2) 设 $n > 0$,T 是区域 $x > 0, y > 0, xy \leqslant n$ 内的整点数,证明

$$T = 2 \sum_{0 < x < \sqrt{n}} \left[\frac{n}{x}\right] - [\sqrt{n}]^2$$

14. 设 n 是任一正整数,p 是一个素数,且 $n = a_0 + a_1 p + a_2 p^2 + \cdots, 0 \leqslant a_i < p$. 证明:在 $n!$ 的素因子分解式中,素数 p 的方次数是

$$h = \frac{n - S_n}{p - 1}$$

其中,$S_n = a_0 + a_1 + a_2 + \cdots.$

第 3 章　整数的性质

3.9　整数的函数(Ⅱ)

3.9.1　积性函数

定义 3.9.1.1　设 $f(n)$ 是定义在集合 D 上的整数的函数,并满足当 $(m,n)=1, m,n \in D$ 时,就有 $f(mn)=f(m)f(n)$,则称 $f(n)$ 是一积性函数.

如果 $f(n)$ 对任意 $m,n \in D$ 都具有性质 $f(mn)=f(m)f(n)$,则称 $f(n)$ 是一个完全积性函数.

前面提到过的 Euler(欧拉)函数 $\varphi(n)$ 就是一个积性函数的例子,但易于说明 $\varphi(n)$ 不是一个完全积性函数,请读者自己举例说明. 下面再给出一个重要的积性函数的例子.

定义 3.9.1.2　称如下定义的函数 $\mu(n)$ 为莫比乌斯(Möbius)函数

$$\mu(n) = \begin{cases} 1, & \text{如果 } n=1 \\ (-1)^r, & \text{如果 } n=p_1\cdots p_r \text{ 是 } r \text{ 个两两不同的素数的乘积} \\ 0, & \text{其他情况,即 } n \text{ 有大于 1 的平方因数} \end{cases}$$

从莫比乌斯函数的定义易于证明它是一个积性函数,同时也不难举例说明,它不是完全积性的.

定义 3.9.1.3　定义在正整数集合上的函数 $\delta(n)$ 和 $I(n)$ 的意义如下

$$\delta(n) = \begin{cases} 1, & \text{当 } n=1 \text{ 时} \\ 0, & \text{当 } n>1 \text{ 时} \end{cases}$$

$I(n)=1$,对所有的 $n \geqslant 1$

莫比乌斯函数 $\mu(n)$ 的一个重要性质为:

引理 3.9.1.1　设 n 是正整数,则
$$\sum_{d\mid n}\mu(d)=\delta(n)$$

证明　当 $n=1$ 时,引理显然成立,因此我们只需证明当 $n>1$ 时,上面的和式必等于 0 即可.

设 $n=p_1^{a_1}\cdots p_r^{a_r}$,则根据莫比乌斯函数的定义可知,除了 $d=1$ 或 d 是 $p_1\cdots p_r$ 的因子这两种情况外,对 n 的其余因子 d 都有 $\mu(d)=0$. 而 $p_1\cdots p_r$ 的因子只有 $p_i(1\leqslant i\leqslant r)$(共有 $C_r^1=r$ 个),$p_ip_j(1\leqslant i,j\leqslant r, i\neq j)$(共有 C_r^2 个),$\cdots$,$p_1\cdots p_r$(共有 $C_r^r=1$ 个),所以
$$\sum_{d\mid n}\mu(d)=\sum_{d\mid p_1\cdots p_r}\mu(d)=1-C_r^1+C_r^2-\cdots+(-1)^r=$$
$$(1-1)^r=0$$

定义 3.9.1.4　设 $f(n)$ 和 $g(n)$ 都是定义在正整数值上的复值函数,则称和式
$$\sum_{d_1d_2=n}f(d_1)g(d_2)=\sum_{d\mid n}f(d)g\left(\frac{n}{d}\right)$$
为 $f(n)$ 和 $g(n)$ 的迪利克雷(Dirichlet)卷积,记为 $f*g$.

迪利克雷卷积有以下运算性质:

定理 3.9.1.1　设 f,f_1,f_2,f_3 都是定义在正整数值上的复值函数,则有:

(1) $f_1*f_2=f_2*f_1$(卷积的交换性);

(2) $(f_1*f_2)*f_3=f_1*(f_2*f_3)$(卷积的结合性);

(3) $(f_1+f_2)*f_3=(f_1*f_3)+(f_2*f_3)$(卷积满足分配律).

证明　我们只证(2),请读者自己证明(1),(3).

我们有
$$f_1 * f_2 * f_3(n) = \sum_{d_1 d_2 d_3 = n} f_1(d_1) f_2(d_2) f_3(d_3) =$$
$$\sum_{d_1 \mid n} f_1(d_1) \sum_{d_2 d_3 = \frac{n}{d_1}} f_2(d_2) f_3(d_3) =$$
$$f_1 * (f_2 * f_3)(n)$$

又有
$$(f_1 * f_2) * f_3(n) = \sum_{d_1 d_2 = \frac{n}{d_3}} f_1(d_1) f_2(d_2) \sum_{d_3 \mid n} f_3(d_3) =$$
$$\sum_{d_1 d_2 d_3 = n} f_1(d_1) f_2(d_2) f_3(d_3) =$$
$$f_1 * f_2 * f_3$$

对照上面的两组等式就得出(3).

定理 3.9.1.2 (1) 对任意函数 $f: \mathbf{N} \to \mathbf{C}$,存在一个函数 $f^{-1}: \mathbf{N} \to \mathbf{C}$ 使得当且仅当 $f(1) \neq 0$ 时,有 $f^{-1} * f = \delta$. 逆 f^{-1} 是唯一确定的,并且有 $f^{-1}(1) f(1) = 1$,称 f^{-1} 是 f 的迪利克雷逆.

(2) 迪利克雷逆具有性质
$$(f^{-1})^{-1} = f \quad \text{以及} \quad (f_1 * f_2)^{-1} = f_2^{-1} * f_1^{-1}$$

证明 (1) 设 $g: \mathbf{N} \to \mathbf{C}$ 具有性质 $g * f = \delta$,那么 $g(1) f(1) = 1$,因此 $g(1)$ 不等于 0 并且是唯一确定的. 当 $n > 1$ 时,我们有
$$\sum_{d \mid n} g(d) f\left(\frac{n}{d}\right) = 0$$
所以
$$g(n) f(1) = -\sum_{d \mid n, d < n} g(d) f\left(\frac{n}{d}\right)$$
因此由归纳法就得出对每一个 $n \in \mathbf{N}, g(n)$ 是唯一确定的. 反之,设 g 是用这种方法归纳地定义的,则

$g * f = \delta$.

(2) 从逆的定义可知 $f^{-1} * f = \delta$,由此就得出 $(f^{-1})^{-1} = f$. 又从

$$(f_1 * f_2) * (f_2^{-1} * f_1^{-1}) = f_1 * f_2 * f_2^{-1} * f_1^{-1} = f_1 * \delta * f_1^{-1} = \delta$$

即得

$$(f_1 * f_2)^{-1} = f_2^{-1} * f_1^{-1}$$

引理 3.9.1.2 (1) $f * \delta = \delta * f = f$;

(2) $I * \mu = \mu * I = \delta$;

(3) $f * I(n) = I * f(n) = \sum_{d|n} f(d)$.

证明 (1) $f * \delta(n) = \delta * f(n) =$

$$\sum_{d|n} \delta(d) f\left(\frac{n}{d}\right) = f(n)$$

(2) $\mu * I(1) = \mu(1) I(1) = 1$,当 $n > 1$ 时

$$\mu * I(n) = \sum_{d|n} \mu(d) I\left(\frac{n}{d}\right) = \sum_{d|n} \mu(d) = 0$$

因此就有

$$I * \mu = \mu * I = \delta$$

(3) $f * I(n) = \sum_{d|n} f(d) I\left(\frac{n}{d}\right) =$

$$\sum_{d|n} f(d)$$

由此就得出

$$f * I(n) = I * f(n) = \sum_{d|n} f(d)$$

3.9.2 积性函数的性质

为给出积性函数的几个重要性质,首先再给出一

第 3 章　整数的性质

些最大公约数的性质:

引理 3.9.2.1　(1) $(d,a)=(d,a,cd)$；
(2) $(d,ab)=(d,ab,db)$；
(3) $(d,ab)=(d,(d,a)b)$；
(4) $(a_1,a_2)(b_1,b_2)=(a_1b_2,a_1b_2,a_2b_1,a_2b_2)$.

证明　(1) 根据最大公因数的定义，显然有
$$(d,a) \mid d, (d,a) \mid a, (d,a) \mid cd$$
故
$$(d,a) \mid (d,a,cd)$$
同理可证
$$(d,a,cd) \mid (d,a)$$
这就证明了
$$(d,a)=(d,a,cd)$$

(2) 根据最大公因数的定义，显然有
$$(d,ab) \mid d, (d,ab) \mid ab, (d,ab) \mid db$$
故
$$(d,ab) \mid (d,ab,db)$$
同理可证
$$(d,ab,db) \mid (d,ab)$$
这就证明了
$$(d,ab)=(d,ab,db)$$

(3) 由(2)的结果就得出
$$(d,ab)=(d,ab,db)=(d,(d,a)b)$$
(4) $(a_1,a_2)(b_1,b_2)=((a_1,a_2)b_1,(a_1,a_2)b_2)=$
$$((a_1b_1,a_2b_1),(a_2b_1,a_2b_2))=$$
$$(a_1b_2,a_1b_2,a_2b_1,a_2b_2)$$

引理 3.9.2.2　(1) $(d,ab) \mid (d,a)(d,b)$，并举例说明确有可能 $(d,ab) \neq (d,a)(d,b)$.

(2) 如果 $(a,b)=1$，则 $(d,ab)=(d,a)(d,b)$.

证明 (1) 由引理 3.9.2.1(3) 可知
$$(d,ab)=(d,(d,a)b) \mid ((d,a)d,(d,a)b)=$$
$$(d,a)(d,b)$$

设 $a=6, b=8, d=12$，则
$$(d,ab)=(12,48)=12$$
$$(d,a)(d,b)=(12,6)(12,8)=6 \cdot 4=24$$

所以这时有
$$(d,ab) \neq (d,a)(d,b)$$

(2) 设 $(a,b)=1$，则由引理 3.9.2.1(4) 可知
$$(d,a)(d,b)=(d^2,da,db,ab)=$$
$$(d(d,a,b),ab)=$$
$$(d(d,(a,b)),ab)=$$
$$(d(d,1),ab)=$$
$$(d,ab)$$

引理 3.9.2.3 设 $(a,b)=1$，则 d 是 ab 的正除数的充分必要条件是 d 可表为 $d_1 d_2$，且 $d_1 \mid a, d_2 \mid b$，并证明这种表示法是唯一的.

举例说明如果 $(a,b)>1$，则这种表示法可以是不唯一的.

证明 必要性. 若 $d=d_1 d_2, d_1 \mid a, d_2 \mid b$，则显然有 $d=d_1 d_2 \mid ab$.

充分性. 设 $d \mid ab$，则由引理 3.9.2.1(4) 得出
$$(d,a)(d,b)=(d^2,da,db,ab)=$$
$$d\left(d,a,b,\frac{ab}{d}\right)=$$
$$d\left(\left(d,\frac{ab}{d}\right),(a,b)\right)=$$

第 3 章　整数的性质

$$d\left(\left(d,\frac{ab}{d}\right),1\right)=d$$

因此取 $d_1=(d,a),d_2=(d,b)$ 就有 $d_1\mid a,d_2\mid b$，$d_1d_2=d$.

下面证唯一性.

设
$$d_1d_2=d=(d,a)(d,b),d_1\mid a,d_2\mid b$$
则由于 $(d_1,b)\mid d_1\mid a$，所以有
$$(d_1,b)=((d_1,b),a)=(d_1,(a,b))=(d_1,1)=1$$
同理有
$$(d_2,a)=((d,a),d_2)=((d,b),d_1)=1$$
于是由
$$d_1\mid d_1d_2=(d,a)(d,b)\Rightarrow d_1\mid(d,a)$$
同理有
$$d_2\mid(d,b),(d,a)\mid d_1,(d,b)\mid d_2$$
由此就得出
$$d_1=(d,a),d_2=(d,b)$$
这就证明了唯一性.

取
$$a=5\cdot 2^2\cdot 3^2=180,b=2^2\cdot 3^2\cdot 7=252,d=36$$
则取
$$d_1=2^2\cdot 3=12,d_2=3$$
或
$$d_1=2,d_2=2\cdot 3^2=18$$
都符合要求，因此当 $(a,b)>1$ 时，上述分解法可以不是唯一的.

引理 3.9.2.4　设 $(a,b)=1$，则：

(1) $(a,bc)=(a,c)$；

(2) $(a^k,b^k)=1$；

(3) 对任意正整数 a,b 成立 $(a^k,b^k)=(a,b)^k$.

证明 (1) 当 $a=0$ 时,$b=\pm 1$,结论显然成立.

当 $a\neq 0$ 时,
$$(a,c)=(a,c(a,b))=(a,(ac,bc))=$$
$$(a,ac,bc)=((a,ac),bc)=$$
$$(a(1,c),bc)=(a,bc)$$

(2) 在(1)中取 $c=b$ 即得
$$1=(a,b)=(a,b^2)=\cdots=(a,b^k)=$$
$$(b^k,a)=(b^k,a^2)=\cdots=$$
$$(b^k,a^k)=(a^k,b^k)$$

(3) 由(2)的结果和 $\left(\dfrac{a}{(a,b)},\dfrac{b}{(a,b)}\right)=1$ 即得

$$(a^k,b^k)=(a,b)^k\left(\left(\dfrac{a}{(a,b)}\right)^k,\left(\dfrac{b}{(a,b)}\right)^k\right)=(a,b)^k$$

引理 3.9.2.5 设 $(a,b)=1$,$ab=c^k$,则 $a=(a,c)^k$,$b=(b,c)^k$.

证明 由引理 3.9.2.4 和 $(a,b)=1$ 知 $(a^{k-1},b)=1$,因而

$$a=a(a^{k-1},b)=(a^k,ab)=(a^k,c^k)=(a,c)^k$$

同理可证 $b=(b,c)^k$.

引理 3.9.2.6 设 $(a,b)=1$,k 是给定的正整数,则 $d^k\mid ab$ 的充分必要条件是存在唯一的一对正整数 d_1,d_2 使得 $d_1^k\mid a$,$d_2^k\mid b$,$d_1d_2=d$.

证明 必要性,若 $d=d_1d_2$,$d_1^k\mid a$,$d_2^k\mid b$,则显然有 $d^k=d_1^kd_2^k\mid ab$.

充分性,设 $d^k\mid ab$,则由 $(a,b)=1$ 和引理 2(2) 就得出

$$d^k=(d^k,ab)=(d^k,a)(d^k,b)$$

易证

第 3 章 整数的性质

$$((d^k,a),(d^k,b))=(d^k,a,b)=(d^k,(a,b))=$$
$$(d^k,1)=1$$

故由引理 3.9.2.4 就有
$$(d^k,a)=((d^k,a),d)^k=(d^k,a,d)^k=(d,a)^k$$

同理可证 $(d^k,b)=(d,b)^k$.

取 $d_1=(d,a),d_2=(d,b)$,则 $d_1^k\mid a,d_2^k\mid b,d=d_1d_2$.

下面证明唯一性.

设
$$d_1d_2=d=(d^k,a)(d^k,b),d_1\mid a,d_2\mid b$$

则由于 $(d_1,b)\mid d_1\mid a$,所以有
$$(d_1,b)=((d_1^k,b),a)=(d_1^k,(a,b))=(d_1^k,1)=1$$

同理有
$$(d_2,a)=((d^k,a),d_2)=((d^k,b),d_1)=1$$

于是由
$$d_1\mid d_1d_2=(d^k,a)(d^k,b)\Rightarrow d_1\mid (d^k,a)$$

同理有
$$d_2\mid (d^k,b),(d^k,a)\mid d_1,(d^k,b)\mid d_2$$

由此就得出
$$d_1=(d^k,a),d_2=(d^k,b)$$

这就证明了唯一性.

定义 3.9.2.1 设 $f(n)$ 是定义在正整数集合上的函数,则称
$$F(n)=\sum_{d\mid n}f(d)$$
是 $f(n)$ 的莫比乌斯变换,而称 $f(n)$ 是 $F(n)$ 的莫比乌斯逆变换.莫比乌斯变换的一个重要性质是:

定理 3.9.2.1 如果 $f(n)$ 是积性函数,则 $f(n)$ 的莫比乌斯变换

239

$$F(n) = \sum_{d\mid n} f(d)$$

也是积性函数,且若设 $n > 1$ 并且 n 的素因子分解式为

$$n = p_1^{a_1} \cdots p_r^{a_r}$$

那么就有 $F(1) = f(1)$,而当 $n > 1$ 时有

$$F(n) = \prod_{i=1}^{r}(1 + f(p_i) + \cdots + f(p_i^{a_i}))$$

证明　设 $(a,b) = 1$,则由引理 3.9.2.3 就得出

$$F(ab) = \sum_{d\mid ab} f(d) = \sum_{d_1\mid a}\sum_{d_2\mid b} f(d_1 d_2) =$$

$$\sum_{d_1\mid a} f(d_1) \sum_{d_2\mid b} f(d_2) = F(a)F(b)$$

这就证明了 $F(n)$ 也是积性函数.

又设

$$n = p_1^{a_1} \cdots p_r^{a_r}$$

则 $F(1) = f(1)$ 显然,且由 $f(n)$ 和 $F(n)$ 都是积性函数可知当 $n > 1$ 时就有

$$F(n) = \sum_{d\mid n = p_1^{a_1}\cdots p_r^{a_r}} f(d) =$$

$$\sum_{e_1=0}^{a_1}\cdots\sum_{e_r=0}^{a_r} f(p_1^{e_1}\cdots p_r^{e_r}) =$$

$$\sum_{e_1=0}^{a_1}\cdots\sum_{e_r=0}^{a_r} f\{(p_1^{e_1})\cdots f(p_r^{e_r})\} =$$

$$\left(\sum_{e_1=0}^{a_1} f(p_1^{e_1})\right)\cdots\left(\sum_{e_r=0}^{a_r} f(p_r^{e_r})\right) =$$

$$\prod_{i=1}^{r}(1 + f(p_i) + \cdots + f(p_i^{a_i}))$$

从定理 3.9.2.1 可知,对每一个定义在正整数集上的函数 $f(n)$,通过莫比乌斯变换都可得出一个新的

第 3 章 整数的性质

定义在正整数集上的函数 $F(n)$. 我们自然要问，对每一个定义在正整数集上的函数 $F(n)$，是否一定存在一个定义在正整数集上的函数 $f(n)$，使得 $F(n)$ 恰是 $f(n)$ 的莫比乌斯变换呢？如果存在，这种 $f(n)$ 是否又是唯一的呢？回答是肯定的，这便是下面的

定理 3.9.2.2　莫比乌斯反演定理

设 $F(n) = \sum_{d \mid n} f(d)$，则

$$f(n) = \sum_{d \mid n} \mu(d) F\left(\frac{n}{d}\right)$$

证明　由引理 3.9.1.2(3) 可知

$$F = f * I$$

因而仍由引理 3.9.1.2 和卷积的结合性就得出

$$F * \mu = (f * I) * \mu = f * (I * \mu) =$$
$$f * \delta = f$$

所以

$$f(n) = F * \mu(n) = \mu * F(n) = \sum_{d \mid n} \mu(d) F\left(\frac{n}{d}\right)$$

假如有 $f_1(n), f_2(n)$ 都使得

$$F(n) = \sum_{d \mid n} f_1(d) = \sum_{d \mid n} f_2(d)$$

那么由已证的公式便可知

$$f_1(n) = f_2(n) = \sum_{d \mid n} \mu(n) F\left(\frac{n}{d}\right)$$

这便证明了唯一性.

例 3.9.2.1　设 $n = p_1^{\alpha_1} \cdots p_r^{\alpha_r}$，则

$$\varphi(n) = n\left(1 - \frac{1}{p_1}\right) \cdots \left(1 - \frac{1}{p_r}\right)$$

证明　由 $\sum_{d \mid n} \varphi(d) = n$ 及莫比乌斯反演定理便得出

$$\varphi(n) = \sum_{d\mid n}\mu(d)\frac{n}{d} = n\sum_{d\mid p_1\cdots p_r}\frac{\mu(d)}{d} =$$
$$n\Big(1 - \sum_{i}\frac{1}{p_i} + \sum_{i,j}\frac{1}{p_i p_j} - \cdots + \frac{(-1)^r}{p_1\cdots p_r}\Big) =$$
$$n\Big(1 - \frac{1}{p_1}\Big)\cdots\Big(1 - \frac{1}{p_r}\Big)$$

这就重新证明了定理 3.7.8.

习题 3.9

1. 设 $E(n) = n, \tau(n)$ 为 n 的所有正除数的个数,$\sigma(n)$ 为 n 的所有正除数之和,证明:

(1) $\tau = I * I$;

(2) $\sigma = I * E = \varphi * \tau$;

(3) $\sigma * \varphi = E * E$;

(4) $\tau^2 * \mu = \tau * \mu^2$.

2. 设 f^{-1} 表示 f 的迪利克雷逆:

(1) 证明 $\mu^{-1} = I$;

(2) 证明 $\tau^{-1} = \mu * \mu$;

(3) 求 E^{-1}, σ^{-1} 和 φ^{-1}.

3. 设 f 是积性函数,证明:

(1) 若 n 是无平方因子数,则 $f^{-1}(n) = \mu(n)f(n)$;

(2) 若 p 是一个素数,则 $f^{-1}(p^2) = f^2(p) - f(p^2)$.

4. 求 $\sum_{d\mid n}\mu(d)\varphi(d), \sum_{d\mid n}\mu(d)^2\varphi(d)^2$ 和 $\sum_{d\mid n}\frac{\mu(d)}{\varphi(d)}$ 的计算公式.

第 3 章　整数的性质

5.证明对所有的 n 成立：

(1) $\sum_{d\mid n}\mu\left(\dfrac{n}{d}\right)\tau(d)=1$；

(2) $\sum_{d\mid n}\mu\left(\dfrac{n}{d}\right)\sigma(d)=n$.

6.证明 n 是一个完全平方数的充分必要条件是 $\tau(n)$ 是奇数.

7.证明 $\sigma(n)$ 是奇数的充分必要条件是 n 是一个完全平方数或完全平方数的两倍.

8.证明：$\varphi(n)\varphi(m)=\varphi((n,m))\varphi([n,m])$.

9.证明：$\varphi(mn)\varphi((m,n))=(m,n)\varphi(m)\varphi(n)$.

10.证明：$\prod_{d\mid n}d=n^{\frac{\tau(n)}{2}}$.

11.证明：$\sum_{\substack{(d,n)=1 \\ n\geqslant 2, d\leqslant n}}d=\dfrac{n}{2}\varphi(n)$.

3.10　同余式的方程

大多数人在刚接触同余式这个概念及其性质时都不会感到很难，因为这里面有很多形式上与等式类似的东西，所以我们会有似曾相识之感.所以既然可以从等式这个概念发展出方程式的概念，那么从同余式这个概念也可以发展出同余式的方程的一套理论也就不奇怪了.不过二者之间虽然有相似的地方，然而也有许多不同的地方，首先弄清楚它们的异同才能比较轻松地往前走，所以下面我们采取对照的方式介绍同余式方程的理论，对于与等式和方程的不同之处，我们用黑体字标出以引起注意.

Gauss 的遗产——从等式到同余式

等式和方程	同余式和同余式的方程
1.对变量的所有可能的值都成立的等式称为恒等式.	1.设同余式的模为 $m>0$,对所有整数式成立的同余式称为是关于模 m 的恒等同余式 设 $f(x,y,z,\cdots)$ 是变量 $x,y,z,\cdots$ 的整多项式. 如果 $f(x,y,z,\cdots)$ 中所有的系数都是 m 的倍数,则称 $f(x,y,z,\cdots) \equiv 0 (\bmod m)$ 是关于模 m 的绝对同余式
2.仅对被称为是未知数的变量的某些值成立的等式称为是关于未知数的方程	2.仅对被称为是未知数的变量的某些值成立的同余式称为**条件同余式**或同余式的方程
3.未知数的使得方程两边相等的值称为方程的解	3.条件同余式中的未知数的使得同余式两边同余的同余类称为同余式方程的解
4.方程式中未知数的最高次项的次数称为同余式的次数	4.条件同余式中未知数的最高次项的次数称为方程的次数
5.方程式中未知数的个数称为方程式的元数	5.条件同余式中未知数的个数称为同余式方程的元数
6.设给定了(1),(2)两个方程,如果方程(1)的解都是方程(2)的解,并且反过来,方程(2)的解也都是方程(1)的解,则称方程(1),(2)是互相同解的方程	6.设给定了(1),(2)两个同余式,如果同余式(1)的解都是同余式(2)的解,并且反过来,同余式(2)的解也都是同同余式(1)的解,则称同余式(1),(2)是互相同解的同余式

第 3 章　整数的性质

续　表

等式和方程	同余式和同余式的方程
7. 把方程式的两边和一个两边都是整式的等式的两边相加,所得的方程和原方程同解	7. 把同余式的两边与恒等同余式或者绝对同余式的两边相加,所得的同余式方程和原来的同余式方程同解
8. 用一个不等于零的实数去乘以方程的两边,所得的方程和原方程同解	8. 设同余式方程的模是 m,$(k, m)=1$,那么用整数 k 去乘同余式方程的两边所得的同余式方程和原同余式方程同解

显然,绝对同余式一定是恒等同余式,但是反过来,恒等同余式却不一定是绝对同余式. 例如 $x(x+1)\equiv 0(\bmod 2)$ 显然是一个恒等同余式(因为 x 和 $x+1$ 是两个连续的整数,其中必有一个是偶数),但是 $x(x+1)$ 中的两个系数都是 1,它们全都不是 2 的倍数. 因此 $x(x+1)$ 并不是绝对同余式.

这里要注意的地方是方程的解在一般情况下是一些个别的数,而同余式的解包含无穷多个数. 如果其中一个数是同余式的解,那么与这个数同余的数就都是同余式的解,我们把属于同一个同余类的解都看成相同的解. 由这一说明立刻就得出:

定理 3.10.1　设同余式方程的模是 m,那么同余式方程 $f(x)\equiv 0(\bmod m)$ 至多有 m 个解.

虽然我们在形式上定义了同余式方程的元数的概念,但是我们通常只讨论一元的同余式方程,并且不考虑模为未知数的同余式方程.

关于同余式的同解性,有一些与方程类似的判定法则,但也有一些不同的地方.

上面中表 8. 中的法则对于方程和同余式方程虽然有所差别,但是毕竟还有相似之处.然而下面这一法则却是同余式方程所特有的了.

定理 3.10.2 设同余式方程的模是 $m>0$,同余式方程的两边和模 m 有大于 1 的最大公约数,即同余式方程可写成 $kg(x)\equiv 0(\mathrm{mod}\ km)$ 的形式,其中 $g(x)$ 的系数中至少有一个是与 m 互素的.

又设同余式方程 $g(x)\equiv 0(\mathrm{mod}\ m)$ 的解数是 s,那么同余式方程 $kg(x)\equiv 0(\mathrm{mod}\ km)$ 的解数就是 ks.

证明 设同余式方程 $g(x)\equiv 0(\mathrm{mod}\ m)$ 的一个解是 c,那么 $0\leqslant c<m$.且 $g(c)\equiv 0(\mathrm{mod}\ m)$.又设 $z_i=c+im$,$i=0,1,2,\cdots,k-1$,则显然 $z_i\equiv c(\mathrm{mod}\ m)$,因此 $g(z_i)\equiv 0(\mathrm{mod}\ m)$.根据同余式的意义,必有整数 y 使得 $g(z_i)-my=0$,因此有 $kg(z_i)-kmy=0$,或者 $kg(z_i)\equiv 0(\mathrm{mod}\ km)$,这就说明 $z_i=c+im$,$i=0,1,2,\cdots,k-1$ 都是同余式方程 $kg(x)\equiv 0(\mathrm{mod}\ km)$ 的解,这就证明了定理.

根据上面的同解法则和定理就可以得出:

引理 3.10.1 任何同余式方程都可以化为下面的标准形:$f(x)\equiv 0(\mathrm{mod}\ m)$,使得 $f(x)\equiv 0(\mathrm{mod}\ m)$ 和原来的同余式方程同解,且:

(1) $f(x)$ 的系数中没有 m 的倍数,且都小于 m;

(2) $f(x)$ 的次数小于 m;

如果 $f(x)$ 的系数和 m 的最大公约数为 $k>1$,那么可以把 k 约去使得:

(3) $f(x)$ 的系数和 m 的最大公约数为 1.

这时原来的同余式方程的解数是 $f(x)\equiv$

$0(\bmod m)$ 的解数的 k 倍,这 k 倍个解可以应用定理 3.10.2 从 $f(x) \equiv 0(\bmod m)$ 的解得出.

下面我们就来介绍各种现在已知的同余式方程的结果.

首先讨论最简单的一次同余式方程,即
$$ax \equiv b(\bmod m), (a,m)=1$$
根据第 5 节中关于一次不定方程的讨论,解上面的同余式方程就相当于求不定方程
$$ax - my = b$$
的整数解.于是根据第 5 节中关于一次不定方程的讨论的内容立刻就得到.

定理 3.10.3 当 $(a,m)=1$ 时,同余式方程 $ax \equiv b(\bmod m)$ 有唯一解.

证明 解的存在性由第 5 节中关于一次不定方程的讨论立刻得出,现在证明唯一性.设 c_1, c_2 都是同余式方程 $ax \equiv b(\bmod m)$ 的解,则 $ac_1 \equiv b(\bmod m)$,$ac_2 \equiv b(\bmod m)$,因此 $a(c_1 - c_2) \equiv 0(\bmod m)$,故 $m \mid a(c_1 - c_2)$,但是由于 $(a,m)=1$,因此就得出 $m \mid (c_1 - c_2)$ 或者 $c_1 \equiv c_2(\bmod m)$,根据我们对同余式方程解的定义就证明了解的唯一性.

对于一般的一次同余式方程,根据定理 3.10.2 和定理 3.10.3 以及第 5 节中关于一次不定方程的讨论就得出:

定理 3.10.4 设 $k=(a,m)$,则同余式方程 $ax \equiv b(\bmod m)$ 有解的充分必要条件为 $k \mid b$.当 $k \mid b$ 时,由定理 3.10.3 知同余式方程 $\dfrac{a}{k}x \equiv \dfrac{b}{k}\left(\bmod \dfrac{m}{k}\right)$ 有唯一解 $x=c$,那么同余式方程 $ax \equiv b(\bmod m)$ 的全部解即

为 $c+\dfrac{m}{k}i, i=0,1,2,\cdots,k-1$. 故同余式方程在有解时的解数为 (a,m).

至于具体如何求出这个解来,我想如果你对前面的内容都很仔细地看了,并且都弄懂了的话应该是不成问题的. 为了让你省事,再来回往前翻,我在这再重复一下:

1. 试验的方法

因为同余式方程的解是有限的,所以原则上总是可以通过实验的方法求出解来的;

2. 欧拉定理法

设 $(a,m)=1$,则由欧拉定理知 $a^{\varphi(m)} \equiv 1(\bmod m)$,因此在同余式方程 $ax \equiv b(\bmod m)$ 的两边同乘以 $a^{\varphi(m)-1}$ 即可得到 $x \equiv a^{\varphi(m)-1}b(\bmod m)$. 再求出 $a^{\varphi(m-1)}b$ 除以 m 的余数,就求出了同余式方程 $ax \equiv b(\bmod m)$ 的唯一解.

不过我告诉你一句老实话,上述办法都只对模比较小(手上有一个计算器的话,大概对小于 100 的模还是可以忍受的吧)的情况可以用,如果模很大,那恐怕没有谁会有什么高招. 那只有老老实实地用老办法即

3. 辗转相除法

设 $(a,m)=1$,要解同余式 $ax \equiv b(\bmod m)$. 可以把它化为不定方程 $ax-my=b$,然后应用定理 3.5.1(也就属应用辗转相除法)就可求出方程 $ax-my=b$ 的一组特解,再把解中的 x 对模 m 求余数,就得到同余式方程 $ax \equiv b(\bmod m)$ 的唯一解.

总结以上的讨论,可以得出解一般的一次同余式方程 $ax \equiv b(\bmod m)$ 的步骤如下:

第 3 章　整数的性质

(1) 设 $k=(a,m)$，首先检查是否有 $k=1$，如果 $k=1$，那么同余式方程 $ax \equiv b \pmod{m}$ 有唯一解，此唯一解可用上面提到的各种方法求出；

(2) 如果 $k>1$，则检查 $k \mid b$ 是否成立，如果 $k \nmid b$，则同余式方程 $ax \equiv b \pmod{m}$ 无解，步骤停止；

(3) 如果 $k \mid b$，则说明 a,b,m 有公因数，因而可考虑同余式方程

$$\frac{a}{k}x \equiv \frac{b}{k}\left(\bmod \frac{m}{k}\right),\left(\frac{a}{k},\frac{m}{k}\right)=1$$

这时方程已化成为标准形；

(4) 对以上的同余式方程用上面提到的各种方法求出一个唯一解；

(5) 应用定理 3.10.4 求出原来的同余式方程的 k 个解.

例 3.10.1　解同余式方程 $58x \equiv 87 \pmod{47}$.

解　首先将其化为标准形 $11x \equiv 40 \pmod{47}$，由于 $(11,47)=1$，所以此方程有唯一解. 由于模不太大，不妨用实验的方法去求. 从 $x=1$ 开始试验起，以后每增加 1，余数就增加 11，因此可以得出下表，表中的数是用 x 代进去后再除以 47 的余数

$$11,22,33,44,55 \equiv 8, 19, 30, 41, 52 \equiv$$
$$5, 16, 27, 38, 49 \equiv 2, 13, 24, 35, 46 \equiv$$
$$-1, 10, 21, 32, 43 \equiv -4, 7, 18, 29, 40$$

试验到此停止，由于 40 位于上表中的第 25 个位置上，因此我们就得出此同余式方程的解为

$$x \equiv 25 \pmod{47}$$

例 3.10.2　解同余式方程 $78x \equiv 57 \pmod{93}$.

解　显然 78 和 93 都含有因子 3，因此我们有

$$(78,93) = 3(26,31) = 3$$

又 57 显然也是 3 的倍数:$57 = 3 \cdot 19$,因此从原来的同余式方程中约去 3 得到如下标准形

$$26x \equiv 19 \pmod{31}$$

这个模比上例还小,因此仍然可以用实验的方法得出

$$26, 52 \equiv 21, 47 \equiv 16, 42 \equiv 11, 37 \equiv 6, 32 \equiv 1$$

试验至此停止,由于 32 位于第 6 个位置上,这就说明 $26 \cdot 6 \equiv 1$,由此得出

$$x \equiv 6 \cdot 19 \equiv 21$$

而原来的同余式的解就是 $21, 21+31=52$ 和 $21+2 \cdot 31=83$.

例 3.10.3 解同余式方程 $589x \equiv 1\,026 \pmod{817}$.

解 借助于计算器首先算出 $\sqrt{589} = 24.26\cdots$因此 589 的最小素因数只能是 $2, 3, 5, 7, 11, 13, 17, 19, 23$. 显然 $2, 3, 5$ 都不可能是 589 的因数,因此从 7 开始试除,试除到 19,发现 $589 = 19 \cdot 31$. 试除至此结束,然后用 19 去除 817 发现 $817 = 19 \cdot 43$,因此得出 $k = (589, 817) = 19$. 再用 k 去除 $1\,026$ 发现 $1\,026 = 19 \cdot 54$. 因此同余式两边及模可以用 19 去约而得到如下标准形

$$31x \equiv 54 \pmod{43} \text{ 或 } 31x \equiv 11 \pmod{43}$$

对 31 和 43 实行辗转相除法如下

$$31 = 0 \cdot 43 + 31, 0 < 31 < 43, q_1 = 0$$
$$43 = 1 \cdot 31 + 12, 0 < 12 < 31, q_2 = 1$$
$$31 = 2 \cdot 12 + 7, 0 < 7 < 12, q_3 = 2$$
$$12 = 1 \cdot 7 + 5, 0 < 5 < 7, q_4 = 1$$
$$7 = 1 \cdot 5 + 2, 0 < 2 < 5, q_5 = 1$$

$$5 = 2 \cdot 2 + 1, 0 < 1 < 2, q_6 = 2$$
$$2 = 2 \cdot 1$$
$$P_0 = 1, P_1 = 0, P_2 = 1 \cdot 0 + 1 = 1, P_3 = 2 \cdot 1 + 0 = 2$$
$$Q_0 = 0, Q_1 = 1, Q_2 = 1 \cdot 1 + 0 = 1, Q_3 = 2 \cdot 1 + 1 = 3$$
$$P_4 = 1 \cdot 2 + 1 = 3, P_5 = 1 \cdot 3 + 2 = 5$$
$$P_6 = 2 \cdot 5 + 3 = 13$$
$$Q_4 = 1 \cdot 3 + 1 = 4, Q_5 = 1 \cdot 4 + 3 = 7$$
$$Q_6 = 2 \cdot 7 + 4 = 18$$

计算至此结束,然后通过实验发现
$$31 \cdot 18 - 43 \cdot 13 = -1$$
因此 $31 \cdot (-18) - 43 \cdot (-13) = 1$
或者 $31 \cdot (-18 \cdot 11) - 43 \cdot (-13 \cdot 11) = 11$
即 $-18 \cdot 11 \equiv 17$ 是 $31x \equiv 11 \pmod{43}$ 的唯一解,而原同余式方程的解就是从 17 逐次加上 43 直到再加就超过 817 的所有数,也就是 17,60,103,146,189,232, 275,318,361,404,447,490,533,576,619,662,705, 748,791 这 19 个数.

所以现在的问题就是是不是能够把一个同余式方程化成模小一点的同余式方程去解了. 如果同余式方程的模是一个素数而又很大,那么我告诉你,趁早不要去想什么邪门歪道,只有老老实实地该怎么解就怎么解,但是如果模是一个复合数,那么可以用下面的方法化简.

定理 3.10.5 设 $m_1, m_2, \cdots, m_k$ 两两互素,$m = m_1 m_2 \cdots m_k$,那么同余式方程
$$f(x) \equiv 0 \pmod{m}$$
与同余式方程组 $f(x) \equiv 0 \pmod{m_1}, f(x) \equiv 0 \pmod{m_2}, \cdots, f(x) \equiv 0 \pmod{m_k}$ 同解.

证明 设 $x=c, 0 \leqslant c < m$ 是同余式方程 $f(x) \equiv 0 \pmod{m}$ 的解,则 $f(c) \equiv 0 \pmod{m}$,那么由 $m = m_1 m_2 \cdots m_k$ 和同余式的性质(定理 3.6.3)可知 $f(c) \equiv 0 \pmod{m_i}, i=1,2,\cdots,k$. 这就说明同余式方程 $f(x) \equiv 0 \pmod{m}$ 的解都是同余式方程组 $f(x) \equiv 0 \pmod{m_i}, i=1,2,\cdots,k$ 的解.

反过来,如果 $x=c, 0 \leqslant c < m_i$ 是同余式方程组 $f(x) \equiv 0 \pmod{m_i}, i=1,2,\cdots,k$ 的解,那么 $f(c) \equiv 0 \pmod{m_i}, i=1,2,\cdots,k$ 由 $m_1, m_2, \cdots, m_k$ 两两互素和同余式的性质(定理 3.6.4(9))可知 $f(c) \equiv 0 \pmod{m}$,这就说明同余式方程组 $f(x) \equiv 0 \pmod{m_i}, i=1,2,\cdots,k$ 的解都是同余式方程 $f(x) \equiv 0 \pmod{m}$ 的解.

根据这个定理,我们只要会解同余式方程组,就可以把解复合模同余式方程的问题化为解同余式方程组的问题了. 然而我们首先要弄清楚什么是同余式方程组的不同的解.

设 $f_i(x) \equiv 0 \pmod{m_i}, i=1,2,\cdots,k$ 是同余式方程组,$x=c$ 是这一方程组的一个解. 这也就是说整数 c 同时满足 k 个同余式方程,即使得

$$f_i(x) \equiv 0 \pmod{m_i}, i=1,2,\cdots,k$$

同时成立,那么根据同余式的性质(定理 3.6.3)显然同余类 $c(\bmod m)$ 中的任何一个整数也都是同余式方程组 $f_i(x) \equiv 0 \pmod{m_i}, i=1,2,\cdots,k$ 的一个解,这里 $m=[m_1 m_2 \cdots m_k]$ 是 $m_1, m_2, \cdots, m_k$ 的最小公倍数. 这一事实可以记为 $x \equiv c \pmod{m}$ 是同余式方程组 $f_i(x) \equiv 0 \pmod{m_i}, i=1,2,\cdots,k$ 的解. 根据这一说明,只有当 c_1, c_2 都是同余式方程组 $f_i(x) \equiv$

第 3 章 整数的性质

$0(\mod m_i), i=1,2,\cdots,k$ 的解并且对模 m 不同余时才把它们看成是同余式方程组 $f_i(x) \equiv 0(\mod m_i), i=1,2,\cdots,k$ 的不同的解. 我们把所有对模 m 两两不同余的解的个数称为是同余式方程组 $f_i(x) \equiv 0(\mod m_i)$, $i=1,2,\cdots,k$ 的解数. 因此,我们只需在模 m 的余数中去求解同余式方程组 $f_i(x) \equiv 0(\mod m_i), i=1$, $2,\cdots,k$,它的解数最多为 m 个.

下面我们就来研究如何解最简单的同余式方程组. 最简单的同余式方程组的形式为
$$x \equiv b_i(\mod m_i), i=1,2,\cdots,k$$
其中 $m_1, m_2, \cdots, m_k$ 是两两互素的正整数.

关于它的解数,我们有

定理 3.10.6 设 $m_1, m_2, \cdots, m_k$ 是两两互素的正整数,那么同余式方程组 $x \equiv b_i(\mod m_i), i=1,2,\cdots$, k 如果有解,则它的解是唯一的.

证明 设 c_1, c_2 都是同余式方程组 $x \equiv b_i(\mod m_i), i=1,2,\cdots,k$ 的解,那么
$$c_1 \equiv b_i(\mod m_i), i=1,2,\cdots,k$$
$$c_2 \equiv b_i(\mod m_i), i=1,2,\cdots,k$$
因此 $c_1 \equiv c_2(\mod m_i), i=1,2,\cdots,k$
由于 $m_1, m_2, \cdots, m_k$ 两两互素,故由同余式的性质(定理 3.6.4(9))即得 $c_1 \equiv c_2(\mod m)$.

于是根据上面我们对同余式方程组解的说明,它们被看成是同一个解. 这就证明了定理.

上面的定理只肯定了如果同余式方程组 $x \equiv b_i(\mod m_i), i=1,2,\cdots,k$ 有解,则它的解必是唯一的. 但是并没有说明它是否一定有解. 我们下面就来证明这一方程组必定有解. 我们所采用的方法可称为单因

子构建法. 这一方法的实质就是先设法让其他因素不起作用,而只先考虑一个因素的作用,再把所得的结果叠加起来就得到整体的结果,整个过程好像搭积木一样. 为此,我们考虑 k 个方程组如下

(1) $x \equiv 1 (\mod m_1), x \equiv 0 (\mod m_2), \cdots,$
$x \equiv 0 (\mod m_k)$

(2) $x \equiv 0 (\mod m_1), x \equiv 1 (\mod m_2), \cdots,$
$x \equiv 0 (\mod m_k)$

$\vdots$

(k) $x \equiv 0 (\mod m_1), x \equiv 0 (\mod m_2), \cdots,$
$x \equiv 1 (\mod m_k)$

于是显然如果第一个方程组的解是 $x \equiv c_1 (\mod m_i)$, $i=1,2,\cdots,k$,第二个方程组的解是 $x \equiv c_2 (\mod m_i)$, $i=1,2,\cdots,k$,$\cdots$,第 k 个方程组的解 $x \equiv c_k (\mod m_i)$, $i=1,2,\cdots,k$,那么同余式方程组 $x \equiv b_i (\mod m_i), i= 1,2,\cdots,k$ 的解就是 $x \equiv c_1 b_1 + c_2 b_2 + \cdots + c_k b_k$. 这一事实可以称为线性同余式方程组的迭加原理.

现在我们就来研究每一个方程组是否有解. 先看第一个方程组

$$x \equiv 1 (\mod m_1)$$
$$x \equiv 0 (\mod m_2)$$
$$\vdots$$
$$x \equiv 0 (\mod m_k)$$

由后面几个方程可以看出 x 必是 $m_2,\cdots,m_k$ 的倍数,因而必是 $M_1 = m_2 \cdots m_k = \dfrac{m}{m_1}$ 的倍数. 也就是可设 $x = M_1 y$. 由于 $m_2,\cdots,m_k$ 是两两互素的,因此必有 $(M_1, m_1) = 1$,故由定理 3.10.3 可知同余式方程 $M_1 y \equiv$

$1(\mod m_1)$ 必有唯一解 $y \equiv M'_1(\mod m_1)$,即 $x =$ $M_1 y \equiv M_1 M'_1(\mod m_1)$,由 M_1 的定义我们知当 $i \neq 1$ 时 $m_i \mid M_1$,因此 $x = M'_1 M_1 \equiv 0(\mod m_i)$,$i = 2$, $3,\cdots,k$.这就说明 $x = M'_1 M_1$ 就是方程组(1)的解.

同理,对其他的每个方程,定义 $M_i = \dfrac{m}{m_i}$,$i = 2$, $3,\cdots,k$,那么用同样的方式可以证明 $x = M'_2 M_2$ 是方程组(2)的解,$\cdots$,$x = M'_k M_k$ 是方程组(k)的解.因此根据上面所说的迭加原理即得出 $x \equiv M'_1 M_1 b_1 + M'_2 M_2 b_2 + \cdots + M'_k M_k b_k$ 是同余式方程组 $x \equiv b_i(\mod m_i)$,$i = 1,2,\cdots,k$ 的解.再由定理 3.10.6 知,这个解是唯一的,因此方程组 $x \equiv b_i(\mod m_i)$,$i = 1$, $2,\cdots,k$ 的任意解必可表示成为上述形式.

这样我们就得出如下以孙子命名的定理(国外一般称为中国剩余定理).

定理 3.10.7(孙子定理或中国剩余定理) 设 $m_1,m_2,\cdots,m_k$ 是两两互素的正整数

$$m = m_1 m_2 \cdots m_k, M_i = \dfrac{m}{m_i}, i = 1, 2, \cdots, k$$

因此 $(M_i, m_i) = 1$,$i = 1, 2, \cdots, k$,而同余式方程 $M_i x \equiv 1(\mod m_i)$ 必有唯一解

$$x \equiv M'_i(\mod m_i)$$

那么同余式方程组 $x \equiv b_i(\mod m_i)$,$i = 1, 2, \cdots, k$ 的解可表示成

$$x \equiv M'_1 M_1 b_1 + M'_2 M_2 b_2 + \cdots + M'_k M_k b_k$$

孙子(3—4世纪),中国数学家,生卒年代不可考,曾著《孙子算经》.

上面这个定理之所以以孙子的名字命名,是因为它最早来源于我国古代的一部优秀数学著作《孙子算经》.

中国许多其他的数学文献如《夏侯阳算经》和《张

邱建算经》都提到过它(这部著作的确切出版年月已无从考证). 其中载有"物不知其数"的一个问题如下:

"今有物不知其数,三三数之胜(念剩,与剩字是同一个字的不同写法)二,五五数之胜三,七七数之胜二,问物几何."

把这个问题翻译成现代汉语就是"有一堆物品三个三个地数,最后剩下两个,五个五个地数,最后剩下三个,七个七个地数,最后剩下两个,问这堆物品共有多少."

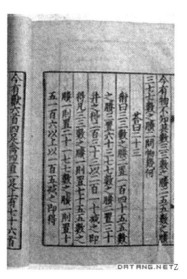

我国古代数学文献《张邱建算经》中关于孙子问题的记载

这类的问题在我国古代历史上还有许多其他的名称,如"鬼谷算","秦王暗点兵"(有的文献中称为"韩信点兵"),还有"剪管术","隔墙算","神机妙算","大衍求一术",等等. 其解法在程大位所著的《算法统

第 3 章 整数的性质

宗》(1583 年)中概括为以下一首诗:

　　　　三人同行七十稀,
　　　　五树梅花廿一枝,
　　　　七子团圆月正半,
　　　　除百零五便得知.

这首诗的含义到底是什么即使我们到现在也看不出来,在古代数学知识很不普及,数学文献难以得到,全靠宗师口传心授的时代,更是显得神秘莫测.掌握这一套算法的人,背下来这首诗,就可以当场显灵,让一方阵士兵一二一二,一二三一二三这样的报几遍数即可马上得知人数,而其他人则看得一头雾水,对军师、丞相一类的神人佩服得五体投地.这还算是用在正地方上了,如果被心怀叵测的小人学了去,则可能把老实的百姓骗得一愣一愣的.现在我们就来破解一下这首诗的含义.

用我们刚刚讲过的孙子定理来解上面所说的物不知其数问题就有

$$m_1=3, m_2=5, m_3=7, b_1=2, b_2=3, b_3=2$$
$$m=105, M_1=35, M_2=21, M_3=15$$

解同余式方程 $35y \equiv 1 \pmod{3}$ 可得 $M'_1=2$,解同余式方程 $21y \equiv 1 \pmod{5}$ 可得 $M'_2=1$,解同余式方程 $15y \equiv 1 \pmod{7}$ 可得 $M'_3=1$,于是根据孙子定理,物不知其数问题的解就是

$$x \equiv M'_1 M_1 b_1 + M'_2 M_2 b_2 + M'_3 M_3 b_3 =$$
$$35 \cdot 2 \cdot 2 + 21 \cdot 1 \cdot 3 + 15 \cdot 1 \cdot 2 =$$
$$70 \cdot 2 + 21 \cdot 3 + 15 \cdot 2 =$$
$$233 \equiv 23 \pmod{105}$$

现在你可以看出这首诗的奥秘了吧,原来诗里的

三、五、七就是问题中出现的三个模.七十、廿一和月正半(即十五)分别就是孙子定理的公式中对应于模 3,5,7 也就是 b_1,b_2,b_3 之前的系数,而 105 就是那个大模 m.所以这首诗背后的实质便是孙子定理,任何一个人只要背下来这首诗,再碰到物不知其数类的问题,只要在那几个余数之前乘上这三个系数,再把它们加起来,如果得数大于 105,则从得数中连续减去 105 最后所得的小于 105 的数就是答案了(你自己可以证明,最多减去两个 105 得数便会小于 105 了).至于为什么要减去 105,原因在于前面我们已经证明过,对那几个小模同时同余的数一定也是对大模同余的,所以减去 105 的结果一是可以得出一个最小解,二是只有用那个大模做标准,才能区分出全部情况,即在取 3,5,7 做模时,最多可能有 105 种情况,也才能看出两个解是否同一(在对大模同余的意义下).

哈哈,秘密一旦揭穿也不过尔尔,你现在已掌握了这套算法了,不但如此,你自己可以把那几个模换成其他的模,去得出另外的公式并预先记住那几个系数而去跟你的朋友表演一番,你的朋友之中即使有人会解同余式,要想立刻就把那几个系数算出来恐怕也不轻松,何况现在对数学真感兴趣、苦心钻研的人并不多,所以你几乎有百分之九十的胜算.而你如果到了古代,肯定要被人看成高人了,不过我在第 1 章中就已说过,你也可能被看成巫师一类的人物,所以想事情不要光想好的方面.

其实,如果单纯是为了解决物不知其数问题,根本不需要这么费劲,也不需要学什么同余式.因为从 3 除余 2,7 除余 2 立刻可以得出 21 除余 2,具有这种性质的

第 3 章　整数的性质

最小的正整数就是 23,它刚好是 5 除余 3 的数,所以如果你想到这些的话,不到一分钟,甚至半分钟就可以得出答案.但是这种解法如果换了其他的余数就不见得这么顺利了.不信你可以算一下被 3 可以除尽,5 除余 2,7 除余 4 的问题.所以程大位书里的这首诗表明它是有一个公式的,这正是孙子定理的价值之一,上面那个问题用孙子定理同样可很快得出答案,而且由于有一个余数是零,因此只要算两个系数即可.可惜中国古代的数学家对得出的结果往往只是用具体的数字例子说明,而不写出一个普适的公式,不过从国外把孙子定理称为中国剩余定理来看,他们还是承认中国人在古代就知道这一公式的.

　　这里我们再顺便说一下与这个问题有关的几个人.

　　中国古代被称为孙子的有两个人,一个是春秋末期时代的军事家,叫孙武.举世闻名的《孙子兵法》就是他著的.

　　还有一个军事家叫孙膑,是战国时代的人,他是孙武的后代,大致与商鞅、孟子是同时代的人,著有《孙膑兵法》,他曾与庞涓同学兵法,后来庞涓到魏国做了将军,但时时担心才能不如孙膑,将来可能败于他之手,因此假以同学情谊,花言巧语把孙膑骗到魏国,然后靠搞阴谋诡计,向魏王秘密汇报假情况而借魏王之手将孙处以膑刑(去掉膝盖骨),故被称之为孙膑,后来孙膑在被禁闭期间装疯使他放松了警惕,被齐国使者秘密接走,被齐威王任为军师.他设计先后大败魏军于桂陵和马陵,最后终于在马陵之战中将庞涓杀死,据说,庞涓进入包围圈后见到一个大树,其一侧树皮被刮光,上写庞涓死于此树之下,庞涓大惊,急令撤退,但已来不及,被乱箭射死,可见其算度之精.

还有一个叫鬼谷子的人,相传是战国时楚国人.姓名传说不一,隐居于鬼谷,因此自号鬼谷子.长于养性持身和纵横捭阖之术.

这三个人从才能上和时代上讲,都可能是《孙子算经》的作者,但是至今无法确认其作者和出版年代.然而无论如何"物不知其数"问题是世界上公认的中国古代的重要工作.是我们炎黄子孙值得自豪的数学成果之一.

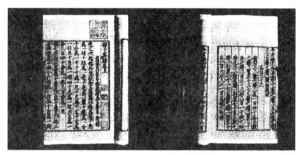

《孙子算经》(宋刻本)

有了孙子定理,我们就可证明下面这个把大模化成小模后原方程和化完后所得的小模方程的解数关系的公式了.

定理 3.10.8 设 $m_1, m_2, \cdots, m_k$ 两两互素,$m = m_1 m_2 \cdots m_k$. 如果用 T_i 表示同余式方程 $f(x) \equiv 0 \pmod{m_i}$ 的解数,$i = 1, 2, \cdots, k$. 用 T 表示同余式方程 $f(x) \equiv 0 \pmod{m}$ 的解数,则 $T = T_1 T_2 \cdots T_k$.

证明 设 $f(x) \equiv 0 \pmod{m_i}$ 的 T_i 个解为

$$x \equiv c_{1t_1} \pmod{m_1}$$
$$x \equiv c_{1t_2} \pmod{m_2}$$
$$\vdots$$

第3章 整数的性质

$$x \equiv c_{1t_k}(\bmod m_k)$$

其中 $t_i = 1, 2, \cdots, T_i, i = 1, 2, \cdots, k$.

那么把这些解组合起来就得到一些同余式方程组,其中第一个方程有 T_1 种可能,即第一个方程可能是 $x \equiv c_{11}(\bmod m_1), x \equiv c_{12}(\bmod m_1), \cdots,$ 或者 $x \equiv c_{1k}(\bmod m_1)$. 同理第二个方程有 T_2 种可能,$\cdots$,第 k 个方程有 T_k 种可能. 所以组合起来共有 $T = T_1 T_2 \cdots T_k$ 种可能. 其中每一种可能的方程组根据孙子定理都有一个唯一解 $x \equiv c_{ij}$,而且前面我们已经证明,这些解都是同余于模 $m = m_1 m_2 \cdots m_k$ 的,所以它们都是同余式方程 $f(x) \equiv 0(\bmod m)$ 的解. 下面我们来证明他们对模 $m = m_1 m_2 \cdots m_k$ 是两两不同余的. 设

(1) $x \equiv b_1(\bmod m_1), x \equiv b_2(\bmod m_2), \cdots, x \equiv b_k(\bmod m_k)$,以及

(2) $x \equiv c_1(\bmod m_1), x \equiv c_2(\bmod m_2), \cdots, x \equiv c_k(\bmod m_k)$.

是这些组合出来的方程组中的两个不同的方程组,那么必存在一个指标 h 使得 $b_h \neq c_h$. 设方程组(1)的解是 $x = u$,方程组(2)的解是 $x = v$,那么由孙子定理知

$$u = M_1 M'_1 b_1 + M_2 M'_2 b_2 + \cdots + M_k M'_k b_k$$

$$v = M_1 M'_1 c_1 + M_2 M'_2 c_2 + \cdots + M_k M'_k c_k$$

如果 $u \equiv v(\bmod m)$,那么由于 $m = m_1 m_2 \cdots m_k$,所以必有 $u \equiv v(\bmod m_h)$. 注意在孙子定理中我们已证明当 $i \neq h$ 时 $M_i \equiv 0(\bmod m_h)$,而 $(M_h M'_h, m_h) = 1$,因此就得出

$$M_h M'_h b_h \equiv M_h M'_h c_h (\bmod m_h)$$

故 $b_h \equiv c_h(\bmod m_h)$,再由 $0 \leqslant b_h < m_h, 0 \leqslant c_h < m_h$ 即得出 $b_h = c_h$,这与 $b_h \neq c_h$ 的假设矛盾. 所得的矛盾就

261

说明上述方程组的解对模 $m=m_1m_2\cdots m_k$ 是两两不同余的. 这就证明方程 $f(x)\equiv 0(\mathrm{mod}\ m)$ 恰有 $T=T_1T_2\cdots T_k$ 个解.

现在你可以更明白"物不知其数"问题的解法中那个 105 的来历了,在此问题中,关于模 3,可能有 3 种余数,关于模 5,可能有 5 种余数,关于模 7,可能有 7 种余数. 所以根据上面的定理,共可能有 $105=3\cdot 5\cdot 7$ 种情况.

至此,我们已经基本上解决了一次同余式方程组的求解问题. 其求解步骤是:

(1)首先检查方程组中的模是否是两两互素的,如果是,就转入步骤(2) 如果不是,则利用定理 3.10.5 将原来的方程组化为一个更大的模为两两互素的方程组;

(2)利用孙子定理解所得的方程组.

例 3.10.4　求一最小的正数,被 10,3,7 和 11 除各剩下 4,2,3 和 1.

解　根据题意可列出同余式方程组如下
$$x\equiv 2(\mathrm{mod}\ 3)$$
$$x\equiv 3(\mathrm{mod}\ 7)$$
$$x\equiv 4(\mathrm{mod}\ 10)$$
$$x\equiv 1(\mathrm{mod}\ 11)$$

因此看出 $b_1=2,b_2=3,b_3=4,b_4=1,m=3\cdot 7\cdot 10\cdot 11=2\ 310$.

为应用孙子定理,首先求出
$$M_1=7\cdot 10\cdot 11=770\equiv 2(\mathrm{mod}\ 3)$$
$$M_2=3\cdot 10\cdot 11=330\equiv 1(\mathrm{mod}\ 7)$$
$$M_3=3\cdot 7\cdot 11=231\equiv 1(\mathrm{mod}\ 10)$$
$$M_4=3\cdot 7\cdot 10=210\equiv 1(\mathrm{mod}\ 11)$$

然后求出
$$M'_1=2, M'_2=1, M'_3=1, M'_4=1$$
由孙子定理即得
$$x \equiv 770 \cdot 2 \cdot 2 + 330 \cdot 1 \cdot 3 + 231 \cdot 1 \cdot 4 +$$
$$210 \cdot 1 \cdot 1 = 5\ 204$$
最后再从 5 204 中连续减去 2 310 = 3 · 7 · 10 · 11 即得 $x = 584$.

例 3.10.5 某校学生有百人左右,7 人一组余 6 人,9 人一组余 7 人,12 人一组余 1 人,问学生数.

解 根据题意可列出同余式方程组如下
$$x \equiv 6 \pmod{7}$$
$$x \equiv 7 \pmod{9}$$
$$x \equiv 1 \pmod{12}$$

由于上面方程组中的模不是两两互素的,因此无法应用孙子定理.故第一步是把模化成为两两互素的情况.由定理 3.10.5 上面的方程组等价于方程组
$$x \equiv 1 \pmod{3}$$
$$x \equiv 1 \pmod{4}$$
$$x \equiv 6 \pmod{7}$$
$$x \equiv 7 \pmod{9}$$

这个方程组的模仍然不是两两互素的,但是由于对模 9 同余的数必定对模 3 同余,因此你需要检查模为 3 和 9 的两个方程是否相容(如果不相容,那原来的题目就不可能有解,所以他既然出这个题目,如果不是故意想要诈你,一般都应该是相容的).经检查,由于
$$7(\bmod\ 9) \equiv 7(\bmod\ 3) \equiv 1(\bmod\ 3)$$
故上面的方程是相容的,这样就可把上面的方程组化为下面的模是两两互素的方程组了(注意,在变化的过程中,你必须始终保持原始的大模不变,否则,就将丢

失一些解,因此,你不能把原来的方程组化为下面的方程组去解.

$$x \equiv 1 \pmod{3}$$
$$x \equiv 1 \pmod{4}$$
$$x \equiv 6 \pmod{7}$$

虽然它的模也是两两互素的,但是由于大模减小了,因此这个方程组是不符合要求的)

$$x \equiv 1 \pmod{4}$$
$$x \equiv 6 \pmod{7}$$
$$x \equiv 7 \pmod{9}$$

对此方程组应用孙子定理即可求出解答,答案是 97.

孙子定理"物不知其数"问题出现后,虽然从历史上来说,这是最早的用公式给出这一类问题的解答的文献. 但是实际上,它只适用于模为 3,5,7 的情况,而且给出的公式中有三个数,即孙子定理中的 M'_1, M'_2, M'_3 是怎么来的也没有交代. 因此在中国后来还有一些数学家对此加以研究,其中最突出的是南宋数学家秦九韶和清代学者黄宗宪.

1247 年秦九韶在《数书九章》一书中,解决了这个问题(即 M'_1, M'_2, M'_3 的来历问题),并称其为"乘率".

秦九韶在总结前人成果的基础之上,提出"大衍求一术",从数的理论的角度,总结了求解一次同余式组的一般方法. 把解法推广到模不是两两互素的一般情形.

据说对"大衍求一术"用的熟练的人算起"物不知其数"类的问题比用现代的同余式理论还要快,而且他这个"大衍求一术"的基础就是解同余式,所以许多可以化成同余式的问题,如一次不定方程问题也都可以用这种方法去解,用途非常广泛. 所以我们底下简单地介绍一下这种方法. 为了容易看懂,我们首先把古代的一些

第 3 章　整数的性质

术语和现代的同余式理论中的术语加以对照如下：

秦九韶方法	同余式理论
求数使 8 除余 5,15 除余 8, 25 除余 13	解同余式方程组 $x \equiv 5 (\mod 8)$ $x \equiv 8 (\mod 15)$ $x \equiv 13 (\mod 25)$
化问数为定数	把原来模不是两两互素的同余式方程组化为模是两两互素的方程组
原来的模 8,15,25 称为问数 化完后的模 3,8,25 称为定数	$x \equiv 8 (\mod 3) \equiv 2 (\mod 3)$ $x \equiv 5 (\mod 8)$ $x \equiv 13 (\mod 25)$ $m_1 = 3, m_2 = 8, m_3 = 25$
求"衍母"	$m = 3 \cdot 8 \cdot 25 = 600$
求"衍数"	$M_1 = \dfrac{m}{m_1} = 200$ $M_2 = \dfrac{m}{m_2} = 75$ $M_3 = \dfrac{m}{m_3} = 24$
求"奇数"	就是求 M_1, M_2, M_3 除以 m_1, m_2, m_3 所得的余数 $g_1 \equiv M_1 \equiv 2 (\mod 3)$ $g_2 \equiv M_2 \equiv 3 (\mod 8)$ $g_3 \equiv M_3 \equiv 24 (\mod 25)$
求"乘数"	就是解同余式方程 $gx \equiv 1 (\mod m)$

到了这，就是秦九韶方法中最关键的部分了，他给出了一套算法第一步是"置寄右上，定居右下，天元一于左上."先立一图式如下：

Gauss 的遗产——从等式到同余式

$$\begin{array}{cc} 1 & g \\ & m \end{array}$$

这句话的意思就是,在左上写上一个数 $p_0 = 1$,把奇数(这个奇数不是现代的奇数偶数的奇数,而是前面秦九韶定义的术语)写在右上,定数写在右下.

然后"先以右上除右下,所得商数与左上一相生,入左下,然后乃以后行上下,以少除多,递互除之,所得商数,随即递累乘,归左行上下,须使右上末后奇一而止,乃验左上所得,以为乘率."

这段话的意思就是先用右上的数去除右下的数,再用所得的商去乘左上的数,然后把得数写在左下. 以后就看右边的上下行哪个数大. 用较小的数去除较大的数,所得的商数,随即乘以左上或左下的数(具体谁乘以谁,按照哪个方向,看完下面的例子后就会明白),再把得数和左下或左上的数相加,直到右上的数变为 1,那时左上的数就是乘数.

举例如下:解同余式方程 $7x \equiv 1 \pmod{17}$.

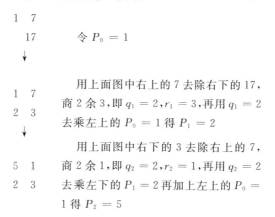

因为右上已为 1,所以计算至此结束,最后的答

案，也就是要求的乘数就是左上的 5. 验算一下果然有 $7 \cdot 5 \equiv 35 \equiv 1 \pmod{17}$.

把上面秦九韶的一般算法用现代的符号写出来就是

$$
\begin{aligned}
& & P_0 &= 1 \\
m &= gq_1 + r_1, & P_1 &= q_1 \\
g &= r_1 q_2 + r_2, & P_2 &= q_2 P_1 + P_0 \\
r_1 &= r_2 q_3 + r_3, & P_3 &= q_3 P_2 + P_1 \\
&\vdots \\
r_{n-2} &= r_{n-1} q_n + r_n, & P_n &= q_n P_{n-1} + P_{n-2} \\
r_n &= 1
\end{aligned}
$$

哈，这怎么看着这么眼熟啊，这不就是辗转相除法吗？对了，你说得一点不错，这正是我们前面讲过的辗转相除法. 所以秦九韶不过是创造出了一种执行辗转相除法的格式. 明白了这个实质，你就不一定拘泥于它的格式了，只要你觉得方便、顺手，你完全可以用你自己喜欢的格式来做，在闵嗣鹤和华罗庚的书中都有他们自己认为方便的格式.

不过根据我们前面讲辗转相除法时所得的公式（见定理 3.3.7），我们只能得出

$$Q_n m - P_n g = (-1)^{n-1} r_n = (-1)^{n-1}$$

或者 $$P_n g - Q_n m = (-1)^n$$

所以形式上按照上面的秦九韶算法的格式不一定能保证求出来的乘数一定是一个正数，或者说，用这一算法其实最后不一定得出的是同余式方程

$$gx \equiv 1 \pmod{m}$$

的解，得出的也可能是同余式方程

$$gx \equiv -1 \pmod{m}$$

的解. 例如从 $g=37, m=107$ 出发, 按照秦九韶算法的格式将得到

$$
\begin{array}{cccccccc}
& 1 & 37 & & 1 & 37 & & 3 & 4 & & 3 & 4 \\
& 107 & \to & & 2 & 33 & \to & 2 & 33 & \to & 26 & 1
\end{array}
$$

这个对着右下 1 的左下的 26 就是答案, 但是可以验证它是同余式方程 $37x \equiv -1 (\bmod 107)$ 的解. 这个问题对我们根本是无所谓的, 只要再化一步就出来了. 但是在秦九韶那个时代, 大概即使是数学家也觉得使用负数有点别扭(虽然根据文献他们也有这个概念), 所以他还要搞一点小花样, 以保证最后得出的答案一定是同余式方程 $gx \equiv 1(\bmod m)$ 的解(见下文).

秦九韶的结论, 被国际数学界誉为"中国剩余定理". 其实, 秦九韶的方法当时还有些不够严密的地方, 表述也很晦涩.

正因为秦九韶这个算法还比较复杂, 而且叙述的比较晦涩, 所以后来真正弄懂它的人并不多, 以至竟一度失传了, 因而, 秦九韶之后, 在中国有不少数学家对他的方法进行了一系列的训诂、改进, 尤其是清代学者张敦仁、骆腾凤、时日醇、黄宗宪等在这方面做出了贡献. 其中尤以黄宗宪改进的算法最为简单, 据使用过这些方法的人比较体会, 确以黄宗宪的方法最简明快捷. 在西方直到欧拉、拉格朗日、高斯才对此问题进行了较为深刻的研究, 高斯的方法与秦九韶的方法非常相同, 不过那已是 19 世纪了.

我们通过一个具体的例子解释黄宗宪的方法.

设衍数是 45, 定母是 8. 首先在纸上画三条竖线, 在三条竖线之间首先并排写上衍数和定母, 衍数写在左边, 定母写在右边. 然后在竖线左边对齐衍数写上一

第 3 章　整数的性质

个 1,称为寄数,定母的右边没有寄数.

然后在衍数和定母之间用大数累次减去小数,直至余数小于减数,如此反复进行,直至余数为 1.

在每次的余数的左边或右边(看减法在左边一行进行还是在右边一行进行)都写上一个寄数,写寄数的法则如下:

(1) 减数没有寄数的,余数的寄数与被减数相同;

(2) 被减数没有寄数的,余数的寄数为累减次数;

(3) 减数和被减数都有寄数的,余数的寄数就等于减数的寄数乘以累减次数再加上被减数的寄数.

这样最后对着余数为 1 的寄数就是所求的乘数.

首先累减 8 共 5 次　　1	45 40	8 5	其次累减 5 共一次
累减 3 共 1 次	1 　 2 1	5 3 2	1 3　累减 2 共 1 次
累减 1 共 1 次　　　　5	1		

最后得出乘率是 5.

把黄宗宪的算法用现代的数学符号写出来就是

$1 = P_0$	g	r_1	P_3
P_2	$q_2 r_1$	$q_3 r_2$	
...	...	...	...
	r_{2n-2}	r_{2n-3}	
	$q_{2n} r_{2n-1}$	$q_{2n-1} r_{2n-2}$	
P_{2n}	r_{2n}	r_{2n-1}	P_{2n-1}

其中

$$G = q_0 m + g, 0 \leqslant g < m$$
$$m = q_1 g + r_1, 0 \leqslant r_1 < g$$
$$g = q_2 r_1 + r_2, 0 \leqslant r_2 < r_1$$
$$\vdots$$
$$r_{2n-3} = q_{2n-1} r_{2n-2} + r_{2n-1}, 0 \leqslant r_{2n-1} < r_{2n-2}$$
$$r_{2n-2} = q_{2n} r_{2n-1} + r_{2n}, 0 \leqslant r_{2n} < r_{2n-1}$$
$$Q_1 m - P_1 g = r_1$$
$$P_2 g - Q_2 m = r_2$$
$$\vdots$$
$$Q_{2n-1} m - P_{2n-1} g = r_{2n-1}$$
$$P_{2n} g - Q_{2n} m = r_{2n}$$

因此我们立刻看出,这个黄宗宪算法和前面所介绍的秦九韶算法一样还是在计算 P_n,也就是他所说的寄数. 不过这回他把寄数分成两边写,左边是下标为偶数的寄数,右边为下标为奇数的寄数,所以显得更加简明. 当左边的余数变为 1 时,根据我们上面的式子可知

$$P_{2n} g - Q_{2n} m = 1$$

所以乘数就是 P_{2n}.

当右边的余数变为 1 时,则有 $Q_{2n-1} m - P_{2n-1} g = 1$,或 $P_{2n-1} g \equiv -1 (\bmod m)$,这时按照现代的算法,我们可取 $-P_{2n-1}$ 或者 $-P_{2n-1} + km$ 作为乘数,因此可以结束计算. 但是这就要用负数作为中介来计算,古代的数学家虽然已有负数的概念,但是似乎并没有像今天这样大规模和常规的使用习惯,所以当出现这种情况时,下面的计算就和现在的辗转相除法有一点小差别了(在没有出现数值为 1 的余数之前,所谓的累减次数和辗转相除法中的商数没有区别). 如果 $r_{2n-1} = 1$,那么在

第3章 整数的性质

辗转相除法中的下一步就是 $r_{2n-2} = r_{2n-2} \cdot 1$,计算就此结束,然而这样就要得出 $P_{2n-1}g \equiv -1 \pmod{m}$. 为了避免出现这种情况,黄宗宪算法的下一步却是

$$r_{2n-2} = (r_{2n-2} - 1) \cdot 1 + 1 \text{(如下图)}$$

...	...	...	...
	r_{2n-2} $(r_{2n-1}-1) \cdot 1$	$r_{2n-1} = 1$	P_{2n-1}
P_{2n}^*	1		

这样数值为 1 的余数就出现在右边了,而相应的乘数为

$$P_{2n}^* = (r_{2n-2} - 1)P_{2n-1} + P_{2n-2}$$

但是为什么这个 P_{2n}^* 可以作为乘数呢,下面我们就来证明 P_{2n}^* 确实可以作为乘数. 事实上,由于

$$P_{2n-1}g - Q_{2n-1}m = -1$$

所以

$P_{2n}^* G - 1 \equiv P_{2n}^* g - 1 \pmod{m} \equiv$
$(P_{2n-1}(r_{2n-2} - 1) + P_{2n-2})g - 1 \pmod{m} \equiv$
$(P_{2n-1}(r_{2n-2} - 1) + P_{2n-2})g + P_{2n-1}g - Q_{2n-1}m \pmod{m} \equiv$
$(P_{2n-1}(r_{2n-2} - 1) + P_{2n-2})g + P_{2n-1}g \pmod{m} \equiv$
$(P_{2n-1}(r_{2n-2} - 1) + P_{2n-2} + P_{2n-1})g \pmod{m} \equiv$
$(P_{2n-1}(r_{2n-2}g - 1) + P_{2n-2} + P_{2n-1})g \pmod{m} \equiv$
$(P_{2n-1}g - 1)P_{2n-2}g \pmod{m} \equiv$
$(Q_{2n-1}m)P_{2n-2}g \pmod{m} \equiv 0$

这就证明了黄宗宪算法的合理性. 看到这,我们不得不佩服我们的老祖先的智慧,因为按照黄宗宪的法则,得出这一步可以说是极为自然的,然而用现代的符号和理论,这一结论却不是一眼就能看出的.

在黄宗宪的《求一术通解》中还有利用反乘数来解"物不知其数"问题的算法,所谓反乘数,就是求同余式方程 $gx \equiv -1 (\bmod m)$ 的解. 这个按照我们上面的介绍如何求也是一目了然的了. 就是在右边的余数变为1时,对着1的寄数就是反乘数. 如果左边的余数先变成为1,那么可以用刚才右边的余数先变为1时最后一步的算法一样去处理.

上面介绍了我们中华民族在解一次同余式方程方面所取得的成就,在世界范围内,西方、印度和日本的数学家在不同的时期也都有人在不同程度上在这一问题上互相独立地取得了成果. 为了比较这些成果的先后和水平,李倍始(U. Libbrecht)在其专著《13世纪的中国数学》中,从国际范围内数学发展的历史角度对各国数学的成果作了比较. 我们认为,他的这一研究还是比较客观的. 现介绍如下:

李倍始对一次同余式的成果提出了10个比较的标准:

(1) 提出问题,附特解,未叙述解法;
(2) 零散设题,算法限于一些特殊数据;
(3) 限于一套数据的某种算法;
(4) 限于特例的证明;
(5) 两两互素模的一般算法,未解;
(6) 两两互素模的一般算法,有解;
(7) 模不一定两两互素的一般算法,未证明;
(8) 模不一定两两互素的一般算法,并给出有解的条件;
(9) 给出两两互素模的一般算法的证明;
(10) 给出模不一定两两互素的一般算法的证明.

第3章 整数的性质

按照这10个标准,列表如下:

数学家或事件	年代	标准 1	2	3	4	5	6	7	8	9	10
《孙子算经》	约400?	√	√								
斐波那契 Leonardo Fibonacci	1202	√	√	√							
秦九韶	1247	√	√	√		√	√	√	√		
杨辉	1275	√	√	√							
严恭	1372	√									
阿古洛斯 I. Arguros	约1350	√	√								
慕尼黑手稿	约1450	√	√	√	√	?					
玉山若干 Rogiomontanus	约1460	√	?								
哥廷根手稿	约1550	√	√	√	√	√	√				
程大位	1592	√	√								
休顿 V. Schooten	1657	√	√	√		√					
贝维立基 Beveridge	1669	√	√	√	√					√	
欧拉 L. Euler	1743	√	√	√	√			√			
高斯 F. C. Gauss	1801	√	√	√	√			√			
斯提尔吉斯 Stieljes	1890	√	√	√	√	√	√	√	√	√	√

对上述数学家按照这10个标准排出的工作质量前3名是:斯提尔吉斯;欧拉,高斯;秦九韶.以后的顺

次排名是贝维立基,哥廷根手稿,休顿,慕尼黑手稿,斐波那契,杨辉,《孙子算经》,阿古洛斯,程大位,严恭,玉山若干.

这里秦九韶虽然排在第 3 名,然而按照时间顺序看,秦九韶达到水平(6),(7) 的时间要比西方早 300 多年,达到水平(8) 的时间比西方早了 400 多年,由此可见,秦九韶的"大衍求一术"在数学史上占有不可动摇的领先地位.

由素因子分解定理知任一个模 m 都可以写成 $m = p_1^{a_1} p_2^{a_2} \cdots p_k^{a_k}$ 的形式,再由定理 3.10.5 知要解同余式方程 $f(x) \equiv 0 \pmod{m}$ 可以归结为解同余式方程组 $f(x) \equiv 0 \pmod{p_i^{a_i}}, i=1,2,\cdots,k$. 因此下面就来讨论同余式方程 $f(x) \equiv 0 \pmod{p^a}$,a 是素数的解法. 由同余式的性质知 $f(x) \equiv 0 \pmod{p^a}$ 蕴含 $f(x) \equiv 0 \pmod{p^{a-1}}$,即 $f(x) \equiv 0 \pmod{p^{a-1}}$ 是 $f(x) \equiv 0 \pmod{p^a}$ 的必要条件. 因此要求前者的解,可从后者的解出发.

定理 3.10.9 设 $a \geqslant 2$,c 是同余式方程 $f(x) \equiv 0 \pmod{p^{a-1}}$ 的解. 那么

(1) 当 $p \nmid f'(c)$ 时,同余式方程组
$$\begin{cases} f(x) \equiv 0 \pmod{p^a} \\ x \equiv c \pmod{p^{a-1}} \end{cases}$$
的解数为 1;

(2) 当 $p \mid f'(c), p^a \nmid f(c)$ 时,同余式方程组
$$\begin{cases} f(x) \equiv 0 \pmod{p^a} \\ x \equiv c \pmod{p^{a-1}} \end{cases}$$
无解;

(3) 当 $p \mid f'(c), p^a \mid f(c)$ 时,同余式方程组
$$\begin{cases} f(x) \equiv 0 \pmod{p^a} \\ x \equiv c \pmod{p^{a-1}} \end{cases}$$
的解数为 p,即 $x = c + p^{a-1}y, y =$

第 3 章 整数的性质

$0,1,2,\cdots,p-1(\bmod p)$ 都是这个方程组的解.

证明 由 $x\equiv c(\bmod p^{a-1})$ 得出 $x=c+p^{a-1}y$, 把此式代入同余式方程 $f(x)\equiv 0(\bmod p^a)$ 并把 $f(x)$ 在 $x=c$ 处展开即得

$$f(c)+f'(c)p^{a-1}y\equiv 0(\bmod p^a)$$

故

$$f(c)+f'(c)p^{a-1}y\equiv Mp^a$$

由于 c 是 $f(x)\equiv 0(\bmod p^{a-1})$ 的解, 因此 $p^{a-1}\mid f(c)$, 因此从上式推出

$$f'(c)y=-\frac{f(c)}{p^{a-1}}+Mp$$

或者

$$f'(c)y\equiv -\frac{f(c)}{p^{a-1}}(\bmod p)$$

从上面的式子就得出

(1) 如果 $p\nmid f'(c)$, 那么 $(p,f'(c))=1$, 因此一次同余式方程 $f'(c)y\equiv -\frac{f(c)}{p^{a-1}}(\bmod p)$ 有唯一解 $y\equiv b(\bmod p)$, 由这个解就得出同余式方程组 $\begin{cases}f(x)=0(\bmod p^a)\\ x\equiv c(\bmod p^{a-1})\end{cases}$ 的唯一解 $x\equiv c+p^{a-1}b(\bmod p^a)$.

(2) 如果 $p\mid f'(c), p^a\nmid f(c)$, 那么 $f(c)\not\equiv 0(\bmod p^a)$, 那当然同余式方程组 $\begin{cases}f(x)=0(\bmod p^a)\\ x\equiv c(\bmod p^{a-1})\end{cases}$ 不可能有解了.

(3) 如果 $p\mid f'(c), p^a\mid f(c)$, 那么由直接验证即可知 $x=c+p^{a-1}y, y\equiv 0,1,2,\cdots,p-1(\bmod p)$ 都是方程 $f'(c)y\equiv -\frac{f(c)}{p^{a-1}}(\bmod p)$ 的解(实际上, 这一方程现在已成为 $0\cdot y\equiv 0(\bmod p)$, 当然任何一个数都是它的解). 而且不可能有其他解(因为此方程的模是

p,故最多有 p 个解).因此这时方程组
$\begin{cases} f(x) \equiv 0 \pmod{p^a} \\ x \equiv c \pmod{p^{a-1}} \end{cases}$ 的解数就是 p.

由这个定理,我们就可从同余式方程 $f(x) \equiv 0 \pmod{p}$ 出发,逐步得到同余式方程 $f(x) \equiv 0 \pmod{p^a}$ 的解.

定理 3.10.10

(1) 设 c 是同余式方程 $f(x) \equiv 0 \pmod{p}$ 的解,且 $p \nmid f'(c)$,那么对任意 $a \geqslant 2$,同余式方程组
$\begin{cases} f(x) \equiv 0 \pmod{p^a} \\ x \equiv c \pmod{p^{a-1}} \end{cases}$ 的解数都为 1;

(2) 设同余式方程 $f(x) \equiv 0 \pmod{p}$ 和同余式方程 $f'(x) \equiv 0 \pmod{p}$ 没有公共解,那么对任意 $a \geqslant 1$,同余式方程 $f(x) \equiv 0 \pmod{p^a}$ 的解数都相同.

证明 (1) 设 c 是同余式方程 $f(x) \equiv 0 \pmod{p}$ 的解,由于 $p \nmid f'(c)$,因此一次同余式方程 $f'(c)y \equiv -\dfrac{f(c)}{p} \pmod{p}$ 有唯一解 $y \equiv b_1 \pmod{p}$,由这个解就得出同余式方程 $f(x) \equiv 0 \pmod{p^2}$ 的唯一解 $c_1 \equiv c + pb_1 \pmod{p}$.

由 $c_1 \equiv c + pb_1 \pmod{p}$ 是同余式方程 $f(x) \equiv 0 \pmod{p^2}$ 的解得出
$$f'(c_1) = f'(c) + Mp$$
因此由 $p \nmid f'(c)$ 得出 $p \nmid f'(c_1)$,与前面一样因此一次同余式方程 $f'(c_1)y \equiv -\dfrac{f(c_1)}{p} \pmod{p^2}$ 有唯一解 $y \equiv b_2 \pmod{p^2}$,由这个解就得出同余式方程 $f(x) \equiv 0 \pmod{p^3}$ 的唯一解 $c_2 \equiv c_1 + p^2 b_2 \pmod{p^2}$…

依此类推,我们就得到对任意 $\alpha \geqslant 2$ 同余式方程组 $\begin{cases} f(x) \equiv 0 (\bmod p^{\alpha}) \\ x \equiv c (\bmod p^{\alpha-1}) \end{cases}$ 的解数都为 1.

(2) 由同余式方程 $f(x) \equiv 0 (\bmod p)$ 和同余式方程 $f'(x) \equiv 0 (\bmod p)$ 没有公共解立刻推出若 $x = c$ 是同余式方程 $f(x) \equiv 0 (\bmod p)$ 的解,那么 $p \nmid f'(c)$(否则 $f(x) \equiv 0 (\bmod p)$ 和 $f'(x) \equiv 0 (\bmod p)$ 将有公共解 $x = c$).因此由方程 $f(x) \equiv 0 (\bmod p)$ 的每一个解就逐步得出方程 $f(x) \equiv 0 (\bmod p^{\alpha})$, $\alpha \geqslant 1$ 的一个解,这些解就是 $f(x) \equiv 0 (\bmod p^{\alpha})$ 的全部解,如果 $f(x) \equiv 0 (\bmod p^{\alpha})$ 还有一个不是由方程 $f(x) \equiv 0 (\bmod p)$ 的上述解得出的解,那么由于 $f(x) \equiv 0 (\bmod p^{\alpha})$ 的解必为方程 $f(x) \equiv 0 (\bmod p)$ 的解,因此我们就得到方程 $f(x) \equiv 0 (\bmod p)$ 又有一个新解,而这是不可能的(因为我们在前面已经考虑了方程 $f(x) \equiv 0 (\bmod p)$ 的全部解).这就得出对任意 $\alpha \geqslant 1$,方程 $f(x) \equiv 0 (\bmod p^{\alpha})$ 的解数与方程 $f(x) \equiv 0 (\bmod p)$ 的解数相同.

例 3.10.6 解同余式方程 $x^3 + 5x^2 + 9 \equiv 0 (\bmod 3^4)$.

解 首先解同余式方程 $x^3 + 5x^2 + 9 \equiv 0 (\bmod 3)$,由于它的模是 3,所以通过简单实验就可得知它有两个解 $x \equiv 0$ 和 $x \equiv 1$.

$$f(x) = x^3 + 5x^2 + 9, f'(x) = 3x^2 + 10x$$

$$f(0) = 9, f(1) = 15, f'(0) = 0, f'(1) = 13$$

又 $p = 3$,所以 $p \mid f'(0), p^2 \mid f(0), p \nmid f'(1)$ 所以根据定理 3.10.9 可知,$x = 0, 1, 2$ 或者 $x = -1, 0, 1$ 全都是同余式方程 $f'(0) y \equiv -\dfrac{f(0)}{p} (\bmod p)$ 的解.而同余

式方程 $f'(1)y \equiv -\dfrac{f(1)}{p}(\bmod\ p)$ 或者方程 $13y \equiv -5(\bmod\ 3)$ 有唯一解 $y=1$.

由此得出同余式方程 $x^3+5x^2+9\equiv 0(\bmod\ 3^2)$ 共有 4 个解,它们是
$$x=0+py=-3,0,3, x=1+py=4$$
再计算得出
$$f(-3)=27, f(0)=9, f(3)=81, f(4)=153$$
$$f'(-3)=-3, f'(0)=0, f'(3)=57, f'(4)=88$$
因此我们有 $p\mid f'(0), p\mid f'(-3), p\mid f'(3)$, $p\nmid f'(4)$, 再进一步检查得出 $p^3\nmid f(0), p^3\mid f(-3)$, $p^3\mid f(3)$, 所以 0 不是方程 $x^3+5x^2+9\equiv 0(\bmod\ 3^3)$ 的解. 而 $y\equiv 0,1,2$ 都是方程
$$f'(-3)y\equiv -\dfrac{f(-3)}{p^2}(\bmod\ p)$$
和方程 $\quad f'(3)y\equiv -\dfrac{f(3)}{p^2}(\bmod\ p)$

的解. 方程
$$f'(4)y\equiv -\dfrac{f(4)}{p^2}(\bmod\ p)$$
或者 $\qquad\qquad 88y\equiv -17(\bmod\ 3)$
有唯一解 $y=1$. 由此得出 $x^3+5x^2+9\equiv 0(\bmod\ 3^3)$, $x\equiv 0(\bmod\ 3^2)$ 共有 7 个解,它们是
$$x=-3+p^2y=-2+9y=-3,6,15$$
$$x=3+p^2y=3+9y=3,12,21$$
$$x=4+p^2y=4+9y=13$$
$$f(-3)=27, f(3)=81, f(6)=405, f(12)=2\ 457$$
$$f(13)=3\ 051, f(15)=4\ 509, f(21)=11\ 475$$
$$f'(-3)=-3, f'(3)=57, f'(6)=168$$

278

第 3 章　整数的性质

$$f'(12)=552, f'(13)=637$$
$$f'(15)=825, f'(21)=1\,533$$

因此
$$p \mid f'(-3), p^4 \nmid f(-3)$$
$$p \mid f'(3), p^4 \mid f(3)$$
$$p \mid f'(6), p^4 \mid f(6)$$
$$p \mid f'(12), p^4 \nmid f(12)$$
$$p \mid f'(13)$$
$$p \mid f'(15), p^4 \nmid f(15)$$
$$p \mid f'(21), p^4 \mid f(21)$$

故 $y \equiv 0,1,2$ 都是方程

$$f'(3)y \equiv -\frac{f(3)}{p^3} (\bmod p)$$

和方程
$$f'(6)y \equiv -\frac{f(6)}{p^3} (\bmod p)$$

的解. 方程
$$f'(13)y \equiv -\frac{f(13)}{p^3} (\bmod p)$$

或者　　　　$637y \equiv -113 (\bmod 3)$

有唯一解 $y=1$. 由此得出 $x^3+5x^2+9 \equiv 0 (\bmod 3^4)$, $x \equiv 0 (\bmod 3^3)$ 共有 7 个解, 它们是
$$x = 3+p^3 y = 3+27y = 3, 30, 57$$
$$x = 6+p^3 y = 6+27y = 6, 33, 60$$
$$x = 13+p^3 y = 13+27y = 40$$

例 3.10.7　解同余式方程 $x^3+5x^2+9 \equiv 0 (\bmod 7 \cdot 3^4)$.

解　由定理 3.10.5 知, 这就是要解方程组
$$\begin{cases} x^3+5x^2+9 \equiv 0 (\bmod 7) \\ x^3+5x^2+9 \equiv 0 (\bmod 3^4) \end{cases}$$

由直接计算知第一个同余式方程的解为 $x \equiv 5 \pmod 7$，由例 3.10.6 知第二个同余式方程的解为 $x = 3, 6, 30, 33, 40, 57, 60 \pmod{3^4}$，因而上述方程组最后化为 7 个一次同余式方程组(每个方程组含两个方程)，由孙子定理即可得到解答，最后的答案是

$$x \equiv 33, 40, 138, 222, 327, 411, 516 \pmod{7 \cdot 3^4}$$

现在来考虑在同余式中，多项式的析因子问题.

设 p 是一个素数，一个在模 p 下实质上是 n 次的多项式一定可以写成为

$$a_0 x^n + a_1 x^{n-1} + \cdots + a_{n-1} x + a_n \equiv 0 \pmod p$$

的形式，其中 $(a_0, p) = 1$，否则在模 p 下，n 次项将同余于 0，而因此这个多项式将不是 n 次的. 因而，必存在一个整数 α 使得 $\alpha a_0 \equiv 1 \pmod p$. 用 α 去乘上述同余式即可将其化为

$$f(x) = x^n + a_1 x^{n-1} + \cdots + a_{n-1} x + a_n \equiv 0 \pmod p$$

之形，因此对于素数模来说，以后不妨总认为同余于此模的多项式的最高次数为 1.

现在设 $f(x) \equiv 0 \pmod p$ 有一个解 $x \equiv x_1 \pmod p$，那么根据多项式的带余数除法可以得到 $f(x) = (x - x_1) q_1(x) + f(x_1)$，但因为 $f(x_1) \equiv 0 \pmod p$，因此可把上式写为

$$f(x) \equiv (x - x_1) q_1(x) \pmod p$$

如果 $q_1(x) \equiv 0 \pmod p$ 又有解 $x \equiv x_2 \pmod p$，那么同理又可以把上面的式写为

$$f(x) \equiv (x - x_1)(x - x_2) q_2(x) \pmod p$$

如此继续下去，最后我们一定可把上式写为

$$f(x) \equiv (x - x_1)(x - x_2) \cdots (x - x_k) g(x) \pmod p$$

其中 $g(x)$ 是 $n - k \geqslant 1$ 次的整系数多项式，$x_1, x_2, \cdots,$

x_k 之中可能有相重的. 且 $g(x) \equiv 0 (\bmod p)$ 没有解 (这里不像在多项式理论当中那样, 有一个代数基本定理保证在复数域中, 任意多项式至少有一个根, 例如由于 $0^2 = 0, (\pm 1)^2 = 1$, 因此 $x^2 \equiv 2 (\bmod m)$ 对任何 $m \geqslant 3$ 都没有解).

反之, 如果可把多项式 $f(x)$ 写成为
$$f(x) \equiv (x - x_1)(x - x_2) \cdots (x - x_k) g(x) (\bmod p)$$
的形式, 其中 $g(x)$ 是 $n - k \geqslant 1$ 次的整系数多项式, $x_1, x_2, \cdots, x_k$ 之中可能有相重的, 且 $g(x) \equiv 0 (\bmod p)$ 没有解, 那么 $f(x) \equiv 0 (\bmod p)$ 的所有解就只能是 $x_1, x_2, \cdots, x_k$ 这 k 个解. 假设不然, $f(x) \equiv 0 (\bmod p)$ 还有一个解 $x = \xi, \xi \not\equiv x_1, x_2, \cdots, x_k (\bmod p)$, 那么把 $x = \xi$ 代入到 $f(x)$ 的表达式中去后就得到
$$(\xi - x_1)(\xi - x_2) \cdots (\xi - x_k) g(\xi) \equiv 0 (\bmod p)$$
但是因为 $g(x) \equiv 0 (\bmod p)$ 没有解, p 是素数, 所以根据同余式的性质就得到必有某一个 x_i 使得 $\xi - x_i \equiv 0 (\bmod p), \xi \equiv x_i (\bmod p)$, 而这与我们的假设矛盾, 所得的矛盾便证明了所要的结论. 由此就得出下述定理.

定理 3.10.11 设在素数模 p 下, 多项式 $f(x)$ 的所有解为 $x_1, x_2, \cdots, x_k$ (其中可能有相重的), 那么, 那么 $f(x)$ 一定可以表为
$$f(x) \equiv (x - x_1)(x - x_2) \cdots (x - x_k) g(x) (\bmod p)$$
的形式, 其中 $g(x)$ 是一个整系数多项式, $g(x) \equiv 0 (\bmod p)$ 没有解.

反之若多项式 $f(x)$ 可以表为上述形式, 那么在素数模 p 下, $f(x)$ 的所有解为 (其中可能有相重的) 即为 $x_1, x_2, \cdots, x_k$.

定理 3.10.12

(1) 模为素数 p 的 n 次同余式不可能有多于 n 个的对于模 p 不同的根,如果它有 n 个根,则它的左边一定可以在模 p 下分解成为 n 个一次因子;

(2) 如果一个 n 次多项式在素数模 p 下有多于 n 个对模 p 不同的根,那么此多项式必绝对同余于模 p,即 p 可整除它的所有系数.

证明 (1) 假设多项式 $f(x)$ 是 n 次的,但是有 $n+1$ 个对模 p 不同的根. 设这些根为 $x_1, x_2, \cdots, x_{n+1}$,于是根据定理 3.10.11 必有
$$f(x) \equiv c(x-x_1)(x-x_2)\cdots(x-x_n) \pmod{p}$$
其中 $(c,p)=1$,把 x_{n+1} 代入上式得
$$c(x-x_1)(x-x_2)\cdots(x-x_n) \equiv 0 \pmod{p}$$
于是根据 p 是素数,$(c,p)=1$ 和同余式的性质即得必存在某一个指标 k 使得 $p \mid (x-x_k)$,或者 $x-x_k \equiv 0 \pmod p$,这与我们关于 $x_1, x_2, \cdots, x_{n+1}$ 是对模 p 不同的根的假定相矛盾. 这就证明了模为素数 p 的 n 次同余式不可能有多于 n 个的对于模 p 不同的根. (1) 的后一部分结论在刚才的证明中也同时证明了.

(2) 如果 $f(x) \equiv 0 \pmod m$ 不是绝对同余式,那么它将有多于 n 个对模 p 不同的根,而我们在(1)中已证明了这是不可能的.

注意:上面这个定理的证明中用到了 p 是素数的假定,因此对于合成模来说,这一定理不一定成立.

例如 $x^2 \equiv 1 \pmod 8$ 就有 4 个解 $1, 3, 5, 7$.

利用上面的定理我们即可证明下面的:

定理 3.10.13(威尔逊定理) 设 p 是一个素数,则

威尔逊 (Wilson, John, 1741—1793),英国数学家. 生于威斯特摩兰,卒于同地.

$$(p-1)! + 1 \equiv 0 \pmod{p}$$

证明 当 $p=2$ 时，定理显然成立. 当 $p>2$ 时，由于 p 的同余类只有 $0,1,2,\cdots,p-1$ 这 p 个，而在这 p 个同余类中共有 $1,2,\cdots,p-1$ 这 $p-1$ 个类是与 p 互素的，因此根据欧拉－费马定理，即知 $x^{p-1}-1 \equiv 0 \pmod{p}$ 恰有 $1,2,\cdots,p-1$ 这 $p-1$ 个根. 于是由定理 3.10.12 即得出 $x^{p-1}-1 \equiv (x-1)(x-2)-(x-p+1) \pmod{p}$ 是一个绝对同余式，由此，把 $x=0$ 代入上式并注意当 $p>2$ 时, $p-1$ 一定是一个偶数我们就得到

$$-1 \equiv (p-1)!(-1)^{p-1} \pmod{p}$$

这就证明了定理.

刚才我们研究了在模是素数的情况下同余式的次数和模的一般关系. 下面我们进一步研究一下同余式的解数和次数相等的情况.

定理 3.10.14 设 $f(x) = x^n + a_1 x^{n-1} + \cdots + a_{n-1} x + a_n, n \leqslant p, x^p - x = q(x) f(x) + r(x)$，其中 $q(x), r(x)$ 都是整系数多项式，且 $r(x)$ 的次数小于 n. 则 $f(x) \equiv 0 \pmod{p}$ 有 n 个解的充分必要条件是 $r(x)$ 的所有系数都是 p 的倍数.

证明 如果 $f(x) \equiv 0 \pmod{p}$ 有 n 个解，则因为 $n \leqslant p$，且这 n 个解必分别同余于某个小于 p 的整数. 于是根据欧拉－费马定理，它们都是 $x^p - x \equiv 0 \pmod{p}$ 的解. 因而也都是 $r(x) \equiv 0 \pmod{p}$ 的解. 但是由于 $r(x)$ 的次数小于 n，因此由定理 3.10.12 知 $r(x)$ 的所有系数都是 p 的倍数.

反之，如果 $r(x)$ 的所有系数都是 p 的倍数，则由 $x^p - x = q(x) f(x) + r(x)$ 和欧拉－费马定理知，对任

何整数 x 都有 $q(x)f(x) \equiv 0 \pmod{p}$. 这就是说 $q(x)f(x) \equiv 0 \pmod{p}$ 有 p 个解 $(0,1,2,\cdots,p-1)$. 如果 $f(x) \equiv 0 \pmod{p}$ 的解数 $k < n$, 那么由定理 3.10.12 知 $p-n$ 次多项式 $q(x)$ 的解数 $h \leqslant p-n$, 于是 $q(x)f(x) \equiv 0 \pmod{p}$ 的解数小于等于 $k+h < p$, 而这与 $q(x)f(x) \equiv 0 \pmod{p}$ 有 p 个解相矛盾, 所得的矛盾就说明 $f(x) \equiv 0 \pmod{p}$ 的解数必等于 n.

综合以上两方面就证明了定理.

例 3.10.8 设 p 是奇素数, 证明: $1^2 \cdot 3^2 \cdot \cdots \cdot (p-2)^2 \equiv (-1)^{\frac{p+1}{2}} \pmod{p}$.

证明

$$\begin{aligned}
(p-1)! &= 1 \cdot 2 \cdot \cdots \cdot (p-1) = \\
&\quad (1 \cdot 3 \cdot \cdots \cdot (p-4) \cdot \\
&\quad (p-2))(2 \cdot 4 \cdot \cdots \cdot (p-3) \cdot (p-1)) = \\
&\quad (1 \cdot 3 \cdot \cdots \cdot (p-4) \cdot \\
&\quad (p-2))((p-1) \cdot (p-3) \cdot \cdots \cdot 4 \cdot 2) = \\
&\quad (1 \cdot (p-1)) \cdot (3 \cdot (p-3)) \cdot \cdots \cdot \\
&\quad ((p-4) \cdot 4) \cdot ((p-2) \cdot 2) \equiv \\
&\quad (1 \cdot (-1)) \cdot (3 \cdot (-3)) \cdot \cdots \cdot \\
&\quad ((p-4) \cdot (4-p)) \cdot \\
&\quad (p-2) \cdot (2-p))(\bmod p) \equiv \\
&\quad (-1)^{\frac{p-2}{2}} \cdot 1^2 \cdot 3^2 \cdot \cdots \cdot (p-2)^2 \pmod{p}
\end{aligned}$$

习题 3.10

1. 试解以下问题:

(1) 十一数余 3, 七二数余二, 十三数余一, 问本数;

(2) 二数余一, 五数余二, 七数余三, 九数余四, 问

本数.(杨辉:续古摘奇算法(1275))

2.(1) 设 m_1,m_2,m_3 是三个正整数,证明:$[(m_1,m_2),(m_2,m_3)]=([m_1,m_2],m_3)$;

(2) 设 $d=(m_1,m_2)$,证明同余式方程组
$$x\equiv a_1(\bmod m_1), x\equiv a_2(\bmod m_2)$$
有解的充分必要条件是 $d\mid(a_1-a_2)$.且在有解时,其一切解可由下式求出
$$x\equiv x_{1,2}(\bmod[m_1,m_2])$$
其中,$x_{1,2}$ 是同余式方程组 $x\equiv a_1(\bmod m_1), x\equiv a_2(\bmod m_2)$ 的一个特解.

(3) 应用(1),(2)证明同余式方程组
$$x\equiv a_i(\bmod m_i), i=1,2,\cdots,k$$
有解的充分必要条件是 $(m_i,m_j)\mid(a_i,a_j),i,j=1,2,\cdots,k$,且在有解时,其一切解可由下式求出:$x\equiv x_{1,2,\cdots,k}(\bmod[m_1,m_2,\cdots,m_k])$,其中,$x_{1,2,\cdots,k}$ 是同余式方程组 $x\equiv a_i(\bmod m_i),i=1,2,\cdots,k$ 的一个特解.

3. 设 $m=[m_1,m_2,\cdots,m_k]$.证明

(1) 存在整数 $m'_1,m'_2,\cdots,m'_k$ 两两互素,使得 $m'_i\mid m_i, i=1,2,\cdots,k$,且 $m=m'_1\cdot m'_2\cdot\cdots\cdot m'_k$;

(2) 同余式方程组 $x\equiv a_i(\bmod m_i),i=1,2,\cdots,k$ 的解和同余式方程组 $x\equiv a_i(\bmod m'_i),i=1,2,\cdots,k$ 相同.

4. 今有数不知总,以五累减之无剩,以七百十五累减之剩十,以二百四十七累减之剩一百四十,以三百九十一累减之剩二百四十五,以一百八十七累减之剩一百零九,问总数若干?(黄宗宪:求一术通解)

5. 解同余式 $6x^3+27x^2+17x+20\equiv 0(\bmod 30)$.

6. 解同余式 $31x^4+57x^3+96x+191\equiv$

$0 \pmod{225}$.

7. 设 $(a,m)=1, x_1$ 是同余式方程 $ax \equiv 1 \pmod{m}$ 的一个解. 再设 k 是正整数, $y_k = 1-(1-ax_1)^k$.

证明: (1) $a \mid y_k$;

(2) $x_k = \dfrac{y_k}{a}$ 是同余式方程 $ax \equiv 1 \pmod{m^k}$ 的解.

8. 解同余式方程

(1) $3x \equiv 1 \pmod{125}$

(2) $5x \equiv 1 \pmod{243}$

9. 求下列二元一次同余式方程组的解

(1) $3x+4y \equiv 5 \pmod{13}, 2x+5y \equiv 7 \pmod{13}$

(2) $x+2y \equiv 1 \pmod{5}, 2x+y \equiv 1 \pmod{5}$

(3) $x+3y \equiv 1 \pmod{5}, 3x+4y \equiv 2 \pmod{5}$

(4) $4x+y \equiv 2 \pmod{5}, 2x+3y \equiv 1 \pmod{5}$

(5) $2x+3y \equiv 5 \pmod{7}, x+5y \equiv 6 \pmod{5}$

(6) $4x+y \equiv 5 \pmod{7}, x+2y \equiv 4 \pmod{7}$

10. 设 $m \geqslant 1, \Delta = ad-bc, (m,\Delta)=1$. 那么, 二元一次同余式方程组

$$\begin{cases} a_1 x + b_1 y \equiv c_1 \pmod{m} \\ a_2 x + b_2 y \equiv c_2 \pmod{m} \end{cases}$$

对模 m 有唯一解 $x \equiv \delta(b_2 c_1 - b_1 c_2) \pmod{m}, y \equiv \delta(a_1 c_2 - a_2 c_1) \pmod{m}$, 其中 $\delta \Delta \equiv \pmod{m}$.

11. 求下列同余式方程的解

(1) $x^3 + 2x - 3 \equiv 0 \pmod{45}$

(2) $4x^2 - 5x + 13 \equiv 0 \pmod{33}$

(3) $x^3 - 9x^2 + 23x - 15 \equiv 0 \pmod{143}$

12. 求下列同余式方程的解

(1) $x^3 + x^2 + 10x + 1 \equiv 0 \pmod{3^3}$

第 3 章　整数的性质

(2) $x^3 + 25x + 3 \equiv 0 \pmod{3^3}$

(3) $x^3 - 5x^2 + 3 \equiv 0 \pmod{3^4}$

(4) $x^5 + x^4 + 1 \equiv 0 \pmod{3^4}$

(5) $x^3 - 2x + 4 \equiv 0 \pmod{5^3}$

(6) $x^3 + x + 57 \equiv 0 \pmod{5^3}$

(7) $x^3 + x^2 - 4 \equiv 0 \pmod{7^3}$

(8) $x^3 + x^2 - 5 \equiv 0 \pmod{7^3}$

(9) $x^2 + 5x + 13 \equiv 0 \pmod{3^3}$

(10) $x^2 + 5x + 13 \equiv 0 \pmod{3^4}$

(11) $x^3 \equiv 3 \pmod{11^3}$

(12) $x^2 \equiv -2 \pmod{19^4}$

13. 求同余式方程 $(x+1)^7 - x^7 - 1 \equiv 0 \pmod{7^7}$ 的满足条件 $7 \nmid x(1+x)$ 的解.

14. 解同余式方程

(1) $x^2 \equiv 2 \pmod{7^k}, k = 5, 6, 7$

(2) $x^2 \equiv -1 \pmod{5^6}$

(3) $x^2 \equiv 4 \pmod{7^4}$

15. 设 $f(n) = n^3 + 396n^2 - 111n + 38$，证明：当 $a \geqslant 5$ 时，同余式方程 $f(x) \equiv 0 \pmod{3^a}$ 恰有 9 个解.

16. 证明：n 是素数的充分必要条件是 $n \mid (n-1)! + 1$.

17. 设素数 $p > 5$，证明：$(p-1)! + 1$ 不可能是素数的方幂.

18. 设 p 是奇素数，证明：

(1) $2^2 \cdot 4^2 \cdots (p-1)^2 \equiv (-1)^{\frac{p+1}{2}} \pmod{p}$

(2) $\left(\left(\frac{p-1}{2}\right)!\right)^2 \equiv (-1)^{\frac{p+1}{2}} \pmod{p}$

(3) $(p-1)!! \equiv (-1)^{\frac{p-1}{2}} (p-2)!! \pmod{p}$

19. 设 p 为素数,a 为任意整数. 证明:

(1) $p \mid a^p + (p-1)! \, a$

(2) $p \mid (p-1)! \, a^p + a$

20. 设 p 为奇素数,证明:

(1) 当 $p = 4m + 3$ 时,对任意 a 均有 $a^2 \not\equiv -1 \pmod{p}$;

(2) 当 $p = 4m + 1$ 时,必存在一个 a 使得 $a^2 \equiv -1 \pmod{p}$;

(3) 存在无穷多个形如 $4m + 1$ 的素数.

3.11　二次同余式

正像在代数中那样,关于同余式方程的结果、理论和应用,大多集中在一次和二次方程中. 在代数中,当方程的次数高于二次时,我们甚至都没有一个简明实用的求解公式,而同余式的课题一般来说要比对应的代数方程更复杂,因此可想而知,在高于二次的情况下,它也难于产生更多的东西(不过话又说回来,任何同余式方程的解都是有限的,且不会超过它的模,因此从单纯求解的观点来看,我们甚至不需要任何理论,只要试验下去,总会找出全部解的. 但是如果从理论自身发展的内部动力和需要来看,理论还是需要的,而且会产生意想不到的应用).

二次同余式的一般形状是
$$ax^2 + bx + c \equiv 0 \pmod{m}, a \not\equiv 0 \pmod{m}$$
设 m 的素因子分解式为 $m = p_1^{a_1} p_2^{a_2} \cdots p_k^{a_k}$,则由定理 3.11.5 可知上面的方程与方程组

第 3 章　整数的性质

$$ax^2 + bx + c \equiv 0(\bmod\ p_i^{a_i})$$
$$a \not\equiv 0(\bmod\ m), i = 1, 2, \cdots, k$$

等价.因此问题化为求解以素数幂为模的同余式方程

$$ax^2 + bx + c \equiv 0(\bmod\ p^a), a \not\equiv 0(\bmod\ p^a)$$

而由 3.10 的讨论,求解这一方程又可化为求解方程

$$ax^2 + bx + c \equiv 0(\bmod\ p), a \not\equiv 0(\bmod\ p)$$

对 $p = 2$ 的情况,不难讨论.因此不妨设 $p > 2$.这时 $(4a, p) = 1$.用 $4a$ 乘上面的同余式并配方即得

$$(2ax + b)^2 \equiv b^2 - 4ac(\bmod\ p)$$

令 $y \equiv 2ax + b(\bmod\ p)$ 由于是讨论模 p 的同余式方程,变数替换 $y = 2ax + b$ 和前面的同余式变换是一样的),我们得到 $y^2 \equiv b^2 - 4ac(\bmod\ p)$. 如果 $y^2 \equiv b^2 - 4ac(\bmod\ p)$ 有一个解 $y \equiv y_0(\bmod\ p)$,那么通过变量替换 $y \equiv 2ax + b(\bmod\ p)$ 就得出 $(2ax + b)^2 \equiv b^2 - 4ac(\bmod\ p)$ 的一个解 $x \equiv x_0(\bmod\ p)$(因为 $y \equiv 2ax + b(\bmod\ p)$ 可以看成是关于 x 的一次同余式,而由于 $(2a, p) = 1$,因此这个一次同余式有唯一解).而且当 y_0 不同时,得出的 x_0 也不同(因为 $y \equiv 2ax + b(\bmod\ p)$ 的解是唯一的).反过来从 $(2ax + b)^2 \equiv b^2 - 4ac(\bmod\ p)$ 的一个解 $x \equiv x_0(\bmod\ p)$ 通过变换 $y \equiv 2ax + b(\bmod\ p)$ 显然可以唯一地确定 $y^2 \equiv b^2 - 4ac(\bmod\ p)$ 的一个解 $y \equiv y_0(\bmod\ p)$. 由此可见,这两个方程同时有解或无解,且在有解时,解的数目相同,这就得出这两个方程是等价的.

由以上讨论知,最后的问题归结为讨论二次同余式方程

$$x^2 \equiv a(\bmod\ p)$$

是否有解.如果 $(a, p) \neq 1$,那么 $(a, p) = p$,即 $p \mid a$,或

者 $a \equiv 0 \pmod{p}$，这时上面的方程显然有唯一解 $x \equiv 0 \pmod{p}$. 因此以下不妨设 $(a,p)=1$.

先不管方程 $x^2 \equiv a \pmod{p}$，$(a,p)=1$ 是否有解，我们首先可以断定以下的事实：

引理 3.11.1 设素数 $p>2$，a 是整数，且 $(a,p)=1$. 那么方程 $x^2 \equiv a \pmod{p}$ 恰有两解或无解.

证明 方程 $x^2 \equiv a \pmod{p}$，$(a,p)=1$ 可能无解，例如 $x^2 \equiv 2 \pmod{5}$ 通过直接检验即可知此方程无解).

如果方程 $x^2 \equiv a \pmod{p}$ 有一个解 $x \equiv r \pmod{p}$，则 $p-r$ 也是一个解，且它不同于 r，否则将有 $r \equiv p-r \pmod{p}$，$2r \equiv 0 \pmod{p}$. 由于 $(2,p)=1$，我们得出 $r \equiv 0 \pmod{p}$，这与 r 是方程 $x^2 \equiv a \pmod{p}$ 的解的假设相矛盾.

而根据定理 3.11.12，方程 $x^2 \equiv a \pmod{p}$ 至多有两个对模 p 不同的解，因此 r 和 $p-r$ 就是这个方程的全部可能的解.

为此我们引进以下定义：

定义 3.11.1 设素数 $p>2$，a 是整数. 如果同余式方程 $x^2 \equiv a \pmod{p}$，$(a,p)=1$ 有解，则称 a 是模 p 的平方剩余，如果同余式方程 $x^2 \equiv a \pmod{p}$，$(a,p)=1$ 无解，则称 a 是模 p 的平方非剩余.

根据这个定义，二次同余式方程 $x^2 \equiv a \pmod{p}$，$(a,p)=1$ 是否有解的问题就等价于判断整数 a 是否是模 p 的平方剩余. 为给出 a 是否是模 p 的平方剩余的判据，我们首先证明以下引理.

引理 3.11.2 设 p 是一个奇素数，$(a,p)=1$，则
$$a^{\frac{p-1}{2}} \equiv 1 \pmod{p}$$

第 3 章　整数的性质

或者
$$a^{\frac{p-1}{2}} \equiv -1 \pmod p$$

证明　设 $1 < r < p-1$，则必有 $r^2 \not\equiv 1 \pmod p$. 假设不然，则 $r^2 \equiv 1 \pmod p$. 于是 $p \mid (r-1)$ 或者 $p \mid (r+1)$，从而 $r \equiv \pm 1 \pmod p$，这与 $r \not\equiv \pm 1 \pmod p$ 矛盾. 所得的矛盾就说明必有 $r^2 \not\equiv 1 \pmod p$.

如果 $a^{\frac{p-1}{2}} \equiv r \pmod p, 1 \leqslant r < p$，而 $r \neq \pm 1$. 那么 $1 < r < p-1$，因此 $r^2 \not\equiv 1 \pmod p$. 但是把同余式 $a^{\frac{p-1}{2}} \equiv r \pmod p$ 两边平方并利用费马定理又得
$$r^2 \equiv a^{p-1} \pmod p \equiv 1 \pmod p$$
这与 $r^2 \not\equiv 1 \pmod p$ 矛盾. 这就说明必有 $r = \pm 1$.

定理 3.11.1(欧拉判别条件)　设 $(a,p)=1$，则 a 是模 p 的平方剩余的充分必要条件是
$$a^{\frac{p-1}{2}} \equiv 1 \pmod p$$
而 a 是模 p 的非平方剩余的充分必要条件是
$$a^{\frac{p-1}{2}} \equiv -1 \pmod p$$

证明　(1) 设 $y = x^2$，则由于
$$(y-a) \mid (y^{\frac{p-1}{2}} - a^{\frac{p-1}{2}})$$
因此可知 $(x^2 - a) \mid (x^{p-1} - a^{\frac{p-1}{2}})$ 即存在一个整系数多项式 $q(x)$ 使得 $x^{p-1} - a^{\frac{p-1}{2}} = (x^2 - a)q(x)$，故我们有
$$x^p - x = x(x^{p-1} - 1) = x(x^{p-1} - a^{\frac{p-1}{2}}) + (a^{\frac{p-1}{2}} - 1) = (x^2 - a)xq(x) + x(a^{\frac{p-1}{2}} - 1)$$
从而
$$(x^2 - a)xq(x) + (a^{\frac{p-1}{2}} - 1)x \equiv (x^p - x) \pmod p \equiv 0 \pmod p$$

如果 a 是平方剩余，则存在一个 $r, (r,p) = 1$ 使得

$r^2 \equiv a \pmod p$, $(r^2 - a) \equiv 0 \pmod p$, 把此式代入上式即得 $(a^{\frac{p-1}{2}} - 1)r \equiv 0 \pmod p$, 由于 $(r, p) = 1$, 故 $(a^{\frac{p-1}{2}} - 1) \equiv 0 \pmod p$ 这就说明

$$a^{\frac{p-1}{2}} \equiv 1 \pmod p$$

反之，如果 $a^{\frac{p-1}{2}} \equiv 1 \pmod p$

设 $1 \leqslant r \leqslant p-1$，因此 $(r, p) = 1$. 那么对每一个 r, 同余式方程

$$rx \equiv a \pmod p$$

有唯一解 $s(r)$. 由定理 3.7.2 知，当 x 遍历 $0, 1, \cdots, p-1$ 时，rx 也遍历 $0, 1, \cdots, p-1$. 由此可知当 $r_1 \neq r_2$ 时，$s(r_1) \neq s(r_2)$. 假设对每一个 r，都有 $r \neq s(r)$. 那么由于 $p-1$ 是一个偶数，因此必可用 $r \to s(r)$ 的对应方式将 $1, 2, \cdots, p-1$ 两两配对，共配成 $\dfrac{p-1}{2}$ 个对子. 将这 $\dfrac{p-1}{2}$ 个对子连乘起来就得到

$$-1 \equiv (p-1)! \equiv$$

$$(1s(1))(2s(2))\cdots\left(\frac{p-1}{2}s\left(\frac{p-1}{2}\right)\right) \equiv$$

$$a^{\frac{p-1}{2}} \equiv 1 \pmod p$$

显然这是一个矛盾，所得的矛盾说明必存在一个 r 使得 $r = s(r)$，这也就是说

$$r^2 \equiv a \pmod p$$

或者说 a 是模 p 的平方剩余.

（2）由费马定理知，如果 $(a, p) = 1$, 则 $a^{p-1} \equiv 1 \pmod p$. 因此

$$(a^{\frac{p-1}{2}} + 1)(a^{\frac{p-1}{2}} - 1) \equiv 0 \pmod p$$

由于 p 是奇素数，故由引理 3.11.2 知 $a^{\frac{p-1}{2}} \equiv 1 \pmod p$

和 $a^{\frac{p-1}{2}} \equiv -1 \pmod{p}$ 这两个式子之中必有一个式子成立且二式不可能同时成立,但是在(1)中已证明 a 不是平方剩余的充分必要条件是 $a^{\frac{p-1}{2}} \not\equiv 1 \pmod{p}$,故 a 是平方非剩余的充分必要条件就是 $a^{\frac{p-1}{2}} \equiv -1 \pmod{p}$.

现在来看看在 $1,2,\cdots,p-1$ 这 $p-1$ 个数中有多少个数是平方剩余,有多少个数是平方非剩余.由于平方剩余数和平方非剩余数是完全对称的概念,所以从直觉上说,我们感觉到这两种数应该是一样多的.不过这当然不能算是证明,下面我们就来严格证明这一结论.

定理 3.11.2 设 p 是一个奇素数,则在 $1,2,\cdots,p-1$ 这 $p-1$ 个数中平方剩余数和平方非剩余数的个数各为 $\frac{p-1}{2}$.而且 $\frac{p-1}{2}$ 个平方剩余数分别与 1^2, $2^2,\cdots,\left(\frac{p-1}{2}\right)^2$ 中的一个数同余,且仅与一个数同余.

证明 显然当 a 同余于 $1^2,2^2,\cdots,\left(\frac{p-1}{2}\right)^2$ 中的某一个数时,a 必定是一个平方剩余.由于 $-k \equiv p-k \pmod{p}$,所以

$$1^2 \equiv (-1)^2 \equiv (p-1)^2 \pmod{p}, 2^2 \equiv (p-2)^2,\cdots,$$

$$\left(\frac{p-1}{2}\right)^2 \equiv \left(p-\frac{p-1}{2}\right)^2 \equiv \left(\frac{p+1}{2}\right)^2$$

所以 $1^2,2^2,\cdots,\left(\frac{p-1}{2}\right)^2$ 就是 $1,2,\cdots,p-1$ 这 $p-1$ 个数中所有可能的平方剩余数了.

当 $x \equiv \pm i, \pm j \pmod{p}$,$1 \leqslant i < j \leqslant \frac{p-1}{2}$ 时,

$i^2 \not\equiv j^2 (\bmod\ p)$. 否则二次同余式方程 $x^2 \equiv i^2 (\bmod\ p)$ 将有 4 个解,而这与引理 3.11.1 矛盾,因此在 $1,2,\cdots,p-1$ 这 $p-1$ 个数中恰有 $\dfrac{p-1}{2}$ 个平方剩余数,且每一个平方剩余数都与 $1^2, 2^2, \cdots, \left(\dfrac{p-1}{2}\right)^2$ 中的某一个数同余,且仅与一个数同余. 而剩下的 $\dfrac{p-1}{2}$ 个数就是平方非剩余数.

例 3.11.1 求模 11 的平方剩余与平方非剩余.

解 根据定理 3.11.2 求模 11 的平方剩余数为 $1^2 \equiv 1, 2^2 \equiv 4, 3^2 \equiv 9, 4^2 \equiv 16 \equiv 5, 5^2 \equiv 25 \equiv 3 (\bmod\ 11)$,即 $1,3,4,5,9$,而平方非剩余数就是 $2,6,7,8,10$.

例 3.11.2 求模 29 的平方剩余与平方非剩余.

解 求法和例 3.11.1 相同,但是可列出下表使表达更简明:

i	1	2	3	4	5	6	7	8	9	10	11	12	13	14
$i^2 (\bmod\ 29)$	1	4	9	16	25	7	20	6	23	13	5	28	24	22

故模 29 的平方剩余就是 $1,4,5,6,7,9,13,16,20,22,23,24,25,28$;而平方非剩余就是 $2,3,8,10,11,12,14,15,17,18,19,21,26,27$.

由上表不仅可以得到模 p 的平方剩余,还可以查出当 a 是模 p 的平方剩余时,二次同余式方程的 $x^2 \equiv a(\bmod\ p)$ 的两个解. 例如 25 是模 29 的平方剩余,因此的两个解是 $x^2 \equiv 25(\bmod\ 29)$ 的两个解是 $x \equiv 5, 29-5 \equiv 5, 24(\bmod\ 29)$.

例 3.11.3 设 p 是一个奇素数,则 -1 是模 p 的平方剩余的充分必要条件是 $p \equiv 1(\bmod\ 4)$;当 $p \equiv$

第 3 章　整数的性质

$1 \pmod 4$ 时,二次同余式方程 $x^2 \equiv -1 \pmod p$ 的解是

$$x \equiv \pm \left(\frac{p-1}{2}\right)!$$

证明　由欧拉判别条件知 -1 是模 p 的平方剩余的充分必要条件是

$$(-1)^{\frac{p-1}{2}} \equiv 1 \pmod p$$

上述条件等价于 $(-1)^{\frac{p-1}{2}}=1$,这一条件又等价于 $\frac{p-1}{2}$ 是偶数或 $p \equiv 1 \pmod 4$;当 $p \equiv 1 \pmod 4$ 时,由于在模 p 下 $p-1 \equiv -1, p-2 \equiv -2, \cdots, p-(p-1) \equiv -(p-1)$,因此

$$\begin{aligned}-1 \equiv &(p-1)! \equiv (-1)(-2)\cdots(-(p-1)) \equiv \\&((-1)(-(p-1)))((-2)(-(p-2)))\cdots \\&\left(\left(-\frac{p-1}{2}\right)\left(-\left(p-\frac{p-1}{2}\right)\right)\right) \equiv \\&(-1 \cdot 1)(-2 \cdot 2)\cdots\left(-\frac{p-1}{2} \cdot \frac{p-1}{2}\right) \equiv \\&(-1)^{\frac{p-1}{2}}\left(\left(\frac{p-1}{2}\right)!\right)^2 \equiv \\&\left(\left(\frac{p-1}{2}\right)!\right)^2\end{aligned}$$

由此即得二次同余式方程 $x^2 \equiv -1 \pmod p$ 的解是 $x \equiv \pm \left(\frac{p-1}{2}\right)!$.

欧拉判别条件虽然给出了判别一个数是否是模 p 的平方剩余的判据,但是直接应用这一法则去判别却并不方便.但是这一判据把判别问题化为了计算,而且只需关系结果的符号,这就隐含了某种简化的原则,而这一简化需要通过一套符号系统来实现(这里顺便提

一下,一套好的符号系统有助于理清我们的思路,使我们的思维集中到问题的最本质的方面去,因此在数学研究中的作用是很重要的,而我国古代的数学虽然曾经取得过辉煌的成就,但是到了中近代,却落后于西方(不仅是数学)科学的发展,其中一个原因就在于我国古代的数学没有一套很好的符号系统,结果使得我国古代的数学研究的表达十分烦琐晦涩,难于为普通人所掌握,另一个原因在于我国古代的统治阶级从来不重视科学的研究,只把它看成一种神秘的东西或好玩的东西或只看重它的实用性而不重视其本身的基础和系统的发展,研究科学的人也一直被视为与道士、巫师、艺人一类的下九流的小玩意).下面我们就来介绍这一套符号系统.

勒让德 (Legendre, Adrien-Marie, 1752—1833),法国数学家,生于巴黎(另一说为图卢兹),卒于巴黎.

定义 3.11.2 勒让德符号 $\left(\dfrac{a}{p}\right)$ 的意义如下:当 a 是模 p 的平方剩余时,$\left(\dfrac{a}{p}\right)=1$,当 a 是模 p 的平方非剩余时,$\left(\dfrac{a}{p}\right)=-1$,当 $p\mid a$ 时,$\left(\dfrac{a}{p}\right)=0$.

于是平方剩余的判别问题现在就化为了勒让德符号的计算问题. 为能简便地计算勒让德符号,首先需要研究它的性质. 由定义容易直接证明下面的

引理 3.11.3 设 p 是奇素数,那么勒让德符号有以下性质:

(1) $\left(\dfrac{a}{p}\right) = a^{\frac{p-1}{2}} \pmod{p}$;

(2) 如果 $a \equiv b \pmod{p}$,则 $\left(\dfrac{a}{p}\right) = \left(\dfrac{b}{p}\right)$;

(3) $\left(\dfrac{1}{p}\right) = 1$,$\left(\dfrac{-1}{p}\right) = (-1)^{\frac{p-1}{2}}$;或者

第 3 章　整数的性质

当 $p \equiv 1 \pmod{4}$ 时,$\left(\dfrac{-1}{p}\right)=1$,当 $p \equiv 3 \pmod{4}$ 时,$\left(\dfrac{-1}{p}\right)=-1$.

(4) $\left(\dfrac{ab}{p}\right)=\left(\dfrac{a}{p}\right)\left(\dfrac{b}{p}\right)$;

(5) 当 $p \nmid a$ 时,$\left(\dfrac{a^2}{p}\right)=1$.

下面一个引理就不像上面那样直观和容易了.

引理 3.11.4(高斯引理)　设 p 为奇素数,$p \nmid a$. 又设在

$$a, 2a, \cdots, \left(\dfrac{p-1}{2}\right)a$$

被 p 除所得的余数中,恰有 m 个大于 $\dfrac{p-1}{2}$,则

(1) $\left(\dfrac{a}{p}\right)=(-1)^m$;

(2) $m \equiv \sum\limits_{k=1}^{\frac{p-1}{2}}\left[\dfrac{ka}{p}\right]-(a-1)\dfrac{p^2-1}{8} \pmod{2}$.

证明　(1) 设 $r_1, r_2, \cdots, r_n$ 表示在 $a, 2a, \cdots, \left(\dfrac{p-1}{2}\right)a$ 被 p 除所得的余数中,小于或者等于 $\dfrac{p-1}{2}$ 的数;又设 $s_1, s_2, \cdots, s_m$ 表示在 $a, 2a, \cdots, \left(\dfrac{p-1}{2}\right)a$ 被 p 除所得的余数中,大于 $\dfrac{p-1}{2}$ 的数,那么显然 $n+m=\dfrac{p-1}{2}$.

首先证明,任意两个 r_i 在模 p 下都不会同余,否则将有 $0 \leqslant x_1 \leqslant \dfrac{p-1}{2}, 0 \leqslant x_2 \leqslant \dfrac{p-1}{2}$ 使得 $ax_1=$

$q_1 p + r_1, a x_2 = q_2 p + r_2$. 由 $r_1 \equiv r_2 (\mod p)$ 得出 $a x_1 \equiv a x_2 (\mod p)$, 由于 $(a, p) = 1$, 故得出 $x_1 \equiv x_2 (\mod p)$, $x_1 = x_2$. 这与 $x_1 \ne x_2$ 矛盾. 同理, 任何两个 s_i 在模 p 下也不会同余.

现在我们再证明, 对任意 i 和 j, $r_i \ne p - s_j (\mod p)$. 假设不然, 则有 $r_i \equiv p - s_j (\mod p)$, $r_i + s_j \equiv 0 (\mod p)$. 又因为 $r_i \equiv t a (\mod p)$, $s_j \equiv u a (\mod p)$, 其中 t 和 u 是小于或者等于 $\frac{p-1}{2}$ 的两个正整数, 这就得出 $(t + u) a \equiv 0 (\mod p)$, 因为 $(a, p) = 1$, 因而就得出 $t + u \equiv 0 (\mod p)$, 但因为 $2 \leqslant t + u \leqslant p - 1$, 所以这是不可能的. 所得的矛盾就证明了对任意 i 和 j, $r_i \not\equiv p - s_j (\mod p)$.

于是, $r_1, r_2, \cdots, r_n$ 和 $p - s_1, p - s_2, \cdots, p - s_m$ 这 $\frac{p-1}{2}$ 个两两不同的且都不大于 $\frac{p-1}{2}$ 的数显然就构成 $1, 2, \cdots, \frac{p-1}{2}$ 的一个排列, 因此就有

$$r_1 r_2 \cdots r_n (p - s_1)(p - s_2) \cdots (p - s_m) =$$
$$1 \cdot 2 \cdot \cdots \cdot \left(\frac{p-1}{2}\right) = \left(\frac{p-1}{2}\right)!$$

由于对所有的 j 成立 $p - s_j \equiv -s_j (\mod p)$, 而这种因子共有 m 个, 因而上式就成为

$$r_1 r_2 \cdots r_n s_1 s_2 \cdots s_m (-1)^m \equiv \left(\frac{p-1}{2}\right)! \ (\mod p)$$

但是按照 $r_1, r_2, \cdots, r_n$ 和 $s_1, s_2, \cdots, s_m$ 的定义, 这 $\frac{p-1}{2}$ 个数都是 $a, 2a \cdots, \left(\frac{p-1}{2}\right)a$ 这 $\frac{p-1}{2}$ 个数除以 p 所得

第3章　整数的性质

的余数,因此它们之中的每一个数都与 $a, 2a, \cdots,$ $\left(\dfrac{p-1}{2}\right)a$ 中的某一个数同余,因此在模 p 下乘积 $r_1 r_2 \cdots r_n s_1 s_2 \cdots s_m (-1)^m$ 与乘积 $a \cdot 2a \cdot \cdots \cdot \left(\dfrac{p-1}{2}\right)a \cdot (-1)^m$ 同余. 故由前面已证的式子就得出

$$(-1)^m a^{\frac{p-1}{2}} \left(\dfrac{p-1}{2}\right)! \equiv \left(\dfrac{p-1}{2}\right)! \pmod{p}$$

在这个式子中 $\left(\dfrac{p-1}{2}\right)!$ 的每个因子都与 p 互素因而可以消去,把它们消去后即得

$$(-1)^m a^{\frac{p-1}{2}} \equiv \pmod{p}$$

在上式两边都乘以 $(-1)^m$ 后即得 $a^{\frac{p-1}{2}} \equiv (-1)^m \pmod{p}$. 再利用 $a^{\frac{p-1}{2}} \equiv \left(\dfrac{a}{p}\right) \pmod{p}$ 就最后得到

$$\left(\dfrac{a}{p}\right) = (-1)^m$$

这就证明了(1).

(2) 由带余数除法知 $ka = qp + r$,其中 $q = \left[\dfrac{ka}{p}\right]$. 又

$$1 + 2 + \cdots + \dfrac{p-1}{2} = \left(1 + \dfrac{p-1}{2}\right) \cdot \dfrac{p-1}{4} = \dfrac{p^2-1}{8}$$

所以

$$a \dfrac{p^2-1}{8} = a + 2a + \cdots + \dfrac{p-1}{2} a =$$

$$p \sum_{k=1}^{\frac{p-1}{2}} \left[\dfrac{ka}{p}\right] + r_1 + r_2 + \cdots +$$

$$r_n + s_1 + s_2 + \cdots + s_m =$$

$$p\sum_{k=1}^{\frac{p-1}{2}}\left[\frac{ka}{p}\right]+\sum_{i=1}^{n}r_i+\sum_{j=1}^{m}(p-s_j)-$$
$$mp+2\sum_{j=1}^{m}s_j$$

其中 $r_1,r_2,\cdots,r_n$ 和 $s_1,s_2,\cdots,s_m$ 分别表示 $a,2a,\cdots,\left(\frac{p-1}{2}\right)a$ 这 $\frac{p-1}{2}$ 个数除以 p 所得的余数中小于等于 $\frac{p-1}{2}$ 的数和大于 $\frac{p-1}{2}$ 的数. 在(1)中已说明 r_1, $r_2,\cdots,r_n$ 和 $p-s_1,p-s_2,\cdots,p-s_m$ 这 $\frac{p-1}{2}$ 个两两不同的且都不大于 $\frac{p-1}{2}$ 的数构成 $1,2,\cdots,\frac{p-1}{2}$ 的一个排列,因此

$$\sum_{i=1}^{n}r_i+\sum_{j=1}^{m}(p-s_j)=\sum_{k=1}^{\frac{p-1}{2}}k=\frac{p^2-1}{8}$$

把此式代入上面的式子就得到

$$(a-1)\frac{p^2-1}{8}=p\sum_{k=1}^{\frac{p-1}{2}}\left[\frac{ka}{p}\right]-mp+2\sum_{j=1}^{m}s_j\equiv$$
$$1\sum_{k=1}^{\frac{p-1}{2}}\left[\frac{ka}{p}\right]-m\cdot 1(\bmod 2)$$

定理 3.11.3

(1) $\left(\dfrac{2}{p}\right)=(-1)^{\frac{p^2-1}{8}}$

因而当 $p\equiv 1,7(\bmod 8)$ 时,$\left(\dfrac{2}{p}\right)=1$;当 $p\equiv 3,5(\bmod 8)$ 时,$\left(\dfrac{2}{p}\right)=-1$;

第 3 章 整数的性质

(2) 如果 $(a,p)=1, 2 \nmid a$, 则 $\left(\dfrac{a}{p}\right) = (-1)^{\sum\limits_{k=1}^{\frac{p-1}{2}}\left[\frac{ka}{p}\right]}$.

证明 (1) 当 $a=2$ 时, $0 \leqslant \left[\dfrac{ka}{p}\right] \leqslant \left[\dfrac{2k}{p}\right] \leqslant \left[\dfrac{p-1}{p}\right] \leqslant 0$, 因而由引理 3.11.4 就得到

$$m \equiv \dfrac{p^2-1}{8} \pmod{2}$$

再由引理 3.11.3 和引理 3.11.4 就得到 $\left(\dfrac{2}{p}\right) = (-1)^{\frac{p^2-1}{8}}$;

(2) 如果 $(a,p)=1, 2 \nmid a$, 则 $a-1 \equiv 0 \pmod{2}$, 因此引理 3.11.4(2) 就得到

$$\left(\dfrac{a}{p}\right) = (-1)^{\sum\limits_{k=1}^{\frac{p-1}{2}}\left[\frac{ka}{p}\right]}$$

定理 3.11.4(二次互反律) 设 p, q 都是奇素数, 且 $(p,q)=1$, 则

$$\left(\dfrac{q}{p}\right) = (-1)^{\frac{p-1}{2} \cdot \frac{q-1}{2}} \left(\dfrac{p}{q}\right)$$

证明 由定理 3.8.4 和定理 3.11.3 就得到

$$\left(\dfrac{p}{q}\right)\left(\dfrac{q}{p}\right) = (-1)^{\sum\limits_{k=1}^{\frac{p-1}{2}}\left[\frac{kp}{q}\right] + \sum\limits_{h=1}^{\frac{q-1}{2}}\left[\frac{hq}{p}\right]} = (-1)^{\frac{p-1}{2} \cdot \frac{q-1}{2}}$$

在上式两边同乘以 $\left(\dfrac{p}{q}\right)$ 就得到定理.

例 3.11.4 计算 $\left(\dfrac{438}{593}\right)$.

解 先把分子 438 分解成素因数的乘积: $438 = 2 \cdot 3 \cdot 73$, 因此

$$\left(\dfrac{438}{593}\right) = \left(\dfrac{2}{593}\right)\left(\dfrac{3}{593}\right)\left(\dfrac{73}{593}\right) = \left(\dfrac{3}{593}\right)\left(\dfrac{73}{593}\right) =$$

$$\left(\frac{593}{3}\right)\left(\frac{593}{73}\right) = \left(\frac{2}{3}\right)\left(\frac{9}{73}\right) = \left(\frac{2}{3}\right) = -1$$

因此同余式方程 $x^2 \equiv 438 \pmod{593}$ 无解.

这个例子也可以用 $438 \equiv -155 \pmod{593}$, $155 = 5 \cdot 31$ 去做. 由于 $\left(\frac{-1}{593}\right) = 1$, 所以

$$\left(\frac{438}{593}\right) = \left(\frac{-155}{593}\right) = \left(\frac{-1}{593}\right)\left(\frac{5}{593}\right)\left(\frac{31}{593}\right) =$$

$$\left(\frac{5}{593}\right)\left(\frac{31}{593}\right) = \left(\frac{593}{5}\right)\left(\frac{593}{31}\right) =$$

$$\left(\frac{3}{5}\right)\left(\frac{4}{31}\right) = \left(\frac{5}{3}\right) = \left(\frac{2}{3}\right) = -1$$

例 3.11.5 计算 $\left(\frac{2\,023}{1\,231}\right)$.

解 $\left(\frac{2\,023}{1\,231}\right) = \left(\frac{792}{1\,231}\right) =$

$$\left(\frac{2^3}{1\,231}\right)\left(\frac{3^2}{1\,231}\right)\left(\frac{11}{1\,231}\right) =$$

$$\left(\frac{2}{1\,231}\right)\left(\frac{11}{1\,231}\right) =$$

$$\left(\frac{11}{1\,231}\right) = -\left(\frac{1\,231}{11}\right) =$$

$$-\left(\frac{-1}{11}\right) = 1$$

故同余式方程 $x^2 \equiv 2\,023 \pmod{1\,231}$ 有解.

虽然勒让德符号已能够在实际计算中应用,但是在计算过程中需要运用互反律时,必须将符号上方分解成素因数的乘积,而这是没有一般方法的,因此这个方法对实际计算来说,在一定程度上还是有缺点的. 为去掉这个缺点,我们还要进一步引进所谓雅可比符号.

定义 3.11.3 设 P 是一个大于 1 的奇数, $P =$

第 3 章　整数的性质

$p_1 p_2 \cdots p_k$ 是 P 的素因子分解式(这其中可以有相同的).$(a, P) = 1$,则雅可比符号 $\left(\dfrac{a}{p}\right)$ (读作 a 对 P 的雅可比符号)的意义为

$$\left(\dfrac{a}{p}\right) = \left(\dfrac{a}{p_1}\right)\left(\dfrac{a}{p_2}\right) \cdots \left(\dfrac{a}{p_k}\right)$$

其中 $\left(\dfrac{a}{p_i}\right)$ 表示 a 对 p_i 的勒让德符号.

雅可比(Jacobi, Carl Gustav Jacob, 1804—1851),德国数学家.生于波茨坦,卒于柏林.

显然,当 P 本身是奇素数时,雅可比符号就是勒让德符号,所以雅可比符号是勒让德符号的一种推广.由定义和勒让德符号的基本性质立即推出雅可比符号的下述性质:

引理 3.11.5　雅可比符号有以下性质:

(1) $\left(\dfrac{1}{P}\right) = 1$;当 $a \mid P$ 时,$\left(\dfrac{a}{P}\right) = 0$;当 $(a, P) = 1$ 时,$\left(\dfrac{a}{P}\right) = 1$ 或者 -1;

(2) 如果 $a \equiv b(\bmod P)$,则 $\left(\dfrac{a}{P}\right) = \left(\dfrac{b}{P}\right)$;

(3) $\left(\dfrac{ab}{P}\right) = \left(\dfrac{a}{P}\right)\left(\dfrac{b}{P}\right)$;

(4) $\left(\dfrac{a}{PQ}\right) = \left(\dfrac{a}{P}\right)\left(\dfrac{b}{Q}\right)$;

(5) 当 $(a, P) = 1$ 时,$\left(\dfrac{a^2}{P}\right) = \left(\dfrac{b}{P^2}\right) = 1$.

为得出雅可比符号的进一步的性质,首先证明下面的引理:

引理 3.11.6　设 $2 \nmid P$,$P = p_1 p_2 \cdots p_k$ 是 P 的素因子分解式(这其中可以有相同的),则:

(1) $\dfrac{P-1}{2} = \dfrac{p_1 - 1}{2} + \dfrac{p_2 - 1}{2} + \cdots + \dfrac{p_k - 1}{2} + 2N$;

303

(2) $\dfrac{P^2-1}{8} = \dfrac{p_1^2-1}{8} + \dfrac{p_2^2-1}{8} + \cdots + \dfrac{p_k^2-1}{8} + 2M.$

其中,M 和 N 都是整数.

证明

(1) $\dfrac{P-1}{2} = \dfrac{p_1 p_2 \cdots p_k - 1}{2} =$

$\left(\dfrac{1}{2}\right)\left(\left(1+2\dfrac{p_1-1}{2}\right)\left(1+2\dfrac{p_2-1}{2}\right) \cdot \cdots \cdot \right.$

$\left.\left(1+2\dfrac{p_k-1}{2}\right) - 1\right) =$

$\dfrac{p_1-1}{2} + \dfrac{p_2-1}{2} + \cdots + \dfrac{p_k-1}{2} + 2N$

(2) $\dfrac{P^2-1}{8} = \dfrac{p_1^2 p_2^2 \cdots p_k^2 - 1}{8} =$

$\left(\dfrac{1}{8}\right)\left(\left(1+8\dfrac{p_1^2-1}{8}\right)\left(1+8\dfrac{p_2^2-1}{8}\right) \cdot \cdots \cdot \right.$

$\left.\left(1+8\dfrac{p_k^2-1}{8}\right) - 1\right) =$

$\dfrac{p_1^2-1}{8} + \dfrac{p_2^2-1}{8} + \cdots + \dfrac{p_k^2-1}{8} + 2M$

定理 3.11.5

(1) $\left(\dfrac{-1}{P}\right) = (-1)^{\frac{P-1}{2}}$;

(2) $\left(\dfrac{2}{P}\right) = (-1)^{\frac{P^2-1}{8}}$.

证明 (1) 由引理 3.11.5 和引理 3.11.6 即得

$\left(\dfrac{-1}{P}\right) = \left(\dfrac{-1}{p_1}\right)\left(\dfrac{-1}{p_2}\right) \cdots \left(\dfrac{-1}{p_k}\right) =$

$(-1)^{\frac{p_1-1}{2}} (-1)^{\frac{p_2-1}{2}} \cdots (-1)^{\frac{p_k-1}{2}} =$

$(-1)^{\frac{p_1-1}{2} + \frac{p_2-1}{2} + \cdots + \frac{p_k-1}{2}} =$

第 3 章　整数的性质

$$(-1)^{\frac{p-1}{2}-2N} = (-1)^{\frac{p-1}{2}}$$

$$(2)\left(\frac{2}{P}\right) = \left(\frac{2}{p_1}\right)\left(\frac{2}{p_2}\right)\cdots\left(\frac{2}{p_k}\right) =$$

$$(-1)^{\frac{p_1^2-1}{8}}(-1)^{\frac{p_2^2-1}{8}}\cdots(-1)^{\frac{p_k^2-1}{8}} =$$

$$(-1)^{\frac{p_1^2-1}{8}+\frac{p_2^2-1}{8}+\cdots+\frac{p_k^2-1}{8}} =$$

$$(-1)^{\frac{p^2-1}{8}-2M} = (-1)^{\frac{p^2-1}{8}}$$

定理 3.11.6　设 P, Q 都是大于 1 的奇数，则

$$\left(\frac{Q}{P}\right) = (-1)^{\frac{P-1}{2}\cdot\frac{Q-1}{2}}\left(\frac{P}{Q}\right)$$

证明　如果 $(P,Q) > 1$，则 $\left(\frac{Q}{P}\right) = \left(\frac{P}{Q}\right) = 0$，因此定理成立. 如果 $(P,Q) = 1$，那么可设 $Q = q_1 q_2 \cdots q_s$ 是 Q 的素因子分解式. 由定义和引理 3.11.5 以及勒让德符号的二次互反律即得

$$\left(\frac{Q}{P}\right) = \prod_{i=1}^{k}\left(\frac{Q}{p_i}\right) = \prod_{i=1}^{k}\prod_{j=1}^{s}\left(\frac{q_j}{p_i}\right) =$$

$$\prod_{i=1}^{k}\prod_{j=1}^{s}(-1)^{\frac{p_i-1}{2}\cdot\frac{q_j-1}{2}}\left(\frac{p_i}{q_j}\right) =$$

$$(-1)^{\sum_{i=1}^{k}\sum_{j=1}^{s}\frac{p_i-1}{2}\cdot\frac{q_j-1}{2}}\prod_{i=1}^{k}\prod_{j=1}^{s}\left(\frac{p_i}{q_j}\right)$$

但是由引理 3.11.6 得到

$$\sum_{i=1}^{k}\sum_{j=1}^{s}\frac{p_i-1}{2}\cdot\frac{q_j-1}{2} =$$

$$\left(\sum_{i=1}^{k}\frac{p_i-1}{2}\right)\left(\sum_{j=1}^{s}\frac{q_j-1}{2}\right) =$$

$$\left(\frac{P-1}{2}+2N_1\right)\left(\frac{Q-1}{2}+2N_2\right) =$$

$$\frac{P-1}{2}\cdot\frac{Q-1}{2}+2N$$

故由此就得到

$$\left(\frac{Q}{P}\right) = (-1)^{\frac{P-1}{2}\cdot\frac{Q-1}{2}} \prod_{i=1}^{k}\prod_{j=1}^{s}\left(\frac{p_i}{q_j}\right) = (-1)^{\frac{P-1}{2}\cdot\frac{Q-1}{2}}\left(\frac{P}{Q}\right)$$

至此,我们可以看出雅可比符号的性质几乎和勒让德符号一样,却没有 P 必须是素数的限制,这就是它的好处. 这使我们在计算勒让德符号时可以把它就看成是雅可比符号,这样在实际计算时就比不引进雅可比符号方便许多.

但是我们指出,雅可比符号和勒让德符号有一个重大差别,那就是根据勒让德符号的值可以判断一个二次同余式方程是否有解,然而雅可比符号一般来说却没有这个功能. 例如根据定义计算下面的雅可比符号可得出

$$\left(\frac{2}{9}\right) = \left(\frac{2}{3}\right)\left(\frac{2}{3}\right) = 1$$

但是同余式方程 $x^2 \equiv 2 (\bmod\ 9)$ 却没有解.

例 3.11.6 判断同余式 $x^2 \equiv 286 (\bmod\ 563)$ 是否有解.

解 由于 563 是一个奇素数,所以可以用勒让德符号来判别

$$\left(\frac{286}{563}\right) = \left(\frac{2}{563}\right)\left(\frac{143}{563}\right) = (-1)(-1)^{\frac{143-1}{2}\cdot\frac{563-1}{2}}\left(\frac{563}{143}\right) =$$

$$\left(\frac{-9}{143}\right) = \left(\frac{-1}{143}\right) = -1$$

故上述同余式方程无解.

以上我们讨论了当模是奇素数时的二次同余式方程是否有解的判别问题. 现在来考虑模是复合数的情况.

设 m 是一个正整数,那么由算术基本定理知可把

m 分解成素因数的乘积

$$m = 2^\alpha p_1^{\alpha_1} p_2^{\alpha_2} \cdots p_k^{\alpha_k}$$

又由定理 3.11.4 知同余式方程 $x^2 \equiv a \pmod{m}$ 与同余式方程组

$$x^2 \equiv a \pmod{2^\alpha}, x^2 \equiv a \pmod{p_i^{\alpha_i}}, i = 1, 2, \cdots, k$$

同解,并且在有解的情况下,前者的解数是同余式方程组中各式的解数的乘积. 因此问题归结为讨论上述同余式方程组中各式的解,实际上,在上面的同余式方程组中本质上不同的方程只有两种,我们先讨论同余式方程

$$x^2 \equiv a \pmod{p^\alpha}, a > 0, (a, p) = 1$$

定理 3.11.7 同余式方程 $x^2 \equiv a \pmod{p^\alpha}, a > 0, (a, p) = 1$ 有解的充分必要条件是

$$\left(\frac{a}{p}\right) = 1$$

如果上面的方程有解,则它有两个解.

证明 如果 $\left(\frac{a}{p}\right) = -1$,则同余式方程 $x^2 \equiv a \pmod{p}$ 无解,因此同余式方程 $x^2 \equiv a \pmod{p^\alpha}$ 无解,故定理中的条件是必要的.

如果 $\left(\frac{a}{p}\right) = 1$,则由引理 3.11.1 和勒让德符号的定义知同余式方程 $x^2 \equiv a \pmod{p}$ 恰有两解. 设 $x \equiv r \pmod{p}$ 是它的一个解,那么由 $(a, p) = 1$ 得出 $(r, p) = 1$. 又因为 $2 \nmid p$,故 $(2r, p) = 1$. 令 $f(x) = x^2 - a$,则 $p \nmid f'(r)$,由定理 3.11.10 知从 $x \equiv r \pmod{p}$ 可以得出 $x^2 \equiv a \pmod{p^\alpha}$ 的一个唯一解,因此由 $x^2 \equiv a \pmod{p}$ 的两个解可以获得 $x^2 \equiv a \pmod{p^\alpha}$ 的两个解,并且只有两个. 这就证明了定理.

现在来讨论同余式方程 $x^2 \equiv a(\bmod 2^\alpha), \alpha > 0$,$(a,2) = 1$.

首先我们立刻可以看出当 $\alpha = 1$ 时,此方程永远有解,并且解数为 1,所以以下总是设 $\alpha > 1$.

定理 3.11.8　设 $\alpha > 1$,则

(1) 当 $\alpha = 2$ 时,同余式方程 $x^2 \equiv a(\bmod 2^\alpha), (a,2) = 1$ 有解的必要条件是 $a \equiv 1(\bmod 4)$;

(2) 当 $\alpha \geqslant 3$ 时,同余式方程 $x^2 \equiv a(\bmod 2^\alpha), (a,2) = 1$ 有解的必要条件是 $a \equiv 1(\bmod 8)$.

如果上述条件满足,则同余式方程 $x^2 \equiv a(\bmod 2^\alpha), \alpha > 1, (a,2) = 1$ 有解,并且当 $\alpha = 2$ 时,解数是 2;当 $\alpha \geqslant 3$ 时,解数是 4.

证明　如果 $x \equiv r(\bmod 2^\alpha)$ 是 $x^2 \equiv a(\bmod 2^\alpha)$ 的任一解,那么由 $(a,2) = 1$ 就得出 $(r,2) = 1$. 因此 $r = 1 + 2t$,其中 t 是一个整数,由此即得

$$a \equiv r^2 \equiv 1 + 4t(t+1)(\bmod 2^\alpha)$$

(1) 当 $\alpha = 2$ 时,$2^\alpha = 4$,因此 $a \equiv r^2 \equiv 1 + 4t(t+1)(\bmod 4) \equiv 1(\bmod 4)$;

(2) 当 $\alpha \geqslant 3$ 时,2^α 是 8 的倍数,故 $a \equiv r^2 \equiv 1 + 4t(t+1)(\bmod 8) = 1(\bmod 8)$.

这就证明了定理中条件的必要性.

当 $\alpha = 2$ 时,如果 $a \equiv 1(\bmod 4)$,则 $a \equiv 1(\bmod 2^\alpha)$. 于是显然 $x \equiv 1, 3 \ (\bmod 2^\alpha)$ 都是 $x^2 \equiv a(\bmod 2^\alpha)$ 的解,且仅有这两个解.

当 $\alpha = 3$ 时,如果 $a \equiv 1(\bmod 8)$,则 $a \equiv 1(\bmod 2^\alpha)$. 于是显然 $x \equiv 1, 3, 5, 7(\bmod 2^\alpha)$ 都是 $x^2 \equiv a(\bmod 2^\alpha)$ 的解,且仅有这四个解.

当 $\alpha > 3$ 时,如果 $a \equiv 1(\bmod 8)$,由刚才的讨论已

第 3 章 整数的性质

知适合 $x^2 \equiv a \pmod{2^3}$ 的解是所有的奇数. 易于验证所有的奇数都可以写成 $\pm(1+4t_3)$, $t_3 = 0, \pm 1, \pm 2, \cdots$ 的形式,我们看在这些数中,哪些适合同余式 $x^2 \equiv a \pmod{16}$,把 $x = \pm(1+4t_3)$ 代入这个同余式得 $(1+4t_3)^2 \equiv a \pmod{16}$,由此得出

$$t_3 \equiv \frac{a-1}{8} \pmod{2}$$

或者
$$t_3 = \frac{a-1}{8} + 2t_4$$

也就是
$$x = \pm 1(1 + 4t'_3 + 8t_4) = \pm(x_4 + 8t_4)$$

其中 $t'_3 = \dfrac{a-1}{8}$,故

$x \equiv \pm(x_4 + 8t_4), x_4 = 1 + 4t'_3, t_4 = 0, \pm 1, \pm 2, \cdots$ 是适合同余式 $x^2 \equiv a \pmod{16}$ 的一切整数. 用同样的方法可以证明适合同余式 $x^2 \equiv a \pmod{2^5}$ 的一切整数是 $x \equiv \pm(x_5 + 16t_5), x_5^2 \equiv a \pmod{2^5}, t_5 = 0, \pm 1, \pm 2, \cdots$. 依此类推即可得出对任一 $\alpha > 3$,适合同余式 $x^2 \equiv a \pmod{2^\alpha}$ 的一切整数是 $x \equiv \pm(x_\alpha + 2^{\alpha-1}t_\alpha)$,$x_\alpha^2 \equiv a \pmod{2^\alpha}, t_\alpha = 0, \pm 1, \pm 2, \cdots$. 这些 x 对模 2^α 来说构成 4 个同余类,即 $x \equiv \pm x_\alpha, \pm(x_\alpha + 2^{\alpha-1}) \pmod{2^\alpha}$. 这就是同余式方程 $x^2 \equiv a \pmod{2^\alpha}$ 的全部解.

由以上两个定理即得到

定理 3.11.9 同余式方程 $x^2 \equiv a \pmod{m}$,$m = 2^\alpha p_1^{\alpha_1} p_2^{\alpha_2} \cdots p_k^{\alpha_k}$,$(a, m) = 1$ 有解的必要条件为:当 $\alpha = 2$ 时,$a \equiv 1 \pmod{4}$;当 $\alpha \geqslant 3$ 时,$a \equiv 1 \pmod{8}$ 并且 $\left(\dfrac{a}{p_i}\right) = 1, i = 1, 2, \cdots, k$.

如果上述条件成立,则同余式方程 $x^2 \equiv$

$a \pmod{m}$ 有解. 并且当 $\alpha=0$ 或 1 时,解数是 2^k;当 $\alpha=2$ 时,解数是 2^{k+1};当 $\alpha \geqslant 3$ 时,解数是 2^{k+2}.

习题 3.11

1. 用欧拉判别法确定

(1) 在 2,3,5 这三个数中,哪个数是模 13 的平方剩余,哪些数是平方非剩余?

(2) 在 5,7,8 这三个数中,哪个数是模 17 的平方剩余,哪些数是平方非剩余?

2. 计算勒让德符号

(1) $\left(\dfrac{94}{109}\right)$ (2) $\left(\dfrac{111}{271}\right)$ (3) $\left(\dfrac{342}{677}\right)$

(4) $\left(\dfrac{93}{131}\right)$ (5) $\left(\dfrac{2\ 115}{6\ 269}\right)$ (6) $\left(\dfrac{589}{1283}\right)$

3. 计算以下符号

(1) $\left(\dfrac{47}{125}\right)$ (2) $\left(\dfrac{5\ 610}{6\ 649}\right)$ (3) $\left(\dfrac{131}{283}\right)$

(4) $\left(\dfrac{116}{397}\right)$ (5) $\left(\dfrac{328}{625}\right)$

4. 求数 p 的所有平方剩余

(1) $p=11$ (2) $p=13$ (3) $p=17$ (4) $p=19$

5. 解同余式

(1) $x^2 \equiv 19 \pmod{31}$ (2) $x^2 \equiv 15 \pmod{53}$

(3) $x^2 \equiv 11 \pmod{59}$ (4) $x^2 \equiv 3 \pmod{37}$

6. 解同余式

(1) $x^2 \equiv 65 \pmod{101}$ (2) $x^2 \equiv 7 \pmod{83}$

(3) $x^2 \equiv 43 \pmod{109}$

7. 解同余式

(1) $x^2 \equiv 24 \pmod{125}$ (2) $x^2 \equiv 18 \pmod{343}$

(3) $x^2 \equiv 13 \pmod{243}$

8. 解同余式

(1) $x^2 \equiv 57 \pmod{512}$ (2) $x^2 \equiv 41 \pmod{1\,024}$

(3) $x^2 \equiv 17 \pmod{16\,384}$

9. 解同余式

(1) $x^2 \equiv 19 \pmod{90}$ (2) $x^2 \equiv 98 \pmod{343}$

(3) $x^2 \equiv 81 \pmod{729}$ (4) $x^2 \equiv 2\,500 \pmod{3\,125}$

(5) $x^2 \equiv 27 \pmod{243}$ (6) $x^2 \equiv 192 \pmod{512}$

10. 解同余式

(1) $x^2 \equiv 34 \pmod{495}$ (2) $x^2 \equiv 48 \pmod{416}$

11. 解同余式

(1) $8x^2 + 15x - 6 \equiv 0 \pmod{56}$

(2) $12x^2 - 11x - 1 \equiv 0 \pmod{30}$

12. 解同余式

(1) $x^2 + 18x - 18 \equiv 0 \pmod{342}$

(2) $x^2 + x + 4 \equiv 0 \pmod{32}$

13. 解同余式

$x^2 + 8x - 20 \equiv 0 \pmod{45}$

14. 证明:3 是所有形如 $4^n + 1$ 的素数模的平方非剩余.

15. 证明:3 是所有大于 3 的默森尼素数(即形如 $2^q - 1$ 的素数)模的平方非剩余.

16. 证明:(1) 如果 $p \equiv 7 \pmod 8$ 是素数, $q = 4n + 3$ 也是素数, 则 $2^q \equiv 1 \pmod p$;

(2) $23 \mid 2^{11} - 1, 47 \mid 2^{23} - 1, 503 \mid 2^{251} - 1$;

(3) 求出 $2^{83} - 1$ 的一个因子.

17. 证明:(1) 如果 p 和 $q = 10p + 3$ 均为奇素数, 则 $\left(\dfrac{p}{q}\right) = \left(\dfrac{3}{p}\right)$;

(2) 如果 p 和 $q = 10p + 1$ 均为奇素数,则 $\left(\dfrac{p}{q}\right) = \left(\dfrac{-1}{p}\right)$.

18. 证明:(1) 如果 $p \equiv 3 \pmod 4$,且 a 是模 p 的平方剩余,则 $p - a$ 就是模 p 的平方非剩余;

(2) $p \equiv 1 \pmod 4$ 有什么相应于(1)的结论?

19. 如果 $p > 3$ 是一个素数,证明:p 整除它的所有平方剩余之和.

20. (1) 设 $p \geqslant 5$ 是一个素数. 如果 $p \equiv 1$ 或 $7 \pmod{12}$,则 -3 是模 p 的平方剩余,如果 $p \equiv 5$ 或 $11 \pmod{12}$,则 -3 是模 p 的平方非剩余;

(2) 设 p 为奇素数,$p \neq 3$,且 $p \nmid a$. 又设 $x^3 \equiv a \pmod p$ 有一个解 r,则

$$(x - r)(x^2 + rx + r^2) \equiv 0 \pmod p$$

证明:当且仅当 $p \equiv 1$ 或 $7 \pmod{12}$ 时,$x^2 + rx + r^2 \equiv 0 \pmod p$ 才具有两个不同于 r 的解;

(3) 如果 $p \geqslant 5$ 是一个素数,则当 $p \equiv 5$ 或 $11 \pmod{12}$ 时,模 p 的不同的非零三次剩余的个数为 $p - 1$,当且 $p \equiv 1$ 或 $7 \pmod{12}$ 时,模 p 的不同的非零三次剩余的个数为 $\dfrac{p-1}{3}$.

21. 设 p 为奇素数,计算

$$\left(\dfrac{1 \cdot 2}{p}\right)\left(\dfrac{2 \cdot 3}{p}\right) + \cdots + \left(\dfrac{(p-2) \cdot (p-1)}{p}\right)$$

3.12 原根和指数

在前面几节中,我们看到在有些问题中,如果对给

第 3 章 整数的性质

定的模 m 和整数 a,发现一个整数 n 使得 $a^n \equiv 1 \pmod{m}$,问题就会解决.那么对什么样的整数 a 和 m 才会存在具有这种性质的整数 n 呢?答案是:

引理 3.12.1 给定模 m 和整数 a,存在正整数 n 使得 $a^n \equiv 1 \pmod{m}$ 的充分必要条件是 $(a,m)=1$.换句话说,如果 $(a,m) \neq 1$,那么不可能存在一个整数 n 使得 $a^n \equiv 1 \pmod{m}$.当存在这种整数时,必然存在着一个最小的正整数 γ 使得 $a^\gamma \equiv 1 \pmod{m}$.

证明 如果 $(a,m)=1$,那么从欧拉定理知道,$a^{\varphi(m)} \equiv 1 \pmod{m}$,因此所说的整数 n 是存在的.

反过来,如果存在整数 n 使得 $a^n \equiv 1 \pmod{m}$,那么 $a^{n-1} \cdot a - qm = 1$,因此 $(a,m) = 1$.

定义 3.12.1 设 a,m 都是正整数,$(a,m)=1$,那么使得 $a^\gamma \equiv 1 \pmod{m}$ 成立的最小的正整数 γ,称为是 a 对模 m 的指数或阶,记为 $\delta_m(a)$.

如果 a 对于模 m 的阶恰等于 $\varphi(m)$,则称 a 是 m 的一个原根.

例如,对模 7,我们有

a	a^2	a^3	a^4	a^5	a^6
1	1	1	1	1	1
2	4	1	2	4	1
3	2	6	4	5	1
4	2	1	4	2	1
5	4	6	2	3	1
6	1	6	1	6	1

因此 3 和 5 的指数为 6,2 和 4 的指数为 3,6 的指数为 2,1 的指数为 1.

取定一个模 m,一个整数的指数并不是可以什么

313

整数都取到的.而是要受到一定的限制,另外并不是每个整数都有原根,例如考虑模 8,小于 8 而与 8 互素的整数为 $1,3,5,7$,即全体奇数.由此可知 $\varphi(8)=4$.如果 x 是偶数,那么 $x=2k$,因此 $x^4=16k^4\equiv 0(\bmod\ 8)$,即所有的偶数都不可能是模 8 的原根.如果 x 是奇数,那么易证 $x^2\equiv 1(\bmod\ 8)$,因此所有的奇数也不可能是模 8 的原根.这就说明模 8 没有原根.

为了解为什么会有这样的现象,首先需要研究指数有什么性质.为此我们又先要引进剩余系的概念.

在同余式一节中,我们已经知道,给定了一个模 m 后,可以把所有的整数按模 m 分成一些同余类,所谓同余类就是把所有在模 m 下同余的整数所组成的集合分成一类,那么不同的同余类是互不相交的,而全体整数就可以表示成为这些同余类的并.

由同余类的定义可知,取定了模 m 后,共可形成 m 个同余类,这些同余类中的数分别与 $0,1,2,\cdots,m-1$ 同余.

现在从这 m 个同余类的每个类中任意选取一个整数作为代表组成一个集合 K,那么集合 K 具有性质:K 中的元素两两不同余,并且 K 是具有这种性质的最大集合,换句话说,如果向 K 中添加一个任意整数,则 K 中必有两个整数互相同余.由此给出以下定义

定义 3.12.2 设 m 是一个正整数,如果整数的集合 K 具有性质:

(1) K 中的元素两两对模 m 不同余;

(2) K 是具有这种性质的最大集合.

则称 K 是模 m 的一个完全剩余系.

第 3 章　整数的性质

容易证明以下定理：

定理 3.12.1　整数的集合 K 构成模 m 的完全剩余系的充分必要条件是：

(1) K 由 m 个元素组成；

(2) K 中的元素两两不同余.

易证完全剩余系有以下性质：

定理 3.12.2　设 K 是模 m 的一个完全剩余系，则 K 中的元素在对模 m 同余的意义下与集合 $K_0=\{0,1,2,\cdots,m-1\}$ 构成 1—1 对应；

当 m 是偶数时，K 与集合 $-\dfrac{m}{2},\cdots,-1,0,1,\cdots,\dfrac{m}{2}-1$ 或者集合 $-\dfrac{m}{2}+1,\cdots,-1,0,1,\cdots,\dfrac{m}{2}$ 也构成 1—1 对应；

当 m 是奇数时，K 与集合 $-\dfrac{m-1}{2},\cdots,-1,0,1,\cdots,\dfrac{m-1}{2}$ 也构成 1—1 对应.

定义 3.12.3　集合 $K_0=\{0,1,2,\cdots,m-1\}$ 称为模 m 的最小非负完全剩余系，当 m 是偶数时，集合 $-\dfrac{m}{2},\cdots,-1,0,1,\dfrac{m}{2}-1$ 或者集合 $-\dfrac{m}{2}+1,\cdots,-1,0,1,\cdots,\dfrac{m}{2}$ 称为模 m 的绝对最小完全剩余系，当 m 是奇数时，集合 $-\dfrac{m-1}{2},\cdots,-1,0,1,\cdots,\dfrac{m-1}{2}$ 称为模 m 的绝对最小完全剩余系.

现在我们再讨论完全剩余系中与模互素的整数.

定义 3.12.4　从模 m 的完全剩余系中取出所有与 m 互素的整数组成的集合称为模 m 的简化剩余系.

315

容易证明以下定理：

定理 3.12.3　整数的集合 K 构成模 m 的简化剩余系的充分必要条件是：

(1) K 由 $\varphi(m)$ 个元素组成；

(2) K 中的元素都与 m 互素；

(3) K 中的元素两两互素.

定理 3.12.4　模 m 的任何两个简化剩余系在对模 m 同余的对应下都是 1—1 对应的.

定理 3.12.5　指数有以下性质：

(1) 如果 $(a,m)=1, a\equiv b(\bmod m)$，则 $\delta_m(a)=\delta_m(b)$；

(2) 如果 $a^n \equiv 1(\bmod m)$，则 $\delta_m(a)\mid n$，或 $n\equiv 0(\bmod \delta_m(a))$，特别，一定有 $\delta_m(a)\mid \varphi(m)$；

(3) 如果 $(a,m)=1, a^k \equiv a^h (\bmod m)$，则 $k\equiv h(\bmod \delta_m(a))$；

(4) 设 $(a,m)=1$，那么 $1, a^1, \cdots, a^{\delta_m(a)-1}$ 这 $\delta_m(a)$ 对模 m 两两不同余，特别设 g 是 m 的一个原根，则 $1, g, \cdots, g^{\varphi(m)-1}$ 这 $\varphi(m)$ 个数除以 m 所得的余数，恰是小于 m 且与 m 互素的 $\varphi(m)$ 个正整数的一个排列，即它们构成 m 的一个简化剩余系；反之，如果存在一个 g 使得 $1, g, \cdots, g^{\varphi(m)-1}$ 这 $\varphi(m)$ 个数构成 m 的一个简化剩余系，则 g 就是 m 的一个原根；

(5) 设 b 是 a 对模 m 的逆，即 $ba\equiv 1(\bmod m)$，则 $\delta_m(b)=\delta_m(a)$；

(6) 设 $(a,m)=1, k$ 是非负整数，则 $\delta_m(a^k)=\dfrac{\delta_m(a)}{(\delta_m(a),k)}$；

此外，在模 m 的简化剩余系中，至少有 $\varphi(\delta_m(a))$

个数对模 m 的指数等于 $\delta_m(a)$；

(7) $\delta_m(ab) = \delta_m(a)\delta_m(b)$ 的充分必要条件是 $(\delta_m(a), \delta_m(b)) = 1$；一般有如果 $m_1, m_2, \cdots, m_k$ 两两互素，$m = m_1 m_1 \cdots m_k$，则
$$\delta_m(a) = [\delta_{m_1}(a), \delta_{m_2}(a), \cdots, \delta_{m_k}(a)]$$

(8) 如果 $n \mid m$，则 $\delta_n(a) \mid \delta_m(a)$；

(9) 如果 $(m_1, m_2) = 1$，则 $\delta_{m_1 m_2}(a) = [\delta_{m_1}(a), \delta_{m_2}(a)]$；

(10) 设 $(m_1, m_2) = 1$，则对任意的 a_1, a_2，必存在一个 a 使得
$$\delta_{m_1 m_2}(a) = [\delta_{m_1}(a_1), \delta_{m_2}(a_2)]$$

一般来说，并不成立 $\delta_m(ab) = [\delta_m(a), \delta_m(b)]$，例如，通过直接计算可以验证
$$\delta_{10}(3 \cdot 3) = 2 \neq [\delta_{10}(3), \delta_{10}(3)] = 4$$
$$\delta_{10}(3 \cdot 7) = 1 \neq [\delta_{10}(3), \delta_{10}(7)] = 4$$

但是我们有

(11) 对任意的 a, b，一定存在 c，使得
$$\delta_m(c) = [\delta_m(a), \delta_m(b)]$$

证明 (1) 易证(略).

(2) 设 a 对模 m 的指数为 γ，$n = q\gamma + r$，$0 \leqslant r < \gamma$，则根据指数的定义和 n 的性质就有 $a^n \equiv a^{q\gamma+r} \equiv a^{q\gamma} a^r \equiv (a^\gamma)^q a^r \pmod{m}$，因此 $a^r \equiv 1 \pmod{m}$. 这说明 r 必须等于零，否则 r 将是比 γ 更小的满足关系式 $a^n \equiv 1 \pmod{m}$ 的正整数，这与 γ 的最小性相矛盾. 这就证明了引理.

由上面已证的性质和费马定理显然立刻得出 $\delta_m(a) \mid \varphi(m)$.

前面提到过取定一个模 m，一个整数的指数并不

是可以什么整数都取到的,而是要受到一定的限制,就是指这条性质.

(3) 不失一般性,不妨设 $k \geqslant h$,于是由 $a^k \equiv a^h \pmod{m}$ 得出 $a^{k-h}a^h \equiv a^h \pmod{m}$,再由 $(a,m)=1$ 和同余式的性质知可把 a^h 约去,于是得到 $a^{k-h} \equiv 1 \pmod{m}$. 那样,由已证的性质(2)就得到 $\delta_m(a) \mid (k-h)$ 或者 $k \equiv h \pmod{\delta_m(a)}$.

(4) 假如有某两个指标 $k,h, 0 \leqslant k \leqslant \delta_m(a)-1$, $0 \leqslant h \leqslant \delta_m(a)-1$ 使得 $a^k \equiv a^h \pmod{m}$.不失一般性,不妨设 $k \geqslant h$,那么由(3)中的证明知 $a^{k-h} \equiv 1 \pmod{m}$,且
$$\delta_m(a) \mid (k-h) < \delta_m(a)$$
这是一个矛盾,所得的矛盾就证明了 $a^0, a^1, \cdots, a^{\delta_m(a)-1}$ 这 $\delta_m(a)$ 个数对模 m 两两不同余.

现在设 g 是 m 的一个原根,则由于 $(g,m)=1$,所以首先得知 g 的各次幂都与 m 互素.并且与上面一样可以证明 $1,g,\cdots,g^{\varphi(m)-1}$ 这 $\varphi(m)-1$ 个数对模 m 两两不同余.因此 $1,g,\cdots,g^{\varphi(m)-1}$ 这 $\varphi(m)$ 个数除以 m 所得的余数,恰是小于 m 且与 m 互素的个正整数的 $\varphi(m)$ 个排列;反过来,如果存在 g 使得 $1,g,\cdots,g^{\varphi(m)-1}$ 这 $\varphi(m)-1$ 个数构成 m 的简化剩余系,则按照原根的定义,g 就是模 m 的原根.

例如,2 是 9 的一个原根,小于 9 而与 9 互素的正整数为 1,2,4,5,7,8,故 $\varphi(9)=6$,而 2 的各次乘幂为
$$2,2^2,2^3,2^4,2^5,2^6$$
它们除以 9 所得的余数为 2,4,8,7,5,1,恰为 1, 2,4,5,7,8 的一个排列.

(5) 设 $\gamma=\delta_m(a)$,则 $a^\gamma \equiv 1 \pmod{m}, a^1, \cdots, a^{\gamma-1}$

都不同余于 1 且两两不同余. 由 $ba \equiv 1 \pmod{m}$ 得 $b^i a^i \equiv 1 \pmod{m}, b^i \equiv a^{\gamma-i} \pmod{m}, i=0,1,\cdots,\gamma-1$,由此知道 $b^\gamma \equiv 1 \pmod{m}$ 且 $1, b^1, \cdots, b^{\gamma-1}$ 都两两不同余,故 $\delta_m(b) = \gamma = \delta_m(a)$.

(6) 设 $\delta = \delta_m(a), \delta' = \dfrac{\delta}{(\delta,k)}, \delta^* = \delta_m(a^k)$,则由定义知

$$a^{k\delta^*} \equiv (a^k)^{\delta^*} \equiv 1 \pmod{m}$$

$$a^{k\delta'} \equiv a^{\frac{k\delta}{(\delta,k)}} \equiv (a^\delta)^{\frac{k}{(\delta,k)}} \equiv 1 \pmod{m}$$

因此根据性质(2)立即得出 $\delta \mid k\delta^*, \delta^* \mid \delta'$,因而

$$\delta' = \dfrac{\delta}{(\delta,k)} \left| \dfrac{k}{(\delta,k)} \delta^* \right.$$

故 $\delta' \mid \delta^*$

但是前面已证又有 $\delta^* \mid \delta'$,由此就得出 $\delta^* = \delta'$,这就是

$$\delta_m(a^k) = \dfrac{\delta_m(a)}{(\delta_m(a),k)}$$

为证此性质的另一部分,注意如果 $(\delta_m(a),k)=1$,那么由已证明的公式知 a^k 的指数为 $\delta_m(a)$,故至少有 $\varphi(\delta_m(a))$ 个 a^k 的指数为 $\delta_m(a)$. 由于 $(a,m)=1$,故 $(a^k,m)=1$. 因此这 $\varphi(\delta_m(a))$ 个 a^k 都是属于模 m 的简化剩余类中的元素. 这就说明模 m 的简化剩余系中至少有 $\varphi(\delta_m(a))$ 个元素的指数为 $\delta_m(a)$.

(7) 设 $\delta_1 = \delta_m(a), \delta_2 = \delta_m(b), \delta = \delta_m(ab), \lambda = [\delta_m(a), \delta_m(b)]$.

充分性:设 $(\delta_1, \delta_2) = 1$. 则我们有

$$1 \equiv (ab)^\delta \equiv (ab)^{\delta\delta_2} \equiv a^{\delta_2\delta} \pmod{m}$$

故 $\delta_1 \mid \delta\delta_2$,由于 $(\delta_1, \delta_2)=1$,从而又得出 $\delta_1 \mid \delta$,同理可证 $\delta_2 \mid \delta$,再由 $(\delta_1, \delta_2)=1$ 得出 $\delta_1\delta_2 \mid \delta$.

另一方面，又有 $(ab)^{\delta_1\delta_2} \equiv (a^{\delta_1})^{\delta_2}(b^{\delta_2})^{\delta_1} \equiv 1(\mod m)$，所以又有 $\delta \mid \delta_1\delta_2$.

合并以上两方面的论述就得出 $\delta = \delta_1\delta_2$. 这就证明了充分性.

必要性：设 $\delta = \delta_1\delta_2$. 则我们有
$$(ab)^\lambda \equiv (a^{\delta_1})^{\frac{\lambda}{\delta_1}}(b^{\delta_2})^{\frac{\lambda}{\delta_2}} \equiv 1(\mod m)$$
故 $\delta \mid \lambda$. 另一方面显然有 $\delta \mid \delta_1\delta_2$，因此 $\lambda < \delta$. 这就得出 $\lambda = \delta$. 再由 $\delta = \lambda(\delta_1,\delta_2)$ 就得出.

(8) 由 $n \mid m$，及 $\delta_m(a)$ 的定义就得出 $a^{\delta_m(a)} \equiv 1(\mod m) \equiv 1(\mod n)$，再由性质(2)就得出 $\delta_n(a) \mid \delta_m(a)$.

(9) 由性质(8)得出 $\delta^* \mid \delta_{m_1m_2}(a)$，其中 $\delta^* = [\delta_{m_1}(a),\delta_{m_2}(a)]$. 另一方面显然有 $a^{\delta^*} \equiv 1(\mod m_1)$ 及 $a^{\delta^*} \equiv 1(\mod m_2)$，再由 $(m_1,m_2) = 1$ 就得出 $a^{\delta^*} \equiv 1(\mod m_1m_2)$，因而 $\delta_{m_1m_2}(a) \mid \delta^*$，因此
$$\delta_{m_1m_2}(a) = \delta^* = [\delta_{m_1}(a),\delta_{m_2}(a)]$$

(10) 考虑同余式方程组
$$x \equiv a_1(\mod m_1), x \equiv a_2(\mod m_2)$$
由于 $(m_1,m_2) = 1$，故由孙子定理知，这个同余式方程组有唯一解
$$x \equiv a(\mod m_1m_2)$$
由同余式方程组解的定义和性质(1)即得
$$\delta_{m_1}(a) = \delta_{m_1}(a_1), \delta_{m_2}(a) = \delta_{m_2}(a_2)$$
由此及性质(10)即得
$$\delta_{m_1m_2}(a) = [\delta_{m_1}(a_1),\delta_{m_2}(a_2)]$$

(11) 设 $\delta_1 = \delta_m(a), \delta_2 = \delta_m(b), \lambda = [\delta_1,\delta_2]$. 我们首先证明可把 δ_1, δ_2 分解成为以下形式：$\delta_1 = \tau_1\lambda_1, \delta_2 = $

第3章 整数的性质

$\tau_2\lambda_2$,使得$(\lambda_1,\lambda_2)=1, \lambda_1\lambda_2=\lambda$. 分成以下三种情况加以证明：

(i) $(\delta_1,\delta_2)=1$. 这时 $\lambda=[\delta_1,\delta_2]=\delta_1\delta_2$,只要取 $\lambda_1=\delta_1, \lambda_2=\delta_2$ 即可.

(ii) $(\delta_1,\delta_2)=\delta_1$ 或 $(\delta_1,\delta_2)=\delta_2$. 由于这两种情况是对称的,故为确定起见,不妨设 $(\delta_1,\delta_2)=\delta_1$. 这时 $\lambda=[\delta_1,\delta_2]=\delta_2$,只要取 $\lambda_1=1, \lambda_2=\delta_2$ 即可.

(iii) $(\delta_1,\delta_2)>1$. 再设 $\delta_1=p_1^{\alpha_1}p_2^{\alpha_2}\cdots p_k^{\alpha_k}, \delta_2=p_1^{\beta_1}p_2^{\beta_2}\cdots p_k^{\beta_k}$ 分别是 δ_1,δ_2 的素因子分解式. $I_1=\{i\mid 1\leqslant i\leqslant k, \alpha_i\geqslant\beta_i\}, I_2=\{i\mid 1\leqslant i\leqslant k, \alpha_i<\beta_i\}$. 由于 $(\delta_1,\delta_2)>1$,因此集合 I_1, I_2 都不是空集,而它们的交集是空集. 取 $\lambda_1=\prod\limits_{\substack{i\in I_1\\k}}p_i^{\alpha_i}, \lambda_2=\prod\limits_{i\in I_2}p_i^{\beta_i}$,则由集合 I_1, I_2 的交集是空集和 $\lambda=[\lambda_1,\lambda_2]=\prod\limits_{\substack{i=1\\k}}^{k}p_i^{\max(\alpha_i,\beta_i)}$ 易证 $(\lambda_1,\lambda_2)=1, \lambda_1\lambda_2=\lambda$.

这就证明了所说的分解.

由性质(6)得出

$$\delta_m(a^{\tau_1})=\frac{\delta_m(a)}{(\delta_m(a),\tau_1)}=\frac{\delta_1}{(\delta_1,\tau_1)}=\frac{\tau_1\lambda_1}{(\tau_1\lambda_1,\tau_1)}=\frac{\tau_1\lambda_1}{\tau_1}=\lambda_1$$

同理可得 $\delta_m(b^{\tau_2})=\lambda_2$. 再由 $(\lambda_1,\lambda_2)=1$ 和性质(7)就得出

$$\delta_m(a^{\tau_1}b^{\tau_2})=\delta_m(a^{\tau_1})\delta_m(b^{\tau_2})=\lambda_1\lambda_2=\lambda=[\delta_m(a),\delta_m(b)]$$

这就说明,我们可取 $c=a^{\tau_1}b^{\tau_2}$.

应用上面的定理,我们可以得出下面这个有实用

意义的定理:

定理 3.12.6 设 p 和 q 都是奇素数,且 $q \mid (a^p - 1)$,则或者 $q \mid (a-1)$,或者 $q = 2kp + 1$,其中 k 是一个整数.

证明 由于 $q \mid (a^p - 1)$,因此 $a^p \equiv 1 \pmod{q}$. 故由定理 3.12.1 知 a 的阶 γ 必须是素数 p 的因子,因此 $\gamma = 1$ 或者 $\gamma = p$. 如果 $\gamma = 1$,则 $a^1 \equiv a \equiv 1 \pmod{q}$,因此 $q \mid (a-1)$. 如果 $\gamma = p$,则 $\gamma \mid \varphi(q)$,但是 $\gamma = p$,$\varphi(q) = q-1$,所以 $p \mid (q-1)$,即存在整数 s 使得 $q - 1 = sp$,但是由于 p,q 都是奇素数,所以 $s = 2k$.

下面我们给出几个和 2 有关的原根和指数的结果.

定理 3.12.7 设 a 是一个大于 1 的奇数,那么

(1) 如果 $a^{2^k} \not\equiv 1 \pmod{m}$,则对任何 $1 \leqslant i \leqslant k$,都有 $a^{2^i} \not\equiv 1 \pmod{m}$;

(2) 对 $n \geqslant 2, 2^{2^{n-1}} \equiv 0 \pmod{2^n}$;

(3) 对 $n \geqslant 3, a^{2^{n-2}} \equiv 0 \pmod{2^n}$;

(4) $\delta_{2^n}(a) \mid a^{n-2}$.

证明 (1) 设 $u_k = a^{2^k}$,则对任何 $1 \leqslant i \leqslant k$ 成立 $(u_i)^{2^{k-i}} = u_k$. 因此由 $u_i \equiv 1 \pmod{m}$ 就得出 $u_k \equiv 1 \pmod{m}$. 换句话说如果 $a^{2^k} \not\equiv 1 \pmod{m}$,则对任何 $1 \leqslant i \leqslant k$,都有 $a^{2^i} \not\equiv 1 \pmod{m}$.

(2) 对 n 实行数学归纳法.

当 $n = 2$ 时, $2^{2^{2-1}} \equiv 0 \pmod{2^2}$,因此对 $n = 2$,公式 $2^{2^{n-1}} \equiv 0 \pmod{2^n}$ 成立.

假设对所有大于等于 2 小于等于 n 的整数都成立公式 $2^{2^{n-1}} \equiv 0 \pmod{2^n}$,那么 $2^n \mid 2^{2^{n-1}}$,因此 $2^{2^{n-1}} \geqslant 2^n$, $2^{n-1} \geqslant n$,由此得出 $2^{(n+1)-1} = 2^n \geqslant 2n \geqslant n+1$,故

第 3 章 整数的性质

$2^{n+1} \mid 2^{2^n}$,因此对自然数 $n+1$,公式 $2^{2^{n-1}} \equiv 0 \pmod{2^n}$ 仍然成立. 故由数学归纳法就证明了对一切大于等于 2 的整数,都成立公式 $2^{2^{n-1}} \equiv 0 \pmod{2^n}$.

(3) 对 n 实行数学归纳法.

当 $n=3$ 时,$2^n=8$,a 是奇数,因此 $a^2 \equiv 1 \pmod 8$,因此公式 $a^{2^{n-2}} \equiv 1 \pmod{2^n}$ 对 $n=3$ 是成立的.

假设对所有大于等于 3 小于等于 n 的整数都成立公式 $a^{2^{n-2}} \equiv 1 \pmod{2^n}$,那么就有
$$a^{2^{n-2}} = 2^n q + 1$$
把上式的两边都平方就得到
$$a^{2^{n-1}} = (2^n q+1)^2 = 2^{2n}q^2 + 2^{n+1}q + 1 = 2^{n+1}(2^{n-1}q+1)q + 1$$
或者
$$a^{2^{n-1}} \equiv 1 \pmod{2^{n+1}}$$
即对自然数 $n+1$,公式 $a^{2^{n-2}} \equiv 1 \pmod{2^n}$ 仍然成立. 所以由数学归纳法就证明了此式对任意 $n \geqslant 3$ 都成立.

(4) 由(3)和定理 3.12.5 性质(2) 就得出(3).

由这个定理立刻得出当 $n \geqslant 3$ 时,模 2^n 不存在原根.

从上面所说的结果可以得出模 m 有原根的限制条件,由这些限制条件可以得出:

定理 3.12.8 模 m 存在原根的必要条件是 $m=1,2,4,p^a,2p^a$.

证明 假设 m 存在原根,即存在整数 a,$(a,m)=1$ 和正整数 n 使得 $a^n \equiv 1 \pmod m$,从而存在一个使这个式子成立的最小正整数 $\delta_m(a)$,而且 $\delta_m(a) = \varphi(m)$.

首先上面已证当 $n \geqslant 3$ 时,模 2^n 不存在原根. 因此

如果 m 具有形式 2^n,那么 m 只能等于 $1,2,4$.

其次假设 m 具有形式 $m=2^\alpha k$,$k=p_1^{\alpha_1}p_2^{\alpha_2}\cdots p_k^{\alpha_k}$,其中 $p_1,p_2,\cdots,p_k$ 都是奇素数. 我们证明必有 $\alpha\leqslant 1$. 假设不然,则可设 $\alpha>1$. 由于 $(2,k)=1$,所以一方面由定理 3.12.5 性质 (7) 的证明可知

$$\delta_m(a) \mid [\delta_{2^\alpha}(a),\delta_k(a)]$$

再由定理 3.12.5 性质 (2) 可知 $\delta_m(a) \mid [\delta_{2^\alpha(a)},\delta_k(a)]\mid[\varphi(2^\alpha),\varphi(k)]$. 而由欧拉函数的计算公式,我们有

$$\varphi(k)=p_1^{\alpha_1-1}p_2^{\alpha_2-1}\cdots p_k^{\alpha_k-1}(p_1-1)(p_2-1)\cdots(p_k-1)$$

注意由于 $p_1,p_2,\cdots,p_k$ 都是奇素数,所以 $p_1-1,p_2-1,\cdots,p_k-1$ 都是偶数,因而 $\varphi(k)$ 是偶数. 故由于 $\alpha>1$,因此

$$\delta_m(a)\leqslant[\varphi(2^\alpha),\varphi(k)]\leqslant\frac{\varphi(2^\alpha)\varphi(k)}{(\varphi(2^\alpha),\varphi(k))}\leqslant$$

$$\frac{\varphi(2^\alpha)\varphi(k)}{(2^{\alpha-1},\varphi(k))}\leqslant\frac{\varphi(m)}{2\left(2^{\alpha-2},\dfrac{\varphi(k)}{2}\right)}\leqslant$$

$$\frac{1}{2}\varphi(m)<\varphi(m)$$

这说明 m 不可能有原根,这就得出必须 $\alpha\leqslant 1$. 因此这时 m 只能具有形式

$$m=p_1^{\alpha_1}p_2^{\alpha_2}\cdots p_k^{\alpha_k}$$

或

$$m=2p_1^{\alpha_1}p_2^{\alpha_2}\cdots p_k^{\alpha_k}$$

其中,$p_1,p_2,\cdots,p_k$ 都是奇素数.

最后我们证明不管 m 是否含有因子 2,它都不可能含有两个以上的奇素数因子. 假设不然,则可设 $m=p^\alpha q^\beta k$,其中 p,q 都是奇素数,k 是与 p,q 都互素的整数. 那么 $p-1,q-1$ 都是偶数,因此

第3章 整数的性质

$$\delta_m(a) \leqslant [\varphi(p^\alpha), \varphi(q^\beta), \varphi(k)] \leqslant$$
$$[[\varphi(p^\alpha), \varphi(q^\beta)], \varphi(k)] \leqslant$$
$$\left[\frac{\varphi(p^\alpha)\varphi(q^\beta)}{(\varphi(p^\alpha), \varphi(q^\beta))}, \varphi(k)\right] \leqslant$$
$$\left[\frac{\varphi(p^\alpha)\varphi(q^\beta)}{p^{\alpha-1}(p-1), q^{\beta-1}(q-1))}, \varphi(k)\right] \leqslant$$
$$\left[\frac{\varphi(p^\alpha)\varphi(q^\beta)}{2\left(\frac{p^{\alpha-1}(p-1)}{2}, \frac{q^{\beta-1}(q-1)}{2}\right)}, \varphi(k)\right] \leqslant$$
$$\frac{1}{2}\varphi(p^\alpha)\varphi(q^\beta)\varphi(k) \leqslant \frac{1}{2}\varphi(m) < \varphi(m)$$

故这时 m 也不可能有原根. 从而 m 只可能具有形式 $1,2,4,p^\alpha$ 或者 $2p^\alpha$.

那么是不是具有这种形式的模一定具有原根呢？答案是肯定的. 我们首先证明：

定理 3.12.9 设 p 是素数,则：

(1) 模 p 必存在原根.

(2) 对 $p-1$ 的每一个因子 d,在模 p 的简化剩余系中恰有 $\varphi(d)$ 个数对模 p 的指数为 d.

证明 设 $1,2,\cdots,p-1$ 对模 p 的指数分别为 $\delta_p(1),\delta_p(2),\cdots,\delta_p(p-1)$. 那么由定理 3.12.5 性质 (11) 可知,一定存在一个整数 g 使得

$$\delta_p(g) = [\delta_p(1), \delta_p(2), \cdots, \delta_p(p-1)] = \lambda$$

显然 $\lambda = \delta_p(g) \mid \varphi(p) = p-1$,以及 $\delta_p(i) \mid [\delta_p(1), \delta_p(2), \cdots, \delta_p(p-1)] = \lambda$,因此 $\lambda \leqslant p-1$ 并且同余式方程 $x^\lambda \equiv 1 \pmod{p}$ 或者 $x^\lambda - 1 \equiv 0 \pmod{p}$ 有 $p-1$ 个解 $x \equiv 1,2,\cdots,p-1 \pmod{p}$,但是由同余式方程的理论知对素数模来说,任何一个同余式方程的解数不可能超过它的次数(见定理 3.12.12). 因此又有 $p-$

$1 \leqslant \lambda$，联合前面已证明的不等式 $\lambda \leqslant p-1$ 就得出
$$\delta_p(g) = \lambda = p-1 = \varphi(p)$$
这就说明 g 就是一个原根.

现在来证明定理的后半部. 设 g 是模 p 的一个原根，则由定理 3.12.5 性质 (4) 知 $g^0, g^1, \cdots, g^{\varphi(p)-1}$ 这 $\varphi(p) = p-1$ 个数构成模 p 的一个简化剩余系，现在的问题是求出这些数中指数等于 d 的数的个数.

由于 d 是一个指数，因此 d 必须整除 $\varphi(p) = p-1$，故可设 $p-1 = dr$. 我们的目的是找出 $g^0, g^1, \cdots, g^{\varphi(p)-1}$ 中所有指数等于 d 的元素. 既然这种元素的指数是 d，所以它们的 d 次方必须同余于 1. 现在我们就来看看 $g^0, g^1, \cdots, g^{\varphi(p)-1}$ 中哪些元素的 d 次方可以同余于 1. 设元素 g^i 的 d 次方同余于 1，即 $g^{di} \equiv 1 (\bmod p)$. 那么由于其中同余 1 的唯一元素是 g^0，以后随着指数的增加，它们循环出现，因此 di 必须是 $\varphi(p) = p-1$ 的倍数，也就是 g^i 的指数 i 必须满足关系式
$$di = k(p-1) = kdr, i = kr$$
所以我们得出所有指数等于 d 的元素的方次数必须是 r 的倍数.

但是具有这种特性的元素中并不是所有的元素的指数都等于 d，而是有的元素的指数可能小于 d. 所以我们还必须找出元素 g^{kr} 的指数真正等于 d 的特性来. 我们指出这种特性是：

如果 g^{kr} 的指数等于 d，那么必须 $(k,d) = 1$. 假设不然而有 $(k,d) = h > 1$，那么必有 $k = hk_1, d = hd_1$，$d_1 < d$，因此 $kd_1 = k_1 d$. 由此得出
$$(g^{kr})^{d_1} = g^{krd_1} = g^{rk_1 d} = (g^{rd})^{k_1} =$$

$$(g^{\varphi(p)})^{k_1} \equiv 1 \pmod{p}$$

故 g^{kr} 的指数比小于或等于 $d_1 < d$,不可能是 d. 这就证明了如果 g^{kr} 的指数等于 d,那么必须 $(k,d)=1$.

现在设 $(k,d)=1$,那么由定理 3.12.5 性质(6),可知

$$\delta_p(g^{kr}) = \frac{\delta_p(g)}{(\delta_p(g),kr)} = \frac{\varphi(p)}{(\varphi(p),kr)} = $$
$$\frac{p-1}{(p-1,kr)} = \frac{dr}{(dr,kr)} = $$
$$\frac{dr}{r(d,k)} = d$$

这就证明了如果 $(k,d)=1$,那么 g^{kr} 的指数就等于 d. 因此 g^{kr} 的指数等于 d 的充分必要条件就是 $(k,d)=1$,由此就得出使得 $(k,d)=1$ 的 k 的个数和使得 g^{kr} 的指数等于 d 的 k 的个数同样多,这也就是说在模 p 的简化剩余系中,指数等于 d 的元素的个数就等于 $\varphi(d)$.

为了由此定理得出下面的结果,我们首先证明以下引理.

引理 3.12.2 设 g 是 p 的原根,那么

(1) $g^{p-1} = 1 + pT_0$;

(2) $(g+pt)^{p-1} = 1 + pu$,从而对每一个整数,都唯一地确定了一个对应的整数 u,使得 $u = u(t)$ 是 t 的函数值为整数的函数;

(3) $u(t) \equiv T_0 - g^{p-2}t \pmod{p}$;

(4) 存在 t_0 使得 $p \nmid u_0 = u(t_0)$.

证明 (1) 由于 g 是 p 的原根,故由欧拉定理知 $g^{\varphi(p)} = g^{p-1} \equiv 1 \pmod{p}$,因此就得出

$$g^{p-1} = 1 + pT$$

(2) 由

即得出
$$(g+pt)^{p-1} \equiv g^{p-1} \pmod{p}$$
$$(g+pt)^{p-1} = 1+pu$$

这也就是说 $u = \dfrac{(g+pt)^{p-1}-1}{p}$ 确定了 t 的函数值为整数的函数.

(3) $(g+pt)^{p-1} =$
$$g^{p-1} + C_{p-1}^{1} g^{p-2} pt + p^2 T^* =$$
$$g^{p-1} + (p-1)g^{p-2} pt + p^2 T^* =$$
$$1 + pT_0 - g^{p-2} pt + g^{p-2} p^2 t + p^2 T^* =$$
$$1 + pT_0 - g^{p-2} pt + p^2 T =$$
$$1 + p(T_0 - g^{p-2} t + pT)$$

其中 T^* 和 T 都是 t 的整系数多项式,因此
$$u = T_0 - g^{p-2} t + pT \equiv T_0 - g^{p-2} t \pmod{p}.$$

(4) 由于 g 是 p 的原根,所以 $(g,p)=1$,从而 $(g^{p-2},p)=1$.因此一次同余式方程
$$g^{p-2} x \equiv T_0 \pmod{p}$$
有唯一解 x_0. 设 $t_0 \not\equiv x_0 \pmod{p}$,则
$$u_0 = u(t_0) \not\equiv g^{p-2} t_0 - T_0 \pmod{p}$$
因此 $p \nmid u_0$.

引理 3.12.3 设 $\alpha \geqslant 1$,那么

(1) 如果 $a^n \equiv 1 \pmod{p^\alpha}$,则 $a^{pn} \equiv 1 \pmod{p^{\alpha+1}}$;

(2) 如果 $a^n = 1 + p^\alpha u_0, a^{pn} = 1 + p^{\alpha+1} u_1$,则 $u_1 \equiv u_0 \pmod{p}$.

证明 (1) 由 $a^n \equiv 1 \pmod{p^\alpha}$ 得出 $a^n = 1 + p^\alpha u_0$,因此
$$a^{pn} = (a^n)^p = (1 + p^\alpha u_0)^p = 1 + C_p^1 p^\alpha u_0 + p^{2\alpha} K =$$
$$1 + p^{\alpha+1} u_0 + p^{2\alpha} K =$$
$$1 + p^{\alpha+1} (u_0 + p^{\alpha-1} K)$$

第 3 章　整数的性质

其中，K 是整数，并且最后一步用到了 $2\alpha-(\alpha+1)=\alpha-1>0$，这就得出
$$a^{p^n}\equiv 1(\bmod\ p^{\alpha+1})$$

（2）由（1）中的证明知 $u_1=u_0+p^{\alpha-1}K$，因此 $u_1\equiv u_0(\bmod\ p)$.

现在我们可以证明：

定理 3.12.10　设 g 是 p 的原根，t_0 是引理 3.12.2(4) 中所保证存在的具有性质 $p\nmid u_0$ 的整数，则对任意正整数 α，$g+pt_0$ 是模 p^α 的原根.

证明　由引理 3.12.2 和引理 3.12.3 知
$$(g+pt_0)^{p-1}=1+pu_0$$
$$(g+pt_0)^{p(p-1)}=(1+pu_0)^p=1+p^2u_1$$
$$(g+pt_0)^{p^2(p-1)}=(1+p^2u_1)^p=1+p^3u_2$$
$$\vdots$$
$$(g+pt_0)^{p^n(p-1)}=(1+p^nu_{n-1})^p=1+p^{n+1}u_n$$

而且
$$u_0\equiv u_1\equiv\cdots\equiv u_n\equiv\cdots(\bmod\ p)$$

现在设 $g+pt_0$ 对模 p^α 的指数为 δ，则
$$(g+pt_0)^\delta\equiv 1(\bmod\ p^\alpha)$$
由此得出
$$(g+pt_0)^\delta\equiv 1(\bmod\ p)$$
所以 $a=g+pt_0\equiv g(\bmod\ p)$ 是模 p 的原根，因此
$$a^0,a^1,\cdots,a^{p-1}$$
中唯一同余于 1 的元素是 a^0，且随着 a 的方次数的增加，每隔 $p-1$ 次循环出现. 这就得出 δ 必须是 $p-1$ 的倍数，即 $(p-1)\mid\delta$.

另一方面由 δ 的定义知
$$\delta\mid\varphi(p^\alpha)=p^{\alpha-1}(p-1)$$

329

这说明 δ 必须有如下形式
$$\delta = p^{r-1}(p-1), 1 \leqslant r \leqslant \alpha$$
利用上式又得出
$$1 + p^r u_{r-1} = (g + pt_0)^{p^{r-1}(p-1)} \equiv 1 (\bmod\ p^\alpha)$$
因此
$$p^r u_{r-1} \equiv 0 (\bmod\ p^\alpha)$$
注意 $u_{r-1} \equiv u_{r-2} \cdots \equiv u_0 (\bmod\ p), p \nmid u_0$,因此 $p \nmid u_{r-1}$. 这就得出 $p^\alpha \mid p^r$,故
$$\alpha \leqslant r \leqslant \alpha, r = \alpha$$
这也就是说
$$\delta = p^{r-1}(p-1) = p^{\alpha-1}(p-1) = \varphi(p^\alpha)$$
因此 $g + pt_0$ 是模 p^α 的原根.

为了给出 $2p^\alpha$ 的原根,我们先证明下面的引理:

引理 3.12.4 设 x 是一个奇数,则 $x^n \equiv 1 (\bmod\ p^\alpha)$ 成立的充分必要条件是
$$x^n \equiv 1 (\bmod\ 2p^\alpha)$$

证明 如果 $x^n \equiv 1 (\bmod\ 2p^\alpha)$,则由于 $p^\alpha \mid 2p^\alpha$,故 $x^n \equiv 1 (\bmod\ p^\alpha)$;反过来,如果 $x^n \equiv 1 (\bmod\ p^\alpha)$,则由于 x 是奇数,所以 $x \equiv 1 (\bmod\ 2), x^m \equiv 1 (\bmod\ 2)$. 由于 $(2, p^\alpha) = 1$,故 $x^n \equiv 1 (\bmod\ 2p^\alpha)$.

定理 3.12.11 设 $\alpha \geqslant 1, g$ 是模 p^α 的一个原根,则 g 和 $g + p^\alpha$ 二者之中的奇数就是模 $2p^\alpha$ 的原根.

证明 设 g 是奇数,则由 g 是模 p^α 的原根的定义就得出
$$g^{\varphi(p^\alpha)} \equiv 1 (\bmod\ p^\alpha)$$
$$g^r \not\equiv 1 (\bmod\ p^\alpha), 0 < r < \varphi(p^\alpha)$$
再由上面的引理就得出
$$g^{\varphi(p^\alpha)} \equiv 1 (\bmod\ 2p^\alpha)$$

$g^r \not\equiv 1 \pmod{2p^a}, 0 < r < \varphi(p^a)$

这就说明 g 是模 $2p^a$ 的原根.

同理可证 $g+p^a$ 是奇数的情况.

由于当 $m=1,2,4$ 时原根分别为 $1,1,-1$,因此由定理 3.12.9,定理 3.12.10 和定理 3.12.11 就得出

定理 3.12.12　设 p 是奇素数模,$a \geqslant 1$,则 m 存在原根的充分必要条件是

$$m=1,2,4,p^a,2p^a$$

由上面的定理和定理 3.12.5(4) 就得出:

定理 3.12.13　设 p 是奇素数模,$a \geqslant 1$,则当且仅当

$$m=1,2,4,p^a,2p^a$$

时,模 m 的简化剩余系能表为 $g^0, g^1, \cdots, g^{\varphi(m)-1}$ 的形式,其中 g 为某一个整数.

虽然以上定理给出了原根存在的充分必要条件,并且也实际给出了原根存在时的求法,但是要具体对一个模确定出它的原根却并不容易.

例如,我们可利用以上定理确定 100 以内以 2 为原根的素数只有 3,5,11,13,19,29,37,53,59,61,67,83,但是至今尚无法得出一个定理能说出哪些素数以 2 为原根,甚至无法确定以 2 为原根的素数是否有无限多个,因此下面的这个定理就显得很有趣.

定理 3.12.14　设 p 和 $4p+1$ 都是奇素数,则 2 是 $4p+1$ 的原根.

证明　设 $q=4p+1$,由于 $\varphi(q)=4p$.故 2 的指数只可能是 $1,2,4,p,2p$ 或 $4p$.我们证明前 5 种情况都不可能出现.

由于 p 是奇数,故

$$4p = 4(2k+1) = 8k + 4 \cdot 4 \pmod 8$$
$$q \equiv 4p + 1 \equiv 5 \pmod 8$$

此外根据欧拉判据和勒让德符号的意义还有

$$2^{2p} \equiv 2^{\frac{q-1}{2}} \equiv \left(\frac{2}{q}\right) \pmod q$$

而由定理 3.12.40 知

$$\left(\frac{2}{q}\right) = (-1)^{\frac{q^2-1}{8}} = -1$$

故
$$2^{2p} \equiv -1 \pmod q$$

这说明 2 的指数不可能是 $2p$ 的因子 $1,2,p$ 以及 $2p.2$ 的指数也不可能是 4，否则由 $2^4 \equiv 1 \pmod q$ 得出 $q \mid 15$，因此由 q 是 $4p+1$ 形式的素数又得出 $q=5$，但是由于 $p \geqslant 3$，所以这又和 q 是 $4p+1$ 形式的奇素数矛盾，因此 $q \geqslant 13$，与 $q=5$ 矛盾.

因此只能有 $\delta_q(2) = 4p = \varphi(q)$，这就是说 2 是 q 的原根.

利用此定理和素数表中的 $q-1$ 行，我们可知，如果此行中的分解式具有形式 $2^2 p$，则 2 就是 q 的原根. 由此立刻得出 149,173,293,317,389 等都是以 2 为原根的素数.

在高中的数学课中，我们知道对数是一个很有用的概念，它可以把乘法运算化为加法运算，在理论上也起着不可缺少的作用. 如果 m 是一个具有原根的整数，那么我们也可以定义一个类似于对数的概念.

定义 3.12.5 设 $(a,m)=1$，如果 $a \equiv g^\gamma \pmod m$，$\gamma \geqslant 0$，则 γ 就称为模 m 的以 g 为底的指标，记为 $\gamma = \mathrm{ind}_g a$（或 $\gamma = \mathrm{ind}\, a$）.

由定理 3.12.5(4) 知，如果 g 是模 m 的原根，则 $g^0, g^1, \cdots, g^{\varphi(m)-1}$ 就是模的简化剩余系. 因此对每一个

与 m 互素的 a,在 $0,1,2,\cdots,\varphi(m)-1$ 之中必存在一个唯一的指标 $\gamma'=\mathrm{ind}_g a$ 使得 $a\equiv g^{\gamma'}\pmod{m}$。知道了 γ',根据定理 3.12.5(1) 就可求出 a 的所有指标,这些指标就是 γ' 的在模 $\varphi(m)$ 下的同余类中的非负整数,即 a 的任何指标都要满足关系式
$$\gamma\equiv r'(\mathrm{mod}\ \varphi(m)),\gamma\geqslant 0$$

指标具有下面的类似于对数的性质:

定理 3.12.15 设 $a_1,a_2,\cdots,a_n$ 是与 m 互素的 n 整数,则
$$\mathrm{ind}(a_1 a_2\cdots a_n)=\mathrm{ind}\ a_1+\mathrm{ind}\ a_2+\cdots+\\ \mathrm{ind}\ a_n(\mathrm{mod}\ \varphi(m))$$

特别 $\mathrm{ind}\ a^n=n\mathrm{ind}\ a(\mathrm{mod}\ \varphi(m))$

证明 由指标的定义即得出
$$a_1\equiv g^{\mathrm{ind}\ a_1}(\mathrm{mod}\ m),a_2\equiv g^{\mathrm{ind}\ a_2}(\mathrm{mod}\ m),\cdots,$$
$$a_n\equiv g^{\mathrm{ind}\ a_n}(\mathrm{mod}\ m)$$

把它们连乘起来就得到
$$a_1 a_2\cdots a_n=g^{\mathrm{ind}\ a_1+\mathrm{ind}\ a_2+\cdots+\mathrm{ind}\ a_n}(\mathrm{mod}\ m)$$

因此 $\mathrm{ind}\ a_1+\mathrm{ind}\ a_2+\cdots+\mathrm{ind}\ a_n$ 就是 $a_1 a_2\cdots a_n$ 一个指标,故
$$\mathrm{ind}(a_1 a_2\cdots a_n)\equiv\mathrm{ind}\ a_1+\mathrm{ind}\ a_2+\cdots+\\ \mathrm{ind}\ a_n(\mathrm{mod}\ \varphi(m))$$

在上式中令 $a_1=a_2=\cdots=a_n=a$ 就得到 $\mathrm{ind}\ a^n=n\mathrm{ind}\ a(\mathrm{mod}\ \varphi(m))$。

正像利用对数表和反对数表可以求 n 次方根一样,我们也可以编出指标表和反指标表来解同余式
$$x^n\equiv a(\mathrm{mod}\ m)$$
$(a,m)=1$(当然首先需要模 m 存在原根)

例如,对 $p=41$,由上面所讲的内容可以确定 6 是

模 41 的原根,于是以 6 做底,通过实际计算可以得出下列各式

$6^0 \equiv 1, 6^8 \equiv 10, 6^{16} \equiv 18, 6^{24} \equiv 16, 6^{32} \equiv 32$

$6^1 \equiv 6, 6^9 \equiv 19, 6^{17} \equiv 26, 6^{25} \equiv 14, 6^{33} \equiv 17$

$6^2 \equiv 36, 6^{10} \equiv 32, 6^{18} \equiv 33, 6^{26} \equiv 2, 6^{34} \equiv 20$

$6^3 \equiv 11, 6^{11} \equiv 28, 6^{19} \equiv 34, 6^{27} \equiv 12, 6^{35} \equiv 38$

$6^4 \equiv 25, 6^{12} \equiv 4, 6^{20} \equiv 40, 6^{28} \equiv 31, 6^{36} \equiv 23$

$6^5 \equiv 27, 6^{13} \equiv 24, 6^{21} \equiv 35, 6^{29} \equiv 22, 6^{37} \equiv 15$

$6^6 \equiv 39, 6^{14} \equiv 21, 6^{22} \equiv 5, 6^{30} \equiv 9, 6^{38} \equiv 8$

$6^7 \equiv 29, 6^{15} \equiv 3, 6^{23} \equiv 30, 6^{31} \equiv 13, 6^{39} \equiv 7$

利用上面的计算结果,就可编制出模 41 的以 6 为底的指标表和反指标表.

其中指标表是用来从真数查指标的,而反指标表是用来从指标查真数的.

表 3.12.1　模 41 的以 6 为底的指标表

	0	1	2	3	4	5	6	7	8	9
0		0	26	15	12	22	1	39	38	30
1	8	3	27	31	25	37	24	33	16	9
2	34	14	29	36	13	4	17	5	11	7
3	23	28	10	18	19	21	2	32	35	6
4	20									

表 3.12.2　模 41 的以 6 为底的反指标表

	0	1	2	3	4	5	6	7	8	9
0	1	6	36	11	25	27	39	29	10	19
1	32	28	4	24	21	3	18	26	33	34
2	40	35	5	30	16	14	2	12	31	22
3	9	31	37	17	20	38	23	15	8	7

这些表中的最左边的纵行中的数字表示已知数字的十位数,而最上边的横行中的数字表示已知数字的个位数. 例如要查模 41 的以 6 为底的真数 30 的指标是多少,你可以在指标表中最左边的纵行中先找到数字 3,然后在这一行中对着最上边一行中的数字 0 所在的列和这一行的交叉处找到数字 23,这就表示 30 的指标是 23,即 ind 30 = 23. 同理可以查出 15 的指标是 37,即 ind 15 = 37.

反过来在反指标表中,用同样的方法,可以查出指标是 33 的真数为 17,即 33 = ind 17;指标是 15 的真数为 3,即 15 = ind 3.

下面我们利用指标理论来研究二项式同余式方程
$$x^n \equiv a \pmod{m}$$

类似于平方剩余的概念,我们引进所谓 n 次剩余的概念:

定义 3.12.6 设 m 是正整数,如果同余式方程 $x^n \equiv a \pmod{m}$,则称 a 是模 m 的 n 次剩余,反之则称 a 是模 m 的 n 次非剩余.

定理 3.12.16 设 $m \geqslant 2, (a, m) = 1, (n, \varphi(m)) = d$,且模 m 存在原根 g,则

(1) 同余式方程 $x^n \equiv a \pmod{m}$ 有解(即 a 是模 m 的 n 次剩余)的充分必要条件是
$$d \mid \text{ind}_g a$$
且在有解时,解数是 d.

(2) 在模 m 的简化剩余系中,n 次剩余的个数是 $\dfrac{\varphi(m)}{d}$.

证明 (1) 我们证明同余式方程 $x^n \equiv a \pmod{m}$

和同余式方程 $nx \equiv \mathrm{ind}_g a (\mathrm{mod}\ \varphi(m))$ 同时有解或者同时无解.

设同余式方程 $x^n \equiv a(\mathrm{mod}\ m)$ 有解,且 $x \equiv c(\mathrm{mod}\ m)$ 是 $x^n \equiv a(\mathrm{mod}\ m)$ 的解,则由 $(a,m)=1$ 知 $(c,m)=1$. 故由 g 是原根的性质知,必存在正整数 k 使得 $c = g^k(\mathrm{mod}\ m)$(定理 3.12.13). 因而有
$$g^{kn} = c^n \equiv a(\mathrm{mod}\ m)$$
故由定理 3.12.5 性质(2)和 g 是原根得出
$$kn \equiv \mathrm{ind}_g a(\mathrm{mod}\ \varphi(m))$$
这说明同余式方程 $nx \equiv \mathrm{ind}_g a(\mathrm{mod}\ \varphi(m))$ 有解.

反之,如果同余式方程 $nx \equiv \mathrm{ind}_g a(\mathrm{mod}\ \varphi(m))$ 有解 $x \equiv k(\mathrm{mod}\ \varphi(m))$,那么
$$nk \equiv n\frac{\mathrm{ind}_g a}{d} \equiv \frac{n}{d}\mathrm{ind}_g(a) = h\mathrm{ind}_g(a) =$$
$$\mathrm{ind}_g(a)(\mathrm{mod}\ \varphi(m))$$
因而 $\qquad g^{kn} \equiv a(\mathrm{mod}\ m)$
这就说明 $c = g^k$ 是同余式方程 $x^n \equiv a(\mathrm{mod}\ m)$ 的解. 因而同余式方程 $x^n \equiv a(\mathrm{mod}\ m)$ 有解.

此外,从定理 3.12.5 性质(3)知如果 $c_1 \equiv g^{k_1}(\mathrm{mod}\ m), c_2 \equiv g^{k_2}(\mathrm{mod}\ m)$,那么 $c_1 \equiv c_2(\mathrm{mod}\ m)$ 的充分必要条件是 $k_1 \equiv k_2(\mathrm{mod}\ \varphi(m))$(注意当 g 是原根时 $\delta_m(g) = \varphi(m)$),因此同余式方程 $x^n \equiv a(\mathrm{mod}\ m)$ 的解数和同余式方程 $nx \equiv \mathrm{ind}_g a(\mathrm{mod}\ \varphi(m))$ 的解数相同.

由一次同余式方程的理论知同余式方程 $nx \equiv \mathrm{ind}_g a(\mathrm{mod}\ \varphi(m))$ 有解的充分必要条件是 $(n, \varphi(m)) = d \mid \mathrm{ind}_g a$,并且有解时的解数是 $(n, \varphi(m)) = d \mid \mathrm{ind}_g a$(定理 3.12.4),这就证明了定理.

第 3 章 整数的性质

在解普通的代数方程 $x^n = a, a \geqslant 0$ 时，我们知道可以用两边取对数的方法见其化为一个对数方程 $n\log_c x = \log_c a$，然后通过查对数表和反对数表就可把这个方程解出来．一般我们取 $c = 10$ 或 $c = e$．所以我们很自然地想到，对二项同余式方程有没有类似的结果．回答是有的．这就是

定理 3.12.17 设 $m \geqslant 2, (a, m) = 1$，且模 m 存在原根 g，则同余式方程
$$x^n \equiv a \pmod{m}$$
与同余式方程
$$n\,\mathrm{ind}_g x \equiv \mathrm{ind}_g a \pmod{\varphi(m)}$$
同解．

证明 设同余式方程 $x^n \equiv a \pmod{m}$ 有解 $x \equiv c \pmod{m}$，那么 $c^n \equiv a \pmod{m}$．因而由指标的性质（定理 3.12.15）即得 $n\,\mathrm{ind}_g x \equiv \mathrm{ind}_g a \pmod{\varphi(m)}$．反之，如果有整数 c 适合同余式方程 $n\,\mathrm{ind}_g x \equiv \mathrm{ind}_g a \pmod{\varphi(m)}$，则由定理 3.12.15 和 g 是原根的性质（定理 3.12.5 性质 (1)，(4)）就可知成立同余式 $x^n \equiv a \pmod{m}$．这就证明了定理．

由此得到：

定理 3.12.18 设 $m \geqslant 2, (a, m) = 1, (n, \varphi(m)) = d$，且模 m 存在原根 g，则 a 是模 m 的 n 次剩余的充分必要条件是 $a^{\frac{\varphi(m)}{d}} \equiv 1 \pmod{m}$．

证明 由定理 3.12.16 知 a 是模 m 的 n 次剩余的充分必要条件是
$$d \mid \mathrm{ind}_g a$$
或者
$$\mathrm{ind}_g a \equiv 0 \pmod{d}$$

由同余式的性质(定理 3.6.4(11))和 $d \mid \varphi(m)$ 即知这个条件就是

$$\frac{\varphi(m)}{d}\operatorname{ind}_g a \equiv 0 (\bmod \varphi(m))$$

也就是
$$a^{\frac{\varphi(m)}{d}} \equiv 1(\bmod m)$$

任给 $(a,m)=1$,且设模 m 有原根 g,则对于 a 来说,我们已经定义了两个概念,一个是 a 的指数 $\delta_m(a)$,它是指满足同余式 $a^n \equiv 1(\bmod m)$ 的最小正整数 n,另一个称为 a 的指标 $\operatorname{ind}_g a$,它是指满足关系式 $a \equiv g^\gamma (\bmod m)$ 的正整数 γ. 现在我们要问这两个数之间有什么关系,如何用这些数来给出 a 是否是原根的判据,对这两个问题,我们有:

定理 3.12.19 设 $m \geqslant 2$, $(a,m)=1$,且模 m 存在原根 g,则

$$\delta_m(a) = \frac{\varphi(m)}{(\operatorname{ind}_g a, \varphi(m))}$$

且 a 是模 m 的原根的充分必要条件是 $(\operatorname{ind}_g a, \varphi(m)) = 1$.

证明 设 $\gamma = \operatorname{ind}_g a$,则 $a \equiv g^\gamma (\bmod m)$. 由定理 3.12.5 性质(6) 即得

$$\delta_m(a) = \delta_m(g^\gamma) = \frac{\delta_m(g)}{(\gamma, \delta_m(g))} = \frac{\varphi(m)}{(\operatorname{ind}_g a, \varphi(m))}$$

如果 a 是模 m 的原根,则 $\delta_m(a) = \varphi(m)$,因此 $(\operatorname{ind}_g a, \varphi(m)) = 1$),反之如果 $(\operatorname{ind}_g a, \varphi(m)) = 1$,则 $\delta_m(a) = \varphi(m)$,因此 a 是模 m 的原根.

此外,我们还要注意,从这个定理的证明看出,不论以模 m 的哪一个原根为底,定理的结论都是不变的. 也就是说上述定理的结论与我们所取的原根无关.

最后我们给出一个定理 3.12.9 的推广(请注意下

面的定理和定理 3.12.9 的条件的区别).

定理 3.12.20 在模 m 的简化剩余系中,指数是 d 的整数的个数是 $\varphi(d)$,特别原根的个数是 $\varphi(\varphi(m))$.

证明 设在模 m 的简化剩余系中有 T 个整数的指数是 d,则由定理 3.12.19 知
$$d = \frac{\varphi(m)}{(\operatorname{ind}_g a, \varphi(m))}$$

故
$$(\operatorname{ind}_g a, \varphi(m)) = \frac{\varphi(m)}{d}$$

因此 T 就等于模 m 的简化剩余系中满足条件 $(\operatorname{ind}_g a, \varphi(m)) = \frac{\varphi(m)}{d}$ 的整数的个数. 由原根的定义知, 当 $\operatorname{ind}_g x$ 通过 $0, 1, \cdots, \varphi(m) - 1$ 时(也就是 g 的方次数通过 $0, 1, \cdots, \varphi(m) - 1$ 时), $g^{\operatorname{ind}_g a} = x$ 就通过 m 的简化剩余系, 因此反过来说就是当 x 通过 m 的简化剩余系时, $\operatorname{ind}_g x$ 就通过 $\varphi(m)$ 的最小完全剩余系. 这也就是说, T 就是满足关系式
$$(y, \varphi(m)) = \frac{\varphi(m)}{d}, 0 \leqslant y < \varphi(m)$$

的整数的个数, 令 $y = \frac{\varphi(m)}{d} z$, 则 T 就是满足关系式
$$\left(\frac{\varphi(m)}{d} z, \varphi(m)\right) = \frac{\varphi(m)}{d}, 0 \leqslant \frac{\varphi(m)}{d} z < \varphi(m)$$

的整数的个数, 把上述各式都除以 $\frac{\varphi(m)}{d}$ 就得到 T 就是满足关系式
$$(z, d) = 1, 0 < z < d$$

的整数的个数. 因此得出 $T = \varphi(d)$. 特别由于原根的指数是 $\varphi(m)$, 因此原根的个数就等于 $\varphi(\varphi(m))$.

虽然我们在原则上已经解决了在模 m 有原根的情况下如何去求出模 m 的原根的问题,但是下面这个定理,在实际计算模 m 的原根时,有时还是比较方便的.

定理 3.12.21　设 $m>1,\varphi(m)$ 的所有的不同的素因数是 $p_1,p_2,\cdots,p_k,(g,m)=1$,则 g 是模 m 的原根的充分必要条件是

$$g^{\frac{\varphi(m)}{p_i}}\not\equiv 1(\bmod m),i=1,2,\cdots,k$$

证明　(1) 如果 g 是模 m 的原根,则 g 对模 m 的指数是 $\varphi(m)$. 但是由于

$$0<\frac{\varphi(m)}{p_i}<\varphi(m),i=1,2,\cdots,k$$

因此

$$g^{\frac{\varphi(m)}{p_i}}\not\equiv 1(\bmod m),i=1,2,\cdots,k$$

(否则和 g 是模 m 的原根的假设相矛盾).

(2) 假设 $g^{\frac{\varphi(m)}{p_i}}\not\equiv 1(\bmod m),i=1,2,\cdots,k,g$ 对模 m 的指数是 δ. 如果 $\delta<\varphi(m)$,则由定理 3.12.5 可知 $\delta\mid\varphi(m)$. 因此 $\frac{\varphi(m)}{\delta}$ 是一个大于 1 的整数 k,k 当然有素因子,而且 k 的素因子显然只能是 $\varphi(m)$ 的素因子(因为 k 本身是 $\varphi(m)$ 的因子),也就是所必有 $\varphi(m)$ 的某个素因子 $p_i\mid\frac{\varphi(m)}{\delta}=k$,于是 $\frac{\varphi(m)}{\delta}=p_iq$ 或者 $\frac{\varphi(m)}{p_i}=q\delta$,因此

$$g^{\frac{\varphi(m)}{p_i}}\equiv g^{q\delta}\equiv(g^\delta)^q\equiv 1(\bmod m)$$

这和假设 $g^{\frac{\varphi(m)}{p_i}}\not\equiv 1(\bmod m),i=1,2,\cdots,k$ 矛盾. 所得的矛盾表明必须 $\delta=\varphi(m)$,故 g 是模 m 的原根.

例 3.12.1 判断同余式方程 $x^8 \equiv 23 \pmod{41}$ 是否有解.

解 $n=8, \varphi(41)=40, d=(8,40)=8$. 又通过查指标表知道 $\text{ind } 23=36$(注意结果和底无关,因此我们不必写出底来). 由于 $8=d \nmid 36 = \text{ind } a$,因此方程 $x^8 \equiv 23 \pmod{41}$ 无解.

例 3.12.2 解同余式方程 $x^{12} \equiv 37 \pmod{41}$.

解 $d=(12,40)=4$,又通过查指标表知道 $\text{ind } 37=32$,由于 $d \mid \text{ind } 37$,故由定理 3.12.16 知方程 $x^{12} \equiv 37 \pmod{41}$ 有 $d=4$ 个解.

为了求出这 4 个解,你需要解同余式 $nx \equiv \text{ind}_g a \pmod{\varphi(m)}$ 或者 $12x \equiv 32 \pmod{40}$,由同余式的性质(定理 3.6.4(11)),它等价于 $3x \equiv 8 \pmod{10}$,这个模不大,因此这个方程不难解,而且用观察法容易看出 $3 \cdot 3 \equiv 9 \equiv -1 \pmod{10}$,因此用 3 去乘以方程 $3x \equiv 8 \pmod{10}$ 的两边就得到 $-x \equiv 24 \pmod{10} \equiv -6 \pmod{10}$,因此 $x \equiv 6 \pmod{10}$. 回到原来的模 40,即得到模 40 下的 4 个解为 $k \equiv 6, 16, 26, 36 \pmod{40}$,因而方程 $x^{12} \equiv 37 \pmod{41}$ 的 4 个解为 $x \equiv 6^6, 6^{16}, 6^{26}, 6^{36} \pmod{41}$,也就是 $x \equiv 39, 18, 2, 23 \pmod{41}$.

例 3.12.3 求对模 41 的 4 次剩余的个数.

解 由定理 3.12.16 知,对模 41 的 4 次剩余的个数等于

$$\frac{\varphi(41)}{(4,\varphi(41))} = \frac{40}{(4,40)} = \frac{40}{4} = 10$$

而由实际计算可知,在模 41 的最小非负剩余中,模 41 的 4 次剩余(显然只需要计算在模 41 的最小非负剩余

中,模 41 的 4 次剩余,由于当数超过 41 时,再产生的 4 次剩余将和模 41 的最小非负剩余中,某个模 41 的 4 次剩余同余)是

$$1,4,10,16,18,23,25,31,37,40$$

恰好也是 10 个,所以定理 3.12.16 的结论和实际计算的结果是吻合的.

例 3.12.4 求在模 41 的简化剩余系中,指数是 10 的元数的个数和原根的个数.

解 根据定理 3.12.20 在模 41 的简化剩余系中,指数是 10 的元素的个数为

$$T = \varphi(10) = 4$$

而原根的个数为

$$\varphi(\varphi(41)) = \varphi(40) = 16$$

而实际上,指数是 10 的元素 a 满足条件 $(\operatorname{ind} a, 40) = \frac{40}{10} = 4$,它们是

$$a = 4, 23, 25, 31$$

恰好是 4 个,与定理 3.12.20 的结论一致. 而原根是满足条件

$$(\operatorname{ind} a, 40) = 1$$

的元素 a,即

$$\operatorname{ind} a = 1, 3, 7, 9, 11, 13, 19, 21, 23, 27, 29,$$
$$31, 33, 37, 39$$
$$a = 6, 11, 29, 19, 28, 24, 26, 34, 35, 30, 12, 22,$$
$$13, 17, 15, 7$$

这些数的个数是 16 也与定理 3.12.20 的结论一致.

例 3.12.5 求出模 41 的最小原根.

第3章 整数的性质

证明 $m=41, \varphi(m)=\varphi(41)=40=2^3 \cdot 5$,故 $\varphi(41)$ 有两个不同的素因子 $p_1=2$ 和 $p_2=5$. $\dfrac{\varphi(m)}{p_1}=\dfrac{40}{2}=20, \dfrac{\varphi(m)}{p_2}=\dfrac{40}{5}=8$,故 g 是模 41 的原根的充分必要条件是

$$g^8 \not\equiv 1(\bmod 41), g^{20} \not\equiv 1(\bmod 41), g \nmid 41$$

我们用 $1,2,3,4,\cdots$ 逐一验算得到

$$1^8 \equiv 1(\bmod 41), 2^8 \equiv 10(\bmod 41)$$
$$3^8 \equiv 1(\bmod 41), 2^{20} \equiv 1(\bmod 41)$$
$$4^8 \equiv 18(\bmod 41), 5^8 \equiv 18(\bmod 41)$$
$$6^8 \equiv 10(\bmod 41), 4^{20} \equiv 1(\bmod 41)$$
$$5^{20} \equiv 18(\bmod 41), 6^{20} \equiv 40(\bmod 41)$$

计算到此停止,而根据定理 3.12.21 我们发现模 41 的最小原根是 6.

现在来谈这一节的最后一个问题,就是对没有原根的模,如何构造它的简化剩余系. 有的读者可能不解,说你怎么老要纠缠这个什么简化剩余系的构造问题呢? 其原因就在于他们还没有体会到这个问题的重要. 其实只要回忆一下关于原根和指数的一系列结果是怎么得到的,你就会发现,几乎所有的结果都依赖于有原根的模的简化剩余系有很好的构造.

那么有原根的模的简化剩余系的构造到底好在哪呢? 为体会这点,我们先看模 m 的完全剩余系的构造,这个构造是非常清楚的,就是任何连续的 $m-1$ 个整数都构成 m 的一个完全剩余系,这里完全剩余系中元素的个数,元素的表达式都很清楚,最简单的表达式就是 $0,1,2,\cdots,m-1$.

但是简化剩余系的构造就不那么清楚了,除了知

道它的元素个数 $\varphi(m)$ 是外,把简化剩余系的元素按大小排起来,恐怕你只能写出它的第一个元素 1 和最后一个元素 $m-1$,其他的元素的表达式是什么就写不出来了.

然而如果模 m 有原根 g,它的简化剩余系的构造就令人惊奇地很清楚了,就是
$$g^0,g^1,\cdots,g^{\varphi(m)-1}$$
这 $\varphi(m)$ 个数,这里简化剩余系的个数和表达式都有,注意,上面那些数的方次数可都是连续的,只不过把简化剩余系中元素的大小顺序重新排列了一下,就能得出这样清楚的结构,这恐怕是当初你没有想到的吧.

正因为有原根的模的简化剩余系的构造如此之好,所以人们对没有原根的模就感到格外遗憾了,因为它们的简化剩余系不可能有同样的构造. 对不可能的事你当然就无法办到,所以人们就退而求其次,考虑是否能对它们构造出结构尽可能清楚,表达式尽可能简单的简化剩余系的问题了.

我们不准备全面解答这个问题,只想提供一个解决问题的导引和范例.

首先考虑形如 2^n 的模,我们已经知道当 $n\geqslant 3$ 时,它是没有原根的. 我们再来复习一下它没有原根的原因. 如果一个模 m 有原根 g,g 必须有两个性质,第一个性质是 g 的 $\varphi(m)$ 次方必须同余于 1,这句话几乎是废话,因为对任何一个整数 a,$(a,m)=1$,a 的 $\varphi(m)$ 次方都同余于 1. 所以关键是第二个性质,那就是对比 $\varphi(m)$ 小的任何正整数 k,g 的 k 次方都不能同余于 1. 我们知道 $\varphi(2^n)=2^{n-1}$,而由定理 3.12.7 我们知道当 $n\geqslant 3$ 时,$2^{2^{n-2}}\equiv\pmod{2^n}$ 也就是说,使 2^k 同余于 1

的方次数恰比 $\varphi(2^n)=2^{n-1}$ 小了一个数量级,或者说,使 2^k 同余于 1 的方次数提前一个数量级到达了,这样当 $n \geqslant 3$ 时 2^n 就不可能有原根了.

现在我们的问题是,使 2^k 同余于 1 的方次数还能不能更提前? 也就是问是否存在比 2^{n-2} 更小的 k,使得对任意 $(a,2)=1$ 都有 $2^k \equiv 1 \pmod{2^n}$. 回答是没有了. 那也就是说,存在一个数 ξ,使得 $\xi^{2^{n-2}} \equiv 1 \pmod{2^n}$,而且对于任何比 2^{n-2} 更小的正整数 k,2^k 都不同余于 1,有了这两条,这个 ξ 的性质虽然达不到原根那样好,也已经是尽可能地好了,因为 ξ 的使 2^k 同余于 1 的方次数只比原根小了一个数量级,这样,虽然我们还不能写出 2^n 的全部简化剩余系,但是至少可以写出它的简化剩余系的一半来,这就是 $\xi^0, \xi^1, \cdots,$ $\xi^{2^{n-2}-1}$.

如果能再找出另一半来,那虽然不能得到像原根那样好的简化剩余系来,也已经获得了一个我们想要的结构尽可能清楚,表达式尽可能简单的简化剩余系了.

下面我们就来证明 ξ 的存在性,以及如何用 ξ 来构造 2^n 的简化剩余系.

为此先证明下述引理:

引理 3.12.5 对任意非负整数 m 成立
$$5^{2^m} = 1 + 2^{m+2} + 2^{m+3} u_m$$
其中,u_m 是一个非负整数.

证明 利用数学归纳法证明.

当 $m=0$ 时,$5^{2^0} = 5^1 = 1+4+8 \cdot 0$;

当 $m=1$ 时,$5^{2^1} = 5^2 = 1+8+16 \cdot 1$;

当 $m=2$ 时,$5^{2^2} = 5^4 = 1+16+32 \cdot 19$.

因此引理对 $m=0,1,2$ 都成立.

假设对 $m-1$ 引理成立,即设
$$5^{2^{m-1}}=1+2^{m+1}+2^{m+2}u_{m-1}$$
那么
$$5^{2^m}=(5^{2^{m-1}})^2=(1+2^{m+1}+2^{m+2}u_{m-1})^2=$$
$$1+2^{m+2}+2^{m+3}(2^{m-1}+u_{m-1}+$$
$$2^{m+1}u_{m-1}+2^{m+1}u_{m-1}^2)=$$
$$1+2^{m+2}+2^{m+3}u_m$$

其中 $u_m=2^{m-1}+u_{m-1}+2^{m+1}u_{m-1}+2^{m+1}u_{m-1}^2$ 是一个非负整数.

因此由数学归纳法就证明了引理.

定理 3.12.22 设 $n\geqslant 3$,则 5 对模 2^n 的指数是 2^{n-2},并且
$$\pm 5^0,\pm 5^1,\cdots,\pm 5^{2^{n-2}-1}$$
是模 2^n 的简化剩余系.

证明 由上面的引理显然就得出 $5^{2^{n-1}}\equiv 1(\bmod\ 2^n)$,而如果 $m<n-2$,那么 5^{2^m} 必定不可能同余于 1,假设不然,设 $5^{2^m}\equiv 1(\bmod\ 2^n)$,则
$$5^{2^m}=1+2^{m+2}+2^{m+3}u_m=1+2^n q$$
因此
$$2^{m+2}+2^{m+3}u_m=2^n q$$
在上式两边同除以 2^{m+2} 就得到 $1+2u_m=2^{n-m-2}q$,这显然是一个矛盾,所得的矛盾就证明了当 $m<n-2$ 时,不可能成立 $5^{2^m}\equiv(\bmod\ 2^n)$.

综合以上两点就得出当 $n\geqslant 3$ 时,5 对模 2^n 的指数是 2^{n-2}. 由此得出
$$5^0,5^1,\cdots,5^{2^{n-2}-1}$$
是两两不同余的,因而 $-5^0,-5^1,\cdots,-5^{2^{n-2}-1}$ 也是两两不同余的. 不仅如此任一个 5^s 和任一个 -5^t 对模 2^n

第 3 章　整数的性质

也是不同余的,因为 $5^s \equiv 1 \pmod 4$ 而 $-5^t \equiv -1 \pmod 4$. 由上面两行数中的每一个数显然都与 2^n 互素,且共有 $2 \cdot 2^{n-2} = \varphi(2^n)$ 个数,因此 $\pm 5^0, \pm 5^1, \cdots, \pm 5^{2^{n-2}-1}$ 就是模 2^n 的一个简化剩余系.

这样我们就对没有原根的模 2^n 求出了一个简化剩余系,看起来,它的结构和表达式也都是相当清楚和简单的,所以这是一个令人满意的结果. 也为求出其他没有原根的模的简化剩余系提供了一个范例,而如何对一个没有原根的模去求出它的一个结构尽可能清楚,表达式尽可能简单的简化剩余系也成了一个进一步研究的课题. 有兴趣的读者可以继续深入地去钻研这个问题.

习题 3.12

1. 设 $m = 5, 11, 12, 13, 14, 15, 17, 19, 20, 21, 23, 36, 40, 63$.

(1) 如果 m 有原根,求出模 m 的最小完全剩余系中的所有原根以及模 m 的最小正原根;

(2) 如果 m 没有原根,求出模 m 的最小完全剩余系中所有对模 m 的指数为最大的整数.

2. 求 $\delta_{41}(10), \delta_{43}(7), \delta_{55}(2), \delta_{65}(8), \delta_{91}(11), \delta_{69}(4), \delta_{231}(5)$.

3. 设 $m = 2^{\alpha_0} p_1^{\alpha_1} p_2^{\alpha_2} \cdots p_k^{\alpha_k}$,其中 $p_1, p_2, \cdots, p_k$ 是不同的奇素数.

$$\lambda(m) = [2^{c_0}, \varphi(p_1^{\alpha_1}), \varphi(p_2^{\alpha_2}), \cdots, \varphi(p_k^{\alpha_k})]$$

其中 $c_0 = \begin{cases} 0, & \alpha_0 = 0, 1 \\ 1, & \alpha_0 = 2 \\ \alpha_0 - 2, & \alpha_0 \geqslant 3 \end{cases}$

(1) 证明：当 $(m,n)=1$ 时，$\lambda(mn)=[\lambda(m),\lambda(n)]$；

(2) 设 d 是给定的正整数，m 是使得 $\lambda(n)=d$ 的最大正整数 n，证明：如果 $\lambda(n)=d$，则 $n\mid m$。

4. 设 $m=5,11,12,13,14,15,17,19,20,21,22,23,36,40,63$。

如果 m 没有原根，求出模 m 的最小完全剩余系中所有对模 m 的指数为最大的整数；把所求出的最大指数和 3 题中的 $\lambda(m)$ 相比较。

5. 证明：3 是 1 459 的最小正原根。

6. 设 $m>1$，$(ab,m)=1$，$\lambda=(\delta_m(a),\delta_m(b))$。

证明：(1) $\lambda^2\delta_m((ab)^\lambda)=\delta_m(a)\delta_m(b)$；

(2) $\lambda^2\delta_m(ab)=(\delta_m(ab),\lambda)\delta_m(a)\delta_m(b)$。

7. 设 $n\geq 1$，p,q 都是奇素数，$q=2^n p+1$。又设 a 是模 q 的平方非剩余，且满足 $a^{2^n}\not\equiv 1(\bmod q)$，则 a 是 q 的原根。

8. 证明：(1) $2^{17}-1=131\,071$ 是素数；

(2) $\dfrac{2^{19}+1}{3}$ 是素数。

9. (1) 设 $n>1$，$p=2^n+1$ 是素数，证明：3 是 p 的原根；

(2) 设 $n>1$，$m=2^n+1$，证明：m 是素数的充分必要条件是 $3^{\frac{m-1}{2}}\equiv -1(\bmod m)$。

10. 设 $p=2^{4n}+1$ 是素数，证明：7 是 p 的原根。

11. 证明：10 是模 17 及模 257（257 是素数）的原根，并由此证明把 $\dfrac{1}{17}$ 和 $\dfrac{1}{257}$ 化成循环小数时，循环节的长度必为 16 和 256。

第 3 章　整数的性质

12. 证明：10 是 487 的原根，但不是 487^2 的原根.

13. 对 $p=11,13,17,19,31,37,53,71$ 求出 g，使得对所有的 $\alpha \geqslant 1$，它是 $p^{\alpha}, 2p^{\alpha}$ 的原根.

14. 设 $k \geqslant 1, p$ 是素数，证明
$$1^k + 2^k + \cdots + (p-1)^k = \begin{cases} 0(\bmod p), & (p-1) \nmid k \\ -1(\bmod p), & (p-1) \nmid k \end{cases}$$

15. 利用指标表解以下同余式方程
(1) $3x^6 \equiv 5(\bmod 7)$　　(2) $x^{12} \equiv 16(\bmod 17)$
(3) $5x^{11} \equiv -6(\bmod 17)$　　(4) $3x^{14} \equiv 2(\bmod 23)$
(5) $x^{15} \equiv 14(\bmod 41)$　　(6) $7x^7 \equiv 11(\bmod 41)$
(7) $3^x \equiv 2(\bmod 23)$　　(8) $13^x \equiv 5(\bmod 23)$

16. 对哪些 a，同余式方程 $ax^5 \equiv 3(\bmod 19)$ 可解？

17. 对哪些 b，同余式方程 $7x^8 \equiv b(\bmod 41)$ 可解？

18. 设 p 是奇素数. 证明：同余式方程 $x^4 \equiv -1(\bmod p)$ 有解的充分必要条件是 $p \equiv 1(\bmod 8)$. 由此推出形如 $8m+1$ 的素数有无穷多个.

19. 解同余式方程
(1) $x^6 \equiv -15(\bmod 64)$
(2) $x^{12} \equiv 7(\bmod 128)$
(3) $3x^6 \equiv 7(\bmod 2^5 \cdot 31)$
(4) $5x^4 \equiv 3(\bmod 2^5 \cdot 23 \cdot 19)$

20. 求 53^2 的 26 次剩余.

21. 证明：如果素数 $p \equiv 5(\bmod 8)$，则同余式方程 $x^4 \equiv -1(\bmod p)$ 无解.

22. 设 p 是素数，证明：同余式方程 $x^8 \equiv 16(\bmod p)$ 一定有解.

23. 证明:2 是模 73 的 8 次剩余.

24. 解同余式方程 $(x^2+1)(x+1)x \equiv -1 \pmod{41}$.

25. 设素数 $p \equiv 3 \pmod 4$. 证明: a 是模 p 的 4 次剩余的充分必要条件是 $\left(\dfrac{a}{p}\right)=1$, 即 a 是模 p 的二次剩余. 求解同余式方程 $x^4 \equiv 3 \pmod{11}$.

有理数的性质

第 4 章

4.1 用小数表示有理数

我们对整数已经很熟悉了,而有理数可以说是与整数关系最密切的非整数了.下面我们给出有理数的严格定义.

定义 4.1.1 设 $r=\dfrac{m}{n}, n\neq 0$,其中 m,n 都是整数,则称 r 是一个有理数.

当然如果有人抬杠,说你这不过是同义重复,因为假定一个人只知道整数的含义,你首先就要说明 $\dfrac{m}{n}$ 是什么意思才能使用这个符号.我说他说的没有错,但是本书就不准备从这么基础的工作讲起了,因为这种工作对不是专门从事数学基础研究的读者来说,实在是有点烦琐乏味.所以我们认为 $\dfrac{m}{n}$ 的含义就是各位在小学里已经学过的那些解释,并以此为基础讲解.

根据有理数的定义和分数的含义我们可以得出有理数也就是分数的加减乘除四则运算的法则,这些法则读者都是从小学起就很熟悉的了.然而从实用的角度来看,大家也一定早都感觉到按这些法则进行的计算要比对整数进行计算要麻烦得多,所以在实用的计算中,我们几乎从不使用分数直接进行计算,而首先要把分数化成为小数.下面我们就来详细地研究一下如何用小数来表示一个有理数.

用小数来表示有理数的问题是和进位制紧密联系在一起的,因为在不同的进位制下,小数的表示是不一样的.

首先看把一个数在我们最熟悉的十进制下表示成为小数是什么意思. 比如我们要问 120.374 5 是什么意思,可能没有人不知道,但是知道的深浅可能不一样,最普通的答案是 120.374 5 就表示 120 再加上 0.374 5. 但是再追问一句,120 又是什么意思? 0.374 5 又是什么意思? 恐怕有的人就不愿回答了(或者说就是回答不出来了),你要是问急了,他的说法就是 120 就是 120. 也就是他认为这个 120 已经无法再进一步解释了. 实际上 120 还可以进一步解释为 1 个 100 再加上 2 个 10 再加上 0 个 1,同样 0.374 5 也可以进一步解释为 3 个 $\dfrac{1}{10}$ 再加上 7 个 $\dfrac{1}{100}$ 再加上 4 个 $\dfrac{1}{1\,000}$ 再加上 5 个 $\dfrac{1}{10\,000}$. 或者写得更简明一些,我们可以说 120 就是 1 个 10^2 再加上 2 个 10^1 再加上 0 个 10^0,而 0.374 5

第 4 章 有理数的性质

就是 3 个 $\frac{1}{10}$ 再加上 7 个 $\frac{1}{10^2}$ 再加上 4 个 $\frac{1}{10^3}$ 再加上 5 个 $\frac{1}{10^4}$.

那么这样解释 120.374 5 究竟有什么用处呢？有的人可能会认为纯粹自找麻烦. 从表面上看可能如此，但是如果我问你在十进位制下

$$a_n a_{n-1} \cdots a_1 a_0 . a_{-1} a_{-2} \cdots a_{-m} \cdots, 0 \leqslant a_i \leqslant 9$$

是什么意思，在 7 进位制下，160406 又是什么意思，那恐怕只有这样解释才说得清楚. 例如在十进位制下

$$a_n a_{n-1} \cdots a_1 a_0 . a_{-1} a_{-2} \cdots a_{-m} \cdots =$$
$$10^n a_n + 10^{n-1} a_{n-1} + \cdots + 10 a_1 + a_0 +$$
$$\frac{a_{-1}}{10} + \frac{a_{-2}}{10^2} + \cdots + \frac{a_{-m}}{10^m} + \cdots$$

而在 7 进位制下

$$160406 = 1 \cdot 7^5 + 6 \cdot 7^4 + 0 \cdot 7^3 + 4 \cdot 7^2 + 0 \cdot 7 + 6$$

为了更加明确起见，我们通常把上面的式子写成

$$(160406)_7 = 1 \cdot 7^5 + 6 \cdot 7^4 + 0 \cdot 7^3 + 4 \cdot 7^2 +$$
$$0 \cdot 7 + 6 = (31\ 415)_{10}$$

上面数字外括弧下方的数字表示括弧中的数字是以其为进位制的基.

我们从上面的例子就可知道，要想表示一个数字，必须先确定一个称为基的数字，然后就可以用这个基来表示所有的数字，显然最小的基只能是 2.

说明：在用通常的十进小数表示数时，我们就已知道，有的数（例如 $\frac{1}{3}$）只能用无限小数来表示. 当我们用无限小数来表示一个数时，通过无穷级数的计算就会发现，一个数字可能有两种表示方法，例如

$$0.999\cdots = \frac{9}{10} + \frac{9}{10^2} + \frac{9}{10^3} + \cdots = \frac{\dfrac{9}{10}}{1-\dfrac{1}{10}} = 1$$

为了避免这种不确定性,我们可以通过约定在这两种表示方法中一律采用哪一种来消除这种不确定性. 在一般情况下,如果一个数字既可以表示成为无限小数也可以表示成有限小数,则我们总是把它表示成为有限小数,或者说在用小数表示一个数时,我们采用有限优先原则. 在此约定下,每一个数的小数表示就是唯一的. 但是有时我们也约定把所有的小数都表示成无限的形式来达到唯一性,到底采用哪种约定可根据我们解决问题时的需要和方便来决定.

下面先给出两个小数比大小的法则.

定理 4.1.1 设在基 b 下
$$\alpha = a_n a_{n-1} \cdots a_0 . a_{-1} a_{-2} \cdots, \beta = c_n c_{n-1} \cdots c_0 . c_{-1} c_{-2} \cdots$$
其中 $0 \leqslant a_i < b, 0 \leqslant c_i < b, k$ 是从左向右数时的第一个使得 $a_i \neq c_i$ 的下标. 如果 $a_k > c_k$,则 $\alpha > \beta$.

证明 设 $\gamma = a_n b^n + \cdots a_{k+1} b^{k+1}$,则由于 $a_k > c_k$,因此 $a_k - 1 \geqslant c_k$,此外按照我们的约定,$c_{k-1}, c_{k-2}, \cdots$ 不可能都是 $b-1$,而 $c_{k-1}, c_{k-2}, \cdots$ 最大只可能是 $b-1$,因此必存在某一个指标 i 使得 $b-1 > c_i, j < k$. 因此
$$\alpha = \gamma + a_k b^k + a_{k-1} b^{k-1} + \cdots \geqslant \gamma + a_k b^k \geqslant$$
$$\gamma + (a_k - 1) b^k + (b-1) b^{k-1} + (b-1) b^{k-2} + \cdots \geqslant$$
$$\gamma + c_k b^k + c_{k-1} b^{k-1} + c_{k-2} b^{k-2} + \cdots \geqslant \beta$$

下面我们证明,可以用任意一个大于 1 的正整数作为基来表示有理数.

定理 4.1.2 对任意的正整数 $b > 1$,每一个有理数 r 都可以以唯一的方式表示成

第 4 章 有理数的性质

$$r = a_n b^n + a_{n-1} b^{n-1} + \cdots + a_1 b + a_0 +$$
$$\frac{a_{-1}}{b} + \frac{a_{-2}}{b^2} + \cdots + \frac{a_{-m}}{b^m} + \cdots$$

的形式,其中 $1 \leqslant a_n < b, 0 \leqslant a_i < b, i < n$. 同时对 $i < n, a_i$ 不全为 0. 即在基 b 下,每一个有理数 r 都可以以唯一的方式表示成 b 进制小数

$$r = a_n a_{n-1} \cdots a_2 a_1 a_0 . a_{-1} a_{-2} \cdots a_{-m} \cdots$$

证明 不妨设 $r > 0$. 再设

$$r = q_1 b + r^*, 0 \leqslant r^* < b$$
$$q_1 = q_2 b + a_1, 0 \leqslant a_1 < b$$
$$q_2 = q_3 b + a_2, 0 \leqslant a_2 < b$$
$$\vdots$$

由于 $r > q_1 > q_2 > q_3 > \cdots$,且每个 q_i 都是非负数,因此必存在一个 n 使得

$$q_n = 0 \cdot b + a_n, 0 < a_n < b$$

这样就有

$$r = r^* + q_1 b = r^* + (a_1 + q_2 b)b = r^* + a_1 b + q_2 b^2 =$$
$$r^* + a_1 b + (a_2 + q_3 b)b^2 =$$
$$r^* + a_1 b + a_2 b^2 + q_3 b^3 = \cdots =$$
$$r^* + a_1 b + \cdots + a_n b^n$$

再设

$$r^* = [r^*] + \{r^*\} = a_0 + r_0$$
$$0 \leqslant a_0 \leqslant b, 0 \leqslant r_0 < 1$$
$$b r_0 = [b r_0] + \{b r_0\} = a_{-1} + r_{-1}$$
$$0 \leqslant a_{-1} < b, 0 \leqslant r_{-1} < 1$$
$$b r_{-1} = [b r_{-1}] + \{b r_{-1}\} = a_{-2} + r_{-2}$$
$$0 \leqslant a_{-2} < b, 0 \leqslant r_{-2} < 1$$
$$\vdots$$

于是

$$r^* = a_0 + r_0 = a_0 + \frac{a_{-1}}{b} + \frac{r_{-1}}{b} =$$

$$a_0 + \frac{a_{-1}}{b} + \frac{a_{-2}}{b^2} + \frac{r_{-2}}{b^2} = \cdots =$$

$$a_0 + \frac{a_{-1}}{b} + \frac{a_{-2}}{b^2} + \cdots + \frac{a_{-m}}{b^m} + \cdots$$

把 r^* 代入到上面 r 的表示式中，就得到

$$r = a_n b^n + a_{n-1} b^{n-1} + \cdots + a_1 b + a_0 +$$

$$\frac{a_{-1}}{b} + \frac{a_{-2}}{b^2} + \cdots + \frac{a_{-m}}{b^m} + \cdots$$

为证明唯一性，我们假设 r 在基 b 下有两个不同的表示式 α 和 β 如下（如果 α 和 β 的位数不同，我们可以在位数较少的那个数之前补上若干个 0 使它们的位数相同）：

$$\alpha = a_n a_{n-1} \cdots a_0 . a_{-1} a_{-2} \cdots, \beta = c_n c_{n-1} \cdots c_0 . c_{-1} c_{-2} \cdots$$

那么既然 α 和 β 是不同的表示式，因此当我们从左向右数时，必存在一个指标 k 使得 $a_k \neq c_k$，不妨设 $a_k > c_k$，于是根据定理 4.1.1 就得出 $r = \alpha > \beta = r$，这个矛盾就说明了 r 的表示式是唯一的.

把有理数表示成为小数虽然带来了实际计算上的方便，但是也随之产生了另一种遗憾，那就是大部分有理数用小数表示时都是无限小数，而在实际中，我们只能对有限小数进行可操作的计算，因此计算的结果都是近似的. 你要想精确，就得舍弃实际计算的方便，回到封闭形式的分数表示上去. 这就是宇宙中无处不在、无时不在的矛盾性的一种表现.

有的读者可能会问，是否存在一个基，使得在这个基下，所有的分数都能表示成为有限小数？回答是不

可能,因为我们有下面的定理.

定理 4.1.3 设 $r=\dfrac{p}{q}$, $(p,q)=1$, b 的素因子是 $p_1,p_2,\cdots,p_k$. 则 r 在 b 进制下是一个有限小数的必要条件 q 的素因子集合是 $\{p_1,p_2,\cdots,p_k\}$ 的子集.

证明 设在 b 进制下, r 是一个有限小数, $r=a_0.a_{-1}a_{-2}\cdots a_{-n}$, 其中 $0\leqslant a_i<b(i>-n)$, $1\leqslant a_{-n}<b$. 于是

$$r=a_0+\frac{a_{-1}a_{-2}\cdots a_{-n}}{b^n}=\frac{a_0 b^n+a_{-1}a_{-2}\cdots a_{-n}}{b^n}=$$

$$\frac{p}{q}, (p,q)=1$$

由于 q 是分母和分子约分的结果,故显然 q 的素因子集合只可能是 b 的素因子集合的子集.

由此定理易于得出存在无穷多个有理数,其 b 进制小数表示是无穷小数. 而由于 b 的任意性,因此我们就知道,不可能存在一个基,使得在这个基下,所有的分数都能表示成为有限小数.

最常用的基就是我们最熟悉的 10,其他还有 2,这个基在计算机技术中应用得非常广泛,其特点就是运算法则的简单,但是缺点是表示出来的数字非常长,是所有的基中最长的. 60 也是一种常用的基,在表示角度、时间时经常采用这种进位制. 在天文、航空、航海事业中应用的非常广泛.

为了求出一个十进位数用 b 作基时的表示式,最好采用定理 4.1.2 的证明中所用的格式. 例如要将 31415 化成以 8 为基的数,按照定理 4.1.2 的证明中所用的格式,我们可重复地用 8 相除得到

$$31415=8\cdot 3926+7$$

Gauss 的遗产 —— 从等式到同余式

$$3926 = 8 \cdot 490 + 6$$
$$490 = 8 \cdot 61 + 2$$
$$61 = 8 \cdot 7 + 5$$
$$7 = 8 \cdot 0 + 7$$

因此
$$31415_{10} = 75267_8$$

注意 75267 正好是上面的除法式子中最后一排余数从下向上写再横过来所得的数.

反过来,要把 8 进制数 75267 化成 10 进制的数可以用下面的式子计算
$$75267_8 = 7 + 6 \cdot 8 + 2 \cdot 8^2 + 5 \cdot 8^3 + 7 \cdot 8^4 =$$
$$7 + 48 + 128 + 2560 + 28762 =$$
$$31\ 415$$

例 4.1.1

(1) 求出 $2^n - 1$ 能被 7 整除的充分必要条件;

(2) 证明:对任何正整数 n,$2^n + 1$ 不可能被 7 整除.

解 (1) 由于
$$7 = 111_2, 2^n - 1 = \underbrace{11\cdots 11}_{n \text{个} 1}{}_2$$

因此显然就可看出,当且仅当 $2^n - 1$ 的 2 进制表示中的位数 n 是 7 的 2 进制表示中的位数 3 的倍数时,$2^n - 1$ 才能被 7 整除,也即 $2^n - 1$ 能被 7 整除的充分必要条件是 $n = 3k$,其中 k 是一个非负整数.

(2) 由
$$2^1 + 1 \equiv 3 \pmod 7$$
$$2^2 + 1 \equiv 5 \pmod 7$$
$$2^3 + 1 \equiv 2 \pmod 7$$

第 4 章　有理数的性质

$$2^4 + 1 \equiv 3 \pmod{7}$$

可知,当 $n = 1, 2, 3, \cdots$ 时, $2^n + 1$ 被 7 除的余数为 $3, 5, 2, 3, 5, 2, \cdots$ 循环出现,因此 $2^n + 1$ 被 7 除的余数永远不可能为 0,故对任何正整数 $n, 2^n + 1$ 不可能被 7 整除.

下面我们再利用二进制小数来证明一个关于无限集合势的定理.

定理 4.1.4　设 $a_n = 1$ 或 $0 (n = 1, 2, 3, \cdots)$, $T = \{(a_1, a_2, \cdots, a_n, \cdots)\}$,这里各个 a_n 的值的取法是互相独立的,那么集合 T 的势就是 c.

证明　T 中有一部分元素从某一位起全是 0,设这种元素所组成的集合为 S. S 中的每一个元素 $(a_1, a_2, \cdots, a_n, \cdots)$ 对应于一个以有限形式表示的二进小数 $0.a_1 a_2 \cdots a_n, a_{n+1} = a_{n+2} = \cdots = 0$,这个小数所表示的数或者是 1 或者是 $\dfrac{m}{2^n}$(就像任何一个有限的十进小数都可写成 $\dfrac{m}{10^n}$ 的形式一样),因而 S 构成有理数的一个子集,所以 S 是可数集. 按照本节前面的说明,从所有的二进小数构成的集合中除去 S 后(即除去所有用有限形式表示的二进小数后),所有 $(0, 1]$ 中的数的二进小数表示就是唯一的了,即映射 $(a_1, a_2, \cdots, a_n, \cdots) \to 0.a_1 a_2 \cdots a_n \cdots$ 构成了集合 $T \setminus S$ 和 $(0, 1]$ 之间的一个 1—1 对应. 这就证明了 $T \setminus S$ 的势是 c,因而 T 的势是 c.

习题 4.1

1. 以下列数为基写出 1 492

(1) 2　　　　　　(2) 3

(3) 7　　　　　　(4) 9

(5)11；

2.计算

(1)3141_5 (2)3141_6

(3)3141_7 (4)3141_9

3.求出 x

(1)$123_4 = x_5$ (2)$234_5 = x_6$

(3)$123_x = 1002_4$

4.计算(本题中所有的数均以 7 为基)

(1)$15 + 24 + 33$ (2)$314 + 152 + 265 + 351$

(3)42.12 (4)314.152

5.将下列各数写成 10 进制分数

(1)$(0.25)_7$ (2)$(0.333\cdots)_7$

(3)$(0.545454\cdots)_7$

6.b 为哪些数时，1111_b 可被 5 整除？

7.(1)证明：$123_7, 132_7, 312_7, 231_7, 321_7, 213_7$ 都是偶数；

(2)证明：以 7 为基时，一个整数是偶数的充分必要条件是它的各位数字之和是偶数．

8.(1)证明：$121_3 = 4^2, 121_4 = 5^2, 121_5 = 6^2$；

(2)根据(1)的结果，猜想一个定理，并证明这个定理；

(3)以 10 为基，计算 169_b 的值($b \geqslant 10$)．

9.下面两个数中哪个数较大？

$$174 + \frac{7}{13} + \frac{12}{13^2} + \frac{8}{13^3} + \frac{9}{13^4} + \frac{10}{13^5}$$

$$174 + \frac{7}{13} + \frac{11}{13^2} + \frac{12}{13^3} + \frac{11}{13^4} + \frac{12}{13^5}$$

10.一个企业家答应赠送 100 000 元给一些数学家，然而附加条件是数学家们必须设计一种赠款方案

第4章 有理数的性质

使得:

(1) 每份赠款的价值必须是2的方幂;

(2) 每份赠款的价值都不相同.

问这些数学家如何才能得到这笔赠款?

11. 甲乙二人赌博,规则是第一局的赌注是一元(也即每人押一元,谁赢了钱就归谁,或赢者获得两元),第二局是2元,依此类推,每一局的赌注都是前一局的2倍.赌了8局后,甲赢得31元,问甲赢了哪几局?

12. 一个天平的两个盘子上都允许放置砝码,为了称出质量为 1 g, 2 g, ⋯, 100 g 的试剂,至少需要几个砝码?

13. 证明: $(2^m-1) \mid (2^n-1)$, $0 < m \leqslant n$ 的充分必要条件是 $m \mid n$.

14. 设 $m > 2$, m, n 都是正整数,则 $2^n + 1$ 不可能被 $2^m - 1$ 整除.

15. 设 $f(n)$ 表示 $U_n = (x^2 + x + 1)^n$ 中奇系数的个数, $n = 2^{k_1} n_1 + 2^{k_2} n_2 + \cdots + 2^{k_l} n_l$,其中

$k_1 < k_2 < \cdots < k_l$

$n_1 = 1 + 2 + \cdots + 2^{h_1}$, $h_1 + k_1 < k_2 - 1$

$n_2 = 1 + 2 + \cdots + 2^{h_2}$, $h_2 + k_2 < k_3 - 1$

⋮

$n_{l-1} = 1 + 2 + \cdots + 2^{h_{l-1}}$, $h_{l-1} + k_{l-1} < k_l - 1$

$n_l = 1 + 2 + \cdots + 2^{h_l}$

证明:(1) $f(n) = f(n_1) f(n_2) \cdots f(n_l)$;

(2) $f(1 + 2 + 2^2 + \cdots + 2^k) = 2 \left[\dfrac{2^{k+2} - 1}{3} \right]$.

4.2 有理数的 10 进小数表示的特性

我们在上一节中已经知道,任何一个有理数都可表示为小数形式,特别是 10 进小数形式. 然而这还不足以揭露出有理数的特性来. 在实际计算中,我们会发现有理数化为 10 进小数时,可能会化为有限小数或循环小数,其中循环小数又分为纯循环小数和混循环小数. 本节的目的就是要证明任何一个有理数都必然可化成上述三种形式的小数之一,并给出有理数可化为这几种小数的充分必要条件.

以下的数字和小数均为 10 进制表示.

定理 4.2.1 设有理数 $r = \dfrac{p}{q}, (p, q) = 1$,则 r 是一个有限小数的充分必要条件是
$$q = 2^s 5^t, s \geqslant 0, t \geqslant 0$$

证明 (1) 设 $p = qc_0 + p_1, 0 \leqslant p_1 < q, q = 2^s 5^t$,则
$$r = c_0 + \dfrac{p_1}{q}, (p_1, q) = 1$$
(否则 $(p, q) = (c_0 q + p_1, q) = (p_1, q) > 1$,与 $(p, q) = 1$ 矛盾)

不妨设 $s \geqslant t$,于是
$$r = c_0 + \dfrac{p_1}{q} = c_0 + \dfrac{p_1}{2^s 5^t} = c_0 + \dfrac{5^{s-t} p_1}{10^s}, 0 \leqslant 5^{s-t} p_1 < 10^s$$
这就证明了 r 是一个有限小数.

对 $s \leqslant t$ 的情况同理可证.

(2) 设 $r = c_0 . c_1 c_2 \cdots c_n, 0 \leqslant c_i < 9, 1 \leqslant c_n < 9$ 是

第 4 章　有理数的性质

一个有限小数,则
$$r = c_0 + \frac{c_1 c_2 \cdots c_n}{10^n} = c_0 + \frac{p_1}{2^s 5^t}$$
$$s \geqslant 0, t \geqslant 0, (p_1, 2^s 5^t) = 1$$

因而　$r = \dfrac{p}{q}, p = c_0 q + p_1, q = 2^s 5^t, (p,q) = 1$
(否则$(p_1,q) = (p - c_0 q, q) = (p,q) > 1$ 与 $(p_1,q) = 1$ 矛盾)

定理 4.2.2　有理数 $r = \dfrac{p}{q}, 0 < p < q, (p,q) = 1$ 是一个纯循环小数的充分必要条件是
$$(q,10) = 1$$

证明　(1) 设 r 是一个纯循环小数,则
$$r = c_0 . \dot{c_1} c_2 \cdots \dot{c_m} = c_0 . c_1 c_2 \cdots c_m c_1 c_2 \cdots c_m \cdots$$
又设 $M = c_1 c_2 \cdots c_m$,则
$$r = c_0 + \frac{M}{10^m} + \frac{M}{10^{2m}} + \cdots =$$
$$c_0 + \frac{M}{10^m}\left(1 + \frac{1}{10^m} + \cdots\right) =$$
$$c_0 + \frac{M}{10^m} \cdot \frac{1}{1 - \dfrac{1}{10^m}} =$$
$$c_0 + \frac{M}{10^m - 1} = \frac{M}{10^m - 1} =$$
$$\frac{p}{q}, (p,q) = 1$$

由于
$$(10^m - 1, 10) = (10^m - 1, 10^{m-1} . 10 - (10^m - 1)) =$$
$$(10^m - 1, 1) = 1$$
q 是 $10^m - 1$ 的因子,故 $(q,10) = 1$. (假若不然,设 $(q,$

$10) = d > 1$,则由于 q 是 $10^m - 1$ 的因子,故 $10^m - 1 = qk$,因而 $(10^{m-1}, 10) = (qk, 10) = d\left(\dfrac{q}{d}k, \dfrac{10}{d}\right) \geqslant d > 1$,与 $(10^m - 1, 10) = 1$ 矛盾.)

(2) 设 $(q, 10) = 1$. 则由欧拉定理知存在正整数 n 使得
$$10^n \equiv 1 \pmod{q}$$
因此 $(10^n - 1)p = mq$,$10^n p = p + mq$
且由于 $mq = 10^n p - p < 10^n p$,故
$$0 < m < 10^n \cdot \dfrac{p}{q} < 10^n\left(1 - \dfrac{1}{q}\right) < 10^n - 1$$
令
$$m = 10m_1 + c_n, 0 \leqslant c_n \leqslant 9$$
$$m_1 = 10m_2 + c_{n-1}, 0 \leqslant c_{n-1} \leqslant 9$$
$$\vdots$$
$$m_{n-1} = 10m_n + c_1, 0 \leqslant c_1 \leqslant 9$$
则 $\quad m = 10^n m_n + 10^{n-1} c_1 + \cdots + 10 c_{n-1} + c_n$

由于 $0 < m < 10^n - 1$,故必须有 $m_n = 0$,且 $c_1, c_2, \cdots, c_n$ 不全为 0,也不全为 9(因为如果全为 0,则 $m = 0$,如果全为 9,则 $m = 10^n - 1$,都与 $0 < m < 10^n - 1$ 矛盾). 因此
$$\dfrac{m}{10^n} = 0.c_1 c_2 \cdots c_n$$
由 $10^n p = p + mq$ 得出
$$10^n \dfrac{p}{q} = m + \dfrac{p}{q}$$
$$\dfrac{p}{q} = \dfrac{m}{10^n} + \dfrac{1}{10^n} \cdot \dfrac{p}{q}$$
把 $\dfrac{m}{10^n} = 0.c_1 c_2 \cdots c_n$ 代入到 $\dfrac{p}{q} = \dfrac{m}{10^n} + \dfrac{1}{10^n} \cdot \dfrac{p}{q}$ 中去,并反复应用这两个式子即得

第 4 章 有理数的性质

$$\frac{p}{q} = 0.c_1c_2\cdots c_nc_1c_2\cdots c_n\cdots = 0.\dot{c}_1c_2\cdots \dot{c}_n$$

故 r 是一个纯循环小数.

定理 4.2.3 有理数 $r = \frac{p}{q}, 0 < p < q, (p,q) = 1$ 是一个混循环小数的充分必要条件是

$$q = 2^\alpha \cdot 5^\beta \cdot \gamma, \alpha \geqslant 0, \beta \geqslant 0$$

且 α, β 不同时为 $0, \gamma$ 的素因子不同于 $2, 5$.

证明 设

$$A = \left\{ r = \frac{p}{q} \,\bigg|\, 0 < p < q, (p,q) = 1 \right\}$$

则 $A = A_1 \cup A_2 \cup A_3$,其中 $A_1 = \{r \mid r$ 是有限小数$\}$, $A_2 = \{r \mid r$ 是纯循环小数$\}$, $A_3 = \{r \mid r$ 是混循环小数$\}$,显然, A_1, A_2, A_3 两两不相交.

如果 r 是混循环小数,则由定理 4.2.1 和定理 4.2.2 可知必有 $(q, 10) > 1$,且 q 中必含有不同于 $2, 5$ 的素因子,所以 $q = 2^\alpha \cdot 5^\beta \cdot \gamma, \alpha \geqslant 0, \beta \geqslant 0$,且 α, β 不同时为 $0, \gamma$ 的素因子不同于 $2, 5$.

反过来,如果 $q = 2^\alpha \cdot 5^\beta \cdot \gamma, \alpha \geqslant 0, \beta \geqslant 0$,且 α, β 不同时为 $0, \gamma$ 的素因子不同于 $2, 5$. 那么 $(q, 10) > 1$,因此同样根据定理 4.2.1 和定理 4.2.2 可知 r 既不可能是有限小数,也不可能是纯循环小数,因此必为混循环小数.

上面我们给出了有理数 r 为有限小数,纯循环小数和混循环小数的充分必要条件. 下面我们进一步考虑混循环部分的长度和循环节的长度问题.

定理 4.2.4 设 $r = \frac{p}{q}, 0 < p < q, (p,q) = 1$ 是一个混循环小数,$q = 2^\alpha \cdot 5^\beta \cdot \gamma, \alpha \geqslant 0, \beta \geqslant 0$ 且 α, β 不同

365

时为 0,γ 的素因子不同于 $2,5$.

则 r 的小数点后不循环部分的长度为 $\max(\alpha,\beta)$.

证明 设 $\alpha \geqslant \beta$,那么

$$10^\alpha \frac{p}{q} = 10^\alpha \frac{p}{2^\alpha 5^\beta \gamma} = \frac{5^{\alpha-\beta}p}{\gamma} = M + \frac{p'}{\gamma}$$

其中 $p' < \gamma, 0 \leqslant M < 10^\alpha$,且 $p' = 5^{\alpha-\beta}p - M\gamma$,因此

$$(p',\gamma) = (5^{\alpha-\beta}p - M\gamma, \gamma) = (5^{\alpha-\beta}p, \gamma) = 1$$

因而由定理 4.2.2 知 $\dfrac{p'}{\gamma}$ 是一个纯循环小数:
$0.\dot{c}_1 c_2 \cdots \dot{c}_n$. 再设

$$M = a_1 10^{\alpha-1} + a_2 10^{\alpha-2} + \cdots + a_\alpha$$

则

$$r = 0.a_1 a_2 \cdots a_\alpha \dot{c}_1 c_2 \cdots \dot{c}_n$$

我们还要证明,r 的不循环部分的长度不可能小于 α. 假设不然,又有

$$r = \frac{p}{q} = 0.b_1 b_2 \cdots b_\mu \dot{d}_1 d_2 \cdots \dot{d}_n, 0 < \mu < \alpha$$

则由定理 4.2.2 得出

$$10^\mu \frac{p}{q} - \left[10\mu \frac{p}{q}\right] = 0.\dot{d}_1 d_2 \cdots \dot{d}_n = \frac{p'_1}{q'}$$

其中 $(q',10) = 1$,故

$$10^\mu \frac{p}{q} = \left[10\mu \frac{p}{q}\right] + \frac{p'_1}{q'} = \frac{p'}{q'}$$

或

$$10^\mu pq' = p'q = p'2^\alpha 5^\beta \gamma$$

因而

$$2^\alpha \mid 10^\mu pq'$$

上式左边的 p,q' 都与 2 互素(因为 $(p,q) = (p,2^\alpha 5^\beta \gamma) = 1, (q',10) = 1$),因此必有

$$2^\alpha \mid 10^\mu$$

由于 $0 < \mu < \alpha$,故这是不可能的,所得的矛盾就证明

第 4 章　有理数的性质

了 r 的不循环部分的长度不可能小于 α,因而只能是 $\alpha = \max(\alpha,\beta)$.

定理 4.2.5　设 $r = \dfrac{p}{q}, 0 < p < q, (p,q) = 1, (q,10) = 1$ 是一个纯循环小数,则 r 的循环节长度 $m \mid \varphi(q)$.

证明　由定理 4.2.2(2) 的证明知,如果 $10^n \equiv 1 \pmod{q}$,则 r 的小数点后的 n 位数字是循环的. 设 r 的循环节的长度是 m,那么由 $(q,10) = 1$ 及欧拉定理知 $10^{\varphi(q)} \equiv 1 \pmod{q}$,因此由循环节的定义即得 $m \mid \varphi(q)$.

由定理 4.2.1 ～ 定理 4.2.3 立刻得出:

定理 4.2.6　任何无限不循环小数都是无理数.

定义 4.2.1　有限小数、循环小数(纯循环小数和混循环小数)以及无限不循环小数的全体称为实数.

定理 4.2.7　全体实数和数轴上的点是 1—1 对应的.

证明　由于数轴的负半轴和正半轴是对称的,因此不妨只考虑全体正实数和数轴的正半轴,在数轴上取定单位长后,任给一个正实数 α,设 $\alpha = c.c_1 c_2 \cdots c_n \cdots$,其中 c 是一个正整数,那么按照单位长,正实数就对应了正半轴上的一个点 M,反过来,在正半轴上给定了一个点 M 后,用单位长度去度量 OM 的长度,就得到一个有限或无限小数,这个小数就对应了一个实数.

按照度量的过程就可知道,如果 $\alpha_1 < \alpha_2$,那么 α_1 所对应的点 M_1 必在 α_2 所对应的点 M_2 的左边,即如果 $\alpha_1 \neq \alpha_2$,则 $M_1 \neq M_2$. 反过来,如果 $M_1 \neq M_2$,那么不妨设 M_1 位于 M_2 的左边,那样按照度量的过程可知 M_1

367

所对应的实数 α_1 必小于 M_2 所对应的实数 α_2，因此 $\alpha_1 \neq \alpha_2$，这就说明了这个对应是 1—1 的.

习题 4.2

1. 把下列循环小数化成分数

(1) $0.\dot{8}$ (2) $0.\dot{7}\dot{5}$

(3) $6.1\dot{4}285\dot{7}$ (4) $1.3\dot{8}$

(5) $0.3\dot{4}\dot{8}$ (6) $0.17\dot{2}\dot{1}$

2. 求下列各数的小数表示的循环节的长度

(1) $\dfrac{1}{66}$ (2) $\dfrac{1}{666}$

(3) $\dfrac{1}{4\,608}$ (4) $\dfrac{1}{925}$

(5) $\dfrac{1}{101}$ (6) $\dfrac{1}{1\,001}$

3. 以 2 为基时，求下列各数的小数表示式

(1) $\dfrac{1}{3}$ (2) $\dfrac{1}{5}$ (3) $\dfrac{1}{9}$

4. 以 12 为基时，下列各数的小数表示式中，循环节的长度是多少？

(1) $\dfrac{1}{7}$ (2) $\dfrac{1}{11}$ (3) $\dfrac{1}{17}$

5. 以 12 为基时，求下列各数的小数表示式

(1) $\dfrac{1}{13}$ (2) $\dfrac{1}{14}$

6. 求下列各数在指定的基下的小数表示式

(1) 以 10 为基, $\dfrac{1}{9^2}$ (2) 以 8 为基, $\dfrac{1}{7^2}$

第4章　有理数的性质

（3）以7为基，$\dfrac{1}{6^2}$　　（4）猜想一个定理

（5）证明这个定理

7. 证明：有理数化成小数后，其循环节的长度与分子无关.

8. 设q为素数，分数$\dfrac{p}{q}$，$(p,q)=1$生成一个循环节长度为$2n$的小数，那么它的循环节中的前n位数字和后n位数字之和等于$99\cdots9$（共有n个9）.

9. 设$(a,b)=1$，$(a,10)=1$，$(b,10)=1$，以a为分母的既约分数生成的小数中循环节的长度为m，以b为分母的既约分数生成的小数中循环节的长度为n，那么以ab为分母的既约分数生成的小数中循环节的长度为$[m,n]$. 特别，以a为分母的既约分数之和以b为分母的既约分数之和所生成的小数中循环节的长度为$[m,n]$.

10. 哪些数为分母的既约分数所生成的小数中循环节的长度分别为1，2，3？

11. 求出所有的数q，使得以q为分母的既约分数生成的混循环小数中，不循环部分的长度为2，而循环节的长度为3.

12. 设$\dfrac{p}{q}$生成循环节长度为$q-1$的纯循环小数，那么$\dfrac{1}{q},\dfrac{2}{q},\cdots,\dfrac{q-1}{q}$中任一个分数所生成的纯循环小数中循环节中的数字只不过是其他小数的循环节中的数字的一个轮换，因此对这些分数只需计算一个分数所生成的循环小数，就可写出其他分数所生成的循环小数. 对q等于7，17，19，23，29，47，59，61和97验证这一现象.

13. 证明:用形如 $\frac{1}{2^n}$ 的分数之和,可以任意逼近一个小于 1 的分数.例如,要近似地分成 60 等份,可先分成 64 等份,再加上每一等份的 $\frac{1}{16}$,再加上这 $\frac{1}{16}$ 的 $\frac{1}{16}$.即

$$\frac{1}{64}+\frac{1}{64}\cdot\frac{1}{16}+\frac{1}{64}\cdot\frac{1}{16}\cdot\frac{1}{16}\approx\frac{1}{60}$$

用此方法求一个圆内接正 7 边形的近似做法.

14. 在中古时期即使乘法也不是一般人所能掌握的技巧.但是对不会做乘法运算的印度农民,他们自己摸索出了一种计算两个数相乘的方法如下:

设要计算两个正整数 a,b 的乘积,可令 $a_1=a$,$b_1=b$,然后在这两个数下面写下一连串数如下图

$$\begin{array}{ll} a_1 & b_1 \\ a_2 & b_2 \\ a_{i_1} & b_{i_1} \quad * \\ \cdots \\ a_{i_2} & b_{i_2} \quad * \\ \cdots \\ a_n & b_n=1 \quad * \end{array}$$

其中,$a_n=2a_{n-1}$,$b_n=\frac{b_{n-1}}{2}$,在 b_{n-1} 不能被 2 除净时,就把余数弃掉,并在 b_{n-1} 的旁边记上一个 * 号,在最后得到的 $b_n=1$ 的旁边也记上一个 * 号,那么要算的乘积就等于把 * 号所在的行中的各个 a_{i_k} 项加起来所得的和数,也即

$$ab=a_{i_1}+a_{i_2}+\cdots+a_{i_k}+a_n$$

第4章　有理数的性质

例如,要算 78×65,可写

$$
\begin{array}{rrl}
78 & 65 & * \\
156 & 32 & \\
312 & 16 & \\
624 & 8 & \\
1\,248 & 4 & \\
2\,496 & 2 & \\
4\,992 & 1 & *
\end{array}
$$

于是　　$78 \times 65 = 4\,992 + 78 = 5\,070$

证明这一算法的合理性.

15.(1) 设 a 和 b 都是正整数,证明:a 的尾数如果是若干个 0 时,a^2 的尾数必定是偶数个 0,而 $10b^2$ 的尾数如果是若干个 0 时,$10b^2$ 的尾数必定是奇数个 0,利用这一结论证明 $\sqrt{10}$ 是无理数;

(2) 设正整数 b 不是一个完全平方数,考虑整数的以 b 为基的表示式,仿照(1)写出一个类似的命题,利用此命题证明 $\sqrt{b}$ 是无理数;

(3) 设 b 不是一个 m 次幂,$m = 3,4,5,\cdots$,用同样的论证说明 $\sqrt[m]{b}$ 是无理数.

16.证明:$\sum\limits_{n=1}^{\infty} 7^{-\frac{n(n+1)}{2}}$ 是无理数.

4.3　循环小数的一个应用

我们来看一个问题.

例 4.3.1　设 $abcde$ 表示一个 5 位数,已知 $1abcde \times 3 = abcde1$,求 a,b,c,d,e 各是多少.

解法 1 我们从最直接的想法出发, 首先想到可以从 e 开始, 一个一个地把这些数凑出来. 把上面的横式写成竖式

$$\begin{array}{r} 1\,a\,b\,c\,d\,e \\ \times \qquad\quad 3 \\ \hline a\,b\,c\,d\,e\,1 \end{array}$$

由上面的竖式看出, e 必须是 7, 因而 d 需加上进位的 2, 因此得到下式

$$\begin{array}{r} 1\,a\,b\,c\,d\,7 \\ \times \qquad\quad {}^{2}3 \\ \hline a\,b\,c\,d\,7\,1 \end{array}$$

由上式看出 $3d+2=17$, 因此得出 $d=5$, 进位 1, 把 $d=5$ 代入上式后, 又得到下式

$$\begin{array}{r} 1\,a\,b\,c\,5\,7 \\ \times \qquad {}^{1\,2}3 \\ \hline a\,b\,c\,5\,7\,1 \end{array}$$

由上式看出 $3c+1=25$, 因此得出 $c=8$, 进位 2, 把 $c=8$ 代入上式后, 又得到下式

$$\begin{array}{r} 1\,a\,b\,8\,5\,7 \\ \times \qquad {}^{2\,1\,2}3 \\ \hline a\,b\,8\,5\,7\,1 \end{array}$$

由上式看出 $2b+2=8$, 因此得出 $b=2$, 没有进位, 把 $b=2$ 代入上式后, 又得到下式

第 4 章 　有理数的性质

$$
\begin{array}{r}
1\,a\,2\,8\,5\,7 \\
\times {}^{2}{}^{1}{}^{2}3 \\
\hline
a\,2\,8\,5\,7\,1
\end{array}
$$

从上式最后看出 $a=4$.

用这个办法虽然可以把答案凑出来,但是实在是有点麻烦.其原因就在于用这个方法解题时,是把数字 a,b,c,d,e 都看成一个一个单个的数字,而没有把 $abcde$ 看成一个整体.现面我们看看如果把 $abcde$ 看成一个整体,是不是能有更简便的解法.

解法 2　设 5 位数 $abcde=x$,那么由题意可以列出方程
$$3(100\,000+x)=10x+1$$
由此得出　　　$7x=299\,999$
$$x=42\,857$$

因此 $a=4,b=2,c=8,d=5,e=7$.

两相对比,第二种解法就显得简单多了,那么这是不是就是最好的方法了呢,我们说对上面这个问题,这可能就是最简单的方法了,但是对更一般的问题,它又不见得是最好的.

我们再来看一个问题.

例 4.3.2　一个数的个位数是 3,如果把它换到这个数字的首位,那么所得的新数就比原数大一倍,求这个数.

例 4.3.2 和例 4.3.1 很像,其差别就在于不知道所求的数的位数.你别看只少知道这一点信息,问题的难度就差得很远,这时无论你再用刚才解题时用的解法 1 还是解法 2,都有一种不确定性和心里没有底的

373

感觉.尤其是第一种解法,明显地带有碰运气的成分,在已知原数是 6 位数的情况下,你还有点熬头,反正算到第 5 个数就可见分晓,而现在在不知道位数的情况下,你就不知道要熬到哪年哪月了,看不到希望的日子可是最难熬的啊.

再看第二种解法:

设这个数有 n 位,于是这个 $3 \times 10^{n-1} + x = 2(10x+3)$ 数是 $a_1 a_2 \cdots a_{n-1} 3$,再设
$$x = a_1 a_2 \cdots a_{n-1}$$
于是根据题意可以列出方程
$$19x = 3 \times 10^{n-1} - 6$$
虽然在此之前,我们还一直发挥着这个方法的优越性,但是化到上面的式子后,我们要干的事就变成了做除法
$$299\cdots994 \div 19$$

至于除到什么时候算完呢? 由于不知道 n 是多少,也就是不知道有多少个 9,所以我们的命运就和第一种方法差不多了,也陷入了等待除尽的黑暗中.不信你去算一下,恐怕没有耐心的人是不一定熬得下去的.

那么有没有好一点的办法呢.从上面那道题我们可知原数是 142 857.对这个数,好多人一定不陌生,因为它就是 $\frac{1}{7}$ 的循环节.你看,原来那么长的数字,化成分数后却很简单,所以由此受到启发,我们可以设想是不是也可以把这道题里原来的数 $a_1 a_2 \cdots a_{n-1} 3$ 也看成一个小数的循环节而使问题的解法得到简化呢? 我现在不能肯定地回答,而只能说,可以试一试,可以说,这是我们在解决任何新的问题时的态度,就是不断地试验和探索,而解决问题的办法就是在这不断的试验和

374

第4章　有理数的性质

探索中产生的:

设这个数有 n 位,于是这个数是 $a_1a_2\cdots a_{n-1}3$,再设 $x=a_1a_2\cdots a_{n-1}$,于是根据题意可以列出方程

$$3\times 10^{n-1}+x=2(10x+3)$$
$$19x=3\times 10^{n-1}-6$$
$$x=\frac{3\times 10^{n-1}-6}{19}$$

又设 $\alpha=0.\dot{a}_1a_2\cdots a_{n-1}\dot{3}$ 是以 $a_1a_2\cdots a_{n-1}3$ 为循环节的纯循环小数,那么根据我们在前面一节中所讲的把纯循环小数化为分数的方法可知

$$\alpha=\frac{a_1a_2\cdots a_{n-1}3}{10^n-1}=\frac{10x+3}{10^n-1}=\frac{10\cdot\dfrac{3\cdot 10^{n-1}-6}{19}+3}{10^n-1}=$$

$$\frac{3\cdot 10^n-60+57}{10^n-1}=\frac{3(10^n-1)}{19(10^n-1)}=\frac{3}{19}=$$

$0.\dot{1}5789473684210526\dot{3}$

故所求的数为 157 894 736 842 105 263.

在这个解法里,把我们最烦人、最担心的不知道 n 是多少的问题,通过两种不同的设未知数的方法自动消去了,而且最后连方程也不用解了.问题最后化为把分数化为循环小数的直接计算问题了.虽然计算仍很烦(由于问题的解本来就是一个 18 位数,所以任何解法都不可能避免导致计算 18 位数的问题).但是我们心中有底了,我们知道这是一个一定可以算出来的问题,而且由上一节的内容可知,到底要算多少位也是可以估计的.

有的人说,那你这个方法的最后一步中,能从分子分母中把 10^n-1 约去不是也有点凑巧吗?回答是,这回不是凑巧了,而是正体现了这个方法的优越性,如果能约去,就说明问题有解,否则,就说明问题无解.所以说,用这种方法不但能求出问题的解来,而且在求的过程中也就回答了问题是否有解.

4.4 实数和极限

在前几节中,我们研究了单个有理数的某些性质,而在这一节里,我们将研究有理数全体作为一个集合的性质.

有理数在有些方面是和整数很相像的,比如说,全体有理数是可数的,但是在有些方面又和整数很不一样,比如说在连续两个整数之间是不存在任何整数的,但是对于有理数却不是这样. 我们有

定理 4.4.1 对任何两个有理数 $r_1 < r_2$ 之间,都存在着与它们不同的有理数 r,使得
$$r_1 < r < r_2$$

证明 取 $r = \dfrac{r_1 + r_2}{2}$ 即可.

上面的定理是说,有理数自身是稠密的(与整数对比). 不但如此,我们还有全体有理数在全体实数中也是稠密的. 但是为此,我们必须说明什么是实数.

我们复习一下几个概念和结论.

定义 4.2.1 有限小数、循环小数(纯循环小数和混循环小数)以及无限不循环小数的全体称为实数.

定理 4.2.7 (实数的连续性)全体实数和数轴上的点是 1—1 对应的.

有了实数的连续性,今后我们就不再区分数轴上的点和实数,当我们说实数 c 时,我们也指实数 c 在数轴上所代表的点,反过来,当我们说点 c 时,我们也指在数轴上点 c 所表示的实数.

定理 4.4.2 设 α 是任意实数,那么任给 $\varepsilon > 0$,都存在有理数 r,使得
$$|\alpha - r| < \varepsilon$$

证明 设 $\alpha = c.c_1 c_2 \cdots c_n \cdots, r_n = c.c_1 c_2 \cdots c_n$,那么 r_n 都是有理数,且
$$|\alpha - r_n| = \frac{0.c_{n+1} c_{n+2} \cdots}{10^n} < \frac{1}{10^n}$$

因此,只要 n 足够大,就可使 $|\alpha - r_n| < \frac{1}{10^n} < \varepsilon$.

满足 $|\alpha - r| < \varepsilon$ 的 r 表示数轴上以 α 为中心,以 ε 为半径的区间内的所有点(如下图)

这就是说,在数轴上,任给一个实数 α,从 α 的左边或右边,不论离 α 多近的地方都存在着有理数.

有理数的这个性质是非常好的,正因为有理数具有这个性质,我们在实际中只要用到有理数便可以完成一切实用的计算.如果有理数没有这一性质,那真是不可想象我们将如何计算和生活.

下面,我们引进数列的界和极限的概念.

定义 4.4.1 设 E 是一个点集,如果存在一个正数 $M > 0$,使得对于 E 中的任何一点 x,都有 $|x| \leqslant M$,则称 E 是有界集.

如果对于 E 中的任何一点 x,都有 $x \leqslant M$,其中 M 是某一个实数,则称 M 是 E 的一个上界,类似地,如果

对于 E 中的任何一点 x,都有 $x \geqslant M$,其中 M 是某一个实数,则称 M 是 E 的一个下界.

显然,如果一个集合有上界,那么它就有无数个上界,同样,如果一个集合有下界,那么它就有无数个下界.

定义 4.4.2 设给定了一个数列 $\{x_n\}$,如果对任意给定的正数 $\varepsilon > 0$,都存在一个正整数 N,使得当 $n > N$ 时,成立不等式 $|x_n - A| < \varepsilon$,其中 A 是一个实数. 就称 A 是当 n 趋于无穷大时,数列 $\{x_n\}$ 的极限,记为 $\lim\limits_{n \to \infty} x_n = A$,或者当 $n \to \infty$ 时,$x_n \to A$.

如果当 $n \to \infty$ 时,数列 $\{x_n\}$ 存在极限,则称数列 $\{x_n\}$ 收敛.

直观地说起来,说 $\lim\limits_{n \to \infty} x_n = A$ 的意思就是当 n 充分大时,$|x_n - A|$ 就可以变得要多小就有多小,或者 x_n 可以距离 A 要多近就有多近. 定义中"当 $n > N$ 时"就是"当 n 充分大时"的严格表述,而"对任意给定的正数 $\varepsilon > 0$"和"成立不等式 $|x_n - A| < \varepsilon$"就是"$|x_n - A|$ 就可以变得要多小就有多小,或者 x_n 可以距离 A 要多近就有多近"的严格表述. "因为任意给定的正数 $\varepsilon > 0$"这句话本身就隐含着 $\varepsilon > 0$ 是可以任意小的,而 $|x_n - A|$ 在几何上的意义就是在数轴上 x_n 和 A 之间的距离.

关于极限,有以下一些初等的性质.

定理 4.4.3 数列的极限有以下性质:

(1) 如果当 $n \to \infty$ 时,$x_n \to a > 0$,则存在正整数 N,使得当时 $n > N$ 时,$x_n > 0$;类似的,如果当 $n \to \infty$ 时,$x_n \to a < 0$,则存在正整数 N,使得当 $n > N$ 时,$x_n < 0$;

第4章 有理数的性质

(2) 如果当 $n \to \infty$ 时, $x_n \to a, a \neq 0$, 则存在正整数 N, 使得当 $n > N$ 时, $|x_n| > r > 0$;

(3) 如果当 $n \to \infty$ 时, x_n 存在极限, 则数列 $\{x_n\}$ 是有界的;

(4) 设当 $n \to \infty$ 时, x_n 存在极限, 则此极限是唯一的;

(5) 设当 $n \to \infty$ 时, $x_n \to a, y_n \to b$, 则当时 $n \to \infty$ 时, $x_n + y_n \to a + b$;

(6) 设当 $n \to \infty$ 时, $x_n \to a, y_n \to b$, 则当时 $n \to \infty$ 时, $x_n - y_n \to a - b$;

(7) 设当 $n \to \infty$ 时, $x_n \to a, y_n \to b$, 则当时 $n \to \infty$ 时, $x_n \cdot y_n \to a \cdot b$;

(8) 设当 $n \to \infty$ 时, $x_n \to a, y_n \to b$, 且 $b \neq 0$, 则当 $n \to \infty$ 时, $\dfrac{x_n}{y_n} \to \dfrac{a}{b}$;

(9) 设当 $n \to \infty$ 时, $x_n \to a, f(x)$ 在点 a 连续, 则当 $n \to \infty$ 时, $f(x) \to f(a)$.

证明 (1) 设当 $n \to \infty$ 时, $x_n \to a > 0$, 那么根据极限的定义, 对 $\dfrac{a}{2} > 0$ 存在正整数 N 使得当 $n > N$ 时, 成立不等式 $|x_n - a| < \dfrac{a}{2}$, 于是 $-\dfrac{a}{2} < x_n - a < \dfrac{a}{2}$, $\dfrac{a}{2} < x_n < \dfrac{3a}{2}$, 这就证明了, 当 $n > N$ 时, $x_n > \dfrac{a}{2} > 0$, 同理可以证明, 如果 $a < 0$, 那么当 $n > N$ 时, $x_n < -\dfrac{a}{2} < 0$.

(2) 设当 $n \to \infty$ 时, $x_n \to a, a \neq 0$, 那么根据极限的定义, 对 $\dfrac{|a|}{2} > 0$ 存在正整数 N 使得当 $n > N$ 时,

379

成立不等式 $|x_n - a| < \dfrac{|a|}{2}$，于是就有

$$|x_n| = |a + x_n - a| \geqslant |a| - |x_n - a| \geqslant$$
$$|a| - \dfrac{|a|}{2} > \dfrac{|a|}{2} > 0$$

这就证明了(2).

(3) 设当 $n \to \infty$ 时，x_n 存在极限 a，那么根据极限的定义，对 $|a|+1 > 0$，存在正整数 N 使得当 $n > N$ 时，成立不等式 $|x_n - a| < |a|+1$，于是当 $n > N$ 时就有

$$|x_n| = |a + x_n - a| \leqslant |a| + |x_n - a| \leqslant$$
$$|a| + |a| + 1 \leqslant 2|a| + 1$$

令 $\max(|x_1|, |x_2|, \cdots, |x_N|, 2|a|+1)$，则对所有的 n 就都成立 $|x_n| \leqslant M$（只要对 $n \leqslant N$ 和 $n > N$ 这两种情况分别验证就可得到不等式 $|x_n| \leqslant M$）. 这就证明了 x_n 的有界性.

(4) 假设同时成立 $x_n \to a, x_n \to b, a \neq b$，那么不妨设 $a < b$. 又设 $a < r < b$，那么根据极限的定义，对于 $\varepsilon = \min(r-a, b-r) > 0$，存在正整数 N_1 使得当 $n > N_1$ 时，成立不等式

$$|x_n - a| < \varepsilon \leqslant r - a$$

又存在正整数 N_2，使得当 $n > N_2$ 时，成立不等式

$$|x_n - b| < \varepsilon \leqslant b - r$$

令 $N = \max(N_1, N_2)$，于是当 $n > N$ 时一方面就有

$$|x_n - a| < \varepsilon \leqslant r - a, a - r < x_n - a < r - a$$

因此 $x_n < r$，另一方面又有

$$|b - x_n| = |x_n - b| < \varepsilon \leqslant b - r$$
$$r - b < b - x_n < b - r$$

因此又有 $-x_n < -r, x_n > r$，这与 $x_n < r$ 矛盾，所得的

第4章 有理数的性质

矛盾就说明如果数列$\{x_n\}$存在极限,则此极限必定是唯一的.

(5) 设当$n \to \infty$时,$x_n \to a$,$y_n \to b$,$\varepsilon > 0$是任意的正数.那么根据极限的定义,对于$\frac{\varepsilon}{2} > 0$,存在正整数$N_1$使得当$n > N_1$时,成立不等式$|x_n - a| < \frac{\varepsilon}{2}$,又存在正整数$N_2$使得当$n > N_2$时,成立不等式$|x_n - b| < \frac{\varepsilon}{2}$. 令$N = \max(N_1, N_2)$,于是当$n > N$时就有
$$|(x_n + y_n) - (a + b)| = |(x_n - a) + (y_n + b)| \leqslant$$
$$|(x_n - a)| + |(y_n + b)| <$$
$$\frac{\varepsilon}{2} + \frac{\varepsilon}{2} \leqslant \varepsilon$$

因而由极限的定义就得出当$n \to \infty$时,$x_n + y_n \to a + b$.

(6) 设当$n \to \infty$时,$x_n \to a$,$y_n \to b$,那么由极限的定义易于得出$(-y_n) \to (-b)$,因而再由(5)已证明的结论就得出
$$x_n - y_n = x_n + (-y_n) \to a + (-b) = a - b$$

(7) 设当$n \to \infty$时,$x_n \to a$,$y_n \to b$,$1 > \varepsilon > 0$是正数.那么根据极限的定义,对于$\frac{\varepsilon}{3|b| + 3} > 0$,存在正整数$N_1$使得当$n > N_1$时,成立不等式
$$|x_n - a| < \frac{\varepsilon}{3|b| + 3}$$

对于$\frac{\varepsilon}{3|a| + 3}$,存在正整数$N_2$使得当$n > N_2$时,成立不等式

$$|y_n-b|<\frac{\varepsilon}{3|a|+3}$$

令 $N=\max(N_1,N_2)$,于是当 $n>N$ 时就有

$$\begin{aligned}|x_ny_n-ab|&=|a(y_n-b)+b(x_n-a)+\\&\quad(x_n-a)(y_n-b)|\leqslant\\&|a||y_n-b|+|b||x_n-a|+\\&|x_n-a||y_n-b|<\\&\frac{|a|\varepsilon}{3|a|+3}+\frac{|b|\varepsilon}{3|b|+3}+\\&\frac{\varepsilon}{3|a|+3}\cdot\frac{\varepsilon}{3|b|+3}\leqslant\\&\frac{\varepsilon}{3}+\frac{\varepsilon}{3}+\frac{\varepsilon}{3}\cdot1\leqslant\varepsilon\end{aligned}$$

因而由极限的定义就得出当 $n\to\infty$ 时,$x_n\cdot y_n\to a\cdot b$.

(8) 设当 $n\to\infty$ 时,$x_n\to a$,$y_n\to b$,且 $b\neq 0$,$\varepsilon>0$ 是正数. 于是根据(2)已证的结论知存在正整数 N_1 使得当 $n>N_1$ 时,成立不等式 $|y_n|>r>0$,又对于 $|b|r\varepsilon>0$ 存在正整数 N_2 使得当 $n>N_2$ 时,成立不等式 $|y_n-b|<|b|r\varepsilon$. 因而当 $n>N=\max(N_1,N_2)$ 时成立不等式

$$\left|\frac{1}{y_n}-\frac{1}{b}\right|=\frac{|y_n-b|}{|y_n||b|}<\frac{|b|r\varepsilon}{|b|r}<\varepsilon$$

再由极限的定义就得出当 $n\to\infty$ 时,$\dfrac{1}{y_n}\to\dfrac{1}{b}$,因此再由(7)已证的结论就有

$$\frac{x_n}{y_n}=x_n\cdot\frac{1}{y_n}\to a\cdot\frac{1}{b}=\frac{a}{b}$$

这就证明了(8).

(9) 根据 $f(x)$ 在 a 点连续的定义就得出这一性

质.

利用实数的连续性,在本书中我们认为下面的性质是不需证明的基础事实.

实数的基础性质(区间套性质) 设 $a_1 \leqslant a_2 \leqslant \cdots \leqslant a_n \leqslant \cdots \leqslant b_n \leqslant \cdots \leqslant b_2 \leqslant b_1$,且当 $n \to \infty$ 时,$(b_n - a_n) \to 0$,则存在一个唯一的点 c 属于所有的闭区间 $[a_n, b_n]$,点 c 是当 $n \to \infty$ 时,数列 $\{a_n\}$ 和 $\{b_n\}$ 的公共极限,即 $a_n \to c, b_n \to c$.

这就好像两个人迎面而行,并且每个人只许前进,不许后退,并要求它们之间的距离趋于零,那么这两个人最后就必然都趋向于它们之间的同一个点.

上面我们所讲的极限的性质都是在假定极限存在的前提下得出的,然而至今我们还没有给出任何能够判断极限是否存在的判据.下面我们就给出这样的判据.

定理 4.4.4(两边夹定理) 设当 $n \to \infty$ 时,$x_n \to c, y_n \to c$,且当 n 充分大时成立

$$x_n \leqslant z_n \leqslant y_n$$

则当 $n \to \infty$ 时,$z_n \to c$.

证明 设当 $n \to \infty$ 时,$x_n \to c, y_n \to c$,且当 n 充分大时成立 $x_n \leqslant z_n \leqslant y_n$. 那么根据极限的定义,对于任意的正数 $\varepsilon > 0$,存在正整数 N_1 使得当 $n > N_1$ 时,成立不等式 $|x_n - c| < \varepsilon$,又存在正整数 N_2 使得当 $n > N_2$ 时,成立不等式 $|y_n - c| < \varepsilon$,还存在正整数 N_3 使得当 $n > N_3$ 时,成立不等式 $x_n \leqslant z_n \leqslant y_n$. 于是当 $n > \max(N_1, N_2, N_3)$ 时,我们有 $c - \varepsilon < x_n \leqslant z_n \leqslant y_n < c + \varepsilon$,因而 $|z_n - c| \leqslant \varepsilon$,而由极限的定义,这就说明当 $n \to \infty$ 时,$z_n \to c$.

上面曾提到过如果一个集合有上界,那么它就有无数个上界,同样,如果一个集合有下界,那么它就有无数个下界.

在所有的上界中,最小的上界特别有用,同样在所有的下界中,最大的下界特别有用.由此引出下面的概念:

定义 4.4.3 设 E 是有上界的集合,那么在 A 的一切上界中最小的上界称为 E 的上确界,记为 $\sup E$;类似的,设 E 是有下界的集合,那么在 E 的一切下界中最大的上界称为 E 的下确界,记为 $\inf E$.

现在发生一个问题,那就是上确界和下确界是否一定存在,对此,有下面的定理:

定理 4.4.5 有上界的集合必存在上确界,有下界的数列必存在下确界.

证明 设 E 有上界 M,在 E 中任取一个元素 u,令 $c_1 = \dfrac{u+M}{2}$,如果 c_1 是 E 的上界,则令 $a_1 = u, b_1 = c_1$,如果 c_1 不是 E 的上界,则令 $a_1 = c_1, b_1 = M$;再令 $c_2 = \dfrac{a_1+b_1}{2}$,如果 c_2 是 E 的上界,则令 $a_2 = a_1, b_2 = c_2$,如果 c_2 不是 E 的上界,则令 $a_2 = c_2, b_2 = b_1$;再令 $c_3 = \dfrac{a_2+b_2}{2}$,如果 c_3 是 E 的上界,则令 $a_3 = a_2, b_3 = c_3$,如果 c_3 不是 E 的上界,则令 $a_3 = c_3, b_3 = b_2$;⋯ 依此类推,乃至无穷.

由闭区间 $[a_n, b_n]$ 的构造过程可知闭区间 $[a_n, b_n]$ 有以下性质:

(1) b_n 总是 E 的上界;

(2) a_n 总不是 E 的上界;

第4章 有理数的性质

(3) $b_n - a_n = \dfrac{b_{n-1} - a_{n-1}}{2}$,因而 $b_n - a_n = \dfrac{b_1 - a_1}{2^{n-1}}$,故当 $n \to \infty$ 时,$(b_n - a_n) \to 0$。

由闭区间 $[a_n, b_n]$ 性质(1)得出对任意 $x \in E$,$|x| \leqslant b_n$,因而 $|x| \leqslant c$。这就说明 c 是 E 的上界。

由区间套性质知道存在唯一的一个数 c 使得当 $n \to \infty$ 时 $a_n \to c, b_n \to c$。因而由 a_n 递增,b_n 递减和极限的性质得出 n 成立 $a_n \leqslant c \leqslant b_n$。任给正数 $\varepsilon > 0$,根据极限的定义,存在整数 N,使得当 $n > N$ 时,$|a_n - c| < \varepsilon$,故 $c - \varepsilon < a_n \leqslant c$。但是由闭区间 $[a_n, b_n]$ 的性质(2)又知道对每一个 a_n,总存在着一个 $u_n \in E$,使得 $a_n \leqslant u_n$,因而 $c - \varepsilon < a_n \leqslant u_n$,这说明任何比 c 小的数 $c - \varepsilon$ 都不是 E 的上界,因此 c 就是 E 的上确界。

同理可证定理的另一部分。

定理 4.4.6(维尔斯特拉斯) 设 x_n 是单调递增有上界的数列,那么当 $n \to \infty$ 时,x_n 必趋于一个极限。类似地设 x_n 是单调递减有下界的数列,那么当 $n \to \infty$ 时,x_n 必趋于一个极限。

证明 由于集合 $\{x_n\}$ 有上界,因此根据定理 4.4.4,它必有上确界,设 $a = \sup\{x_n\}$。那么根据上确界的定义,一方面对所有的 n 都成立 $x_n \leqslant a$,另一方面,任给正数 $\varepsilon > 0$,$a - \varepsilon$ 都不可能是 $\{x_n\}$ 的上界(因为如果 $a - \varepsilon$ 是 $\{x_n\}$ 的上界,那么由于 $a - \varepsilon$ 比 a 小,因此就与 a 是 $\{x_n\}$ 的上确界,即与最小的上界的假设相矛盾)。因此必存在一个 x_N 使得 $a - \varepsilon < x_N$,而由于 $\{x_n\}$ 是单调递增的,因此当 $n > N$ 时就有 $a - \varepsilon < x_N \leqslant x_n \leqslant a < a + \varepsilon$,因而 $|x_n - a| < \varepsilon$,而按照极限的定义,这就是说当 $n \to \infty$ 时,$x_n \to a$。类似地可以证明定

维尔斯特拉斯(Weierstrass, Karl Theodor Wilhelm,1815—1897),德国数学家,生于德国西部威斯特伐利亚的小村落奥斯滕费尔德,卒于柏林。

385

理的另一部分.

习题 4.4

1. 设是 $x_1, x_2, \cdots, x_n$ 符号相同且大于 1 的数,证明:
$$(1+x_1)(1+x_2)\cdots(1+x_n) \geqslant$$
$$1+x_1+x_2+\cdots+x_n$$

2. 证明: $(1+x)^n \geqslant 1+nx(x>-1)$,且等号仅在 $x=0$ 时成立.

3. 设 $x_1, x_2, \cdots, x_n$ 都是正数,且 $x_1 x_2 \cdots x_n = 1$,证明: $x_1+x_2+\cdots+x_n \geqslant n$.

4. 设 $a_1, a_2, \cdots, a_n$ 都是正数,证明: $\dfrac{a_1+a_2+\cdots+a_n}{n} \geqslant \sqrt[n]{a_1 a_2 \cdots a_n}$,且等号仅在 $a_1 = a_2 = \cdots = a_n$ 时成立.

5. 证明: $n! < \left(\dfrac{n+1}{2}\right)^n$.

6. 证明: $2! \, 4! \cdots (2n)! > [(n+1)!]^2$.

7. 证明: $\sqrt[n]{n!} \geqslant \sqrt{n}$.

8. 证明: $\dfrac{1}{2} \cdot \dfrac{3}{4} \cdot \cdots \cdot \dfrac{2n-1}{2n} < \dfrac{1}{\sqrt{2n+1}}$.

9. 设 $M_\gamma(a) = \left(\dfrac{a_1^\gamma + a_2^\gamma + \cdots + a_n^\gamma}{n}\right)^{\frac{1}{\gamma}}$, $M_0(a) = \sqrt[n]{a_1 a_2 \cdots a_n}$,证明:对任意实数 $\alpha \leqslant \beta$ 成立
$$M_\alpha(a) \leqslant M_\beta(a)$$
等号仅在 $a_1 = a_2 = \cdots = a_n$ 时成立.

10. 设 $x \geqslant -1$,那么

(1) 当 $0 < \alpha < 1$ 时有 $(1+x)^\alpha \leqslant 1+\alpha x$;

(2) 当 $\alpha < 0$ 或 $\alpha > 1$ 时有 $(1+x)^\alpha \geqslant 1+\alpha x$.

等号仅在 $x=0$ 时成立.

11. 设 $a_1, a_2, \cdots, a_n$ 及 $b_1, b_2, \cdots, b_n$ 是任意实数,证明

$$|a_1 b_1 + a_2 b_2 + \cdots + a_n b_n| \leqslant \sqrt{a_1^2 + a_2^2 + \cdots + a_n^2} \cdot \sqrt{b_1^2 + b_2^2 + \cdots + b_n^2}$$

等号仅在 $a_1 = a_2 = \cdots = a_n = 0$ 或 $b_1 = b_2 = \cdots = b_n = 0$ 或 $b_1, b_2, \cdots, b_n$ 不全为 0,而 $\dfrac{a_1}{b_1} = \dfrac{a_2}{b_2} = \cdots = \dfrac{a_n}{b_n}$(当 $b_i = 0$ 时认为 $a_i = 0$)时成立.

12. 证明不等式: $|x-y| \geqslant ||x|-|y||$.

13. 证明不等式:

(1) $|x_1 + x_2 + \cdots + x_n| \leqslant |x_1| + |x_2| + \cdots + |x_n|$;

(2) $|x + x_1 + x_2 + \cdots + x_n| \geqslant |x| - (|x_1| + |x_2| + \cdots + |x_n|)$.

14. 证明: 分数 $\dfrac{a_1 + a_2 + \cdots + a_n}{b_1 + b_2 + \cdots + b_n}$ 在下列各分数 $\dfrac{a_1}{b_1}, \dfrac{a_2}{b_2}, \cdots, \dfrac{a_n}{b_n}(b_k > 0, k=1,2,\cdots,n)$ 中的最大值和最小值之间.

15. 证明:(1) 当 θ 充分小时: $\cos 2\theta < \cos \theta \cos \sqrt{3}\theta$;

(2) 设 $\cos \varphi = \dfrac{\cos 2\theta}{\cos \theta}$,则当 θ 充分小时 $\varphi > \sqrt{3}\theta$.

16. 证明: 当 $n \to \infty$ 时有

(1) $\dfrac{n}{2^n} \to 0$ \qquad (2) $\dfrac{2^n}{n!} \to 0$

(3) $\dfrac{n^k}{a^n} \to 0 (a > 1)$ \qquad (4) $\dfrac{a^n}{n!} \to 0$

(5) $nq^n \to 0(|q|<1)$ (6) $\sqrt[n]{a} \to 1(a>0)$

(7) $\sqrt[n]{n} \to 1$ (8) $\dfrac{1}{\sqrt[n]{n!}} \to 0$

17. 证明：当 $n \to \infty$ 时 $\dfrac{\log_a n}{n} \to 0(a>1)$.

18. 如果存在数 $C>0$，使得 $|x_2-x_1|+|x_3-x_2|+\cdots+|x_n-x_{n-1}|<C$，则称数列 $\{x_n\}$ 有有界变差. 证明：$n \to \infty$ 时有有界变差的数列一定存在极限.

19. 证明：如果序列 $\{x_n\}$ 收敛，则它的任何子序列 $\{x_n\}$ 也收敛，且二者具有相同的极限.

20. 证明：如果单调序列的某一子序列收敛，则此单调序列收敛.

21. 设当 $n \to \infty$ 时 $x_n \to a$，则当 $n \to \infty$ 时 $\dfrac{x_1+x_2+\cdots+x_n}{n} \to a$，试举例说明相反的结论不成立.

22. 证明：如果

(1) $y_{n+1} > y_n(n=1,2,3,\cdots)$；

(2) 当 $n \to \infty$ 时，$y_n \to +\infty$；

(3) $\lim\limits_{n\to\infty} \dfrac{x_{n+1}-x_n}{y_{n+1}-y_n}$ 存在，则

$$\lim_{n\to\infty} \dfrac{x_n}{y_n} = \lim_{n\to\infty} \dfrac{x_{n+1}-x_n}{y_{n+1}-y_n}$$

23. (1) 证明：$\arctan \dfrac{1}{d} = \arctan \dfrac{1}{d+1} + \arctan \dfrac{1}{d^2+d+1}$；

(2) 设

第 4 章　有理数的性质

$$a_1 = 1$$
$$a_2 = \frac{1}{2} + \frac{1}{3}$$
$$a_3 = \frac{1}{3} + \frac{1}{7} + \frac{1}{4} + \frac{1}{13}$$
$$a_4 = \frac{1}{4} + \frac{1}{13} + \frac{1}{8} + \frac{1}{57} + \frac{1}{5} + \frac{1}{21} + \frac{1}{14} + \frac{1}{183}$$
$$\vdots$$

其中 a_{n+1} 是把 a_n 中的每个分数 $\frac{1}{d}$ 换成 $\frac{1}{d+1} + \frac{1}{d^2+d+1}$ 而得到的.

证明:当 $n \to \infty$ 时,数列 a_n 存在极限,并求出这个极限来.

24. 设 $x_1 = a > 0, y_1 = b > 0, x_{n+1} = \sqrt{x_n y_n}, y_{n+1} = \frac{x_n + y_n}{2}$,证明:当 $n \to \infty$ 时,数列 x_n 和 y_n 存在相同的极限.

4.5　开集和闭集

为了更深刻地描述有理数的性质,我们下面引进点集的语言.

定义 4.5.1　设 E 是直线上一些点的集合,如果对于一个点 x_0,存在 E 的开区间 (α, β) 使得 $x_0 \in (\alpha, \beta) \subset E$,则称 x_0 是集合 E 的内点.

定义 4.5.2　如果集合 E 的所有点都是它的内点,则称 E 是开集.

由内点的定义看出，E 的内点必属于 E. 因此要说明一个集合是开集，只需考虑属于它本身的点就够了.

例 4.5.1

（1）开区间 (a,b) 是开集；

（2）全体实数的集合是开集；

（3）空集是开集；

关于空集为什么也是开集，可能有的读者不理解，这个你可以从如果一个集合不是开集，那么它必有一个点不具有性质 $x_0 \in (\alpha,\beta) \subset E$，但是空集不包含任何点，因此空集中没有不具有性质 $x_0 \in (\alpha,\beta) \subset E$ 的点，因此空集是开集.

（4）闭区间 $[a,b]$ 不是开集，因为它的两个端点不具有性质 $x_0 \in (\alpha,\beta) \subset E$.

（这里 $E=[a,b]$）

定理 4.5.1　任意一个开集的和集是开集.

证明　设 $G=\bigcup\limits_{\xi} G_\xi$，其中 G_ξ 都是开集. 设 $x_0 \in G$，则 x_0 必属于某一个 G_ξ. 由于 G_ξ 是开集，因此存在开区间 (α,β) 使得 $x_0 \in (\alpha,\beta) \subset G_\xi$，因而 $x_0 \in (\alpha,\beta) \subset G_\xi \subset G$，即 x_0 是 G 的内点. 由 x_0 的任意性就知道 G 中的任何点都是内点，故 G 是开集.

由这个定理和例 4.5.1(1) 立刻得出：

定理 4.5.2　如果一个集合 E 可以表示成一些开区间的并集，则 E 是开集.

定理 4.5.3　有限个开集的交集还是开集.

证明　设 $P=\bigcap\limits_{k=1}^{n} G_k$，其中 $G_1, G_2, \cdots, G_n$ 都是开集.

如果 P 是空集，那么 P 就是开集，定理已得证.

第 4 章　有理数的性质

如果 P 不是空集,那么对任意 $x_0 \in P$,因此 $x_0 \in G_k, k=1,2,\cdots,n$. 对于每一个 k 有一个 (α_k,β_k) 使得 $x_0 \in (\alpha_k,\beta_k) \subset G_k$.

令 $\alpha = \max(\alpha_1,\alpha_2,\cdots,\alpha_n), \beta = \min(\beta_1,\beta_2,\cdots,\beta_n)$,则
$$x_0 \in (\alpha,\beta) \subset P$$
这就表示 x_0 是 P 的内点,由 x_0 的任意性,就证明了 P 是开集.

注意:无限个开集的交集不一定是开集. 例如,设那 $G_n = \left(-\dfrac{1}{n},\dfrac{1}{n}\right), n=1,2,3,\cdots$,那么 G_n 都是开集,然而它们的交集
$$P = \bigcap_{n=1}^{\infty} G_n = \{0\}$$
却不是开集.

定义 4.5.3　设 E 是一个点集,x_0 是一个点. 如果任何含有 x_0 的开区间除 x_0 之外还至少含有 E 的一点,则称 x_0 是 E 的一个极限点或聚点.

E 中不是极限点的点称为 E 的孤立点.

定理 4.5.4　x_0 是 E 的极限点的充分必要条件是

(1) 包含 x_0 的任意开区间 (α,β) 中必含有 E 的无限个不同的点;

(2) E 中包含一个序列 $\{x_n\}$ ($x_n \neq x_0$,当 $n \neq m$ 时,$x_n \neq x_m$),使得 $\lim\limits_{n\to\infty} x_n = x_0$.

证明　(1) 设 x_0 是 E 的极限点,(α,β) 是包含 x_0 的开区间. 那么设

$$\alpha_1 = \alpha, \beta_1 = \beta$$

$$\alpha_2 = \frac{\alpha_1 + x_0}{2}, \beta_2 = \frac{x_0 + \beta_1}{2}$$

$$\vdots$$

$$\alpha_n = \frac{\alpha_{n-1} + x_0}{2}, \beta_n = \frac{x_0 + \beta_{n-1}}{2}$$

$$\vdots$$

则由 α_n, β_n 的定义可知 $\alpha < \alpha_2 < \cdots < \alpha_n < \cdots < x_0 < \cdots < \beta_n < \cdots < \beta_2 < \beta$. 于是由极限点的定义可知在开区间 (α, β) 中含有一个 E 中异于 x_0 的点 x_1, 在开区间 (α_2, β_2) 中又含有一个 E 中异于 x_0 的点 $x_2, \cdots$, 在开区间 (α_n, β_n) 中又含有一个 E 中异于 x_0 的点 $x_n, \cdots$. 显然 $x_1, x_2, \cdots, x_n, \cdots$ 都是异于 x_0 的点, 并且它们本身也都是两两不同的, 这就证明了 (α, β) 必包含 E 中无限个不同于 x_0 的点.

反过来, 设 x_0 是一个点, 包含 x_0 的任意开区间 (α, β) 中含有 E 的无限个不同的点, 于是当然 (α, β) 中含有 E 的点, 因而根据极限点的定义即知 x_0 是 E 的极限点.

(2) 设 x_0 是 E 的极限点, 于是由(1)中的证明可知存在开区间 (α_n, β_n), 使得在 (α_n, β_n) 中存在 E 的点 x_n, 而且 $x_1, x_2, \cdots, x_n \cdots$ 都是异于 x_0 的点, 并且它们本身也都是两两不同的.

由 (α_n, β_n) 的定义可知

$$\beta_n - \alpha_n = \frac{\beta_{n-1} - \alpha_{n-1}}{2} = \frac{\beta_{n-2} - \alpha_{n-2}}{2^2} = \cdots = \frac{\beta - \alpha}{2^{n-1}}$$

因此 $\qquad |x_n - x_0| < \dfrac{\beta - \alpha}{2^{n-1}}$

这就证明了 E 中包含一个序列 $\{x_n\}(x_n \neq x_0,$ 当

$n \neq m$ 时,$x_n \neq x_m$),使得 $\lim_{n\to\infty} x_n = x_0$.

反过来设 E 中存在序列 $\{x_n\}$($x_n \neq x_0$,当 $n \neq m$ 时,$x_n \neq x_m$),使得 $\lim_{n\to\infty} x_n = x_0$.

(α, β) 是包含 x_0 的开区间,那么 $\alpha < x_0 < \beta$,取 $\varepsilon < \min(x_0 - \alpha, \beta - x_0)$,就有
$$\alpha < x_0 - \varepsilon < x_0 < x_0 + \varepsilon < \beta$$
对此 ε,按照 $\lim_{n\to\infty} x_n = x_0$ 的定义,存在一个 N 使得当 $n > N$ 时就有 $|x_n - x_0| < \varepsilon$,或者
$$\alpha < x_0 - \varepsilon < x_n < x_0 + \varepsilon < \beta$$
这就说明 (α, β) 中含有 E 的异于 x_0 的点,因此 x_0 是 E 的极限点.

定理 4.5.5(波查诺－维尔斯特拉斯)

(1) 有界无限集合 E 至少有一个极限点(但此极限点不一定属于 E);

(2) 任一有界序列 $x_1, x_2, \cdots, x_n, \cdots$ 中必存在收敛的子序列
$$x_{n_1}, x_{n_2}, \cdots, x_{n_k}, \cdots, n_1 < n_2 < n_3 < \cdots$$

证明 (1) 由于 E 有界,因此存在闭区间 $[a, b]$ 包含 E.设 $c = \dfrac{a+b}{2}$,那么在闭区间 $[a, c]$ 和 $[c, b]$ 之中必有一个包含 E 的无限个点,否则 E 将成为有限集合.设此闭区间是 $[a_1, b_1]$.再设 $c_1 = \dfrac{a_1 + b_1}{2}$,那么在闭区间 $[a_1, c_1]$ 和 $[c_1, b_1]$ 之中又必有一个包含 E 的无限个点,设此闭区间是 $[a_2, b_2]$.如此反复进行,就得到一系列闭区间
$$\cdots [a_n, b_n] \subset \cdots \subset [a_2, b_2] \subset [a_1, b_1] \subset [a, b]$$
其中每一个闭区间都含有 E 中无限个点.且

$$b_n - a_n = \frac{b-a}{2^n}$$

由于 $(b_n - a_n) \to 0$，因此根据区间套性质，必存在一个点或实数 x_0 属于所有的闭区间 $[a_n, b_n]$，且 $\lim\limits_{n\to\infty} b_n = \lim\limits_{n\to\infty} a_n = x_0$.

设 (α, β) 是包含 x_0 的任一开区间，那么当 n 充分大时，必有 $[a_n, b_n] \subset (\alpha, \beta)$，所以 (α, β) 含有 E 中无限个点，故 x_0 是 E 的极限点.

(2) 将 $x_1, x_2, \cdots, x_n, \cdots$ 中的数看成点，如果序列 $\{x_n\}$ 所表示的点集是有限集，那么必有点 ξ 在序列 $\{x_n\}$ 中出现无限次，即存在 $n_1 < n_2 < n_3 < \cdots$ 使得

$$x_{n_1} = x_{n_2} = \cdots = x_{n_k} = \cdots = \xi$$

这样 $\{x_{n_k}\}$ 就是我们所需要的子序列.

如果序列 $\{x_n\}$ 所表示的点集 E 是无限集，那么按照 (1) 中已证的结论，E 有极限点. 那么根据定理 4.5.5，E 中包含一个序列 $\{x_{n_k}\}$ ($x_{n_k} \neq x_0$，当 $k_1 \neq k_2$ 时，$x_{n_{k_1}} \neq x_{n_{k_2}}$)，使得 $\lim\limits_{k\to\infty} x_{n_k} = x_0$ (因为 E 本身就是一个序列，所以 E 中包含的序列就是原序列的子序列了). 这就证明了 (2).

注意，上面定理中的"有界"这一条件不能缺少. 例如，设 $E = N$ 是全体自然数，那么虽然 E 是无限集，但是 E 没有极限点.

定义 4.5.4 设 E 为一点集，那么

(1) E 的所有极限点所组成的集合称为 E 的导出集，记为 E'；

(2) 如果 $E' \subset E$，则称 E 为闭集；

(3) 如果 $E \subset E'$，则称 E 为已密集；

(4) 如果 $E = E'$，则称 E 为完备集；

第4章 有理数的性质

(5) 点集 $E \cup E'$ 称为 E 的闭包,记为 $\overline{E}$.

由上面的定义可知,闭集就是含有它的所有极限点的集合,已密集是不含孤立点的集合,完备集是既闭又已密的集合.例如

(1) $E = \left\{1, \dfrac{1}{2}, \dfrac{1}{3}, \cdots, \dfrac{1}{n}, \cdots\right\}$,那么 $E' = \{0\}$,E 既不是闭集也不是已密集;

(2) $E = (a,b)$,那么 $E' = [a,b]$,E 为已密集但不是闭集;

(3) $E = [a,b]$,那么 $E' = [a,b]$,E 为完备集;

(4) $E = \mathbf{R}$(全体实数),那么 $E' = \mathbf{R}$,所以全体实数构成一个完备集;

(5) $E = \left\{1, \dfrac{1}{2}, \dfrac{1}{3}, \cdots, \dfrac{1}{n}, \cdots, 0\right\}$,那么 $E' = \{0\}$,E 是闭的,但不是已密的;

(6) $E = \mathbf{Q}$(全体有理数),那么 $E' = \mathbf{R}$,E 为已密集但不是闭集;

(7) $E = \varnothing$,那么 $E' = \varnothing$,因此空集是完备集;

(8) E 为有限集,那么 $E' = \varnothing$.故一切有限集是闭的,但不是已密的.

下面是一些有关闭集的定理.

定理 4.5.6 任何集 E 的导出集 E' 是闭集.

证明 如果 E' 是有限集,则由上面例中的(8)可知 E' 是闭集.如果 E' 是无限集,则设 x_0 为 E' 的一个极限点.任取一个包含 x_0 的开区间 (α, β).由极限点的定义,(α, β) 中必含有 E' 中的点 z,也就是 E 的极限点,根据定理 4.5.4,(α, β) 中必含有 E 的无限个不同的点;同样根据定理 4.5.4 可知 x_0 是 E 的极限点,这就说明 $x_0 \in E'$,由 x_0 的任意性,即得 $E'' \in E'$.这就说明

395

E' 是闭集.

定理 4.5.7

(1) 如果 $A \subset B$,则 $A' \subset B'$;

(2) $(A \cup B)' = A' \cup B'$.

证明 (1) 显然;

(2) 由 $A \subset A \cup B, B \subset A \cup B$ 及(1) 得出 $A' \subset (A \cup B)', B' \subset (A \cup B)'$,因此
$$A' \cup B' \subset (A \cup B)'$$

另一方面,设 $x_0 \in (A \cup B)'$,则在 $A \cup B$ 中存在序列 $\{x_n\}(x_n \neq x_0$,当 $n \neq m$ 时,$x_n \neq x_m)$,使得 $\lim\limits_{n \to \infty} x_n = x_0$. 如果序列 $\{x_n\}$ 中有无限个点属于 A,则 x_0 是 A 的极限点,从而 $x_0 \in A' \subset A' \cup B'$;如果序列 $\{x_n\}$ 中只有有限个点属于 A,那么序列 $\{x_n\}$ 中有无限个点属于 B,即 x_0 是 B 的极限点,从而 $x_0 \in B' \subset A' \cup B'$. 因此无论出现哪种情况都成立 $x_0 \in A' \cup B'$,由 x_0 的任意性即得 $(A \cup B)' \subset A' \cup B'$,联合已证的 $A' \cup B' \subset (A \cup B)'$ 即得(2).

定理 4.5.8

(1) 任何集 E 的闭包 $\overline{E}$ 为闭集;

(2) E 为闭集的充分必要条件是 $E = \overline{E}$.

证明 (1) 事实上我们有
$$(\overline{E})' = (E \cup E')' = E' \cup E'' \subset E' \cup E' = E' \subset \overline{E}$$

(2) 设 $E = \overline{E}$,则由(1) $E' = (\overline{E})' \subset \overline{E} = E$,因此 E 是闭集;反之,如果 E 是闭集,则由 $\overline{E} = E \cup E' \subset E \subset \overline{E}$ 得出 $E = \overline{E}$.

定理 4.5.9 有限个闭集的合集是闭集.

证明 设 F_1, F_2 为两个闭集,则由定理 4.5.7 和闭集的定义得出

第 4 章　有理数的性质

$$(F_1 \bigcup F_2)' = f'_1 \bigcup f'_2 \subset F_1 \bigcup F_2$$

这就说明 $F_1 \bigcup F_2$ 是闭集,依此类推即可得出定理.

注意无限个闭集的合集可能不是闭集.

例如,取 $F_n = \left[\dfrac{1}{n}, 1\right]$ $(n=1,2,3,\cdots)$,则每一个 F_n 显然是闭集,但是其和集

$$\bigcup_{n=1}^{\infty} F_n = (0, 1]$$

不是闭集.

定理 4.5.10　任意多个闭集的交集是闭集.

证明　设 $F = \bigcap_\xi F_\xi$,其中 F_ξ 都是闭集.

由于 $F \subset F_\xi$,所以 $f' \subset f'_\xi$,而由于 F_ξ 都是闭集,因此 $F_\xi = f'_\xi$,由此式和 $f' \subset f'_\xi$ 就得出 $f' \subset F_\xi$,因而 $f' \subset \bigcap_\xi F_\xi = F$,这就说明 F 是闭集.

根据上面的定理可以得出闭集的一个性质如下:

定理 4.5.11　设 F 为闭集,$x_1, x_2, \cdots, x_n, \cdots$ 是 F 中的一个点列,那么如果当 $n \to \infty$ 时,$x_n \to x_0$,则 $x_0 \in F$.

证明　如果点列 $x_1, x_2, \cdots, x_n, \cdots$ 包含无穷个点,那么 x_0 就是 F 的极限点,因而由 F 是闭集的假设就得出 $x_0 \in F$. 如果 $x_1, x_2, \cdots, x_n, \cdots$ 只包含有限个不同的点,那么此点列从某一项之后就全都由 x_0 所组成,因此也有 $x_0 \in F$.

下面证明一个非常重要的定理:

定理 4.5.12(波莱尔有限覆盖定理)　如果有界闭集 F 可被无限个开区间的集合 $\sum$ 所覆盖,那么必可从 $\sum$ 中选取有限个开区间所组成的集合 $\sum^*$ 也覆盖 F.

波莱尔(Borel, Émile, 1871—1956),法国数学家,生于法国阿韦龙的圣阿夫里克,卒于巴黎.

证明 用反证法证明. 假设不存在所说的集合 $\sum^*$, 那么 F 必为无限集. 由于 F 有界, 因此可设 $F \subset [a,b]$. 令 $c = \dfrac{a+b}{2}$, 那么 $F \cap [a,c]$ 和 $F \cap [c,b]$ 之中至少有一个不能被 $\sum$ 中有限个开区间所覆盖, 把此集合记为 $F \cap [a_1, b_1]$, 显然 $F \cap [a_1, b_1]$ 仍是无限集. 再令 $c_1 = \dfrac{a_1 + b_1}{2}$, 那么 $F \cap [a_1, c_1]$ 和 $F \cap [c_1, b_1]$ 之中至少有一个不能被 $\sum$ 中有限个开区间所覆盖, 把此集合记为 $F \cap [a_2, b_2]$, 依此类推, 将此手续进行下去, 我们就得到一个区间套

$$[a, b] \supset [a_1, b_1] \supset [a_2, b_2] \supset \cdots$$

使得 $F \cap [a_n, b_n] (n = 1, 2, 3, \cdots)$ 不能被 $\sum$ 中有限个开区间所覆盖, 且都是无限集.

由于当 $n \to \infty$ 时闭区间 $[a_n, b_n]$ 的长度为 $\dfrac{b-a}{2^n} \to 0$, 因此由区间套性质可知所有的 $[a_n, b_n]$ 有一个公共点 x_0, 且 $\lim\limits_{n \to \infty} a_n = \lim\limits_{n \to \infty} b_n = x_0$.

我们证明 x_0 必属于 F. 为此首先从 $F \cap [a_1, b_1]$ 中选取一点 x_1, 然后再从 $F \cap [a_2, b_2]$ 中选取一个不同于 x_1 的点 x_2 (由于 $F \cap [a_2, b_2]$ 是无限集, 所以肯定可以选到所需的点). 再从 $F \cap [a_3, b_3]$ 中选取一个不同于 x_1 和 x_2 的点 x_3, 如此进行下去, 就得到一个 F 中的序列 $x_1, x_2, \cdots, x_n, \cdots$, 由于 $a_n \leqslant x_n \leqslant b_n$, 故由两边夹定理可知当 $n \to \infty$ 时, $x_n \to x_0$, 因而 x_0 是 F 的极限点, 而由于 F 是闭集, 这就得出 $x_0 \in F$.

由于 $\sum$ 覆盖 F, 因此 $\sum$ 中必存在一个开区间

第 4 章 有理数的性质

$\sigma_0 \in \sum$ 使得 σ_0 覆盖 x_0,但是当 n 充分大时,必有 $[a_n, b_n] \subset \sigma_0$,因而 $F \cap [a_n, b_n] \subset \sigma_0$. 这就表示 $F \cap [a_n, b_n]$ 被 $\sum$ 中的一个开区间所覆盖了,而这与 $F \cap [a_n, b_n]$ $(n=1,2,3,\cdots)$ 不能被 $\sum$ 中有限个开区间所覆盖的性质相矛盾. 所得的矛盾就说明必存在有限个开区间所组成的集合 $\sum^*$ 也覆盖 F.

注意:这个定理中的有界和闭这两个条件都不可缺少. 例如,设 N 是全体自然数所成的集合,则由于 $N' = \varnothing$,因此 N 是一个闭集,对 N 中每一个点 n,开区间 $\left(n - \dfrac{1}{3}, n + \dfrac{1}{3}\right)$ 显然可以覆盖点 n,因此开区间的集合 $\sum = \left\{\left(n - \dfrac{1}{3}, n + \dfrac{1}{3}\right)\right\}$ 可以覆盖 N,但是 $\sum$ 的任何有限子集不能覆盖 N,这就说明有界的条件是不可缺少的.

又例如,设 $E = \left\{1, \dfrac{1}{2}, \dfrac{1}{3}, \cdots\right\}$,则 E 是有界的,但不是闭的. 对每一个 $\dfrac{1}{n}$ 取一个小的开区间 σ_n,使得 σ_n 包含 $\dfrac{1}{n}$,但不包含 E 中其他的点. 于是由开区间 σ_n $(n = 1, 2, 3, \cdots)$ 组成的集合 $\sum$ 覆盖 E,但是 $\sum$ 的任何有限子集不能覆盖 E. 这就说明闭的条件是不可缺少的.

定理 4.5.5(波查诺－维尔斯特拉斯)和定理 4.5.12(波莱尔有限覆盖定理)是两个非常有力的定理,如同两把大刀,几乎可以解决任何困难,当你没有办法之时,往往是一个可以一试的最后法门. 就好像它们本身已经吸收了证明中的基本困难点,它们可以使许多困难定理的证明简化.

现在,就让我们来应用一下这两个定理.

在前面,我们已经给出了几个序列极限存在的判据,然而这些判据都需对序列外加一些条件,而一个序列是否收敛应该是一个由它本身的性质决定的问题,因此自然要提出这样的问题,即是否能由序列本身的性质来判断它是否收敛? 回答是肯定的. 对此我们有

定理 4.5.13(波查诺－柯西收敛原理) 序列 x_1, $x_2,\cdots,x_n,\cdots$ 存在有穷极限的充分必要条件是对任意正数 $\varepsilon>0$,存在正整数 N,使得当 $m>N, n>N$ 时就有 $|x_m-x_n|<\varepsilon$.

证明 (1) 设当 $n\to\infty$ 时,序列 $\{x_n\}$ 存在极限 a,则任给 $\varepsilon>0$,对于正数 $\frac{\varepsilon}{2}>0$,就必存在正整数 N,使得当 $n>N$ 时就有 $|x_n-a|<\frac{\varepsilon}{2}$.

设 $m>N, n>N$,于是就有
$$|x_m-x_n|=|x_m-a+a-x_n|\leqslant$$
$$|x_m-a|+|x_n-a|<$$
$$\frac{\varepsilon}{2}+\frac{\varepsilon}{2}\leqslant\varepsilon$$

这就证明了必要性.

(2) 设对任意正数 $\varepsilon>0$,存在正整数 N,使得当 $m>N, n>N$ 时就有 $|x_m-x_n|<\varepsilon$.

那么当 $n>N$ 时,$|x_n-x_{N+1}|<\varepsilon$,于是 $|x_n|<|x_{N+1}|+\varepsilon$,令 $M=\max(|x_1|,|x_2|,\cdots,|x_N|,|x_{N+1}|+\varepsilon)$,那么对一切 n 就都成立 $|x_n|<M$,因此 $\{x_n\}$ 是有界的.

根据定理 4.5.5(波查诺－维尔斯特拉斯)由 $\{x_n\}$

第 4 章 有理数的性质

的有界性就得出,$\{x_n\}$ 必存在收敛到某个极限 a 的子序列 x_{n_k},使得当 $n \to \infty$ 时 $x_{n_k} \to a$. 故根据极限的定义,对任意正数 $\varepsilon > 0$,可选取充分大的 k,使得 $|x_{n_k} - a| < \dfrac{\varepsilon}{2}, n_k > N$. 又根据我们的假设,对 $\varepsilon > 0$,又存在着正整数 N,使得当 $n_k > N, n > N$ 时就有 $|x_n - x_{n_k}| < \dfrac{\varepsilon}{2}$,因而当 $n > N$ 时就有

$$|x_n - a| = |x_n - x_{n_k} + x_{n_k} - a| \leqslant$$
$$|x_n - x_{n_k}| + |x_{n_k} - a| <$$
$$\dfrac{\varepsilon}{2} + \dfrac{\varepsilon}{2} \leqslant \varepsilon$$

而这就是说当 $n \to \infty$ 时 $x_n \to a$,因而充分性得证.

这个定理的充分性假如不用定理 4.5.5,简直就没有什么办法.

上面说了一些极限的性质和存在性的判据. 在所有的极限中,趋于零的序列和函数是一种比较特殊也是最基本的极限过程. 所以下面我们特别来讨论一下和这种过程有关的一些概念.

定义 4.5.5 如果 $\lim\limits_{x \to x_0} f(x) = 0$,也即如果对任意 $\varepsilon > 0$,存在 $\delta > 0$ 使得当 $|x - x_0| < \delta$ 时就有 $|f(x)| < \varepsilon$,则称当 $x \to x_0$ 时 $f(x)$ 是无穷小量,记为当 $x \to x_0$ 时 $f(x) = o(1)$;特别,如果 $\lim\limits_{n \to \infty} a_n = 0$,那么当 $n \to \infty$ 时,$a_n = o(1)$.

下面是一些常见的无穷小量:当 $x \to 0$ 时,x,$\sin x$,$\ln(1+x)$,$e^x - 1$ 都是无穷小量. 当 $n \to \infty$ 时,$\dfrac{1}{n}, \dfrac{1}{\sqrt{n}}, \dfrac{1}{n^2}$ 等也都是无穷小量.

与无穷小量相反的概念是无穷大量.

定义 4.5.6 如果 $\lim\limits_{x\to x_0}|f(x)|=\infty$,也即如果对任意 $M>0$,存在 $\delta>0$ 使得当 $|x-x_0|<\delta$ 时就有 $|f(x)|>M$,则称当 $x\to x_0$ 时 $f(x)$ 是无穷大量;特别,如果 $\lim\limits_{n\to\infty}|a_n|=\infty$,那么当 $n\to\infty$ 时,a_n 是无穷大量.

例如当 $x\to\infty$ 时,$x^\alpha(\alpha>0)$,e^x,$\ln x$ 都是无穷大量.

无穷大量和无穷小量的概念,只是对趋于无穷大和趋于零的过程起了一个名称,但是在具体问题中,我们更关心的却是各种不同的无穷大和无穷小之间的关系,它们变化的相对的快慢,为此,我们还需引进"阶"的概念.

定义 4.5.7 如果 $\lim\limits_{x\to x_0}\dfrac{f(x)}{g(x)}=0$,则称当 $x\to x_0$ 时,$f(x)$ 是相对于 $g(x)$ 的无穷小量,记为当 $x\to x_0$ 时,$f(x)=o(g(x))$.

如果 $f(x)$ 和 $g(x)$ 都是无穷小量,则称 $f(x)$ 是比 $g(x)$ 高阶的无穷小量.

如果 $f(x)$ 和 $g(x)$ 都是无穷大量,则称 $f(x)$ 是比 $g(x)$ 低阶的无穷大量.

我们还需引进所谓"等价的无穷小"和"等价的无穷大"概念以及大 O 的概念才能使我们的讨论完全.

定义 4.5.8 如果 $\lim\limits_{x\to x_0}\dfrac{f(x)}{g(x)}=1$,则称当 $x\to x_0$ 时,$f(x)$ 与 $g(x)$ 是等价的,记为当 $x\to x_0$ 时,$f(x)\sim g(x)$.

例如可以证明当 $x\to 0$ 时 $\sin x\sim x$,$\mathrm{e}^x-1\sim x$.

定义 4.5.9 设 $g(x)>0$，如果存在常数 $C>0$，使得在开区间 (a,b) 上
$$|f(x)|\leqslant Cg(x)$$
则称 $g(x)$ 是 $f(x)$ 的强函数，记为
$$f(x)=O(g(x)),x\in(a,b)$$
例如可以证明
$$\cos x=O(1),\ln x=O(x),x>1$$
大 O 和小 o 有以下性质：

定理 4.5.14

(1) 如果 $f(x)$ 是无穷大量，而当 $x\to x_0$ 时，$\varphi(x)=O(1)$，则当 $x\to x_0$ 时，$\varphi(x)=o(f(x))$；

(2) 如果 $f(x)=O(\varphi),\varphi=O(\psi)$，则 $f(x)=O(\psi)$；

(3) 如果 $f(x)=O(\varphi),\varphi=o(\psi)$，则 $f(x)=o(\psi)$；

(4) $O(f)+O(g)=O(f|g)$；

(5) $O(f)+o(f)=O(f)$；

(6) $o(f)+o(g)=o(|f|+|g|)$；

(7) $O(f)\cdot O(g)=O(f\cdot g)$；

(8) $o(1)\cdot O(f)=o(f)$；

(9) $O(1)\cdot o(f)=o(f)$；

(10) $o(f)\cdot o(g)=o(f\cdot g)$；

(11) $(O(f))^k=O_k(f^k)$，k 是自然数，O_k 表示大 O 中的常数与 k 有关；

(12) $(o(f))^k=o(f^k)$；

(13) 如果 $f\sim g,g\sim h$，则 $f\sim h$；

(14) 如果 $f\sim g,h=O(g)$，则 $f\sim g\pm h$.

这些性质都很容易验证，请读者自己作为练习.

例 4.5.2 求极限 $\lim\limits_{n\to\infty}\cos^n\dfrac{x}{\sqrt{n}}$.

解 容易证明 $\cos x = 1 - \dfrac{x^2}{2} + O(x^4)$，因此

$$\left(\cos\dfrac{x}{\sqrt{n}}\right)^n = \left(1 - \dfrac{x^2}{2n} + O\left(\dfrac{1}{n^2}\right)\right)^n =$$

$$e^{n\ln\left(1-\frac{x^2}{2n}+O\left(\frac{1}{n^2}\right)\right)} = e^{n\left(-\frac{x^2}{2n}+O\left(\frac{1}{n^2}\right)\right)} =$$

$$e^{-\frac{x^2}{2}\left(1+O\left(\frac{1}{n}\right)\right)} = e^{-\frac{x^2}{2}}\left(1 + O\left(\dfrac{1}{n}\right)\right)$$

这就证明了

$$\lim_{n\to\infty} \cos^n \dfrac{x}{\sqrt{n}} = e^{-\frac{x^2}{2}}$$

例 4.5.3 求 $\lim\limits_{n\to\infty} n^2(\sqrt[n]{x} - \sqrt[n+1]{x})$.

解 易证 $e^x = 1 + x + O(x^2)$，因此

$n^2(\sqrt[n]{x} - \sqrt[n+1]{x}) = n^2 x^{\frac{1}{n}}(1 - x^{-\frac{1}{n(n+1)}}) =$

$n^2 x^{\frac{1}{n}}(1 - e^{-\frac{1}{n(n+1)}\ln x}) =$

$n^2 x^{\frac{1}{n}}\left(1 - \left(1 - \dfrac{1}{n(n+1)}\ln x + O\left(\dfrac{1}{n^4}\right)\right)\right) =$

$n^2 x^{\frac{1}{n}}\left(\dfrac{\ln x}{n(n+1)} + O\left(\dfrac{1}{n^4}\right)\right) =$

$x^{\frac{1}{n}}\ln x + O\left(\dfrac{1}{n^2}\right)$

这就证明了

$$\lim_{n\to\infty} n^2(\sqrt[n]{x} - \sqrt[n+1]{x}) = \ln x$$

例 4.5.4 设 $x_0 > 0, x_{n+1} = \ln(1 + x_n)$，证明：$x_n$ 是一个无穷小量，并求出它的幂函数形式的等价无穷小.

解 (1) $x_0 > 0, 0 < x_{n+1} = \ln(1 + x_n) < x_n$，因此 x_n 是单调递减有下界的序列，因而是收敛的. 因此可设 $\lim\limits_{n\to\infty} x_n = x$，在 $x_{n+1} = \ln(1 + x_n)$ 的两边令 $n \to \infty$ 就

第 4 章 有理数的性质

得到 $x=\ln(1+x)$,这个方程在 $x=0$ 的邻域中有唯一解 $x=0$,因此就证明了 $\lim_{n\to\infty}x_n=0$,即 x_n 是一个无穷小量.

(2) 假设当 $n\to\infty$ 时, $x_n\sim cn^\alpha$,那么把这一关系式代入 $x_{n+1}=\ln(1+x_n)$ 后就得到

$$c(n+1)^\alpha = \ln(1+cn^\alpha) = cn^\alpha - \frac{1}{2}c^2 n^{2\alpha} + O(n^{2\alpha})$$

$$\left(1+\frac{1}{n}\right)^\alpha = 1 - \frac{1}{2}cn^\alpha + O(n^\alpha)$$

$$1 + \frac{\alpha}{n} + O\left(\frac{1}{n}\right) = 1 - \frac{1}{2}cn^\alpha + O(n^\alpha)$$

比较上式两边的同类项,就可得到 $\alpha=-1, c=2$.

不过要注意,上边所写的并不能算是严格的证明,只能算是一种思考的过程,但是这一过程正是做研究工作时的真实情况.这种思考问题的方法(当然还有许多其他的思考方法,这只是其中一种)是当我们遇到一个问题,还不知道如何解决时,先假定我们的猜想是成立的(在这里就是假定当 $n\to\infty$ 时, $x_n\sim cn^\alpha$),然后看看是否能得出一些性质和推论,当我们得出了足够的性质后,再看看问题是否在具有这些性质的情况下能够得到解决.下面我们就来严格地证明当 $n\to\infty$ 时, $x_n\sim\frac{2}{n}$.

(3) 易于证明当 x 充分小时,成立

$$x - \frac{x^2}{2} < \ln(1+x) < x - \left(\frac{1}{2}-\varepsilon\right)x^2 \quad ①$$

$$1+x < \frac{1}{1-x} < 1+(1+\varepsilon)x \quad ②$$

从 ① 得出

$$x_n - \frac{x_n^2}{2} < x_{n+1} = \ln(1+x_n) < x_n - \left(\frac{1}{2} - \varepsilon\right)x_n^2$$

由上式和式 ② 再得出

$$\frac{1}{x_n} + \frac{1}{2} - \varepsilon \leqslant \frac{1 + \left(\frac{1}{2} - \varepsilon\right)x_n}{x_n} <$$

$$\frac{1}{x_n\left(1 + \left(\frac{1}{2} - \varepsilon\right)x_n\right)} <$$

$$\frac{1}{x_{n+1}} < \frac{1}{x_n\left(1 - \frac{1}{2}x_n\right)} <$$

$$\frac{1 + (1+\varepsilon)\frac{1}{2}x_n}{x_n} < \frac{1}{x_n} + \frac{1+\varepsilon}{2}$$

反复应用上式就得出

$$\frac{1}{x_N} + k\left(\frac{1}{2} - \varepsilon\right) < \frac{1}{x_{N+k}} < \frac{1}{x_N} + k\frac{1+\varepsilon}{2}$$

$$\frac{1}{(N+k)x_N} + \frac{k}{N+k}\left(\frac{1}{2} - \varepsilon\right) < \frac{1}{(N+k)x_{N+k}} <$$

$$\frac{1}{(N+k)x_N} + \frac{k}{N+k}\frac{1+\varepsilon}{2}$$

或当 $n > N$ 时

$$\frac{1}{nx_N} + \frac{n-N}{n}\left(\frac{1}{2} - \varepsilon\right) < \frac{1}{nx_n} < \frac{1}{nx_N} + \frac{n-N}{n} \cdot \frac{1+\varepsilon}{2}$$

由上式和两边夹定理即得,当 $n \to \infty$ 时,$\lim\limits_{n\to\infty} nx_n$ 存在,因此可设 $\lim\limits_{n\to\infty} nx_n = x$,在上式中令 $n \to \infty$ 就得到

$$\frac{1}{2} - \varepsilon \leqslant \frac{1}{x} \leqslant \frac{1+\varepsilon}{2}$$

再在上式中令 $\varepsilon \to 0$ 就得出 $x = 2$. 这样,我们一方面得出当 $n \to \infty$ 时, x_n 的阶是 $\frac{2}{n}$,同时也求出了极限

第4章 有理数的性质

$$\lim_{n\to\infty} nx_n = 2.$$

有了阶这个概念之后,光有关阶的内容,我们就有了永远研究不完的问题了.

比如说,在你的工作中,你遇见了某个新的,还未被别人研究过的函数 $f(x)$,并且已知当 $x \to x_0$ 时, $f(x) \to a_1$. 那么你马上就可提出一个问题,就是无穷小 $f(x) - a_1$ 的阶是什么? 我们把这个问题再提得更加明确些. 因为如果泛泛地提这个问题,那你回答 $f(x) - a_1$ 的阶就是 $f(x) - a_1$ 也不能算错,但是这样回答也就等于什么也没有说. 所以我们问 $f(x) - a_1$ 的阶是什么的意思是能否找到一个我们所熟悉的函数 $g_1(x)$ 使得 $f(x) - a_1 \sim g_1(x)$,如果可能的话,最好能求出 $c(x - x_0)^a$ 形式 $g_1(x)$ 的来;如果你找到了这样的 $g_1(x)$,马上又会发生下一个问题,就是无穷小 $f_1(x) - g_1(x)$ 的阶又是什么? 其中 $f_1(x) = f(x) - a_1$,如此不断继续下去,就形成了一个越来越困难的问题链.

请你绝对不要以为这是数学家们没事干了所提出的没有意义的问题. 如果你遇到的的确是一个以前没有人研究过的,其性质还未知的,而对了解实际问题起着非常重要作用甚至是本质作用的函数,那么上述工作就是绝对有意义的,这可以说是了解这一函数的特性的第一步. 我可以举出许多科学家的重要工作,他们的第一步工作往往就是研究某个新的函数的上述特性. 比如,在常微分方程领域,有一个叫安德罗诺夫的数学家,在他写的两本书《二阶动力系统的定性理论》和《平面系统的分支理论》中的开始部分的最重要的工作就是研究一个被称为"后继函数"$v(u)$, $v(0) = 0$

的无穷小的阶,而且仅仅第一步的结果,也就是给出了 $v(u)$ 的 cu^a 形式的阶,在他的理论中,乃至一直到今天都是一个基本重要的结果,由此结果出发,人们就得出了许多重要的稳定性判据. 本书作者之一对后继函数的更高的阶做了研究,并据此给出了临界情况下分解线圈(现称为同宿环)的稳定性判据.(参见冯贝叶,钱敏. 鞍点分界线圈的稳定性及其分支出极限环的条件数学学报,1985,28(1):53-70).

现在我们来考虑函数的一种重要性质:连续性. 说函数 $f(x)$ 是连续的,从直观上来是它的图像不能发生像下图右边图中那种突然跳跃

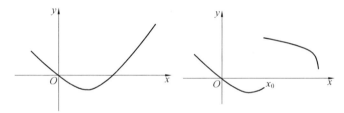

发生间断时,$f(x)$ 的图像本来从左边过来到点 x_0 之前附近时,$f(x)$ 的值一直是小于 0 的,也就是 $f(x)$ 的图像一直是在 x 轴下方的,可是到了 x_0 处,却突然跳到 x 轴上方去了. 显然,如果函数的值老是跳来跳去,就显得很没有规律,因为一是你不知道它什么时候跳,二是在发生间断时,函数值要跳多少也不知道,另外这种突然的跳动也跟我们在日常生活中观察到的大多数规律不符合. 因此如果不是由于确实需要,我们自然愿意首先考虑不间断的也即连续的函数. 既然间断的特征是函数值要发生跳跃,因此连续的特征就是当自变量 x 接近某个值 x_0 时,函数值 $f(x)$ 也必须接

近 $f(x_0)$. 由此就可以给出函数连续的定义如下.

定义 4.5.10 任给正数 $\varepsilon > 0$, 如果存在正数 $\delta > 0$, 使得只要 $|x - x_0| < \delta$ 就有 $|f(x) - f(x_0)| < \varepsilon$, 那么就称函数 $f(x)$ 在点 x_0 是连续的.

如果函数 $f(x)$ 在集合 E 的每一个点都是连续的, 就称 $f(x)$ 在 E 上是连续的.

上面函数的连续性定义中的 δ 除了明显地在字面上就依赖于 ε 之外, 实际上, 虽然容易让人忽略, 一般的还依赖于 x_0.

例 4.5.5 证明: $\dfrac{1}{x}$ 在 $(0, \infty)$ 上是连续的.

证明 任取 $x_0 > 0$, 首先设 $|x - x_0| < \dfrac{x_0}{2}$, 于是 $x > \dfrac{x_0}{2}$, 因而

$$\left| \dfrac{1}{x} - \dfrac{1}{x_0} \right| = \dfrac{x - x_0}{x x_0} < \dfrac{2}{x_0^2} |x - x_0|$$

因而只要取

$$|x - x_0| < \min\left(\dfrac{x_0}{2}, \dfrac{x_0^2 \varepsilon}{2} \right)$$

就有

$$\left| \dfrac{1}{x} - \dfrac{1}{x_0} \right| < \varepsilon$$

由于 $x_0 > 0$ 的任意性, 这就证明了 $\dfrac{1}{x}$ 在 $(0, \infty)$ 上是连续的.

这里的 $\delta = \min\left(\dfrac{x_0}{2}, \dfrac{x_0^2 \varepsilon}{2} \right)$ 就明显地既依赖于 ε 也依赖于 x_0, 它的表达式表明, 在 ε 相同的情况下, x_0 越大, δ 就允许取得越大, 而如果 $x_0 \to 0$, 则 δ 也必须 $\to 0$.

受此启发,就从连续的概念里又抽出下面的概念:

定义 4.5.11 如果对于任意 $\varepsilon > 0$,能够求出正数 $\delta > 0$,使得对于集合 E 中任意的两点 x_1, x_2,只要 $|x_1 - x_2| < \delta$ 就有 $|f(x_1) - f(x_2)| < \varepsilon$,那么就称函数 $f(x)$ 在 E 中是一致连续的.

一致连续的概念和连续概念的区别在于它是一个整体的性质,而在一点连续却是一个局部的性质.一个在某个区间上连续的函数不一定是一致连续的,例如,例 4.5.2 中的函数 $\dfrac{1}{x}$ 在 $(0, \infty)$ 上是连续的,却不是在 $(0, \infty)$ 上一致连续的.

然而如果你举出足够的不是一致连续的函数的例子,你就会发现,它们都不是定义在一个闭区间上的函数,这不是一个偶然的现象,事实上,在闭区间上定义的连续函数不可能发生上述现象,这就是

定理 4.5.15(康托尔定理) 在闭区间 $[a,b]$ 上连续的函数必定是一致连续的.

证明 设函数 $f(x)$ 是在闭区间 $[a,b]$ 上连续的函数.那么任给正数 $\varepsilon > 0$,对于 $\dfrac{\varepsilon}{2} > 0$ 和 $[a,b]$ 中的点 x_0,根据 $f(x)$ 的连续性,可以求出正数 $\delta > 0$,使得只要 $|x - x_0| < \delta$ 就有 $|f(x) - f(x_0)| < \dfrac{\varepsilon}{2}$.现在设 x_1, x_2 是开区间 $(x_0 - \delta, x_0 + \delta)$ 中任意的两点,那么就有

$$|f(x_1) - f(x_2)| =$$
$$|f(x_1) - f(x_0) + f(x_0) - f(x_2)| \leqslant$$
$$|f(x_1) - f(x_0)| + |f(x_2) - f(x_0)| <$$
$$\dfrac{\varepsilon}{2} + \dfrac{\varepsilon}{2} < \varepsilon$$

康托尔(Cantor, Georg Ferdinand Ludwig philipp, 1845—1918),德国数学家.集合论的创始人.

第 4 章 有理数的性质

因而,开区间 $\sigma(x_0)=(x_0-\delta(x_0),x_0+\delta(x_0))$ 具有性质:任意两点 x',x'' 只要都属于开区间 $\sigma(x_0)$ 就成立 $|f(x_1)-f(x_2)|<\varepsilon$.

对闭区间 $[a,b]$ 中每一点 x_0,显然开区间 $\overline{\sigma}(x_0)=\left(x_0-\dfrac{\delta(x_0)}{2},x_0+\dfrac{\delta(x_0)}{2}\right)$ 覆盖了点 x_0,因而由这些开区间组成的集合 $\overline{\sum}=\left\{\left(x_0-\dfrac{\delta(x_0)}{2},x_0+\dfrac{\delta(x_0)}{2}\right)\right\},x_0\in[a,b]$ 就覆盖了闭区间 $[a,b]$.

根据定理 4.5.12,从 $\overline{\sum}$ 中定可选出有限个开区间 $\overline{\sigma}_1,\overline{\sigma}_2,\cdots,\overline{\sigma}_n$ 组成的集合 $\sum^*$ 也可覆盖闭区间 $[a,b]$,其中 $\overline{\sigma}_i$ 具有形式 $\overline{\sigma}_i=\left(x_i-\dfrac{\delta_i}{2},x_i+\dfrac{\delta_i}{2}\right)$. 现在设 $\delta^*=\min\left(\dfrac{\delta_1}{2},\dfrac{\delta_2}{2},\cdots,\dfrac{\delta_n}{2}\right)$,并设 x',x'' 是满足关系式 $|x'-x''|<\delta^*$ 的任意两点. 那么由于 $\sum^*$ 覆盖了闭区间 $[a,b]$,因此 x' 必定要属于某一个开区间 $\overline{\sigma}_k=\left(x_k-\dfrac{\delta_k}{2},x_k+\dfrac{\delta_k}{2}\right)$,因而当然也属于开区间 $\sigma_k=(x_k-\delta_k,x_k+\delta_k)$. 由于

$$|x''-x_k|=|x''-x'+x'-x_k|\leqslant$$
$$|x''-x'|+|x'-x_k|<$$
$$\delta^*+\dfrac{\delta_k}{2}\leqslant\dfrac{\delta_k}{2}+\dfrac{\delta_k}{2}\leqslant\delta_k$$

这就说明 x'' 和 x' 都属于开区间 $\sigma_k=(x_k-\delta_k,x_k+\delta_k)$,因而根据开区间 $\sigma_k=(x_k-\delta_k,x_k+\delta_k)$ 的性质就得知 $|f(x_1)-f(x_2)|<\varepsilon$. 由于 δ^* 完全不依赖于 x',

x'' 的选取,因此这就证明了 $f(x)$ 在闭区间 $[a,b]$ 是一致连续的.

习题 4.5

1. 设 X,Y 是直线上的点集,f 是 $X \to Y$ 的连续映射. 证明:

(1) Y 中每个开集 V 在 f 下的逆象 $f^{-1}(V) = \{x \in X \mid f(x) \in V\}$ 是 X 中的开集;

(2) Y 中每个闭集 F 在 f 下的逆象 $f^{-1}(F) = \{x \in X \mid f(x) \in F\}$ 是 X 中的闭集;

(3) 对任何 $A \subset X, f(\overline{A}) \subset \overline{f(A)}$.

2. 设 $f:X \to \mathbf{R}$ 是连续函数,证明:

(1) $\{x \mid f(x) > c\}$ 和 $\{x \mid f(x) < c\}$ 都是开集;

(2) $\{x \mid f(x) \geqslant c\}$ 和 $\{x \mid f(x) \leqslant c\}$ 都是闭集.

3. 证明 $f:X \to \mathbf{R}$ 是连续函数的充分必要条件是:

(1) 对任何 $c \in \mathbf{R}, \{x \mid f(x) > c\}$ 和 $\{x \mid f(x) < c\}$ 都是 X 的开集;或者

(2) 对任何 $c \in \mathbf{R}, \{x \mid f(x) \geqslant c\}$ 和 $\{x \mid f(x) \leqslant c\}$ 都 X 的是闭集.

4. 举例说明仅有 3(1) 的一半条件:对任何 $c \in \mathbf{R}$, $\{x \mid f(x) > c\}$ 都是 X 的开集不能保证 $f:X \to \mathbf{R}$ 是连续函数.

5. 证明: $f(x) = \dfrac{1}{x}$ 在开区间 $(0,1)$ 上不是一致连续的.

6. 设函数 $f(x)$ 定义在 $[a,b]$ 上,如果存在一个正数 $M > 0$,使得对任意 $x,y \in [a,b]$ 都有 $|f(x) - f(y)| \leqslant M|x-y|$,则称 $f(x)$ 是在 $[a,b]$ 上李普希

茨(Lipschitz)连续的.

证明:在任何包含 0 的闭区间上, $f(x)=x^2$ 是李普希茨连续的,但是 $\sqrt{|x|}$ 不是.

7. 设 $f(x)$ 在 $[a,\infty)$ 上连续,当 $x\to\infty$ 时, $f(f(x))\to\infty$,证明:当 $x\to\infty$ 时, $f(x)\to\infty$.

8. 设序列 x_n 具有性质: $|x_m-x_n|\leqslant\max\{|x_m-x_{m-1}|,|x_n-x_{n-1}|\}(m,n\geqslant 2)$. 证明: x_n 是有界的.

9. 有界序列 $\{x_n\}$ 的最小的聚点称为序列 $\{x_n\}$ 的下极限,记为 $\varliminf\limits_{n\to\infty}x_n$;最大的聚点称为序列 $\{x_n\}$ 的上极限,记为 $\varlimsup\limits_{n\to\infty}x_n$,证明:

(1) $\lim\limits_{n\to\infty}x_n$ 存在的充分必要条件是 $\varliminf\limits_{n\to\infty}x_n=\varlimsup\limits_{n\to\infty}x_n$;

(2) $\varliminf\limits_{n\to\infty}x_n+\varliminf\limits_{n\to\infty}y_n\leqslant\varliminf\limits_{n\to\infty}(x_n+y_n)\leqslant\varliminf\limits_{n\to\infty}x_n+\varlimsup\limits_{n\to\infty}y_n$;

(3) $\varliminf\limits_{n\to\infty}x_n+\varlimsup\limits_{n\to\infty}y_n\leqslant\varlimsup\limits_{n\to\infty}(x_n+y_n)\leqslant\varlimsup\limits_{n\to\infty}x_n+\varlimsup\limits_{n\to\infty}y_n$.

10. 设 $x_n\geqslant 0,y_n\geqslant 0(n=1,2,\cdots)$,证明:

(1) $\varliminf\limits_{n\to\infty}x_n\cdot\varliminf\limits_{n\to\infty}y_n\leqslant\varliminf\limits_{n\to\infty}x_ny_n\leqslant\varliminf\limits_{n\to\infty}x_n\cdot\varlimsup\limits_{n\to\infty}y_n$;

(2) $\varliminf\limits_{n\to\infty}x_n\cdot\varlimsup\limits_{n\to\infty}y_n\leqslant\varlimsup\limits_{n\to\infty}x_ny_n\leqslant\varlimsup\limits_{n\to\infty}x_n\cdot\varlimsup\limits_{n\to\infty}y_n$.

11. 证明:如果 $x_n\geqslant 0(n=1,2,\cdots)$ 并且 $\varlimsup\limits_{n\to\infty}x_n\cdot\varlimsup\limits_{n\to\infty}\dfrac{1}{x_n}=1$,则序列 $\{x_n\}$ 是收敛的.

12. (1) 设存在极限 $\lim\limits_{n\to 0}\dfrac{f(x)}{x}$,又当 $x\to 0$ 时,

$f(x)-f\left(\dfrac{x}{2}\right)=o(x)$,证明:当 $x\to 0$ 时,$f(x)=o(x)$;

(2)设当 $x\to 0$ 时,$f(x)\to 0$,$f(x)-f\left(\dfrac{x}{2}\right)=o(x)$,证明:当 $x\to 0$ 时,$f(x)=o(x)$.

13.设数列 $\{x_n\}$ 满足条件 $0\leqslant x_{m+n}\leqslant x_m+x_n$($m,n=1,2,\cdots$).证明:存在极限 $\lim\limits_{n\to\infty}\dfrac{x_n}{n}$.

14.(1)设 $l=\varliminf\limits_{n\to\infty}x_n$,$L=\varlimsup\limits_{n\to\infty}x_n$.证明:如果序列 $\{x_n\}$ 有界,且 $\lim\limits_{n\to\infty}(x_{n+1}-x_n)=0$,则闭区间 $[l,L]$ 中的任何一个数都是此序列的聚点.

(2)设 $f(x)$ 是 $[a,b]\to[a,b]$ 的连续映射,x 是 $[a,b]$ 内任一点,令 $x_1=x$,$x_{n+1}=f(x_n)$,证明:x_n 收敛的充分必要条件是 $\lim\limits_{n\to\infty}(x_{n+1}-x_n)=0$.

15.设 $S_n=a_1+a_2+\cdots+a_n$,当 $n\to\infty$ 时,S_n 收敛,$\lim\limits_{n\to\infty}na_n=c$,证明:$c=0$.

16.设 $S_n=a_1+a_2+\cdots+a_n$,当 $n\to\infty$ 时,S_n 收敛,举例说明 $\lim\limits_{n\to\infty}na_n$ 可以不存在.

17.设 $S_n=a_1+a_2+\cdots+a_n$,当 $n\to\infty$ 时,S_n 收敛,a_n 单调递减.证明:$\lim\limits_{n\to\infty}na_n=0$.

18.设 $I=[0,1]=A\cup B$,其中 $A\cap B=\varnothing$.证明:不可能存在定义在 I 上的连续函数 $f(x)$,使得 $f(A)=B$,$f(B)=A$.

19.设 $0<x_0<\pi$,$x_{n+1}=\sin x_n$.证明:当 $n\to\infty$ 时,$\sqrt{\dfrac{n}{3}}x_n\to 1$.

4.6 隔离性和稠密性

下面来考察闭集的更深刻的性质.

首先我们已知道如果 x,y 是数轴上的两点,那么 x,y 之间的距离就是 $|x-y|$,如果记 $\rho(x,y)=|x-y|$,则 $\rho(x,y)$ 具有以下性质:

(1) $\rho(x,y) \geqslant 0$,当且仅当 $x=y$ 时,$\rho(x,y)=0$;

(2) $\rho(x,y) = \rho(y,x)$;

(3) $\rho(x,y) + \rho(y,z) \leqslant \rho(x,z)$.

由此引出下面的概念:

定义 4.6.1 设 X 是一个集合,如果存在一个映射 $\rho: X \times X \to R(x,y) \mapsto \rho(x,y)$ 满足以下性质:

(1) $\rho(x,y) \geqslant 0$,当且仅当 $x=y$ 时,$\rho(x,y)=0$(正定性);

(2) $\rho(x,y) = \rho(y,x)$(对称性);

(3) $\rho(x,y) + \rho(y,z) \leqslant \rho(x,z)$(三角形不等式).

则称 (X,ρ) 为度量(或距离)空间,ρ 称为 X 上的度量(或距离),$\rho(x,y)$ 称为点 x 和 y 之间的距离.

现在考虑更进一步的问题:既然点和点之间可以定义距离的概念,那么自然要问,点和集合,乃至集合与集合之间是否也能有距离的概念? 回答是肯定的.

定义 4.6.2 设 x_0 为一点,E 为一个非空的点集. 则 x_0 与 E 中的点的距离的下确界就称为点 x_0 与点集 E 之间的距离,记为 $\rho(x_0,E)$,$\rho(x_0,E) = \inf\{\rho(x_0,x) | \in E\}$.

显然 $\rho(x_0,E)$ 一定存在且 $\rho(x_0,E) \geqslant 0$. 如果

$x_0 \in E$,则 $\rho(x_0, E) = 0$.但是反过来却不一定对.例如如果 $x_0 = 0, E = (0, 1)$,则 $\rho(x_0, E)$,但是 $x_0 \notin E$.

定义 4.6.3 设 A 和 B 是两个不空的点集,则 A 和 B 之间的点的距离的下确界就称为 A 和 B 之间的距离,记为 $\rho(A, B)$,$\rho(A, B) = \inf\{\rho(x, y) \mid x \in A, y \in B\}$.

显然 $\rho(A, B)$ 一定存在,且 $\rho(A, B) = \rho(B, A) \geqslant 0$.

如果 A 与 B 有公共点,则 $\rho(A, B) = 0$,但是反过来的结论却不一定成立.例如,设 $A = (-1, 0), B = (0, 1)$,则 $\rho(A, B) = 0$,然而 $A \cap B = \varnothing$.

以上说明是针对一般的集合而言,但是如果 A, B 都是闭集,则附加一定条件后,就可得到更加确切的结果如下:

定理 4.6.1 设 A 和 B 都是非空的闭集,且其中至少有一个是有界的,那么必存在点 $x^* \in A, y^* \in B$ 使得

$$\rho(x^*, y^*) = \rho(A, B)$$

证明 对每一个自然数 n,$\dfrac{1}{n}$ 是一个正数.根据下确界的定义对于 $\dfrac{1}{n} > 0$ 存在两个点

$$x_n \in A, y_n \in B$$

使得 $\rho(A, B) \leqslant \rho(x_n, y_n) < \rho(A, B) + \dfrac{1}{n}$

由假设可知 A 和 B 之中至少有一个集合是有界的,不妨设 A 有界,因此 $\{x_n\}$ 是有界数列,因而由波查诺－维尔斯特拉斯定理知道可从 $\{x_n\}$ 中抽出一个收敛子列 $\{x_{n_k}\}$ 使得当 $k \to \infty$ 时,$n_k \to \infty$,$x_{n_k} \to x^*$.由

于 A 是闭集,因此 $x^* \in A$.

由于 $\{x_n\}$ 是有界数列,所以可设 $|x_n| < C$,因而
$$|y_{n_k}| \leqslant |x_{n_k}| + |y_{n_k} - x_{n_k}| <$$
$$C + \rho(A,B) + \frac{1}{n_k} \leqslant$$
$$C + \rho(A,B) + 1$$

这说明 $\{y_{n_k}\}$ 也是有界数列. 仍由波查诺－维尔斯特拉斯定理知道可从 $\{y_{n_k}\}$ 中抽出一个收敛子列 $\{y_{n_{k_i}}\}$ 使得当 $i \to \infty$ 时, $k_i \to \infty, n_{k_i} \to \infty, y_{n_{k_i}} \to y^*$. 由于 B 是闭集,因此 $y^* \in B$.

从子序列 $\{y_{n_{k_i}}\}$ 的选取方法即知
$$\rho(x^*, y^*) = |y^* - x^*| = \lim_{i \to \infty} |y_{n_{k_i}} - x_{n_{k_i}}| =$$
$$\rho(A,B)$$

这就证明了定理.

这个定理中的 A,B 之中至少一个集合是有界的条件和 A,B 都是闭集的条件均不可缺少. 例如,如果设 $M = \{n\}, N = \left\{n + \dfrac{1}{2n}\right\}$,则由于 $M' = N' = \varnothing$,因此 M,N 都是闭集. 显然 $\rho(M,N) = 0$,但是因为 $M \cap N = \varnothing, \rho(x^*, y^*) = 0$ 蕴含 $x^* = y^*$. 所以不可能存在 x^*, y^* 使得 $x^* \in M, y^* \in N, \rho(x^*, y^*) = 0$.

再例如,如果设 $A = [1,2), B = [3,5]$,则 $\rho(A,B) = 1$,然而不存 x^*, y^* 在使得 $x^* \in A, y^* \in B, \rho(x^*, y^*) = 1$.

由定理 4.6.1 立刻得出：

定理 4.6.2

(1) 设 A,B 都是闭集且其中至少一个集合是有界的,那么如果 $\rho(A,B) = 0$,则 $A \cap B \neq \varnothing$,即 A,B 必有

公共点;

(2) 设 F 是非空的闭集,x_0 是任意一点,则必存在 $x^* \in F$ 使得 $\rho(x_0, x^*) = \rho(x_0, F)$;

(3) 如果点 x_0 和闭集 F 满足条件 $\rho(x_0, F) = 0$,则 $x_0 \in F$.

为得出闭集的隔离性,我们首先证明以下引理:

引理 4.6.1 设 A 是非空点集,$d > 0$,$U = \{x \mid \rho(x, A) < d\}$,则 $A \subset U$,且 U 是开集.

证明 因为 A 中的点 x 都满足条件 $\rho(x, A) = 0$,故显然 $A \subset U$. 任取 $x_0 \in U$,则 $\rho(x_0, U) < d$,从而 A 中必有点 x^* 使得 $\rho(x_0, x^*) < d$,令
$$r = d - \rho(x_0, x^*) > 0, V = \{x, \mid \rho(x_0, x) < r\}$$
在 V 中任取一点 y,则 $\rho(x_0, y) < r$,故
$$\rho(x^*, y) \leqslant \rho(y, x_0) + \rho(x_0, x^*) < r + d - r = d$$
因此 $\rho(y, A) < d, V \subset U$. 这说明 U 具有性质:如果点 $x_0 \in U$,那么 x_0 的邻域 $V \subset U$,因此 U 是开集. 这就证明了引理.

引理 4.6.2 设 A, B 是两个非空点集,$\rho(A, B) = r > 0$.
$$U = \{x \mid \rho(x, A) < \frac{r}{2}\}, V = \{x \mid \rho(x, B) < \frac{r}{2}\}$$
则 $U \cap V = \varnothing$.

证明 用反证法,假设 $U \cap V \neq \varnothing$,那么必存在 $z \in U \cap V$,因此
$$\rho(z, A) < \frac{r}{2}, \rho(z, B) < \frac{r}{2}$$
由上式又得出必存在点 $x \in A, y \in B$ 使得 $\rho(z, x) < \frac{r}{2}, \rho(z, y) < \frac{r}{2}$,因而 $\rho(x, y) < r$,这又说明

第 4 章　有理数的性质

$\rho(A,B) < r$，而这与假设矛盾，所得的矛盾就证明了引理．

定理 4.6.3(隔离性)　设 F_1, F_2 是不相交的闭集，则必存在开集 G_1, G_2 使得
$$F_1 \subset G_1, F_2 \subset G_2, G_1 \cap G_2 = \emptyset$$

证明　(1) 设 F_1 有界，于是由定理 4.6.2(1) 可知 $\rho(F_1, F_2) = r > 0$．令
$$G_1 = \{x \mid \rho(x, F_1) < \frac{r}{2}\}, G_2 = \{x \mid \rho(x, F_2) < \frac{r}{2}\}$$
则由引理 4.6.1 和 4.6.2 知，G_1, G_2 都是开集，且 $F_1 \subset G_1, F_2 \subset G_2, G_1 \cap G_2 = \emptyset$．因此定理在这种情况下成立．

(2) 设
$$E_1 = F_1 \cap B_1, E_2 = F_1 \cap B_2, \cdots, E_n = F_1 \cap B_n, \cdots$$
其中 $B_n = \{x \mid \rho(0, x) \leq n\}$，那么显然 B_n 都是有界闭集，因而 E_n 也都是有界闭集．而且
$$F_1 = E_1 \cup E_2 \cup \cdots \cup E_n \cup \cdots$$
$$E_n \cap F_2 = \emptyset, n = 1, 2, \cdots$$
于是由(1)中已证的结论可知

存在开集 G_{11}, G_{21}，使得 $E_1 \subset G_{11}, F_2 \subset G_{21}, G_{11} \cap G_{21} = \emptyset$；

存在开集 G_{12}, G_{22}，使得 $E_2 \subset G_{12}, F_2 \subset G_{22}, G_{12} \cap G_{22} = \emptyset$；

……

存在开集 G_{1n}, G_{2n}，使得 $E_n \subset G_{1n}, F_2 \subset G_{2n}, G_{1n} \cap G_{2n} = \emptyset$；

……

根据引理 4.6.2 中开集的构造方法知道，我们可

设

$$G_{11} \subset G_{12} \subset \cdots \subset G_{1n} \subset \cdots$$
$$G_{21} \subset G_{22} \subset \cdots \subset G_{2n} \subset \cdots$$

因而对任意 i,j 都有 $G_{1i} \bigcap G_{2j} = \varnothing$.

设 $G_1 = \bigcup\limits_{n=1}^{\infty} G_{1n}, G_2 = \bigcup\limits_{n=1}^{\infty} G_{2n}$,则显然 $F_1 = \bigcup\limits_{n=1}^{\infty} E_n \subset \bigcup\limits_{n=1}^{\infty} G_{1n} = G_1, F_2 \subset \bigcup\limits_{n=1}^{\infty} G_{2n} = G_2$,并且 $G_1 \bigcap G_2 = \varnothing$,由定理 4.5.1 知 G_1, G_2 都是开集,这就在一般情况下(也即 F_1, F_2 不一定至少有一个是有界的情况下)证明了定理.

上面分别得到了开集和闭集的一些性质,然而并未说明二者之间有何关系. 利用余集的概念可以得出它们之间的关系.

定理 4.6.4

(1) 开集的余集是闭集;

(2) 闭集的余集是开集.

证明 (1) 设 G 是开集,x_0 是 CG 的极限点,则 CG 中包含一个序列 $\{x_n\}$($x_n \neq x_0$,当 $n \neq m$ 时,$x_n \neq x_m$),使得 $\lim\limits_{n \to \infty} x_n = x_0$. 如果 $x_0 \notin CG$,那么 $x_0 \in G$,因而在 G 中存在一个包含 x_0 的开区间 $K, x_0 \subset K \subset G$. 开区间 K 中显然不含 CG 中的任何一点,因此 x_0 不可能是 CG 的极限点,这与我们的假设矛盾. 所得的矛盾说明必有 $x_0 \in CG$,这就证明了 CG 是闭集.

(2) 设 F 是闭集,x_0 是 CF 中任意一点. 则因为 F 的极限点都属于 F,故 x_0 不是 F 的极限点. 这就是说,必存在一个包含 x_0 的开区间 K,而 K 不包含 F 中的任何点,由于 x_0 本身也不是 F 的点,因此开区间 K 整个都不属于 F,因而属于 CF,这就是说对任意 $x_0 \in CF$,

第 4 章　有理数的性质

CF 中都存在一个包含 x_0 的开区间 K,故 CF 是开集.

利用开集和闭集的上述关系以及集合之间的距离概念就得到:

定理 4.6.5　**R** 中的既开又闭的集合只有 $\varnothing$ 和 **R** 本身.

证明　设 A 是一个既开又闭的集合,如果 $A \neq \varnothing$,$A \neq$ **R**,那么 $B = CA$ 也是既开又闭的,且也有 $CA \neq \varnothing$,$CA \neq$ **R**. 设 D 是一个线段,其一个端点 x 属于 A,而另一个端点 y 属于 B. 设 $\rho(x,y)=d$,设 z 是 x,y 的中点,即设 $z = \dfrac{x+y}{2}$,则 $z \in D$.

关系式 $z \in A \cap D$ 或 $z \in B \cap D$ 必有一个成立,假设 $z \in A \cap D$,则

$$d = \rho(x,y) \leqslant \rho(z,y) \leqslant \frac{d}{2}$$

这显然是一个矛盾. 所得的矛盾就说明不可能存在不是空集又不是 **R** 的既开又闭的集合.

为得出闭集的以下性质,我们先给出所谓"凝点"的概念.

定义 4.6.4　设 E 是一个点集,x_0 是任意一个点. 如果每个包含 x_0 的开区间 (a,b) 中都含有 E 中不可数多个点,则称 x_0 为 E 的凝点.

定理 4.6.6(林得勒夫)　如果 E 的点都不是 E 的凝点,则 E 是至多可数的.

证明　假设开区间 (a,b) 的两个端点都是有理数,而且 (a,b) 中至多含有 E 中可数多个点,则称 (a,b) 是一个正规区间. 由于集合 $\{(a,b) \mid a,b$ 都是有理数$\}$ 是至多可数的(例 2.3.4(1)),因此全体正规区间是至多可数的.

林得勒夫(Lindelöf, Ernst Leonhard, 1870—1946),瑞典—芬兰数学家. 生于赫尔辛基(当时为瑞典赫尔辛福斯),卒于同地.

任取 $x \in E$（如果 E 是空集，那么定理已经成立），由于 x 不是 E 的凝点，因此必有开区间 (a,b) 包含 x 而 (a,b) 中至多含有 E 中可数多个点. 由有理数的稠密性可知，必存在有理数 r 和 R 使得 $a<r<x<R<b$. 于是按照正规区间的定义，(r,R) 就是一个正规区间，这就是说，E 中每一点都可被一个正规区间所覆盖. 上面已证全体正规区间是至多可数的，因此可设全体正规区间为 $\delta_1,\delta_2,\cdots,\delta_n,\cdots E \subset \bigcup_{n=1}^{\infty} \delta_n$，而因此

$$E = \bigcup_{n=1}^{\infty}(E \cap \delta_n)$$

由于上式中并号之后的每一个集合都是至多可数的，所以就得出 E 是至多可数的.

由此定理得出

定理 4.6.7

（1）如果 E 是不可数集合，则 E 中至少包含一个凝点.

（2）设 E 是一个点集，P 是 E 的全体凝点组成的集合，则 $E \setminus P$ 是至多可数的.

（3）设 E 是不可数的集合，P 是 E 的全体凝点组成的集合，那么 $E \cap P$ 是不可数的.

证明 （1），（2）显然，只证（3）. 由于 $E \cap P = E - (E - P)$，因此由（2）已证的结论和引理 2.3.8 即得出 $E \cap P$ 是不可数的.

定理 4.6.8 设 E 是不可数的集合，则 E 的全体凝点组成的集合 P 是一个完备集.

证明 先证 P 是闭集.

设 x_0 是 P 的任一极限点，则由极限点的性质知任取包含 x_0 的开区间 (a,b)，则 (a,b) 中至少含有一个 P

第 4 章　有理数的性质

的点 z. 按照 P 的定义可知 z 是一个 E 的凝点，所以 (a,b) 中包含 E 的不可数多的点，这就说明 x_0 自己也是一个凝点，因而 $x_0 \in P$，所以 P 是闭集.

其次证明 P 没有孤立点，也就是要证明 P 中的每个点都是极限点. 任取 $x_0 \in P$，设 (a,b) 是包含 x_0 的开区间. 按照 P 的定义可知 x_0 是 E 的凝点，所以 (a,b) 中包含 E 的不可数多的点，即 $Q = E \cap (a,b)$ 是不可数集. 设 R 是 Q 的全体凝点组成的集合，那么由定理 4.6.7(3) 可知 $Q \cap R$ 是不可数的. 因此 $Q \cap R$ 中含有不可数个 R 中的点，也就是说 $Q \cap R$ 中含有不可数个 Q 的凝点，但因为 $Q \cap R \subset Q$，所以 Q 中含有不可数个 Q 的凝点. 但是 $Q \subset E$，所以 Q 的凝点就是 E 的凝点，因此 Q 中或 (a,b) 中都含有不可数个 E 的凝点，即不可数个 P 中的点，这就说明 x_0 是 P 的极限点. 从 x_0 的任意性就得出 $P \subset P' \subset P$（由于已证 P 是闭的），故 $P = P'$. 这就证明了 P 是完备的.

由此定理即得出

定理 4.6.9(康托尔－本迪克逊)　设 F 是不可数的闭集，则 $F = P \cup D$，其中 P 是完备集，D 是至多可数集.

本迪克逊 (Bendixson, Ivor Otto, 1861—1935)，挪威数学家，生于瑞典斯德哥尔摩.

证明　设 P 是 F 的所有凝点的集合，则 $P \subset F$，而 $D = F \backslash P$ 是至多可数的（定理 4.6.7(2)）.

下面我们来定义稠密性的概念.

在 4.4 中我们已了解了有理数具有稠密的特性，表现在任何两个有理数之间必存在一个有理数以及任何实数的附近都存在有理数. 或者说任何一个实数都可以用有理数去逼近. 这是有理数的稠密性，一般地，我们有

定义 4.6.5 设 A,B 是直线上的两个点集,如果 B 的每个点的任意邻域(即任意包含这个点的开区间)中都有 A 的点则称 A 在 B 中稠密. 当 B 是全体实数 $\mathbf{R}$ 时,即 A 在全体实数中稠密时,称 A 是稠密集.

例如,$[0,1]$ 中的全体有理数在 $[0,1]$ 中稠密,而全体有理数的集合是稠密集.

和稠密性相对的概念就是不稠密,在一个局部不稠密是很容易的,这只要在一个开区间中完全不含 A 中的点,因此我们感兴趣的是哪都不稠密的概念.

定义 4.6.6 设 S 是直线上的点集,如果 S 在每个非空开集中都不稠密,则称 S 是无处稠密集.

定理 4.6.10 S 是无处稠密集的充分必要条件是对任何开区间 (a,b),必存在一个开区间 $(a',b') \subset (a,b)$,而 (a',b') 不包含任何 S 中的点.

证明 设对任何开区间 (a,b),必存在一个开区间 $(a',b') \subset (a,b)$,而 (a',b') 不包含任何 S 中的点. 那么任取一个非空开集 G,由于 G 非空,因此 G 中必至少含有一个点 x_0,由于 G 是开集,故存在开区间 (a,b) 使得 $x_0 \in (a,b) \subset G$. 根据假设,对于开区间 (a,b),存在开区间 $(a',b') \subset (a,b)$,而 (a',b') 不包含任何 S 中的点. 这就说明 S 在 G 中的点 x_0 的邻域中不稠密,故 S 在 G 中不稠密. 由 G 的任意性就得出 S 是无处稠密的.

反过来,设 S 是无处稠密的,那么 S 在开集 (a,b) 中是无处稠密的. 因而对于 (a,b) 中的点 x_0,必存在一个邻域 (a',b'),使得 $(a',b') \subset (a,b)$,而 (a',b') 不包含任何 S 中的点(如果不存在这样的邻域,那么 S 在点 x_0 的邻域中就是稠密的了). 这就证明了必要性.

稠密集和无处稠密集之间的关系颇像开集和闭集

的关系,这就是

定理 4.6.11 无处稠密集的余集一定是稠密的.

证明 设 S 是无处稠密集,(a,b) 是任意开区间,那么根据定理 4.6.10 必存在开区间 $(a',b') \subset (a,b)$,而 (a',b') 不包含任何 S 中的点,那也就是说 (a',b') 中的点全都是 S 的余集 CS 中的点. 这说明任意开区间中都含有 CS 中的点,因此 CS 是稠密的.

我们说稠密集和无处稠密集之间的关系颇像开集和闭集的关系,但只是像而不完全一样. 比如说上面这个定理的逆命题就不成立. 例如,设 **Q** 表示全体有理数,那么 **Q** 是稠密集,但是 **Q** 的余集是全体无理数,也是稠密的.

定理 4.6.12 如果 A 是不包含任何开区间的闭集,那么 A 一定是无处稠密集.

证明 设 (a,b) 是任意开区间,由于 A 不包含开区间,因此 (a,b) 中必含有一个点不属于 A,即 A 中必含有一个 A 的余集 CA 中的点 x_0,但是 CA 是开集,因此必存在一个存在开区间 (a',b') 使得 $x_0 \in (a',b') \subset CA$,缩小这个区间并使它始终包含 x_0,可使 $x_0 \in (a',b') \subset (a,b)$. 这就是说,对于开区间 (a,b),我们找到了一个开区间 $x_0 \in (a',b') \subset (a,b)$,而 (a',b') 中不包含任何 A 中的点,由定理 4.6.10 这就证明了 A 是无处稠密的.

我们现在再来看看完备集的一个特性. 这个特性就是要不然它里面什么都没有,要不然它就一定包含很多东西. 因为按照完备集的定义,空集也是完备的,这个时候它里面当然什么也没有,但是这实在是一种很特殊又很没意思的情形. 如果完备集是非空的,那么它首先就包含了它的所有极限点,而每个极限点的邻域中就有无限多个这个集中的点,因此这种集合中的点肯定不会太少,更确切地说,我们有下面的定理:

定理 4.6.13 直线上任意非空完备集 A 的势是 c.

证明 由于直线上所有点的势是 c,所以只需证明 A 有一个子集的势是 c 即可.

首先,将 $(0,1]$ 中的实数表示成为无限的二进小数.

因为 A 不是空集,而且其中每个点都是自己的极限点,因此 A 中至少包含两个点,而且这两个点的距离不超过 1. 把这两个点记为 x_0 和 $x_{0.1}$,并将 x_0 和 0 对应,将 $x_{0.1}$ 和 0.1 对应. 再分别作 x_0 和 $x_{0.1}$ 的不相交的而且没有共同端点的邻域 U_0, U_1 并使这两个邻域的长度都不超过 $\frac{1}{2}$. 由于 A 是完备的,因此 A 中没有孤立点(见定理 4.6.8 的证明),因而在 $U_0 \bigcap A$ 中除了 x_0 之外至少还有一点 $x_{0.01}$,而在 $U_1 \bigcap A$ 中除了之 $x_{0.1}$ 外至少还有一点 $x_{0.11}$.

按照邻域 U_0, U_1 的做法可知 $|x_0 - x_{0.01}| < \frac{1}{2}$, $|x_{0.1} - x_{0.11}| < \frac{1}{2}$. 令 $x_{0.01}$ 对应于 $0.01, x_{0.11}$ 对应于 0.11.

同理再分别作 x_0 和 $x_{0.01}$ 的不相交的而且没有共同端点的邻域 U_{00}, U_{01},并使这两个邻域的长度都不超过 $\frac{1}{4}$,作 $x_{0.1}$ 和 $x_{0.11}$ 的不相交的而且没有共同端点的邻域 U_{10}, U_{11} 并使这两个邻域的长度都不超过 $\frac{1}{4}$.

第4章　有理数的性质

于是在 $U_{00} \cap A, U_{01} \cap A, U_{10} \cap A, U_{11} \cap A$ 中又至少各有一个不同于此邻域中原有的点的新点 $x_{0.001}$, $x_{0.011}, x_{0.101}, x_{0.111}$, 且

$$|x_0 - x_{0.001}| < \frac{1}{4}, \quad |x_{0.01} - x_{0.011}| < \frac{1}{4}$$

$$|x_{0.1} - x_{0.101}| < \frac{1}{4}, \quad |x_{0.11} - x_{0.111}| < \frac{1}{4}$$

如此继续下去,我们就得到点 $x_{0.i_1 i_2 \cdots i_n}(i_k = 0,1; k = 1, 2, \cdots, n)$ 和邻域 $U_{i_1 i_2 \cdots i_n}(i_k = 0,1; k = 1, 2, \cdots, n)$ 使得

(1) $x_{0.i_1 i_2 \cdots i_n} \in U_{i_1 i_2 \cdots i_{n-1}}$;

(2) $U_{i_1 i_2 \cdots i_{n-1} i_n} \in U_{i_1 i_2 \cdots i_{n-1}}$;

(3) $\overline{U}_{i_1, i_2, \cdots, i_n} \cap \overline{U}_{i'_1 i'_2 \cdots i'_n} = \varnothing$, $((i_1 i_2 \cdots i_n) \neq (i'_1 i'_2 \cdots i'_n))$;

(4) $U_{i_1 i_2 \cdots i_n}(i_k = 0,1; k = 1, 2, \cdots, n)$ 的长度不超过 $\frac{1}{2^n}$.

现在设 $a = 0.a_1 a_2 \cdots a_n \cdots$,那么从 a 可以得到一系列邻域 $U_{a_1 a_2 \cdots a_n}$.

由于 $U_{a_1 a_2 \cdots a_n}$ 的长度不超过 $\frac{1}{2^n}$,而且当 $m \geqslant n$ 时,$x_{0.a_1 a_2 \cdots a_m} \in U_{a_1 a_2 \cdots a_n}$,所以当 $m, m' \geqslant n$ 时 $|x_{0.a_1 a_2 \cdots a_m} - x_{0.a_1 a_2 \cdots a_{m'}}| < \frac{1}{2^n}$,因此序列 $x_{0.a_1}, x_{0.a_1 a_2}, \cdots, x_{0.a_1 a_2 \cdots a_n}, \cdots$ 收敛,设此序列的极限是 y_a. 但是由于 A 是完备的,因而是闭的,故必有 $y_a \in A$.

现在作全体二进无限小数到 A 上的映射 $\varphi: a \mapsto y_a$. 我们证 φ 一定是单射(见第2章定义 2.2.3 之前的说明). 实际上如果 $a \neq b, b = 0.b_1 b_2 \cdots b_n \cdots$,那么必存在一个自然数 n 使得 $a_1 = b_1, a_2 = b_2, \cdots, a_{n-1} = b_{n-1}$,但

是 $a_n \neq b_n$. 当 $m \geqslant n$ 时

$$x_{0.a_1a_2\cdots a_m} \in U_{a_1a_2\cdots a_{n-1}a_n}, x_{0.b_1b_2\cdots b_m} \in U_{a_1a_2\cdots a_{n-1}b_n}$$

令 $m \to \infty$,那么根据上述点和邻域的构造过程可知 y_a 总是位于 $U_{a_1a_2\cdots a_{n-1}a_n}$ 内或其端点上,y_b 总是位于 $U_{a_1a_2\cdots a_{n-1}b_n}$ 内或其端点上,而 $U_{a_1a_2\cdots a_{n-1}a_n}$ 和 $U_{a_1a_2\cdots a_{n-1}b_n}$ 不相交也没有公共端点,因此 $y_a \neq y_b$,这就证明了 φ 是单射.

设 $S = \{0.i_1i_2\cdots i_n\cdots\}$,那么由定理 4.1.4 可知 S 的势是 c,由于 φ 是单射,故 A 有一个子集 $\varphi((0,1]) \subset A$ 的势是 c,这就证明了 A 的势是 c.

由此定理和康托尔－本迪克逊定理(定理 4.6.9)立即得到

定理 4.6.14 不可数的闭集的势一定是 c.

习题 4.6

1. 如果序列 x_n 中有某一项 x_k 具有性质:对一切 $n \geqslant k$ 成立 $x_k \geqslant x_n$,则称 x_k 是一个山顶. 利用这一概念证明,在任意序列 $\{x_n\}$ 中必可抽出一个单调的子序列,从而证明(波查诺－维尔斯特拉斯)定理:任一有界序列 $x_1, x_2, \cdots, x_n, \cdots$ 中必存在收敛的子序列.

2. 设 (a,b) 是一个开区间. $m(a,b) = \inf\limits_{x \in (a,b)} \{f(x)\}, M(a,b) = \sup\limits_{x \in (a,b)} \{f(x)\}$,则称 $\omega(a,b) = M(a,b) - m(a,b)$ 是函数 $f(x)$ 在开区间 (a,b) 上的振幅.

(1) 求函数 $f(x) = x^2$ 在开区间 $(1,3)$, $(1.9, 2.1)$, $(1.99, 2.01)$ 以及在开区间 $(1.999, 2.001)$ 上的振幅;

(2) 求函数 $f(x) = \arctan\dfrac{1}{x}$ 在开区间 $(1,1)$,

第4章 有理数的性质

$(0.1,0.1),(0.01,0.01)$ 和开区间 $(0.001,0.001)$ 上的振幅.

3. 设 $\omega(h,x_0)(h>0)$ 表函数 $f(x)$ 在开区间 (x_0-h,x_0+h) 上的振幅.

(1) 证明：极限 $\lim\limits_{h\to 0}\omega(h,x_0)$ 存在，并称 $\omega(x_0)=\lim\limits_{h\to 0}\omega(h,x_0)$ 为函数 $f(x)$ 在点 x_0 的振幅；

(2) 证明：$f(x)$ 在点 x_0 为连续的充分必要条件是 $\omega(x_0)=0$；

(3) 证明：$E=\{x\mid \omega(x)\geqslant \varepsilon\}(\varepsilon>0)$ 是闭集.

4. 类似于1.中序列的山顶的概念，可以定义函数 $f(x)$ 在一个开区间 (a,b) 上的山顶的概念. 设 $f(x)$ 在闭区间 $[a,b]$ 上连续，令 $G=\{x\mid$ 存在 y 使 $f(y)>f(x)\}$. 证明：如果 $(c,d)\subset G$，但是 $c,d\notin G$，那么 $f(c)=f(d)$.

5. 证明：$[0,1]$ 中所有十进小数中不含7的数字组成的集合是一个完备集.

6. 证明：单调函数的间断点至多有可数个.

7. 证明：任意函数的间断点所组成的集合是可数个闭集的并.

8. 设 $F_n(n=1,2,3,\cdots)$ 都是非空的有界闭集，且 $F_1\supset F_2\supset\cdots\supset F_n\supset\cdots$，则 $\bigcap\limits_{n=1}^{\infty}F_n$ 不空.

9. 证明：任何一个闭区间 $[a,b]$ 不可能表示成可数个无处稠密集的并.

10. 黎曼函数的定义为：如果 $x=\dfrac{p}{q}$，其中 p,q 是互素的整数，$q\neq 0$，那么 $f(x)=\dfrac{1}{q}$，如果 x 是无理数，那么 $f(x)=0$. 证明：黎曼函数在有理点间断，在无理点连续.

11. 证明:在[0,1]上不可能定义一个在有理点连续,在无理点间断的函数.

12. 至少要用多少长度为 ε 的开区间才能覆盖闭区间[0,1]?

13. 设$\{I_n\}$是开区间的序列,$\{I_n\}$覆盖了闭区间[0,1],证明:$\sum_{n=1}^{\infty}|I_n|>1$.

14. 构造一个(0,1) 和[0,1]之间的 1—1 对应.

15. 设$A=B\bigcup C,\overline{\overline{A}}=c$,则 B 和 C 中,至少有一个集合的势是 c.

16. 设 $f(x)$ 具有性质:对每一个 x_0 都存在一个正数 $\delta>0$,使当 $|x-x_0|<\delta$ 时就有 $f(x)\geqslant f(x_0)$,那么 $f(x)$ 的函数值至多是可数集.

17. 设 $f(x)$ 是闭区间$[a,b]$上的单调递增函数,$f(a)\geqslant a, f(b)\leqslant b$,则必存在 $\xi\in[a,b]$ 使得 $f(\xi)=\xi$.

无理数

第 5 章

5.1 无理数引起的震动和挑战

到现在为止,我们已经从集合论、数的小数表示和有理系数多项式的根这三个方面的证据知道了无理数的存在性.因此我们对有无理数存在这件事是丝毫不会感到有什么不自然之处,也不会因为得知这件事而感到不可思议和震惊.

但是在历史上可不是这样.

在古希腊(约公元前 600 年到公元 600 年),文明曾一度高度发达,奴隶的劳动积累了足够的产品和财富因而使得生产、贸易、制造各业欣欣向荣,社会有条件让被称为贵族的阶层过着奢侈的生活,以及让所谓的哲人能够脱离体力劳动而专门从事思考和研究各类问题. 这时人们的思想非常活跃,大到思考宇宙的本质是什么,小到研制一些具体的机械都有人去做. 古希腊在关于存在于我们之外的物质和世界究竟是什么样子的问题上也形成了两大学派,一派认为物质是无限可分的,另一派则认为物质总是由非常微小的粒子(当时称为原子,这个原子的概念和现代的以物理实验发现为基础的原子概念不是一回事,它表示这是组成物质的最终的不可再分的基础).

虽然这两派学说都没有实际的证据而只是哲人的设想,但是用这两派学说都可以去解释一部分的现实现象,所以都各有人拥护.

按照原子论,直线是由点组成的,既然点是不可再分的,你就必然要得出这样的结论:每条直线上的点是一个整数,因而任何两条线段的比都是两个整数的比.

事实上,对应于原子论,古希腊的数学界也被一个称为毕达哥拉斯的学派所控制. 毕达哥拉斯学派认为数最崇高,最神秘,他们所讲的数是指整数. "数即万物",也就是说宇宙间各种关系都可以用整数或整数之比来表达. 据说这个学派有两条最能概括他们思想特色的格言:"什么最智慧? 只有数目.""什么最美好? 只有和谐." 毕达哥拉斯学派在数学上的一项重大贡献是证明了勾股定理. 据说毕达哥拉斯在完成这一定理的证明后欣喜若狂,而杀牛百只以示庆贺. 因此这一定理还又获得了一个带神秘色彩的称号:"百牛定理".

在他们看来,这个世界是如此和谐,其表现就在于宇宙间各种关系都可以用整数或整数之比来表达. 这种看法已经形成了一种不可违反的教条,不容思考和

毕达哥拉斯(Pythagoras,约公元前560—480),希腊哲学家、数学家、天文学家、音乐理论家,生于萨摩斯岛,卒于梅塔蓬图姆(今意大利半岛南部塔兰托附近).

第 5 章　无理数

怀疑.任何敢于设想还有不能这样表示的量的企图和苗头都会被认为是异端和妖魔的想法而要受到惩罚.

但是历史的发展是不依人的意志为转移的,世界的本来面目如果不是这样,那么不管哲人们的设想是如何美妙,也早晚是要被打破和抛弃的.

历史就是这么具有喜剧性,你本来想走进这间房间,却发现现实之路把你带到了另一个房间.毕达哥拉斯所建立的毕达哥拉斯定理就是这样.就是这个使毕达哥拉斯学派的权威达到了空前地步的定理却成了毕达哥拉斯学派数学信仰的"掘墓人".

毕达哥拉斯定理提出后,其学派中的一个成员毕达哥拉斯的学生希帕索斯考虑了一个问题:边长为1的正方形其对角线长度是多少呢?他发现这一长度既不能用整数,也不能用分数表示,而只能用一个新数来表示.希帕索斯的发现导致了数学史上第一个无理数 $\sqrt{2}$ 的诞生.

小小 $\sqrt{2}$ 的出现,却在当时的数学界掀起了一场巨大风暴.它直接动摇了毕达哥拉斯学派的数学信仰,使毕达哥拉斯学派为之大为恐慌.实际上,这一伟大发现不但是对毕达哥拉斯学派的致命打击.对于当时所有古希腊人的观念这都是一个极大的冲击.这一结论的悖论性表现在它与常识的冲突上:任何量,在任何精确度的范围内都可以表示成有理数.这不但在希腊当时是人们普遍接受的信仰,就是在今天,测量技术已经高度发展时,这个断言也毫无例外是正确的!可是为我们的经验所确信的,完全符合常识的论断居然被小小的 $\sqrt{2}$ 的存在而推翻了!这应该是多么违反常识,多么荒谬的事!它简直把以前所知道的事情根本推翻了.

更糟糕的是,面对这一荒谬人们竟然毫无办法.

由于触犯了这个学派的信条,毕达哥拉斯在学派内部规定了一条纪律:谁都不准泄露$\sqrt{2}$(即无理数)存在的秘密.天真的希帕索斯有一次在海滩上无意中向别人谈到了他的发现,正好毕达哥拉斯学派的人也在海滩上并听到了他与朋友的谈话.他们发现希帕索斯泄密,违反了学派的纪律.结果把希帕索斯扔到大海里淹死.这说明这一发现对当时的权威的震动有多大,已达到了不惜杀人灭口的程度.

但$\sqrt{2}$很快就引起了数学思想的大革命.希帕索斯为$\sqrt{2}$殉难留下的教训是:科学是没有止境的,谁为科学划定禁区,谁就变成科学的敌人,最终被科学所埋葬.这就在当时直接导致了人们认识上的危机,从而导致了西方数学史上一场大的风波,史称"第一次数学危机".

这场"危机"表明,直觉和经验不一定靠得住,推理证明才是可靠的.从此以后,希腊人开始由重视计算转向重视推理,由重视算术转向重视几何学,并由此建立了几何公理体系.其实,这是数学思想上的一次巨大革命!

毕达哥拉斯学派的观念牵涉公度的概念:

定义 5.1.1　两个量 a 和 b 称为是可公度的,如果存在着第三个量 c,使得 a 和 b 都可以表示为 c 的整数倍数,即存在整数 m 和 n 使得 $a=mc$,$b=nc$.

由前面所讲过的内容容易得出

定理 5.1.1　两个量 a 和 b 是可公度的充分必要条件是

第 5 章　无理数

（1）$\dfrac{a}{b}, b \neq 0$ 是有理数；或

（2）设 $b>0$，对 a 和 b 实行的辗转相除法可在有限步内结束.

实际上希帕索斯最初的发现表达的形式就是正方形的边长和对角线是不可公度的，而无理数的发现表明现实世界中存在着不可公度的量. 无理数这个词的本义就是不可表示，这个词的本来含义恰反映了当初人们发现无理数存在时的无奈和不知所措.

但是与西方形成鲜明对照的是当时中国的思想界，在西方的数学界为以往的错误观念遇到了障碍而出现了多次危机时（这种危机不止一次地出现过，仅数学界就出现过 3 次，如果再算上思想界、宗教界和文学界中出现的冲突就更多了），在中国却从未由于数学概念或宗教见解的不同而闹到要杀人的地步. 这主要是中国的科学太注重实用而缺乏理性的思维. 从实用的角度看，有理数和无理数没有本质的区别，都是需要不断精确化的数量，所以我们的祖冲之的重要成就也就是用一个很好的分数 $\dfrac{355}{113}$ 去逼近无理数 π. 当西方为了宗教信仰而发生所谓胡格诺战争 —— 圣巴托罗缪之夜大屠杀，胡斯战争，十字军东征等为了信仰的战争时，中国内部发生的却是为了实际利益而争夺不断的宗族械斗，为了抢夺政权而战的农民战争，对外发生的是不断地抗击侵略的战争，直到近代才有为了主义的不同而发生的内战.

这也应该是一个教训，即科学研究不能是专门为了实用才进行，这样会阻碍科学的发展. 科学也需要解决它内部自身提出的问题才能得到正常的发展. 的确，

435

当人们思考是否存在不可公度的量时,还根本不知道这一思考会有什么用,但是历史表明,对这一问题的深入思考促进了数学的发展,也最终为数学的应用打下了很好的基础.这样的例子还有很多,例如概率论发展的初期完全看不到有什么实用意义,它一开始研究的问题是赌博问题,但是后来却得到了广泛的应用.要求科学研究的成果立刻获得实际应用是一种短视的观点.

5.2 一些初等函数值的无理性

所谓初等函数,就是由幂函数、指数函数、对数函数、三角函数这些最基本的函数经过加减乘除、迭代这些运算所得的函数.

我们所关注的问题是,如果 x 是有理数,那么在什么情况下 $f(x)$ 仍是有理数.

首先考虑幂函数和指数函数,如果 x 是有理数,m 是整数,那么显然 x^m 仍是有理数.所以我们进一步考虑 m 是有理数的情况,在这种情况下,通过一系列化简,我们最终会得到一个形如 $r\sqrt[n]{m}$ 的式子,其中 r 是一个有理数,m 是整数.于是问题化为研究在什么情况下 $\sqrt[n]{m}$ 是有理数的问题.

定理 5.2.1 整系数多项式 $f(x) = x^n + a_1 x^{n-1} + \cdots + a_n$ 的有理根必是一个整数,且此整数必是 a_n 的因子.

证明 设 $f(x)$ 存在有理根 $r = \dfrac{p}{q}$,其中 p, q 是互

第 5 章 无理数

素的整数,$q \neq 0$.则由定理 4.4.1 可知必有 $p \mid a_n, q \mid 1$.由此可知 $r = p$ 是整数,且此整数必是 a_n 的因子.

由此立得:

定理 5.2.2 如果 m 不是一个整数的 n 次方,则 $\sqrt[n]{m}$ 必是一个无理数.

证明 $\sqrt[n]{m}$ 是整系数多项式 $f(x) = x^n - m$ 的根,此多项式当且仅当 m 是一个整数的 n 次方时才有整数根.因而由定理 5.2.1 就证明了当 m 不是一个整数的 n 次方时,$\sqrt[n]{m}$ 必是一个无理数.

用反证法易证下面的

定理 5.2.3 设 α 是无理数,r 是有理数,则 $\alpha + r$,$\alpha - r, r\alpha, \dfrac{\alpha}{r}(r \neq 0)$ 都是无理数,也就是说无理数和有理数通过四则运算(除数不等于零)所得的结果是无理数.

两个无理数通过四则运算(除数不等于零)所得的结果一般不能保证仍是一个无理数.例如 $\sqrt{2} + (-\sqrt{2}) = 0, \sqrt{2} - \sqrt{2} = 0, \sqrt{2} \cdot \sqrt{2} = 2, \dfrac{\sqrt{2}}{\sqrt{2}} = 1$ 都不是无理数.但是我们在许多特殊的情况下,可以证明如此运算所得的结果仍是无理数.

例 5.2.1 证明:$\sqrt{2} + \sqrt{3}$ 是无理数.

证明 设 $x = \sqrt{2} + \sqrt{3}$,则 $x - \sqrt{2} = \sqrt{3}$,因此
$$x^2 - 2\sqrt{2} x + 2 = 3, x^2 - 1 = 2\sqrt{2} x$$
把此式两边再平方一次并合并同类项即可知 x 是多项式
$$x^4 - 10x^2 + 1$$

的根.由定理 4.4.1 知其整数根只可能是 1 或 -1,极易通过验算得知它们均不是上述多项式的根,因此多项式 x^4-10x^2+1 没有整数根,因而由定理 5.2.1 即得 $x=\sqrt{2}+\sqrt{3}$ 必是无理数.

例 5.2.2 证明:$\sqrt[3]{2}-\sqrt{3}$ 是无理数.

证明 设 $x=\sqrt[3]{2}-\sqrt{3}$,则 $x+\sqrt{3}=\sqrt[3]{2}$,将此式两边 3 次方,并将有理项和无理项分离可得
$$x^3+9x-2=-\sqrt{3}(x^2+1)$$
再将此式两边平方并合并同类项即可知 x 是多项式
$$x^6-9x^4-4x^3+27x^2-36x-23$$
的根.此多项式的整数根只可能是 ±1 和 ±23.仍然通过直接验算可知它们都不是上述多项式的根,因此多项式 $x^6-9x^4-4x^3+27x^2-36x-23$ 不存在整数根.故由定理 5.2.1 即得 $x=\sqrt[3]{2}-\sqrt{3}$ 是无理数.

现在来考虑对数函数,我们有:

定理 5.2.4 设 $p>0,q>0,(p,q)=1$,则当且仅当 $\dfrac{p}{q}=10^n,n=0,\pm1,\pm2,\cdots$ 时,$\log\dfrac{p}{q}$ 是一个有理数.

证明 设 $\log\dfrac{p}{q}=\dfrac{a}{b},b>0$ 是一个有理数.于是由对数的意义即得 $10^{\frac{a}{b}}=\dfrac{p}{q}$,因而 $q\cdot10^{\frac{a}{b}}=p,q^b10^a=p^b$.

以下分两种情况进行讨论.

(1)$a\geqslant0$. 这时如果 $q\neq1$,则由上式可得 $(p^b,q^b)>1$,但是由 $(p,q)=1$ 又得出 $(p^b,q^b)=1$.这一矛盾说明必须 $q=1$,因此 $p^b=10^a$.设 $p=10^np'$,

第 5 章　无理数

$n \geqslant 0$,其中 p' 中不含有因子 10,那么 $10^{nb}(p')^b = 10^a$,由此式得出必须 $p' = 1, a = nb, p = 10^n$.

(2) $a < 0$. 这时由 $q^b 10^a = p^b$ 得出 $q^b = p^b 10^{-a}$,$-a > 0$. 于是和(1)中同理可证 $p = 1, q = 10^n, n > 0$.

综合(1),(2)的论证就得出 $\dfrac{p}{q} = 10^n, n = 0, \pm 1, \pm 2, \cdots$

当 $\dfrac{p}{q} = 10^n, n = 0, \pm 1, \pm 2, \cdots$ 时,显然 $\log \dfrac{p}{q}$ 是一个有理数,这就完全证明了定理.

由此定理可知 $\log \dfrac{3}{2}$,$\log 15$ 以及 $\log 3 + \log 5$ 都是无理数.

还有一种对数函数 $\ln x$ 称为自然对数,这种对数的底通常用 e 来标记. 其中

$$e = \lim_{n \to \infty}\left(1 + \frac{1}{n}\right)^n = 1 + 1 + \frac{1}{2!} + \frac{1}{3!} + \cdots$$

由于 e 本身的性质就比较复杂,我们就不在此讨论 $\ln x$ 的无理性了,以后可以证明 e 本身就是一个无理数,$\ln 2$ 也是一个无理数.

现在来讨论三角函数的无理性,首先证明两个引理.

引理 5.2.1　$2\cos(n+1)\theta = 4\cos n\theta \cos \theta - 2\cos(n-1)\theta$.

证明　由三角公式中的两角和公式得出
$2\cos(n+1)\theta + 2\cos(n-1)\theta =$
$2(\cos n\theta \cos \theta - \sin n\theta \sin \theta + \cos n\theta \cos \theta +$
$\sin n\theta \sin \theta) = 4\cos n\theta \cos \theta$

再把 $2\cos(n-1)\theta$ 移到等式右边就得到这个引理.

439

引理 5.2.2 设 $x = 2\cos\theta$，n 是一个自然数，则
$$2\cos n\theta = x^n + a_1 x^{n-1} + \cdots + a_{n-1} x + a_n$$
其中，$a_1, a_2, \cdots, a_n$ 都是整数.

证明 当 $n=1$ 时，根据我们的假设就有 $2\cos\theta = x$，命题成立；当 $n=2$ 时
$$2\cos 2\theta = 2(2\cos^2\theta - 1) = 4\cos^2\theta - 2 = (2\cos\theta)^2 - 2 = x^2 - 2$$
命题也成立，因此引理中的命题对于自然数 $n = 1, 2$ 都成立.

现在假设命题对一切小于或等于 n 的自然数都成立，于是可设
$$2\cos(n-1)\theta = x^n + b_1 x^{n-1} + \cdots + b_{n-2} x + b_{n-1}$$
$$2\cos n\theta = x^n + a_1 x^{n-1} + \cdots + a_{n-1} x + a_n$$
其中 $b_1, b_2, \cdots, b_{n-1}, a_1, a_2, \cdots, a_n$ 都是整数. 于是根据引理 5.2.1 和归纳法假设就得到
$$2\cos(n+1)\theta = 4\cos n\theta \cos\theta - 2\cos(n-1)\theta =$$
$$2\cos\theta(2\cos n\theta) - 2\cos(n-1)\theta =$$
$$x(x^n + a_1 x^{n-1} + \cdots + a_{n-1} x + a_n) -$$
$$(x^n + b_1 x^{n-1} + \cdots + b_{n-2} x + b_{n-1}) =$$
$$x^{n+1} + c_1 x^n + c_2 x^{n-1} + \cdots + c_n x + c_{n+1}$$
其中 $c_1 = a_1, c_2 = a_2 - 1, c_3 = a_3 - b_1, \cdots, c_n = a_n - b_{n-2}$，$c_{n+1} = -b_{n-1}$ 都是整数，这就说明在归纳法假设成立的条件下，命题对自然数 $n+1$ 仍然成立. 因此由数学归纳法就证明了对一切自然数命题成立，这就证明了引理.

定理 5.2.5 设 $\theta = \dfrac{p}{q}$，$q > 0$ 是一个有理数（单位是度），$0° \leqslant \theta \leqslant 90°$，则

第 5 章　无理数

(1) 当且仅当 $\theta = 0°, 60°, 90°$ 时,$\cos\theta$ 是有理数；

(2) 当且仅当 $\theta = 0°, 30°, 90°$ 时,$\sin\theta$ 是有理数；

(3) 当且仅当 $\theta = 0°, 45°$ 时,$\tan\theta$ 是有理数.

证明　(1) 假设 $\cos\theta$ 是有理数,则显然 $2\cos\theta$ 也是有理数.

设 $n = 360°q$,则 $n\theta = 360°p$ 是 $360°$ 的倍数,因此 $\cos n\theta = 1$,将 $\cos n\theta = 1$ 代入

$$2\cos n\theta = x^n + a_1 x^{n-1} + \cdots + a_{n-1} x + a_n$$

并移项可知 $2\cos\theta$ 是多项式

$$x^n + a_1 x^{n-1} + \cdots + a_{n-1} x + a_n - 2$$

的有理根,因此根据定理 5.2.1 可知 $2\cos\theta$ 必是上面的多项式的整数根. 由于 $0° \leqslant \theta \leqslant 90°$,故 $0 \leqslant 2\cos\theta \leqslant 2$,因而 $2\cos\theta$ 只能等于 $0,1,2$,这就得出 $\theta = 0°, 60°, 90°$. 反过来显然 $\cos 0° = 1, \cos 60° = \dfrac{1}{2}, \cos 90° = 0$ 都是有理数,这就证明了(1).

(2) 由 $\sin\theta = \cos(90° - \theta)$ 和(1)已证的结论即可得出(2).

(3) 利用 $\cos\theta = -\cos(180° - \theta)$ 和(1)已证明的结论,可知如果 $0° \leqslant \theta \leqslant 180°$,则当且仅当 $\theta = 0°, 60°, 90°, 120°, 180°$ 时,$\cos\theta$ 是有理数.

现在设 $0° \leqslant \theta \leqslant 90°$,则 $0° \leqslant 2\theta \leqslant 180°$.

如果 $\tan\theta$ 是有理数,那么 $\tan^2\theta$ 也是有理数,因此 $\dfrac{1 - \tan^2\theta}{1 + \tan^2\theta} = \cos 2\theta$ 也是有理数,因此根据上面的讨论 $\dfrac{1 - \tan^2\theta}{1 + \tan^2\theta}$ 只可能取 $\cos 0° = 1, \cos 60° = \dfrac{1}{2}, \cos 90° = 0$, $\cos 120° = -\dfrac{1}{2}$ 和 $\cos 180° = -1$ 这 5 个值.

依次让 $\dfrac{1-\tan^2\theta}{1+\tan^2\theta}$ 等于 $1,\dfrac{1}{2},0,-\dfrac{1}{2}$ 和 -1,并解相应的方程再结合 $0°\leqslant\theta\leqslant 90°$ 的条件(因此 $\tan\theta\geqslant 0$),我们得到 $\theta=0°,30°,45°,60°$ 这 4 个解,但是反过来只有 $\tan 0°$ 和 $\tan 45°$ 是有理数,所以满足 θ 和 $\tan\theta$ 都是有理数的解就只有 $\theta=0°$ 和 $\theta=45°$ 这两个,这就证明了定理.

最后我们可以提出,如果 α 有理数,β 是无理数,那么 α^β 是什么数?如果 α 和 β 都是无理数,α^β 是否一定是无理数?更一般地,可以问如果 α 是代数数,$\alpha\neq 0,1$,β 是一个无理的代数数,α^β 是否一定是一个代数数,这就是 1900 年,著名数学家大卫·希尔伯特在第二届国际数学家大会上提出的著名的 23 个数学问题中的第 7 个问题. 这一问题首先在 1929 年被苏联著名数学家 A.O. 盖里冯德所突破,他证明了如果 α 是代数数,$\alpha\neq 0,1$,β 是虚二次无理数,那么 α^β 一定是一个超越数(因此当然是一个无理数). 1930 年,苏联数学家 R.O. 库兹明又将 A.O. 盖里冯德的结果推广到 β 是实二次无理数的情况. 到 1934 年 A.O. 盖里冯德和 Th. 施奈德各自独立地完全解决了希尔伯特第七问题.

根据他们的结果,我们就可以断定 $e^\pi=(-1)^{-i}$,$2^{\sqrt 2},\sqrt 2^{\sqrt 2}$ 等数都是超越数,因而都是无理数. 但是以上结果的证明实在是太高深,太难了,因此我们只能在本书中提一下最后的结果而无法介绍这些结果的证明,有兴趣的读者可以参看朱尧辰,徐广善所著的《超越数引论》一书.

由上面的说明可以知道,判断形如 α^β 的数是有理数还是无理数一般是非常复杂的,因此下面的例子就尤其值得注意.

例 5.2.3 存在无理数 α, β 而使得 α^β 是有理数.

证明 分以下两种情况进行讨论.

(1) $\sqrt{2}^{\sqrt{2}}$ 是有理数,这时只要取 $\alpha = \beta = \sqrt{2}$ 即可;

(2) $\sqrt{2}^{\sqrt{2}}$ 是无理数,这时只要取 $\alpha = \sqrt{2}^{\sqrt{2}}, \beta = \sqrt{2}$,那么

$$\alpha^\beta = (\sqrt{2}^{\sqrt{2}})^{\sqrt{2}} = (\sqrt{2})^{\sqrt{2} \cdot \sqrt{2}} = (\sqrt{2})^2 = 2$$

故这时 $\alpha = \sqrt{2}^{\sqrt{2}}, \beta = \sqrt{2}$ 就符合要求.

因此,无论发生那种情况,所说的无理数都是存在的.

当然,这两种情况是不可能同时发生的,根据以上所说的盖里冯德定理可知实际发生的是第二种情况. 但是以上证明的妙处就在于它不需要引用像盖里冯德定理这样很高深的结果.

5.3 对称多项式

假设 $x_1, x_2, \cdots, x_n$ 是多项式 $f(x) = a_0 x^n + a_1 x^{n-1} + \cdots + a_n$ 的所有根,那么根据代数基本定理,$f(x)$ 就可以分解成为一次因式的乘积如下

$$f(x) = a_0 x^n + a_1 x^{n-1} + \cdots + a_n = a_0(x - x_1)(x - x_2) \cdots (x - x_n)$$

把上面的等式的右边展开并比较等式两边同类项的系数就可得出以下定理:

定理 5.3.1(韦达) 根与系数的关系.

设 $f(x) = a_0 x^n + a_1 x^{n-1} + \cdots + a_n$,它的所有的根

韦达(Vieta, Francois, 1540—1603),法国数学家. 生于法国东部地区的普瓦图,卒于巴黎.

是 $x_1, x_2, \cdots, x_n$，那么

$$x_1 + x_2 + \cdots + x_n = -\frac{a_1}{a_0}$$

$$x_1 x_2 + x_1 x_3 + \cdots + x_{n-1} x_n = \frac{a_2}{a_0}$$

$$\vdots$$

$$x_1 x_2 \cdots x_n = (-1)^n \frac{a_n}{a_0}$$

在根与系数的关系定理中出现的 n 个关于 x_1, $x_2, \cdots, x_n$ 的多项式具有这样的特点，即无论怎样调换这些多项式中变元的相互位置，这些多项式都不变，像这样的多项式就称为对称多项式. 下面我们给出它的严格定义：

定义 5.3.1 集合 $\{1, 2, \cdots, n\}$ 到自身的一个 1—1 的变换称为一个 n 元置换.

例如，$\tau(1) = 2, \tau(2) = 4, \tau(3) = 1, \tau(4) = 3$ 就是一个 4 元置换.

一个 n 元置换 τ 可以用表

$$\begin{pmatrix} 1 & 2 & \cdots & n \\ \tau(1) & \tau(2) & \cdots & \tau(n) \end{pmatrix}$$

来表示. 例如，上面的 4 元置换就可表示为

$$\begin{pmatrix} 1 & 2 & 3 & 4 \\ 2 & 4 & 1 & 3 \end{pmatrix}$$

既然置换是 1—1 的变换，所以 $\tau(1), \tau(2), \cdots$, $\tau(n)$ 就是 $1, 2, \cdots, n$ 的一个排列，由此可知所有 n 元置换的个数就等于 n 元排列的个数，也就是 $n!$.

定义 5.3.2 如果对任意一个 n 元置换都有

$$f(x_1, x_2, \cdots, x_n) = f(x_{\tau(1)}, x_{\tau(2)}, \cdots, x_{\tau(n)})$$

则称 $f(x_1, x_2, \cdots, x_n)$ 是 $x_1, x_2, \cdots, x_n$ 的对称函数，当

$f(x_1, x_2, \cdots, x_n)$ 是 $x_1, x_2, \cdots, x_n$ 的多项式时, 就称 $f(x_1, x_2, \cdots, x_n)$ 是 $x_1, x_2, \cdots, x_n$ 的对称多项式.

定义 5.3.3 以下 n 个对称多项式称为初等对称多项式

$$\sigma_1 = x_1 + x_2 + \cdots + x_n$$
$$\sigma_2 = x_1 x_2 + x_1 x_3 + \cdots + x_{n-1} x_n$$
$$\vdots$$
$$\sigma_n = x_1 x_2 \cdots x_n$$

由对称多项式的定义可知成立下面的

引理 5.3.1 对称多项式的多项式还是对称多项式, 即如果 $f_1, f_2, \cdots, f_n$ 都是 $x_1, x_2, \cdots, x_n$ 的对称多项式, 而 $g(y_1, y_2, \cdots, y_n)$ 是任一 n 元多项式, 那么 $g(f_1, f_2, \cdots, f_n)$ 就也是 $x_1, x_2, \cdots, x_n$ 的对称多项式.

特别地, 初等对称多项式的多项式还是对称多项式.

为了证明关于对称多项式的基本结果, 下面我们首先给出多元的单项式之间的一种顺序, 由于这种排序方法类似于字典的排列原则, 因而称为字典排列法.

定义 5.3.4 如果以下 n 个数

$$k_1 - l_1, k_2 - l_2, \cdots, k_n - l_n$$

中第一个不为 0 的数是正的, 也就是说, 存在 $i \leqslant n$, 使得

$$k_1 - l_1 = 0, \cdots, k_{i-1} - l_{i-1} = 0, k_i - l_i > 0$$

则称 n 元数组 $(k_1, k_2, \cdots, k_n)$ 先于 n 元数组 $(l_1, l_2, \cdots, l_n)$, 并记为

$$(k_1, k_2, \cdots, k_n) > (l_1, l_2, \cdots, l_n)$$

例如, $(1, 3, 2) > (1, 2, 4)$.

从上面这个定义容易看出有

引理 5.3.2 定义 5.3.4 中所给出的关系 ">" 是 n 元数组之间的一个次序,即若 α,β 设是任意两个 n 元数组,则 ">" 关系具有以下性质:

(1) 在三种关系 $\alpha>\beta, \alpha=\beta, \alpha<\beta$ 之中必有一种关系成立,且仅有一种关系成立;

(2) 若 $\alpha>\beta, \beta>\gamma$,则 $\alpha>\gamma$(传递性).

定义 5.3.5 如果 $(k_1,k_2,\cdots,k_n)>(l_1,l_2,\cdots,l_n)$,则称按字典排列法,单项式 $x_1^{k_1}x_2^{k_2}\cdots x_n^{k_n}$ 在单项式 $x_1^{l_1}x_2^{l_2}\cdots x_n^{l_n}$ 之前.

例如,多项式 $2x_1x_2^2x_3^2+x_1^2x_2+x_1^3$ 按字典排列法写出来就是 $x_1^3+x_1^2x_2+2x_1x_2^2x_3^2$.

定义 5.3.6 一个多项式按照字典排列法写出来后第一个系数不为 0 的项称为此多项式的首项.

由上面的例子可以看出,首项的次数不一定是最大的. 首项有下面的性质:

引理 5.3.3 设 f,g 都是关于 $x_1,x_2,\cdots,x_n$ 的多项式,且 $f\neq 0, g\neq 0$,那么 fg 的首项就等于 f 的首项和 g 的首项的乘积.

证明 设 f 中任意单项式的形式为 $x_1^{k_1}x_2^{k_2}\cdots x_n^{k_n}$,首项为 $ax_1^{p_1}x_2^{p_2}\cdots x_n^{p_n}, a\neq 0, g$ 中任意单项式的形式为 $x_1^{k_1}x_2^{k_2}\cdots x_n^{k_n}$,首项为 $bx_1^{q_1}x_2^{q_2}\cdots x_n^{q_n}, b\neq 0$,那么乘积 fg 中的任意单项式的方幂共可能对应于以下三种类型的 n 元数组

$\mathrm{I}:(p_1+k_1, p_2+k_2,\cdots,p_n+k_n)$

$\mathrm{II}:(l_1+k_1, l_2+k_2,\cdots,l_n+k_n)$

$\mathrm{III}:(l_1+q_1, l_2+q_2,\cdots,l_n+q_n)$

由于 $ax_1^{p_1}x_2^{p_2}\cdots x_n^{p_n}, a\neq 0$ 和 $bx_1^{q_1}x_2^{q_2}\cdots x_n^{q_n}, b\neq 0$ 分别是 f,g 的首项,因此

第 5 章　无理数

$$(p_1,p_2,\cdots,p_n) > (l_1,l_2,\cdots,l_n)$$
$$(q_1,q_2,\cdots,q_n) > (k_1,k_2,\cdots,k_n)$$

显然

$$(p_1+q_1,p_2+q_2,\cdots,p_n+q_n) >$$
$$(p_1+k_1,p_2+k_2,\cdots,p_n+k_n)$$
$$(p_1+q_1,p_2+q_2,\cdots,p_n+q_n) >$$
$$(l_1+q_1,l_2+q_2,\cdots,l_n+q_n)$$

由传递性又有

$$(p_1+q_1,p_2+q_2,\cdots,p_n+q_n) >$$
$$(l_1+q_1,l_2+q_2,\cdots,l_n+q_n) >$$
$$(l_1+k_1,l_2+k_2,\cdots,l_n+k_n)$$

因此,根据字典排列法的规则,乘积 fg 的首项就应该对应于数组$(p_1+q_1,p_2+q_2,\cdots,p_n+q_n)$,也即乘积$fg$ 的首项为 $abx_1^{p_1+q_1}x_2^{p_2+q_2}\cdots x_n^{p_n+q_n}$,而这一项就是 f 的首项和 g 的首项的乘积,这就证明了引理.

由此引理立即得出

定理 5.3.2

(1) 设 $f_i, i=1,2,\cdots,m$ 都是关于 $x_1,x_2,\cdots,x_n$ 的多项式,$f_i \neq 0$,那么 $f_1 f_2 \cdots f_m$ 的首项就等于每个 f_i 的首项的乘积;

(2) 设 f,g 都是关于 $x_1,x_2,\cdots,x_n$ 的多项式,且 $f \neq 0, g \neq 0$,那么 $fg \neq 0$.

定义 5.3.7　设 f 是关于 $x_1,x_2,\cdots,x_n$ 的多项式,如果组成 f 的每个单项式都是 m 次的,就称 f 是 $x_1,x_2,\cdots,x_n$ 的 m 次齐次多项式.

容易验证,齐次多项式具有如下性质:

引理 5.3.4　设 f 是关于 $x_1,x_2,\cdots,x_n$ 的多项式,那么 f 是 $x_1,x_2,\cdots,x_n$ 的 m 次齐次多项式的充分必要

条件是
$$f(tx_1, tx_2, \cdots, tx_n) = t^m f(x_1, x_2, \cdots, x_n)$$

显然,任何一个 $x_1, x_2, \cdots, x_n$ 的 m 次多项式 f 都可以唯一地表示成

$$f(x_1, x_2, \cdots, x_n) = \sum_{i=0}^{m} f_i(x_1, x_2, \cdots, x_n)$$

的形式,其中 $f_i(x_1, x_2, \cdots, x_n)$ 是 i 次的齐次多项式,也就是说任何一个 m 次多项式 f 都可以分解为齐次多项式之和.

下面我们给出对称多项式的重要性质.

引理 5.3.5 设 f 是关于 $x_1, x_2, \cdots, x_n$ 的对称多项式,f 的按字典排列法规则订出的首项是 $ax_1^{l_1} x_2^{l_2} \cdots x_n^{l_n}, a \neq 0$,那么必有 $l_1 \geqslant l_2 \geqslant \cdots \geqslant l_n \geqslant 0$.

证明 用反证法,假设引理的结论不成立,那么必有使得上式不成立的脚标存在,令 i 是使得 $l_i < l_{i+1}$ 成立的最小脚标. 那么由于 f 含有 $ax_1^{l_1} x_2^{l_2} \cdots x_i^{l_i} x_{i+1}^{l_{i+1}} \cdots x_n^{l_n}, a \neq 0$ 项,故由 f 的对称性,f 必也含有 $ax_1^{l_1} x_2^{l_2} \cdots x_i^{l_{i+1}} x_{i+1}^{l_i} \cdots x_n^{l_n}, a \neq 0$ 项(后者可以由前者通过交换 x_i 和 x_{i+1} 的位置而得到,而根据对称多项式的定义可知,任意交换位置数的位置所有的多项式不变,因此 f 必含有这一项,否则 f 不可能不变),而根据字典排列法,如此一来 $ax_1^{l_1} x_2^{l_2} \cdots x_i^{l_{i+1}} x_{i+1}^{l_i} \cdots x_n^{l_n}$ 就应该位于 $ax_1^{l_1} x_2^{l_2} \cdots x_i^{l_i} x_{i+1}^{l_{i+1}} \cdots x_n^{l_n}$ 之前, 这与 $ax_1^{l_1} x_2^{l_2} \cdots x_i^{l_i} x_{i+1}^{l_{i+1}} \cdots x_n^{l_n}$ 是 f 的首项矛盾,所得的矛盾就证明了引理的结论.

定理 5.3.3(对称多项式基本定理) 任意 n 元对称多项式 $f(x_1, x_2, \cdots, x_n)$ 都可用 $x_1, x_2, \cdots, x_n$ 的 n 个初等对称多项式 $\sigma_1, \sigma_2, \cdots, \sigma_n$ 唯一地表出.

第 5 章　无理数

证明　设对称多项式 $f(x_1, x_2, \cdots, x_n)$ 按字典排列法得出的首项为 $ax_1^{l_1} x_2^{l_2} \cdots x_n^{l_n}, a \neq 0$. 我们作一个多项式 $g_1 = a\sigma_1^{l_1-l_2} \sigma_2^{l_2-l_3} \cdots \sigma_n^{l_n}$，由于 $\sigma_1, \sigma_2, \cdots, \sigma_n$ 的首项分别为 $x_1, x_1 x_2, \cdots, x_1 x_2 \cdots x_n$，所以根据定理 5.3.2 可知我们上面所做的多项式的首项就是

$$ax_1^{l_1-l_2}(x_1 x_2)^{l_2-l_3} \cdots (x_1 x_2 \cdots x_n)^{l_n} = ax_1^{l_1} x_2^{l_2} \cdots x_n^{l_n}$$

这就是说 $f(x_1, x_2, \cdots, x_n)$ 和我们所做的多项式的首项是相同的. 因而对称多项式

$$f_1(x_1, x_2, \cdots, x_n) = f(x_1, x_2, \cdots, x_n) -$$
$$a\sigma_1^{l_1-l_2} \sigma_2^{l_2-l_3} \cdots \sigma_n^{l_n} =$$
$$f - g_1$$

的首项按字典排列法应位于 $a\sigma_1^{l_1-l_2} \sigma_2^{l_2-l_3} \cdots \sigma_n^{l_n}$ 之后. 而 g_1 可由初等对称多项式表出.

对 $f_1(x_1, x_2, \cdots, x_n)$ 又可重复上面的做法，又可得到一个对称多项式 $f_2 = f_1 - g_2$，其首项按字典排列法位于 f_1 的首项之后，而 g_2 可由初等对称多项式表出.

这种手续可以继续进行下去，可以得到一系列的对称多项式

$$f_1 = f - g_1$$
$$f_2 = f_1 - g_2$$
$$\vdots$$

按照我们的做法可知，它们的首项的位置按字典排列法一个比一个靠后，而 g_i 可由初等对称多项式表出.

由首项的定义和定理 5.3.3 得出这一系列多项式的首项中每个字母的指数都不会超过 l_1，因此所有这种首项的个数是有限的，因而我们所得出的一系列对称多项式 $f, f_1, f_2, \cdots$ 之中也只能有有限个对称多项

式不为零,这也就是说,必存在一个自然数 h 使得 $f_h = 0$. 因而就有

$$f = f_1 + g_1 = g_1 + g_2 + f_2 = \cdots =$$
$$g_1 + g_2 + \cdots + g_h + f_h =$$
$$g_1 + g_2 + \cdots + g_n.$$

由于 $g_1, g_2, g_3, \cdots$ 都可用初等对称多项式表出,这就证明了 f 也可用初等对称多项式表出.

下面证明上面已证的表示方法是唯一的.

所谓唯一性是指由 $f(x_1, x_2, \cdots, x_n) \neq g(x_1, x_2, \cdots, x_n)$ 可以得出 $f(\sigma_1, \sigma_2, \cdots, \sigma_n) \neq g(\sigma_1, \sigma_2, \cdots, \sigma_n)$. 由于 $f(x_1, x_2, \cdots, x_n) \neq g(x_1, x_2, \cdots, x_n)$ 等价于 $f(x_1, x_2, \cdots, x_n) - g(x_1, x_2, \cdots, x_n) \neq 0$. 因此只需证明由 $f(x_1, x_2, \cdots, x_n) \neq 0$ 可以得出 $f(\sigma_1, \sigma_2, \cdots, \sigma_n) \neq 0$ 即可.

用反证法. 设 $f(\sigma_1, \sigma_2, \cdots, \sigma_n) = 0$, 且至少 $f(\sigma_1, \sigma_2, \cdots, \sigma_n)$ 中有一个单项式的系数不为零(这就是说 $f(\sigma_1, \sigma_2, \cdots, \sigma_n) = 0$ 不是 $0 = 0$, 或者说 $\sigma_1, \sigma_2, \cdots, \sigma_n$ 之间有一个多项式形式的隐含关系式). 设这一项是 $a\sigma_1^{k_1} \sigma_2^{k_2} \cdots \sigma_n^{k_n}, a \neq 0$. 把这一项中所有的 σ_i 换成 $x_1, x_2, \cdots, x_n$ 的表达式就得到一个 $x_1, x_2, \cdots, x_n$ 的多项式. 由定理 5.3.2 可知这一多项式的首项是

$$ax_1^{k_1}(x_1 x_2)^{k_2} \cdots (x_1 x_2 \cdots x_n)^{k_n} =$$
$$ax_1^{k_1 + k_2 + \cdots + k_n} x_2^{k_2 + k_3 + \cdots + k_n} \cdots x_n^{k_n}$$

如果 $ax_1^{k_1 + k_2 + \cdots + k_n} x_2^{k_2 + k_3 + \cdots + k_n} \cdots x_n^{k_n}$ 和 $bx_1^{l_1 + l_2 + \cdots + l_n} \cdot x_2^{l_2 + l_3 + \cdots + l_n} \cdots x_n^{l_n}$ 是同类项,那么显然就有

$$k_1 + k_2 + \cdots + k_n = l_1 + l_2 + \cdots + l_n$$
$$k_2 + \cdots + k_n = l_2 + \cdots + l_n$$
$$\vdots$$

第 5 章　无理数

$$k_n = l_n$$

因而由解方程组就可得出必有$(k_1,k_2,\cdots,k_n)=(l_1,l_2,\cdots,l_n)$,故$a\sigma_1^{k_1}\sigma_2^{k_2}\cdots\sigma_n^{k_n}$与$b\sigma_1^{l_1}\sigma_2^{l_2}\cdots\sigma_n^{l_n}$是同类项.这就是说$f(\sigma_1,\sigma_2,\cdots,\sigma_n)$中两个不同的项化成的$x_1,x_2,\cdots,x_n$的多项式的首项不会是同类项.

于是把多项式$f(\sigma_1,\sigma_2,\cdots,\sigma_n)$的每一项写成$x_1,x_2,\cdots,x_n$的多项式后,这些多项式的首项不可能互相抵消,因此在这些首项中按字典排列法有一个位于最前面的项,这一项显然也在所化成的$x_1,x_2,\cdots,x_n$的多项式中的任意项之前.

这样我们从$\sigma_1,\sigma_2,\cdots,\sigma_n$之间有一个多项式形式的隐含关系式$f(\sigma_1,\sigma_2,\cdots,\sigma_n)=0$就得出$x_1,x_2,\cdots,x_n$之间的一个多项式形式的隐含关系式$f(x_1,x_2,\cdots,x_n)=0$,而且由于其首项不为零,因此$f(x_1,x_2,\cdots,x_n)=0$不是$0=0$.这就是说,变量$x_1,x_2,\cdots,x_n$不是互相独立的.而这与我们的基本假设矛盾.这就证明了唯一性.

例 5.3.1　把$x_1^3+x_2^3+x_3^3$表成$\sigma_1,\sigma_2,\sigma_3$的多项式.

解　按照定理 5.3.3 的证明方法,我们肯定可以把$x_1^3+x_2^3+x_3^3$表成$\sigma_1,\sigma_2,\sigma_3$的多项式.然而具体去确定这一表示式时,由于已经知道这种表示方法存在,我们可以采用其他方法,例如待定系数法.

由于$x_1^3+x_2^3+x_3^3$是 3 次齐次对称多项式,而由$\sigma_1,\sigma_2,\sigma_3$共可做成 3 个 3 次齐次多项式$\sigma_1^3,\sigma_1\sigma_2,\sigma_3$,因此可设

$$x_1^3+x_2^3+x_3^3=a\sigma_1^3+b\sigma_1\sigma_2+c\sigma_3$$

在上式中令$x_1=1,x_2=x_3=0$即得$x_1^3=ax_1^3$,因此

$a=1$.

把 $a=1$ 代入上式,并再令 $x_1=1, x_2=1, x_3=0$ 即得 $2=8+2b$,因此 $b=3$.

把 $a=1, b=3$ 代入上式,并再令 $x_1=1, x_2=1, x_3=1$ 即得 $3=27-27+c$,因此 $c=3$,故
$$x_1^3+x_2^3+x_3^3=\sigma_1^3-3\sigma_1\sigma_2+3\sigma_3$$

现考虑一元多项式 $f(x)=a_0x^m+a_1x^{m-1}+\cdots+a_m$.

定义 5.3.8 设 $f(x)=a_0x^m+a_1x^{m-1}+\cdots+a_m$ 的所有根是 $\alpha_1, \alpha_2, \cdots, \alpha_m$,则称
$$D(f)=a_0^{2(m-1)}\prod_{i<j}(\alpha_i-\alpha_j)^2$$
为 $f(x)=a_0x^m+a_1x^{m-1}+\cdots+a_m$ 的判别式.

定理 5.3.4 $f(x)$ 有重根的充分必要条件是 $D=0$.

证明 根据 D 的定义即可知 $f(x)$ 有重根的充分必要条件是 $D=0$.

例 5.5.2 当 $n=2$ 时,$f(x)=a_0x^2+a_1x+a_2$.
$$D=a_0^2(\alpha_2-\alpha_1)^2=a_0^2((\alpha_2+\alpha_1)^2-4\alpha_1\alpha_2)=$$
$$a_0^2\left(\left(-\frac{a_1}{a_0}\right)^2-4\left(\frac{a_2}{a_0}\right)\right)=a_1^2-4a_0a_2$$

例 5.3.3 当 $n=3$ 时,$f(x)=a_0x^3+a_1x^2+a_2x+a_3$.

解 这时用对称函数基本定理的证明方法可以求出
$$D=a_0^4(\sigma_1^2\sigma_2^2-4\sigma_1^3\sigma_3-4\sigma_2^3+18\sigma_1\sigma_2\sigma_3-27\sigma_3^2)=$$
$$a_0^4\left(\left(-\frac{a_1}{a_0}\right)^2\left(\frac{a_2}{a_0}\right)^2-4\left(-\frac{a_1}{a_0}\right)^3\left(-\frac{a_3}{a_0}\right)-\right.$$

$$4\left(\frac{a_2}{a_0}\right)^3 + 18\left(-\frac{a_1}{a_0}\right)\left(\frac{a_2}{a_0}\right)\left(-\frac{a_3}{a_0}\right) -$$
$$27\left(-\frac{a_3}{a_0}\right)^2) =$$
$$a_1^2 a_2^2 - 4a_1^3 a_3 - 4a_0 a_2^3 + 18a_0 a_1 a_2 a_3 - 27a_0^2 a_3^2$$

现在考虑两个多项式
$$f(x) = a_0 x^m + a_1 x^{m-1} + \cdots + a_m$$
$$g(x) = b_0 x^n + b_1 x^{n-1} + \cdots + b_m$$

定义 5.3.9 设 $a_0 \neq 0, f(x) = a_0 x^m + a_1 x^{m-1} + \cdots + a_m$ 的所有根是 $\alpha_1, \alpha_2, \cdots, \alpha_m, b_0 \neq 0$, $g(x) = b_0 x^n + b_1 x^{n-1} + \cdots + b_n$ 的所有根是 $\beta_1, \beta_2, \cdots, \beta_n$, 则称

$$R(f,g) = a_0^n b_0^m \prod_{i=1}^m \prod_{j=1}^n (\alpha_i - \beta_j)$$

为多项式 $f(x)$ 和 $g(x)$ 的结式.

定理 5.3.5

(1) $R(f,g) = a_0^n g(\alpha_1) g(\alpha_2) \cdots g(\alpha_m) = b_0^m f(\beta_1) f(\beta_2) \cdots f(\beta_n)$;

(2) $R(f,g)$ 可由 $f(x)$ 和 $g(x)$ 的系数表出;

(3) 多项式 $f(x)$ 和 $g(x)$ 有公共根的充分必要条件是 $R(f,g) = 0$.

证明 (1)
$$f(x) = a_0 (x - \alpha_1)(x - \alpha_2) \cdots (x - \alpha_m)$$
$$g(x) = b_0 (x - \beta_1)(x - \beta_2) \cdots (x - \beta_n)$$

于是
$$f(\beta_j) = a_0 (\beta_j - \alpha_1)(\beta_j - \alpha_2) \cdots (\beta_j - \alpha_m) =$$
$$(-1)^n (\alpha_1 - \beta_j)(\alpha_2 - \beta_j) \cdots (\alpha_m - \beta_j)$$
$$g(\alpha_i) = b_0 (\alpha_i - \beta_1)(\alpha_i - \beta_2) \cdots (\alpha_i - \beta_n)$$

因而

$$R(f,g) = a_0^n b_0^m \prod_{i=1}^{m} \prod_{j=1}^{n} (\alpha_i - \beta_j) =$$
$$a_0^n g(\alpha_1) g(\alpha_2) \cdots g(\alpha_m) =$$
$$(-1)^{mn} b_0^m f(\beta_1) f(\beta_2) \cdots f(\beta_n).$$

(2) 由(1)可见 $R(f,g)$ 既是 $\alpha_1, \alpha_2, \cdots, \alpha_m$ 的对称多项式又是 $\beta_1, \beta_2, \cdots, \beta_n$ 的对称多项式,因此既可由 $\alpha_1, \alpha_2, \cdots, \alpha_m$ 的初等对称多项式和 $g(x)$ 的系数表出又可由 $\beta_1, \beta_2, \cdots, \beta_n$ 的初等对称多项式和 $f(x)$ 的系数表出,因而再由根与系数的关系,$R(f,g)$ 可由 $f(x)$ 的系数和 $g(x)$ 的系数表出.

(3) 由 $R(f,g)$ 的定义即可得出.

习题 5.3

1. 用初等对称多项式表出下列对称多项式

(1) $x_1^2 x_2 + x_1 x_2^2 + x_1^2 x_3 + x_1 x_3^2 + x_2^2 x_3 + x_2 x_3^2$

(2) $(x_1 + x_2)(x_2 + x_3)(x_1 + x_3)$

(3) $(x_1 - x_2)^2 (x_2 - x_3)^2 (x_3 - x_1)^2$

(4) $x_1^2 x_2^2 + x_1^2 x_3^2 + x_1^2 x_4^2 + x_2^2 x_3^2 + x_2^2 x_4^2 + x_3^2 x_4^2$

(5) $(x_1 x_2 + x_3)(x_2 x_3 + x_1)(x_1 x_3 + x_2)$

(6) $(x_1 + x_2 + x_1 x_2)(x_2 + x_3 + x_2 x_3)(x_1 + x_3 + x_1 x_3)$

2. 用初等对称多项式表出下列 n 元对称多项式

(1) $\sum x_1^4$ (2) $\sum x_1^2 x_2 x_3$

(3) $\sum x_1^2 x_2^2$ (4) $\sum x_1^2 x_2^2 x_3 x_4$

($\sum a x_1^{l_1} x_2^{l_2} \cdots x_n^{l_n}$ 表示所有由 $a x_1^{l_1} x_2^{l_2} \cdots x_n^{l_n}$ 经过置换得到的项的和)

3. 用初等对称多项式表出下列对称函数

(1) $\sum_{i=1}^{n} \dfrac{1}{x_i^2}$ (2) $\sum_{i,j=1}^{n} \dfrac{x_j}{x_i}$

4. 计算下列各组多项式的结式

(1) $\begin{cases} x^3 - 3x^2 + 2x + 1 \\ 2x^2 - x - 1 \end{cases}$

(2) $\begin{cases} 2x^3 - 3x^2 - x + 2 \\ x^4 - 2x^2 - 3x = 4 \end{cases}$

(3) $\begin{cases} a_0 x^n + a_1 x^{n-1} + \cdots + a_n \\ a_0 x^{n-1} + a_1 x^{n-2} + \cdots + a_{n-1} \end{cases}$

(4) $\begin{cases} x^n + 1 \\ (x-1)^n \end{cases}$ (5) $\begin{cases} x^n - a^n \\ x^n - b^n \end{cases}$

5. 证明:$R(f,g) = (-1)^{mn} R(g,f)$.

6. 证明:$R(f, g_1 g_2) = R(f, g_1) R(f, g_2)$.

7. 用数学归纳法证明

$$R(f,g) = \begin{vmatrix} a_0 & a_1 & \cdots & a_n & & & \\ & a_0 & a_1 & \cdots & a_n & & \\ & & \cdots & & & & \\ & & & a_0 & a_1 & \cdots & a_n \\ b_0 & b_1 & \cdots & b_m & & & \\ & b_0 & b_1 & \cdots & b_m & & \\ & & \cdots & & & & \\ & & & & b_0 & b_1 & \cdots & b_m \end{vmatrix}$$

(上面的行列式共有 $m+n$ 行,$m+n$ 列,上面是 m 行,下面是 n 行)

5.4 代数数和超越数

前面已证 $\sqrt{2}+\sqrt{3}$ 和 $\sqrt[3]{2}-\sqrt{3}$ 都是无理数,然而这种无理数在全体无理数中又是具有一些独特性质,因而和一般的无理数是有所区别的. 这里所谓它们是具有一些独特性质是指它们分别满足代数方程 $x^4-10x^2+1=0$ 和 $x^6-9x^4-4x^3+27x^2-36x-23=0$. 像这种满足代数方程的数就称为代数数. 有理数 $\dfrac{p}{q}$, $q>0$ 显然满足代数方程 $qx-p=0$,因此所有的有理数都是代数数,因而代数数乃是有理数概念的推广. 下面我们给出正式的定义.

定义 5.4.1 如果一个数 α 满足代数方程
$$a_0 x^n + a_1 x^{n-1} + \cdots + a_{n-1} x + a_n = 0$$
其中 $a_0, a_1, \cdots, a_n$ 都是整数,则称数 α 是一个代数数.

我们还可以将整数的概念加以推广,所谓整数,当然首先是有理数,因而所有的整数都满足一个一次方程,然而整数和一般的有理数相区别的特性是整数必可满足一个最高次项的系数为 1 的整系数代数方程,把此特性推广到一般,就得到所谓代数整数的概念:

定义 5.4.2 如果一个数 α 满足一个最高次项系数为 1 的代数方程
$$x^n + a_1 x^{n-1} + \cdots + a_{n-1} x + a_n = 0$$
其中 $a_1, \cdots, a_n$ 都是整数,则称数 α 是一个代数整数.

如果 α 是一个代数数,那么根据自然数的最小数原理,它所满足的整系数方程中必有次数最低者,因此

它所满足的最低的整系数方程的次数就称为代数数 α 的次数.

定义 5.4.3   如果 α 数满足一个 n 次的代数方程
$$a_0 x^n + a_1 x^{n-1} + \cdots + a_{n-1} x + a_n = 0$$
其中 $a_0, a_1, \cdots, a_n$ 都是整数,但是不满足任何次数低于 n 的代数方程,则称 α 是一个 n 次代数数.

定义 5.4.4   不是代数数的数称为超越数. 换句话说,如果数 α 不能满足任何次数的代数方程,则称 α 是一个超越数.

显然超越数必是无理数.

为了以后证明的方便,我们首先对代数数给出一个等价的说法.

引理 5.4.1 α 是一个代数数的充分必要条件是 α 是一个首项系数为 1,其他各项系数都是有理数的代数方程的根.

证明   如果 α 是一个代数数,则根据代数数的定义,α 是一个整系数代数方程的根,用最高项的系数除以方程的各项,就得出 α 是一个首项系数为 1,其他各项系数都是有理数的代数方程的根.

反之,如果 α 是一个首项系数为 1,其他各项系数都是有理数的代数方程的根. 那么在方程两边乘以各项系数的分母的最小公倍数,就得出 α 是一个整系数代数方程的根,因此 α 是一个代数数.

代数数有一些很好的性质使得我们愿意把它们从一般的无理数中区分出来单独加以研究,其中最基本的性质是所谓自封性. 为说明此性质,首先证明两个引理.

引理 5.4.2   如果 α 是一个代数数,则它的相反

数 $-\alpha$ 仍然是一个代数数.

证明 设 α 是一个代数数,那么 α 必满足一个整系数代数方程
$$a_0 x^n + a_1 x^{n-1} + \cdots + a_{n-1} x + a_n = 0$$
通过直接验证可知 $-\alpha$ 满足整系数代数方程
$$a_0 x^n - a_1 x^{n-1} + \cdots + (-1)^{n-1} a_{n-1} x + (-1)^n a_n = 0$$
因此 $-\alpha$ 仍然是一个代数数.

引理 5.4.3 如果 $\alpha \neq 0$ 是一个代数数,则它的倒数 $\dfrac{1}{\alpha}$ 仍然是一个代数数.

证明 设 α 是一个代数数,并设 α 的次数为 n,那么 α 必满足一个整系数代数方程
$$a_0 x^n + a_1 x^{n-1} + \cdots + a_{n-1} x + a_n = 0$$
由于 $\alpha \neq 0$,因此 a_n 必不能为 0,否则将有 $a_0 \alpha^n + a_1 \alpha^{n-1} + \cdots + a_{n-1} \alpha = 0$,由此得出 α 将满足代数方程 $a_0 \alpha^{n-1} + a_1 \alpha^{n-2} + \cdots + a_{n-1} x = 0$,而这与 α 的次数为 n 相矛盾.

通过直接验证可知 $\dfrac{1}{\alpha}$ 满足整系数代数方程
$$a_n x^n + a_{n-1} x^{n-1} + \cdots + a_1 x + a_0 = 0$$
因此 $\dfrac{1}{\alpha}$ 仍然是一个代数数.

定理 5.4.1 两个代数数经过加、减、乘、除(除数不为 0)后仍得到代数数.

证明 设 α 和 β 都是代数数.根据引理 5.4.1 和引理 5.4.2 我们只需证明 $\alpha + \beta$ 和 $\alpha\beta$($\beta \neq 0$)仍是代数数即可(在 $\beta = 0$ 的情况,显然 $\alpha\beta$ 仍是代数数).又根据引理 5.4.1 我们可设 α 满足 n 次代数方程 $f(x) = 0$,β 满足 m 次代数方程 $g(x) = 0$.其中

第 5 章 无理数

$$f(x) = x^n + a_1 x^{n-1} + \cdots + a_{n-1} x + a_n$$
$$g(x) = x^m + b_1 x^{m-1} + \cdots + b_{m-1} x + b_m$$

这里 $a_1, a_2, \cdots, a_n$ 和 $b_1, b_2, \cdots, b_m$ 都是有理数.

根据代数基本定理,可设 $f(x)=0$ 的所有根为 $\alpha_1, \alpha_2, \cdots, \alpha_n$,$g(x)=0$ 的所有根为 $\beta_1, \beta_2, \cdots, \beta_m$(当然 α 和 β 也包括在 $\alpha_1, \alpha_2, \cdots, \alpha_n$ 和 $\beta_1, \beta_2, \cdots, \beta_m$ 之中),于是

$$f(x) = (x-\alpha_1)(x-\alpha_2)\cdots(x-\alpha_n)$$
$$g(x) = (x-\beta_1)(x-\beta_2)\cdots(x-\beta_n)$$

我们看多项式

$$h(x) = \prod_{i=1}^{n}\prod_{j=1}^{m}(x-(\alpha_i+\beta_j)) =$$
$$\prod_{j=1}^{m}((x-\beta_j)-\alpha_1)((x-\beta_j)-\alpha_2)\cdots((x-\beta_j)-\alpha_n) =$$
$$\prod_{j=1}^{m}f(x-\beta_j)$$

显然 $\alpha+\beta$ 是 $h(x)$ 的根,并且 $h(x)$ 是 $\beta_1, \beta_2, \cdots, \beta_m$ 的有理系数对称多项式,因此根据对称多项式的基本定理,其系数都是 $\beta_1, \beta_2, \cdots, \beta_m$ 的初等对称多项式的有理系数多项式,而根据根与系数的关系可知 $\beta_1, \beta_2, \cdots, \beta_m$ 的初等对称多项式都是有理数,因而 $h(x)$ 的系数全都是有理数.根据引理 5.4.1 这就证明了 $\alpha+\beta$ 是代数数.

再看多项式

$$k(x) = \prod_{i=1}^{n}\prod_{j=1}^{m}(x-\alpha_i\beta_j) =$$
$$\prod_{j=1}^{m}\beta_j^n\left(\frac{x}{\beta_j}-\alpha_1\right)\left(\frac{x}{\beta_j}-\alpha_2\right)\cdots\left(\frac{x}{\beta_j}-\alpha_n\right) =$$

$$\prod_{j=1}^{m}\beta_j^n f\left(\frac{x}{\beta_j}\right)=$$
$$\prod_{j=1}^{m}(x^n+a_1\beta_j x^{n-1}+\cdots+a_{n-1}\beta_j^{n-1}x+a_n\beta_j^n).$$

由此可知，$k(x)$ 也是 $\beta_1,\beta_2,\cdots,\beta_m$ 的有理系数对称多项式，因而其系数也都是有理数，并且显然 $\alpha\beta(\beta\neq 0)$ 是 $k(x)$ 的根，于是根据引理 5.4.1 就得出 $\alpha\beta(\beta\neq 0)$ 也是代数数. 这就证明了定理.

最后，我们来证明代数数的封闭性. 其实上面所证明的定理也是一种封闭性，不过指的是代数数对于四则运算是封闭的. 现在所要证明的封闭性是指在代数数的定义中，如果把多项式的系数都换成代数数，则我们仍然得到代数数.

在数的概念每一次扩张时，我们都会遇到是否有封闭性的问题. 例如，当还没有负数时，我们就无法解方程 $x+a=0, a\geqslant 0$. 因此我们定义了负数，而一旦引进了负数之后，我们就要问，通过解方程 $x+a=0$，其中 a 是正数或负数或者零还会不会又出现新的数？（或者问有了负数的概念后，解方程 $x+a=0$ 还会不会有障碍？）答案是不会. 这就是一种封闭性. 当还没有分数时，我们就无法解任意一个方程 $ax+b=0$，其中 a,b 都是整数. 因此我们定义了分数乃至有理数，而一旦引进了有理数后，我们就要问通过解方程 $ax+b=0$，其中 a,b 都是有理数还会不会又出现新的数？答案是不会，这又是一次封闭性. 当还没有实数时，我们就无法表示正方形的对角线的长度或解方程 $x^2=2$，后来我们通过有理数的极限引进了实数. 而一旦引进了实数后，我们就要问对实数的序列取极限后会不会又产生新的数，答案是不会，因此实数对极限运算是封闭

的.

现在我们通过解整系数代数方程引进了代数数,因此我们还要问,如果把代数方程的系数都换成代数数,又会不会产生新的数? 这次的答案仍然是不会,也就是说,我们有:

定理 5.4.2 设 $f(x) = a_0 x^n + a_1 x^{n-1} + \cdots + a_{n-1} x + a_n = 0, a_0 \neq 0$ 的系数都是代数数,那么 $f(x)$ 的根仍是代数数.

证明 设 α 是 $f(x)$ 的根,因而 $f(\alpha)=0$.

由于代数数的和、差、积、商(分母不为零)仍是代数数,因此我们不妨设 $a_0=1$.

根据假设和引理 5.4.1 我们可设 $g_i(a_i) = 0$,其中 $g_i(x)$ 是首项系数为 1 的有理系数多项式. 我们再进一步设 $g_i(x)$ 的次数为 m_i,它的所有的根是 $a_i, a_i^{(2)}, \cdots, a_i^{(m_i)}$. 令

$$f_0(x; a_1^{(k_1)}, a_2^{(k_2)}, \cdots, a_n^{(k_n)}) =$$
$$x^n + a_1^{(k_1)} x^{n-1} + \cdots + a_{n-1}^{(k_{n-1})} x + a_n^{(k_n)}$$

$$F(x) = \prod_{k_1=1}^{m_1} \cdots \prod_{k_n=1}^{m_n} f_0(x; a_1^{(k_1)}, a_2^{(k_2)}, \cdots, a_n^{(k_n)})$$

由对称多项式基本定理和根与系数的关系可知多项式

$$\prod_{k_1=1}^{m_1} f_0(x; a_1^{(k_1)}, a_2^{(k_2)}, \cdots, a_n^{(k_n)})$$

的系数是 $x, a_2^{(k_2)}, \cdots, a_n^{(k_n)}$ 的有理系数多项式,所以可以记

$$\prod_{k_1=1}^{m_1} f_0(x; a_1^{(k_1)}, a_2^{(k_2)}, \cdots, a_n^{(k_n)}) = f_1(x; a_2^{(k_2)}, \cdots, a_n^{(k_n)})$$

同理以此类推可以知道多项式

$$\prod_{k_i=1}^{m_i} f_i(x; a_i^{(k_i)}, a_{i+1}^{(k_{i+1})}, \cdots, a_n^{(k_n)})$$

的系数是 $x, a_{i+1}^{(k_{i+1})}, \cdots, a_n^{(k_n)}$ 的有理系数多项式,所以可以记

$$\prod_{k_i=1}^{m_i} f_i(x; a_i^{(k_i)}, a_{i+1}^{(k_{i+1})}, \cdots, a_n^{(k_n)}) = f_{i+1}(x; a_{i+1}^{(k_{i+1})}, \cdots, a_n^{(k_n)})$$

最后得到

$$F(x) = \prod_{k_n=1}^{m_n} f_i(x; a_n^{(k_n)}) = f_n(x)$$

是有理系数多项式,由于 $f(\alpha)=0$,故由 $F(x)$ 的定义就得出 $F(\alpha)=0$. 这就证明了 α 仍然是一个代数数.

习题 5.4

1. 求出 $\alpha = \sqrt{2} + \sqrt[3]{2}$ 所满足的整系数多项式方程.

2. 求出 $\alpha = \sqrt{2} + \sqrt{3} - \sqrt{6}$ 所满足的整系数多项式方程.

3. 求出 $\alpha = (1+\sqrt{3})\sqrt[3]{2}$ 所满足的整系数多项式方程.

4. 证明: $\dfrac{\sqrt{3}+\sqrt{7}}{2}$ 是代数整数.

5. 证明:两个代数整数的和、差以及积仍为一个代数整数,并举例说明商不一定是.

6. 求出方程 $x^2 + \sqrt[3]{2}x + \sqrt{3} = 0$ 的根 α 所满足的整系数多项式方程.

7. 设 $f(x) = x^n + a_1 x^{n-1} + \cdots + a_{n-1} x + a_n = 0$ 的系数都是代数整数,那么 $f(x)$ 的根仍是代数整数.

第5章 无理数

8. 设 $\varepsilon \neq 0$ 是一个代数整数,如果它的倒数 $\dfrac{1}{\varepsilon}$ 也是一个代数整数,则称 ε 是一个单位数. 证明:$3-2\sqrt{2}$,$1+\sqrt[3]{2}+\sqrt[3]{2^2}$,$4+3\sqrt[3]{3}+2\sqrt[3]{3^2}$ 都是单位数.

9. 证明:如果 $f(x)=a_0 x^n + a_1 x^{n-1} + \cdots + a_{n-1} x + a_n = 0$,$a_0 \neq 0$ 的系数都是代数整数,且 a_0, a_n 都是单位数,则 $f(x)$ 的根仍是单位数.

10. 设 $\alpha = \sqrt{3}$,$\beta = \sqrt{\sqrt[3]{4}-1}$,证明:

(1) $\alpha = \alpha\beta^2 + (\alpha-\beta)^2 \beta$;

(2) $2\alpha = \alpha\beta(\alpha-\beta) + \dfrac{\alpha}{\beta}(\alpha-\beta)$.

连分数

第 6 章

6.1 什么是连分数

我们已知道了分数和小数,在这一章里我们要介绍一种数的新的表示方法:连分数.

定义 6.1.1 表达式

$$a_0 + \cfrac{1}{a_1 + \cfrac{1}{a_2 + \cdots + \cfrac{1}{a_n}}}$$

称为 n 阶的有限连分数.其中 a_0 为任意实数,$a_1,\cdots,a_n$ 为正实数.如果 a_0 是任意整数,$a_1,\cdots,a_n$ 是正整数,则称它为 n 阶的简单连分数.

为了书写的便利和表达简单起见,一般用下面的符号来表示一个连分数,即

第6章 连分数

$$[a_0;a_1,a_2,\cdots,a_n]$$

有限连分数显然是有意义的,它的值一般是一个实数,而简单连分数的值是一个有理数.为了使上面的表达式在有无限多个元素的情况下也可以有意义,我们给出下面的定义:

定义 6.1.2 设 $a_0,a_1,\cdots,a_n,\cdots$ 是一个无穷序列,其中 a_0 为任意实数. $a_1,\cdots,a_n,\cdots$ 为正实数.如果序列 $a_0,[a_0;a_1],\cdots,[a_0;a_1,a_2,\cdots,a_n],\cdots$ 存在有限的极限 α,则称表达式

$$[a_1,\cdots,a_n,\cdots]=a_0+\cfrac{1}{a_1+\cfrac{1}{a_2+\cdots \cfrac{}{+\cfrac{1}{a_n+\cdots}}}}$$

收敛,这时,上面的表达式又称为是一个无限连分数,它的值就是 α. 当 a_0 是任意整数,$a_1,\cdots,a_n,\cdots$ 是正整数时,则称它为简单无限连分数.

定义 6.1.3 $[a_0]=\dfrac{a_0}{1},[a_0;a_1]=\dfrac{p_1}{q_1},\cdots,[a_0;a_1,a_2,\cdots,a_k]=\dfrac{p_k}{q_k}$ 称为有限连分数 $[a_0;a_1,a_2,\cdots,a_n]$ 或无限连分数 $[a_0;a_1,a_2,\cdots,a_n,\cdots]$ 的第 $1,2,\cdots,k$ 阶渐近分数.

$r_k=[a_k;a_{k+1},\cdots,a_n]$ 称为是有限连分数 $[a_0;a_1,a_2,\cdots,a_n]$ 的第 k 阶余式,而 $r_k=[a_k;a_{k+1},\cdots,a_n,\cdots]$ 则称为是无限连分数 $[a_0;a_1,a_2,\cdots,a_n,\cdots]$ 的第 k 阶余式.

显然,无限的余式和无限连分数同时有意义或同

465

时无意义.

定义任意一个符号,都首先要研究这一符号本身有些什么性质,才能开展进一步的研究,否则,我们将始终停留在把一种符号换成另一种符号去写的水平上.下面,我们就首先给出连分数符号的最基本性质.由连分数的定义通过直接验证即可知道成立下面的引理.

引理 6.1.1 设 α 表示一个有限或无限连分数,则对任意整数 $k \geqslant 1$,成立

$$\alpha = [a_0; a_1, a_2, \cdots, a_{k-1}, r_k] =$$
$$[a_0; a_1, a_2, \cdots, a_{k-1}, a_k + \frac{1}{r_{k+1}}]$$

特别

$$[a_0; a_1, a_2, \cdots, a_n, a_{n+1}] =$$
$$[a_0; a_1, a_2, \cdots, a_{n-1}, a_n + \frac{1}{a_{n+1}}]$$

引理 6.1.2 设 $a_i > 0, i = 1, 2, \cdots, n, \eta > 0, \alpha_n = [a_0; a_1, a_2, \cdots, a_n]$,则

(1) 如果 n 是奇数,那么 $\alpha_n > [a_0; a_1, a_2, \cdots, a_{n-1}, a_n + \eta]$;

如果 n 是偶数,那么 $\alpha_n < [a_0; a_1, a_2, \cdots, a_{n-1}, a_n + \eta]$.

(2) $\alpha_1 > \alpha_3 > \cdots > \alpha_{2n-1} > \cdots$
$\alpha_0 < \alpha_2 < \cdots < \alpha_{2n} < \cdots$

证明 (1) 当 $n = 1$ 时

$$\alpha_1 = [a_0; a_1] = a_0 + \frac{1}{a_1} > a_0 + \frac{1}{a_1 + \eta} = [a_0; a_1 + \eta]$$

因此这时(1) 中的第一个式子成立.假设此式对所有小于或者等于 $2n - 1$ 的奇数都成立,那么

$$\alpha_{2n+1}=[a_0;a_1,\cdots,a_{2n+1}]=[a_0;a_1,[a_2;\cdots,a_{2n+1}]]$$

由于$[a_2;a_3,\cdots,a_{2n+1}]$中分号后面共有$2n-1$个元素，因此由归纳法假设就有

$$\xi=[a_2;a_3,\cdots,a_{2n+1}]>[a_2;a_3,\cdots,a_{2n+1}+\eta]=\xi_n$$

故

$$\alpha_{2n+1}=[a_0;a_1,\xi]=a_0+\cfrac{1}{a_1+\cfrac{1}{\xi}}>a_0+\cfrac{1}{a_1+\cfrac{1}{\xi_n}}=$$

$$[a_0;a_1,[a_2;a_3,\cdots,a_{2n+1}+\eta]]=$$

$$[a_0;a_1,a_2,\cdots,a_{2n+1}+\eta]$$

因此由数学归纳法就证明了(1)中的第一个式子，同理可证(1)中的另一个式子.

(2) 由引理6.1.1和(1)中已证明的式子就有

$$\alpha_1=[a_0;a_1]>[a_0;a_1+\frac{1}{[a_2;a_3]}]=$$

$$[a_0;a_1,[a_2;a_3]]=$$

$$[a_0;a_1,a_2,a_3]=\alpha_3>\alpha_5>\alpha_7>\cdots$$

$$\alpha_0=[a_0]>[a_0+\frac{1}{[a_1;a_2]}]=[a_0;[a_1;a_2]]=$$

$$[a_0;a_1,a_2]=\alpha_2<\alpha_4<\alpha_6<\cdots$$

下面来考虑连分数的计算问题.

根据上面所给出的连分数的性质，对一个有限连分式，我们可以从它的最后一个元素按照连分数的定义，逐步写出一个连分数的最后表达式来.不过这样计算有一个不方便之处，就是当再添加一个元素时，一切都要从头算起，而以前所得的计算结果完全无用，另外，这样计算连分数也无法得出一个一般的明显公式.因此我们首先关注的问题是是否有一个这样的公式.

定理6.1.1 设 $\alpha_n=\dfrac{p_n}{q_n}$，那么

(1) 当 $n \geq 2$ 时,$\begin{cases} p_n = a_n p_{n-1} + p_{n-2} \\ q_n = a_n q_{n-1} + q_{n-2} \end{cases}$;

(2) $\alpha = [a_0; a_1, a_2, \cdots] = \dfrac{p_{k-1} r_k + p_{k-2}}{q_{k-1} r_k + q_{k-2}}, k \geq 1$;

(3) $\dfrac{p_n}{p_{n-1}} = [a_n; a_{n-1}, \cdots, a_0]$;

$\dfrac{q_n}{q_{n-1}} = [a_n; a_{n-1}, \cdots, a_1]$.

证明 (1) 由直接计算可知

$$\dfrac{p_0}{q_0} = \dfrac{a_0}{1}, \dfrac{p_1}{q_1} = \dfrac{a_0 a_1 + 1}{a_1}, \dfrac{p_2}{q_2} = \dfrac{a_0 a_1 a_2 + a_2 + a_0}{a_1 a_2 + 1}$$

故

$$p_2 = a_0 a_1 a_2 + a_2 + a_0 = a_2(a_0 a_1 + 1) + a_0 = a_2 p_1 + p_0$$

$$q_2 = a_1 a_2 + 1 = a_2 q_1 + q_0$$

因此公式对 $n = 2$ 的情况成立. 现在假设对一切适合 $2 \leq k \leq n$ 的自然数 k 公式成立,即假设当 $n \geq 2$ 时

$$p_n = a_n p_{n-1} + p_{n-2}$$

$$q_n = a_n q_{n-1} + q_{n-2}$$

那么

$$\alpha_{n+1} = [a_0; a_1, a_2, \cdots, a_n, a_{n+1}] =$$

$$[a_0; a_1, \cdots, a_{n-1}, a_n + \dfrac{1}{a_{n+1}}] = \alpha'_n$$

α_{n+1} 连同它本身共有 $n+2$ 个渐进分数 $\alpha_0, \alpha_1, \cdots, \alpha_{n-1}, \alpha_n, \alpha_{n+1}$,而 α'_n 连同它本身共有 $n+1$ 个渐进分数 $\alpha'_0, \alpha'_1, \cdots, \alpha'_{n-1}, \alpha'_n$. 注意根据渐近分数的定义就可知连分数 α_{n+1} 和 α'_n 的前 $n-1$ 阶渐近分数是完全相同的,即

$$\alpha_0 = \dfrac{p_0}{q_0} = \dfrac{p'_0}{q'_0} = \alpha'_0$$

$$\alpha_1 = \frac{p_1}{q_1} = \frac{p'_1}{q'_1} = \alpha'_1$$

$$\vdots$$

$$\alpha_{n-1} = \frac{p_{n-1}}{q_{n-1}} = \frac{p'_{n-1}}{q'_{n-1}} = \alpha'_{n-1}$$

而由于 α'_n 已经是 n 阶连分式,故由归纳法假设就有

$$\frac{p_{n+1}}{q_{n+1}} = \alpha_{n+1} = \alpha'_n = \frac{p'_n}{q'_n} =$$

$$\frac{a'_n p'_{n-1} + p'_{n-2}}{a'_n q'_{n-1} + q'_{n-2}} =$$

$$\frac{\left(a_n + \dfrac{1}{a_{n+1}}\right) p_{n-1} + p_{n-2}}{\left(a_n + \dfrac{1}{a_{n+1}}\right) p_{n-1} + p_{n-2}} =$$

$$\frac{a_{n+1}(a_n p_{n-1} + p_{n-2}) + p_{n-1}}{a_{n+1}(a_n q_{n-1} + q_{n-2}) + q_{n-1}} =$$

$$\frac{a_{n+1} p_n + p_{n-1}}{a_{n+1} q_n + q_{n-1}}$$

故由数学归纳法可知,此公式对一切大于等于 2 的自然数成立.

(2) $[a_0; a_1, \cdots] = [a_0; a_1, \cdots, a_{k-1}, r_k]$. 因此由(1)中已证的公式就得出(2).

(3) 当 $n=1$ 时,$\dfrac{p_1}{p_0} = \dfrac{a_0 a_1 + 1}{a_0} = a_1 + \dfrac{1}{a_0} = [a_1; a_0]$,

要证的公式成立. 假设对自然数 n 公式成立,即 $\dfrac{p_n}{p_{n-1}} = [a_n; a_{n-1}, \cdots, a_0]$,那么

$$\frac{p_{n+1}}{p_n} = \frac{a_{n+1} p_n + p_{n-1}}{p_n} = a_{n+1} + \frac{1}{\dfrac{p_n}{p_{n-1}}} =$$

$$a_{n+1} + \frac{1}{[a_n; a_{n-1}, \cdots, a_0]} =$$

$$[a_{n+1};[a_n;a_{n-1},\cdots,a_0]] =$$
$$[a_{n+1};a_n,a_{n-1},\cdots a_0]$$

故由数学归纳法,(3)中的公式对一切自然数成立. 同理可证(3)中的另一个式子.

现在来看相邻的渐近分数之间有什么关系. 我们有

定理 6.1.2

(1) $q_n p_{n-1} - p_n q_{n-1} = (-1)^n$;

(2) $q_n p_{n-2} - p_n q_{n-2} = (-1)^{n-1} a_n$.

证明

(1) $q_n p_{n-1} - p_n q_{n-1} =$
$(a_n q_{n-1} + q_{n-2}) p_{n-1} - (a_n p_{n-1} + p_{n-2}) q_{n-1} =$
$(-1)(q_{n-1} p_{n-2} - p_{n-1} q_{n-2}) =$
$(-1)^2 (q_{n-2} p_{n-3} - p_{n-2} q_{n-3}) = \cdots =$
$(-1)^{n-1}(q_1 p_0 - p_1 q_0) = (-1)^n$

(2) $q_n p_{n-2} - p_n q_{n-2} =$
$(a_n q_{n-1} + q_{n-2}) p_{n-2} - (a_n p_{n-1} + p_{n-2}) q_{n-2} =$
$a_n(q_{n-1} p_{n-2} - p_{n-1} q_{n-2}) =$
$(-1)^{n-1} a_n$

引理 6.1.3 设 $[a_0;a_1,a_2,\cdots,a_n,\cdots]$ 是一个任意的简单的有限或无限连分数, $\dfrac{p_k}{q_k}(k=0,1,\cdots)$ 是它的渐近分数,那么

(1) 当 $k \geqslant 2$ 时, $q_k \geqslant q_{k-1} + 1$,因而对任意 k 有 $q_k \geqslant k-1$,当 $k \to \infty$ 时, $q_k \to \infty$;

(2) $\dfrac{p_k}{q_k}(k=0,1,\cdots)$ 都是既约分数.

证明 (1) 由定理 6.1.1(1), q_k 的定义和简单连

第6章　连分数

分数的定义显然就有 $q_k \geqslant 1$(注意这里用到了 q_k 的定义,虽然 p_k 和 q_k 的递推公式是一样的,但是由于 a_0 可以是任意整数,所以只有 q_k 才有性质 q_k,而 p_k 却没有这一性质). 由于当 $k \geqslant 1$ 时, $a_k \geqslant 1$,因此当 $k \geqslant 2$ 时
$$q_k = a_k q_{k-1} + q_{k-2} \geqslant q_{k-1} + 1$$
然后由 $q_0 = 1, q_1 = a_1 \geqslant 1$ 和数学归纳法即可证明(1)的结论.

(2) 由定理 6.1.2(1) $q_n p_{n-1} - p_n q_{n-1} = (-1)^n$ 即得(2).

习题 6.1

1. 计算以下连分数的值和各阶渐近分数
(1) $[1;2,3]$　　　　(2) $[0;1,2,3]$
(3) $[3;2,1]$　　　　(4) $[2;1,1,4,1,1]$
(5) $[4;2,1,7,8]$

2. 把下面的有理数表示成有限的简单连分数,并求出各阶渐近分数
(1) $\dfrac{121}{21}$　　(2) $-\dfrac{19}{29}$　　(3) $\dfrac{177}{292}$　　(4) $\dfrac{873}{4\,867}$

3. 求有限简单连分数 $[1;1,1,1,1,1,1,1,1]$ 的各阶渐近分数.

4. 设 $\alpha = [a_0; a_1, \cdots, a_n]$,证明:$\dfrac{1}{\alpha} = [0; a_0, a_1, \cdots, a_n]$.

5. 证明:$\begin{pmatrix} p_n & p_{n-1} \\ q_n & q_{n-1} \end{pmatrix} = \begin{pmatrix} a_0 & 1 \\ 1 & 0 \end{pmatrix} \begin{pmatrix} a_1 & 1 \\ 1 & 0 \end{pmatrix} \cdots \begin{pmatrix} a_n & 1 \\ 1 & 0 \end{pmatrix}$.

6. 连分数 $\alpha^* = [a_n; \cdots, a_1]$ 称为连分数 $\alpha = [a_1; \cdots, a_n]$ 的对称分数. 设 α^* 的各阶渐近分数为 $\alpha_k^* = $

$\dfrac{p_k^*}{q_k^*}, k=1,2,\cdots,n, \alpha$ 的各阶渐近分数为 $\alpha_k = \dfrac{p_k}{q_k}, k=1,$
$2,\cdots,n$. 证明: $p_n^* = p_n, p_{n-1}^* = q_n, q_n^* = p_{n-1}, q_{n-1}^* = q_{n-1}$.

6.2　用连分数表示数

我们在第 4 章中已经讨论了如何用小数来表示实数. 现在我们来考虑一个类似的问题, 就是如何用连分数来表示实数. 就像在用小数表示实数时那样, 要想用连分数表示实数, 必须先要解决两个问题. 这两个问题是: 用连分数表示实数的方法是否是唯一的？当连分数有无穷多个元素时, 它的意义是什么？在什么条件下, 一个无限连分数是有意义的. 关于后一问题, 我们在 6.1 中已经回答了一半, 就是无限连分数的意义就是它的渐近分数的序列的极限, 但是我们还没有回答这一极限存在的条件是什么, 以及我们主要讨论的简单无限连分数是否一定有意义. 下面我们就来讨论这些问题.

定理 6.2.1　每个简单连分数都表示一个实数.

证明　显然每个有限的简单连分数都表示一个有理数. 因此我们只需证明每个简单无限连分数都有意义即可(其意义就是它的渐近分数的序列的极限, 因而是一个实数).

设 $[a_0; a_1, a_2, \cdots, a_n, \cdots]$ 是一个任意的简单无限连分数. $\alpha_0, \alpha_1, \cdots, \alpha_k, \cdots$ 是它的渐近分数. 那么由引理 6.1.2 和定理 6.1.2 知

$$\frac{p_{n-1}}{q_{n-1}} - \frac{p_n}{q_n} = \frac{(-1)^n}{q_n q_{n-1}}$$

第 6 章 连分数

故在上式中令 $n=1$ 和 $n=2k$,那么由引理 6.1.2(2) 即得

$$\alpha_1 > \alpha_3 > \cdots > \alpha_{2n-1} > \cdots > \alpha_{2n} > \cdots \alpha_2 > \alpha_0$$

而仍由 $\dfrac{p_{n-1}}{q_{n-1}} - \dfrac{p_n}{q_n} = \dfrac{(-1)^n}{q_n q_{n-1}}$ 可知 $|\alpha_{2n-1} - \alpha_{2n}| = \dfrac{1}{q_{2n-1} q_{2n}} \to 0$. 故由区间套定理知 $\alpha_0, \alpha_1, \cdots, \alpha_n, \cdots$ 存在极限 α,并且由区间套的形式和取极限的过程即可知

$$\alpha_1 > \alpha_3 > \cdots > \alpha_{2n-1} > \cdots > \alpha > \cdots > \alpha_{2n} > \cdots \alpha_2 > \alpha_0$$

这就证明了定理.

下面给出一个无限简单连分数所代表的实数与此连分数的第 n 阶渐近分数之间的误差估计.

定理 6.2.2 设 $\alpha = [a_0; a_1, \cdots, a_k, \cdots]$,其中 a_0 是任意整数,$a_i, i \geqslant 1$ 都是正整数,$\dfrac{p_k}{q_k}$ 是 α 的第 k 阶渐近分数,则

(1) $\dfrac{1}{q_k(q_k + q_{k+1})} < \left| \alpha - \dfrac{p_k}{q_k} \right| < \dfrac{1}{q_k q_{k+1}}, k \geqslant 0$;

如果 $\alpha = [a_0; a_1, \cdots, a_n]$,则上式对 $0 \leqslant k < n-1$ 成立;

(2) $\left| \alpha - \dfrac{p_{n+1}}{q_{n+1}} \right| < \left| \alpha - \dfrac{p_n}{q_n} \right|$.

证明 (1) 由引理 6.1.1 和定理 6.1.2 即得

$$\alpha = \dfrac{r_{k+1} p_k + p_{k-1}}{r_{k+1} q_k + q_{k-1}}$$

$$\alpha - \dfrac{p_k}{q_k} = \dfrac{r_{k+1} p_k + p_{k-1}}{r_{k+1} q_k + q_{k-1}} - \dfrac{p_k}{q_k} = \dfrac{(-1)^n}{q_k(r_{k+1} q_k + q_{k-1})}$$

但是由 r_{k+1} 的定义知 $a_{k+1} < r_{k+1} < a_{k+1} + 1$,故

$$\frac{1}{q_k((a_{k+1}+1)q_k+q_{k-1})} < \left|\alpha-\frac{p_k}{q_k}\right| < \frac{1}{q_k(a_{k+1}q_k+q_{k-1})}$$

因而由引理 6.1.3 就得出

$$\frac{1}{q_k(q_k+q_{k+1})} < \left|\alpha-\frac{p_k}{q_k}\right| < \frac{1}{q_kq_{k+1}}$$

(2) 由引理 6.1.3 得出

$$q_n(q_n+q_{n+1}) < q_{n+1}(a_{n+2}q_{n+1}+q_n) = q_{n+1}q_{n+2}$$

因而由（1）已证的式子知

$$\left|\alpha-\frac{p_{n+1}}{q_{n+1}}\right| < \frac{1}{q_{n+1}q_{n+2}} < \frac{1}{q_n(q_n+q_{n+1})} < \left|\alpha-\frac{p_n}{q_n}\right|$$

上面这条定理表示，如果 $\frac{p_k}{q_k}$ 是 α 的渐近分数，则 α 与 $\frac{p_k}{q_k}$ 之间的误差必须满足某种约束. 下面我们证明这一定理在某种意义下的逆命题，即如果一个分数与 α 之间的误差满足了某种约束，则此分数必是 α 的渐近分数.

定理 6.2.3 设 $\left|\alpha-\frac{p}{q}\right| < \frac{1}{q^2}$，$\theta = |q^2\alpha - pq|$，$\frac{p}{q} = [a_0; a_2, \cdots, a_n]$，那么 $\frac{p}{q}$ 是 α 的渐近分数的充分必要条件是 $\theta \leqslant \frac{q_n}{q_n+q_{n-1}}$.

证明 当 $\alpha = \frac{p}{q}$ 时，$\frac{p}{q}$ 显然是 α 的渐近分数，这时 $\theta = 0 < \frac{q_n}{q_n+q_{n-1}}$，反之如果 $\theta < \frac{q_n}{q_n+q_{n-1}}$ 而 $\theta = 0$，则 $\alpha = \frac{p}{q}$，因此 $\frac{p}{q}$ 是 α 的渐近分数. 故以下不妨设 $\theta > 0$.

由 $\left|\alpha-\dfrac{p}{q}\right|<\dfrac{1}{q^2}$ 得出 $\theta<1$，因此 $0<\theta<1$.

由于 $\left|\alpha-\dfrac{p_n}{q_n}\right|=\dfrac{|q_n^2\alpha-p_n q_n|}{q_n^2}=\dfrac{\theta}{q_n^2}$，因此 $\alpha-\dfrac{p_n}{q_n}=\pm\dfrac{\theta}{q_n^2}$. 设 ε 表示 $+1$ 或者 -1，那么取适当的 ε，可写 $\alpha-\dfrac{p_n}{q_n}=\dfrac{\varepsilon\theta}{q_n^2}$. 又令 $\alpha=\dfrac{p_n\beta+p_{n-1}}{q_n\beta+q_{n-1}}$，则

$$\dfrac{\varepsilon\theta}{q_n^2}=\alpha-\dfrac{p_n}{q_n}=\dfrac{p_n\beta+p_{n-1}}{q_n\beta+q_{n-1}}-\dfrac{p_n}{q_n}=\dfrac{q_n p_{n-1}-p_n q_{n-1}}{q_n(q_n\beta+q_{n-1})}=\dfrac{(-1)^n}{q_n(q_n\beta+q_{n-1})}$$

因此

$$\theta=\dfrac{q_n}{q_n\beta+q_{n-1}}$$

$$\beta=\dfrac{q_n-\theta q_{n-1}}{\theta q_n}>\dfrac{\theta q_n-\theta q_{n-1}}{\theta q_n}=\dfrac{q_n-q_{n-1}}{q_n}>0$$

如果 $\beta\geqslant 1$，则 $\beta=\dfrac{q_n-\theta q_{n-1}}{\theta q_n}>1$，$q_n-\theta q_{n-1}\geqslant\theta q_n$，

因此 $\theta\leqslant\dfrac{q_n}{q_n+q_{n-1}}$；反之如果 $\theta\leqslant\dfrac{q_n}{q_n+q_{n-1}}$，则从上式反推回去就得到 $\beta\geqslant 1$，因此我们得出

$$\theta\leqslant\dfrac{q_n}{q_n+q_{n-1}}\Leftrightarrow\beta\geqslant 1$$

由

$$\alpha=\dfrac{p_n\beta+p_{n-1}}{q_n\beta+q_{n-1}}$$

得出

$$\alpha=[a_0;a_1,\cdots,a_n,\beta]$$

如果 $\beta\geqslant 1$，则 $\beta=[a_{n+1};a_{n+2},\cdots]$，$a_{n+1}>1$，而

$$\alpha=[a_0;a_1,\cdots,a_n,[a_{n+1};a_{n+2},\cdots]]=[a_0;a_1,\cdots,a_n,a_{n+1};a_{n+2},\cdots]$$

因此 $[a_0; a_1, \cdots, a_n] = \dfrac{p_n}{q_n} = \dfrac{p}{q}$ 是 α 的渐近分数.

如果 $0 < \beta < 1$, 则 $\dfrac{1}{\beta} > 1, a_n + \dfrac{1}{\beta} = 2[a_n + c; a_{n+1}, \cdots], c \geqslant 1$, 而

$$\alpha = [a_0; a_1, \cdots, a_{n-1}, a_n, \beta] =$$
$$[a_0; a_1, \cdots, a_{n-1}, a_n + \dfrac{1}{\beta}] =$$
$$[a_0; a_1, \cdots, a_{n-1}, [a_n + c; a_{n+1}, \cdots]] =$$
$$[a_0; a_1, \cdots, a_{n-1}, a_n + c, a_{n+1}, \cdots]$$

故 α 的渐近分数为 $\dfrac{p_0}{q_0}, \dfrac{p_1}{q_1}, \cdots, \dfrac{p_{n-1}}{q_{n-1}}, \dfrac{p'_n}{q'_n}, \dfrac{p_{n+1}}{q_{n+1}}$, 其中

$$\dfrac{p'_n}{q'_n} = \dfrac{(a_n + c)p_{n-1} + p_{n-2}}{(a_n + c)q_{n-1} + q_{n-2}} = \dfrac{p_n + cp_{n-1}}{q_n + cq_{n-1}}.$$

另外注意当 $k < n$ 时, $q_k < q_n$, 当 $k \geqslant n$ 时, $q_k \geqslant q'_n > q_n$, 因此对任意自然数 $k, q_n \neq q_k, q_n \neq q'_n$. 由于 $\dfrac{p_0}{q_0}, \dfrac{p_1}{q_1}, \cdots, \dfrac{p_{n-1}}{q_{n-1}}, \dfrac{p'_n}{q'_n}, \dfrac{p_{n+1}}{q_{n+1}}, \cdots$ 都是既约分数, 故

$$\dfrac{p}{q} = \dfrac{p_n}{q_n} \neq \dfrac{p_k}{q_k}, \dfrac{p}{q} = \dfrac{p_n}{q_n} \neq \dfrac{p'_n}{q'_n}.$$

这就说明 $\dfrac{p}{q}$ 不可能是 α 的渐近分数.

综合上述证明就得到 $\dfrac{p}{q}$ 是 α 的渐近分数 $\Leftrightarrow \beta \geqslant 1 \Leftrightarrow \theta \leqslant \dfrac{q_n}{q_n + q_{n-1}}$.

利用上面的定理, 我们可以得出一个更简明的判别法.

定理 6.2.4 如果 $\dfrac{p}{q}, q > 0$ 满足 $\left| \alpha - \dfrac{p}{q} \right| \leqslant \dfrac{1}{2q^2}$,

第 6 章 连分数

则 $\dfrac{p}{q}$ 必是 α 的渐近分数.

证明 由于 $\dfrac{q_n}{q_n+q_{n-1}} > \dfrac{q_n}{q_n+q_n} = \dfrac{1}{2}$，故由 $\left|\alpha-\dfrac{p}{q}\right| \leqslant \dfrac{1}{2q^2}$ 就得出

$$\theta = |\,q^2\alpha - pq\,| \leqslant \dfrac{1}{2} < \dfrac{q_n}{q_n+q_{n-1}}$$

其中 $\dfrac{p_n}{q_n} = \dfrac{p}{q} = [a_0;a_1,\cdots,a_n]$. 因此由定理 6.2.3 就证明了 $\dfrac{p}{q}$ 必是 α 的渐近分数.

上面我们证明了每一个简单的(有限或无限)连分数都表示一个实数，下面我们证明其逆命题也是正确的，即

定理 6.2.5 每一个实数都可以表示成一个简单的(有限或无限)连分数.

证明 设 α 是一个实数，如果 α 是有理数，则 $\alpha = \dfrac{a}{b}, b > 0$. 由辗转相除法即得

$$\dfrac{a}{b} = q_0 + \dfrac{r_0}{b},\ 0 < \dfrac{r_0}{b} < 1$$

$$\dfrac{b}{r_0} = q_1 + \dfrac{r_1}{r_0},\ 0 < \dfrac{r_1}{r_0} < 1, q_1 > 1$$

$$\vdots$$

$$\dfrac{r_{n-3}}{r_{n-2}} = q_{n-1} + \dfrac{r_{n-1}}{r_{n-2}},\ 0 < \dfrac{r_{n-1}}{r_{n-2}} < 1, q_{n-1} \geqslant 1$$

$$\dfrac{r_{n-2}}{r_{n-1}} = q_n + \dfrac{r_n}{r_{n-1}},\ r_n = 0, q_n > 1$$

故 $\alpha = \dfrac{a}{b} = [q_0;q_1,\cdots,q_n], q_n > 1$，因此每一个有理数

都可以表示成连分数.

如果 α 是无理数,则由 $\alpha = [\alpha] + \{\alpha\}, 0 < \{\alpha\} < 1$ 即得

$$\alpha = a_0 + \frac{1}{\alpha_0}, a_0 = [\alpha], \alpha_0 = \frac{1}{\{\alpha\}} > 1$$

$$\alpha_0 = a_1 + \frac{1}{\alpha_1}, a_1 = [\alpha_0], \alpha_1 = \frac{1}{\{\alpha_0\}} > 1$$

$$\vdots$$

$$\alpha_{k-1} = a_k + \frac{1}{\alpha_k}, a_k = [\alpha_{k-1}], \alpha_k = \frac{1}{\{\alpha_{k-1}\}} > 1$$

$$\vdots$$

由定理 6.2.2 和定理 6.1.3 得

$$\left|\alpha - \frac{p_k}{q_k}\right| < \frac{1}{q_k q_{k+1}} < \frac{1}{q_k^2} < \frac{1}{(k-1)^2} \to 0$$

因此按照无限连分数的意义就有 $\alpha = [a_0; a_1, \cdots, a_k, \cdots]$,而由此连分数的构造过程显然可知这是一个简单连分数. 这就证明了每一个无理数都可以表示成一个无限的简单连分数.

下面我们来讨论用连分数表示实数时,表示法的唯一性问题.

在用小数表示实数时,我们一开始并不能得出唯一性,这是因为在用有限小数表示实数时可以有两种表示方法(一种是有限形式的,另一种是无限形式的),但是通过约定只用一种表示法,我们就可达到唯一性. 类似的,在用有限连分数表示实数时,也可以有两种表示方法. 即

$$[a_0; a_1, \cdots, a_n] = [a_0; a_1, \cdots, a_n - 1, 1]$$

但是显然在这所谓两种表示方法中的后者显得很没有"意思",因此通过约定不用这种表示方法,我们就可达

到唯一性.

约定 6.2.1 除非特别声明或在中间过程中(例如命题的证明过程中),我们约定一个有限简单连分数的最后一个元素都是大于 1 的正整数.

在此约定下,我们就有

定理 6.2.6 每一个实数可用唯一的方式表示成有限或无限的简单连分数.

证明 设 α 是一个实数.如果 α 是有理数,则由定理 6.2.5 可知 α 可以表示成一个有限的简单连分数.并且由约定 6.2.1 知其最后一个元素都是大于 1 的正整数.

设 $A_n = [a_0; a_1, \cdots, a_n] = [b_0; b_1, \cdots, b_m] = B_m$,$a_n > 1, b_m > 1$.不妨设 $n \leqslant m$,我们对 n 用数学归纳法证明必有 $m = n, a_i = b_i, 0 \leqslant i \leqslant n$.

当 $n = 0$ 时,如果 $m \neq 0$,则 $m \geqslant 1$,那么由 $A_n = B_m$ 得出

$$A_0 = a_0 = [b_0; b_1, \cdots, b_m] = [b_0; [b_1, \cdots, b_m]] = b_0 + \frac{1}{[b_1, \cdots, b_m]}$$

由于 $m \geqslant 1, b_m > 1$,故 $[b_1; \cdots, b_m] > 1$(注意如果没有 $b_m > 1$ 这一约定,则有可能 $[b_1, \cdots, b_m] = 1$).由此得出上式左边是一个整数,而右边不是一个整数.这不可能,因此必然有 $m = 0$,而这时由 $A_0 = B_0$ 就得出 $a_0 = b_0$,故当 $n = 0$ 时,命题成立.

现在假设对于不大于 n 的自然数,命题成立.

如果 $A_{n+1} = [a_0; a_1, \cdots, a_{n+1}] = [b_0; b_1, \cdots, b_m] = B_m$,则由于 $m \geqslant n \geqslant 1$(一开始我们就假设了 $m \geqslant n$),$a_{n+1} > 1, b_m > 1$,故

$$[a_1;a_2,\cdots,a_{n+1}]>1, [b_1;b_2,\cdots,b_m]>1$$

而

$$A_{n+1}=a_0+\frac{1}{[a_1;a_2,\cdots,a_{n+1}]}=$$
$$b_0+\frac{1}{[b_1;b_2,\cdots,b_m]}=B_m$$

因此 $a_0=b_0$，因而

$$[a_1;a_2,\cdots,a_{n+1}]=[b_1;b_2,\cdots,b_m]$$

现在连分数 $[a_1;a_2,\cdots,a_{n+1}]$ 分号后面的元素个数已是 n 个，因此由归纳法假设就得出 $m=n+1, a_i=b_i, 1\leqslant i\leqslant n+1$.

这样由数学故纳法就证明了当 α 是有理数时，用有限简单连分数表示 α 的唯一性.

现在设 α 是无理数，于是由定理 6.2.5 知 α 可表示成为一个无限简单连分数

$$\alpha=[a_0;a_1,\cdots,a_n,\cdots]$$

如果 α 还有一个无限简单连分数表示 $[b_0;b_1,\cdots,b_n,\cdots]$，那么

$$\alpha=[a_0;a_1,\cdots,a_n,\cdots]=[b_0;b_1,\cdots,b_n,\cdots]$$

对任意的 $n, \alpha=[a_0;a_1,\cdots,a_n,[a_{n+1};\cdots]]=[b_0;b_1,\cdots,b_n,[b_{n+1};\cdots]]$，由定理 6.2.1 知 $[a_{n+1};\cdots]$ 和 $[b_{n+1};\cdots]$ 分别表示两个实数 α' 和 β'，于是

$$\alpha=[a_0;a_1,\cdots,a_n,\alpha']=[b_0;b_1,\cdots,b_n,\beta']$$

由于

$$\alpha'=a_{n+1}+\frac{1}{\ddots}>1, \beta'=b_{n+1}+\frac{1}{\ddots}>1$$

故由上面已经证明的有限简单连分数表示的唯一性就得到

$$a_i=b_i, 0\leqslant i\leqslant n, \alpha'=\beta'$$

第6章 连分数

由于 n 的任意性,我们就证明了用无限简单连分数表示无理数的唯一性.

注意:我们实际上证明了如果 $[a_0;a_1,\cdots,a_{n-1},\zeta]=[b_0;b_1,\cdots,b_{m-1},\eta]$,其中 a_0,b_0 是任意整数,a_i,$1 \leqslant i \leqslant n-1$ 和 b_i,$1 \leqslant i \leqslant m-1$ 都是正整数,而 ζ,η 是大于 1 的任意实数,就必有 $m=n$,$a_i=b_i$,$0 \leqslant i \leqslant n-1$,$\zeta=\eta$. 这是比有限简单连分数的唯一性更强一点的命题.

习题 6.2

1.求以下无限简单连分数的值

(1) $[2;3,1,1,1,\cdots]$

(2) $[1;2,3,1,2,3,1,2,3,\cdots]$

(3) $[0;2,1,3,1,3,1,3,\cdots]$

(4) $[-2;2,1,2,1,2,1,\cdots]$

2.求以下无理数的无限简单连分数,前 6 个渐进分数以及此无理数和它的前 6 个渐进分数的差的绝对值(用小数表示,精确到小数点后 12 位).

(1) $\sqrt{7}$ (2) $\sqrt{13}$ (3) $\sqrt{29}$

(4) $\dfrac{\sqrt{10}+1}{3}$ (5) $\dfrac{5-\sqrt{37}}{3}$

3.求 $\sqrt[3]{2}$ 的无限简单连分数的前 6 个元素.

4.设 a,b 是正整数,$a \mid b$,即 $b=ac$. 证明:$[b;a,b,a,b,a,\cdots]=\dfrac{b+\sqrt{b^2+4c}}{2}$.

5.设 $\alpha=[a_0;a_1,a_2,\cdots]$ 是一个无限简单连分数. 证明:

(1) 当 $a_1>1$ 时,$-\alpha=[-a_0-1;1,a_1-1,a_2,$

$a_3, \cdots]$;

(2) 当 $a_1 = 1$ 时，$-\alpha = [-a_0 - 1; a_2 + 1, a_3, \cdots]$.

6.3 二次无理数和循环连分数

当我们用小数表示实数时，我们已经知道一个有理数化成小数时一定是一个纯循环小数或者混循环小数，反过来一个纯循环小数或者混循环小数一定是一个有理数. 而且我们也完全弄清了，在有理数中，在什么条件下，其小数表示是纯循环的.

因此自然发生这样的问题，即在用连分数表示数时，是否循环的连分数也完全刻画了某一类数的一种特征？如果是，那么在什么条件下，其连分数表示是纯循环的. 下面我们就来介绍这方面的结果，总的结果是循环连分数完全刻画了实二次无理数的一种特征.

首先定义什么是二次无理数.

定义 6.3.1 无理的二次代数数称为是二次无理数，实的二次无理数称为实二次无理数.

引理 6.3.1

(1) α 是二次无理数的充分必要条件是 $\alpha = r + s\sqrt{d}$，其中 r 和 s 是有理数，$s \neq 0$，d 是一个整数，且不是完全平方数；

(2) α 是实二次无理数的充分必要条件是 $\alpha = r + s\sqrt{d}$，其中 r 和 s 是有理数，$s \neq 0$，$d > 0$ 是一个正整数，且不是完全平方数.

证明 (1) 设 α 是一个二次无理数，则存在整数 $a \neq 0, b, c$ 使 α 是整系数二次方程

第6章 连分数

$$ax^2+bx+c=0$$

的根. 于是 $\alpha=r+s\sqrt{d}$,其中 $r=-\dfrac{b}{2a}$,$s=-\dfrac{1}{2a}$ 或 $\dfrac{1}{2a}$ 是有理数,显然 $s\ne 0$. $d=b^2-4ac$ 是整数,由于 α 是无理数,故 d 不是完全平方数. 这就证明了必要性.

反过来,设 $\alpha=r+s\sqrt{d}$,其中 r 和 s 是有理数,$s\ne 0$,d 是一个整数,且不是完全平方数,于是 $\sqrt{d}$ 是无理数,因此 $\alpha=r+s\sqrt{d}$ 是无理数,否则由 $\sqrt{d}=\dfrac{\alpha-r}{s}$ 得出矛盾.

又由直接计算可知 α 是有理系数二次方程 $x^2-2rx+(r^2-ds^2)=0$ 的根,因此 α 是二次代数数,这就证明了充分性.

(2) 由 α 是实数和(1)的证明类似可证.

定义 6.3.2 设 d 是一个整数,且不是完全平方数. 称 $\alpha'=r-s\sqrt{d}$ 是 $\alpha=r+s\sqrt{d}$ 的共轭数(其中 r,s 是有理数).

易于证明下面的引理:

引理 6.3.2 设 d 是一个整数,且不是完全平方数. r,s 是有理数,$\alpha=r+s\sqrt{d}\ne 0$,那么 $\alpha'=r-s\sqrt{d}\ne 0$.

引理 6.3.3 设 d 是一个整数,且不是完全平方数,那么

(1) 形如 $r+s\sqrt{d}$(其中 r,s 是有理数)的数的和、差、积、商(除数不为零)仍是这种形式的数;

(2) 形如 $r+s\sqrt{d}$(其中 r,s 是有理数)的数的和、差、积、商(除数不为零)的共轭数就等于这些数的共轭数的和、差、积、商.

引理 6.3.4 二次无理数 α 与其共轭数 α' 的和与积都是有理数,且当 $\alpha \neq 0$ 时,$\alpha\alpha' \neq 0$.

引理 6.3.5 设 α 是一个二次无理数,$ax^2 + bx + c = 0$ 是 α 所满足的二次方程,其中 a, b, c 都是整数,$a > 0, (a, b, c) = 1$,那么 α 所满足的二次方程是唯一的.

证明 设 α 满足两个整系数二次方程
$$g_1 = a_1 x^2 + b_1 x + c_1 = 0, a_1 > 0, (a_1, b_1, c_1) = 1$$
$$g_2 = a_2 x^2 + b_2 x + c_2 = 0, a_2 > 0, (a_2, b_2, c_2) = 1$$
则显然 α 也是 $a_2 g_1 - a_1 g_2 = (a_2 b_1 - a_1 b_2)x + (a_2 c_1 - a_1 c_2) = 0$ 的根.

如果 $a_2 b_1 - a_1 b_2 \neq 0$,那么 $\alpha = -\dfrac{a_2 c_1 - a_1 c_2}{a_2 b_1 - a_1 b_2}$ 与 α 是无理数的假设矛盾. 因此必有 $a_2 b_1 - a_1 b_2 = 0$. 那么这时
$$(a_2 g_1 - a_1 g_2)(\alpha) = a_2 c_1 - a_1 c_2 = 0$$
故
$$\frac{a_2}{a_1} = \frac{b_2}{b_1} = \frac{c_2}{c_1} = m > 0 \quad (因为 a_1 > 0, a_2 > 0)$$

再由 $1 = (a_2, b_2, c_2) = (ma_1, mb_1, mc_1) = m(a_1, b_1, c_1) = m$ 就得出 $a_2 = a_1, b_2 = b_1, c_2 = c_1$,故 α 所满足的二次方程是唯一的.

定义 6.3.3 称无限连分数 $\alpha = [a_0; a_1, a_2, \cdots]$ 是循环的,如果存在正整数 k 和 m 使得当 $n \geq m$ 时,总有 $a_{n+k} = a_n$,记为 $\alpha = [a_0; a_1, a_2, \cdots, a_{m-1}, \overline{a_m, a_{m+1}, \cdots, a_{m+k-1}}]$. 如果可取 $m = 0$,则称 $\alpha = [a_0; a_1, a_2, \cdots]$ 是纯循环连分数.

定理 6.3.1 任何简单循环连分数表示一个实二次无理数,反之任何实二次无理数可用简单循环连分

数表示.

证明 (1) 设 $\alpha = [a_0; a_1, a_2, \cdots, a_{m-1}, \overline{a_m, a_{m+1}, \cdots, a_{m+k-1}}]$,其中 a_0 是整数,$a_i, i \geq 1$ 是正整数. 再设 $\beta = [\overline{a_m; a_{m+1}, \cdots, a_{m+k-1}}]$,则 $\beta = [a_m; a_{m+1}, \cdots, a_{m+k-1}, \beta]$,因此

$$\alpha = \frac{p_{m-1}\beta + p_{m-2}}{q_{m-1}\beta + q_{m-2}}, \beta = \frac{p_{m+k-1}\beta + p_{m+k-2}}{q_{m+k-1}\beta + q_{m+k-2}}$$

于是 β 满足整系数二次方程

$$q_{m+k-1}x^2 + (q_{m+k-2} - p_{m+k-1})x - p_{m+k-2} = 0$$

且显然它的二次项系数不为零. 由 β 可表示成一个无限简单连分数可知,β 是一个无理数,因此 β 是一个实二次无理数. 将 $\alpha = \frac{p_{m-1}\beta + p_{m-2}}{q_{m-1}\beta + q_{m-2}}$ 的分母有理化(即分子分母同乘以分母的共轭数)即得

$$\alpha = \frac{p_{m-1}\beta + p_{m-2}}{q_{m-1}\beta + q_{m-2}} = \frac{(p_{m-1}\beta + p_{m-2})(q_{m-1}\beta' + q_{m-2})}{s} = \frac{(-1)^m\beta + r}{s}$$

其中 r, s 都是有理数,且由于 α 的分母不为零,因此 $s \neq 0$. 这就证明了 α 是一个实二次无理数.

(2) 反之设 α 是一个实二次无理数,则 α 可表示成一个无限简单连分数

$$\alpha = [a_0; a_1, a_2, \cdots] = [a_0; a_1, a_2, \cdots, a_{n-1}, r_n]$$

故

$$\alpha = \frac{p_{n-1}r_n + p_{n-2}}{q_{n-1}r_n + q_{n-2}}$$

由于 α 是实二次无理数,故 α 必满足一个二次项系数大于零的整系数既约二次方程

$$ax^2+bx+c=0, a>0, (a,b,c)=1$$

把 $\alpha=\dfrac{p_{n-1}r_n+p_{n-2}}{q_{n-1}r_n+q_{n-2}}$ 代入上式即得

$$A_n r_n^2+B_n r_n+C_n=0$$

其中

$$A_n=p_{n-1}^2 a+p_{n-1}q_{n-1}b+q_{n-1}^2 c$$
$$B_n=2p_{n-1}p_{n-2}a+(p_{n-1}q_{n-2}+p_{n-2}q_{n-1})b+2q_{n-1}q_{n-2}c$$
$$C_n=p_{n-2}^2 a+p_{n-2}q_{n-2}b+q_{n-2}^2 c$$

由直接计算得出

$$B_n^2-4A_nC_n=(b^2-4ac)(p_{n-1}q_{n-2}-p_{n-2}q_{n-1})^2=b^2-4ac$$

这就是说方程 $A_n r_n^2+B_n r_n+C_n=0$ 的判别式不依赖于 n 或者说这个判别式对所有的 n 都是不变的. 再由定理 6.2.2 我们有

$$\left|\alpha-\frac{p_{n-1}}{q_{n-1}}\right|<\frac{1}{q_n q_{n-1}}<\frac{1}{q_{n-1}^2}$$

由此得出

$$p_{n-1}=\alpha q_{n-1}+\frac{\delta_{n-1}}{q_{n-1}}$$

其中

$$\delta_{n-1}=q_n(p_{n-1}-\alpha q_{n-1})$$

因而

$$|\delta_{n-1}|=|q_n(p_{n-1}-\alpha q_{n-1})|=q_{n-1}^2\left|\alpha-\frac{p_{n-1}}{q_{n-1}}\right|<1$$

把上两个式子代入到 A_n 的表达式中, 并利用 α 满足方程 $ax^2+bx+c=0$ 的条件就得到

$$A_n=a\left(\alpha q_{n-1}+\frac{\delta_{n-1}}{q_{n-1}}\right)^2+b\left(\alpha q_{n-1}+\frac{\delta_{n-1}}{q_{n-1}}\right)q_{n-1}+cq_{n-1}^2=$$
$$(a\alpha^2+b\alpha+c)q_{n-1}^2+2a\alpha\delta_{n-1}+\frac{a\delta_{n-1}^2}{q_{n-1}^2}+b\delta_{n-1}=$$

第 6 章　连分数

$$2a\alpha\delta_{n-1} + \frac{q\delta_{n-1}^2}{q_{n-1}^2} + b\delta_{n-1}$$

由此得出

$$|A_n| < |2a\alpha| + |a| + |b|$$

同理（或由 $C_n = A_{n-1}$）

$$|C_n| < |2a\alpha| + |a| + |b|$$

再由 $B_n^2 = 4A_nC_n + b^2 - 4ac$ 可知 $|B_n|$ 也存在与 n 无关的上界.

于是当 $n \to \infty$ 时，A_n, B_n, C_n 都只能取有限个值（因为他们都是整数），因而 r_n 也只能取有限个值，或者说集合 $\{r_n\}$ 必是一个有限集. 因此必然存在一个下标 m 和一个整数 k 使得

$$r_m = r_{m+k}$$

这就证明了连分数 $\alpha = [a_0; a_1, a_2, \cdots]$ 必是循环的.

下面我们来弄清纯循环连分数代表什么样的二次无理数，或者说什么样的二次无理数可表示成纯循环连分数. 为此我们需要先引进既约的二次无理数这一概念.

定义 6.3.4　实二次无理数 α 称为是既约的，如果 $\alpha > 1$，$-1 < \alpha' < 0$，其中 α' 表示 α 的共轭数.

定义 6.3.5　设 α 是实二次无理数，则称 α 所满足的既约整系数二次方程的判别式 D 为 α 的判别式，记为 $D(\alpha)$.

由引理 6.3.1 可知实二次无理数 α 一定可表示成 $\alpha = r + s\sqrt{d}$ 的形式，其中 r, s 是有理数，$s \neq 0$，$d > 0$ 是一个整数，且不是完全平方. 下面给出实二次无理数的更确切的形式.

引理 6.3.6 所有判别式为 D 的实二次无理数可表为 $\dfrac{P+\sqrt{D}}{Q}$ 或 $\dfrac{P-\sqrt{D}}{Q}$ 的形式,其中 D 是一个正整数,且不是完全平方数,P 是一个整数,而 $Q>0$ 是一个正整数.

证明 设 α 是一个实二次无理数,判别式为 D,则 α 必满足一个既约的整系数二次方程
$$ax^2+bx+c=0,\ a>0$$
$$(a,b,c)=1,\ D=b^2-4ac>0$$
于是
$$\alpha=\dfrac{-b+\sqrt{D}}{2a}\ \text{或}\ \alpha=\dfrac{-b-\sqrt{D}}{2a}$$
由于 $2a>0$ 和 b 都是整数,这就证明了引理.

下面给出 α 是即约的实二次无理数充分必要条件.

引理 6.3.7

(1) 设 $\alpha=r+s\sqrt{d}$,其中 r,s 是有理数,$s\neq 0,d>0$ 是一个整数,且不是完全平方,那么 α 是既约二次无理数的充分必要条件是
$$0<r<\max(r,1-r)<s\sqrt{d}<1+r$$

(2) 设 α 是实二次无理数,判别式为 $D>0$,其中 D 是一个正整数,且不是完全平方数.则 α 是既约的充分必要条件是 α 必可表为 $\dfrac{p+\sqrt{D}}{Q}$ 的形式,其中 P 是一个整数,而 $Q>0$ 是一个正整数,且满足关系式
$$Q>0,\ 0<P<\sqrt{D}$$
$$\sqrt{D}-P<Q<\sqrt{D}+P<2\sqrt{D}$$

证明 (1) 必要性:设 $\alpha=r+\sqrt{d}$ 是既约的,则

第6章 连分数

$$1 < r + s\sqrt{d}$$
$$-1 < r - s\sqrt{d} < 0$$

把上两式相加得出 $r > 0$，从上面的第二个式子得出 $r < s\sqrt{d} < r+1$，从上面的第一个式子得出 $1 - r < s\sqrt{d}$，联合所得出的三个式子即得

$$0 < r < \max(r, 1-r) < s\sqrt{d} < 1 + r$$

必要性得证.

充分性：设 $0 < r < \max(r, 1-r) < s\sqrt{d} < 1 + r$，则由 $s\sqrt{d} < 1 - r$ 得出 $\alpha = r + s\sqrt{d} > 1$. 由 $0 < r < s\sqrt{d} < 1 + r$ 得出 $-1 < r - s\sqrt{d} < 0$，即 $-1 < \alpha' < 0$，故 α 是既约的. 充分性得证.

(2) 必要性：设 α 是既约的. 由引理 6.3.6 知 α 必可表为 $\dfrac{P + \sqrt{D}}{Q}$ 或 $\dfrac{P - \sqrt{D}}{Q}$ 的形式. 其中 D 是一个正整数，且不是完全平方数，P 是一个整数，而 $Q > 0$ 是一个正整数. 如果 $\alpha = \dfrac{P - \sqrt{D}}{Q}$，则 $\alpha' = \dfrac{P + \sqrt{D}}{Q}$，于是由既约的定义可知 $\alpha' > \alpha > 1$，而这与 $-1 < \alpha' < 0$ 相矛盾，因此必须 $\alpha = \dfrac{P + \sqrt{D}}{Q}$，而 $\alpha' = \dfrac{P - \sqrt{D}}{Q}$.

令 $r = \dfrac{P}{Q}, s = \dfrac{1}{Q}$，那么由(1)已证明的结果可知

$$0 < r < s\sqrt{D}$$
$$1 - r < s\sqrt{D} < 1 + r$$

把 $r = \dfrac{P}{Q}, s = \dfrac{1}{Q}$ 代入上式，并经过整理和化简就得到

$$Q > 0, 0 < P < \sqrt{D}$$
$$\sqrt{D} - P < Q < \sqrt{D} + P < 2\sqrt{D}$$

充分性：设 $\alpha = \dfrac{P+\sqrt{D}}{Q}$，其中 P 是一个整数，而 $Q>0$ 是一个正整数，且满足关系式

$$Q > 0, 0 < P < \sqrt{D}$$
$$\sqrt{D} - P < Q < \sqrt{D} + P < 2\sqrt{D}$$

那么令 $r=\dfrac{P}{Q}, s=\dfrac{1}{Q}$，则 $\alpha = r + s\sqrt{d}$，且根据必要性的证明中关于不等式的转化部分知

$$0 < r < s\sqrt{D}$$
$$1 - r < s\sqrt{D} < 1 + r$$

因此 $0 < r < \max(r, 1-r) < s\sqrt{d} < 1 + r$

因而由(1)已证明的结果即得 α 是既约的.

下面我们再证明，对每一个不是完全平方数的正整数 d，都至少存在一个形如 $r+s\sqrt{d}$ 既约的实二次无理数.

引理 6.3.8 设 d 是正整数，且不是完全平方数，则至少存在一个形如 $r+s\sqrt{d}$ 的既约实二次实无理数，其中 r,s 是有理数，$s \neq 0$.

证明 由 d 是正的非完全平方数知 $d>1$，故 $\sqrt{d}>1, r=[\sqrt{d}]\geq 1$. 由 r 的定义知

$$0 < r < \sqrt{d} < 1+r$$

令 $\alpha = r+\sqrt{d}$，则 $\alpha > r > 1$. 同时 $-1 < r - \sqrt{d} < 0$，即 $-1 < \alpha' < 0$. 因此 $\alpha = r+\sqrt{d}$ 就是一个形如 $r+s\sqrt{d}$ 的既约实二次实无理数.

下面来研究既约实二次无理数有什么性质.

引理 6.3.9 设 α 是一个实二次无理数,a_1 是一个整数.

$$\alpha = a_1 + \frac{1}{\beta}$$

则 β 也是一个实二次无理数,且 α 和 β 所满足的既约整系数二次方程(即方程的各项系数的最大公因数为 1)的判别式相同.

证明 由 $\beta = \dfrac{1}{\alpha - a_1}$ 首先知道 β 是无理数. 再由引理 6.3.1 和引理 6.3.3 就知道 β 也是实二次无理数. 现设 α 满足既约整系数二次方程

$$ax^2 + bx + c = 0, (a, b, c) = 1$$

则对此方程两边取共轭可知它的另一个根是 α',故由根与系数的关系得出

$$\alpha + \bar{\alpha} = -\frac{b}{2a},\ \bar{\alpha}\alpha = \frac{c}{a}$$

由 $\beta = \dfrac{1}{\alpha - a_1}$ 得出 $\bar{\beta} = \dfrac{1}{\alpha' - a_1}$,由此通过直接计算可以得出

$$\beta + \bar{\beta} = -\frac{2aa_1 + b}{aa_1^2 + ba_1 + c}$$

$$\bar{\beta}\beta = \frac{a}{aa_1^2 + ba_1 + c}$$

故再由根与系数的关系得知 β 满足整系数二次方程

$$(aa_1^2 + ba_1 + c)x^2 + (2aa_1 + b)x + a = 0$$

易证 $m \mid (aa_1^2 + ba_1 + c, 2aa_1 + b, a)$ 蕴含 $m \mid (a, b, c)$. 因此由 $(a, b, c) = 1$ 显然就得出 $(aa_1^2 + ba_1 + c, 2aa_1 + b, a) = 1$. 这就是说方程 $(aa_1^2 + ba_1 + c)x^2 + (2aa_1 + b)x + a$ 已是既约的. 通过直接计算得出此方

程的判别式为
$$D_2 = (2aa_1+b)^2 - 4a(aa_1^2+ba_1+c) = b^2 - 4ac$$
故方程 $(aa_1^2+ba_1+c)x^2+(2aa_1+b)x+a=0$ 的判别式就是方程 $ax^2+bx+c=0$ 的判别式, 这就证明了引理.

引理 6.3.10 设 α 是一个既约的实二次无理数,$a_1=[\alpha],\alpha=a_1+\dfrac{1}{\beta}$,则 β 也是一个既约的实二次无理数.

证明 由引理 6.3.9 即知 β 也是实二次无理数.

从 α 既约得出 $\alpha>1$, 故 $a_1=[\alpha]\geq 1$. 且由 a_1 的定义知 $1\leq a_1<\alpha<a_1+1$, 故 $0<\alpha-a_1<1$, 因此 $\beta=\dfrac{1}{\alpha-a_1}>1$.

从 α 既约又得出 $-1<\bar\alpha<0$, 再由 $a_1=[\alpha]\geq 1$ 就得出 $-1-a_1<\bar\alpha-a_1<-a_1<-1$, 所以
$$-1<-\dfrac{1}{a_1}<\dfrac{1}{\bar\alpha-a_1}<-\dfrac{1}{1+a_1}<0$$
但是 $\bar\beta=\dfrac{1}{\bar\alpha-a_1}$, 所以上式就是 $-1<\bar\beta<0$. 这就证明了 β 也是既约的.

引理 6.3.11 设 α 是一个既约的实二次无理数, 则 $\beta=-\dfrac{1}{\alpha}$ 也是既约的实二次无理数.

证明 由 $\bar\alpha$ 的定义和引理 6.3.1 和引理 6.3.3 易证 β 也是实二次无理数.

从 α 既约得出 $-1<\bar\alpha<0$, 故 $0<\bar\alpha<-1$. 由此得出 $\beta=-\dfrac{1}{\alpha}>1$. 又在 $\beta=-\dfrac{1}{\alpha}$ 两边取共轭得出 $\bar\beta=$

$-\dfrac{1}{\alpha}$,从而由 α 既约得出 $\alpha>1,-1<-\dfrac{1}{\alpha}<0$,这就是 $-1<\bar{\beta}<0$. 这就证明了 β 也是既约的.

引理 6.3.12 设 $D>0$,其中 D 是一个正整数,且不是完全平方数,那么以 D 为判别式的既约实二次无理数的个数是有限的.

证明 设 α 是以 D 为判别式的既约的实二次无理数.则由引理 6.3.7 知 α 必可表为 $\dfrac{P+\sqrt{D}}{Q}$ 的形式,其中 P 是一个整数,而 $Q>0$ 是一个正整数,且满足关系式

$$Q>0, 0<P<\sqrt{D}$$
$$\sqrt{D}-P<Q<\sqrt{D}+P<2\sqrt{D}$$

由 $0<P<\sqrt{D}$ 及 P 是整数知 P 的个数是有限的,再由 $0<Q<2\sqrt{D}$ 知 Q 的个数也是有限的. 故所有形如 $\dfrac{P+\sqrt{D}}{Q},Q>0$ 的数的个数也是有限的,这就证明了引理.

上面讲了这么多关于既约实二次无理数的性质,有的是为了给下面的内容作准备,有的是既然谈到这个既约问题,就把有关的事实放在一起介绍一下. 下面就可以给出这一节中后半部分的主要结果了. 这就是

定理 6.3.2 循环节元素为正整数的纯循环连分数是一个既约的实二次无理数.

证明 设 $\alpha=\overline{[a_1;a_2,\cdots,a_n]}$,其中 $a_i(1\leqslant i\leqslant n)$ 为正整数,$\beta=\overline{[a_n;a_{n-1},\cdots,a_1]}$.

$$[a_1;a_2,\cdots,a_{n-1}]=\dfrac{p_{n-1}}{q_{n-1}},[a_1;a_2,\cdots,a_n]=\dfrac{p_n}{q_n}$$

$$[a_n; a_{n-1}, \cdots, a_2] = \frac{p'_{n-1}}{q'_{n-1}}, [a_n; a_{n-1}, \cdots, a_1] = \frac{p'_n}{q'_n}$$

则由定理 6.1.1 可知

$$\alpha = [a_1; a_2, \cdots, a_n, \alpha] = \frac{p_n \alpha + p_{n-1}}{q_n \alpha + q_{n-1}}$$

$$\beta = [a_n; a_2, \cdots, a_1, \beta] = \frac{p'_n \beta + p'_{n-1}}{q'_n \beta + q'_{n-1}} = \frac{p_n \beta + q_n}{p_{n-1} \beta + q_{n-1}}$$

由此可知 α 满足整系数二次方程

$$q_n x^2 - (p_n - q_{n-1}) x - p_{n-1} = 0$$

而 β 满足整系数二次方程

$$p_{n-1} x^2 - (p_n - q_{n-1}) x - q_n = 0$$

由此易于验证 $-\dfrac{1}{\beta}$ 是 α 所满足的整系数二次方程的另一个根. 显然 α 和 β 都是无理数(否则表示它们的连分数将是有限的而不可能是循环的). 而由实二次无理数的共轭数的定义可知 $\bar{\alpha} = -\dfrac{1}{\beta}$. 由 α 和 β 的定义又可知

$$\alpha = [a_1; r_1] > a_1 \geqslant 1$$

同理 $\beta > 1$, 因此有

$$\alpha > 1, -1 < \bar{\alpha} = -\frac{1}{\beta} < 0$$

这就证明了 α 是既约的实二次无理数.

下面我们来证明这一定理的逆定理也成立.

定理 6.3.3 既约的实二次无理数必可表示为一个元素都是正整数的纯循环连分数.

证明 设 α 是一个既约的实二次无理数, 则 $\alpha > 1$, 因此 $a_1 = [\alpha] > 1$. 令 $\alpha = a_1 + \dfrac{1}{\alpha_1}$, 则由引理 6.3.11 知 α_1 也是既约的实二次无理数. 再令 $a_2 = [\alpha_1], \alpha_1 = a_2 +$

$\dfrac{1}{\alpha_2}$,则同理可知 $a_2 \geqslant 1$,α_2 是既约的实二次无理数. 由于 α 是无理数,所以这一过程可无限进行下去,故
$$\alpha = [a_1; a_2, \cdots, a_n, \cdots]$$
其中 $a_1, a_2, \cdots, a_n, \cdots$ 都是正整数.

由引理 6.3.9 知,实二次无理数 $\alpha, \alpha_1, \cdots, \alpha_n, \cdots$ 具有相同的判别式 $D(\alpha)$,而由引理 6.3.12 知,以 $D(\alpha)$ 为判别式的既约的实二次无理数只有有限多个. 因此由 $\alpha, \alpha_1, \cdots, \alpha_n$ 都是既约的实二次无理数便得出集合 $\{\alpha, \alpha_1, \cdots, \alpha_n\}$ 是一个有限集. 因此必然存在下标 m 和 k 使得 $\alpha_m = \alpha_k$. 不妨设 m 是这种下标中的最小者,α_k 是序列 $\alpha, \alpha_1, \cdots, \alpha_n, \cdots$ 中第一个与 α_m 重合者. 于是 $\alpha, \alpha_1, \cdots, \alpha_{m-1}$ 都不相同,而 $\alpha_m = \alpha_k$. 由于
$$\alpha_k = a_{k+1} + \dfrac{1}{\alpha_{k+1}}, \alpha_m = a_{m+1} + \dfrac{1}{\alpha_{m+1}}$$
而 $\quad a_{k+1} = [\alpha_k] = [\alpha_m] = a_{m+1}$

所以 $\quad \alpha_{k+1} = \dfrac{1}{\alpha_k - a_{k+1}} = \dfrac{1}{\alpha_m - a_{m+1}} = \alpha_{m+1}$

依此类推即得
$$\alpha_{k+1} = \alpha_{m+1}, \alpha_{k+2} = \alpha_{m+2}, \alpha_{k+3} = \alpha_{m+3}, \cdots$$
这就是说,序列 $\alpha, \alpha_1, \cdots, \alpha_n, \cdots$ 从 α_m 起开始循环.

又由 $\alpha_k = \alpha_m$ 得出
$$\overline{\alpha}_k = \overline{\alpha}_m, \beta_k = -\dfrac{1}{\alpha'_k} = -\dfrac{1}{\alpha'_m} = \beta_m$$
而 $\quad \alpha_{k-1} = a_k + \dfrac{1}{\alpha_k}, \alpha_{m-1} = a_m + \dfrac{1}{\alpha_m}$

故 $\quad \overline{\alpha}_{k-1} = a_k + \dfrac{1}{\alpha'_k}, \overline{\alpha}_{m-1} = a_m + \dfrac{1}{\alpha'_m}$

因此 $\quad -\dfrac{1}{\beta_{k-1}} = a_k - \beta_k, -\dfrac{1}{\beta_{m-1}} = a_m - \beta_m$

或者 $\beta_k = a_k + \dfrac{1}{\beta_{k-1}}, \beta_m = a_m + \dfrac{1}{\beta_{m-1}}$

由于 α_{k-1} 和 α_{m-1} 都是既约的,故 $-1 < \bar{\alpha}_{k-1} < 0$, $-1 < \bar{\alpha}_{m-1} < 0$,这也就是

$$0 < -\bar{\alpha}_{k-1} = \dfrac{1}{\beta_{k-1}} < 1, 0 < -\bar{\alpha}_{m-1} = \dfrac{1}{\beta_{m-1}} < 1$$

$\beta_k = a_k + \dfrac{1}{\beta_{k-1}}$ 和 $0 < \dfrac{1}{\beta_{k-1}} < 1$ 说明 $[\beta_k] = a_k$,同理 $[\beta_m] = a_m$. 再由已证的 $\beta_k = \beta_m$ 即得

$$a_k = [\beta_k] = [\beta_m] = a_m$$

再由 $\alpha_k = \alpha_m$ 和 $\alpha_{k-1} = a_k + \dfrac{1}{\alpha_k}, \alpha_{m-1} = a_m + \dfrac{1}{\alpha_m}$ 即得出 $\alpha_{k-1} = \alpha_{m-1}$. 依此类推就得出

$$\alpha_k = \alpha_m, \alpha_{k-1} = \alpha_{m-1}, \alpha_{k-2} = \alpha_{m-2}, \cdots, \alpha_{k-m} = \alpha$$

令 $k - m = s$,那么从上式和 $\alpha_{k+1} = \alpha_{m+1}, \alpha_{k+2} = \alpha_{m+2}, \alpha_{k+3} = \alpha_{m+3}, \cdots$ 可知 $\alpha, \alpha_1, \cdots, \alpha_{s-1}$ 两两不同,而 $\alpha_s = \alpha$,并从此后开始循环. 而由 $a_i = [\alpha_i]$ 知序列 $a_1, a_2, \cdots, a_s$ 也将重复循环,也就是说由于

$$\alpha_s = a_{s+1} + \dfrac{1}{\alpha_{s+1}} = \alpha = a_1 + \dfrac{1}{\alpha_1}$$

我们将得出

$$a_{s+1} = a_1, a_{s+2} = a_2, \cdots$$

这就证明了 $\alpha = [\overline{a_1; a_2, \cdots, a_s}]$,也就是说,$\alpha$ 可表示成元素都是正整数的纯循环连分数.

现在我们引入循环连分数的周期这一概念.

定义 6.3.6 设 $\alpha = [a_0; a_1, a_2, \cdots]$ 是循环连分数,因此存在正整数 k 和 m 使得当 $n \geqslant m$ 时,总有 $a_{n+k} = a_n$,则称使等式 $a_{n+k} = a_n$ 成立的最小正整数为此循环连分数的周期.

第 6 章　连分数

下面的定理给出了周期的性质.

定理 6.3.4　设 $\alpha=[a_0;a_1,a_2,\cdots]$，$r_n=[a_n;a_{n+1},a_{n+2},\cdots]$，那么

(1) α 是纯循环连分数的充分必要条件是存在整数 k，使 $\alpha=r_k$；

(2) α 是周期为 l 的纯循环连分数的充分必要条件是 $l\mid k$，其中整数 k 使得 $\alpha=r_k$；

(3) 设 α 是纯循环连分数，那么对于任意的 $n>0$，r_n 也是纯循环连分数，而且周期相同.

证明　(1) 设 α 是纯循环连分数，那么由纯循环连分数的定义就得出 $\alpha=r_k$. 反之如果 $\alpha=r_k$，则
$$\alpha=[a_0;a_1,\cdots,a_{k-1},r_k]=[a_0;a_1,\cdots,a_{k-1},\alpha]=[a_0;a_1,\cdots,a_{k-1}]$$
因此 α 是纯循环连分数.

(2) α 是周期为 l 的纯循环连分数，$\alpha=r_k$，则对任意的 $n\geqslant 0$ 成立 $a_{n+k}=a_n$. 由周期的极小性就推出 $l\leqslant k$，因而由带余数除法可知 $k=ql+r$，$q\geqslant 0$，$0\leqslant r<l$. 再由 l 表示 α 的周期可知对任意 $n\geqslant 0$ 有 $a_n=a_{n+k}=a_{n+r+ql}=a_{n+r}$，这说明 r 也是 α 的周期，因而由周期的极小性就得出 $r=0$，即 $l\mid k$.

反之，如果 $l\mid k$，则由周期的定义就得出对任意的 $n\geqslant 0$ 成立 $a_{n+k}=a_{n+ql}=a_n$，因此 α 是纯循环的，且 $\alpha=r_k$.

(3) 设 α 是纯循环的，则由纯循环连分式的表示式即知对任意的 $n>0$，r_n 也是纯循环的，且其循环节仅是 α 的循环节的某种轮换，因而 r_n 与 α 有相同的周期.

至此，就像我们已搞清了每一个循环小数都表示一个有理数，而每一个纯循环小数则表示一个分母中

不含因子 2 和 5 的既约分数一样,并且反过来也对. 我们也搞清了每一个循环连分数都表示一个实二次无理数,而每一个纯循环连分数则表示一个既约的实二次无理数,并且反过来也对.

而遗留下来的问题有,对于更高次的无理代数数,乃至超越数,我们是否也能得出它们的某种特性.

习题 6.3

1. 求以下实二次无理数的循环连分数表示式,它的纯循环部分和周期

(1) $\dfrac{5+\sqrt{37}}{3}$ (2) $\sqrt{43}$ (3) $\dfrac{6+\sqrt{43}}{7}$

(4) $8+\sqrt{80}$ (5) $\dfrac{3+\sqrt{7}}{2}$ (6) $\sqrt{\dfrac{26}{5}}$

2. 设 $\alpha=\overline{[a_0;a_1,\cdots,a_n]}$,$\alpha'$ 表示 α 的共轭数. 证明: $-\dfrac{1}{\alpha}=\overline{[a_n;a_{n-1},\cdots,a_0]}$.

3. 证明: $\sqrt{d}$ 的循环连分数的周期为 1 的充分必要条件是 $d=a^2+1$(a 是正整数),且 $\sqrt{a^2+1}=[a;\overline{2a}]$, 由此求出 $\sqrt{101}$,$\sqrt{325}$ 和 $\sqrt{2\,602}$ 的循环连分数.

4. 设整数 $a\geqslant 2$,证明:

(1) $\sqrt{a^2-1}=[a-1;\overline{1,2a-2}]$;

(2) $\sqrt{a^2-a}=[a-1;\overline{2,2a-2}]$.

利用上述结果给出一些应用.

5. 设整数 $a\geqslant 3$,证明:

(1) $\sqrt{a^2-2}=[a-1;\overline{1,a-2,1,2a-2}]$;

(2) $\sqrt{a^2+2}=[a;\overline{a,2a}]$.

第 6 章　连分数

利用上述结果给出一些应用.

6. 设 a 是奇数,证明:

(1) 当 $a > 1$ 时
$$\sqrt{a^2+4} = [a; \overline{\frac{a-1}{2}, 1, 1, \frac{a-1}{2}, 2a}]$$

(2) 当 $a > 3$ 时
$$\sqrt{a^2-4} = [a-1; \overline{1, \frac{a-3}{2}, 2, \frac{a-3}{2}, 1, 2a-2}]$$

利用上述结果给出一些应用.

7. 证明:$\sqrt{d}$ 的循环连分数的周期为 2 的充分必要条件是 $d = a^2 + b, b > 1, b \mid 2a (a, b$ 是正整数),且 $\sqrt{a^2+b} = [a; \overline{\frac{2a}{b}, 2a}]$. 利用此结果给出一些应用.

8. 求出所有形如 $\dfrac{P+\sqrt{43}}{Q}$ 的既约实二次无理数.

9. 设 $\alpha = [a_0, a_1, a_2, \cdots, a_n, \cdots]$ 是一个实二次无理数,其中 a_0 是整数,$a_i (i \geqslant 1)$ 都是正整数.它所满足的既约整系数二次方程的两个根为 α 和 β. 证明:

(1) 如果 $\alpha = [\overline{a_1; a_2, \cdots, a_n}]$,则 $-1 < \beta < 0$;

(2) 如果 $\alpha = [a_0; \overline{a_1, a_2, \cdots, a_n}]$,则 $\beta < -1$ 或者 $\beta > 0$;

(3) 如果 α 的非循环部分至少含有两个元素,例如 $\alpha = [a_0; a_1, \overline{a_2, a_3, \cdots, a_n}]$,则 $\beta > 0$.

6.4　连分数的应用 Ⅰ: 集合论中的一个定理

在第 2 章 2.3 中,我们曾经证明过一个定理:

499

定理 2.3.6 设 A 中的每一个元素都有有限个互相独立的下标,每一个下标可以是任意的自然数,则 A 是至多可数集.

这也就是说如果 $A=\{a_{n_1,n_2,\cdots,n_k}\mid$ 其中 $n_1,n_2,\cdots,n_k$ 都是自然数,n_i 的个数 k 依赖于 $a\}$,则 A 是至多可数的.

这里我们要特别指出一点值得注意的地方,那就是虽然上述定理中 A 中元素的下标的个数可以是任意的,而且对于 A 中不同的元素,下标的个数还可以不同. 但是却必须每一次只用有限个下标,而不能出现无限多个下标.

但是在有些问题中,集合中的元素却需要用无限多个自然数加以描述. 现在我们就来研究一下这种集合的势.

定理 6.4.1(定理 2.4.6) 设 $Q=\{(n_1,n_2,n_3,\cdots)\mid n_1,n_2,n_3,\cdots$ 都是自然数$\}$,则 Q 的势是 c.

证明 令 Q 中的元素 $(n_1,n_2,n_3,\cdots)$ 和 $(0,1)$ 中的无理数 $\alpha=[0;n_1,n_2,n_3,\cdots]$ 相对应,由无限连分数表示法的唯一性可知 Q 与 $(0,1)$ 中的无理数是 1—1 对应的,但是 $(0,1)$ 中全体无理数组成的集合的势显然是 c,这就证明了定理.

你看,用连分数理论来证明这一定理是多么简单. 数学中常常就有这种事,就是不同问题所引起的研究,常常会意想不到地对解决其他的问题发生作用. 比如康托从研究集合问题开始所导致的集合论却无意中可以得出无理数乃至超越数的存在性,现在我们又从连分数的研究无意中获得了集合论中定理的证明.

6.5 连分数的应用 Ⅱ：不定方程 $ax \pm by = c$ 的特解

在第 3 章 3.5 中我们已经弄清了二元一次不定方程 $ax+by=c$ 有解的条件,并且知道在它有解时如果已知不定方程 $ax+by=c$ 的一组特解 x_0,y_0,那么它的所有解就可以写成 $x=x_0-bt,y=y_0+at$ 或 $x=x_0+bt,y=y_0-at$ 的形式. 并且指出,可以用辗转相除法来求出这组特解.

当不定方程 $ax+by=c$ 有解时,我们只需求出不定方程 $ax+by=1$ 的解,那么只要把后者的解乘以 c 就可得到前者的解. 因此最后全部的问题就归结为求出不定方程 $ax+by=1$ 的特解.

现在我们要问,是否能用一个明确的公式来给出这组特解.

定理 6.5.1 设 $(a,b)=1, a>0, b>0$. $\dfrac{a}{b}=[a_0;a_1,\cdots,a_n]$, $\dfrac{p_k}{q_k}$ 是 $\dfrac{a}{b}$ 的第 k 阶渐近分数,那么不定方程

(1) $ax+by=1$ 的一组特解是 $x_0=(-1)^{n-1}q_{n-1}$, $y_0=(-1)^n p_{n-1}$;

(2) $ax-by=1$ 的一组特解是 $x_0=(-1)^{n-1}q_{n-1}$, $y_0=(-1)^{n-1}p_{n-1}$;

(3) $ax+by=-1$ 的一组特解是 $x_0=(-1)^n q_{n-1}$, $y_0=(-1)^{n-1}p_{n-1}$;

(4) $ax-by=-1$ 的一组特解是 $x_0=(-1)^n q_{n-1}$,

$$y_0 = (-1)^n p_{n-1}.$$

证明 由定理 6.1.2 知
$$q_n p_{n-1} - p_n q_{n-1} = (-1)^n$$
故 $(p_n, q_n) = (a, b) = 1$,又由渐近分数的定义知 $\dfrac{p_n}{q_n} = \dfrac{a}{b}$,所以 $p_n = a, q_n = b$,由此得出
$$bp_{n-1} - aq_{n-1} = (-1)^n$$
$$aq_{n-1} - bp_{n-1} = (-1)^{n+1}$$
由上式就不难看出上面四种不定方程的特解.

在应用上面这个定理时,我们不必死记硬背定理中的公式而只需注意到上面四种不定方程都可化为统一的形式
$$ax + by = 1$$
这里 a, b 可以是任意整数,然后设 $\left|\dfrac{a}{b}\right| = [a_0; a_1, a_2, \cdots, a_n]$,而 $\dfrac{p_{n-1}}{q_{n-1}}$ 是此连分数的倒数第 2 阶的渐近分数,那么 $(q_{n-1}, p_{n-1}), (q_{n-1}, -p_{n-1}), (-q_{n-1}, p_{n-1}), (-q_{n-1}, -p_{n-1})$ 这四组解中,或由正负号搭配而成的四组解 $(\pm q_{n-1}, \pm p_{n-1})$ 中必有一组是 $ax + by = 1$ 的特解就很容易记住这一公式了.

6.6 连分数的应用 Ⅲ:Pell 方程

不定方程
$$x^2 - dy^2 = 1$$
和不定方程

第 6 章 连分数

$$x^2 - dy^2 = -1$$

都称为 Pell 方程,其中 $d>0$ 是一个正整数,且不是完全平方数. 显然 $x=1, y=0$ 是方程 $x^2-dy^2=1$ 的一组解, 我们称这组解为平凡解. 我们的问题和兴趣在于求出 Pell 方程的非平凡解. 今后可以证明方程 $x^2-dy^2=1$ 必有非平凡解存在, 而方程 $x^2-dy^2=-1$ 却不一定. 因此我们的课题就是对方程 $x^2-dy^2=1$ 和方程 $x^2-dy^2=-1$ 给出非平凡解存在的条件, 并且在它们存在非平凡解时, 求出它们的全部非平凡解.

在解决二元一次不定方程时, 我们已经知道, 特解起了非常重大的作用, 这就是说, 如果知道了不定方程 $ax+by=c$ 的一组特解 x_0, y_0, 那么就可以求出这个不定方程的所有解.

在解 Pell 方程时, 特解同样起着非常重要的作用, 这一回, 虽然我们不能说知道了 Pell 方程的一组特解就可以求出它的所有解, 但是起码可以说, 知道了一组特解, 就可以求出它的无穷多组解来.

引理 6.6.1 设 $d>0$ 是一个正整数, 且不是完全平方数, 又设 x_1, x_2, y_1, y_2 都是整数, 则

$$x_1 + y_1\sqrt{d} = x_2 + y_2\sqrt{d}$$

的充分必要条件是

$$x_1 = x_2, y_1 = y_2$$

证明 如果 $x_1=x_2, y_1=y_2$, 那么显然

$$x_1 + y_1\sqrt{d} = x_2 + y_2\sqrt{d}$$

反之, 设 $x_1+y_1\sqrt{d}=x_2+y_2\sqrt{d}$, 如果 $y_1 \neq y_2$, 那么

$$\sqrt{d} = \frac{x_1-x_2}{y_2-y_1}$$

由于上式左边是一个无理数, 而右边是一个有理

数,因此上式显然不可能成立. 这就说明,必须有 $y_1 = y_2$,从而 $x_1 = x_2$.

引理 6.6.2 设 $d > 0$, x_1, x_2, y_1, y_2 都是整数,则
$$(x_1^2 - dy_1^2)(x_2^2 - dy_2^2) = (x_1 x_2 + dy_1 y_2)^2 - d(x_1 y_2 + x_2 y_1)^2.$$

证明 用乘法直接验证即可.

定义 6.6.1 设 $d > 0$ 是一个正整数,且不是完全平方数. 则当且仅当 x_0, y_0 是方程 $x^2 - dy^2 = 1$ 或方程 $x^2 - dy^2 = -1$ 的一组非平凡解时,称 $\alpha = x_0 + y_0 \sqrt{d}$ 给出方程 $x^2 - dy^2 = 1$ 或方程 $x^2 - dy^2 = -1$ 的一组解.

引理 6.6.3

(1) 如果 α 给出方程 $x^2 - dy^2 = 1$ 的一组解,则 $-\alpha, \bar{\alpha}, \dfrac{1}{\alpha}$ 分别给出它的另一组解;

(2) 如果 α 给出方程 $x^2 - dy^2 = -1$ 的一组解,则 $-\alpha, \bar{\alpha}, \dfrac{1}{\alpha}$ 分别给出它的另一组解.

证明 (1) 设 $\alpha = x_0 + y_0 \sqrt{d}$ 给出方程 $x^2 - dy^2 = 1$ 的一组解.

那么 $-\alpha = -x_0 - y_0 \sqrt{d}$, $\bar{\alpha} = x_0 - y_0 \sqrt{d}$,由此显然就立刻得出 $-\alpha, \bar{\alpha}$ 分别给出它的另一组解

$$\frac{1}{\alpha} = \frac{x_0^2 - dy_0^2}{x_0 + y_0 \sqrt{d}} = x_0 - y_0 \sqrt{d} = \bar{\alpha}$$

因此 $\dfrac{1}{\alpha}$ 给出方程 $x^2 - dy^2 = 1$ 的另一组解.

(2) 设 $\alpha = x_0 + y_0 \sqrt{d}$ 给出方程 $x^2 - dy^2 = -1$ 的一组解.

第 6 章 连分数

那么 $-\alpha = -x_0 - y_0\sqrt{d}$, $\bar{\alpha} = x_0 - y_0\sqrt{d}$, 由此显然就立刻得出 $-\alpha, \bar{\alpha}$, 分别给出它的另一组解

$$\frac{1}{\alpha} = -\frac{x_0^2 - dy_0^2}{x_0 + y_0\sqrt{d}} = -(x_0 - y_0\sqrt{d}) = -\bar{\alpha}$$

因此 $\frac{1}{\alpha}$ 给出方程 $x^2 - dy^2 = -1$ 的另一组解.

由引理 6.6.3 可知, 只要求出了 Pell 方程的所有正的非平凡解, 那么就可知道 Pell 方程的所有非平凡解了, 因此以下我们只考虑 Pell 方程的正的非平凡解. 当我们再说到非平凡解时, 也都指正的非平凡解.

引理 6.6.4

(1) 如果 α_1, α_2 给出方程 $x^2 - dy^2 = 1$ 的解, 则 $\alpha_1\alpha_2$ 也给出它的解;

(2) 如果 $\alpha_1, \alpha_2, \alpha_3$ 给出方程 $x^2 - dy^2 = -1$ 的解, 则 $\alpha_1\alpha_2$ 给出方程 $x^2 - dy^2 = 1$ 的解, $\alpha_1\alpha_2\alpha_3$ 给出方程 $x^2 - dy^2 = -1$ 的解.

证明 (1) 设 $\alpha_1 = x_1 + y_1\sqrt{d}$, $\alpha_2 = x_2 + y_2\sqrt{d}$ 给出方程 $x^2 - dy^2 = 1$ 的解, 则

$$\alpha_1\alpha_2 = (x_1x_2 + dy_1y_2) + (x_1y_2 + x_2y_1)\sqrt{d}$$

而由引理 6.6.2, 我们有

$$(x_1x_2 + dy_1y_2)^2 - d(x_1y_2 + x_2y_1)^2 =$$
$$(x_1^2 - dy_1^2)(x_2^2 - dy_2^2) = 1$$

这就说明 $\alpha_1\alpha_2$ 也给出方程 $x^2 - dy^2 = 1$ 的解.

(2) 设 $\alpha_1 = x_1 + y_1\sqrt{d}$, $\alpha_2 = x_2 + y_2\sqrt{d}$, $\alpha_3 = x_3 + y_3\sqrt{d}$ 给出方程 $x^2 - dy^2 = -1$ 的解, 则

$$\alpha_1\alpha_2 = (x_1x_2 + dy_1y_2) + (x_1y_2 + x_2y_1)\sqrt{d}$$

而由引理 6.6.2, 我们有

$$(x_1x_2 + dy_1y_2)^2 - d(x_1y_2 + x_2y_1)^2 =$$
$$(x_1^2 - dy_1^2)(x_2^2 - dy_2^2) = 1$$

这就说明 $\alpha_1\alpha_2$ 给出方程 $x^2 - dy^2 = 1$ 的解.

$$\alpha_1\alpha_2\alpha_3 = x_1x_2x_3 + d(x_1y_2y_3 + x_2y_1y_3 + x_3y_1y_2) +$$
$$(x_1x_2y_3 + x_2x_3y_1 + x_1x_3y_2 + dy_1y_2y_3)\sqrt{d}$$

而由引理 6.6.2,我们有

$$(x_1x_2x_3 + d(x_1y_2y_3 + x_2y_1y_3 + x_3y_1y_2))^2 -$$
$$d(x_1x_2y_3 + x_2x_3y_1 + x_1x_3y_2 + dy_1y_2y_3)^2 =$$
$$(x_1^2 - dy_1^2)(x_2^2 - dy_2^2)(x_3^2 - dy_3^2) = -1$$

这就说明 $\alpha_1\alpha_2\alpha_3$ 给出方程 $x^2 - dy^2 = -1$ 的解.

由引理 6.6.4 显然立刻就得出

引理 6.6.5

(1) 设 α 给出方程 $x^2 - dy^2 = 1$ 的解,则 $\alpha^n(n = 0, \pm 1, \pm 2, \cdots)$ 都给出它的解;

(2) 设 α 给出方程 $x^2 - dy^2 = -1$ 的解,则 $\alpha^{2n}(n = 0, \pm 1, \pm 2, \cdots)$ 都给出方程 $x^2 - dy^2 = 1$ 的解, $\alpha^{2n-1}(n = 0, \pm 1, \pm 2, \cdots)$ 都给出方程 $x^2 - dy^2 = -1$ 的解.

从引理 6.6.5 我们就可以看出,只要知道了方程 $x^2 - dy^2 = 1$ 或 $x^2 - dy^2 = -1$ 的一组特解,就可以求出这些方程组的无穷多组解来. 但是与二元一次不定方程不一样,如果你这组特解取的不适当的话,虽然你可以求出无穷多组解来,却不一定能求出全部解来. 例如,如果设 α 给出它们的一组特解,则根据引理 6.6.5 可知 α^2 或 α^3 就也给出它们的一组特解,但是假如你把这组特解代入到引理 6.6.5 中的公式中去,就会发现立刻少了许多解,比如公式 $\alpha^{2n}(n = 0, \pm 1, \pm 2, \cdots)$ 或 $\alpha^{3(2n-1)}(n = 0, \pm 1, \pm 2, \cdots)$ 就不能包括 α 这个解.

第 6 章 连分数

下面我们来说明,如果上述方程的特解取的适当的话,则引理 6.6.5 中所给出的公式就能够包括它们的所有解.

引理 6.6.6 设 $d>0$ 是一个正整数,且不是完全平方数.x_1,x_2,y_1,y_2 都是非负整数.$\alpha=x_1+y_1\sqrt{d}$,$\beta=x_2+y_2\sqrt{d}$ 给出方程 $x^2-dy^2=1$ 或 $x^2-dy^2=-1$ 的解.则 $\alpha<\beta$ 的充分必要条件是 $x_1<x_2$.

证明 设 $\alpha=x_1+y_1\sqrt{d}$,$\beta=x_2+y_2\sqrt{d}$,给出方程 $x^2-dy^2=1$ 的解,$x_1<x_2$.则因 x_1,x_2 都是非负整数,因此 $x_1^2<x_2^2$.又因 $x_1^2=dy_1^2+1$,$x_2^2=dy_2^2+1$,故有 $dy_1^2+1<dy_2^2+1$,$dy_1^2<dy_2^2$.由于 y_1,y_2 非负,因此就得出 $y_1<y_2$.再由 $x_1<x_2$ 和 $y_1<y_2$ 就得出 $\alpha=x_1+y_1\sqrt{d}<\beta=x_2+y_2\sqrt{d}$.

反之,设 $\alpha<\beta$,如果 $x_1\geqslant x_2$,那么与上面类似,我们可以得出 $y_1\geqslant y_2$,因此由 $x_1\geqslant x_2$ 和 $y_1\geqslant y_2$ 就得出 $\alpha\geqslant\beta$.这就导出矛盾,因此必须有 $x_1<x_2$.

对 $\alpha=x_1+y_1\sqrt{d}$,$\beta=x_2+y_2\sqrt{d}$,给出方程 $x^2-dy^2=-1$ 的解的情况类似可证.

引理 6.6.7 设方程 $x^2-dy^2=1$ 或方程 $x^2-dy^2=-1$ 存在非平凡解,则在给出它们的解集合中分别存在一个最小解.

证明 根据自然数的最小数原理,在所有给出方程 $x^2-dy^2=1$ 的非平凡解 $\alpha=x+y\sqrt{d}$ 所组成的集合中必存在着一个使得 x 最小的解 $\alpha_0=x_0+y_0\sqrt{d}$,由引理 6.6.6 可知,这个解就是所有给出方程 $x^2-dy^2=1$ 的非平凡解 $\alpha=x+y\sqrt{d}$ 所组成的集合中的最小解.

在方程 $x^2-dy^2=-1$ 存在非平凡解的情况下类

似可证所有给出方程 $x^2-dy^2=-1$ 的非平凡解 $\alpha=x+y\sqrt{d}$ 所组成的集合中存在一个最小解.

定义 6.6.2 所有给出方程 $x^2-dy^2=1$ 或方程 $x^2-dy^2=-1$ 的非平凡解 $\alpha=x+y\sqrt{d}$ 所组成的集合中的最小解分别称为方程 $x^2-dy^2=1$ 或 $x^2-dy^2=-1$ 方程的生成元.

那么生成元有些什么性质呢? 方程 $x^2-dy^2=-1$ 的生成元和方程 $x^2-dy^2=1$ 的生成元之间又有什么关系呢? 我们现在就来回答这些问题.

引理 6.6.8

(1) 设 θ 是方程 $x^2-dy^2=1$ 或方程 $x^2-dy^2=-1$ 的生成元,则 $\theta>1$;

(2) 设 α 是方程 $x^2-dy^2=-1$ 的生成元,β 是方程 $x^2-dy^2=1$ 的生成元,则 $\alpha<\beta$;

(3) 如果 α 是方程 $x^2-dy^2=-1$ 的生成元,则 α^2 是方程 $x^2-dy^2=1$ 的生成元;

(4) 设 $\alpha=x_2+y_2\sqrt{d}$ 是方程 $x^2-dy^2=1$ 的生成元,如果存在 $\theta=x_1+y_1\sqrt{d}$, $x_1>0$, $y_1>0$, x_1, y_1 都是整数,使得 $\theta^2=\alpha$,则 θ 就是方程 $x^2-dy^2=-1$ 的生成元.

证明 (1) 设 $\theta=x_0+y_0\sqrt{d}$,则根据生成元的定义可知 θ 首先是正的非平凡解,因此

$$\theta=x_0+y_0\sqrt{d}>x_0\geqslant 1$$

(2) 由引理 6.6.5 可知 α^2 给出方程 $x^2-dy^2=1$ 的解,因此由 β 是方程 $x^2-dy^2=1$ 的生成元或最小的非平凡解的定义可知 $\beta\leqslant\alpha^2$. 如果 $\alpha\geqslant\beta$,那么由(1)已证的性质 $\beta>1$ 就得出 $\alpha^2\geqslant\beta^2\geqslant\beta$,这与 $\beta\leqslant\alpha^2$ 矛盾,因

第 6 章 连分数

此必须有 $\alpha < \beta$.

(3) 由(2)已证, α^2 给出方程 $x^2 - dy^2 = 1$ 的解, 并且 $\beta \leqslant \alpha^2, \alpha < \beta$, 所以必有 $\beta \leqslant \alpha^2 < \beta^2$, 因而 $1 \leqslant \alpha^2 \beta^{-1} < \beta$, 由于 $\alpha^2 \beta^{-1}$ 给出方程 $x^2 - dy^2 = 1$ 的解, 而 β 是方程 $x^2 - dy^2 = 1$ 的最小解, 因此必须有 $\alpha^2 \beta^{-1} = 1$, 这就说明必有 $\beta = \alpha^2$.

(4) 由 $\theta^2 = \alpha$ 推出 $x_1^2 + dy_1^2 = x_2, 2x_1 y_1 = y_2$, 因此
$$(x_1^2 - dy_1^2)^2 = x_2^2 - dy_2^2 = 1$$
故
$$x_1^2 - dy_1^2 = \pm 1$$

但是由于 α 给出方程 $x^2 - dy^2 = 1$ 的非平凡解中的最小者, 而显然有 $0 < x_1 < x_2, 0 < y_1 < y_2$, 所以有 $1 < \theta < \alpha$, 因此 $x_1^2 - dy_1^2 \neq 1$ (否则 θ 将给出方程 $x^2 - dy^2 = 1$ 的非平凡解, 而这与 α 的最小性相矛盾). 这就证明了必须有 $x_1^2 - dy_1^2 = -1$, 因此 θ 给出方程 $x^2 - dy^2 = -1$ 的非平凡解. 再由 α 的最小性就得出 θ 的最小性, 因而 θ 是方程 $x^2 - dy^2 = -1$ 的生成元.

定理 6.6.1

(1) 设方程 $x^2 - dy^2 = 1$ 存在生成元 θ, 则 $\theta^n (n=1, 2, 3, \cdots)$ 给出它的所有非平凡解;

(2) 设方程 $x^2 - dy^2 = -1$ 存在生成元 θ, 则 θ^{2n-1} $(n=1, 2, 3, \cdots)$ 给出它的所有非平凡解.

证明 (1) 设 (x^*, y^*) 是方程 $x^2 - dy^2 = 1$ 的任一组非平凡解, 则 $x^* > 0, y^* > 0$. 令 $\alpha = x^* + y^* \sqrt{d}$, 那么由于 θ 是生成元, 因而 $\alpha \geqslant 0$. 故存在整数 k 使得 $\theta^k \leqslant \alpha < \theta^{k+1}$, 于是 $1 \leqslant \alpha \theta^{-k} < \theta$, 然而由引理 6.6.3 和引理 6.6.4 可知 $\alpha \theta^{-k}$ 也给出方程 $x^2 - dy^2 = 1$ 的解, 但根据 θ 的定义, θ 是给出方程 $x^2 - dy^2 = 1$ 的解并大于 1 中的最小者, 而现在 $\alpha \theta^{-k}$ 却是一个给出方程 $x^2 -$

$dy^2=1$ 的解并大于或等于 1 然而要比 θ 还要小的解,这就说明 $\alpha\theta^{-k}$ 只能等于 1. 而由 $\alpha\theta^{-k}=1$ 显然立即就得出 $\alpha=\theta^k$,这就证明了 $x^2-dy^2=1$ 的任一组平凡解都可表示成 θ^k 的形式.

(2)(1) 设 (x^*,y^*) 是方程 $x^2-dy^2=-1$ 的任一组非平凡解,则 $x^*>0,y^*>0$. 令 $\alpha=x^*+y^*\sqrt{d}$. 那么由于 θ 是生成元,因而 $\alpha\geqslant\theta$. 故存在整数 k 使得 $\theta^{2k-1}\leqslant\alpha<\theta^{2k+1}$,于是 $1\leqslant\alpha\theta^{-(2k-1)}<\theta^2$,然而由引理 6.6.3 和引理 6.6.4 可知 $\alpha\theta^{-(2k-1)}$ 和 θ^2 也给出方程 $x^2-dy^2=1$ 的解,由引理 6.6.8 可知 θ^2 是方程 $x^2-dy^2=1$ 的最小解. 而现在 $\alpha\theta^{-(2k-1)}$ 却是一个给出方程 $x^2-dy^2=1$ 的解并大于等于 1 然而要比 θ^2 还要小的解,这就说明 $\alpha\theta^{-(2k-1)}$ 只能等于 1. 而由 $\alpha\theta^{-(2k-1)}=1$ 显然立即就得出 $\alpha=\theta^{2k-1}$,这就证明了 $x^2-dy^2=-1$ 的任一组非平凡解都可表示成 θ^{2k-1} 的形式.

因此现在的全部问题就归结为确定方程 $x^2-dy^2=1$ 和方程 $x^2-dy^2=-1$ 存在生成元的条件以及在生成元存在的情况下如何求出生成元的问题了. 下面我们就来研究这个问题.

引理 6.6.9　设 $\alpha=[a_0;a_1,a_2,\cdots]$ 是一个实二次无理数,$r_n=[a_n;a_{n+1},a_{n+2},\cdots]$ 是 α 的余式,则对任意 n,r_n 可表为 $\dfrac{P_n+\sqrt{D}}{Q_n}$ 的形式,其中 P_n,Q_n 是整数,$D>0$ 是一个与 n 无关的正整数,且不是完全平方数,而 $Q_n\mid D-P_n^2$.

证明　由于 α 是一个实二次无理数,故 α 必满足一个既约的整系数二次方程
$$ax^2+bx+c=0, a>0, (a,b,c)=1$$

第 6 章　连分数

且 $\Delta = b^2 - 4ac > 0$ 是一个非完全平方数,故

$$\alpha = \frac{-b + \sqrt{\Delta}}{2} \text{ 或 } \alpha = \frac{-b - \sqrt{\Delta}}{2}$$

当 $\alpha = \dfrac{-b + \sqrt{\Delta}}{2}$ 时

$$\alpha = \frac{-2ab + \sqrt{4a^2\Delta}}{4a^2} = \frac{P_0 + \sqrt{D}}{Q_0}$$

则 P_0, Q_0 是整数,$D > 0$ 是一个正整数,且 $D - P_0^2 = 4a^2\Delta - 4a^2b^2 = -4acQ_0$,因此 $Q_0 \mid D - P_0^2$.

当 $\alpha = \dfrac{-b - \sqrt{\Delta}}{2}$ 时

$$\alpha = \frac{2ab + \sqrt{4a^2\Delta}}{-4a^2} = \frac{P_0 + \sqrt{D}}{Q_0}$$

则 P_0, Q_0 仍是整数,$D > 0$ 是一个正整数,且 $D - P_0^2 = 4a^2\Delta - 4a^2b^2 = 4acQ_0$,因此 $Q_0 \mid D - P_0^2$.

因此引理对 $n = 0$ 的情况成立

$$\frac{1}{r_1} = \alpha - a_0 = \frac{P_0 + \sqrt{D}}{Q_0} - a_0 = \frac{\sqrt{D} - (a_0 Q_0 - P_0)}{Q_0} = \frac{D - (a_0 Q_0 - P_0)^2}{Q_0(\sqrt{D} + a_0 Q_0 - P_0)}$$

令　　　　$P_1 = a_0 Q_0 - P_0, Q_1 = \dfrac{D - P_1^2}{Q_0}$

那么 $\dfrac{1}{r_1} = \dfrac{Q_1}{\sqrt{D} + P_1}$,因此 $r_1 = \dfrac{P_1 + \sqrt{D}}{Q_1}$,其中 P_1,Q_1 都是整数,且由 $Q_0 \mid D - P_0^2$ 得出

$$D - P_0^2 \equiv 0 (\bmod Q_0)$$
$$D - P_1^2 \equiv D - P_0^2 \equiv 0 (\bmod Q_0)$$

因此 $Q_0 \mid D - P_1^2$,但是 $D - P_1^2 = Q_0 Q_1$,故 $Q_1 \mid D - P_1^2$.

因此引理对 $n = 1$ 的情况也成立.

依此类推就得出如果 $r_n = \dfrac{P_n + \sqrt{D}}{Q_n}$,其中 P_n,Q_n 都是整数,且 $Q_n \mid D - P_n^2$,则由 $a_n = [r_n]$,$r_n = a_n + \dfrac{1}{r_{n+1}}$,并令 $P_{n+1} = a_n Q_n - P_n$,$Q_{n+1} = \dfrac{D - P_{n+1}^2}{Q_n}$ 可得出 $r_{n+1} = \dfrac{P_{n+1} + \sqrt{D}}{Q_{n+1}}$,$Q_{n+1} \mid D - P_{n+1}^2$. 这就证明了引理.

从引理证明的过程中就看出 D 与 n 无关,而且由于 $D > 0$ 不是完全平方数,所以 Q_0,Q_1,Q_2,$\cdots$ 都不为 0,因此 Q_n 的定义式都是有意义的.

引理 6.6.10 设 $\alpha = [a_0; a_1, a_2, \cdots]$ 是一个实二次无理数,$r_n = [a_n; a_{n+1}, a_{n+2}, \cdots]$ 是 α 的余式,$r_n = \dfrac{P_n + \sqrt{D}}{Q_n}$,其中 P_n,Q_n 是整数,$D > 0$ 是一个与 n 无关的正整数,且不是完全平方数,而 $Q_n \mid D - P_n^2$(引理 6.6.9 保证了 r_n 一定可表为所说的形式). $\dfrac{p_n}{q_n}$ 是 α 的第 n 阶渐近分数,则

(1) $(p_{n-1} p_{n-2} Q_0 - (p_{n-1} q_{n-2} + p_{n-2} q_{n-1}) P_0) - q_{n-1} q_{n-2} \dfrac{D - P_0^2}{Q_0} = (-1)^{n+1} P_n$;

(2) $(p_{n-1} Q_0 - q_{n-1} P_0)^2 - q_{n-1}^2 D = (-1)^n Q_0 Q_n$.

证明 由定理 6.1.1 可知
$$\alpha = \dfrac{p_{n-1} r_n + p_{n-2}}{q_{n-1} r_n + q_{n-2}}$$

又由引理 6.6.8 的证明过程可知
$$\alpha = \dfrac{P_0 + \sqrt{D}}{Q_0},\quad r_n = \dfrac{P_n + \sqrt{D}}{Q_n}$$

把这两个式子代入到上式中就得到

第6章 连分数

$$\frac{P_0+\sqrt{D}}{Q_0}=\frac{p_{n-1}(P_n+\sqrt{D})+p_{n-2}Q_n}{q_{n-1}(P_n+\sqrt{D})+q_{n-2}Q_n}$$

把上式去分母相乘展开再比较有理部分和 $\sqrt{D}$ 的系数最后可得

$$q_{n-1}P_n+q_{n-2}Q_n=p_{n-1}Q_0-q_{n-1}P_0$$
$$(p_{n-1}Q_0-q_{n-1}P_0)P_n+(p_{n-2}Q_0-q_{n-2}P_0)Q_n=q_{n-1}D$$

把 P_n,Q_n 看成未知数,把上面两式看成是关于它们的二元一次方程组,从上面两式中解出 P_n,Q_n 来,并利用 $q_n p_{n-1}-p_n q_{n-1}=(-1)^n$ 及 $Q_0\mid D-P_0^2$ 即可得到所要证明的式子.

引理 6.6.11 设 $\dfrac{p_n}{q_n}$ 是 $\sqrt{d}$ 的连分式的渐近分数,则存在两串数 $P_n,Q_n(n\geqslant 0)$ 使得

$$p_{n-1}p_{n-2}-dq_{n-1}q_{n-2}=(-1)^{n+1}P_n$$
$$p_{n-1}^2-dq_{n-1}^2=(-1)^n Q_n$$

证明 在引理6.6.9中取 $\alpha=\sqrt{d}$,则可取 $P_0=0$,$Q_0=1,D=d$,并且存在两串整数 $P_n,Q_n(n\geqslant 0)$ 使得 $Q_n\mid d-p_n^2$,再由引理6.6.10即得 P_n,Q_n 满足关系式

$$p_{n-1}p_{n-2}-dq_{n-1}q_{n-2}=(-1)^{n+1}P_n$$

和

$$p_{n-1}^2-dq_{n-1}^2=(-1)^n Q_n$$

引理 6.6.12

(1) 设 $d>0$ 是一个正整数,且不是完全平方数,那么 $\alpha=\sqrt{d}+[\sqrt{d}]$ 是一个纯循环连分数;

(2) 设 l 是 α 的连分数表示式中循环节的长度,P_n,Q_n 是引理6.6.9中由 α 所确定的整数,则 $Q_k=1$ 的充分必要条件是 $l\mid k$;

(3) 对任意的 $n\geqslant 0$,Q_n 不可能等于 -1.

证明 (1) 显然 $\alpha>1$,又 $\bar{\alpha}=-\sqrt{d}+[\sqrt{d}]=$

$-\{\sqrt{d}\}$,故 $-1<\bar{\alpha}<0$(由于 d 不是完全平方数,因此$\{\sqrt{d}\}\ne 0$).这说明 α 是既约的,因此根据定理6.3.3可知 α 必可表示成一个纯循环连分数.

(2)在(1)中已证,α 必可表示成一个纯循环连分数.因此根据定理6.3.4可知对任意 $n>0$,r_n 也是纯循环的,而由引理6.6.9又有

$$r_n=\frac{P_n+\sqrt{d}}{Q_n}$$

因此立刻就得出

$Q_k=1\Leftrightarrow$

$r_k=\sqrt{d}+P_k$ 是纯循环连分数 $\Leftrightarrow$

$r_k=\sqrt{d}+P_k$ 是既约的实二次无理数(定理6.3.2)$\Leftrightarrow$

$r_k=\sqrt{d}+P_k>1$,$-1<-\sqrt{d}+P_k=r'_k<0\Leftrightarrow$

$P_k<\sqrt{d}<P_k+1\Leftrightarrow[\sqrt{d}]=P_k\Leftrightarrow$

$r_k=\sqrt{d}+P_k=\sqrt{d}+[\sqrt{d}]=\alpha\Leftrightarrow$

$l\mid k$(定理6.3.4).

(3)由(2)中的证明可知

$Q_n=-1\Leftrightarrow$

$r_n=-\sqrt{d}-P_n$ 是纯循环连分数 $\Rightarrow$

$r_n=-\sqrt{d}-P_n$ 是既约的实二次无理数(定理6.3.2)$\Leftrightarrow$

$r_n=-\sqrt{d}-P_n>1$,$-1<\sqrt{d}-P_n=r'_n<0\Leftrightarrow$

$-\sqrt{d}-1>P_n>\sqrt{d}$

而这显然是不可能的,故对任意 $n\geqslant 0$,Q_n 不可能等于 -1.

引理 6.6.13 设 $d>0$ 是正整数,且不是完全平方数.$x_0>0$,$y_0>0$ 是不定方程 $x^2-dy^2=1$ 或者不

第 6 章 连分数

定方程 $x^2-dy^2=-1$ 的解,则 $\dfrac{x_0}{y_0}$ 必为 $\sqrt{d}$ 的某个渐近分数 $\dfrac{p_n}{q_n}$,且 $x_0=p_n, y_0=q_n$.

证明 (1) 由 $x_0^2-dy_0^2=\pm 1$ 和定理 3.3.7 可知 $(x_0,y_0)=1$;

(2) 如果 $x_0<y_0$,则 $\pm 1=x_0^2-dy_0^2<y_0^2-dy_0^2\leqslant -y_0^2\leqslant -1$,得出矛盾,因此必有
$$x_0\geqslant y_0$$

(3) $\left|\sqrt{d}-\dfrac{x_0}{y_0}\right|=\dfrac{\left|d-\dfrac{x_0^2}{y_0^2}\right|}{\sqrt{d}+\dfrac{x_0}{y_0}}=\dfrac{|x_0^2-dy_0^2|}{y_0^2\left(\sqrt{d}+\dfrac{x_0}{y_0}\right)}=$
$\dfrac{1}{y_0^2\sqrt{d}+x_0y_0}<\dfrac{1}{y_0^2+y_0^2}<\dfrac{1}{2y_0^2}$

故由定理 6.2.4 知 $\dfrac{x_0}{y_0}$ 必为 $\sqrt{d}$ 的某个渐近分数 $\dfrac{p_n}{q_n}$. 又 (1) 已证明 $\dfrac{x_0}{y_0}$ 和 $\dfrac{p_n}{q_n}$ 都是既约分数,故由 $\dfrac{x_0}{y_0}=\dfrac{p_n}{q_n}$ 就得出 $x_0=p_n, y_0=q_n$.

定理 6.6.2 设 $\sqrt{d}$ 的循环连分数的周期为 l,渐近分数为 $\dfrac{p_n}{q_n}$,那么:

(1) 当 l 为偶数时,不定方程 $x^2-dy^2=-1$ 无解,而不定方程 $x^2-dy^2=1$ 的生成元为 $\theta=p_{l-1}+q_{l-1}\sqrt{d}$;

(2) 当 l 为奇数时,不定方程 $x^2-dy^2=-1$ 的生成元 $\theta=p_{l-1}+q_{l-1}\sqrt{d}$,因而不定方程 $x^2-dy^2=1$ 的生成元为 $\theta^2=p_{2l-1}+q_{2l-1}\sqrt{d}$.

证明 由引理 6.6.13 知如果 $x_0 + y_0\sqrt{d}$ 给出不定方程 $x^2 - dy^2 = 1$ 或者不定方程 $x^2 - dy^2 = -1$ 的非平凡解,则必存在 $\sqrt{d}$ 的连分式表示的某个渐近分数 $\dfrac{p_n}{q_n}$,使得

$$x_0 = p_n, y_0 = q_n$$

又由引理 6.6.11 知

$$p_n^2 - dq_n^2 = (-1)^{n+1} Q_{n+1}$$

其中 P_n, Q_n 是引理 6.6.9 中由 $\sqrt{d}$ 所确定的整数. 又显然 $\sqrt{d}$ 和 $\sqrt{d} + [\sqrt{d}]$ 的连分式表示中的余式在 $n \geqslant 1$ 时相同,因而由引理 6.6.9 中确定 P_n 和 Q_n 的方法知,当 $n \geqslant 1$ 时 $\sqrt{d}$ 和 $\sqrt{d} + [\sqrt{d}]$ 确定了相同的 P_n 和 Q_n. 又由直接计算可知

$$P_0(\sqrt{d}) = 0, Q_0(\sqrt{d}) = 1$$

$$P_0(\sqrt{d} + [\sqrt{d}]) = [\sqrt{d}], Q_0(\sqrt{d} + [\sqrt{d}]) = 1$$

因此对 $n \geqslant 0$,$\sqrt{d}$ 和 $\sqrt{d} + [\sqrt{d}]$ 确定了完全相同的 Q_n.

由引理 6.6.12 知对任意 $n \geqslant 0, Q_n \neq -1, Q_n = 1 \Leftrightarrow l \mid n$,其中 l 是 $\sqrt{d}$ 的循环连分式表示的周期,同时也是 $\sqrt{d} + [\sqrt{d}]$ 的循环连分式表示的周期. 因此由

$$p_n^2 - dq_n^2 = (-1)^{n+1} Q_{n+1}$$

可知 p_n, q_n 是不定方程 $x^2 - dy^2 = 1$ 或者不定方程 $x^2 - dy^2 = -1$ 的非平凡解 $\Leftrightarrow Q_{n+1} = 1 \Leftrightarrow l \mid (n+1) \Leftrightarrow n+1 = kl$,这时

$$p_{kl-1}^2 - dq_{kl-1}^2 = (-1)^{kl}$$

由此就得出当 l 是偶数时,不定方程 $x^2 - dy^2 = -1$ 无解,而不定方程 $x^2 - dy^2 = 1$ 的生成元为 $\theta = p_{l-1} + q_{l-1}\sqrt{d}$.

第 6 章　连分数

当 l 是奇数时,不定方程 $x^2-dy^2=-1$ 的生成元为 $\theta=p_{l-1}+q_{l-1}\sqrt{d}$,从而根据引理 6.6.8,不定方程 $x^2-dy^2=1$ 的生成元为 $\theta^2=p_{2l-1}+q_{2l-1}\sqrt{d}$.

下面我们给出 Pell 方程解的递推公式.

定理 6.6.3　设 x_0,y_0 是 Pell 方程 $x^2-dy^2=1$ 的一组解,其中 d 是正整数,且不是完全平方数,则由以下递推公式给出的数对 x_n,y_n 也都是这个方程的整数解

$$x_1=x_0,y_1=y_0$$
$$\begin{cases}x_{n+1}=x_0 x_n+dy_0 y_n\\ y_{n+1}=y_0 x_n+x_0 y_n\end{cases}$$

证明　由引理 6.6.5 可知如果 x_0,y_0 是 Pell 方程 $x^2-dy^2=1$ 的一组解,则由公式

$$x_n+\sqrt{d}y_n=(x_1+\sqrt{d}y_1)^n,x_1=x_0,y_1=y_0$$

所给出的正整数对 x_n,y_n 也都是 Pell 方程 $x^2-dy^2=1$ 的解.而

$$\begin{aligned}x_{n+1}+\sqrt{d}y_{n+1}&=(x_1+\sqrt{d}y_1)^{n+1}=\\&=(x_1+\sqrt{d}y_1)(x_1+\sqrt{d}y_1)^n=\\&=(x_0+\sqrt{d}y_0)(x_n+\sqrt{d}y_n)=\\&=x_0 x_n+dy_0 y_n+(y_0 x_n+x_0 y_n)\sqrt{d}\end{aligned}$$

对比上式两边的系数,即可得出所需的递推公式.

类似的,可得出第二类 Pell 方程 $x^2-dy^2=1$ 的解的递推公式.

至此,我们已完全解决了两类 Pell 方程有解的条件和在有解时如何求出解的表达公式的问题.在当初刚一接触到这一问题时,你恐怕很难想到它们是不是有解竟要由 $\sqrt{d}$ 的循环连分式表示的周期的奇偶性来

决定,甚至恐怕连 $\sqrt{d}$ 的连分式表示式一定是循环的也不一定能想象得到吧!而这样一个难以想象的答案一旦水落石出,完全得出后,也一定心情十分愉快吧!这就是科学研究的乐趣,科学研究的乐趣就在于不管经过多少艰难曲折而百折不挠的最后弄清事物的真相后研究者内心所得到的满足,就在于在没有得出答案之前决心要一直探索下去的内心的强烈的欲望.

下面给出一个应用 Pell 方程理论的例子.

例 6.6.1 设 $S=\{n\in \mathbf{Z}_+ \mid$ 存在 d 使得 $n^2+1\leqslant d\leqslant n^2+2n, d\mid n^4\}$,证明集合 S 中存在无穷多个形如 $7m,7m+1,7m+2,7m+5,7m+6$ 的正整数,但不存在形如 $7m+3$ 和 $7m+4$ 的正整数(2016 年欧洲女子数学奥林匹克第 6 题).

首先证明下面的引理.

引理 $n\in S$ 的充分必要条件是 $2n^2+1$ 或 $12n^2+9$ 是一个完全平方数.

证明 设 $d=n^2+k(1\leqslant k\leqslant 2n)$ 是 n^4 的约数,则 $n^4=ld, n^2=d-k$,因此

$$hd=n^4=(d-k)^2=d^2-2dk+k^2$$

由此得出 $d\mid k^2 \Rightarrow \dfrac{k^2}{d}$ 是一个正整数. 由

$$n^2<d<(n+1)^2 \Rightarrow \dfrac{k^2}{d}\neq 1 \Rightarrow \dfrac{k^2}{d}\geqslant 2$$

另一方面,由

$$1\leqslant k\leqslant 2n \Rightarrow$$
$$\dfrac{k^2}{d}=\dfrac{k^2}{n^2+k}\leqslant \dfrac{4n^2}{n^2}\leqslant 4 \Rightarrow$$
$$\dfrac{k^2}{n^2+k}=2 \text{ 或 } 3$$

第 6 章 连分数

当 $\dfrac{k^2}{n^2+k}=2$ 时,$2n^2+1=(k-1)^2$ 是一个完全平方数;

当 $\dfrac{k^2}{n^2+k}=3$ 时,$12n^2+9=(2k-3)^2$ 是一个完全平方数.

反之,如果存在正整数 k 使得 $2n^2+1=k^2$,则
$$1<k^2<4n^2 \Rightarrow 1<k<2n \Rightarrow$$
$$n^4=(n^2-k+1)(n^2-k+1)$$
其中,前一个因数就是满足要求的约数.

如果存在正整数 k 使得 $12n^2+9=k^2$,则 k 是奇数,同时由直接验证可知 $n\geqslant 6$,因此
$$k^2=12n^2+9\leqslant(4n-3)^2 \Rightarrow 1\leqslant \dfrac{k+3}{2}\leqslant 2n$$
而这时有
$$n^4=\left(n^2+\dfrac{k+3}{2}\right)\left(n^2-\dfrac{k-3}{2}\right)$$
因此前一个因数就是满足要求的约数. 这就证明了引理.

下面证明竞赛题本身.

任何 $n\in S$,由引理可知,$2n^2+1$ 或 $12n^2+9$ 必是一个完全平方数.

如果 $2n^2+1$ 是一个完全平方数,则 n 必满足方程
$$l^2-2n^2=1$$
由 Pell 方程的理论可知如果 l_1,n_1 是上述方程的解,则根据递推关系
$$\begin{cases} l_{k+1}=3l_k+4n_k \\ n_{k+1}=2l_k+3n_k \end{cases}$$
得出的正整数 l_k,n_k 也都是上述方程的解. 通过直接计

算可以验证
$$l_{k+3} \equiv l_k \pmod 7, n_{k+3} \equiv n_k \pmod 7$$
由直接验证可知 $(l_1,n_1)=(3,2),(3,-2),(1,0)$ 分别是上述方程的 $\equiv \pm 2$ 或 $0 \pmod 7$ 的解,因此 S 中包含无穷多个形如 $7m,7m+2,7m+5$ 的正整数.

如果 $12n^2+9$ 是一个完全平方数,则 n 必满足方程
$$l^2-12n^2=9$$
令 $l=3u,n=3v$,则上述方程化为方程
$$u^2-12v^2=1$$
由 Pell 方程的理论可知如果 u_1,v_1 是上述方程的解,则根据递推关系
$$\begin{cases} u_{k+1}=7u_k+24v_k \\ v_{k+1}=2u_k+7v_k \end{cases}$$
得出的正整数 l_k,n_k 也都是上述方程的解. 通过直接计算可以验证
$$u_{k+4} \equiv u_k \pmod 7, v_{k+4} \equiv v_k \pmod 7$$
由直接验证可知 $(u_1,v_1)=(\pm 1,0),(7,\pm 2)$ 分别是上述方程的 $\equiv 0$ 或 $\pm 1 \pmod 7$ 的解,因而 $(l_1,n_1)=(\pm 3,0),(21,\pm 6)$ 分别是方程 $l^2-12n^2=9$ 或 $\pm 6 \pmod 7$ 的解. 所以 S 中包含无穷多个形如 $7m+1,7m+6$ 的正整数.

又由于当 $n \equiv 3$ 或 $4 \pmod 7$ 时,$2n^2+1 \equiv 12n^2+9 \equiv 5 \pmod 7$,而在模 7 下,一个完全平方数只可能 $\equiv 0,1,2$ 或 4,因此当 $n \equiv 3$ 或 $4 \pmod 7$ 时 $2n^2+1$ 或 $12n^2+9$ 不可能是一个完全平方数,因此由引理即得出 S 中不可能含有形如 $7m+3$ 或 $7m+4$ 的正整数.

习题 6.6

1. 求出下列 Pell 方程的生成元

第6章 连分数

(1) $x^2 - 7y^2 = -1$　　(2) $x^2 - 7y^2 = 1$
(3) $x^2 - 13y^2 = -1$　　(4) $x^2 - 7y^2 = 1$
(5) $x^2 - 74y^2 = -1$　　(6) $x^2 - 74y^2 = 1$
(7) $x^2 - 87y^2 = -1$　　(8) $x^2 - 87y^2 = 1$

2. 解下列 Pell 方程

(1) $x^2 - 80y^2 = -1$　　(2) $x^2 - 80y^2 = 1$
(3) $x^2 - 23y^2 = -1$　　(4) $x^2 - 23y^2 = 1$
(5) $x^2 - 28y^2 = -1$　　(6) $x^2 - 28y^2 = 1$
(7) $x^2 - 29y^2 = -1$　　(8) $x^2 - 29y^2 = 1$
(9) $x^2 - 61y^2 = -1$　　(10) $x^2 - 61y^2 = 1$

3. 设 $d > 0$ 是正整数,且是非平方数,a 是给定的正整数. 证明: $x^2 - dy^2 = 1$ 有无穷多组解满足 $a \mid y$.

4. 求不定方程 $x^2 + (x+1)^2 = y^2$ 的所有正整数解,并说明它们的几何意义.

5. 求出 $x^2 + 2xy - 2y^2 = 1$ 的三组非平凡解.

6. (1) 证明:如果 $a^2 > b$,且 $a^2 - b$ 不是完全平方数,则 $x^2 + 2axy + by^2 = 1$ 有无穷多组解;

(2) 如果 $a^2 < b$,则(1)中方程的所有解中,必有 $y = -1, 0$ 或 1;

(3) 如果 $a^2 = b$,会发生什么情况?

7. (1) 设 $a = 2mn$, $b = m^2 - n^2$, $c = m^2 + n^2$ 是一个直角三角形的三条边,如果 $b = a + 1$,证明: $(m-n)^2 - 2n^2 = 1$,并求出所有这种三角形;

(2) 求出上述三角形中最小的两个.

8. (1) 证明:当且仅当 $3(a^2 - 1)$ 是完全平方数时,以 $2a - 1, 2a, 2a + 1$ 为边长的三角形的面积是整数;

(2) 试找出三个这样的三角形;

(3) 证明:当且仅当 $3((2a+1)^2 - 4)$ 是完全平方

数时,以 $2a,2a+1,2a+2$ 为边长的三角形的面积是有理数;

(4)证明:不可能存在上述情况.

9. 设 $x_n+y_n\sqrt{2}=(1+\sqrt{2})^n$,证明:

(1) $x_{n+1}=y_{n+1}+y_n, y_{n+1}=x_n+y_n, n\geqslant 1$;

(2) $y_{2n+1}=y_{n+1}^2+y_n^2, n\geqslant 1$;

(3) y_{2n+1}^2 是两个相邻自然数的平方和,求出这两个自然数;

(4)设 $x_0=1,y_0=0$,证明:当 $n\geqslant m$ 时
$$x_n x_m-2y_n y_m=(-1)^m x_{n-m}$$
$$x_m y_n-x_n y_m=(-1)^m y_{n-m}$$

(5) $x_{2n+1}=x_{n+1}x_n+2y_{n+1}y_n=2y_{n+1}x_n+(-1)^{n+1}$;
$y_{2n+1}=x_{n+1}y_n+y_{n+1}x_n$;

(6) $2\mid y_{2n}, 2\nmid y_{2n+1}$;

(7)当 $n>1$ 时,x_n 不是完全平方数.

10. (1)证明:当 $d\equiv 3\pmod 4$ 时,不定方程 $x^2-dy^2=-1$ 无解;

(2)设 $p\equiv 1\pmod 4$ 是一个素数,证明:不定方程 $x^2-dy^2=-1$ 必有解.

11. 设 $d>0$ 是正整数,且是非平方数,k 是整数.证明:如果 $x^2-dy^2=k$ 有一组解,它就有无限多组解.

12. 设 $d>0$ 是正整数,且是非平方数,k 是整数,$|c|<\sqrt{d}$.如果正整数 x_0,y_0 是 $x^2-dy^2=k$ 的一组解,且 $(x_0,y_0)=1$,则 $\dfrac{x_0}{y_0}$ 必为 $\sqrt{d}$ 的渐近分数.

13. 能否对不定方程 $x^2-dy^2=\pm 4$ 给出一个类似于对于不定方程 $x^2-dy^2=\pm 1$ 那样的完整讨论来(什么时候有解)以及在有解时,解的结构和公式是怎

第 6 章 连分数

样的?

14. 设 $d > 0$ 是正整数,且是非平方数. 正整数 x_0, y_0 是不定方程 $x^2 - dy^2 = 1$ 的一组解. 证明:如果 $x_0 > \frac{y_0^2}{2} - 1$,则 $\theta = x_0 + y_0\sqrt{d}$ 是不定方程 $x^2 - dy^2 = 1$ 的生成元.

6.7 连分数的应用 Ⅳ: 把整数表为平方和

在第 3 章例 3.6.7 中我们已经用同余类的方法证明了方程 $x^2 + y^2 = 1\,955$ 不存在整数解. 这个问题反过来说就是 1 995 这个数不可能表示成两个整数的平方和. 于是很自然的,由此问题出发我们可以提出一个一般的问题,那就是

自然数 n 在满足什么条件时,才能表示成为两个整数的平方和? 如果能表示,那么如何表示? 又在什么条件下,这种表示方法是唯一的? 更一般的,我们还可以问,在 n 满足什么条件时,不定方程 $x^2 + ay^2 = n$ 有解? 等等. 这一节我们就来研究这些问题.

引理 6.7.1 设 $(x, ay) = 1$, p 是二次型 $x^2 + ay^2$ 的大于 2 的素因数,则 $\left(\frac{-a}{p}\right) = 1$.

证明 设 $p > 2$ 是任意奇素数, $p \mid x^2 + ay^2$,则 $x^2 + ay^2 \equiv 0 \pmod{p}$,因此 $x^2 \equiv -ay^2 \pmod{p}$. 这说明 $-ay^2$ 是数 p 的平方剩余(复习第 3 章 3.10 二次同余式),因此

523

$$\left(\frac{-ay^2}{p}\right) = \left(\frac{-a}{p}\right)\left(\frac{y^2}{p}\right) = \left(\frac{-a}{p}\right) = 1$$

这就证明了引理.

引理 6.7.2　设 $(u,v)=1$,则二次型 x^2-a 和二次型 v^2-au^2 的素因数相同.

证明　(1) 令 $u=1$,则 $v^2-au^2=v^2-a$,因此就得出二次型 x^2-a 只不过是二次型 v^2-au^2 的一种特殊情况,因而自然被包括在后者中,这就说明二次型 x^2-a 的素因数都是二次型 v^2-au^2 的素因数.

(2) 设 p 是二次型 v^2-au^2 的素因数,则 $v^2-au^2 \equiv 0 \pmod p$,则必有 $p \nmid u$,否则由 $p \mid u$ 得出 $p \mid v$,而这与 $(u,v)=1$ 的假设矛盾. 也就是说,必有 $(u,p)=1$,因此由一次同余式方程的理论知(见第 3 章定理3.9.3)一次同余式方程 $ux \equiv 1 \pmod p$ 必有解,或者必存在 ξ 使得 $u\xi \equiv 1 \pmod p$. 因此由 $v^2-au^2 \equiv 0 \pmod p$ 和 $u\xi \equiv 1 \pmod p$ 就得到

$$\xi^2 v^2 - au^2 \xi^2 \equiv 0 \pmod p$$
$$(\xi v)^2 - a \equiv 0 \pmod p$$

这就说明,p 是二次型 x^2-a 的素因子.

由引理 6.7.2 我们又重新得到引理 6.7.1.

当方程 $x^2+ay^2=n$ 有解 (x_0, y_0) 时,显然 $(x_0, -y_0), (-x_0, y_0), (-x_0, -y_0)$ 也是解,当 $a=1$ 时,(y_0, x_0) 以及加上符号搭配而得的有序对也都是解. 我们认为这些解在本质上是相同的. 因此以下只需考虑方程 $x^2+ay^2=n$ 的正解即可.

引理 6.7.3　设 $0 < a < p$,其中 p 是一个奇素数,则方程 $x^2+ay^2=p$ 的解必是互素的,且在有解时,本质上不同的解是唯一的.

第 6 章 连分数

证明 方程 $x^2+ay^2=p$ 的解(如果有)(x_0,y_0) 显然必须是互素的,否则方程式的左边将大于 p,因而方程 $x^2+ay^2=p$ 将不可能有解.

现设 $(x_1,y_1),(x_2,y_2)$ 是方程 $x^2+ay^2=p$ 的两个不同的解.

用 y_2^2 乘以等式 $x_1^2+ay_1^2=p$ 的两边,用 y_1^2 乘以等式 $x_2^2+ay_2^2=p$ 的两边,并将所得的两个式子相减就得到

$$(x_1y_2-x_2y_1)(x_1y_2+x_2y_1)=p(y_2^2-y_1^2)$$

因此必有 $p\mid x_1y_2-x_2y_1$ 或者 $p\mid x_1y_2+x_2y_1$. 又

$$(x_1y_2-x_2y_1)+(x_1y_2+x_2y_1)=2x_1y_2$$

如果 $p\mid 2x_1y_2$,那么 $p\mid x_1y_2$,因而 $p\mid x_1$ 或者 $p\mid y_2$. 无论发生哪一种情况,由此都将得出方程式 $x^2+ay^2=p$ 的左边将大于 p,因而方程 $x^2+ay^2=p$ 将不可能有解,故 $p\nmid x_1y_2$. 由于

$$(x_1y_2-x_2y_1)+(x_1y_2+x_2y_1)=2x_1y_2$$

这就说明不可能同时成立关系式 $p\mid x_1y_2-x_2y_1$ 和 $p\mid x_1y_2+x_2y_1$. 也就是说只可能发生两种情况:或者 $p\mid x_1y_2-x_2y_1$,或者 $p\mid x_1y_2+x_2y_1$,而且这两种情况之一必然会发生.

将等式 $x_1^2+ay_1^2=p$ 和等式 $x_2^2+ay_2^2=p$ 的两边相乘就得到

$$(x_1x_2+ay_1y_2)^2+a(x_1y_2-x_2y_1)^2=$$
$$(x_1^2+ay_1^2)(x_2^2+ay_2^2)=p^2$$

以及

$$(x_1x_2-ay_1y_2)^2+a(x_1y_2+x_2y_1)^2=$$
$$(x_1^2+ay_1^2)(x_2^2+ay_2^2)=p^2$$

以下分两种不同的情况来讨论.

(1) $a > 1$. 如果 $p \mid x_1 y_2 + x_2 y_1$，则由于 $x_1 y_2 + x_2 y_1 > 0$，因此

$$x_1 y_2 + x_2 y_1 = np, n \geqslant 1$$

但由于 $(x_1 x_2 + a y_1 y_2)^2 + a(x_1 y_2 - x_2 y_1)^2 = p^2$ 及 $a > 1$，故这是不可能的. 因此只可能 $p \mid x_1 y_2 - x_2 y_1$，这时由等式 $(x_1 x_2 + a y_1 y_2)^2 + a(x_1 y_2 - x_2 y_1)^2 = p^2$ 及 $a > 1$ 得出

$$x_1 y_2 - x_2 y_1 = 0 \text{ 或 } \frac{x_1}{y_1} = \frac{x_2}{y_2}$$

而由于 $(x_1, y_1) = 1, (x_2, y_2) = 1$，因此必有 $x_1 = x_2$，$y_1 = y_2$.

(2) $a = 1$. 如果 $p \mid x_1 y_2 + x_2 y_1$，那么 $x_1 y_2 + x_2 y_1 = p$. 因此由等式 $(x_1 x_2 - a y_1 y_2)^2 + a(x_1 y_2 + x_2 y_1)^2 = p^2$ 得出

$$x_1 x_2 - y_1 y_2 = 0 \text{ 或 } \frac{x_1}{y_1} = \frac{y_2}{x_2}$$

而由于 $(x_1, y_1) = 1, (x_2, y_2) = 1$，因此必有 $x_1 = y_2$，$y_1 = x_2$. 因此我们得到本质上相同的解.

如果 $p \mid x_1 y_2 - x_2 y_1$，那么与(1)中的证明类似可以得出

$$x_1 y_2 - x_2 y_1 = 0 \text{ 或 } \frac{x_1}{y_1} = \frac{x_2}{y_2}$$

而由于 $(x_1, y_1) = 1, (x_2, y_2) = 1$，因此必有 $x_1 = x_2$，$y_1 = y_2$.

引理 6.7.4 设 t 是同余式 $x^2 \equiv -a \pmod{p}$ 的解，且 $0 < t < \dfrac{p}{2}$，$\dfrac{p_k}{q_k}$ 是 $\dfrac{t}{p}$ 的满足条件 $q_k < \sqrt{p} < q_{k+1}$ 的渐近分数，则：

(1) $(tq_k - pp_k)^2 + aq_k^2 < (a+1)p$ 且 $p \mid (tq_k - $

$pp_k)^2 + aq_k^2$;

(2) 用 $p-t$ 代替(1)中的 t,则(1)中的结论仍然成立.

证明 (1) 设 $\dfrac{t}{p} = [0; a_1, a_2, \cdots, a_m]$,则

$$\frac{p_0}{q_0} = \frac{0}{1}, \frac{p_1}{q_1} = \frac{1}{a_1}, \cdots, \frac{p_m}{q_m} = \frac{t}{p}$$

由于 $q_0 = 1 < \sqrt{p}, q_m = p > \sqrt{p}$,因此必存在一个下标 k 使得 $q_k < \sqrt{p} < q_{k+1}$. 于是

$$\left| \frac{t}{p} - \frac{p_k}{q_k} \right| = \frac{|tq_k - pp_k|}{pq_k} < \frac{1}{q_k q_{k+1}} (定理 6.2.2)$$

由此得出

$$(tq_k - pp_k)^2 < \frac{p^2}{q_{k+1}^2} < \frac{p^2}{p} = p$$

$$(tq_k - pp_k)^2 + aq_k^2 < p + ap = (a+1)p$$

又

$$(tq_k - pp_k)^2 + aq_k^2 =$$
$$(t^2 + a)q_k^2 + (2tp_k q_k + pp_k^2)p \equiv$$
$$0 \pmod{p}$$

故 $p \mid (tq_k - pp_k)^2 + aq_k^2$

(2) 同余式 $x^2 \equiv -a \pmod{p}$ 的另一个解即是 $p-t, p-t > \dfrac{p}{2}$,则

$$\frac{t}{p} = \frac{1}{z}, z = [a_1; a_2, \cdots, a_m], \frac{p-t}{p} = 1 - \frac{1}{z} = \frac{z-1}{z}$$

故

$$\frac{p-t}{p} = \left[0; \frac{z}{z-1}\right] = \left[0; 1, \frac{1}{z-1}\right] = [0; 1, z-1] =$$
$$[0; 1, a_1 - 1, a_2, \cdots, a_m]$$

由于 $t < \dfrac{p}{2}$，所以 $\dfrac{t}{p} < \dfrac{1}{2}$，故 $a_1 - 1 > 0$，这说明 $[0; 1, a_1 - 1, a_2, \cdots, a_m]$ 是一个简单连分数. 由此看出当 $k \geqslant 2$ 时，$\dfrac{t}{p}$ 和 $\dfrac{p-t}{p}$ 的连分式表示的元素完全一样. 设 $\dfrac{p'_i}{q'_i}$ 表示 $\dfrac{p-t}{p}$ 的渐近分数，则通过直接计算容易验证

$$q'_{i+1} = q_i, \quad p'_{i+1} = q_i - p_i, \quad i > 1$$

因此 $\qquad q'_{k+1} < \sqrt{p} < q'_{k+2}$

$$(p-t)q'_{k+1} - pp'_{k+1} = -tq'_{k+1} + p(q'_{k+1} - p'_{k+1}) =$$
$$-tq_k + pp_k = -(tq_k - pp_k)$$

因此当我们用 $p-t$ 代替 (1) 中的 t 后，关系式

$$(tq_k - pp_k)^2 + aq_k^2 < (a+1)p$$

和关系式 $\qquad p \mid (tq_k - pp_k)^2 + aq_k^2$

仍然成立.

定理 6.7.1 设 p 是一个素数，则方程 $x^2 + y^2 = p$ 有整数解的充分必要条件是 $p = 2$ 或者 $p \equiv 1 \pmod{4}$. 且在有解时，本质上不同的解是唯一的.

证明 必要性：设方程 $x^2 + y^2 = p$ 有整数解，则由于 p 是素数，故必有 $(x, y) = 1$，因此由引理 6.7.1 知或者 $p = 2$，或者 $\left(\dfrac{-1}{p}\right) = 1$. 因此由引理 3.10.3 就得出 $p = 2$ 或者 $p \equiv 1 \pmod{4}$.

充分性：当 $p = 2$ 时，显然方程 $x^2 + y^2 = 2$ 有整数解 $x = y = 1$. 现设 $p \equiv 1 \pmod{4}$ 是奇素数. 那么 $\left(\dfrac{-1}{p}\right) = 1$，因此同余式 $x^2 \equiv -1 \pmod{p}$ 有解. 设 t 是同余式 $x^2 \equiv -1 \pmod{p}$ 的解，且 $0 < t < \dfrac{p}{2}$. $\dfrac{p_k}{q_k}$ 是 $\dfrac{t}{p}$

第6章　连分数

的满足条件 $q_k < \sqrt{p} < q_{k+1}$ 的渐近分数，则由引理 6.7.4 知

$$(tq_k - pp_k)^2 + q_k^2 < 2p$$

由于 $\qquad p \mid (tq_k - pp_k)^2 + q_k^2$

故必有 $\qquad (tq_k - pp_k)^2 + q_k^2 = p$

这就证明了方程 $x^2 + y^2 = p$ 有整数解．

由引理 6.7.3 知有解时，当方程 $x^2 + y^2 = p$ 有整数解时，本质上不同的解是唯一的．

定理 6.7.2 设 p 是一个素数，则方程 $x^2 + 2y^2 = p$ 有整数解的充分必要条件是 $p = 2$ 或者 $p \equiv 1 \pmod 8$ 或者 $p \equiv 3 \pmod 8$．且在有解时，本质上不同的解是唯一的．

证明　必要性：设方程 $x^2 + 2y^2 = p$ 有整数解，则由于 p 是素数，故必有 $(x, 2y) = 1$，因此由引理 6.7.1 知或者 $p = 2$，或者 $\left(\dfrac{-2}{p}\right) = 1$．由勒让德符号的计算法则得出

$$\left(\dfrac{-2}{p}\right) = \left(\dfrac{-1}{p}\right)\left(\dfrac{2}{p}\right) = 1$$

因此 $\left(\dfrac{-1}{p}\right)$ 和 $\left(\dfrac{2}{p}\right)$ 同号，这也就是说，它们都等于 1 或 -1．

当 $\left(\dfrac{-1}{p}\right) = \left(\dfrac{2}{p}\right) = 1$ 时，由引理 3.10.3 得出 $p \equiv 1 \pmod 4$，$p \equiv \pm 1 \pmod 8$，因此 $p \equiv 1 \pmod 8$．

当时 $\left(\dfrac{-1}{p}\right) = \left(\dfrac{2}{p}\right) = -1$，由引理 3.10.3 得出 $p \equiv 3 \pmod 4$，$p \equiv \pm 3 \pmod 8$，因此 $p \equiv 3 \pmod 8$．

因此最后我们得到 $p = 2$ 或者 $p \equiv 1 \pmod 8$ 或者

$p \equiv 3 \pmod{8}$.

充分性：当 $p=2$ 时，显然方程 $x^2+2y^2=2$ 有整数解 $x=0, y=1$。

当 $p \equiv 1 \pmod 8$ 或者 $p \equiv 3 \pmod 8$ 时，$\left(\dfrac{-2}{p}\right)=1$，因此同余式 $x^2 \equiv -2 \pmod p$ 有解。设 t 是同余式 $x^2 \equiv -2 \pmod p$ 的解，且 $0<t<\dfrac{p}{2}$。$\dfrac{p_k}{q_k}$ 是 $\dfrac{t}{p}$ 的满足条件 $q_k<\sqrt{p}<q_{k+1}$ 的渐近分数，则由引理 6.7.4 知
$$(tq_k-pp_k)^2+2q_k^2<3p$$

由于 $p \mid (tq_k-pp_k)^2+2q_k^2$，故 $(tq_k-pp_k)^2+2q_k^2=p$ 或 $2p$。

如果 $(tq_k-pp_k)^2+2q_k^2=p$，则显然方程 $x^2+2y^2=p$ 有整数解。

如果 $(tq_k-pp_k)^2+2q_k^2=2p$，则显然 tq_k-pp_k 必为偶数，因此可设 $tq_k-pp_k=2v$，由此得出 $4v^2+2q_k^2=2p$，$q_k^2+2v^2=p$，因此这时方程 $x^2+2y^2=p$ 仍有整数解。

由引理 6.7.3 知有解时，当方程 $x^2+2y^2=p$ 有整数解时，本质上不同的解是唯一的。

定理 6.7.3 设 p 是一个素数，则方程 $x^2+3y^2=p$ 有整数解的充分必要条件是 $p=3$ 或者 $p \equiv 1 \pmod 6$。且在有解时，本质上不同的解是唯一的。

证明 必要性：设方程 $x^2+3y^2=p$ 有整数解，则由于 p 是素数，故必有 $(x,3y)=1$，因此由引理 6.7.1 知或者 $p=3$，或者 $\left(\dfrac{-3}{p}\right)=1$。由引理 3.10.3 和二次互反律得出

第6章　连分数

$$\left(\frac{-3}{p}\right) = \left(\frac{-1}{p}\right)\left(\frac{3}{p}\right) = (-1)^{\frac{p-1}{2}}\left(\frac{3}{p}\right) =$$
$$(-1)^{\frac{p-1}{2}}(-1)^{\frac{p-1}{2}}(-1)^{\frac{3-1}{2}}\left(\frac{p}{3}\right) = \left(\frac{p}{3}\right)$$

由引理 3.10.3 可知 $\left(\frac{p}{3}\right)=1$ 的充分必要条件是 $p \equiv 1 (\mathrm{mod}\, 3)$，又 $p \equiv 1 (\mathrm{mod}\, 2)$，故 $p \equiv 1 (\mathrm{mod}\, 6)$.

因此最后我们得到 $p=3$ 或者 $p \equiv 1 (\mathrm{mod}\, 6)$.

充分性：当 $p=3$ 时，显然方程 $x^2+3y^2=3$ 有整数解 $x=0, y=1$. 现设 $p \equiv 1 (\mathrm{mod}\, 6)$，那么 $\left(\frac{-3}{p}\right)$，因此同余式 $x^2 \equiv -3 (\mathrm{mod}\, p)$ 有解. 设 t 是同余式 $x^2 \equiv -3 (\mathrm{mod}\, p)$ 的解，且 $0<t<\frac{p}{2}$. $\frac{p_k}{q_k}$ 是 $\frac{t}{p}$ 的满足条件 $q_k < \sqrt{p} < q_{k+1}$ 的渐近分数，则由引理 6.7.4 知

$$(tq_k - pp_k)^2 + 3q_k^2 < 4p$$

由于 $p \mid (tq_k-pp_k)^2+3q_k^2$，故 $(tq_k-pp_k)^2+3q_k^2=p, 2p$ 或 $3p$. 为叙述简明，设 $\lambda = tq_k - pp_k$，于是 $\lambda^2+3q_k^2=p, 2p$ 或 $3p$.

我们首先证明，不可能发生 $\lambda^2+3q_k^2=2p$ 的情况，假设不然有 $\lambda^2+3q_n^2=2p$，那么显然 λ 和 q_k 不可能一个是奇数，一个是偶数，也就是说，λ 和 q_k 必须同时是奇数或同时是偶数. 如果 λ 和 q_k 都是偶数，则有 $\lambda^2+3q_k^2 \equiv 0 (\mathrm{mod}\, 4)$，如果 λ 和 q_k 都是奇数，则 $\lambda^2 \equiv 1 (\mathrm{mod}\, 4), q_k^2 \equiv 1 (\mathrm{mod}\, 4)$，这时仍得出 $\lambda^2+3q_k^2 \equiv 0 (\mathrm{mod}\, 4)$，总之，无论 λ 和 q_k 同时是奇数还是同时是偶数，我们最后都得出 $\lambda^2+3q_k^2 \equiv 0 (\mathrm{mod}\, 4)$，但是 $2p \equiv 2 (\mathrm{mod}\, 4)$，这就得出矛盾，因此不可能发生 $\lambda^2+3q_k^2=2p$ 的情况. 这样 $\lambda^2+3q_k^2$ 只可能是 p 或 $3p$.

如果 $\lambda^2+3q_k^2=p$,则显然方程 $x^2+3y^2=p$ 有解.

如果 $\lambda^2+3q_k^2=3p$,则显然必有 $3\mid\lambda$,因此可设 $\lambda=3v$,因而有 $9v^2+3q_k^2=3p, q_k^2+3v^2=p$,因此这时方程 $x^2+3y^2=p$ 仍有解.

由引理 6.7.3 知有解时,当方程 $x^2+3y^2=p$ 有整数解时,本质上不同的解是唯一的.

最后,我们来研究一般的方程 $x^2+y^2=n$ 的整数解,这里 n 不再限于是素数. 为此,我们首先证明以下引理:

引理 6.7.5 两个平方和的积仍是一个平方和,因此有限多个平方和的积仍是一个平方和.

证明 由恒等式 $(x_1^2+y_1^2)(x_2^2+y_2^2)=(x_1x_2-y_1y_2)^2+(x_1y_2+x_2y_1)^2$ 即得引理.

定理 6.7.4 不定方程 $x^2+y^2=n,(x,y)=1$ 有解的充分必要条件是 $n=1,2,n_1$ 或 $2n_1$,其中

$$n_1=p_1^{\alpha_1}p_2^{\alpha_2}\cdots p_s^{\alpha_s},p_i\equiv 1(\bmod 4),1\leqslant i\leqslant s$$

证明 必要性:设 $x^2+y^2=n,(x,y)=1$ 有解,则由 $(x,y)=1$ 和 $x^2+y^2=n$ 得出

$$(x,y)=(x,n)=(y,n)=1$$

如果 $n\equiv 0(\bmod 4)$,那么由于当 x,y 一奇一偶时有 $x^2+y^2\equiv 1(\bmod 4)$,当 x,y 都是奇数时有 $x^2+y^2\equiv 2(\bmod 4)$,因而 x,y 不可能是方程 $x^2+y^2=n$ 的解,因此 x,y 必须都是偶数而这又与 $(x,y)=1$ 矛盾,所以 $n\not\equiv 0(\bmod 4)$. 由引理 6.7.1 可知 n 的大于 2 的素因数 p 必满足条件 $\left(\dfrac{-1}{p}\right)=1$,即 $p\equiv 1(\bmod 4)$. 因此只能有 $n=1,2,n_1$ 或 $2n_1$,其中

$$n_1=p_1^{\alpha_1}p_2^{\alpha_2}\cdots p_s^{\alpha_s},p_i\equiv 1(\bmod 4),1\leqslant i\leqslant s$$

第6章 连分数

充分性:当 $n=1,2$ 时,方程 $x^2+y^2=n$ 显然有整数解.由定理 6.7.1 可知对每一个 $i, 1 \leqslant i \leqslant s$,方程 $x^2+y^2=p_i$ 有整数解,因此再由引理 6.7.5 即得方程 $x^2+y^2=n_1$ 和方程 $x^2+y^2=2n_1$ 有整数解,这就证明了充分性.

对整数 n_1,我们还可以像对于素数 $p \equiv 1(\bmod 4)$ 那样用公式来求出 $x^2+y^2=n_1$ 的整数解来.由于从 $a \equiv 1(\bmod 4)$ 和 $b \equiv 1(\bmod 4)$ 显然可以得出 $ab \equiv 1(\bmod 4)$ 来,而 n_1 的素因数全都是 $p \equiv 1(\bmod 4)$ 形式的,因此显然有 $n_1 \equiv 1(\bmod 4)$,因而同余式

$$t^2 \equiv -1(\bmod n_1)$$

有解.不过这回不像在 $p \equiv 1(\bmod 4)$ 时那样,只有两个解.现在有 2^s 个解,但是如果认为 t 和 $-t \equiv n_1 - t(\bmod n_1)$ 是本质上相同的解,则上述同余式的本质上不同的解只有 2^{s-1} 个.设 $\dfrac{p_k}{q_k}$ 是 $\dfrac{t}{p}$ 的满足条件 $q_k < \sqrt{n_1} < q_{k+1}$ 的渐近分数,则类似于引理 6.7.4 仍然可证

$$(tq_k - pp_k)^2 + q_k^2 < 2n_1$$

以及

$$n_1 \mid (tq_k - pp_k)^2 + q_k^2$$

由此得出

$$(tq_k - pp_k)^2 + q_k^2 = n_1$$

因而这次我们就得出了用公式求出的方程 $x^2+y^2=n_1$ 的一个解.

最后,我们还要注意,如果没有条件 $(x,y)=1$,则此定理成立的条件就要改变.例如以下这些现在被排除在外的解就将被包括进来:$2^{2n}=(2^n)^2+0^2$,$p^{2n}=(p^n)^2+0^2$,其中 $p \equiv 3(\bmod 4)$.

为了把上述情况也包括进来,既考虑可以表为平方和的全部情况,定理 6.7.4 就需要改成

定理 6.7.5 设正整数 $n=d^2m$,其中 m 除 1 外,没有其他的平方因数,那么不定方程
$$x^2+y^2=n$$
有解的充分必要条件是 $m=1,2,n_1$ 或 $2n_1$,其中 $n_1=p_1^{a_1}p_2^{a_2}\cdots p_s^{a_s}$,$p_i\equiv 1(\bmod 4),1\leqslant i\leqslant s$,也即 m 没有形如 $4k+3$ 的因数.

证明的方法类似于定理 6.7.4.

说到现在,我们已弄清了在一定条件下,有些自然数是可以表示成平方和的,而另一些数则不能. 但是,如果不限制加数的个数,则由
$$n=1+1+\cdots+1=1^2+1^2+\cdots+1^2(\text{共 } n \text{ 个加数})$$
就可以得出任何一个自然数都可以表示成一些正整数的平方和. 于是,我们面临着以下几种可能性.

(1) 任何一个自然数 n 都可以表示成 $g(2,n)$ 个整数的平方和,这里 $g(2,n)$ 是一个依赖于 n 的自然数. 并且,不存在一个不依赖于 n 的自然数 k,使得 $g(2,n)=k$.

(2) 存在一个不依赖于 n 的自然数 k,使得 $g(2,n)=k$.

在第(2)种可能性成立时,我们还要问,最小的 k 是多少?

实际上,法国数学家拉格朗日已经否定了第(1)种可能性,他证明了

定理 6.7.6

(1) 每一个自然数 n 必可表示成 4 个整数的平方和;

第6章 连分数

(2) 存在自然数 m,m 不可能表示成 3 个整数的平方和.

这个定理说明最小的 $k=4$.

但是拉格朗日定理只能保证任何自然数可表示成 4 个整数的平方和,也就是说,加数可以为 0,如果要求必须表示成自然数的平方和,则可以证明:

定理 6.7.7

(1) 当 $n \geqslant 34$ 时,n 必可表示成 5 个正整数的平方和;

(2) 1,2,3,4,6,7,9,10,12,15,18,33 这 12 个数都不可能表示成 5 个正整数的平方和.

还可以提出的问题有:当一个整数可以表示成平方和时,其表示式有多少种?在不定方程 $x^2+y^2=n$ 有解时,其解数是多少?

类似的,还可以把上述各种问题推广到用立方和,四次方和,$\cdots$,乃至 n 次方和表示数的情况.这类问题称为华林问题.到 1909 年,才有人证明,对每一个自然数 n,都存在着不依赖于 n 的最小的自然数 $g(k)$,使得 n 可以表示成 $g(k)$ 个 k 次方的和.

习题 6.7

1. 将下列各数表示成平方和的形式

(1) 97　(2) 113　(3) 157　(4) 233

2. 将下列各数表示成一个平方的 2 倍与另一个平方之和的形式

(1) 41　(2) 131　(3) 193　(4) 267

3. 将下列各数表示成一个平方的 3 倍与另一个平方之和的形式

(1)43　(2)151　(3)157　(4)307

4.求 m 为以下值时不定方程 $x^2+y^2=m$ 的整数解.

(1)841　(2)3 721　(3)5 329
(4)2 197　(5)625

5.求 m 为以下值时,不定方程 $x^2+y^2=m^2$ 的整数解.

(1)305　(2)377　(3)629　(4)697

6.求不定方程 $x^2+y^2=1\,885$ 的整数解.

7.设 $p=x^2+y^2$ 是素数,则 p 表为平方和的方法在不计顺序的意义下是唯一的,即如果 $p=a_1^2+b_1^2=a_2^2+b_2^2, a_1\geqslant b_1>0, a_2\geqslant b_2>0$,则必有 $a_1=a_2, b_1=b_2$.

8.(1)证明:如果 a 和 ab 都是两个整数的平方和,则 b 也是两个整数的平方和;

(2)证明:如果 $c=m^2+n^2, (m,n)=1, a\geqslant 1, a\mid c$,则 $a=h^2+k^2, (h,k)=1$.

9.证明:如果一个正整数不是两个整数的平方和,那么它也一定不是两个有理数的平方和.

10.(1)设 $a>0, b>0$,则有理数 $\dfrac{a}{b}$ 是两个有理数的平方和的充分必要条件是 ab 是两个整数的平方和;

(2)在(1)中如果还有 $(a,b)=1$,则有理数 $\dfrac{a}{b}$ 是两个有理数的平方和的充分必要条件是 a,b 都是两个整数的平方和.

11.设 $p>3$ 是素数.证明:当且仅当 $p\equiv 1\pmod 6$ 时,不定方程 $x^2-xy+y^2=p$ 有解.

12.证明: $n=2\cdot 4^\alpha(\alpha\geqslant 0)$ 不可能表示成4个正整

数的平方和.

13.（1）证明：1,2,3,4,6,7,9,10,12,15,18,33 这 12 个数都不可能表示成 5 个正整数的平方和；

（2）通过直接验证当 $n \leqslant 168$ 且不等于(1)中所给的 12 个数时，n 必可表示成 5 个正整数的平方和；

（3）验证
$$169 = 10^2 + 6^2 + 4^2 + 4^2 + 1^2 =$$
$$11^2 + 4^2 + 4^2 + 4^2 =$$
$$12^2 + 4^2 + 3^2 =$$
$$12^2 + 5^2 =$$
$$13^2$$

（4）利用拉格朗日定理（定理 6.7.5）和（3）证明每一个大于等于 169 的自然数都可以表示成 5 个正整数的平方和；

（5）利用（2），（4）证明每一个大于等于 34 的自然数都可以表示成 5 个正整数的平方和；

（6）设 $g(k)$ 是任意一个不依赖于 n 而只依赖于 k 的大于 1 的整数值函数.

证明：不可能把每个自然数都表示成 $g(k)$ 个 k 次方的和.

14.证明：$2^k (k \geqslant 0)$ 不可能表示成 3 个正整数的平方和，并直接求出 $x_1^2 + x_2^2 + x_3^2 + x_4^2 = 2^k$ 的所有解.

15.（1）证明：有无穷多个 n 使得 $x_1^2 + x_2^2 + x_3^2 + x_4^2 = n$ 不存在满足条件 $(x_1, x_2, x_3, x_4) = 1$ 的解；

（2）证明：有无穷多个 n 使得 $x_1^2 + x_2^2 + x_3^2 + x_4^2 = n$ 不存在满足条件 $x_1 > x_2 > x_3 > x_4 \geqslant 0$ 的解.

用有理数逼近实数

第 7 章

在这一章中,我们要专门讨论关于用有理数去逼近实数的问题.这个问题之所以重要,是由于我们在实际计算中只能对有理数进行精确的计算操作,任何涉及实数的计算实际上都先要把实数换成它的有理近似值才能进行.

最简单的逼近方法就是把实数化成小数,然后把无限小数截断成有限小数.然而这样所得的逼近往往不是最好的.

说到这里,就产生了一个什么叫"好"的逼近的问题,粗略地讲,在满足一定误差要求下,如果用来逼近实数的有理数的分母越小,就认为这个逼近越好,因为分母小的有理数一般就认为是比较简单的分数,能用比较简单的分数来逼近一个数,当然就认为这样的逼近是"好"的.

第 7 章　用有理数逼近实数

给了一个实数 θ 和一个有理数 $\dfrac{p}{q}$，我们可以用 $\left|\theta-\dfrac{p}{q}\right|$ 来描述 θ 和 $\dfrac{p}{q}$ 之间的误差，也可以用 $|q\theta-p|$ 来描述 θ 和 $\dfrac{p}{q}$ 之间的误差，这样就产生了两类逼近问题，第一类用 $\left|\theta-\dfrac{p}{q}\right|$ 作为误差，第二类用 $|q\theta-p|$ 作为误差，这两类逼近问题既有联系也有区别.

现在我们介绍第一个属于第二类逼近的引理.

引理 7.1　任给实数 θ 和正整数 N，必存在整数 h 和 k 使得

$$0 < k \leqslant N$$

而

$$|k\theta - h| < \frac{1}{N}$$

证明　令 $\{x\}=x-[x]$ 表示 x 的分数部分. 考虑 $N+1$ 个实数 $0,\{\theta\},\{2\theta\},\cdots,\{N\theta\}$. 所有这些数都位于半开区间 $[0,1)$ 中，现在我们把半开区间 $[0,1)$ 分成了 N 个长度都是 $\dfrac{1}{N}$ 的半开子区间（每个半开子区间都包含其左端的端点）. 因此，必有某一个半开子区间包含至少两个数. 不妨设其为 $\{a\theta\}$ 和 $\{b\theta\}$，其中 $0 \leqslant a < b \leqslant N$，因此

$$|\{b\theta\} - \{a\theta\}| < \frac{1}{N}$$

但

$$\{b\theta\} - \{a\theta\} = b\theta - [b\theta] - (a\theta - [a\theta]) = (b-a)\theta - ([b\theta] - [a\theta])$$

令

$$k = b-a, h = [b\theta] - [a\theta]$$

则上面的不等式就成为

$$|k\theta - h| < \frac{1}{N}, 0 < k \leqslant N$$

539

这就证明了引理.

上面这个引理只说存在着整数 h 和 k 具有引理所说的性质,但并没有说 h 和 k 一定是互素的,这在很多情况下应用这个引理时会让人感到不方便,我们可以对此做一些改进.

引理 7.2　任给实数 θ 和正整数 N,必存在互素的整数 h 和 k 使得
$$0 < k \leqslant N$$
而
$$|k\theta - h| < \frac{1}{N}$$

证明　由引理 7.1,存在整数 h' 和 k' 使得 $0 < k' \leqslant N$ 而
$$|k'\theta - h'| < \frac{1}{N}$$
或者
$$\left|\theta - \frac{h'}{k'}\right| < \frac{1}{k'N}$$

设 $(h', k') = d$. 如果 $d = 1$,那么引理已经成立. 如果 $d > 1$,那么 $h' = dh, k' = dk$,而 $(h, k) = 1$. 而且 $0 < k < k' \leqslant N$,因而 $\frac{1}{k'} < \frac{1}{k}$. 因此上面的不等式现在成为
$$\left|\theta - \frac{h}{k}\right| < \frac{1}{k'N} < \frac{1}{kN}$$

由此即得
$$|k\theta - h| < \frac{1}{N}$$
且 $0 < k \leqslant N, h$ 和 k 互素. 这就证明了引理.

定理 7.1(迪利克雷逼近)　任给实数 θ,那么必存在整数 h 和 k 使得 $k > 0, (h, k) = 1$,而
$$\left|\theta - \frac{h}{k}\right| < \frac{1}{k^2}$$

证明　由引理 7.2 知必存在整数 h 和 k 使得 $k >$

迪利克雷 (Dirichlet, Peter Gustav Lejeune, 1805—1859),德国数学家. 生于迪伦,卒于格丁根.

第7章 用有理数逼近实数

$0, (h, k) = 1, 0 < k \leqslant N$ 而
$$\left| \theta - \frac{h}{k} \right| < \frac{1}{kN} \leqslant \frac{1}{k^2}$$

这就证明了引理.

下面我们对什么是"好"的逼近给出确切的定义.

定义 7.1 称分数 $\frac{a}{b}(b > 0)$ 是实数 θ 的第一类最佳逼近,如果任何分母不超过 b 的其他分数 $\frac{c}{d}$ 与 θ 的误差都大于 $\frac{a}{b}$ 与 θ 的误差. 也就是说,如果 $0 < d \leqslant b$, $\frac{c}{d} \neq \frac{a}{b}$,则必有
$$\left| \theta - \frac{c}{d} \right| > \left| \theta - \frac{a}{b} \right|$$

下面的主要问题就是研究什么样的数才能是实数 θ 的最佳逼近.

定义 7.2 设 $b > 0, d > 0$,则称分数 $\frac{a+c}{b+d}$ 为分数 $\frac{a}{b}$ 与 $\frac{c}{d}$ 的中位数.

引理 7.3 两个分数的中位数必介于这两个分数之间.

证明 设给出的两个分数为 $\frac{a}{b}$ 和 $\frac{c}{d}$, $b > 0, d > 0$,那么必有 $\frac{a}{b} \leqslant \frac{c}{d}$ 或 $\frac{a}{b} \geqslant \frac{c}{d}$. 为确定起见,不妨设 $\frac{a}{b} \leqslant \frac{c}{d}$,那么 $bc - ad \geqslant 0$,于是
$$\frac{a+c}{b+d} - \frac{a}{b} = \frac{bc - ad}{b(b+d)} \geqslant 0$$

$$\frac{c}{d} - \frac{a+c}{b+d} = \frac{bc-ad}{d(b+d)} \geq 0$$

因此
$$\frac{a}{b} \leq \frac{a+c}{b+d} \leq \frac{c}{d}$$

同理可证 $\frac{a}{b} \geq \frac{c}{d}$ 的情况.

设 $\frac{p_k}{q_k}$ 是实数 θ 的渐近分数,那么

$$\frac{p_{k-1}(i+1) + p_{k-2}}{q_{k-1}(i+1) + q_{k-2}} - \frac{p_{k-1}i + p_{k-2}}{q_{k-1}i + q_{k-2}} = \frac{(-1)^k}{(q_{k-1}(i+1) + q_{k-2})(q_{k-1}i + q_{k-2})}$$

由此看出上面的差数的符号,当 k 固定时与 i 无关,或者对所有的 $i \geq 0$,这些差的符号不变. 它们的符号只与 k 的奇偶性有关,由此可见有

引理 7.4 当 k 为偶数时,分数序列
$$\frac{p_{k-2}}{q_{k-2}}, \frac{p_{k-2}+p_{k-1}}{q_{k-2}+q_{k-1}}, \frac{p_{k-2}+2p_{k-1}}{q_{k-2}+2q_{k-1}}, \cdots, \frac{p_{k-2}+a_k p_{k-1}}{q_{k-2}+a_k q_{k-1}} = \frac{p_k}{q_k}$$
是递增的,而当 k 为奇数时,是递减的.

定义 7.3 设 $\frac{p_{k-2}}{p_{k-2}}$ 和 $\frac{p_k}{q_k}$ 是实数 θ 的两个阶数相差为 2、奇偶性相同的渐近分数,则位于序列
$$\frac{p_{k-2}}{q_{k-2}}, \frac{p_{k-2}+p_{k-1}}{q_{k-2}+q_{k-1}}, \frac{p_{k-2}+2p_{k-1}}{q_{k-2}+2q_{k-1}}, \cdots, \frac{p_{k-2}+a_k p_{k-1}}{q_{k-2}+a_k q_{k-1}} = \frac{p_k}{q_k}$$
两端之间的那些中间项(如果它们存在,即 $a_k > 1$ 时)就称为是位于渐近分数 $\frac{p_{k-2}}{q_{k-2}}$ 和 $\frac{p_k}{q_k}$ 之间的中间分数.

引理 7.5 设 $\frac{p_k}{q_k}$ 是实数 θ 的渐近分数,则

(1) 当 k 是偶数时,$\frac{p_{k-2}}{q_{k-2}} < \frac{p_{k-2}+p_{k-1}}{q_{k-2}+q_{k-1}} < \cdots <$

第 7 章　用有理数逼近实数

$\dfrac{p_k}{q_k} < \theta < \dfrac{p_{k-1}}{q_{k-1}};$

(2) 当 k 是奇数时，$\dfrac{p_{k-2}}{q_{k-2}} > \dfrac{p_{k-2}+p_{k-1}}{q_{k-2}+q_{k-1}} > \cdots > \dfrac{p_k}{q_k} > \theta > \dfrac{p_{k-1}}{q_{k-1}}.$

特别地，一个数 θ 总是介于其任一个渐近分数及此渐近分数与其前一个渐近分数的中位数之间．

证明　由定理 6.2.1 的证明可知
$$\theta_1 > \theta_3 > \cdots > \theta_{2n-1} > \cdots > \theta > \cdots >$$
$$\theta_{2n} > \cdots \theta_2 > \theta_0$$

其中 $\theta_k = \dfrac{p_k}{q_k}$ 表示 θ 的第 k 阶渐近分数．再由引理 7.4 即得到引理 7.5．

现在我们来证明

定理 7.2　实数 θ 的任意第一类最佳逼近必是 θ 的渐近分数或中间分数（约定 $p_{-1}=1, q_{-1}=0$）．

证明　设 $\dfrac{a}{b}(b>0)$ 是 θ 的第一类最佳逼近．$\theta = [a_0; a_1, a_2, \cdots]$，则由于 $a_0 = [\theta]$，因此 $0 \leqslant \theta - a_0 < 1$. 这时不可能 $\dfrac{a}{b} < a_0$，否则 $0 \leqslant \theta - a_0 < \theta - \dfrac{a}{b}$，因而 $\left|\theta - \dfrac{a_0}{1}\right| < \left|\theta - \dfrac{a}{b}\right|.$

由于 $1 \leqslant b$，因此如果 $\dfrac{a}{b} \neq a_0 = \dfrac{a_0}{1}$，那么上述不等式就与 $\dfrac{a}{b}$ 是 θ 的第一类最佳逼近的假设相矛盾．这样由 $\dfrac{a}{b} < a_0$ 就必须导出 $\dfrac{a}{b} = a_0$，这又导出矛盾．

也不可能 $\frac{a}{b} > a_0 + 1$,否则将有 $\frac{a}{b} - \theta > a_0 + 1 - \theta > 0$,因而 $|\theta - \frac{a_0 + 1}{1}| < |\theta - \frac{a}{b}|$.与上面的论述类似,无论 $\frac{a}{b}$ 是否等于 $a_0 + 1$ 都将导出矛盾,因此必有

$$a_0 \leqslant \frac{a}{b} \leqslant a_0 + 1$$

如果 $\frac{a}{b} = a_0$,则由于 $a_0 = \frac{a_0}{1} = \frac{p_0}{q_0}$,因此定理的结论这时已经成立.

如果 $\frac{a}{b} = a_0 + 1$,则由于

$$a_0 + 1 = \frac{a_0 + 1}{1} = \frac{p_0 + p_{-1}}{q_0 + q_{-1}}$$

因此定理的结论这时也已经成立.

故以下不妨设

$$a_0 < \frac{a}{b} < a_0 + 1$$

如果 $\frac{a}{b}$ 既不等于 θ 的渐近分数也不等于 θ 的中间分数,那么 $\frac{a}{b}$ 必然位于某个序列

$$\frac{p_{k-2}}{q_{k-2}}, \frac{p_{k-2} + p_{k-1}}{q_{k-2} + q_{k-1}}, \frac{p_{k-2} + 2p_{k-1}}{q_{k-2} + 2q_{k-1}}, \ldots, \frac{p_{k-2} + a_k p_{k-1}}{q_{k-2} + a_k q_{k-1}} = \frac{p_k}{q_k}$$

中的某两个数之间,因此存在整数 k 和 r 使得 $k > 0$,$0 \leqslant r < a_{k+1}$(当 $r = a_{k+1}$ 时,$\frac{p_k r + p_{k-1}}{q_k r + q_{k-1}} = \frac{p_{k+1}}{q_{k+1}}$ 已经是一个渐近分数了)或者 $k = 0$,$1 \leqslant r < a_1$(当 $k = 0$ 时,r 不能等于 0,否则 $\frac{p_k r + p_{k-1}}{q_k r + q_{k-1}} = \frac{p_{-1}}{q_{-1}} = \frac{1}{0}$,这不可能.如果

第 7 章　用有理数逼近实数

$r=a_1$，则 $\dfrac{p_k r+p_{k-1}}{q_k r+q_{k-1}}=\dfrac{p_1}{q_1}$ 也已经是一个渐近分数了），

而 $\dfrac{a}{b}$ 位于 $\dfrac{p_k r+p_{k-1}}{q_k r+q_{k-1}}$ 和 $\dfrac{p_k(r+1)+p_{k-1}}{q_k(r+1)+q_{k-1}}$ 之间，因此

$$\left|\dfrac{a}{b}-\dfrac{p_k r+p_{k-1}}{q_k r+q_{k-1}}\right|<$$

$$\left|\dfrac{p_k(r+1)+p_{k-1}}{q_k(r+1)+q_{k-1}}-\dfrac{p_k r+p_{k-1}}{q_k r+q_{k-1}}\right|=$$

$$\dfrac{1}{(q_k(r+1)+q_{k-1})(q_k r+q_{k-1})}$$

但是 $\left|\dfrac{a}{b}-\dfrac{p_k r+p_{k-1}}{q_k r+q_{k-1}}\right|=\dfrac{m}{b(q_k r+q_{k-1})}$

其中 $m\geqslant 1$，因而

$$\dfrac{1}{b(q_k r+q_{k-1})}\leqslant \dfrac{m}{b(q_k r+q_{k-1})}<$$

$$\dfrac{1}{(q_k(r+1)+q_{k-1})(q_k r+q_{k-1})}$$

由此得出

$$q_k(r+1)+q_{k-1}<b$$

但是由引理 7.5 可知分数 $\xi_{r+1}=\dfrac{p_k(r+1)+p_{k-1}}{q_k(r+1)+q_{k-1}}$ 比分数 $\xi_r=\dfrac{p_k r+p_{k-1}}{q_k r+q_{k-1}}$ 更接近于 θ. 由于 $\dfrac{a}{b}$ 位于 ξ_r 和 ξ_{r+1} 之间，故分数 ξ_{r+1} 比 $\dfrac{a}{b}$ 更接近于 θ，但由上面已证的不等式 $q_k(r+1)+q_{k-1}<b$ 可知 ξ_{r+1} 的分母比 $\dfrac{a}{b}$ 的分母小，这与 $\dfrac{a}{b}$ 是 θ 的第一类最佳逼近的假设相矛盾，所得的矛盾便证明了定理的结论.

现在考虑所谓的第二类最佳逼近问题.

545

定义 7.4 称分数 $\dfrac{a}{b}(b>0)$ 是实数 θ 的第二类最佳逼近,如果由 $\dfrac{c}{d}\neq\dfrac{a}{b}(0<d\leqslant b)$ 可以得出
$$|d\theta-c|>|b\theta-a|.$$

引理 7.6 第二类最佳逼近一定是第一类最佳逼近,但反过来的结论不成立.

证明 设 $\dfrac{a}{b}$ 是实数 θ 的第二类最佳逼近,但不是第一类最佳逼近,则由第一类最佳逼近的定义必存在分数 $\dfrac{c}{d}(0<d\leqslant b)$ 而 $\left|\theta-\dfrac{c}{d}\right|\leqslant\left|\theta-\dfrac{a}{b}\right|$. 用 $d<b$ 和这个不等式相乘(相乘之后,不等式不变号)得到 $|d\theta-c|\leqslant|b\theta-a|$. 这与 $\dfrac{a}{b}$ 是实数 θ 的第二类最佳逼近的假设相矛盾. 这就证明了第二类最佳逼近一定也是第一类最佳逼近.

设 $\theta=\dfrac{1}{5}$, $\dfrac{a}{b}=\dfrac{1}{3}$. 我们证 $\dfrac{a}{b}$ 是 θ 的第一类最佳逼近. 如果 $\dfrac{1}{3}$ 不是 θ 的第一类最佳逼近,则存在分数 $\dfrac{c}{d}$ 满足条件 $0<d\leqslant 3$, $\dfrac{c}{d}\neq\dfrac{1}{3}$, 而
$$\left|\dfrac{c}{d}-\dfrac{1}{5}\right|\leqslant\left|\dfrac{1}{3}-\dfrac{1}{5}\right|=\dfrac{2}{15}$$
由此得出
$$\dfrac{1}{15}\leqslant\dfrac{c}{d}\leqslant\dfrac{5}{15}=\dfrac{1}{3}$$
故 $\qquad 0<d\leqslant 15c\leqslant 5d\leqslant 15$

这又得出 $0<c\leqslant 1$,故 $c=1$. 把 $c=1$ 代入上式又得出 $d\geqslant 3$. 但又有 $0<d\leqslant 3$,因此 $d=3$. 这样最后就

第 7 章　用有理数逼近实数

得出 $\frac{c}{d}=\frac{1}{3}$. 这与 $\frac{c}{d}\neq\frac{1}{3}$ 的假设矛盾, 所得的矛盾就说明 $\frac{a}{b}=\frac{1}{3}$ 必是 θ 的第一类最佳逼近.

但是如果取 $\frac{c}{d}=\frac{0}{1}$, 则 $\frac{c}{d}\neq\frac{1}{3}=\frac{a}{b}$, $0<d<3=b$, 而

$$|d\theta-c|=\left|1\cdot\frac{1}{5}-0\right|=\frac{1}{5}<\frac{2}{5}=$$
$$\left|3\frac{1}{5}-1\right|=|b\theta-a|$$

这就说明 $\frac{a}{b}=\frac{1}{3}$ 不是 θ 的第二类最佳逼近.

由此可见第二类最佳逼近是比第一类最佳逼近更好的逼近. 从定理 7.2 我们知道, 实数 θ 的任意第一类最佳逼近必是 θ 的渐近分数或中间分数(约定 $p_{-1}=1$, $q_{-1}=0$). 因此第二类最佳逼近也必是 θ 的渐近分数或中间分数. 下面我们证明第二类最佳逼近只可能是 θ 的渐近分数.

定理 7.3　实数 θ 的任意第二类最佳逼近只可能是 θ 的渐近分数.

证明　设 $r=\frac{a}{b}(b>0)$ 是 θ 的第二类最佳逼近. $\theta=[a_0;a_1,a_2,\cdots]$, 则必有

$$0<\theta-a_0<1, 0<\theta-a_0=\frac{1}{a_1+\cdots}<1$$
$$a_0\leqslant r\leqslant a_0+1$$

因为在相反的情况下, 即 $r<a_0$ 或 $r>a_0+1$ 的情况下, 由定理 7.2 的证明可知 r 不可能是 θ 的第一类最佳逼近, 故由引理 7.6 知 r 更不可能是 θ 的第二类最佳

逼近,而这与假设矛盾.

设 $\theta_k = \dfrac{p_k}{q_k}$ 表示 θ 的第 k 阶渐近分数,则由定理 6.2.1 的证明可知

$$\theta_1 > \theta_3 > \cdots > \theta_{2n-1} > \cdots > \theta > \cdots >$$
$$\theta_{2n} > \cdots \theta_2 > \alpha_0$$

如果 r 不等于 θ 的任何渐近分数,则由上式可知只可能发生以下三种情况之一:

(1) $r > \theta_1 > \theta$;

(2) $\theta > r > \theta_0$;

(3) 对某个 n, r 位于 θ_{n-1} 与 θ_{n+1} 之间,或更确切地说,又有可能发生以下两种情况之一:

(i) $\theta_n < \theta < \theta_{n+1} < r = \dfrac{a}{b} < \theta_{n-1}$;

(ii) $\theta_{n-1} < r = \dfrac{a}{b} < \theta_{n+1} < \theta < \theta_n$.

如果发生情况(1),则

$$\left|\theta - \dfrac{a}{b}\right| = |\theta - r| = |r - \theta_1| + |\theta - \theta_1| >$$
$$|\theta_1 - r| = \left|\dfrac{p_1}{q_1} - \dfrac{a}{b}\right| \geqslant \dfrac{1}{bq_1}$$

由此得出

$$|b\theta - a| > \dfrac{1}{q_1} = \dfrac{1}{a_1}$$

但是又有

$$|\theta - a_0| = \theta - a_0 = \dfrac{1}{a_1 + \cdots} \leqslant \dfrac{1}{a_1}$$

故 $\quad |1 \cdot \theta - a_0| \leqslant \dfrac{1}{a_1} < |b\theta - a|, 1 \leqslant b$

而这与 r 是 θ 的第二类最佳逼近的假设相矛盾. 因此情

况(1) 不可能发生.

同理可以证明情况(2) 不可能发生.

如果发生情况(3),则

$$|r-\theta_{n-1}|=\left|\frac{a}{b}-\frac{p_{n-1}}{q_{n-1}}\right|\geqslant\frac{1}{bq_{n-1}}$$

另一方面,无论发生情况(1)还是情况(2),都会得出 r 位于 θ_{n-1} 和 θ_n 之间的结论,因此

$$|r-\theta_{n-1}|<|\theta_n-\theta_{n-1}|=\left|\frac{p_n}{q_n}-\frac{p_{n-1}}{q_{n-1}}\right|=\frac{1}{q_nq_{n-1}}$$

$$\frac{1}{bq_{n-1}}\leqslant|r-\theta_{n-1}|<\frac{1}{q_nq_{n-1}}$$

故必有

$$q_n<b$$

由

$$|\theta-\theta_{n+1}|+|\theta_{n+1}-r|=|\theta-r|$$

知

$$\left|\theta-\frac{a}{b}\right|=|\theta-r|\geqslant|\theta_{n+1}-r|=$$

$$\left|\frac{p_{n+1}}{q_{n+1}}-\frac{a}{b}\right|\geqslant\frac{1}{bq_{n+1}}$$

由此得出

$$|b\theta-a|\geqslant\frac{1}{q_{n+1}}$$

而由定理 6.2.2 又有

$$\left|\theta-\frac{p_n}{q_n}\right|<\frac{1}{q_nq_{n+1}}$$

因此 $\quad|q_n\theta-p_n|<\dfrac{1}{q_{n+1}}\leqslant|b\theta-a|$

但是 $q_n<b$ 说明 r 不是 θ 的第二类最佳逼近,这与假设矛盾,因此情况(3)也不可能发生. 由于情况(1),

(2),(3) 都不可能发生,因此 r 只能是 θ 的渐近分数.

上面我们已经证明了实数 θ 的任意第一类最佳逼近必是 θ 的渐近分数或中间分数(约定 $p_{-1}=1, q_{-1}=0$). 而第二类最佳逼近只可能是 θ 的渐近分数. 现在我们来考虑反过来的问题,即哪些分数才能是实数 θ 的第一类最佳逼近或第二类最佳逼近的问题.

引理 7.7 设 θ 是任意实数,$c>1$ 是一个正数,x,y 是整数,令
$$m = \inf_{0<y\leqslant c} |y\theta - x|$$
则
$$m = \min_{0<y\leqslant c} |y\theta - x|$$

证明 设 $\Omega(\theta, c), = \{x \mid |y\theta - x| = m\}, 0 < y_0 < c, x \in \Omega(\theta, c), 0 < y \leqslant c$,则由下确界及绝对值的不等式可以得出
$$|x| - |y||\theta| \leqslant |y\theta - x| \leqslant |y_0\theta - 1| \leqslant y_0|\theta| + 1$$
故
$$|x| \leqslant y_0|\theta| + 1 + y|\theta| \leqslant (y_0 + c)|\theta| + 1 \leqslant 2c|\theta| + 1$$

这表明如果 $x \in \Omega(\theta, c), 0 < y \leqslant c$,则 x 是有界的. 因此适合 $x \in \Omega(\theta, c), 0 < y \leqslant c$ 的整数对 (x, y) 也是有限集,因而
$$m = \min_{0<y\leqslant c} |y\theta - x|$$

引理 7.8 设 θ 是任意实数,$\theta \neq [\theta] + \dfrac{1}{2}, c > 1$ 是一个正数,x, y 是整数.
$$m = \inf_{0<y\leqslant c} |y\theta - x|, \Omega(\theta, c) = \{x \mid |y\theta - x| = m\}$$
$$y_0 = \min\{y \mid |y\theta - x| = m\}$$
则存在唯一的 x_0 使得

第 7 章 　 用有理数逼近实数

$$x_0 \in \Omega(\theta,c) = \{x \mid \mid y\theta - x \mid = m\}$$

或唯一的 x_0 使得

$$\mid y_0\theta - x_0 \mid = m = \inf_{0 < y \leqslant c} \mid y\theta - x \mid$$

证明　由引理 7.7 知 m 是可以达到的,即存在 (x_0, y_0) 使得

$$\mid y_0\theta - x_0 \mid = m = \inf_{0 < y \leqslant c} \mid y\theta - x \mid$$

设 x_0 不唯一,即存在 $x'_0 \neq x_0$,而

$$\mid y_0\theta - x_0 \mid = \mid y_0\theta - x'_0 \mid = m$$

则 　　　　　　　　$y_0\theta - x_0 = y_0\theta - x'_0$

或者 　　　　　　$y_0\theta - x_0 = -(y_0\theta - x'_0)$

但由 　　　　　　$y_0\theta - x_0 = y_0\theta - x'_0$

得出 $x'_0 = x_0$ 与假设矛盾,因此只能

$$y_0\theta - x_0 = -(y_0\theta - x'_0)$$

因而

$$\theta = \frac{x_0 + x'_0}{2y_0} \neq \frac{x_0}{y_0}$$

(因为由 $\dfrac{x_0 + x'_0}{2y_0} = \dfrac{x_0}{y_0}$ 我们再次得出 $x'_0 = x_0$ 的矛盾)

我们证明分数 θ 不可约.假设不然,则必有

$$x_0 + x'_0 = ta, 2y_0 = tb, t > 0, \theta = \frac{a}{b}$$

如果 $t > 2$,则 $0 < b < y_0$,$\mid b\theta - a \mid = 0$,这与 y_0 的定义矛盾,故不可能.

如果 $t = 2$,则 $y_0 = b, y_0\theta - x_0 \neq 0$(由于 $\theta = \dfrac{x_0 + x'_0}{2y_0} \neq \dfrac{x_0}{y_0}$),故

$$\mid b\theta - a \mid = \mid y_0\theta - a \mid = 0 < \mid y_0\theta - x_0 \mid$$

这说明 $x_0 \notin \Omega(\theta,c) = \{x \mid \mid y\theta - x \mid = m\}$,因而与 $(x_0,$

551

y_0)的定义矛盾.

因此 t 只能等于 1,这就说明 θ 是不可约的. 现将 θ 表示成连分数,由于 θ 是有理数,因此

$$\theta = \frac{p_n}{q_n} = \frac{x_0 + x'_0}{2y_0}$$

而由于 $\frac{p_n}{q_n}$ 和 $\frac{x_0 + x'_0}{2y_0}$ 都不可约,因此由上式就得出

$$p_n = x_0 + x'_0$$
$$q_n = 2y_0 = a_n q_{n-1} + q_{n-2}, a \geqslant 2$$

(注意,按照我们的约定,一个有限简单连分数的最后一个元素不为 1,因此 $a_n \geqslant 2$).

如果 $n=1, a_n=2$,则 $\theta = [\theta] + \frac{1}{2}$,与假设不合. 故只可能 $n>1, a_n=2$ 或 $n=1, a_n>2$.

在 $n=1, a_n>2$ 的情况下

$$q_{n-1} = \frac{2y_0 - q_{n-2}}{a_n} \leqslant \frac{2y_0}{a_n} < y_0$$

在 $n>1, a_n=2$ 的情况下

$$q_{n-1} = \frac{2y_0 - q_{n-2}}{2} = y_0 - \frac{q_{n-2}}{2} < y_0$$

因此无论发生哪种情况都有 $0 < q_{n-1} < y_0$.

但是另一方面

$$|q_{n-1}\theta - p_{n-1}| = q_{n-1}\left|\theta - \frac{p_{n-1}}{q_{n-1}}\right| = q_{n-1}\left|\frac{p_n}{q_n} - \frac{p_{n-1}}{q_{n-1}}\right| =$$
$$q_{n-1}\frac{1}{q_n q_{n-1}} = \frac{1}{q_n}$$

(定理 6.1.2) 故

$$|q_{n-1}\theta - p_{n-1}| = \frac{1}{q_n} = \frac{1}{2y_0} \leqslant \frac{1}{2} \leqslant \left|\frac{x'_0 - x_0}{2}\right| =$$
$$|y_0\theta - x_0|$$

第 7 章　用有理数逼近实数

而这与(x_0,y_0)的定义相矛盾,所得的矛盾便证明了对y_0,存在唯一的x_0使得$x_0 \in \Omega(\theta,c) = \{x \mid |y\theta - x| = m\}$或唯一$x_0$的使得

$$|y_0\theta - x_0| = m = \inf_{0 < y \leqslant c} |y\theta - x|$$

引理7.9　设θ是任意实数,$c > 1$是一个正数,x,y是整数.$m = \inf\limits_{0 < y \leqslant c} |y\theta - x|$. (x_0, y_0)使得$0 < y_0 \leqslant c$,$|y_0\theta - x_0| = m = \inf\limits_{0 < y \leqslant c} |y\theta - x|$,则$\dfrac{x_0}{y_0}$必是$\theta$的第二类最佳逼近.

证明　设$\dfrac{a}{b} \neq \dfrac{x_0}{y_0}$,$0 < b \leqslant y_0$.在引理7.8中,我们已经证明如果$\theta$是任意实数,$c > 1$是一个正数,$x$,$y$是整数.$m = \inf\limits_{0 < y \leqslant c} |y\theta - x|$. (x_0, y_0)使得$0 < y_0 \leqslant c$,$|y_0\theta - x_0| = m = \inf\limits_{0 < y \leqslant c} |y\theta - x|$,则$(x_0, y_0)$是唯一的.

因此如果$|b\theta - a| \leqslant |y_0\theta - x_0|$,则由$(x_0, y_0)$的唯一性就得出$x_0 = a$,$y_0 = b$,从而$\dfrac{a}{b} = \dfrac{x_0}{y_0}$,这与假设矛盾.这就说明必有$|b\theta - a| > |y_0\theta - x_0|$,这也就是说$\dfrac{x_0}{y_0}$必是$\theta$的第二类最佳逼近.

定理7.4　设θ是任意实数,$\theta_n = \dfrac{p_n}{q_n}$是$\theta$的第$n$阶渐近分数,则$\theta_n = \dfrac{p_n}{q_n}(n \geqslant 1)$都是$\theta$的第二类渐进逼近.

证明　如果$\theta = [\theta] + \dfrac{1}{2}$,则$\theta = \theta_1 = \dfrac{p_1}{q_1}$,因此显然$\theta_1 = \dfrac{p_1}{q_1}$是$\theta$的第二类渐进逼近.

如果 $\theta \neq [\theta] + \dfrac{1}{2}$，则由引理 7.8 知存在唯一的 (x_{n_0}, y_{n_0}) 使得
$$y_{n_0} = \min\{y \mid x \in \Omega(\theta, q_n)\}$$
$$|y_{n_0}\theta - x_{n_0}| = m_n = \inf_{0 < y \leqslant q_n} |y\theta - x|, n \geqslant 1$$

同时由引理 7.9 又知 $\dfrac{x_{n_0}}{y_{n_0}}$ 必是 θ 的第二类渐进逼近，因而再由定理 7.3 知 $\dfrac{x_{n_0}}{y_{n_0}}$ 必是 θ 的某一渐近分数 $\theta_k = \dfrac{p_k}{q_k}$.

由连分数的性质（定理 6.2.2）知 $\theta_{k+1} = \dfrac{p_{k+1}}{q_{k+1}}$ 要比 $\theta_k = \dfrac{p_k}{q_k}$ 更接近 θ，因而由 y_{n_0} 的定义知必有 $k \leqslant n$.

我们证不可能有 $k < n$，否则由定理 6.2.2 就有
$$\dfrac{1}{q_{n-1} + q_n} \leqslant \dfrac{1}{q_{k+1} + q_k} < |q_k\theta - p_k| = |y_{n_0}\theta - x_{n_0}| \leqslant$$
$$|q_n\theta - p_n| \leqslant \dfrac{1}{q_{n+1}}$$

由此得出 $\qquad q_{n+1} < q_n + q_{n-1}$

但上式与 $q_{n+1} = a_{n+1}q_n + q_{n-1} \geqslant q_n + q_{n-1}$ 相矛盾. 从而必有 $k = n \geqslant 1$，即 $\theta_n = \dfrac{p_n}{q_n} = \dfrac{x_{n_0}}{y_{n_0}}$ 是 θ 的第二类最佳逼近.

总结上面的结果可以看出，连分数在迪利克雷逼近问题中起了非常重要的作用. 对迪利克雷逼近问题我们引进了两种用来度量逼近程度的"好"的标准：第一类最佳逼近和第二类最佳逼近的概念，结果我们证明了，任何第一类最佳逼近只能是连分数或中间分数，而任何第二类最佳逼近只能是连分数，反过来，任何大于 1 阶的渐近分数必然都是第二类最佳逼近，从而也

第7章 用有理数逼近实数

是第一类最佳逼近.

上面的结果已经解决了迪利克雷逼近问题有解的问题. 下面我们来考虑关于迪利克雷逼近问题的更深入的问题,即逼近的阶和逼近的常数问题.

为了估计误差 $\left|\theta-\dfrac{a}{b}\right|$ 的大小,一个自然的方法是用有理数 $\dfrac{a}{b}$ 的分母 b 作标准,去寻找一个 b 的函数(显然只能考虑 b 的减函数,否则逼近的结果的估计只能越来越"坏") $f(b)$,使得 $\left|\theta-\dfrac{a}{b}\right|<f(b)$ 有无穷多组解. 由定理 6.2.2 知 $\left|\theta-\dfrac{p_k}{q_k}\right|<\dfrac{1}{q_k^2}$. 这说明逼近问题 $\left|\theta-\dfrac{a}{b}\right|<\dfrac{1}{b^2}$ 有无穷多组解,或者说我们可以用有理数对任意实数做阶为 $\dfrac{1}{b^2}$ 级的逼近. 因此,首先引起兴趣的一个问题是,上述逼近在阶和常数两方面是否可以进一步改进? 即是否可以得到比 $\dfrac{1}{b^2}$ 更高阶的逼近? 或者是否可以得到 $\dfrac{C}{b^2}, 0<C<1$ 类型的逼近? 回答是如果要求寻找对任意实数和所有满足迪利克雷逼近问题的有理数(实际上,只需考虑满足最佳逼近的有理数,因为其他的有理数的逼近程度更差)都适用的函数,则无论逼近的阶还是常数都不可能再改进.

例如,设 $\theta=\dfrac{\sqrt{5}+1}{2}$,则易于证明 θ 的第 n 个渐进分数为 $\dfrac{F_{n+2}}{F_{n+1}}$,其中 F_n 满足 $F_1=F_2=1, F_n=F_{n-1}+F_{n-2}$ 是

555

所谓的斐波那契数,因此由定理 6.2.2 得出
$$F_{n+3} = F_{n+2} + F_{n+1} = 2F_{n+1} + F_n < 3F_{n+1}$$
$$3F_{n+1}^2 > F_{n+1}F_{n+3}$$
$$\left|\theta - \frac{F_{n+2}}{F_{n+1}}\right| \geq \frac{1}{F_{n+1}(F_{n+1}+F_{n+2})} = \frac{1}{F_{n+1}F_{n+3}} > \frac{1}{3F_{n+1}^2}$$

这说明对 $\theta = \dfrac{\sqrt{5}+1}{2}$ 来说,不可能得到比 $\dfrac{1}{b^2}$ 更高阶的逼近.

再考虑 $\theta = [0; n, 1, n] = \dfrac{n+1}{n(n+2)}$,对于这个数,$p_1 = 1, q_1 = n, p_3 = n+1, q_3 = n(n+2)$. 因此
$$\left|\theta - \frac{p_1}{q_1}\right| = \left|\frac{p_3}{q_3} - \frac{p_1}{q_1}\right| = \frac{1}{n(n+2)} = \frac{1}{\left(1+\dfrac{2}{n}\right)q_1^2}$$

因此,任给 $\varepsilon > 0$,我们总可以找到一个 n,使得 $\dfrac{1}{1+\dfrac{2}{n}} > 1 - \varepsilon$. 因此
$$\left|\theta - \frac{p_1}{q_1}\right| > \frac{1-\varepsilon}{q_1^2}$$

这表明逼近的常数也不可能改善.

但是如果放弃对所有满足逼近问题的有理数都适用这一要求,则又可以得到许多有趣而又重要的结果.

定理 7.5 如果 θ 存在第 $n(n > 0)$ 阶渐近分数,则在不等式
$$\left|\theta - \frac{p_{n-1}}{q_{n-1}}\right| < \frac{1}{2q_{n-1}^2} \quad \text{和} \quad \left|\theta - \frac{p_n}{q_n}\right| < \frac{1}{2q_n^2}$$
之中,至少有一个成立.

证明 由于 θ 必位于 $\dfrac{p_{n-1}}{q_{n-1}}$ 和 $\dfrac{p_n}{q_n}$ 之间,故有

第7章 用有理数逼近实数

$$\left|\theta-\frac{p_{n-1}}{q_{n-1}}\right|+\left|\theta-\frac{p_n}{q_n}\right|=\left|\frac{p_n}{q_n}-\frac{p_{n-1}}{q_{n-1}}\right|=\frac{1}{q_n q_{n-1}}<$$

$$\frac{1}{2q_{n-1}^2}+\frac{1}{2q_n^2}$$

(这里应用了当 $a\neq b, a>0, b>0$ 时,$2ab<a^2+b^2$ 这一事实)

因此如果定理中所说的两个不等式都不成立的话,则必有

$$\left|\theta-\frac{p_{n-1}}{q_{n-1}}\right|\geqslant\frac{1}{2q_{n-1}^2}+\left|\theta-\frac{p_n}{q_n}\right|\geqslant\frac{1}{2q_n^2}$$

将这两个不等式相加就得出

$$\left|\theta-\frac{p_{n-1}}{q_{n-1}}\right|+\left|\theta-\frac{p_n}{q_n}\right|\geqslant\frac{1}{2q_n^2}+\frac{1}{2q_{n-1}^2}$$

而这与上面已证明的相反的不等式矛盾.所得的矛盾便说明定理中所说的两个不等式之中至少有一个成立.

引理 7.10 设 θ 是一个实数,$\frac{p_n}{q_n}$ 是 θ 的第 n 阶渐近分数,那么

(1) $q_n\theta-p_n$ 的符号和 $q_{n+1}\theta-p_{n+1}$ 的符号相反;

(2) $q_{n+1}p_n-q_n p_{n+1}$ 的符号和 $q_n\theta-p_n$ 的符号相反;

(3) $q_n|q_{n+1}\theta-p_{n+1}|+q_{n+1}|q_n\theta-p_n|=1$.

证明 (1) 由引理7.5可知,θ 总是夹在两个相邻的渐近分数之间,也就是说,如果 $\frac{p_n}{q_n}$ 和 $\frac{p_{n+1}}{q_{n+1}}$ 是两个相邻的渐近分数,则其中必有一个比 θ 大,而另一个一定比 θ 小.因此

$$\left(\theta-\frac{p_n}{q_n}\right)\left(\theta-\frac{p_{n+1}}{q_{n+1}}\right)<0$$

因而 $(q_n\theta - p_n)(q_{n+1}\theta - p_{n+1}) < 0$

这就说明 $q_n\theta - p_n$ 的符号和 $q_{n+1}\theta - p_{n+1}$ 的符号相反；

（2）我们有恒等式
$$q_{n+1}p_n - q_n p_{n+1} = q_n(q_{n+1}\theta - p_{n+1}) - q_{n+1}(q_n\theta - p_n)$$

因此如果 $q_n\theta - p_n < 0$，那么由(1)已证明的结论可知
$$q_{n+1}\theta - p_{n+1} > 0$$

因此由上面的恒等式得出
$$q_{n+1}p_n - q_n p_{n+1} > 0$$

同理可证如果 $q_n\theta - p_n > 0$，那么
$$q_{n+1}p_n - q_n p_{n+1} < 0$$

这就证明了(2)．

（3）由(1)(2)可知，如果 $q_n\theta - p_n < 0$，那么 $q_{n+1}\theta - p_{n+1} > 0, q_{n+1}p_n - q_n p_{n+1} = 1$，因此这时
$$q_n \mid q_{n+1}\theta - p_{n+1} \mid + q_{n+1} \mid q_n\theta - p_n \mid =$$
$$q_n(q_{n+1}\theta - p_{n+1}) - q_{n+1}(q_n\theta - p_n) =$$
$$q_{n+1}p_n - q_n p_{n+1} = 1$$

同理可证当 $q_n\theta - p_n > 0$ 时
$$q_n \mid q_{n+1}\theta - p_{n+1} \mid + q_{n+1} \mid q_n\theta - p_n \mid = 1$$

现在我们可以得出一个比定理7.5更好的结果．

定理 7.6 如果 θ 存在第 $n > 1$ 阶的渐近分数，则下面三个不等式
$$\left| \theta - \frac{p_{n-2}}{q_{n-2}} \right| < \frac{1}{\sqrt{5} q_{n-2}^2}$$
$$\left| \theta - \frac{p_{n-1}}{q_{n-1}} \right| < \frac{1}{\sqrt{5} q_{n-1}^2}$$
$$\left| \theta - \frac{p_n}{q_n} \right| < \frac{1}{\sqrt{5} q_n^2}$$

之中，至少有一个成立．

第7章 用有理数逼近实数

证明 设 $A_n = q_n |q_n\theta - p_n|$，那么由引理 7.10 可知

$$q_n|q_{n-1}\theta - p_{n-1}| + q_{n-1}|q_n\theta - p_n| = 1$$

$$\frac{q_n}{q_{n-1}}A_{n-1} + \frac{q_{n-1}}{q_n}A_n = 1$$

因此，如果设 $\lambda = \frac{q_{n-1}}{q_n}$，则有 $\frac{1}{\lambda}A_{n-1} + \lambda A_n = 1$ 或 $\lambda^2 A_n - \lambda + A_{n-1} = 0$.

同理设 $\mu = \frac{q_{n+1}}{q_n}$，则有

$$\mu^2 A_n - \mu + A_{n+1} = 0$$

由 λ 和 μ 的定义可得

$$\mu - \lambda = \frac{q_{n+1} - q_{n-1}}{q_n} = \frac{a_n q_n + q_{n-1} - q_{n-1}}{q_n} = a_n$$

从 $\lambda^2 A_n - \lambda + A_{n-1} = 0$ 减去 $\mu^2 A_n - \mu + A_{n+1} = 0$ 并利用 $\mu - \lambda = a_n$ 就得到

$$a_n A_n(\lambda + \mu) = a_n + A_{n-1} - A_{n+1}$$

把上式平方再加上 $\mu - \lambda$ 的平方与 $a_n^2 A_n^2$ 的积得

$$2a_n^2 A_n^2(\lambda^2 + \mu^2) = a_n^4 A_n^2 + (a_n + A_{n-1} - A_{n+1})^2$$

用 $\lambda^2 A_n - \lambda + A_{n-1} = 0$ 加上 $\mu^2 A_n - \mu + A_{n+1} = 0$，有

$$A_n(\lambda^2 + \mu^2) - (\lambda + \mu) + (A_{n-1} + A_{n+1}) = 0$$

$$2a_n^2 A_n^2(\lambda^2 + \mu^2) - 2a_n^2 A_n(\lambda + \mu) +$$

$$2a_n^2 A_n(A_{n-1} + A_{n+1}) = 0$$

把 $2a_n^2 A_n^2(\lambda^2 + \mu^2) = a_n^4 A_n^2 + (a_n + A_{n-1} - A_{n+1})^2$ 和 $a_n A_n(\lambda + \mu) = a_n + A_{n-1} - A_{n+1}$ 代入上式得

$$a_n^4 A_n^2 + (a_n + A_{n-1} - A_{n+1})^2 -$$
$$2a_n(a_n + A_{n-1} - A_{n+1}) +$$
$$2a_n^2 A_n(A_{n-1} + A_{n+1}) = 0$$

$$a_n^4 A_n^2 + 2a_n^2 A_n(A_{n-1} + A_{n+1}) =$$

$$2a_n(a_n + A_{n-1} - A_{n+1}) - (a_n + A_{n-1} - A_{n+1})^2 =$$
$$2a_n^2 + 2a_n(A_{n-1} - A_{n+1}) - a_n^2 - 2a_n(A_{n-1} - A_{n+1}) -$$
$$(A_{n-1} - A_{n+1})^2 = a_n^2 - (A_{n-1} - A_{n+1})^2$$

因此
$$(a_n^2 + 4)(\min(A_{n-1}, A_n, A_{n+1}))^2 \leqslant$$
$$a_n^2 A_n^2 + 2A_n(A_{n-1} + A_{n+1}) \leqslant$$
$$1 - \frac{(A_{n-1} - A_{n+1})^2}{a_n^2} \leqslant 1$$

$$\min(A_{n-1}, A_n, A_{n+1}) \leqslant \sqrt{\frac{1}{a_n^2 + 4}} \leqslant \frac{1}{\sqrt{5}}$$

如果上面的不等式中出现等号,则 $a_n = 1, A_k \geqslant \dfrac{1}{\sqrt{5}}, k = n-1, n, n+1$ 并且

$$a_n^2 A_n^2 + 2A_n(A_{n-1} + A_{n+1}) = 1$$

于是由 $a_n = 1$ 得出
$$A_n^2 + 2A_n(A_{n-1} + A_{n+1}) = 1$$

$$\frac{2}{\sqrt{5}} \leqslant A_{n-1} + A_{n+1} = \frac{1 - A_n^2}{2A_n} \leqslant \frac{1 - (\frac{1}{\sqrt{5}})^2}{2}\sqrt{5} \leqslant \frac{2}{\sqrt{5}}$$

因此
$$A_{n-1} + A_{n+1} = \frac{2}{\sqrt{5}}$$

由于 A_{n-1}, A_{n+1} 都是正数,因此如果 $A_{n-1} \neq A_{n+1}$,则它们之中必有一个数要小于 $\dfrac{1}{\sqrt{5}}$,这与 $\min(A_{n-1}, A_n, A_{n+1}) = \dfrac{1}{\sqrt{5}}$ 矛盾,因此必须有

$$A_{n-1} = A_{n+1} = \frac{1}{\sqrt{5}}$$

第 7 章　用有理数逼近实数

再由 $A_n^2 + 2A_n(A_{n-1} + A_{n+1}) = 1$ 和 $A_n \geqslant \dfrac{1}{\sqrt{5}}$ 得出

$$a_n = 1, A_{n-1} = A_n = A_{n+1} = \frac{1}{\sqrt{5}}$$

不难验证，$A_{n-1} = A_n = A_{n+1}$ 将导致 θ 是一个有理数，这又导致 A_{n-1}, A_n, A_{n+1} 这三个数都是有理数，而 $\min(A_{n-1}, A_n, A_{n+1}) = \dfrac{1}{\sqrt{5}}$ 又说明这三个数中的某一个数是一个无理数，这就得出矛盾，所得的矛盾说明必有

$$\min(A_{n-1}, A_n, A_{n+1}) < \frac{1}{\sqrt{5}}$$

设 k 表示 $n-1, n$ 或 $n+1$，则必有某一个 A_k 使得 $A_k < \dfrac{1}{\sqrt{5}}$ 或 $q_k \mid q_k\theta - p_k \mid < \dfrac{1}{\sqrt{5}}$，或 $\left| \theta - \dfrac{p_k}{q_k} \right| < \dfrac{1}{\sqrt{5} q_k^2}$，这就证明了定理.

定理 7.5 和定理 7.6 自然使人产生一种继续努力以得到更好的逼近常数的愿望，然而经过研究之后，发现常数 $\dfrac{1}{\sqrt{5}}$ 已不可能进一步改善，因此这一类型的定理就到此为止了.

事实上，如果我们考虑数 $\theta = \dfrac{\sqrt{5} + 1}{2} = [1; 1, 1, \cdots]$，并设 $\dfrac{p_k}{q_k}$ 表示 θ 的第 k 阶渐近分数，r_k 表示它的第 k 阶余式的话，则易于看出对任何 k 都有 $r_k = \theta$. 因此有

$$\theta = \frac{p_k r_{k+1} + p_{k-1}}{q_k r_{k+1} + q_{k-1}} = \frac{p_k \theta + p_{k-1}}{q_k \theta + q_{k-1}}$$

因而

$$\left|\theta - \frac{p_k}{q_k}\right| = \left|\frac{p_k\theta + p_{k-1}}{q_k\theta + q_{k-1}} - \frac{p_k}{q_k}\right| = \frac{1}{q_k(q_k\theta + q_{k-1})} = \frac{1}{q_k^2\left(\theta + \frac{q_{k-1}}{q_k}\right)}$$

但是由定理 6.1.1 得出 $\frac{q_k}{q_{k-1}} = [1;1,1,\cdots,1]$,因此当 $k \to \infty$ 时,$\frac{q_k}{q_{k-1}} \to \theta$. 因而

$$\frac{q_{k-1}}{q_k} = \frac{1}{\theta} + \varepsilon_k = \frac{\sqrt{5}-1}{2} + \varepsilon_k$$

其中当 $k \to \infty$ 时,$\varepsilon_k \to 0$. 这样就得出

$$\left|\theta - \frac{p_k}{q_k}\right| = \frac{1}{q_k^2\left(\theta + \frac{q_{k-1}}{q_k}\right)} = \frac{1}{q_k^2\left(\frac{\sqrt{5}+1}{2} + \frac{\sqrt{5}-1}{2} + \varepsilon_k\right)} = \frac{1}{q_k^2(\sqrt{5} + \varepsilon_k)}$$

上面这个式子说明,对任何使得 $c < \frac{1}{\sqrt{5}}$ 的常数 c,当 k 充分大时,一定有

$$\left|\theta - \frac{p_k}{q_k}\right| > \frac{c}{q_k^2}$$

因而定理 7.6 中的常数 $\frac{1}{\sqrt{5}}$ 是不可能进一步改善的.

但是,这并不是说,对于某些特殊的无理数,逼近的程度也不可能再提高,事实上,如果我们限定考虑某些具有特别性质的无理数,就可能得到更好的逼近.

到现在为止,我们已经考虑了两类逼近问题,第一

第 7 章 用有理数逼近实数

类逼近问题是问,任给实数 θ 正数 $\varepsilon>0$,是否总存在整数 a,b 使得 $\left|\theta-\dfrac{a}{b}\right|<\varepsilon$,第二类逼近问题是问任给实数 θ 正数 $\varepsilon>0$,是否总存在整数 a,b 使得 $|b\theta-a|<\varepsilon$. 由前面已经介绍的结果可知,这两类逼近问题都是有解的.

现在我们来考虑另一类所谓克罗内克逼近问题,即问任给了实数 θ 和 α 以及正数 $\varepsilon>0$,是否总存在整数 a,b 使得 $|b\theta-a-\alpha|<\varepsilon$. 然而当我们考虑这一类逼近问题时,我们发现,情况与以前所考虑过的两类逼近问题不同,出现了新的性质. 这就是如果我们像以前那样允许实数 θ 和 α 是任意给定的话,问题将不再有解.

克罗内克(Kronecker, Leopold,1823—1891),德国数学家. 生于利格尼茨,卒于柏林.

事实上,如果 $\theta=\dfrac{k}{h},h>0$ 是一个有理数的话,则设 $\alpha=\dfrac{1}{2h}$ 后,我们发现

$$|b\theta-a-\alpha|=\left|b\dfrac{k}{h}-a-\dfrac{1}{2h}\right|=\dfrac{|2(bk-ah)-1|}{2h}$$

由于右边分数中的分子是一个奇数的绝对值,至少大于 1,因此 $|b\theta-a-\alpha|\geqslant\dfrac{1}{2h}$,这说明量 $|b\theta-a-\alpha|$ 不可能变得任意小,因此我们遇到了一个无解的情况. 为此,今后我们再考虑这种类型的逼近问题时,将总假设 θ 是无理的. 在此条件下,不仅可使这类逼近问题总是有解,而且还可以发展出新的类型的逼近定理.

定理 7.7(切比雪夫) 对任意的无理数 θ 和实数 α,存在无穷多整数 a 和整数 $b>0,b>0$ 可以任意大,使得 $|b\theta-a-\alpha|<\dfrac{3}{b}$.

证明 设 $\dfrac{p}{q}$ 是无理数 θ 的任意渐近分数,则由定理 6.2.2 知 $\left|\theta-\dfrac{p}{q}\right|<\dfrac{1}{q^2}$,因此

$$\theta=\dfrac{p}{q}+\dfrac{\delta}{q^2}, 0<|\delta|<1$$

又对任意实数 α,设 t 是距离 $q\alpha$ 最近的整数,则必有 $|q\alpha-t|\leqslant\dfrac{1}{2}$,因此

$$\alpha=\dfrac{t}{q}+\dfrac{\delta'}{2q},\ |\delta'|\leqslant 1$$

设 $\dfrac{r}{s}$ 是无理数 θ 的位于 $\dfrac{p}{q}$ 之前的与 $\dfrac{p}{q}$ 相邻的渐近分数,那么

$$qr-ps=\varepsilon=\pm 1, q(\varepsilon rt)-p(\varepsilon st)=\varepsilon^2 t=t$$

设 k 是一个任意整数,则从上式得出

$$p(kq-\varepsilon st)-q(kp-\varepsilon rt)=t$$

现在选取 k 使得 $\dfrac{q}{2}\leqslant kq-\varepsilon st<\dfrac{3q}{2}$,并令 $kq-\varepsilon st=b$,$kp-\varepsilon rt=a$,那么显然就有

$$\dfrac{q}{2}\leqslant b<\dfrac{3q}{2}, pb-qa=t$$

因此就有

$$|b\theta-a-\alpha|=\left|\dfrac{bp}{q}+\dfrac{b\delta}{q^2}-a-\dfrac{t}{q}-\dfrac{\delta'}{2q}\right|=$$
$$\left|\dfrac{b\delta}{q^2}-\dfrac{\delta'}{2q}\right|<\dfrac{b}{q^2}+\dfrac{1}{2q}$$

因为 $q>\dfrac{2}{3}b$,所以

$$|b\theta-a-\alpha|<\dfrac{b}{q^2}+\dfrac{1}{2q}<\dfrac{9}{4b}+\dfrac{3}{4b}=\dfrac{3}{b}$$

第 7 章　用有理数逼近实数

而因为 θ 是无理数,所以 θ 存在分母为任意大的渐近分数,这也就是说,q 可以选得充分大,而由于 $b \geqslant \dfrac{q}{2}$,因此 b 也可以任意大.

由此定理显然立即可以推出克罗内克定理,即任给了无理数 θ 和实数 α 以及正数 $\varepsilon > 0$,总存在整数 a,b 使得 $|b\theta - a - \alpha| < \varepsilon$. 然而这样做,就必须是用连分数的理论,因此我们以下给出一个单独的不依赖于连分数理论的证明. 为此,我们首先证明一个其本身也很有兴趣的定理.

定理 7.8　设 θ 是一个无理数,那么序列 $\{n\theta\}$ 在单位区间内是稠密的,即任给实数 $\alpha, 0 \leqslant \alpha \leqslant 1$,以及正数 $\varepsilon > 0$,那么必存在正整数 n 使得

$$|\{n\theta\} - \alpha| < \varepsilon$$

证明　首先注意,从 θ 是无理数得出如果 $m \neq n$,那么 $\{m\theta\} \neq \{n\theta\}$. 其次由于 $n\theta = n[\theta] + n\{\theta\}$,我们得出

$$\{n\theta\} = \{n[\theta] + n\{\theta\}\} = \{n\{\theta\}\}$$

因而　　　　$|\{n\theta\} - \alpha| = |\{n\{\theta\}\} - \alpha|$

现在 $\{\theta\}$ 已是一个适合 $0 < \{\theta\} < 1$ 的数了. 所以我们只要对满足 $0 < \theta < 1$ 的无理数 θ 证明了定理,那么定理的结论就适合任意的无理数了.

设 $\varepsilon > 0$ 并且已选好了任意一个实数 $\alpha, 0 \leqslant \alpha \leqslant 1$. 那么对 $\varepsilon > 0$,我们可选取正整数 N 使 $\dfrac{1}{N} < \varepsilon$. 由引理 7.2 对此 N 和实数 θ,必可选出整数对 $(h, k) = 1$,使得 $0 < k \leqslant N$,$|k\theta - h| < \dfrac{1}{N}$,令 $\beta = k\theta - h$,由于 θ 是无理数,故 $\beta \neq 0$,且 β 也是无理数. 由于 $k\theta = h + \beta$,所以

$$mk\theta = mh + m\beta = mh - 1 + (1 + m\beta)$$

如果 $\beta > 0$,那么当且仅当 $0 < m\beta < 1$ 或者 $0 < \beta < \dfrac{1}{m}$ 时才有 $\{mk\theta\} = m\beta$. 现在选取使得 $0 < \beta < \dfrac{1}{m}$ 成立的最大整数 M,那么我们就有

$$\{k\theta\} < \{2k\theta\} < \cdots < \{Mk\theta\}$$

其中 $M = \left[\dfrac{1}{\beta}\right] < \dfrac{1}{\beta}$. 由于 β 是无理数以及由于 M 的最大性,我们就有

$$\dfrac{1}{M+1} < \beta < \dfrac{1}{M} \leqslant \dfrac{1}{N}$$

$$\dfrac{M}{M+1} < M\beta < 1$$

$$-1 < -M\beta < -\dfrac{M}{M+1}$$

$$0 < 1 - M\beta < 1 - \dfrac{M}{M+1} = \dfrac{1}{M+1} < \dfrac{1}{N}$$

因此 $\{k\theta\}, \{2k\theta\}, \cdots, \{Mk\theta\}$ 把 $[0,1]$ 区间分成了 $M+1$ 段,其中前 M 段的长度都是 β,最后一段的长度是 $1 - M\beta$. 因而从上面的不等式可知,这 $M+1$ 段中每一段的长度都小于 $\dfrac{1}{N}$. 如果实数 α, $0 \leqslant \alpha \leqslant 1$, 落到前 M 段的某一段中,则有

$$\{mk\theta\} \leqslant \alpha < \{(m+1)k\theta\}, 0 \leqslant m < M - 1$$

$$0 \leqslant \alpha - \{mk\theta\} < \{(m+1)k\theta\} - \{mk\theta\} = \beta < \dfrac{1}{N}$$

如果 α 落到最后一段中则有

$$\{Mk\theta\} \leqslant \alpha \leqslant 1$$

$$0 \leqslant \alpha - \{Mk\theta\} \leqslant 1 - \{Mk\theta\} < \dfrac{1}{N}$$

第 7 章　用有理数逼近实数

因此无论发生哪种情况都存在一个正整数 $m>0$ 使得

$$|\{mk\theta\}-\alpha|<\frac{1}{N}<\varepsilon$$

如果 $\beta<0$,那么当且仅当 $0<1+m\beta<1$ 或者 $0<-\beta<\frac{1}{m}$ 时才有 $\{mk\theta\}=1+m\beta$,那么选取使得 $0<-\beta<\frac{1}{m}$ 成立的最大整数 M,那么我们就有

$$M=\left[-\frac{1}{\beta}\right]<-\frac{1}{\beta},\frac{1}{M+1}<-\beta<\frac{1}{M}\leqslant\frac{1}{N}$$

$$1+M\beta<1+(M-1)\beta<\cdots<1+\beta$$

或者　　$\{Mk\theta\}<\{(M-1)k\theta\}<\cdots<\{k\theta\}$

$$\frac{M}{M+1}<-M\beta<1$$

$$-1<M\beta<-\frac{M}{M+1}$$

$$0<1+M\beta<1-\frac{M}{M+1}\leqslant\frac{1}{M+1}<\frac{1}{N}$$

也就是 $1+M\beta,1+(M-1)\beta,\cdots,1+\beta$ 这 M 个点把 $[0,1]$ 区间分成了 $M+1$ 段,其中后 M 段的长度都是 $-\beta$,第一段的长度是 $1+M\beta$. 因而从上面的不等式可知,这 $M+1$ 段中每一段的长度都小于 $\frac{1}{N}$. 与前面类似可证,无论实数 α 落到哪一段中都存在一个正整数 $m>0$ 使得

$$|\{mk\theta\}-\alpha|<\frac{1}{N}<\varepsilon$$

综合上面 $\beta>0$ 和 $\beta<0$ 两种情况的讨论就得到对任意实数 $\alpha,0\leqslant\alpha<1$,正数 $\varepsilon>0$ 都存在一个正整数

$n = mk > 0$,使得 $|\{n\theta\} - \alpha| < \varepsilon$. 这就证明了定理.

引理 7.11 设 θ 是一个无理数,则任给实数 α, $0 \leqslant \alpha \leqslant 1$,以及正数 $\varepsilon > 0$,必存在整数 $a, b, b > 0$ 使得 $|b\theta - a - \alpha| < \varepsilon$.

证明 由定理 7.8 知,存在正整数 $b > 0$ 使得 $|\{b\theta\} - \alpha| < \varepsilon$. 令 $a = [b\theta]$,则
$$|b\theta - a - \alpha| = |b\theta - [b\theta] - \alpha| = |\{b\theta\} - \alpha| < \varepsilon$$

定理 7.9(克罗内克) 设 θ 是一个无理数,则任给实数 α 以及正数 $\varepsilon > 0$,必存在整数 $a, b, b > 0$ 使得 $|b\theta - a - \alpha| < \varepsilon$.

证明 令 $\alpha = [\alpha] + \{\alpha\}$,那么由定理 7.8 知存在正整数 $b > 0$ 使得 $|\{b\theta\} - \{\alpha\}| < \varepsilon$. 因此
$$|b\theta - [b\theta] - (\alpha - [\alpha])| < \varepsilon$$
$$|b\theta - ([b\theta] - [\alpha]) - \alpha| < \varepsilon$$

令 $a = [b\theta] - [\alpha]$,则 $|b\theta - a - \alpha| < \varepsilon$,这就证明了定理.

注:在定理 7.9 中没有提到 a 的符号,但是实际上可以证明,可选择 a 使得 a 与 θ 的符号相同.

下面我们证明这一加强型的科罗奈克(Kronecker)定理.

定理 7.10 设 $\theta > 0$ 是无理数,α 是任意实数,则任给 $\varepsilon > 0$,必存在无穷多个正整数 $a > 0, b > 0$ 使得
$$|b\theta - a - \alpha| < \varepsilon$$

证明 由于 θ 是无理数,所以 $\theta \neq 0$. 不妨设 $\theta > 0$.

对无理数 $\theta > 0$,根据连分数的理论可知,存在无穷多个渐进分数 $\dfrac{p_i}{q_i}$ 使得 $p_i > 0, q_i > 0$,且当 $i \to +\infty$

时, $p_i \to \infty$, $q_i \to \infty$.

设 $\dfrac{p_{2i+1}}{q_{2i+1}} = \dfrac{p}{q}$ 是 θ 的渐进分数,且设 q 充分大,又设 $\dfrac{r}{s} = \dfrac{p_{2i}}{q_{2i}}$,那么

$$qr - ps = -1 \qquad ①$$

对实数 α,设 N 是与 $q\alpha$ 最接近的整数(因此 $N > 0$),那么

$$|q\alpha - N| \leqslant \frac{1}{2} \qquad ②$$

由 ① 得出

$$p(sN) - q(rN) = N$$

现设 t 是一个待定的整数,由上式得出

$$p(tq + sN) - q(tp + rN) = N$$

现在选取 t 使得

$$\frac{1}{2} - \frac{sN}{q} < t < \frac{3}{2} - \frac{sN}{q} \qquad ③$$

并令

$$a = pt + rN, \quad b = qt + sN \qquad ④$$

我们证必有 $a > 0, b > 0$. 由 ③,④ 得出

$$a > p\left(\frac{1}{2} - \frac{sN}{q}\right) + rN = \frac{q}{2} - \frac{N}{q}$$

但由 ② 可知 $-\dfrac{1}{2} \leqslant q\alpha - N \leqslant \dfrac{1}{2}$, 故 $-\alpha - \dfrac{1}{2q} \leqslant -\dfrac{N}{q} \leqslant -\alpha + \dfrac{1}{2q}$, 因而

$$a > \frac{p}{2} - \frac{N}{q} > \frac{p}{2} - \alpha - \frac{1}{2q}$$

由于 p, q 可充分大,因此可使 $a > 0$. 又

$$b = qt + sN > sN + q\left(\frac{1}{2} - \frac{sN}{q}\right) > \frac{q}{2} > 0$$

下面我们证明 $a>0, b>0$ 即符合定理的要求.

易证 $pb-qa=N$, 而

$$\frac{q}{2} \leqslant b \leqslant \frac{3}{2}q$$

由于 $\dfrac{p}{q}$ 是 θ 的渐进分数, 因此由连分数的理论可知

$$\left|\theta-\frac{p}{q}\right|<\frac{1}{q^2}$$

因而

$$\theta=\frac{p}{q}+\frac{\delta'}{q^2}, 0<\delta<1 \qquad ⑤$$

又由 ② 得出

$$\alpha=\frac{N}{q}+\frac{\delta'}{2q}, |\delta'|\leqslant 1 \qquad ⑥$$

因此

$$|b\theta-a-\alpha|=\left|\frac{bp}{q}+\frac{b\delta}{q^2}-a-\frac{N}{q}-\frac{\delta'}{2q}\right|=$$
$$\left|\frac{b\delta}{q^2}-\frac{\delta'}{2q}\right|<\frac{b}{q^2}+\frac{1}{2q}<$$
$$\frac{9}{4b}+\frac{3}{4b}\leqslant\frac{3}{b}<\frac{6}{q}<\varepsilon$$

对 $\theta<0$ 的情况可类似证明.

克罗内克逼近的进一步发展就是同时对多个线性型进行逼近, 由此可以得出许多有力的结果, 但是我们对这一问题的讨论就到此为止了, 有兴趣的读者可以参考 Tomm. Apostol 著《Modular Functions and Dirichlet Series in Number Theory》和朱尧辰, 王联祥的《丢番图逼近引论》等书.

现在我们来讲本节的最后一个逼近问题, 即所谓的柳维尔逼近.

丢番图 (Diophantus of Alexandria, 活动于 250 ~ 275 前后), 希腊数学家, 生平不详.

第 7 章　用有理数逼近实数

定理 7.11(柳维尔)　设 θ 是任意 $n(n>1)$ 次代数数,则必存在正数 $C>0$,使得对于任意整数 $a,b,b>0$ 都成立 $\left|\theta-\dfrac{a}{b}\right|>\dfrac{C}{b^n}$.

柳维尔(Liouville Joseph, 1809—1882),法国数学家.生于加来海峡省圣奥梅尔,卒于巴黎.

证明　首先注意,因为任何有理数都只能是一次代数数,所以在定理的条件下 θ 必是一个无理数.

设 θ 是整系数多项式 $f(x)=a_0x^n+a_1x^{n-1}+\cdots+a_n$ 的根,则
$$f(x)=(x-\theta)f_1(x)$$
如果 $f_1(\theta)=0$,则
$$f(x)=(x-\theta)^2 f_2(x)$$
因此 $f'(x)=2(x-\theta)f_2(x)+(x-\theta)^2 f'_2(x)$
从而 $f'(\theta)=0$,但 $f'(x)$ 是 $n-1$ 次的整系数多项式,这说明 θ 是 $n-1$ 次代数数,而这与假设矛盾,因此必有 $f_1(\theta)\neq 0$.

于是根据 $f_1(x)$ 的连续性可知必存在正数 $\delta>0$,使得当 $\theta-\delta\leqslant x\leqslant\theta+\delta$ 时 $f_1(x)\neq 0$.

设 $a,b,,b>0$ 是任意整数.如果 $\left|\theta-\dfrac{a}{b}\right|\leqslant\delta$,则根据 δ 的定义就有 $f_1\left(\dfrac{a}{b}\right)$.因此

$$\dfrac{a}{b}-\theta=\dfrac{f\left(\dfrac{a}{b}\right)}{f_1\left(\dfrac{a}{b}\right)}=\dfrac{a_0\left(\dfrac{a}{b}\right)^n+a_1\left(\dfrac{a}{b}\right)^{n-1}+\cdots+a_n}{f_1\left(\dfrac{a}{b}\right)}=\dfrac{a_0 a^n+a_1 a^{n-1}b+\cdots+a_n b^n}{b^n f_1\left(\dfrac{a}{b}\right)}$$

最后所得的分数的分子是一个整数,且不等于 0,因为否则就将有 $\dfrac{a}{b}-\theta=0$,因而将得出 $\theta=\dfrac{a}{b}$ 是一个有理

数，但是我们一开始就说明了在定理的条件下 θ 只能是一个无理数. 因此

$$|a_0 a^n + a_1 a^{n-1} b + \cdots + a_n b^n| \geqslant 1$$

设 M 表示连续函数 $f_1(x)$ 在闭区间 $[\theta-\delta, \theta+\delta]$ 上的上界，则

$$\left|\theta - \frac{a}{b}\right| = \left|\frac{a_0 a^n + a_1 a^{n-1} b + \cdots + a_n b^n}{b^n f_1\left(\frac{a}{b}\right)}\right| \geqslant$$

$$\frac{|a_0 a^n + a_1 a^{n-1} b + \cdots + a_n b^n|}{b^n M} \geqslant$$

$$\frac{1}{b^n M}$$

如果 $\left|\theta - \dfrac{a}{b}\right| > \delta$，则 $\left|\theta - \dfrac{a}{b}\right| > \delta > \dfrac{\delta}{b^n}$.

令 $C = \min\left(\dfrac{1}{M}, \delta\right)$，则综合上面两种情况的讨论就得到对任意整数 $a, b, b > 0$ 都成立 $\left|\theta - \dfrac{a}{b}\right| > \dfrac{C}{b^n}$. 这就证明了定理.

柳维尔定理的意义在于给出了一个代数数在逼近问题上的特性，因而也就同时给出了超越数在逼近问题上的特性. 这个特性就是 $n(n>1)$ 次代数数不可能存在高于 n 阶的逼近. 因而如果一个数能够具有高于任何 n 阶的逼近的话，这个数就必定是超越数. 尽管在集合论中我们已预先知道了超越数的存在性. 但那里并没有指出任何辨别一个具体的数究竟是否是超越数的方法，而柳维尔定理则指出了一个辨别的方法. 这就是

定理 7.12 如果对于任意的常数 $C>0$ 和任意自然数 n，都存在满足不等式

第 7 章　用有理数逼近实数

$$\left|\theta-\frac{a}{b}\right|\leqslant\frac{C}{b^n}$$

的整数 a 和 b，$b>0$，则 θ 必是一个超越数.

上面在证明柳维尔定理时，我们假定了 $n>1$，并由此一直利用了 θ 是无理数的性质. 实际上，柳维尔定理对有理数，即 $n=1$ 的情况也成立，由此我们可以得出一些辨别 θ 是有理数还是无理数的判据.

定理 7.13　如果 r 是一个有理数，则对任意使得 $\frac{a}{b}\neq r$ 的整数 a 和 b，$b>0$，存在与 a,b 无关的正常数 $C>0$，使得 $\left|r-\frac{a}{b}\right|\geqslant\frac{C}{b}$.

证明　设 $r=\frac{h}{k}$，$(h,k)=1$，$k>0$，则 k 与 a,b 无关而仅依赖于 r. 于是

$$\left|r-\frac{a}{b}\right|=\left|\frac{h}{k}-\frac{a}{b}\right|=\frac{|bh-ak|}{bk}\geqslant\frac{1}{bk}$$

（上式中所得的分数的分子是一个整数且不为 0，否则将得出 $r=\frac{a}{b}$，与假设矛盾，由此即可得出最后的不等式）令 $C=\frac{1}{k}$ 就证明了定理.

定理 7.14　如果对实数 θ，存在整数 a_n,b_n，$b_n\to+\infty$ 和 $\delta>0$，使得不等式

$$0<\left|\theta-\frac{a_n}{b_n}\right|<\frac{M}{b_n^{1+\delta}}$$

成立（其中 M 是一个常数），则 θ 是无理数.

证明　假设 θ 是有理数，则由定理 7.12 知存在与 a_n,b_n 无关的正常数 C，使得

$$\frac{C}{q_n}\leqslant\left|\theta-\frac{a_n}{b_n}\right|<\frac{M}{q_n^{1+\delta}}$$

于是
$$q_n^\delta < \frac{M}{C}$$

由于 $\delta > 0, q_n \to +\infty$,所以 $q_n^\delta \to +\infty$. 这与上式矛盾,所得的矛盾便说明 θ 是无理数.

定理 7.15 设 θ 是一个实数,如果存在整数 a_n, $b_n, b_n \to +\infty$ 使得
$$|b_n\theta - a_n| > 0, \quad |b_n\theta - a_n| \to 0$$
则 θ 是无理数.

证明 设 $\varepsilon_n = |b_n\theta - a_n|$,如果 θ 是有理数,则由定理 7.12 知存在与 a_n, b_n 无关的正常数 C,使得
$$\left|\theta - \frac{a_n}{b_n}\right| \geqslant \frac{C}{b_n}$$

两边同乘以 $b_n > 0$,不等式不变号.因此 $\varepsilon_n \geqslant C > 0$,这与 $\varepsilon_n \to 0$ 矛盾,所得的矛盾便证明了 θ 是无理数.

例 7.1 证明:$\theta = \sum\limits_{n=1}^{\infty} \frac{1}{2^{n!}} = \frac{1}{2} + \frac{1}{4} + \frac{1}{64} + \cdots$ 是一个超越数.

证明 令 $a_n = 2^{n!}\sum\limits_{i=1}^{n}\frac{1}{2^i}, b_n = 2^{n!}$,则对任意常数 $C > 0$,有
$$0 < \theta - \frac{a_n}{b_n} = \sum_{i=n+1}^{\infty}\frac{1}{2^i} < \frac{1}{2^{(n+1)!}}\left(1 + \frac{1}{2} + \frac{1}{2^2} + \cdots\right) \leqslant$$
$$\frac{2}{2^{(n+1)!}} \leqslant \frac{C}{b_n^n}$$

因此根据定理 7.11 可知 θ 是一个超越数.

习题 7

1.(1) 设无限简单连分数 $\alpha = [a_0; a_1, a_2, \cdots]$ 的所有元素都有上界 $1 \leqslant a_k \leqslant M, k = 0, 1, 2, \cdots, \frac{p_k}{q_k}$ 是 α 的

渐近分数,则 $\left|\alpha-\dfrac{p_k}{q_k}\right|>\dfrac{1}{(M+2)q_k^2}$.

(2) 设无限简单连分数 $\alpha=[a_0;a_1,a_2,\cdots]$ 的所有元素都有上界,则当 $c>0$ 充分小时,不等式 $\left|\alpha-\dfrac{p}{q}\right|<\dfrac{c}{q^2}$ 没有整数解 $p,q,q>0$.

(3) 如果无限简单连分数 $\alpha=[a_0;a_1,a_2,\cdots]$ 的元素没有上界,则对任意 $c>0$,不等式 $\left|\alpha-\dfrac{p}{q}\right|<\dfrac{c}{q^2}$ 有无穷多组整数解 $p,q,q>0$.

2. 证明:对任何整数 $p,q,q>0$,$\left|\sqrt{2}-\dfrac{p}{q}\right|>\dfrac{1}{3q^2}$.

3. 设实数 θ 的简单连分数展开式中所有的元素都大于或等于 2,证明:如果 θ 存在第 $n>1$ 阶的渐近分数,则下面三个不等式

$$\left|\theta-\dfrac{p_{n-2}}{q_{n-2}}\right|<\dfrac{1}{\sqrt{8}\,q_{n-2}^2}$$

$$\left|\theta-\dfrac{p_{n-1}}{q_{n-1}}\right|<\dfrac{1}{\sqrt{8}\,q_{n-1}^2}$$

$$\left|\theta-\dfrac{p_n}{q_n}\right|<\dfrac{1}{\sqrt{8}\,q_n^2}$$

之中,至少有一个成立.

4. 设 $a_n=C_{2n}^n\pmod 3$,证明 $\theta=0.a_1a_2a_3\cdots$ 是无理数(这里 $0.a_1a_2a_3\cdots$ 表示在小数点后依次写下数字 $a_1,a_2,a_3,\cdots$).

5. 设 $1<a_1<a_2<\cdots$ 是正整数,证明 $\gamma=\sum\limits_{n=1}^{\infty}\dfrac{2^{a_n}}{a_n!}$ 是无理数.

6. 设 $x > 1$ 是一个实数. $a_n = [x^n]$, $\xi = 0.a_1a_2a_3\cdots$（这里 $0.a_1a_2a_3\cdots$ 表示在小数点后依次写下数字 $a_1, a_2, a_3, \cdots$, 例如对 $x = \pi, \xi = 0.393\,197\cdots$），证明 ξ 是一个无理数.

实数的光谱:小数部分的性质

第 8 章

在物理中,各种谱,例如光谱,还有功率谱是认识物质性质的一种重要手段.你如果用镊子夹一点我们日常使用的食盐放在酒精喷灯或煤气喷灯上加热(一定要用喷灯,普通的酒精灯温度太低,观察不到这里所说的现象).就会发现火焰会变成橘黄色,如果把这样发出的光通过分光镜就会得到由各种颜色组成的光条,这就是光谱.在这个光谱中会出现一条亮线,这就是食盐中钠原子受到激发后所发出的具有特定波长的谱线,把物质高温加热后,凡是光谱中出现了这条谱线的,则被检物质中必定含有钠原子,这一方法十分稳定和灵敏,不管你用食盐还是其他含钠的物质试验,都会检出这条谱线,而且只需要用极少的样品.所以物质的这一特性被发现以后,就迅速得到了应用,利用这一特性,科学家们研制成了光谱仪,用这种仪器,人们就可以迅速地知道太阳,乃至极为遥远的宇宙深处的星球是由什么物质组成的,也可以知道各种刑事案件中需要检验的物质的成分.现在这一方法已经形成了一种称为光谱分析的专门技术.

在物理中,还有一种谱叫作功率谱.利用这种谱,可以得知各种系统的状态.比如气象学家把气象变化的规律总结成所谓的微分方程,把这种微分方程经过简化可以得到一个由 3 个变量组成的叫作洛仑兹系统的方程.这个系统中含有 3 个参数,当你把参数调整到某些特定的值的时候,这个系统的功率谱就会出现几条孤立的谱线,称为离散谱.这时系统中会出现周期解,表现在由这 3 个变量组成的相空间中可以观察到闭合的曲线.而当你把参数调整到另外一些特定的值的时候,这个系统的功率谱就会出现一片连在一起的谱线,看起来黑乎乎的,称为连续谱,这时系统处于所谓混沌状态,在相空间中可以观察到一种被称为"奇异吸引子"的东西,其形象就好像一团乱麻,系统的轨线(也就是微分方程的解曲线)在这团乱麻中可以任意地接近吸引子所在的空间中任意一点而又互不相交.不管是光谱还是功率谱,在物理学中都是认识物质及其运动的特性的重要手段.

在研究实数时,人们发现,对于实数,也可以绘制出类似于光谱的图像,这就是实数的小数部分.

任给一个实数 θ,把 $\{\theta\},\{2\theta\},\cdots,\{n\theta\},\cdots$ 标记在 $[0,1]$ 区间上,并在所得的每一点处,画一条垂直于数轴的有一定长度的线段,就可以得到一个类似于光谱的图像.对于不同的实数观察这一"光谱",你会发现,有理数的"光谱"和无理数的"光谱"是很不一样的.简

第 8 章　实数的光谱：小数部分的性质

单地说,有理数的"光谱"都是离散谱,而无理数的"光谱"都是连续谱. 当有理数的分母越来越大时,其"谱线"也越来越密,逐渐变的与连续谱用肉眼不可分辨.

8.1　小数部分的分布

首先看有理数的小数部分的分布.

显然有

引理 8.1.1　设 $r=\dfrac{p}{q},(p,q)=1,np=N(p)q+r_n,0\leqslant r_n<q$,则 $\{nr\}=\dfrac{r_n}{q}$.

由此可见,如果 r 是有理数, q 是 r 化成既约分数之后的分母,那么 $\{nr\}$ 只可能是 $0,\dfrac{1}{q},\dfrac{2}{q},\cdots,\dfrac{q-1}{q}$ 这 q 个点中的某一个. 也就是说,我们有

引理 8.1.2　设 $r=\dfrac{p}{q},(p,q)=1,N_r=\{0,1,\{r\},\{2r\},\cdots,\{nr\},\cdots\},Q_r=\{0,\dfrac{1}{q},\cdots,\dfrac{q-1}{q},1\}$,则 $N_r\subset Q_r$.

现在发生一个问题,就是虽然 $\{nr\}$ 只可能是 $0,\dfrac{1}{q},\dfrac{2}{q},\cdots,\dfrac{q-1}{q}$ 这 q 个点中的某一个. 但是会不会不管取多少个 $n,0,\dfrac{1}{q},\dfrac{2}{q},\cdots,\dfrac{q-1}{q}$ 中总有些点取不到. 通过试验,你会发现不会出现这种现象,而且如果出现这种现象,那这几个取不到的点就有些怪了,很值得我们去深入地研究一下它们究竟有何特性才使得 $\{nr\}$

取不到它们. 不过事实上没有这种现象, 然而这需要严格的证明.

定理 8.1.1 设 $r = \dfrac{p}{q}, (p,q)=1, N_r=\{0,1,\{r\},\{2r\},\cdots,\{nr\},\cdots\}, Q_r=\{0,\dfrac{1}{q},\cdots,\dfrac{q-1}{q},1\}$, 则 $N_r = Q_r$.

证明 我们只需证明当 $m \neq n, 0 \leqslant m < q, 0 \leqslant n < q$ 时, $\{mr\} \neq \{nr\}$ 即可.

用反证法, 假设 $\{mr\} = \{nr\}$, 那么由引理 8.1.1 知 $r_m = r_n$. 由于
$$mp \equiv r_m \pmod{q}$$
$$np \equiv r_m \pmod{q}$$
故
$$(m-n)p \equiv 0 \pmod{q}$$
即
$$q \mid (m-n)p$$
但是由于 $(p,q)=1$, 故 $q \mid (m-n)$. 然而 $m \neq n, 0 \leqslant m < q, 0 \leqslant n < q$, 因此 $|m-n| < q$, 这与 $q \mid (m-n)$ 矛盾. 所得的矛盾就证明了当 $m \neq n, 0 \leqslant m < q, 0 \leqslant n < q$ 时, $\{mr\} \neq \{nr\}$.

由以上证明可知 $\{r\},\{2r\},\cdots,\{qr\}$ 这 q 个点是两两不同的, 而由引理 8.1.2 它们又只能取 $0,\dfrac{1}{q},\dfrac{2}{q},\cdots,\dfrac{q-1}{q}$ 这 q 个点, 因此 $\{r\},\{2r\},\cdots,\{qr\}$ 就恰好是 $0,\dfrac{1}{q},\dfrac{2}{q},\cdots,\dfrac{q-1}{q}$ 这 q 个点的某种重新排列, 这就证明了 $N_r = Q_r$.

当 n 继续增大时, $\{nr\}$ 将周期性地(周期为 q) 重复, 这就是有理数小数部分的分布. 也就是说, 如果 r

第 8 章 实数的光谱:小数部分的性质

是有理数,那么$\{nr\}$将只取有限个点,并且均匀地在这有限个点之间跳动.

但是如果 θ 是一个无理数,那么$\{n\theta\}$的分布将和有理数大不一样,根据定理 7.8 我们有

定理 8.1.2 设 θ 是一个无理数,那么$\{n\theta\}$在闭区间$[0,1]$中稠密.

虽然我们已经知道对无理数 θ 来说$\{n\theta\}$在闭区间$[0,1]$中稠密,但是和有理数的情况一样,我们也会发生$\{n\theta\}$是否会对闭区间$[0,1]$中某些数特别"偏爱"的问题,尽管我们从直观上实在看不出有任何"偏爱"的理由,我们仍需对此给以严格的证明.为此我们首先给出无限多个点均匀分布的严格定义.

定义 8.1.1 设 ω 表示任一实数序列 $\omega = \{x_1, x_2, \cdots, x_n, \cdots\}$,$n$ 是任意自然数,$E \subset [0,1]$ 是闭区间 $I = [0,1]$ 的任一子集,那么我们用 $N_n(E)$ 表示 $x_1, x_2, \cdots, x_n$ 中使得$\{x_k\} \in E (1 \leqslant k \leqslant n)$的项的个数(这里$\{x_k\}$表示 x_k 的小数部分).

定义 8.1.2 设 $\omega = \{x_1, x_2, \cdots, x_n, \cdots\}$,$I = [0,1]$,$E$ 是 I 的任意半开子区间$[a,b)$,我们规定符号 E 既表示上面所说的子区间本身又表示这个子区间的长度.那么如果

$$\lim_{n \to \infty} \frac{N_n(E)}{n} = E$$

则称点集 $\omega = \{x_1, x_2, \cdots, x_n, \cdots\}$ 在开区间$(0,1)$内一致分布(这里上式左边的 E 表示 I 的子区间,右边的 E 表示子区间的长度).

假设 $\omega = \{x_1, x_2, \cdots, x_n, \cdots\}$ 在开区间$(0,1)$内一致分布,并设 $\alpha \in I$ 是 I 中任意一个实数,取 E 是包含

α 且长度为充分小的半开子区间,那么由一致分布的定义就得出,对任意正数 $\varepsilon > 0$,存在无数多个 ω 中的数 x_{n_k},使得 $|\{x_{n_k}\} - \alpha| < \varepsilon$,这就是说,$\{x_n\}$ 在 I 中是稠密的.因此我们有

引理 8.1.3 $\omega = \{x_1, x_2, \cdots, x_n, \cdots\}$ 在开区间 $(0,1)$ 内一致分布的必要条件是 (x_n) 在 I 中取到无穷多个点并且是稠密的.

由此引理立得

例 8.1.1 如果 r 是有理数,那么根据定理 8.1.1 就得出 $\{nr\}$ 在 $(0,1)$ 中不可能是一致分布的.

所以一致分布虽然刻画了点分布的均匀性,但是这个概念只对无穷多个点有意义.

现在我们来证明一个无理数的另一个有别于有理数的特性,那就是如果 θ 是一个无理数,那么不仅 $\{n\theta\}$ 在 $(0,1)$ 中是稠密的,而且还是一致分布的.

定理 8.1.3 设 θ 是一个无理数,那么 $\{n\theta\}$ 在 $(0,1)$ 中是一致分布的.

证明 在证明之前,我们先来复习一下完全剩余系的概念.给定一个正整数 q,如果一个含有 q 个整数的集合 K 具有性质,K 中每个元素对于模 q 来说都是两两不同余的,则 K 就构成一个完全剩余系(见定义 3.11.2 和定理 3.11.1).如果 K 是一个完全剩余系,那么 K 中元素除以 q 所得的余数就是集合 $\{0, 1, 2, \cdots, q-1\}$(定理 3.11.2).

完全剩余系具有以下性质:

(1) 设 K 是完全剩余系,如果 $(a, q) = 1$,那么 aK 也是完全剩余系(aK 表示用 a 去乘以 K 中每一个元素所得的集合)(定理 3.7.1);

第8章 实数的光谱:小数部分的性质

(2) 设 K 是完全剩余系,b 是任意整数,那么 $K+b$ 也是完全剩余系($K+b$ 表示用 K 中每一个元素加上 b 所得的集合)(定理 3.7.2).

完全剩余系这个概念特别适用于从总体上加以研究,比如设 $K=\{\xi_1,\xi_2,\cdots,\xi_q\}$ 构成一个模 q 的完全剩余系. 如果你要问对 K 中一个特殊的元素 $\xi_i\left\{\dfrac{\xi_i}{q}\right\}$ 是什么,一般不好回答,但是如果要问 $\sum\limits_{i=1}^{q}\left\{\dfrac{\xi_i}{q}\right\}$ 是多少,却很容易回答. 因为根据完全剩余系的定义立即可知序列 $\left\{\dfrac{\xi_1}{q}\right\},\left\{\dfrac{\xi_2}{q}\right\},\cdots,\left\{\dfrac{\xi_q}{q}\right\}$ 不过是序列 $\dfrac{0}{q},\dfrac{1}{q},\cdots,\dfrac{q-1}{q}$ 的一个重新排列.

好了,现在我们就来证明定理 8.1.

设 $E=[a,b)$ 为 I 的任意半开子区间,$\dfrac{p_k}{q_k}$ 是 θ 的渐近分数,那么由定理 6.2.2 知

$$\left|\theta-\dfrac{p_k}{q_k}\right|<\dfrac{1}{q_k q_{k+1}}<\dfrac{1}{q_k^2},k\geqslant 0$$

因而存在无穷多对整数 $p,q(p,q)=1,q>0$ 可以任意大,使得

$$\left|\theta-\dfrac{p}{q}\right|<\dfrac{1}{q^2},(p,q)=1$$

因此 $\theta-\dfrac{p}{q}=\dfrac{\delta}{q^2},\theta=\dfrac{p}{q}+\dfrac{\delta}{q^2},|\delta|<1$

由于 q 可以任意大,因此存在 $M_1>0$,使当 $q>M_1$ 时有 $qb-qa=q(b-a)>2$,因而 (qa,qb) 中至少包含两个不相同的整数. 于是我们可设

$u=\lceil qa \rceil$(qa 的天花板,即大于 qa 而又距离 qa

最近的整数)

$$v = \lfloor qb \rfloor$$（qb 的地板,即小于 ab 而又距离 qb 最近的整数)

并设 $u < v$,因此

$$u - 1 < qa \leqslant u < v \leqslant qb < v + 1$$

$$\frac{u-1}{q} < a \leqslant \frac{u}{q} < \frac{v}{q} \leqslant b < \frac{v+1}{q}$$

再设 $n = hq + r, 0 \leqslant r < q$,于是任意一个 1 和 n 之间的整数 j 必可以写成

$$j = iq + k, 0 \leqslant i \leqslant h, 0 \leqslant k < q$$

的形式. 这也就是说 $\{\theta\}, \{2\theta\}, \cdots, \{n\theta\}$ 这个数必被包含在下面的 $h+1$ 行,q 列的表中

$$0 . \theta, 0 . \theta + 1, \cdots, 0 . \theta + q - 1$$
$$1 . \theta, 1 . \theta + 1, \cdots, 1 . \theta + q - 1$$
$$\vdots$$
$$h . \theta, h . \theta + 1, \cdots, h . \theta + q - 1$$

对任意 $1 \leqslant j \leqslant n$,我们又有

$$\{j\theta\} = \{(iq+k)\theta\} = \left\{(iq+k)\left(\frac{p}{q} + \frac{\delta}{q^2}\right)\right\} =$$
$$\left\{ip + \frac{kp}{q} + \frac{i\delta}{q} + \frac{k\delta}{q^2}\right\} =$$
$$\left\{\frac{kp}{q} + \frac{[i\delta]}{q} + \frac{\{i\delta\} + \frac{\partial k}{q}}{q}\right\} =$$
$$\left\{\frac{kp}{q} + \frac{[i\delta]}{q} + \frac{\delta''}{q}\right\}$$

其中 $\delta'' = \{i\delta\} + \frac{\partial k}{q}$,因而

$$|\delta''| = \left|\{i\delta\} + \frac{\partial k}{q}\right| \leqslant \{i\delta\} + \left|\frac{\partial k}{q}\right| < 1 + \left|\frac{k}{q}\right| < 2$$

第 8 章　实数的光谱:小数部分的性质

由于 $(p,q)=1$，$[i\delta]$ 与 q 无关，因此当 k 遍历 $0,1,\cdots,q-1$ 这 q 个数时，$pk+[i\delta]$ 也遍历 $0,1,\cdots,q-1$ 这 q 个数. 这也就是说 $\dfrac{kp}{q}+\dfrac{[i\delta]}{q}+\dfrac{\delta''}{q}$ 不过是 $\dfrac{\delta''}{q}$, $\dfrac{1}{q}+\dfrac{\delta''}{q}$, $\cdots$, $\dfrac{q-1}{q}+\dfrac{\delta''}{q}$ 的一个重新排列. 因而 $\{\theta\}$, $\{2\theta\}$, $\cdots$, $\{n\theta\}$ 这 n 个数必被包含在下面的 $h+1$ 行，q 列的表中

$$\left\{\dfrac{\delta''}{q}\right\},\left\{\dfrac{1}{q}+\dfrac{\delta''}{q}\right\},\left\{\dfrac{q-1}{q}+\dfrac{\delta''}{q}\right\}$$

$$\left\{\dfrac{\delta''}{q}\right\},\left\{\dfrac{1}{q}+\dfrac{\delta''}{q}\right\},\left\{\dfrac{q-1}{q}+\dfrac{\delta''}{q}\right\}$$

$$\vdots$$

$$\left\{\dfrac{\delta''}{q}\right\},\left\{\dfrac{1}{q}+\dfrac{\delta''}{q}\right\},\left\{\dfrac{q-1}{q}+\dfrac{\delta''}{q}\right\}$$

这个表的每一行都是相同的，$\{\theta\}$, $\{2\theta\}$, $\cdots$, $\{n\theta\}$ 这 n 个数在上面这个表中共出现 n 次.

现在我们考虑所有使得 $0\leqslant\dfrac{i}{q}+\dfrac{\delta''}{q}<1$ 的 i，对应于满足这种关系 i 的 $\left\{\dfrac{i}{q}+\dfrac{\delta''}{q}\right\}$ 当然只是上表中所有元素的一部分，对这种 i，显然有

$$\left\{\dfrac{i}{q}+\dfrac{\delta''}{q}\right\}=\dfrac{i}{q}+\dfrac{\delta''}{q}$$

因而为使 $\left\{\dfrac{i}{q}+\dfrac{\delta''}{q}\right\}\in(a,b)$，只要 $a<\dfrac{i}{q}+\dfrac{\delta''}{q}<b$ 即可.

而由于

$$a\leqslant\dfrac{u}{q}<\dfrac{v}{q}\leqslant b$$

因此又只要

585

$$\frac{u}{q} < \frac{i}{q} + \frac{\delta''}{q} < \frac{v}{q}$$

或
$$u - \delta'' < i < v - \delta''$$

即可.

但是因为 $|\delta''| \leqslant 2$, 所以又有
$$u - \delta'' \leqslant u + 2, v - 2 \leqslant v - \delta''$$

因此又只要 $u + 2 \leqslant i \leqslant v - 2$ 即可.

这也就是说, 上面那个表中每一行里至少有 $v - 2 - (u + 2) = v - v - 4$ 个整数 i 可使得对应的 $\left\{\frac{i}{q} + \frac{\delta''}{q}\right\} \in (a, b)$, 因而整个表中至少有 $(h+1)(v - u - 4)$ 个 $\left\{\frac{i}{q} + \frac{\delta''}{q}\right\} \in (a, b)$, 这也就是说 $\{\theta\}, \{2\theta\}, \cdots, \{n\theta\}$ 这 n 个数中, 至少有 $(h+1)(v-u-4)$ 个数落到 (a, b) 中.

又因为对任何 i 都有
$$\frac{i-2}{q} \leqslant \frac{i}{q} + \frac{\delta''}{q} \leqslant \frac{i+2}{q}$$

所以满足上式的整数 i 除以 q 后至多是 $\frac{-2}{q}, \frac{-1}{q}, 0, \frac{1}{q}, \cdots, \frac{q-1}{q}, 1, \frac{q+1}{q}$ 这些数, 其中有两个数小于 0, 两个数大于 1, 由此可以看出, 满足 $\frac{i-2}{q} \leqslant \frac{i}{q} + \frac{\delta''}{q} \leqslant \frac{i+2}{q}$ 的整数 i 比满足 $0 \leqslant \frac{i}{q} + \frac{\delta''}{q} < 1$ 的整数 i 多了 4 个, 满足 $0 \leqslant \frac{i}{q} + \frac{\delta''}{q} < 1$ 并且又要使得 $\left\{\frac{i}{q} + \frac{\delta''}{q}\right\} \in (a, b)$ 的整数 i 必须使得 $a < \frac{i}{q} + \frac{\delta''}{q} < b$, 或 $qa < i + \delta'' < qb$ 或 $qa - \delta'' < i < qb + \delta''$.

第 8 章 实数的光谱:小数部分的性质

由于 $u-1-\delta'' < qa-\delta'' < i < qb-\delta'' < v+1-\delta''$,所以满足 $0 \leqslant \frac{i}{q}+\frac{\delta''}{q} < 1$ 并且又要使得 $\left\{\frac{i}{q}+\frac{\delta''}{q}\right\} \in (a,b)$ 的整数 i 至多有 $v+1-\delta''-(u-1-\delta'')=v-u+2$ 个,而上面表中每行里使得 $\left\{\frac{i}{q}+\frac{\delta''}{q}\right\} \in (a,b)$ 的整数 i 至多有 $v-u+2+4=v-u+6$ 个. 这也就是说 $\{\theta\},\{2\theta\},\cdots,\{n\theta\}$ 这 n 个数中,至多有 $(h+1)(v-u+6)$ 个数落到 (a,b) 中.

根据上面的论述我们就得出
$(h+1)(v-u-4) \leqslant N_n(E) \leqslant (h+1)(v-u+6)$
由
$$\frac{u-1}{q} < a \leqslant \frac{u}{q} < \frac{v}{q} \leqslant b < \frac{v+1}{q}$$

得出 $\quad b-a < \frac{v+1}{q}-\frac{u-1}{q}$

或 $\quad (b-a)q < v-u+2$

以及 $\quad \frac{v}{q}-\frac{u}{q} \leqslant b-a$

或 $\quad v-u \leqslant (b-a)q$

因此 $\quad (b-a)q-2 < v-u \leqslant (b-a)q$

由此得出

$(h+1)(v-u-4) > h(v-u-4) \geqslant$

$\left(\frac{n-r}{q}\right)(v-u-4) \geqslant$

$\frac{n}{q}(v-u)-\frac{4n}{q}-\frac{r}{q}(v-u-4) \geqslant$

$\frac{n}{q}(q(b-a)-2)-\frac{4n}{q}-(v-u-4) \geqslant$

$$n(b-a) - \frac{6n}{q} - (v-u-4) \geqslant$$

$$n(b-a) - \frac{6n}{q} - (q(b-a)-4) \geqslant$$

另一方面又有

$$(h+1)(v-u+6) \leqslant \left(\frac{n}{q}+1\right)(v-u+6) \leqslant$$

$$\frac{n}{q}(v-u) + \frac{6n}{q} + v - u + 6 \leqslant$$

$$n(b-a) + \frac{6n}{q} + v - u + 6 \leqslant$$

$$n(b-a) + \frac{6n}{q} + q(b-a) + 6$$

因而

$$b - a - \frac{6}{q} - \frac{q(b-a)-4}{n} < \frac{N_n(E)}{n} <$$

$$b - a + \frac{6}{q} + \frac{q(b-a)+6}{n}$$

对任意 $\varepsilon > 0$，由于 q 可以任意大，因此存在 $M_2 > 0$，使当 $q > M_2$ 时，$\frac{6}{q} < \frac{\varepsilon}{2}$。现在固定 q，那么存在 $M_3 > 0$，使当 $n > M_3$ 时有

$$\frac{q(b-a)-4}{n} < \frac{\varepsilon}{2}, \frac{q(b-a)+6}{n} < \frac{\varepsilon}{2}$$

因而在 $n > M_3$ 时就有

$$E - \varepsilon = b - a - \varepsilon < \frac{N_n(E)}{n} < b - a + \varepsilon < E + \varepsilon$$

这就证明了 $\lim_{n \to \infty} \frac{N_n(E)}{n} = E$，即 $\{n\theta\}$ 是一致分布的。

下面我们介绍一致分布的判断条件。首先研究必要条件，为此设序列 x_n 是一致分布的。

第8章 实数的光谱：小数部分的性质

引理 8.1.4 设 $\chi_E(x)$ 表示 E 的特征函数，即当 $x \in E$ 时 $\chi_E(x)=1$，当 $x \notin E$ 时，$\chi_E(x)=0$，那么序列 x_n 是一致分布的充分必要条件是

$$\lim_{n\to\infty} \frac{1}{n}\sum_{i=1}^n \chi_E(\{x_i\}) = \int_0^1 \chi_E(x)\,\mathrm{d}x$$

证明 由 $\sum_{i=1}^n \chi_E(\{x_i\}) = N_n(E)$ 和 $\int_0^1 \chi_E(x)\,\mathrm{d}x = b-a = E$ 可知

$$\lim_{n\to\infty} \frac{1}{n}\sum_{i=1}^n \chi_E(\{x_i\}) = \int_0^1 \chi_E(x)\,\mathrm{d}x$$

不过是

$$\lim_{n\to\infty} \frac{N_n(E)}{n} = E$$

的另一种写法而已，这就证明了引理.

引理 8.1.5 设序列 x_n 是一致分布的，c 是一个常数，$f(x) = c\chi_E(x)$，那么

$$\lim_{n\to\infty} \frac{1}{n}\sum_{i=1}^n f(\{x_i\}) = \int_0^1 f(x)\,\mathrm{d}x$$

证明 由序列 $\{x_n\}$ 是一致分布的和引理 8.1.4 得出

$$\lim_{n\to\infty} \frac{1}{n}\sum_{i=1}^n \chi_E(\{x_i\}) = \int_0^1 \chi_E(x)\,\mathrm{d}x$$

因此

$$\lim_{n\to\infty} \frac{1}{n}\sum_{i=1}^n c\chi_E(\{x_i\}) = \int_0^1 c\chi_E(x)\,\mathrm{d}x$$

这就是

$$\lim_{n\to\infty} \frac{1}{n}\sum_{i=1}^n f(\{x_i\}) = \int_0^1 f(x)\,\mathrm{d}x$$

引理 8.1.6 设序列 x_n 是一致分布的，$f(x)$ 是 $I=[0,1]$ 上的阶梯函数，那么

$$\lim_{n\to\infty} \frac{1}{n}\sum_{i=1}^n f(\{x_i\}) = \int_0^1 f(x)\,\mathrm{d}x$$

证明 因为 $f(x)$ 是 $I=[0,1]$ 上的阶梯函数,因此 $f(x)=\sum_{j=1}^{k}f_j(x)$,其中 $f_i(x)=c_i\chi_{E_i}(x)$, $E_i=[a_i, a_{i+1})$, $0=a_0<a_1<\cdots<a_k=1$.

由序列 x_n 是一致分布的和引理 8.1.5 知对每一个 j,成立

$$\lim_{n\to\infty}\frac{1}{n}\sum_{i=1}^{n}f_j(\{x_i\})=\int_0^1 f_j(x)\mathrm{d}x$$

因此

$$\lim_{n\to\infty}\frac{1}{n}\sum_{i=1}^{n}f(\{x_i\})=\lim_{n\to\infty}\frac{1}{n}\sum_{i=1}^{n}\sum_{j=1}^{k}f_j(\{x_i\})=$$

$$\sum_{j=1}^{k}\lim_{n\to\infty}\frac{1}{n}\sum_{i=1}^{n}f_j(\{x_i\})=$$

$$\sum_{j=1}^{k}\int_0^1 f_j(x)\mathrm{d}x=$$

$$\int_0^1\sum_{j=1}^{k}f_j(x)\mathrm{d}x=\int_0^1 f(x)\mathrm{d}x$$

这就证明了引理.

有了以上必要条件,现在我们就可以给出一个判断序列 $\{x_n\}$ 是否是一致分布的充分必要条件了.

黎曼(Riemann, Georg Friedrich Bernhard, 1826—1866),德国数学家. 生于德国丹嫩贝格附近,卒于意大利北部马焦雷湖畔.

定理 8.1.4 设 $f(x)$ 是 I 上的任意黎曼可积函数,则序列 x_n 是一致分布的充分必要条件是

$$\lim_{n\to\infty}\frac{1}{n}\sum_{i=1}^{n}f(\{x_i\})=\int_0^1 f(x)\mathrm{d}x$$

证明 首先证明必要性. 设序列 x_n 是一致分布的.

由于 $f(x)$ 是 I 上的黎曼可积函数,因此按照定积分的定义,对于任意 $\varepsilon>0$,存在 $\delta>0$,使得当 $\max(E_i, i=1,2,\cdots,k)<\delta$ 时就有

第8章 实数的光谱:小数部分的性质

$$s < \sigma < S, 0 < S - s < \varepsilon$$

这里 $E_i = [a_i, a_{i+1}), 0 = a_0 < a_1 < \cdots < a_k = 1, \sigma = \sum_{i=0}^{k-1} f(\xi_i) E_i, \xi_i$ 是 E_i 中任意一点(注意 E_i 既表示区间 $[a_i, a_{i+1})$,也表示区间 E_i 的长度). s 和 S 分别表示达布下和与达布上和

$$s = \sum_{i=0}^{k} m_i E_i, S = \sum_{i=0}^{k} M_i E_i$$

其中,m_i 是 $f(x)$ 在区间 E_i 上的下确界,M_i 是 $f(x)$ 在区间 E_i 上的上确界.

因此就存在两个阶梯函数

$$f_1(x, \varepsilon) = \sum_{i=0}^{k} m_i \chi_{E_i}(x), f_2(x, \varepsilon) = \sum_{i=0}^{k} M_i \chi_{E_i}(x)$$

使得 $\qquad f_1(x, \varepsilon) \leqslant f(x) \leqslant f_2(x, \varepsilon)$

并且

$$\int_0^1 (f_2(x, \varepsilon) - f_1(x, \varepsilon)) \mathrm{d}x =$$
$$\int_0^1 f_2(x, \varepsilon) \mathrm{d}x - \int_0^1 f_1(x, \varepsilon) \mathrm{d}x =$$
$$S - s < \varepsilon$$

由引理 8.1.6 知对于 $f_1(x, \varepsilon)$ 和 $f_2(x, \varepsilon)$ 成立

$$\lim_{n \to \infty} \frac{1}{n} \sum_{i=1}^{n} f_1(x_i, \varepsilon) = \int_0^1 f_1(x, \varepsilon) \mathrm{d}x$$

$$\lim_{n \to \infty} \frac{1}{n} \sum_{i=1}^{n} f_2(x_i, \varepsilon) = \int_0^1 f_2(x, \varepsilon) \mathrm{d}x$$

故 $\qquad \int_0^1 f(x) \mathrm{d}x - \varepsilon \leqslant \int_0^1 f_1(x) \mathrm{d}x \leqslant$

$$\lim_{n \to \infty} \frac{1}{n} \sum_{i=0}^{n} f_1(\{x_i\}, \varepsilon) \leqslant$$

$$\varlimsup_{n\to\infty} \frac{1}{n}\sum_{i=0}^{n} f(\{x_i\}) \leqslant$$

$$\overline{\lim_{n\to\infty}} \frac{1}{n}\sum_{i=0}^{n} f(\{x_i\}) \leqslant$$

$$\lim_{n\to\infty} \frac{1}{n}\sum_{i=0}^{n} f_2(\{x_i\},\varepsilon) \leqslant$$

$$\int_0^1 f_2(x)\mathrm{d}x \leqslant \int_0^1 f(x)\mathrm{d}x + \varepsilon$$

由于当 n 充分大时

$$\varlimsup_{n\to\infty} \frac{1}{n}\sum_{i=0}^{n} f(\{x_i\}) \leqslant \frac{1}{n}\sum_{i=0}^{n} f(\{x_i\}) \leqslant$$

$$\overline{\lim_{n\to\infty}} \frac{1}{n}\sum_{i=0}^{n} f(\{x_i\})$$

因而存在 $M>0$,使当 $n>M$ 时有

$$\int_0^1 f(x)\mathrm{d}x - \varepsilon \leqslant \frac{1}{n}\sum_{i=1}^{n} f(\{x_i\}) \leqslant \int_0^1 f(x)\mathrm{d}x + \varepsilon$$

而由 ε 的任意性就说明当 $n\to\infty$ 时,极限 $\lim_{n\to\infty}\frac{1}{n}\sum_{i=0}^{n} f(\{x_i\})$ 存在,且

$$\lim_{n\to\infty}\frac{1}{n}\sum_{i=0}^{n} f(\{x_i\}) = \int_0^1 f(x)\mathrm{d}x$$

这就证明了必要性.

现在证明充分性. 假设对一切 I 上的黎曼可积函数 $f(x)$ 都成立以上等式,则我们可取 $f(x)$ 为 E 的特征函数,于是根据引理 8.1.4 即得序列 x_n 是一致分布的.

上面这个定理虽然给出了判断序列 x_n 是否是一致分布的充分必要条件,但是实际运用起来十分困难,因为只有对 I 上的所有黎曼可积函数验证才能证明 x_n

的一致分布性. 为此,我们还需得出更为实用的判别法.

引理 8.1.7 设 $f(x)$ 是实轴上任意周期为 1 的复值连续周期函数,则序列 $\{x_n\}$ 是一致分布的充分必要条件是

$$\lim_{n\to\infty}\frac{1}{n}\sum_{i=1}^{n}f(\{x_i\})=\int_0^1 f(x)\mathrm{d}x$$

证明 设 $E=[a,b]$ 是 $I=[0,1]$ 的任意子区间.

首先证明必要性. 设序列 x_n 是一致分布的,那么因为连续函数当然都是黎曼可积的,所以对 $f(x)$ 的实部和虚部分别应用定理 8.1.4,首先得出对每一个定义在实轴上的复值连续函数 $f(x)$ 成立

$$\lim_{n\to\infty}\frac{1}{n}\sum_{i=1}^{n}f(\{x_i\})=\int_0^1 f(x)\mathrm{d}x$$

然而由 $f(x)$ 是周期为 1 的周期函数的假设可以得出 $f(\{x_n\})=f(x_n)$,这样就得出对每一个定义在实轴上的周期为 1 的复值连续周期函数 $f(x)$ 成立

$$\lim_{n\to\infty}\frac{1}{n}\sum_{i=1}^{n}f(x_i)=\int_0^1 f(x)\mathrm{d}x$$

为证充分性,设对任意定义在实轴上的周期为 1 的复值连续周期函数 $f(x)$ 上式成立.

任给 $\varepsilon>0$,必存在两个定义在 I 上的连续函数 $g_1(x)$ 和 $g_2(x)$,使得

$$g_1(x)\leqslant\chi_E(x)\leqslant g_2(x)$$

并且

$$\int_0^1(g_2(x)-g_1(x))\mathrm{d}x\leqslant\varepsilon$$

现在把 $g_1(x)$ 和 $g_2(x)$ 周期都为 1 的延拓到整个数轴上,就得到两个定义在实轴上的周期为 1 的复值连续周期函数 $f_1(x)$ 和 $f_2(x)$,因而按照假设对它们成立

$$\lim_{n\to\infty}\frac{1}{n}\sum_{i=1}^{n}f_1(x_i)=\int_0^1 f_1(x)\mathrm{d}x$$

$$\lim_{n\to\infty}\frac{1}{n}\sum_{i=1}^{n}f_2(x_i)=\int_0^1 f_2(x)\mathrm{d}x$$

因此

$$E-\varepsilon\leqslant\int_0^1 g_2(x)\mathrm{d}x-\varepsilon\leqslant\int_0^1 g_1(x)\mathrm{d}x\leqslant$$

$$\int_0^1 f_1(x)\mathrm{d}x\leqslant\lim_{n\to\infty}\frac{1}{n}\sum_{i=1}^{n}f_1(x_i)\leqslant$$

$$\varliminf_{n\to\infty}\frac{N_n(E)}{n}\leqslant\varlimsup_{n\to\infty}\frac{N_n(E)}{n}\leqslant$$

$$\lim_{n\to\infty}\frac{1}{n}\sum_{i=1}^{n}f_2(x_i)\leqslant\int_0^1 f_2(x)\mathrm{d}x\leqslant$$

$$\int_0^1 g_2(x)\mathrm{d}x\leqslant\int_0^1 g_1(x)\mathrm{d}x+\varepsilon\leqslant$$

$$E+\varepsilon$$

由于当 n 充分大时

$$\varliminf_{n\to\infty}\frac{N_n(E)}{n}\leqslant\frac{N_n(E)}{n}\leqslant\varlimsup_{n\to\infty}\frac{N_n(E)}{n}$$

因此就存在 $M>0$，使当 $n>M$ 时，有

$$E-\varepsilon\leqslant\frac{N_n(E)}{n}\leqslant E+\varepsilon$$

这就证明了当 $n\to\infty$ 时，极限 $\lim\limits_{n\to\infty}\dfrac{N_n(E)}{n}$ 存在，且

外 尔
(Weyl, Claude Hugo Hermann, 1885—1955), 德国数学家. 生于德国汉堡附近的埃尔姆斯霍恩.

$\lim\limits_{n\to\infty}\dfrac{N_n(E)}{n}=E$，于是根据定义就得出序列 x_n 是一致分布的.

定理 8.1.5(外尔判据) 设 h 是任意非零整数，则序列 x_n 是一致分布的充分必要条件是

$$\lim_{n\to\infty}\frac{1}{n}\sum_{i=0}^{n}\mathrm{e}^{2\pi i h x_n}=0$$

第 8 章 实数的光谱:小数部分的性质

证明　先证必要性. 设序列 x_n 是一致分布的. 考虑函数 $f(x) = e^{2\pi i h x}$,这显然是一个定义在全数轴上的周期为 1 的连续周期函数,因此由引理 8.1.7 即得

$$\lim_{n\to\infty} \frac{1}{n}\sum_{k=1}^{n} e^{2\pi i h x} = \int_0^1 e^{2\pi i h x}\,\mathrm{d}x = \frac{1}{2\pi i h}e^{2\pi i h x}\Big|_0^1 = 0$$

为证明充分性,假设对于序列 x_n, $\lim\limits_{n\to\infty}\dfrac{1}{n}\sum\limits_{k=0}^{n} e^{2\pi i h x_k} = 0$. 我们证明对一切定义在全数轴上的周期为 1 的连续周期函数 $f(x)$ 成立

$$\lim_{n\to\infty}\frac{1}{n}\sum_{i=1}^{n} f(x_i) = \int_0^1 f(x)\,\mathrm{d}x$$

设 $\varepsilon > 0$ 是任意正数,那么由维尔斯特拉斯逼近定理可知存在一个有有限多个带有复系数的形如 $e^{2\pi i h x}$(这里,h 是一个整数)的项组成的三角多项式 $\psi(x)$($\psi(x)$ 显然具有周期 1,因而是一个定义在全数轴上的周期为 1 的连续周期函数)使得

$$\sup_{0 \leqslant x \leqslant 1}|f(x) - \psi(x)| \leqslant \frac{\varepsilon}{3}$$

(见:那汤松. 函数构造论(上册). 上海:科学出版社,1958,5). 我们有

$$\left|\int_0^1 f(x)\,\mathrm{d}x - \frac{1}{n}\sum_{i=0}^{n} f(x_i)\right| \leqslant$$

$$\left|\int_0^1 (f(x) - \psi(x))\,\mathrm{d}x\right| +$$

$$\left|\int_0^1 \psi(x) - \frac{1}{n}\sum_{i=0}^{n}\psi(x_i)\right| +$$

$$\left|\frac{1}{n}\sum_{i=0}^{n}(f(x_i) - \psi(x_i))\right|$$

上面不等式的右端中,由于 $\sup\limits_{0\leqslant x\leqslant 1}|f(x) - \psi(x)| \leqslant \dfrac{\varepsilon}{3}$,

因此第一项和第三项对任何 n 都是小于 $\dfrac{\varepsilon}{3}$ 的,而由引理 8.1.7 可知,存在 $M>0$,使当 $n>M$ 时

$$\left|\int_0^1 \psi(x) - \frac{1}{n}\sum_{i=0}^n \psi(x_i)\right| < \frac{\varepsilon}{3}$$

因而使当 $n>M$ 时

$$\left|\int_0^1 f(x)\mathrm{d}x - \frac{1}{n}\sum_{i=0}^n f(x_i)\right| < \frac{\varepsilon}{3} + \frac{\varepsilon}{3} + \frac{\varepsilon}{3} \leqslant \varepsilon$$

因此由 ε 的任意性就证明了对一切定义在全数轴上的周期为 1 的连续周期函数 $f(x)$ 成立

$$\lim_{n\to\infty} \frac{1}{n}\sum_{i=1}^n f(x_i) = \int_0^1 f(x)\mathrm{d}x$$

根据引理引理 8.1.7 就得出序列 x_n 是一致分布的,这就证明了充分性. 由于

$$\left|\frac{1}{n}\sum_{k=0}^n \mathrm{e}^{2\pi \mathrm{i} h k\theta}\right| \leqslant \frac{1}{n}\left|\mathrm{e}^{\mathrm{i}\varphi} + \mathrm{e}^{2\mathrm{i}\varphi} + \cdots + \mathrm{e}^{\mathrm{i} n\varphi}\right|, \varphi = 2\pi h\theta \leqslant$$

$$\frac{1}{n}\left|\mathrm{e}^{\mathrm{i}\varphi}\right|\left|1 + \mathrm{e}^{\mathrm{i}\varphi} + \cdots + \mathrm{e}^{\mathrm{i}(n-1)\varphi}\right| \leqslant$$

$$\frac{\left|\mathrm{e}^{\mathrm{i}\varphi}\right|\left|\mathrm{e}^{\mathrm{i} n\varphi} - 1\right|}{n\left|\mathrm{e}^{\mathrm{i}\varphi} - 1\right|} \leqslant$$

$$\frac{1}{n}\sqrt{\frac{(1-\cos n\varphi)^2 + \sin^2 n\varphi}{(1-\cos \varphi)^2 + \sin^2 \varphi}} \leqslant$$

$$\frac{\left|\sin\dfrac{n\varphi}{2}\right|}{n\left|\sin\dfrac{\varphi}{2}\right|} \leqslant \frac{1}{n\left|\sin \pi h\theta\right|}$$

以及当 θ 是无理数时,对任何非零整数 h,$\sin \pi h\theta \neq 0$,因此当 $n\to\infty$ 时 $\dfrac{1}{n}\sum_{i=0}^n \mathrm{e}^{2\pi \mathrm{i} h\theta} \to 0$,故根据定理 8.1.5 就重新得出定理 8.1.3 这个证明比原来的证明就简短多

第 8 章　实数的光谱:小数部分的性质

了,不过别忘了,这是以一大堆准备工作为代价的,如果算上所有这些准备工作,整个证明也不见得比直接证明简短. 不过,从这个例子也可看出,定理 8.1.5 的威力确实是很强大的,所以如果不单是为了得出定理 8.1.3,还是很有价值的.

习题 8.1

1. 设 a,b 都是整数 $r=\dfrac{a}{b}$,$(a,b)=1$,$a>0$,$b>0$,$0<r<1$. 把 $x_1=\{0r\}$,$x_2=\{r\}$,$\cdots$,$x_b=\{(b-1)r\}$ 这 b 个点按如下方式排成一个表 A:

首先在第一行写下 $x_1,x_2,\cdots,x_{n_1}$ 使得 $x_{n_1}<1$,$x_{n_1}+r>1$;然后在第二行写下 $x_{n_1+1}=x_{n_1}+r-1$,$x_{n_1+2}=x_{n_1+1}+r,\cdots,x_{n_2}$ 使得 $x_{n_2}<1$,$x_{n_2}+r>1$;在第三行写下 $x_{n_2+1}=x_{n_2}+r-1$,$x_{n_2+2}=x_{n_2+1}+r,\cdots,x_{n_3}$ 使得 $x_{n_3}<1$,$x_{n_3}+r>1\cdots$ 以下依此类推.

又设 $b=qa+r$,$0\leqslant r<a$. 证明:

(1) A 的每一行至少有 q 个元素,至多有 $q+1$ 个元素;

(2) A 一共有 a 行;

(3) A 中有 r 行含有 $q+1$ 个元素,有 $a-r$ 行含有 q 个元素.

2. 设 $\theta=0.123\ 456\ 789\ 101\ 112\ 131\ 4\cdots$ 表示在小数点之后顺次写上所有的自然数所得的小数,证明:

(1) θ 是无理数,因此 $\{n\theta\}$ 在 $I=[0,1]$ 中是稠密的,一致分布的;

(2) $\{10^n\theta\}$ 在 $I=[0,1]$ 中也是稠密的.

3. 设 e 表示自然对数的底,证明:

(1) e 是无理数,因此 $\{ne\}$ 在 $I=[0,1]$ 中是稠密的,一致分布的;

(2) $\{n!\ e\}$ 在 $I=[0,1]$ 中不是稠密的.

4. 证明:如果 x_n 是一致分布的,α 是一个实常数,那么 $x_n+\alpha$ 也是一致分布的.

5. 设 x_n 是一致分布的,α 是一个实常数,y_n 使得 $\lim_{n\to\infty}(x_n-y_n)=\alpha$,则 y_n 也是一致分布的.

6. 设 x_n,y_n 都是一致分布的,则序列 $x_1,y_1,x_2,y_2,\cdots,x_n,y_n,\cdots$ 也是一致分布的.

7. 设 θ 是一个无理数,证明:序列 $0,\theta,-\theta,2\theta,-2\theta,\cdots$ 是一致分布的.

8. 设 u,v 是两个任意实数,证明:$|e^{2\pi i u}-e^{2\pi i v}|\leqslant 2\pi|u-v|$.

9. 设 θ 是一个无理数,序列 x_n 具有性质:当 $n\to\infty$ 时,$\Delta x_n=x_{n+1}-x_n\to\theta$,证明:

(1) 对每一个正整数 $q>0$,都存在一个正数 $M(q)>0$,使得对任意 $m>n>M(q)$ 都成立

$$|x_m-x_n-(m-n)\theta|<\frac{m-n}{q^2}$$

(2) $\left|\sum_{j=n}^{m-1}(\Delta x_j-\theta)\right|=|x_m-x_n-(m-n)\theta|$;

(3) 设 h 是一个非零整数,则 $|e^{2\pi i h x_m}-e^{2\pi i h(x_n+(m-n)\theta)}|\leqslant\dfrac{2\pi|h|(m-n)}{q^2}$;

(4) $\left|\sum_{j=n}^{n+q-1}e^{2\pi i h x_j}\right|\leqslant\left|\sum_{j=n}^{n+q-1}e^{2\pi i h(x_n+(j-n)\theta)}\right|+\dfrac{2\pi|h|}{q^2}\cdot$ $\sum_{j=n}^{n+q-1}(j-n)\leqslant K$,其中

第8章 实数的光谱:小数部分的性质

$$K = \frac{1}{|\sin \pi h\theta|} + \frac{\pi}{|h|}$$

(5) 设 H 是一个正整数,则 $\left|\sum_{j=n}^{n-1+Hq} e^{2\pi ihx_j}\right| \leqslant HK$;

(6) $\left|\sum_{j=1}^{m} e^{2\pi ihx_j}\right| \leqslant n-1+\frac{m-n}{q}K+q$;

(7) 固定 q,则 $\varlimsup\limits_{m\to\infty}\left|\frac{1}{m}\sum_{j=1}^{m} e^{2\pi ihx_j}\right| \leqslant \frac{K}{q}$;

(8) 令 q 充分大,证明:x_n 是一致分布的.

10. 设 x_n 是一个实数序列,$E=[a,b]$ 是 $I=[0,1]$ 的任意子区间,$N_E(k,h)$ 表示 $\{x_{k+1}\}$,$\{x_{k+2}\}$,…,$\{x_{k+h}\}$ 这些项里落入到 E 中的数目,如果对 $k=0,1,2,\cdots$ 一致地成立

$$\lim_{n\to\infty}\frac{N_E(k,h)}{n}=E$$

则称 x_n 是良分布的,证明良分布的序列一定是一致分布的.

11. 设 x_n 是一致分布的序列,$m=1,2,\cdots$ 是自然数,令 $y_n=0$,如果 $m^3+1 \leqslant n \leqslant m^3+m$;对其他的 n,则令 $y_n=x_n$. 证明:

(1) $|N_E(n,x_n)-N_E(n,y_n)| \leqslant n^{\frac{2}{3}}$;

(2) 序列 y_n 也是一致分布的;

(3) 序列 y_n 不可能是良分布的.

12. 设序列 x_n 是良分布的,$E=[a,b]$ 是 $I=[0,1]$ 的任意子区间,则一定存在一个整数 Q 使得 x_n 的任意接连的 Q 项中,至少有一项落入 E 中.

13. 设序列 x_n 具有性质当 $n\to\infty$ 时,$\Delta x_n = x_{n+1} - x_n \to 0$,证明:$x_n$ 不可能是良分布的.

14. 证明:$\lg n$ 不可能是良分布的.

15. 证明：lg n 不是一致分布的.（提示：利用第 3 章定理 3.8.5(2) 中的欧拉求和公式

$$\sum_{k=1}^{n} f(k) = \int_{1}^{n} f(x) \mathrm{d}x + \frac{1}{2}(f(n)+f(1)) + \int_{1}^{n} B_1(\{x\}) f'(x) \mathrm{d}x$$

8.2　殊途同归 ——
有理数和无理数小数部分
的一个共同性质

我们在前面已经介绍了有理数和无理数的许多不一样的性格，例如它们的小数表示和连分数表示的不同，它们的逼近性质的差异，它们的小数部分在稠密性和一致分布方面的鲜明反差．因此有理数和无理数看起来是如此不同，尤其是在小数部分方面，以致很难想象他们在此方面还能有什么共同点．但是事情就是这么奇怪，有理数和无理数的小数部分的分布居然也会造成一个同样的现象，就是不管 θ 是有理数还是无理数，$\{\theta\},\{2\theta\},\cdots,\{n\theta\}$ 这 n 个点把区间 $(0,1)$ 分成的 $n+1$ 个小区间的长度最多只能取 3 个值，而且当这些区间的长度取到 3 个值时，其中最大的值必等于另外两个值之和．虽然这初听起来有些不可思议，但实践是检验真理的唯一标准，面对事实，你只能承认并加以研究．

引理 8.2.1　设 θ 是无理数，因而 $\{n\theta\}+\{\theta\} \neq 1$，则如果 $\{n\theta\}+\{\theta\} < 1$，那么 $\{(n+1)\theta\} = \{n\theta\}+\{\theta\}$，如果 $\{n\theta\}+\{\theta\} > 1$，那么 $\{(n+1)\theta\} = \{n\theta\}+\{\theta\}-1$.

第 8 章 实数的光谱:小数部分的性质

证明 如果 $\{n\theta\}+\{\theta\}<1$,那么
$$(n+1)\theta=n\theta+\theta=[n\theta]+[\theta]+\{n\theta\}+\{\theta\}$$
因此 $\{(n+1)\theta\}=\{n\theta\}+\{\theta\}$

如果 $\{n\theta\}+\{\theta\}>1$,那么
$$1<\{n\theta\}+\{\theta\}<2$$
$$0<\{n\theta\}+\{\theta\}-1<1$$
$$(n+1)\theta=n\theta+\theta=[n\theta]+[\theta]+\{n\theta\}+\{\theta\}=$$
$$[n\theta]+[\theta]+1+\{n\theta\}+\{\theta\}-1$$
因此 $\{(n+1)\theta\}=\{n\theta\}+\{\theta\}-1$

引理 8.2.2 设 θ 是无理数,如果 $\{n\theta\}<\{k\theta\}$,$\{(n+1)\theta\}=\{n\theta\}+\{\theta\}-1$,那么
$$\{(n+1)\theta\}<\{(k+1)\theta\}<\{k\theta\}$$

证明 由 $\{(n+1)\theta\}=\{n\theta\}+\{\theta\}-1$ 得出 $\{n\theta\}+\{\theta\}>1$,因而
$$\{k\theta\}+\{\theta\}>\{n\theta\}+\{\theta\}>1$$

故由引理 8.2.1 得出
$$\{(k+1)\theta\}=\{k\theta\}+\{\theta\}-1<\{k\theta\}$$
$$\{(n+1)\theta\}\leqslant\{n\theta\}+\{\theta\}-1<\{k\theta\}+\{\theta\}-1\leqslant$$
$$\{(k+1)\theta\}<\{k\theta\}$$

引理 8.2.3 设 θ 是一个实数,把 $x_0=\{0\theta\}$,$x_1=\{\theta\}$,$\cdots$,$x_n=\{n\theta\}$ 按如下方式在 $I=[0,1]$ 中轮流写下以下各数:

在第一轮写下 $x_0,x_1\cdots,x_{n_1}$,使得 $x_{n_1}<1$,$x_{n_1}+\{\theta\}>1$;

在第二轮写下 $x_{n_1+1}=x_{n_1}+\{\theta\}-1$,$x_{n_1+2}=x_{n_1+1}+\{\theta\}$,$\cdots$,$x_{n_2}$,使得 $x_{n_2}<1$,$x_{n_2}+\{\theta\}>1$;

在第三轮写下 $x_{n_2+1}=x_{n_2}+\{\theta\}-1$,$x_{n_2+2}=x_{n_1+1}+\{\theta\}$,$\cdots$,$x_{n_3}$,使得 $x_{n_3}<1$,$x_{n_3}+\{\theta\}>1$;

601

......

以后依此类推.

求证:第 k 轮的点具有表达式 $x_n = n\{\theta\} - k + 1$.

证明 第一轮的点具有特点
$$x_n = \{n\theta\} = n\{\theta\} = n\{\theta\} - 1 + 1$$
因此引理对于自然数 $k=1$ 成立.

假设引理对于自然数 k 成立,即假设第 k 轮的点具有表达式
$$(n_{k-1}+1)\{\theta\} - k + 1, (n_{k-1}+2)\{\theta\} - k + 1, \cdots,$$
$$n_k(\theta) - k + 1$$
那么按照引理中解数的规则,第 $k+1$ 轮中的点就应该具有表达式
$$x_{n_k+1} = x_{n_k} + \{\theta\} - 1 = n_k\{\theta\} - k + 1 + \{\theta\} - 1 =$$
$$(n_k+1)\{\theta\} - k = (n_k+1)\{\theta\} - (k+1) + 1$$
$$x_{n_k+2} = x_{n_k+1} + \{\theta\} = (n_k+1)\{\theta\} - k + \{\theta\} =$$
$$(n_k+2)\{\theta\} - k = (n_k+2)\{\theta\} - (k+1) + 1$$
$$\vdots$$
$$x_{n_{k+1}} = x_{n_{k+1}-1} + \{\theta\} = (n_{k+1}-1)\{\theta\} - k + \{\theta\} =$$
$$n_{k+1}\{\theta\} - k = n_{k+1}\{\theta\} - (k+1) + 1$$
这就说明引理对自然数 $k+1$ 也成立,因此由数学归纳法就证明了引理.

引理 8.2.4 设 θ 是一个实数,$x_n = \{n\theta\}$.x_{k-1}, x_k 是第 $s+1$ 轮的两个相邻的点,那么区间 (x_{k-1}, x_k) 之中必包含且仅包含 s 个分点 $x_{i_1}, x_{i_2}, \cdots, x_{i_s}$ 使得分点 x_{i_j} 是第 $j(j < s+1)$ 轮的,因此 $i_j < k-1$.

证明 按照我们写数的规定,在每一轮中,相邻两个数之间的距离都是 $d = \{\theta\}$,因此在每一轮中,区间 $I = [0,1]$ 都被这一轮的点(不包括其他轮的点)划分

第 8 章　实数的光谱:小数部分的性质

为一些至多长 d 的小区间,且由于分点是两两不同的,因此 x_{k-1} 和 x_k 不可能与前 s 轮中的任何一个分点重合.因此长为 d 的区间 (x_{k-1},x_k) 必包含且仅包含前 s 轮中的一个点 x_{i_j},使得分点 x_{i_j} 是第 j 轮的,$j=1,2,\cdots,s$,由于这些点的轮数都小于 $s+1$,因此显然有 $i_j < k-1$.

引理 8.2.5

(1) 设 $r = \dfrac{a}{b}, b>0, (a,b)=1$ 是一个有理数,$x_n = \{nr\}$.x_{k-1}, x_k 是两个相邻的点.如果 $x_k - x_{k-1} > \dfrac{1}{b}$,那么必存在无穷多个整数 $n_1 < n_2 < \cdots$ 使得 $x_{n_i} \in (x_{k-1}, x_k)$.

(2)(1) 设 θ 是一个无理数,$x_n = \{n\theta\}$.x_{k-1}, x_k 是两个相邻的点,那么必存在无穷多个整数 $n_1 < n_2 < \cdots$ 使得 $x_{n_i} \in (x_{k-1}, x_k)$.

证明　(1) 设 $x_k - x_{k-1} > \dfrac{1}{b}$,那么根据定理 8.1.1,在 $x_0, x_1, \cdots, x_{b-1}$ 这 b 个点中必有某个点 $z \in (x_{k-1}, x_k)$,又由于序列 $x_0, x_1, \cdots, x_n, \cdots$ 是周期为 b 的周期序列(定理 8.1.1),因此必存在无穷多个整数 $n_1 < n_2 < \cdots$ 使得 $x_{n_i} \in (x_{k-1}, x_k)$.

(2) 如果 θ 是一个无理数,那么 $x_0, x_1, \cdots, x_n, \cdots$ 是两两不同的,由 $\{n\theta\}$ 的稠密性即知存在无穷多个整数 $n_1 < n_2 < \cdots$ 使得 $x_{n_i} \in (x_{k-1}, x_k)$.

引理 8.2.6　设 θ 是任意实数,$x_n = \{n\theta\}$.区间 $(0,1)$ 被 $x_1, \cdots, x_{k-1}$ 分成了 k 个子区间,其中包含 x_k 的子区间的长度为 Δ_k,又设区间 $(0,1)$ 被 $x_1, \cdots, x_{k-1}, x_k$ 分成了 $k+1$ 个子区间,其中包含 x_{k+1} 的子区间的长度为

Δ_{k+1},那么必有 $\Delta_{k+1} \leqslant \Delta_k$.

证明 首先定义符号 $\ominus$ 的含义如下:$x_n \ominus x_k$ 表示 (x_n, x_k) 在中不存在任何序列 $x_1, \cdots, x_n, \cdots$ 中的任何点. 其次注意假如有 $x_n \ominus x_k \ominus x_m, x_{n+1} \ominus x_{k+1} \ominus x_{m+1}$,那么我们可以写 $\Delta_k = x_m - x_n$,却不能写 $\Delta_{k+1} = x_{m+1} - x_{n+1}$,但是可以写 $\Delta_{k+1} \leqslant x_{m+1} - x_{n+1}$. 这是因为即使在 (x_n, x_k) 中和 (x_k, x_m) 中都没有分点,但是在 (x_{n+1}, x_{k+1}) 和 (x_{k+1}, x_{m+1}) 中仍可能存在分点. 例如设 $\theta = \dfrac{7}{51}$,那么我们有

$$x_{15} \ominus x_{23} \ominus x_{16}, x_{16} < x_2 < x_{24} < x_{17}$$

以下分 9 种情况进行讨论:

(1) $x_n \ominus x_k \ominus x_m, x_{n+1} < x_{k+1} < x_{m+1}$.

这时或者(i) $x_n < x_{n+1}, x_k < x_{k+1}, x_m < x_{m+1}$,或者 (ii) $x_{n+1} < x_n, x_{k+1} < x_k, x_{m+1} < x_m$.

如果发生情况(i),根据引理 8.2.1 就有

$$x_{n+1} = x_n + \{\theta\}, x_{k+1} = x_k + \{\theta\}, x_{m+1} = x_m + \{\theta\}$$

因此 $\Delta_{k+1} \leqslant x_{m+1} - x_{n+1} = x_m - x_n = \Delta_k$

如果发生情况(ii),根据引理 8.2.1 就有

$$x_{n+1} = x_n + \{\theta\} - 1$$
$$x_{k+1} = x_k + \{\theta\} - 1$$
$$x_{m+1} = x_m + \{\theta\} - 1$$

因此同样有

$$\Delta_{k+1} \leqslant x_{m+1} - x_{n+1} = x_m - x_n = \Delta_k$$

除开以上两种情况,其他情况都是不可能发生的. 例如 $x_{n+1} > x_n, x_{k+1} > x_k, x_{m+1} < x_m$ 或 $x_{n+1} > x_n, x_{k+1} < x_k$(这是根据引理 8.2.2 必有 $x_{m+1} < x_m$),否则就有

604

$$x_{n+1}=x_n+\{\theta\}, x_{k+1}=x_k+\{\theta\}, x_{m+1}=x_m+\{\theta\}-1$$

那么从 $x_{k+1}<x_{m+1}$ 就得出

$$x_k+\{\theta\}<x_m+\{\theta\}-1$$

因而 $x_k<x_m-1<0$ 矛盾. 同理可以说明 $x_{n+1}>x_n$, $x_{k+1}<x_k$ 也不可能发生.

(2) $x_n \oslash x_k \oslash x_m, x_{n+1}<x_{k+1}<1$.

这时必有 $x_{m+1}<x_m$. 否则由引理 8.2.1 就有

$$x_n<x_{n+1}, x_k<x_{k+1}, x_m<x_{m+1}$$
$$x_{n+1}=x_n+\{\theta\}$$
$$x_{k+1}=x_k+\{\theta\}$$
$$x_{m+1}=x_m+\{\theta\}$$

因而 $x_{n+1}<x_{k+1}<x_{m+1}$, 这就化为 (1) 中 (i) 已证明过的情况. 因此只需考虑情况 $x_m+\{\theta\}>1$, 因而根据引理 8.2.1 $x_{m+1}=x_m+\{\theta\}-1$ 的情况. 这时

$$\Delta_{k+1} \leqslant 1-x_{n+1} \leqslant 1-x_n-\{\theta\} \leqslant x_m-x_n \leqslant \Delta_k$$

(3) $x_n \oslash x_k \oslash x_m, 0<x_{k+1}<x_{m+1}$.

这时必有 $x_n<x_{n+1}$. 否则由根据引理 8.2.1 得出

$$x_{n+1}<x_n, x_{k+1}<x_k, x_{m+1}<x_m$$
$$x_{n+1}=x_n+\{\theta\}-1$$
$$x_{k+1}=x_k+\{\theta\}-1$$
$$x_{m+1}=x_m+\{\theta\}-1$$

因而 $x_{n+1}<x_{k+1}<x_{m+1}$, 这就又化为 (1) 中 (i) 已证明过的情况. 因此只需考虑情况 $x_{n+1}=x_n+\{\theta\}<1$. 这时

$$\Delta_{k+1} \leqslant x_{m+1} \leqslant x_m+\{\theta\}-1 \leqslant x_m-x_n \leqslant \Delta_k$$

(4) $x_n \oslash x_k \oslash 1, x_n<x_{n+1}<x_{k+1}<1$.

这时

$$x_{n+1}=x_n+\{\theta\}, x_{k+1}=x_k+\{\theta\}$$
$$\Delta_{k+1} \leqslant 1-x_{n+1} \leqslant 1-x_n-\{\theta\} \leqslant 1-x_n \leqslant \Delta_k$$

(5) $x_n \geqslant x_k \geqslant 1, 0 < x_{k+1} < x_k$.

这时
$$0 < x_{k+1} < x_k < x_n < x_{n+1} < 1$$
$$x_{k+1} = x_k + \{\theta\} - 1 < x_k, x_{n+1} = x_n + \{\theta\} < 1$$

因此 $\Delta_{k+1} \geqslant \{\theta\} \leqslant 1 - x_n \leqslant \Delta_k$.

(6) $x_n \geqslant x_{n+1} \geqslant 1, 0 < x_{n+1} < x_n$.

这时由引理 8.2.2 知 $x_{k+1} < x_k$,因此由引理 8.2.1 有
$$x_{n+1} = x_n + \{\theta\} - 1, x_{k+1} = x_k + \{\theta\} - 1$$

因而 $0 < x_{n+1} < x_{k+1} < \{\theta\}$

故 $\Delta_{k+1} \leqslant \{\theta\} - x_{n+1} \leqslant \{\theta\} - (x_n + \{\theta\} - 1) \leqslant$
$$1 - x_n \leqslant \Delta_k$$

(7) $0 \geqslant x_k \geqslant x_m, x_m < x_{m+1}$.

这时必有 $x_k < x_{k+1}$,否则由引理 8.2.2 得出 $x_{m+1} < x_m$,因此由引理 8.2.1 知
$$x_{k+1} = x_k + \{\theta\} > \{\theta\}, x_{m+1} = x_m + \{\theta\}$$

故 $\{\theta\} < x_{k+1} < x_{m+1}$

而 $\Delta_{k+1} \leqslant x_{m+1} - \{\theta\} \leqslant x_m + \{\theta\} - \{\theta\} \leqslant x_m \leqslant \Delta_k$.

(8) $0 \geqslant x_k \geqslant x_m, x_k < x_{k+1}, x_{m+1} < x_m$.

这时由引理 8.2.1 知
$$x_{m+1} = x_m + \{\theta\} - 1 < \{\theta\}, x_{k+1} = x_k + \{\theta\} > \{\theta\}$$

因此 $x_{m+1} < \{\theta\} < x_{k+1} < 1$

而 $\Delta_{k+1} \leqslant 1 - \{\theta\} < x_m \leqslant \Delta_k$.

(9) $0 \geqslant x_k \geqslant x_m, x_{k+1} < x_k$.

这时由引理 8.2.2 知 $x_{m+1} < x_m$,再由引理 8.2.1 得
$$x_{k+1} = x_k + \{\theta\} - 1, x_{m+1} = x_m + \{\theta\} - 1$$

因此 $0 < x_{k+1} < x_{m+1}$

第 8 章　实数的光谱:小数部分的性质

而 $\Delta_{k+1} \leqslant x_{m+1} < x_m \leqslant \Delta_k$

综合以上几种情况就证明了引理.

引理 8.2.7　设 θ 是任意实数,$x_n=\{n\theta\}$. 区间 $(0,1)$ 被 $x_1,\cdots,x_{n-1}$ 分成了 n 个子区间,其中包含 x_n 的子区间的长度为 Δ_n,又设区间 $(0,1)$ 被 $x_1,\cdots,x_{n-1},x_n$ 分成了 $n+1$ 个子区间,其中包含 x_{n+1} 的子区间的长度为 Δ_{n+1}. 如果 $\Delta_{n+1} < \Delta_n$,那么

(1) 在 $(0,1)$ 被 $x_1,\cdots,x_{n-1}$ 分成了 n 个小区间中,仅有一个小区间的长度等于 Δ_n;

(2) 在 $(0,1)$ 被 $x_1,\cdots,x_{n-1}$ 分成了 n 个小区间中不存在长度大于 Δ_n 的小区间.

证明　由于 $\Delta_{n+1} < \Delta_n$,因此在 $\theta = \dfrac{a}{b}, b>0, (a,b)=1$ 的情况下必有 $\dfrac{1}{b} \leqslant \Delta_{n+1} < \Delta_n$,故引理 8.2.5 成立.

(1) 假设引理不成立,即假设在 $(0,1)$ 被 $x_1,\cdots,x_{n-1}$ 分成了 n 个小区间中,至少有两个小区间的长度等于 Δ_n;按照 Δ_n 的定义,在这两个小区间中必有一个且仅有一个小区间包含 x_n,用 J 表示这两个小区间中不含 x_n 的那个小区间,于是按照假设和区间 J 的定义就有 $|J|=\Delta_n$.

根据引理 8.2.6,J 不可能包含所有脚标大于 n 的 x_i,即不可能包含 x_{n+1} 本身及其以后的各项 $x_{n+1},x_{n+2},\cdots$ 否则按照 Δ_i 的定义将有 $\Delta_n=|J| \leqslant \cdots \leqslant \Delta_{n+2} \leqslant \Delta_{n+1} < \Delta_n$,矛盾. 这也就是说 J 只包含 $x_1,\cdots,x_n,\cdots$ 中的有限项,而这又与引理 8.2.5 矛盾.

(2) 假设在 $(0,1)$ 被 $x_1,\cdots,x_{n-1}$ 分成了的 n 个小区间中,存在长度大于 Δ_n 的区间 J,那么与(1)类似,J

607

不可能包含所有脚标大于 n 的 x_i，即不可能包含 x_{n+1} 本身及其以后的各项 $x_{n+1}, x_{n+2}, \cdots$ 否则按照 Δ_i 的定义将有 $\Delta_n < |J| \leqslant \cdots \leqslant \Delta_{n+2} \leqslant \Delta_{n+1} < \Delta_n$, 矛盾. 这也就是说 J 只包含 $x_1, \cdots, x_n, \cdots$ 中的有限项, 而这又与引理 8.2.5 矛盾.

下面我们就来证明这一节的主要结果.

定理 8.2.1 设 θ 是任意实数, $x_n = \{n\{\theta\}\}$. 区间 $(0,1)$ 被 $x_1, \cdots, x_{n-1}$ 分成了 n 个区间, 那么这 n 个区间的长度至多有 3 个值, 如果这 n 个区间的长度有 3 个值, 那么它们之中的最大值必等于另外两个值之和.

证明 当 $0 < \{\theta\} < \dfrac{1}{2}$ 时, 对 $n = 1, 2, \cdots, \left[\dfrac{1}{\{\theta\}}\right]$, 可直接验证小区间的长度只有两个值 x_1 和 $1 - x_n$, 因此定理成立.

对 $n = \left[\dfrac{1}{\{\theta\}}\right] + 1$, 由 $\left[\dfrac{1}{\{\theta\}}\right] \leqslant \dfrac{1}{\{\theta\}} < \left[\dfrac{1}{\{\theta\}}\right] + 1$ 可知 $x_{n-1} < 1, x_{n-1} + \{\theta\} > 1$, 因此

$$0 < x_n < x_1 < x_2 < \cdots < x_{n-1} < 1$$

而
$$x_n = x_{n-1} + \{\theta\} - 1$$
$$x_1 - x_n = x_1 - (x_{n-1} + \{\theta\} - 1) =$$
$$x_1 - (x_{n-1} - x_1 - 1) =$$
$$1 - x_{n-1}$$

因此 $I = [0,1]$ 被 $x_1, x_2, \cdots, x_n$ 所分成的 $n+1$ 个区间的长度共有 3 个值

$$x_1 = |(x_1, x_2)| = |(x_2, x_3)| = \cdots = |(x_{n-2}, x_{n-1})|$$
$$1 - x_{n-1} = |(x_n, x_1)| = |(x_{n-1}, 1)|$$

和
$$x_n = |(0, x_n)|$$

由 $x_{n-1} = (n-1)\{\theta\} < 1 < x_{n-1} + \{\theta\}$

得出 $1 - x_{n-1} < \{\theta\} \leqslant x_1, x_n < \{\theta\} \leqslant x_1$

因此这3种长度中最大者为恰为 $x_1=(1-x_{n-1})+x_n$,恰为其他两种长度之和,因此这时定理也是成立的.

当 $\{\theta\}=\frac{1}{2}$ 时,定理显然成立.

当 $\{\theta\}>\frac{1}{2}$ 时,对 $n=1,2,\cdots,\left[\dfrac{1}{1-\{\theta\}}\right]$ 有 $0<x_n<x_{n-1}<\cdots<x_2<x_1<1$,而
$$x_2=x_1+\{\theta\}-1=x_1+x_1-1=2x_1-1$$
$$x_3=x_2+\{\theta\}-1=2x_1-1+x_1-1=3x_1-2$$
$$\vdots$$
$$x_n=x_{n-1}+\{\theta\}-1=(n-1)x_1-(n-2)+x_1-1=nx_1-(n-1)$$

这时小区间的长度共有两个值
$$1-x_1=\mid(x_n,x_{n-1})\mid=\cdots=\mid(x_2,x_1)\mid=\mid(x_1,1)\mid$$
和 $\qquad x_n=\mid(0,x_n)\mid$

因此这时定理成立.

对 $n=\left[\dfrac{1}{1-\{\theta\}}\right]+1$,有
$$n-1\leqslant\left[\dfrac{1}{1-\{\theta\}}\right]\leqslant\dfrac{1}{1-\{\theta\}}<\left[\dfrac{1}{1-\{\theta\}}\right]+1\leqslant n$$
及 $\qquad x_{n-1}=(n-1)x_1-(n-2)>0$

因而有 $(n-1)(1-\{\theta\})\leqslant 1<n(1-\{\theta\})$

或 $\qquad (n-1)-(n-1)\{\theta\}\leqslant 1<n-n\{\theta\}$

也就是 $n-2\leqslant(n-1)\{\theta\}<n\{\theta\}<n-1$

故必有
$$x_n=\{n\{\theta\}\}=n\{\theta\}-(n-2)=nx_1-(n-2)$$
$$0<x_{n-1}<x_{n-2}<\cdots<x_1<x_n<1$$

由于
$$x_n-x_1=x_{n-1}+\{\theta\}-x_1=x_{n-1}$$

因此 $I=[0,1]$ 被 $x_1,x_2,\cdots,x_n$ 所分成 $n+1$ 个区间的长度共有 3 个值

$$1-x_1=|(x_{n-1},x_{n-2})|=|(x_{n-2},x_{n-3})|=\cdots=|(x_2,x_1)|$$

$$x_{n-1}=|(0,x_{n-1})|=|(x_1,x_n)|$$

和 $\quad 1-x_n=|(x_n,1)|$

由 $\quad x_{n-1}<x_1<x_n,x_n-x_1=x_{n-1}$

得出 $\quad 1-x_n<1-x_1,x_{n-1}<1-x_1$

故 $1-x_1$ 是这 3 种长度中最大的,而

$$1-x_1=x_{n-1}+(1-(x_{n-1}+x_1))=x_{n-1}+(1-x_n)$$

恰为其他两种长度之和.因此这时定理也是成立的.

下面我们用数学归纳法证明定理.

假设对 $2\leqslant k\leqslant n$ 的所有自然数 k,定理成立.又设区间 $I=[0,1]$ 被 $x_1,x_2,\cdots,x_n$ 分成了 $n+1$ 个小区间.以下分情况进行讨论.

1. 在上述 $n+1$ 个小区间中存在两个相邻的区间 (x_k,x_n) 和 $(x_n,1)$,其中 $k<n$.这时又分两种情况:

(1) $k<n-1$.

由于 x_{k+1} 不在 x_k 和 1 之间,因此它一定跑到下一轮去了,也就是说 $(k+1)\{\theta\}>1$,故由 8.2.1 可知

$$x_{k+1}=(k+1)\{\theta\}-1$$

又由于 $k<n$,故

$$(n+1)\{\theta\}>1,x_{n+1}=(n+1)\{\theta\}-1$$

而由于 x_n 在 x_k 和 1 之间,故 $x_n=n\{\theta\}<1$,从而

$$x_{n+1}=(n+1)\{\theta\}-1<\{\theta\}$$

这就得出

$$0<x_{k+1}<x_{n+1}<x_1<x_k<x_n<1$$

对 $m=2,3,\cdots,n$,显然有 $m\neq n+1$,因此 x_m 不可

第8章　实数的光谱：小数部分的性质

能位于 x_{k+1} 和 x_1 之间，否则 x_{m-1} 将在 x_k 和 1 之间，而这与 x_k 和 1 之间仅包含分点 x_n 相矛盾.

由归纳法假设可知区间 $I=[0,1]$ 被 $x_1,x_2,\cdots,x_n$ 所分成 $n+1$ 的个小区间至多有 3 种长度

$$x_n - x_k = |(x_k, x_n)|$$
$$1 - x_n = |(x_n, 1)|$$
$$1 - x_k = |(x_{k+1}, x_1)|$$

增加了分点 x_{n+1} 后，产生了两个新的小区间 (x_{k+1}, x_{n+1}) 和 (x_{n+1}, x_1)，由计算可知

$$|(x_{k+1}, x_{n+1})| = x_{n+1} - x_{k+1} =$$
$$(x_n + \{\theta\} - 1) - (x_k + \{\theta\} - 1) = x_n - x_k$$
$$|(x_{n+1}, x_1)| = x_1 - x_{n+1} = x_1 - (x_n + \{\theta\} - 1) =$$
$$1 - x_n$$

因此增加分点 x_{n+1} 后，$I=[0,1]$ 被 $x_1,x_2,\cdots,x_n,x_{n+1}$ 所分成的 $n+2$ 个小区间的长度种类并没有增加，这就证明了定理对自然数 $n+1$ 仍然成立.

(2) $k = n - 1$.

这时

$$0 < x_1 < x_2 < \cdots < x_{n-1} < x_n < 1$$

区间 $I=[0,1]$ 被 $x_1,x_2,\cdots,x_n$ 所分成的 $n+1$ 个小区间的最右边的两个区间是 (x_{n-1}, x_n) 和 $(x_n, 1)$，而这 $n+1$ 个小区间的长度只有两种：x_1 和 $1-x_n$. 当增加分点 x_{n+1} 后，有可能发生以下 3 种情况：

(i) $(n+1)\{\theta\} < 1$. 这时

$$0 < x_1 < x_2 < \cdots < x_{n-1} < x_n < x_{n+1} < 1$$

因此 $I=[0,1]$ 被 $x_1,x_2,\cdots,x_n,x_{n+1}$ 所分成的 $n+2$ 个小区间的长度仍只有两种 x_1 和 $1-x_{n+1}$.

(ii) $(n+1)\{\theta\} > 1$. 这时增加分点 x_{n+1} 后，$x_{n+1} =$

0. 定理显然成立.

(iii) $(n+1)\{\theta\} > 1$.

由引理 8.2.1 和 8.2.2 知
$$x_n = n\{\theta\} < 1$$
$$x_{n+1} = (n+1)\{\theta\} - 1 = \{\theta\} + n\{\theta\} - 1 < \{\theta\}$$

故 $\quad 0 < x_{n+1} < x_1 < x_2 < \cdots < x_n < 1$

由直接计算可知
$$|(x_{n+1}, x_1)| = x_1 - x_{n+1} = x_1 - (x_n + \{\theta\} - 1) = 1 - x_n$$

因此 $I = [0,1]$ 被 $x_1, x_2, \cdots, x_n, x_{n+1}$ 所分成的 $n+2$ 个小区间的长度至多有 3 种:$x_1, 1-x_n$ 和 x_{n+1}. 显然 $x_{n+1} < x_1, 1-x_n < x_1$, 因此这 3 种长度中最大者为
$$x_1 = 1 - x_n + (x_n + \{\theta\} - 1) = (1 - x_n) + x_{n+1}$$
恰为其他两种长度之和.

因此无论发生哪种情况,定理对自然数 $n+1$ 仍然成立.

2. 区间 $I = [0,1]$ 被 $x_1, x_2, \cdots, x_n$ 所分成 $n+1$ 的个小区间的最左边的两个区间是 $(0, x_n)$ 和 (x_n, x_k), 其中 $k < n$. 这时又分两种情况:

(1) $k < n - 1$.

由于 x_{k-1} 不在 0 和 x_k 之间,故由引理 8.2.1 和 8.2.2 知 $x_{k-1} + \{\theta\} > 1, x_n < x_k = x_{k-1} + \{\theta\} - 1$ 或者 $k = 1$. 又由于 x_{k+1} 不在 0 和 x_k 之间,故由引理 8.2.1 和 8.2.2 知
$$x_n + \{\theta\} < x_k + \{\theta\} < 1$$
$$x_{k+1} = x_k + \{\theta\} > x_k$$
$$x_{n+1} = x_n + \{\theta\} > x_n$$

对 $m = 2, 3, \cdots, n$, 显然 $m \neq n+1$. 因此 x_m 必不在

x_1 和 x_{k+1} 之间,否则 x_{m-1} 将在 0 和 x_k 之间,而这与 0 和 x_k 之间仅包含一个分点 x_n 相矛盾.因此只可能发生以下两种情况之一:

(i) $0 < x_n < x_k < x_1 < x_{k+1} < 1$.

这是由于在 0 和 x_1 之间仅包含一个适合 $1 < k < n$ 的点 x_k,因此 x_k 必位于第二轮中.同样由于在 0 和 x_k 之间仅包含一个适合 $n > k$ 的分点 x_n,因此 x_n 必位于第三轮中.由引理 8.2.3 可知 x_k 和 x_n 具有表达式 $x_k = k\{\theta\} - 1, x_n = n\{\theta\} - 2$.情况(i)中共可能产生 4 种长度,即 $x_n, x_k - x_n, x_1 - x_k$ 和 $x_{k+1} - x_1 = x_k$.然而由归纳法假设,这 4 种长度之中至多有 3 种是不同的,于是必然成立以下 6 个等式之一,即

$$x_n = x_k - x_n \qquad ①$$
$$x_n = x_1 - x_k \qquad ②$$
$$x_n = x_k \qquad ③$$
$$x_k - x_n = x_1 - x_k \qquad ④$$
$$x_k - x_n = x_k \qquad ⑤$$
$$x_1 - x_k = x_k \qquad ⑥$$

显然 ③,⑤ 两式不可能成立.如果成立等式 ① 或 ②,则由上述的 x_k 和 x_n 的表达式易得

$$\{\theta\} = \frac{3}{N}, N \equiv 1 \pmod 3$$

(如果 $N \equiv 2 \pmod 3$,则易于看出 $x_k = \frac{1}{N}$,不可能成立式 ① 或 ②)

这时易证 $I = [0,1]$ 被 $x_1, x_2, \cdots, x_n$ 所分成的 $n+1$ 个小区间只有两种长度 $\frac{1}{N}$ 或 $\frac{2}{N}$.添加分点 x_{n+1} 后,$I = [0,1]$ 被 $x_1, x_2, \cdots, x_n, x_{n+1}$ 所分成的 $n+2$ 个小区间的

长度仍然只是 $\frac{1}{N}$ 或 $\frac{2}{N}$,因此定理对自然数 $n+1$ 也成立.

如果成立等式 ⑥,则由 x_k 和 x_n 的表达式易得 $\{\theta\} = \frac{2}{2k-1}$,这时 $x_k = \frac{1}{2k-1}$,因此在 0 和 x_k 之间不可能存在分点 x_n,这与假设不符,因此等式 ⑥ 在情况 (i) 中不可能出现.

最后只需讨论等式 ④ 成立的情况,这时 $x_k - x_n = x_1 - x_k$.

由于 x_{n+1} 位于 x_1 和 x_{k+1} 之间,因此增添了分点 x_{n+1} 之后,$x_1, x_2, \cdots, x_n, x_{n+1}$ 把 $I = [0,1]$ 所分成 $n+2$ 的个小区间中产生的新的小区间为 (x_1, x_{n+1}) 和 (x_{n+1}, x_{k+1}),而

$$|(x_1, x_{n+1})| = x_{n+1} - x_1 = x_n$$
$$|(x_{n+1}, x_{k+1})| = x_{k+1} - x_{n+1} = x_k - x_n$$

因此新产生的小区间的长度种类并没有增加,故定理对自然数 $n+1$ 仍然成立.

(ii) $0 < x_n < x_1 < x_2 < 1$.

在这种情况中,由归纳法假设知 $x_1, x_2, \cdots, x_n$,把 $I = [0,1]$ 所分成的 $n+1$ 个小区间中至多存在 3 种长度 $x_n, x_1 - x_n$ 和 $x_2 - x_1 = x_1$. 由于 x_{n+1} 位于 x_1 和 x_2 之间,因此增添了分点 x_{n+1} 之后,$x_1, x_2, \cdots, x_n, x_{n+1}$ 把 $I = [0,1]$ 所分成的 $n+2$ 个小区间中产生的新的小区间为 (x_1, x_{n+1}) 和 (x_{n+1}, x_2). 而

$$|(x_1, x_{n+1})| = x_{n+1} - x_1 = x_n$$
$$|(x_{n+1}, x_2)| = x_2 - x_{n+1} = 2x_1 - (x_n + x_1) = x_1 - x_n$$

因此新产生的小区间的长度种类并没有增加,故定理对自然数 $n+1$ 仍然成立.

第 8 章 实数的光谱:小数部分的性质

(2) $k = n-1$.

这时 $x_1, x_2, \cdots, x_n$ 把 $I = [0,1]$ 所分成的 $n+1$ 个小区间中最左边的两个相邻的小区间为 $(0, x_n)$ 和 (x_n, x_{n-1}). 由于 $(0, x_n)$ 和 (x_n, x_{n-1}) 之间都不存在任何分点,故 $x_{n-2} > x_{n-1}$,在 (x_{n-1}, x_{n-2}) 之间也不可能存在任何分点,否则 (x_n, x_{n-1}) 之间将存在分点. 因此 $x_{n-3} > x_{n-2}, \cdots$ 依此类推可得

$$0 < x_n < x_{n-1} < x_{n-2} < \cdots < x_1 < 1$$

这时 $x_1, x_2, \cdots, x_n$ 把 $I = [0,1]$ 所分成的 $n+1$ 个小区间共有两种长度 x_n 和 $1-x_1$,增加分点 x_{n+1} 后,可能出下以下 3 种情况:

(i) $x_n + \{\theta\} > 1$.

这时 $x_{n+1} = x_n + \{\theta\} - 1 < x$,因而 $x_1, x_2, \cdots, x_n, x_{n+1}$ 把 $I = [0,1]$ 所分成的 $n+2$ 个小区间的长度仍为两种:x_{n+1} 和 $1-x_1$. 故定理对于自然数 $n+1$ 仍然成立.

(ii) $x_n + \{\theta\} = 1$.

这时 $\{\theta\} = \dfrac{1}{n}$,易证定理成立.

(iii) $x_n + \{\theta\} = 1$.

这时 $x_{n+1} = x_n + \{\theta\} > x_1$,增添分点 x_{n+1} 后,新产生两个小区间 (x_1, x_{n+1}) 和 $(x_{n+1}, 1)$. 而

$$|(x_1, x_{n+1})| = x_{n+1} - x_1 = x_n$$
$$|(x_{n+1}, 1)| = 1 - x_{n+1}$$

因此 $x_1, x_2, \cdots, x_n, x_{n+1}$ 把 $I = [0,1]$ 所分成的 $n+2$ 个小区间共存在 3 种长度 $x_n, 1-x_1$ 和 $1-x_{n+1}$. 显然 $1-x_{n+1} < 1-x_1, x_n < 1-x_1$,因此这 3 种长度中最大者为

$$1-x_1 = x_n + (1-(x_n+x_1)) = x_n + (1-x_{n+1})$$
恰为其他两种长度之和.

3. $I=[0,1]$ 被 $x_1,x_2,\cdots,x_n$ 所分成的 $n+1$ 个小区间中存在两个相邻的小区间 (x_m,x_n) 和 (x_n,x_k).

(1) $m,k < n-1$.

这时又分以下 3 种情况:

(i) $x_k + \{\theta\} < 1$.

这时因此有 $x_m + \{\theta\} < x_n + \{\theta\} < x_k + \{\theta\} < 1$,因而由引理 8.2.1 和引理 8.2.2 即得

$$x_{m+1} = x_m + \{\theta\}, x_{n+1} = x_n + \{\theta\}, x_{k+1} = x_k + \{\theta\}$$

这也就是说 x_{m+1},x_{n+1},x_{k+1} 都分别位于 x_m,x_n,x_k 的右边.

如果 $x_{m+1} < x_k$,那么在 x_m 和 x_k 之间将存在一个分点 x_{m+1},$m+1 < n$,因此 $x_{m+1} \neq x_n$,而这与 (x_m,x_n) 和 (x_n,x_k) 是相邻小区的假设矛盾,因此必有 $x_{m+1} > x_k$.由归纳法假设,$x_1,x_2,\cdots,x_k$ 把 $I=[0,1]$ 所分成的 $n+1$ 个小区间至多有 3 种长度 x_n-x_m,x_k-x_n 和 $x_{m+1}-x_k$.

增添分点 x_{n+1} 之后,将产生两个新的小区间 (x_{m+1},x_{n+1}) 和 (x_{n+1},x_{k+1}).由于

$$|(x_{m+1},x_{n+1})| = x_{n+1} - x_{m+1} = x_n - x_m$$
$$|(x_{n+1},x_{k+1})| = x_{k+1} - x_{n+1} = x_k - x_n$$

因此增添分 x_{n+1} 点后,并未产生新的长度,定理对自然数 $n+1$ 仍然成立.

(ii) $x_m + \{\theta\} > 1$.

那么这时有 $x_k + \{\theta\} > x_n + \{\theta\} > x_m + \{\theta\} > 1$,因此

$$x_{m+1} = x_m + \{\theta\} - 1$$

第8章 实数的光谱:小数部分的性质

$$x_{n+1} = x_n + \{\theta\} - 1$$
$$x_{k+1} = x_k + \{\theta\} - 1$$

x_{k+1} 不可能位于区间 (x_m, x_k) 之中(由于 (x_m, x_k) 之中只有一个分点 x_n,而 $k+1 < n$,故 $x_{k+1} \neq x_n$),因此必有

$$0 < x_{m+1} < x_{n+1} < x_{k+1} < x_m < x_n < x_{k+1} < 1$$

用与情况(i)中相同的论证方法就可得出定理对自然数 $n+1$ 仍然成立.

(iii) $x_n + \{\theta\} < 1, x_k + \{\theta\} > 1$.

这时因此

$$x_m + \{\theta\} < x_n + \{\theta\} < 1, x_{m+1} = x_m + \{\theta\}$$
$$x_{n+1} = x_n + \{\theta\}, x_{k+1} = x_k + \{\theta\} - 1$$

且 x_{k+1} 不能在区间 (x_m, x_k) 之中(由于 (x_m, x_k) 之中只有一个分点 x_n,而 $k+1 < n$,故 $x_{k+1} \neq x_n$).

设 x_k 位于第 s 轮,又设 n_1 是第一轮的最后一个元素,则

$$n_1\{\theta\} < 1, (n_1+1)\{\theta\} > 1$$
$$x_{k-1} = (k-1)\{\theta\} - s + 1, x_k = k\{\theta\} - s + 1$$

由此易证 $x_{k-1} < x_{k+n_1} < x_k$.

由于 (x_m, x_n) 和 (x_n, x_k) 是两个相邻的小区间,因此 x_{k-1} 不可能位于上述两个小区间之中,因而只能有 $x_{k-1} \leqslant x_m$. 如果 $x_{k-1} < x_m$,那么这就必有 $x_m + \{\theta\} > 1$(否则由于 $x_{k-1} < x_m$,那么在 $(x_k, 1)$ 之间将有分点 x_{m+1}),这就又化为(ii)中已证明过的情况了.

如果 $x_{k-1} = x_m$,那么 x_{k-1}, x_k 必属于第一轮,x_n 必属于第二轮. 否则由引理 8.2.4 知 (x_{k-1}, x_k) 中必含有一个分点 $x_h, h < k-1$,这与 (x_{k-1}, x_k) 中仅含有一个分点 $x_n, k < n$ 矛盾.

由 x_{k-1}, x_k 属于第一轮可得 $k\{\theta\} < 1, (k+1)\{\theta\} > 1, x_{k-1} = (k-1)\{\theta\}, x_k = k\{\theta\}$.

易证 $x_{k-1} < x_{2k} < x_k$ 以及 $x_1, x_2, \cdots, x_n$ 把 $I = [0, 1]$ 所分成的 $n+1$ 个小区间共有两种长度

$$1 - x_k = x_k - x_n = 1 - k\{\theta\}$$

和 $\qquad \{\theta\} - (1 - k\{\theta\}) = (k+1)\{\theta\} - 1$

因此

$$x_n = x_k - (1 - k\{\theta\}) = k\{\theta\} - (1 - k\{\theta\}) = 2k\{\theta\} - 1$$

$$x_{n+1} = x_n + \{\theta\} = (2k+1)\{\theta\} - 1$$

增添分点 x_{n+1} 后,将产生两个新的小区间 (x_k, x_{n+1}) 和 $(x_{n+1}, 1)$,而

$$|(x_k, x_{n+1})| = x_{n+1} - x_k = (k+1)\{\theta\}$$

$$|(x_{n+1}, 1)| = 1 - x_{n+1} = 1 - ((2k+1)\{\theta\} - 1) = 2 - (2k+1)\{\theta\}$$

因此 $x_1, x_2, \cdots, x_n, x_{n+1}$ 把 $I = [0, 1]$ 所分成的 $n+2$ 个小区间共存在 3 种长度

$$I - k\{\theta\}, (k+1)\{\theta\} - 1, 2 - (2k+1)\{\theta\}$$

且按上述假设 $1 - x_{n+1} = 2 - (2k+1)\{\theta\} > 0$,因此最长的长度是

$$1 - k\{\theta\} = (k+1)\{\theta\} - 1 + 2 - (2k+1)\{\theta\}$$

恰为其他两种长度之和.故定理对自然数 $n+1$ 也成立.

理论上还可能发生以下情况:
(2) $m = n - 1, k < n - 1$.
(3) $k = n - 1, m < n - 1$. 这时

$$0 < x_m < x_n < x_{n-1} < x_{m-1} < 1$$

我们证明这两种情况都不可能发生.

在情况(2)中,如果 $k=1$,那么 $\{\theta\}=x_n-x_{n-1}<x_k=x_1=\{\theta\}$,矛盾.

如果 $k>1$,那么又分两种情况:

(i) $x_k<x_{k-1}$.

这时 $\{\theta\}=x_n-x_{n-1}<x_k=x_{k-1}+\{\theta\}-1<\{\theta\}$,矛盾.

(ii) $x_{k-1}<x_k$.

由于在 x_{n-1} 和 x_n 之间没有其他分点,因此必有 $x_{k-1}<x_{n-1}$.这时

$$\{\theta\}=x_n-x_{n-1}<x_k-x_{k-1}=\{\theta\}$$

矛盾.

因此情况(2)不可能发生.

在情况(3)中,如果 $m=1$,那么 $\{\theta\}=x_1=x_m<x_n=x_{n-1}+\{\theta\}-1<\{\theta\}$,矛盾.

如果 $m>1$,那么又分两种情况:

(i) $x_m<x_{m-1}$.

由于在 x_m 和 x_n 之间没有其他分点,因此必有 $x_{n-1}<x_{m-1}$,这时

$$x_n=x_{n-1}+\{\theta\}-1, x_m=x_{m-1}+\{\theta\}-1$$

因而 $1-\{\theta\}=x_{n+1}-x_n<x_{m-1}-x_m=1-\{\theta\}$,矛盾.

(ii) $x_{m-1}<x_m$.

这时

$$0<x_{m-1}<x_m<x_n<x_{n-1}<1$$

因而 $\{\theta\}=x_m-x_{m-1}<x_m<x_n=x_{n-1}+\{\theta\}-1<\{\theta\}$,矛盾.

因此情况(3)也不可能发生.

综合以上各种情况,由数学归纳法就证明了定理.

习题 8.2

1. 对 $\theta=\sqrt{2}-1$ 和 $\theta=\dfrac{\sqrt{5}-1}{2}$ 以及 $n=1,2,\cdots,20$ 验证定理 8.2.1. 并对每一个 n 的值,算出 $x_1,x_2,\cdots,x_n, x_i=\{i(\theta)\}$ 这 n 个点把区间 $I=[0,1]$ 所分成 $n+1$ 的个小区间所产生不同的长度,并把这些长度按从小到大的顺序排列出来,列成一个 20 行的表.

2. 设 $\tau=\dfrac{\sqrt{5}-1}{2}$ 是黄金分割比例. 在一个周长为 1 的圆周上从任意一点 A_1 开始,按顺时针方向或逆时针方向在圆周上每经过弧长为 τ 的一段弧就标记一点,这样我们就得到圆周上用这种方法所得到的分点的一个序列:$A_1,A_2,\cdots,A_n,\cdots$.

证明:两个相邻的分点的脚标的差的绝对值必定是一个斐波那契数.

参考文献

[1] 伽莫夫 G. 从1到无穷大——科学中的事实和臆测(修订版)[M]. 北京:科学出版社,2002.

[2] 别尔曼 Г H. 数与数的科学[M]. 上海:商务印书馆,1957.

[3] 亚历山大洛夫 А Д. 数学——他的内容,方法和意义,第一卷[M]. 北京:科学普及出版社,1958.

[4] 亚历山大洛夫 А Д. 数学——他的内容,方法和意义,第二卷[M]. 北京:科学普及出版社,1959.

[5] 亚历山大洛夫 А Д. 数学——他的内容,方法和意义,第三卷[M]. 北京:科学普及出版社,1962.

[6] 克莱因 M. 古今数学思想,第1册[M]. 上海:上海科学技术出版社,1979.

[7] 克莱因 M. 古今数学思想,第2册[M]. 上海:上海科学技术出版社,1979.

[8] 克莱因 M. 古今数学思想,第3册[M]. 上海:上海科学技术出版社,1980.

[9] 克莱因 M. 古今数学思想,第4册[M]. 上海:上海科学技术出版社,1980.

[10] 柯朗 R,罗宾斯 H. 数学是什么[M]. 长沙:湖南教育出版社,1985.

[11] 徐纯舫. 中国算术故事[M]. 北京:中国青年出版社,1965.

[12] 徐纯舫. 中国代数故事[M]. 北京:中国青年出版社,1965.

[13] 徐纯舫. 古算趣味[M]. 北京:中国青年出版社,1962年.

[14] 查有梁. 杰出数学家秦九韶[M]. 北京:科学出版社,2003.

[15] 菲赫金哥尔茨 Γ M. 微积分学教程(修订本),第一卷,第一分册[M]. 北京:人民教育出版社,1959.

[16] 菲赫金哥尔茨 Γ M. 微积分学教程(修订本),第一卷,第二分册[M]. 北京:人民教育出版社,1959.

[17] 菲赫金哥尔茨. 微积分学教程,第二卷,第一分册[M]. 北京:人民教育出版社,1956.

[18] 菲赫金哥尔茨 Γ M. 微积分学教程,第二卷,第二分册[M]. 北京:人民教育出版社,1954.

[19] 菲赫金哥尔茨 Γ M. 微积分学教程,第二卷,第三分册[M]. 北京:人民教育出版社,1954.

[20] 菲赫金哥尔茨 Γ M. 微积分学教程,第三卷,第一分册[M]. 北京:人民教育出版社,1957.

[21] 菲赫金哥尔茨 Γ M. 微积分学教程,第三卷,第二分册[M]. 北京:人民教育出版社,1957.

[22] 菲赫金哥尔茨 Γ M. 微积分学教程,第三卷,第三分册[M]. 北京:人民教育出版社,1955.

[23] 那汤松 И Π. 实变函数论(修订本),上册[M]. 北京:高等教育出版社,1958.

[24] 那汤松 И Π. 实变函数论(修订本),下册[M]. 北京:高等教育出版社,1958.

[25] 黄国勋,李炯生.计数[M].上海:上海教育出版社,1983.

[26] 王子侠,单墫.对应[M].北京:科学技术文献出版社,1989.

[27] 单墫.集合及其子集[M].上海:上海教育出版社,2001.

[28] 闵嗣鹤,严士健.初等数论(第二版)[M].北京:人民教育出版社,1982.

[29] 华罗庚.数论导引[M].北京:科学出版社,1957.

[30] 维诺格拉多夫 И М.书论基础(修订本)[M].北京:高等教育出版社,1956.

[31] 苏什凯维奇 А К.数论初等教程[M].北京:高等教育出版社,1956.

[32] 杜德利 U.基础数论[M].上海:上海科学技术出版社,1980.

[33] 余红兵.数学竞赛中的数论问题[M].北京:中国少年儿童出版社,1992.

[34] 柯召,孙琦.初等数论100例[M].上海:上海教育出版社,1980.

[35] 潘承洞,于秀源.阶的估计[M].济南:山东科学技术出版社,1983.

[36] 潘承洞,潘承彪.素数定理的初等证明[M].上海:上海科学技术出版社,1983.

[37] 潘承洞,潘承彪.初等数论[M].北京:北京大学出版社,1992.

[38] 潘承洞,潘承彪.初等代数数论[M].济南:山东大学出版社,1991.

[39] 潘承彪.解析数论基础[M].北京:科学出版社,

1997.

[40] KNUTH D E. 计算机程序设计艺术,第一卷,基本算法(第 3 版)[M]. 北京:国防工业出版社,2002.

[41] RAMANUJICHARY K. Number Theory with computer applications[M]. Upper saddleRever, New Jersey:Prentice-Hall,1998.

[42] POLLARD H. 代数数论[M]. 台北:徐氏基金会,1973.

[43] APOSTOL T M. Modular Functions and Dirichlet Series in Number Theory[M]. New York:Springer-Verlag New York Inc.,1976.

[44] 周民强. 实变函数论(第二版)[M]. 北京:北京大学出版社,1995.

[45] 李元中,常心怡. 实变函数论[M]. 西安:陕西师范大学出版社,1989.

[46] 江泽坚,吴智泉. 实变函数论[M]. 北京:人民教育出版社,1961.

[47] 夏道行. 实变函数论与泛函分析,上册[M]. 北京:人民教育出版社,1978.

[48] 夏道行. 实变函数论与泛函分析,下册[M]. 北京:人民教育出版社,1979.

[49] 吉米多维奇 Б П. 数学分析习题集(修订本)[M]. 北京:人民教育出版社,1958.

[50] 林源渠,方企勤,李正元,等. 数学分析习题集[M]. 北京:高等教育出版社,1986.

[51] 裴礼文. 数学分析中的典型问题与方法[M]. 北京:高等教育出版社,1993.

[52]宋国柱.分析中的基本定理和典型方法[M].北京:科学出版社,2004.

[53]谢惠民.数学分析习题课讲义,上册[M].北京:高等教育出版社,2003.

[54]谢惠民.数学分析习题课讲义,下册[M].北京:高等教育出版社,2004.

[55]肖振纲.移数问题——循环小数的一个应用[J].数学竞赛,16:55-64.

[56]А Я 辛钦.连分数[M].上海:上海科学技术出版社,1965.

[57]朱尧辰,王连祥.丢番图逼近引论[M].北京:科学出版社,1993.

[58]奥尔德斯 C D.连分数[M].北京:北京大学出版社,1985.

[59]朱尧辰,徐广善.超越数引论[M].北京:科学出版社,2003.

[60]CASSELS J W S. An Introduction to diophantine approximation [M]. London：Cambridge Tracts 45, Cambridge University Press, 1957.

[61]KUIPCRS L，NIEDERREITER H. Uniform distribution of sequences[M]. New York, London, Sydney, Toronto：John Wiley & Sons, 1974.

[62]NIVEN I. Irrational Numbers[M]. Rahway New Jersey：J. Wiley and Sons Inc, 1956.

[63]北京大学数学力学系几何与代数教研室代数小组.高等代数讲义[M].北京:高等教育出版社,1965.

[64] 熊全淹.近世代数(第二版)[M].上海:上海科学技术出版社,1978.

[65] 张广祥.抽象代数——理论,问题与方法[M].北京:科学出版社,2005.

[66] BARBEAU E J. Polynomials[M]. New York:Springer-Verlag New York Inc. ,1989.

[67] BORWEIN P,ERDELYI T. Polynomials and Polynomial Inequalities[M]. 北京,广州,上海,西安:Springer-Verlag 世界图书出版公司,1995.

[68] 常庚哲.复数计算与几何证题[M].上海:上海教育出版社,1980.

[69] 蒋声.从单位根谈起[M].上海:上海教育出版社,1980.

[70] 安德鲁,皮克林.实践的冲撞——时间,力量与科学[M].南京:南京大学出版社,2004.

[71] 楼世拓,邬冬华.黎曼猜想[M].沈阳:辽宁教育出版社,1987.

[72] 库洛什 А Г.高等代数教程[M].上海:商务印书馆,1953.

[73] 法捷耶夫 Д K,索明斯基 И C. 高等代数习题集(修订第二版)[M].北京:高等教育出版社,1987.

[74] 张禾瑞,郝炳新.高等代数[M].北京:高等教育出版社,1960.

[75] 周伯埙.高等代数[M].北京:高等教育出版社,1966.

[76] 魏壁.方程式[M].北京:中国青年出版社,1962.

[77] 尤秉礼.常微分方程补充教程[M].北京:人民教

育出版社,1981.

[78] HARDY G H, WRIGHT E M. An Introduction to the Theory of Numbers(fifth edition)[M]. Oxford, London, Glasgow: The English language book society and Oxford University Press,1981.

[79] EDWARDS H M. Fermat's Last Theorem, A Genetic Introduction to Algebraic Number Theory[M]. New York, Heidelberg Berlin: Springer-Verlag,1977.

[80]清华大学,北京大学《计算方法》编写组.计算方法,上册[M].北京:科学出版社,1975.

[81]清华大学,北京大学《计算方法》编写组.计算方法,下册[M].北京:科学出版社,1980.

[82]卢侃,孙建华,欧阳容百,等.混沌动力学[M].上海:上海翻译出版社,1990.

[83]丁玖,周爱辉.确定性系统的统计性质[M].北京:清华大学出版社,2006.

[84] Feng Beiye. Periodic traveling-wave solution of Brusselator[J]. ACTA. Appl. Math. Sinica,1988,4(4):324-332.

[85]陈文成,陈国良. Hopf 分支的代数判据[J].应用数学学报,1992,15(4):251-259.

[86] Feng Beiye. An simple elementary proof for the inequality $d_n < 3^n$[J]. Acta Mathematicae Applicatae Sinica, English Series,2005,21(3):455-458.

[87]冯贝叶.四次函数实零点的完全判据和正定条件

[J].应用数学学报,2006,29(3):454-466.

[88]朱照宣.谈抛物线 $y=4\lambda x(1-x)$[J].数学教学,1983,3:3-7.

[89]SAHA P, STROGATZ S H. The Birth of Period Three[J]. Mathematics Magazine,1995,68(1):42-47.

[90]BECHHOEFER J. The Birth of Period 3,Revisited[J]. Mathematics Magazine,1996,69(2):115-118.

[91]GORDON W B. Period Three Trajectories of the Logisitic Map[J]. Mathematics Magazine,1996,69(2):118-120.

[92]BURM J, FISHBACK P. Period－3 Orbits via Sylvester's Theorem and Resultants,Mathematics Magazine,2001,74(1):47-51.

[93]Wang Jinglong. A Property on Irrational Number[J].华东师范大学学报(自然科学版),1999,2:36-40.

[94]HDYLEBROUCK D. Similarities in Irrationality Proofs for $\pi,\ln 2,\zeta(2)$,and $\zeta(3)$[J]. The American Mathematical Monthly,2001,108:222-231.

[95]LAGARIAS J C. The $3x+1$ Problem and Its Generalizations[J]. The American Mathematical Monthly,1985,92:3-23.

[96]LAGARIAS J C. Wild and Wooley Numbers[J]. The American Mathematical Monthly,2006,113:97-108.

参考文献

[97] BOROS G, MOLL V. Irresistible Integrals[M]. Cambridge: Cambridge University Press, 2004.

[98] VAKIL R. A Mathematical Mosaic[M]. Burlington: Brendan Kelly Publishing Inc, 1996.

冯贝叶发表论文专著一览

一、论文

[L1] 冯贝叶,钱敏.分界线环的稳定性及其分支出极限环的条件.数学学报,1985,28(1):53-70.

[L2] FENG BEIYE. Condition of creation of limit cycle from the loop of a saddle- point separatrix. ACTA. Math. Sinica(N. S),1987,3(4):55-70.

[L3] FENG BEIYE. Periodic traveling-wave solution of Brusselator. ACTA. Appl. Math. Sinica,1988,4(4):324-332.

[L4] FENG BEIYE. Bifurcation of limit cycles from a center in the two-parameter system. ACTA. Appl. Math. Sinica,1990,6(1):44-49.

[L5] 冯贝叶.临界情况下奇环的稳定性.数学学报,1990,33(1):113-134.

[L6] 冯贝叶.临界情况下 Heteroclinic 环的稳定性.中国科学,1991,7A:673-684.

[L7] FENG BEIYE. The stability of a heteroclinic cycle for the critical case. Sciences in China,1991,34(8):920-934.

[L8] 冯贝叶,肖冬梅.奇环的奇环分支.数学学报,1992,35(6):815-830.

[L9] 冯贝叶.无穷远分界线环的 Melnikov 判据及二次系统极限环的分布.应用数学学报,1993,16(4):482-492.

[L10] 冯贝叶.关于"三微弱同宿吸引子的判别准则"一文的反例.科学通报,1994,39(2):187.

[L11] 冯贝叶.同宿及异宿轨线的研究近况.数学研究与评论,1994,14(2):299-311.

[L12] 冯贝叶.无穷远分界线的稳定性和产生极限环的条件.数学学报,1995,38(5):682-695.

[L13] 冯贝叶.空间同宿环和异宿环的稳定性.数学学报,1996,39(5):649-658.

[L14] FENG BEIYE. The heteroclinic cycle in the model of competition between n species and its stability. ACTA. Appl. Math. Sinica,1998,14(4):404-413.

[L15] 冯贝叶.关于多项式系统的一个公开问题的解答.应用数学学报,2000,23(2):314-315.

[L16] 冯贝叶,胡锐.具有两点异宿环的二次系统.应用数学学报,2001,24(4):481-486.

[L17] 冯贝叶,曾宪武.蛙卵有丝分裂模型的定性分析.应用数学学报,2002,25(3):460-468.

[L18] FENG BEIYE, ZHENG ZUOHUAN. Periodic Solution of a Simplified Model of Mitosis in Frog Eggs. ACTA. Appl. Math. Sinica,2002,18(4):625-628.

[L19] FENG BEIYE, HU RUI. A Survey On Homoclinic And Heteroclinic Orbits. Applied Mathematics E-Notes,2003(3),16-37.

[L20] LIU SHIDA, FU ZUNTAO, LIU SHIKUO, XIN GUOJUN, LIANG FUMING and FENG BEIYE. Solitary Wave in Linear ODE with Variable Coefficients, Commun. Theor. Phys. (Beijing, China), 2003(39):643-846.

[L21] 冯贝叶. 蛙卵有丝分裂模型的鞍结点不变圈及其分支. 应用数学学报, 2004, 27(1):36-43.

[L22] LIU ZHICONG, FENG BEIYE. Qualitative Analysis For A Class Of Plane Systems. Applied Mathematics E-Notes, 2004, (4)74-79.

[L23] LIU ZHICONG, FENG BEIYE. Qualitative Analysis For Rheodynamic Model of Cardiac Pressure Pulsations. ACTA. Appl. Math. Sinica, 2004, 20(4):573-578.

[L24] 胡锐, 冯贝叶. 推广后继函数法研究第二临界情况下同宿环的稳定性. 应用数学学报, 2005, 28(1):28-43.

[L25] FENG BEIYE. An simple elementary proof for the inequality $d_n < 3^n$. Acta Mathematicae Applicatae Sinica, English Series, 2005, 21(3):455-458.

[L26] 冯贝叶. 四次函数实零点的完全判据和正定条件. 应用数学学报, 2006, 29(3):454-466.

[L27] FENG BEIYE. A Trick Formula to Illustrate the Period Three Bifurcation Diagram of the Logistic Map. 数学研究与评论, 30(2010), 2:286-290.

[L28] 冯贝叶. 一个正定不等式的最佳参数. Advanced

Applied Mathematics 应用数学进展,2016,5(1),41-44.

二、专著

[Z1] 李继彬,冯贝叶.稳定性、分支与混沌.昆明:云南科技出版社,1995.

[Z2] 张锦炎,冯贝叶.常微分方程几何理论与分支问题(第二次修订本).北京:北京大学出版社,2000.

[Z3] 冯贝叶.多项式与无理数.哈尔滨:哈尔滨工业大学出版社,2008.

[Z4] 冯贝叶.历届美国大学生数学竞赛试题集.哈尔滨:哈尔滨工业大学出版社,2009.

[Z5] 冯贝叶.500个世界著名数学征解问题.哈尔滨:哈尔滨工业大学出版社,2009.

[Z6] 冯贝叶.数学拼盘和斐波那契魔方.哈尔滨:哈尔滨工业大学出版社,2010.

[Z7] 冯贝叶.数学奥林匹克问题集.哈尔滨:哈尔滨工业大学出版社,2013.

[Z8] 佩捷,冯贝叶,王鸿飞.斯图姆定理——从一道"华约"自主招生试题的解法谈起.哈尔滨:哈尔滨工业大学出版社,2014.

[Z9] 佩捷,冯贝叶.IMO 50年.第1卷:1959—1963.哈尔滨:哈尔滨工业大学出版社,2014.

[Z10] 佩捷,冯贝叶.IMO 50年.第2卷:1964—1968.哈尔滨:哈尔滨工业大学出版社,2014.

[Z11] 佩捷,冯贝叶.IMO 50年.第3卷:1969—1973.哈尔滨:哈尔滨工业大学出版社,2014.

[Z12]佩捷,冯贝叶.IMO 50 年.第 4 卷:1974—1978.哈尔滨:哈尔滨工业大学出版社,2016.

[Z13]佩捷,冯贝叶.IMO 50 年.第 5 卷:1979—1984.哈尔滨:哈尔滨工业大学出版社,2015.

[Z14]佩捷,冯贝叶.IMO 50 年.第 6 卷:1985—1989.哈尔滨:哈尔滨工业大学出版社,2015.

[Z15]佩捷,冯贝叶.IMO 50 年.第 7 卷:1990—1994.哈尔滨:哈尔滨工业大学出版社,2016.

[Z16]佩捷,冯贝叶.IMO 50 年.第 8 卷:1995—1999.哈尔滨:哈尔滨工业大学出版社,2016.

[Z17]佩捷,冯贝叶.IMO 50 年.第 9 卷:2000—2004.哈尔滨:哈尔滨工业大学出版社,2015.

[Z18]佩捷,冯贝叶.IMO 50 年.第 10 卷:2005—2009.哈尔滨:哈尔滨工业大学出版社,2016.

三、科普作品及译作校对

[K1]冯贝叶.一个中学生的札记.数学通报,1965(9):25-26.

[K2]冯贝叶.神奇的魔方,一点不假.数学译林,2000,19(2):157-161.

[K3]冯贝叶.15 方块游戏的现代处理.数学译林,2000,19(2):162-168.

[K4]冯贝叶.第五十九届 William Lowell Putnan 数学竞赛.数学译林,2000,19(2):152-156.

[K5]冯贝叶.不动点和费马定理:处理数论问题的一种动力系统方法.数学译林,2000,19(4):339-345.

[K6]冯贝叶.A. N. 科尔莫果罗夫(Kolmogorov).数

学译林,2001,20(1):67-75.

[K7] 冯贝叶. π, ln 2, $\zeta(2)$, $\zeta(3)$ 的无理性证明中的类似性. 数学译林,2001,20(3):256-265.

[K8] 冯贝叶. 模的奇迹. 数学译林,28(2009),1:40-44.

[K9] 冯贝叶. Fibonacci 时钟的长周期日.28(2009),4:319-325.

(注:以上有些译文发表时用了徐秀兰等名字)